David Schulz

Die Natur der Geschichte

Ordnungssysteme

Studien zur Ideengeschichte der Neuzeit

Herausgegeben von
Jörg Baberowski,
Anselm Doering-Manteuffel,
Florian Meinel und
Lutz Raphael

Band 56

David Schulz

Die Natur der Geschichte

Die Entdeckung der geologischen Tiefenzeit und die Geschichtskonzeptionen zwischen Aufklärung und Moderne

DE GRUYTER
OLDENBOURG

Gedruckt mit Unterstützung des Förderungsfonds Wissenschaft der VG Wort

ISBN 978-3-11-064622-1
e-ISBN (PDF) 978-3-11-065051-8
e-ISBN (EPUB) 978-3-11-064640-5
ISSN 2190-1813

Library of Congress Control Number: 2019956341

Bibliografische Information der Deutschen Nationalbibliothek
Die Deutsche Nationalbibliothek verzeichnet diese Publikation in der Deutschen Nationalbibliografie; detaillierte bibliografische Angaben sind im Internet über http://dnb.dnb.de abrufbar.

Druck und Bindung: CPI books GmbH, Leck

www.degruyter.com

Inhalt

III Sind Steine die besseren Historiker? Die Geologie als Quelle moderner Zeitkonzepte

I Die Marginalisierung des Menschen durch die Entdeckung der geologischen Tiefenzeit und seine Apotheose im Anthropozän

1 Fragestellung und Thesen

Die geologische Erdgeschichte ist eine Geschichte ohne Jahreszahl, Namen oder Schlacht. Es ist die Historie des Sprachlosen, Gedankenlosen, Empfindungslosen – und dennoch ist es eine Geschichte, die menschliche Selbstbilder, menschliche Zeitkonzepte und menschliche Geschichtsvorstellungen grundlegend geprägt hat.

Die Entdeckung der geologischen ‚Tiefenzeit'[1] revolutionierte die Vorstellung von der Welt und ihrer Entwicklung. Hinter der durch die Bibel legitimierten Vergangenheit entdeckten die Erdwissenschaftler die Spuren einer noch viel weiter zurückliegenden Zeit. Steine und Berge, bisher Inbegriff des Festen, Statischen, bekamen plötzlich eine Geschichte; im Gegensatz dazu schrumpfte die menschliche Geschichte angesichts der unglaublichen Zeiträume auf einen fast bedeutungslosen Punkt zusammen. Die Menschheit rutschte in einer geradezu zentrifugalen Bewegung an die absolute Peripherie der Erdgeschichte. Der plötzlich als winzig erscheinende Abschnitt menschlicher Kultur verlor seine selbstverliehene Relevanz.

Die Verunsicherung, welche damit einherging, ist in den Kommentaren der Zeitgenossen immer noch spürbar, etwa wenn Johann Gottfried Herder bekennt: „Welche Frage z. B. hat mehr Streit erreget, als die über das Alter der Welt, über die Zeitdauer unsrer Erde und des Menschengeschlechtes?"[2] Oder wenn Georg Christoph Lichtenberg ironisch bemerkt: „Es ist unglaublich was die Revolutionen auf der Erde für Revolutionen in den Köpfen nach sich gezogen haben."[3] Oder wenn Goethe am Ende seines Lebens angesichts der geologischen Zeiträume klagt, dass „man bei fernerer Vertiefung in die Betrachtung der Zeiten wahnsinnig werden müßte."[4]

Auch von Wissenschaftshistorikern der Gegenwart wird die Bedeutung dieser Zäsur hervorgehoben. So zitiert der Paläontologe Steven Jay Gould zu Beginn

---

1 Der Begriff ‚Tiefenzeit' bzw. ‚deep time' wurde zuerst von Thomas Carlyle im Jahre 1832 geprägt, um die unermessliche Erstreckung geologischer Zeit zu beschreiben. John McPhee griff den Begriff auf und verbreitete ihn in seiner Monographie *Basin and Range* (1982); vgl. [Art.] *deep time*, Oxford English Dictionary; sowie *Haberkorn*, Tiefenzeit, 409 – 410. Die vorliegende Studie wurde im April 2017 an der Philosophischen Fakultät der Universität Tübingen als Dissertation eingereicht. Forschungsbeiträge, die nach Abschluss der Dissertation erschienen sind, konnten nicht mehr berücksichtigt werden.

2 *Herder*, Ideen III,1, 377.

3 *Lichtenberg*, Phantasien, 80.

4 *Goethe*, Sämtliche Werke Bd. 38, 535; zu ‚Goethe und die Geologie' vgl. *Böhme*, Goethes Erde; sowie *Engelhardt*, Goethe.

https://doi.org/10.1515/9783110650518-001

seiner Studie über die *Entdeckung der Tiefenzeit*[5] Freuds Diktum über die drei Kränkungen des menschlichen Narzissmus und fügt hinzu, Freud habe eine entscheidende vierte vergessen.[6] Neben der kosmologischen Dezentrierung durch Kopernikus, die den Menschen aus dem Mittelpunkt des Universums verbannte, der biologischen Demütigung durch Darwin, die den Menschen ins Tierreich einordnete und der psychologischen Entwürdigung durch Freud selbst, welche die Vernunft als Trugschluss offenbarte, weist Gould auf die Marginalisierung des Menschlichen durch die Entdeckung der geologischen Tiefenzeit:

> What could be more comforting, what more convenient for human domination, than the traditional concept of a young earth, ruled by human will within days of its origin. How threatening, by contrast, the notion of an almost incomprehensible immensity, with human habitation restricted to a millimicrosecond at the very end![7]

Goulds Einschätzung wird von Zeitgenossen des Umbruchs bestätigt: Carl Gustav Carus bekennt, dass durch „die Geschichte der Gebirge [...] jede vergängliche Eitelkeit [...] [des] irdischen Daseins gleichsam mit einemmale vernichtet“ worden sei.[8] Hermann Hauff, der Bruder Wilhelm Hauffs, gesteht, dass sich durch die „geologischen Ueberzeugungen der neuern Zeit [...] des menschlichen Geistes eine tiefe Unruhe bemächtigt“ habe. Er fühle sich, „wenn er in den Raum und die Zeit hinausblickt, wechselnd gespannt und erhoben, erschreckt und gedemütigt.“[9] Und Ludwig Büchner, der Bruder des berühmten Schriftstellers, fragt resigniert:

> Was ist das ganze Leben und Streben des Menschen im Einzelnen wie im Ganzen gegenüber diesem ewigen, unerbittlichen, widerstandslosen, halb zufälligen, halb nothwendigen Gange der Natur! Das kurze Spiel einer Eintagsfliege, schwebend über dem Meere der Ewigkeit und Unendlichkeit![10]

---

5 So die deutsche Übersetzung; im Englischen firmiert die Schrift unter *Time's Arrow Time's Cycle*.

6 Bereits Albritton vergleicht die Entdeckung der geologischen Tiefenzeit mit der kopernikanischen Revolution und betont das Defizit der Forschung zu diesem Thema; vgl. *Albritton*, Abyss, 9; vgl. auch *Braungart*, Apokalypse; *Braungart*, Geologie; *Rudwick*, Bursting, 1; *Rudwick*, Deep History, 1.

7 *Gould*, Time's Arrow, 2.

8 *Carus*, Briefe, 109.

9 *Hauff*, Geologische Briefe, 450; vgl. dazu *Braungart*, Hauff.

10 *Büchner*, Kraft, 106.

Diese Problemkonstellation – die Marginalisierung des Menschlichen durch die geologische Tiefenzeit[11] – wird nun zu Anfang des 21. Jahrhunderts aufgelöst. Wieder gibt die Geologie Anlass dazu, die Bedeutung des Menschen für die Erde anders einzuschätzen: Einen Kontrapunkt zur ‚Marginalisierung des Menschlichen' markiert der Begriff ‚Anthropozän'. Dieser postuliert den Beginn einer neuen erdgeschichtlichen Epoche. Sie soll den Zeitabschnitt markieren, in dem der Mensch zu einem naturgeschichtlich relevanten Faktor geworden sei.[12] Angesichts der drohenden Klimakatastrophe und des beängstigenden Artensterbens – dem sechsten großen Aussterbeereignis in der Geschichte der Erde[13] – erscheint der Mensch nicht länger als „etwas ganz Belangloses im Schicksal der Erde",[14] sondern als eine veritable Naturgewalt, welche die Lebensbedingungen auf diesem Planeten bis in die ferne Zukunft grundlegend prägt: „The human imprint on the global environment has now become so large and active that it rivals some of the great forces of Nature in its impact on the functioning of the Earth system."[15]

Die verloren geglaubte Sonderstellung des Menschen wird durch das Anthropozän-Konzept restituiert.[16] Kontrastiv zur ‚Marginalisierung des Menschlichen durch die geologische Tiefenzeit' kann von einer ‚Apotheose des Menschlichen im Anthropozän' gesprochen werden. Allerdings hat diese Restitution einen zynischen Charakter: Der ‚Erfolg' des Menschen zeigt sich daran, dass die Lebensgrundlagen zerstört werden. In Anlehnung an Pyrrhus kann man formulieren: Sind wir weiterhin so erfolgreich, so sind wir verloren. Selbst nüchterne Wissenschaftler wie Martin Rudwick äußern hinsichtlich der näheren Zukunft sehr düstere Prognosen.

Auf den ersten Blick erscheint es paradox, dass die Geologie, diese unprätentiöse Wissenschaft, welche sich ausschließlich mit dem Anorganischen beschäftigt – der „Erforschung der Erdkruste, ihrer Geschichte und den endogenen

---

11 Vgl. zu dieser Begrifflichkeit *Braungart*, Apokalypse, 107.

12 Bereits im August 2016 hat sich eine Expertenkommission dafür ausgesprochen, das gegenwärtige Erdzeitalter von ‚Holozän' in ‚Anthropozän' umzubenennen; der Begriff bezieht sich auf biologische, geologische und atmosphärische Prozesse; vgl. *Mayer*, Anthropozän, 9; zur Geschichte des Begriffs vgl. *Crutzen* [et al.], Anthropocene, 843–845; *Syvitski*, Anthropocene, 14; zur Relevanz des ‚Anthropozäns' für die Geschichte vgl. *Chakrabarty*, Four Theses; *Chakrabarty*, Klimawandel; *Domanska*, Beyond Anthropocentrism; *Foltz*, Nature.

13 *Steffen* [et al.], 617.

14 *Spengler*, Mensch, 11.

15 *Crutzen* [et al.], Anthropocene, 842.

16 Vgl. *Rudwick*, Deep History, 295.

und exogenen Kräften, die sie formten"[17] – das menschliche Selbstbild auf so radikale Weise prägt. Zwar stehen die Marginalisierung des Menschen und seine Apotheose im Anthropozän nicht im Widerspruch.[18] Sie belegen jedoch beide die fundamentale Bedeutung der ‚unscheinbaren' Erdwissenschaften für menschliche Welt- und Geschichtsbilder. Sie zeigen, wie die Erdwissenschaften die Vorstellung von der Welt und ihrer Entwicklung revolutionieren, und sie weisen auf die grundlegenden Implikationen, welche sich daraus insbesondere für das menschliche Selbst- und Geschichtsbild ergeben, denn dieses hängt in fundamentaler Weise von seinem Verhältnis zur Erde ab.[19]

Dieser Zusammenhang zwischen geologischen Zeit- und Entwicklungskonzepten und menschlichen Geschichtsentwürfen bildet das Thema dieser Arbeit. Dabei wird die erste der beiden oben angeführten geologisch induzierten Zäsuren in den Blick genommen: Die untersuchungsleitende Hypothese ist, dass die ‚Entdeckung der geologischen Tiefenzeit' in der zweiten Hälfte des 18. Jahrhunderts nicht nur das Selbstverständnis des Menschen, sondern auch sein Geschichtsbewusstsein radikal veränderte. Die quantitativen Dimensionen der geologischen Tiefenzeit erweiterten den Geschichtshorizont und erhöhten das Zeitbewusstsein entscheidend. Für die Herausbildung des modernen historischen Denkens, welches simultan begründet wurde, ist das ‚Durchbrechen der Zeitschranken' in Vergangenheit und Zukunft durch die Geologie eine der bedeutsamsten Prämissen.

Mit dieser Fragestellung wird erstmals systematisch der Zusammenhang zwischen der ‚Verzeitlichung der Natur'[20] einerseits und der Entstehung des historischen Denkens andererseits analysiert.[21] Das Hauptargument dieser Arbeit ist, dass die Erschütterung des chronologischen Fundaments durch die Geologie Auswirkungen hatte, die alle historisch arbeitenden Wissenschaften betrafen. Das gilt insbesondere für die Aufklärungshistoriographie sowie für die sich im gleichen Zeitraum konstituierenden geschichtsphilosophischen Diskurse. Da geolo-

17 *Haberkorn*, Geologie, 34. Unterschieden wird zwischen allgemeiner und historischer Geologie. Erstere untersucht im weitesten Sinne atemporale, physikalische Prozesse, denen u. a. die Mineralogie, Petrologie, Vulkanismus und Plattentektonik zugeordnet wird; letztere untersucht die Erdgeschichte; vgl. *Fritscher*, Geologie; *Rappaport*, Earth Sciences; *Oldroyd*, Earth Sciences; *Kempe*, Erdgeschichte; *Greene*, Geology.

18 Das Anthropozän ändert nicht die Kürze der Zeitspanne menschlichen Lebens in der Erdgeschichte; es schätzt allerdings die Bedeutung dieses menschlichen Lebens innerhalb dieser Zeitspanne für die Erde neu ein.

19 Vgl. *Macdougall*, Geology Matters; sowie *Cervato/Frodeman*, Significance.

20 Vgl. *Lepenies*, Naturgeschichte.

21 Bereits Seifert hat auf diesen Zusammenhang hingewiesen – ohne ihn allerdings zu vertiefen; vgl. *Seifert*, Verzeitlichung, 464; sowie *Wendorff*, Zeit, 309.

gische Modelle, Konzepte, Begriffe, Methoden und Konventionen von der Geschichtswissenschaft übernommen wurden, haben die Erdwissenschaften entscheidend zur Entstehung des modernen historischen Denkens beigetragen. Ihre Ergebnisse waren sowohl bezüglich der Vorgeschichte als auch hinsichtlich der Zukunft relevant, da diese Abschnitte nicht durch menschliche Überlieferung erschlossen werden konnten. Das neuzeitliche Geschichtsdenken ist damit als das Produkt eines Diskursraums anzusehen, der ‚naturwissenschaftliche' Bereiche wie die Geologie sowie ‚geisteswissenschaftliche' Fächer wie die Aufklärungshistoriographie und die Geschichtsphilosophie noch selbstverständlich umschloss.

Ein Erkenntnisinteresse der Arbeit gilt zudem der definitiven Entkoppelung von (anthropozentrischer) Geschichtsphilosophie bzw. Geschichtsforschung einerseits und geologischer Zeit andererseits in der zweiten Hälfte des 19. Jahrhunderts, die punktuell als Verdrängungsgeschichte auf dem Weg zu den ‚zwei Kulturen' beschrieben werden kann. Während im 17. und 18. Jahrhundert die Geschichte durch den Einbezug geologischer Theorien naturalisiert wurde, emanzipierte sie sich im 19. Jahrhundert sehr energisch von der Naturgeschichte. Mit der Entgegensetzung von Geschichte und Natur wurde historisch-genetisches Denken über die Ausgrenzung der Natur definiert. Diese ‚Entzeitlichung'[22] zeigt, dass der Übergang zu verzeitlichten Ordnungen am Beginn der Moderne kein irreversibler Prozess war und legt die implizite Teleologie von Großtheorien wie ‚Sattelzeit' oder ‚Verzeitlichung' offen. Vor allem im Zusammenhang mit der disziplinären Entwicklung der sich etablierenden Geisteswissenschaften und ihrer Abgrenzung zur Naturwissenschaft scheint die kategoriale Unterscheidung zwischen Natur und Geschichte von nicht geringer Relevanz zu sein.

22 Der Begriff geht zurück auf Wolf Lepenies. Dieser postuliert, dass der Übergang zu verzeitlichten Ordnungen am Beginn der Moderne „kein irreversibler Prozeß" gewesen sei; vgl. *Lepenies*, Naturgeschichte, 20.

2 Probleme der Forschung

Diese Arbeit ist an der Schnittstelle verschiedener Disziplinen angesiedelt und hat eine wissens-, wissenschafts- und historiographiegeschichtliche Ausrichtung; ihr Schwerpunkt liegt insbesondere auf der Geschichtswissenschaft (bzw. der Wissenschaftsgeschichte der Geschichtswissenschaft): Sie untersucht *einerseits* die Aufklärungshistoriographie sowie die Geschichtsphilosophie in der zweiten Hälfte des 18. Jahrhunderts und fragt nach der ‚Natur der Geschichte', also danach, wie naturgeschichtlich-geologische Zeitmodelle menschheitsgeschichtliche Entwicklungsvorstellungen beeinflussen, bzw. wie in den paradigmenbildenden Prozessen auf Konzepte, Konventionen und Methoden der Erdwissenschaften zurückgegriffen wurde; *andererseits* untersucht sie einen Teilaspekt der Kulturgeschichte geologischen Wissens im deutschsprachigen Raum und arbeitet die grundlegende Bedeutung der Erdwissenschaften als Quelle moderner Zeitkonzepte auf. Mit dieser interdisziplinären Fragestellung schreibt sie sich in verschiedene Forschungsdiskurse ein.

2.1 Geschichte der Aufklärungshistoriographie

Die Entdeckung der geologischen Tiefenzeit sowie die Entstehung des modernen Geschichtsbegriffs in der deutschen Aufklärungshistoriographie sind zwei simultan verlaufende Prozesse. Angesichts dieser zeitlichen Koinzidenz ist es erstaunlich, dass die Frage nach einem Zusammenhang zwischen beiden bislang noch nicht umfassend thematisiert worden ist.[1] Die Ursachen hierfür liegen *einerseits* darin, dass die Forschungsdiskurse zur Aufklärungshistoriographie lange Zeit disziplinären und epistemologischen Grenzen folgten, die erst im 19. Jahrhundert etabliert wurden und die im 18. Jahrhundert noch keine Rolle spielten.[2] Das gilt insbesondere für das Verhältnis von Natur und Kultur bzw. für den methodischen und ontologischen Dualismus zwischen ‚Geistes'- und ‚Naturwissenschaften':[3] In diesem Zusammenhang wird die Entstehung der Geschichts-

---

1 Auf diese Forschungslücke wurde wiederholt hingewiesen; vgl. *Reill*, Buffon, 667; *Gisi*, Einbildungskraft, 320; *Westermann*, Menschengedenken, 198.

2 Vgl. kritisch hierzu: *Reill*, Historisierung, 52f.; *Garber*, Selbstreferenz, 139.

3 Vgl. exemplarisch Dilthey, den Urheber der Differenz zwischen ‚Erklären' und ‚Verstehen': *Dilthey*, Ideen, 144; sowie Wilhelm Windelband, der entsprechend zwischen ‚nomothetischen' Naturwissenschaften und ‚idiographischen' Geisteswissenschaften differenzierte: *Windelband*, Geschichte. C.P. Snow aktualisiert diese Dichotomie im 20. Jahrhundert und bezeichnet ‚Geistes'-

https://doi.org/10.1515/9783110650518-002

wissenschaft als ein Prozess beschrieben, in welchem Historiker sich von den normativen Methoden und Konzepten der Naturwissenschaftler emanzipierten und ihre eigenen auf Verstehen und Einfühlen und auf individuelle geschichtliche Entwicklungen gerichteten Vorgehensweisen konzipierten. *Andererseits* und spezifischer lässt sich dieser blinde Fleck der Forschung mit dem von Wolf Lepenies und Reinhart Koselleck formulierten Diktum erklären, dass der moderne Geschichtsbegriff[4] durch eine ‚Denaturalisierung' der Zeit gekennzeichnet sei: Während bis in die Vormoderne die zyklischen Prozesse der Natur paradigmenbildend für Zeitkonzepte gewesen seien, so habe sich in der zweiten Hälfte des 18. Jahrhunderts die Vorstellung eines progressiven Wandels durchgesetzt. Die bislang naturhaft-zyklische Zeit sei durch eine lineare, irreversible und sich beschleunigende Zeit ersetzt worden, für welche Naturprozesse kein Vorbild mehr darstellten und welche demzufolge ‚denaturalisiert' worden sei. Koselleck konstatiert, dass die ‚Natur' in der Spätaufklärung ihren normativen Einfluss auf die Zeitverläufe verloren habe: „Meine These wird lauten, daß der Beschleunigung eine Denaturalisierung der bis dahin überkommenen Zeiterfahrung entspricht. Sie ist Indikator einer spezifisch neuzeitlichen Geschichte."[5] Auch Lepenies rekurriert auf eine vermeintliche „Durchsetzung antinaturaler Zeitvorstellungen". Er stellt fest, dass „im Übergang zur Moderne die naturale Zeitvorstellung" verschwindet.[6] Koselleck und Lepenies unterschätzen jedoch den Einfluss der Geologie auf das historische Denken. Der Blick auf die produktiven Beziehungen zwischen Naturwissenschaft und Geschichtsphilosophie wurde durch dieses Diktum über Jahrzehnte hinweg verstellt.[7]

---

und ‚Naturwissenschaften' als ‚Two Cultures', d. h. zwei entgegengesetzte Gebiete, zwischen denen keine Kommunikation stattfände; *Snow*, Two Cultures.

4 Zur Problematik der Vorstellung einer ‚modernen' Geschichte vgl. *Knape*, Problematik.

5 *Koselleck*, Beschleunigung, 153; vgl. ebenfalls: *Koselleck*, Theoriebedürftigkeit, 303; *Koselleck*, Sozialgeschichte, 178 f.; *Koselleck*, Historia, 57. Während allerdings der ‚junge' Koselleck konstatiert, dass sich der moderne Geschichtsbegriff durch eine ‚Denaturalisierung' herausgebildet habe, prägt der ‚alte' Koselleck die Metapher der ‚Zeitschichten', welche die verschiedenen Dimensionen kultureller Zeit durch ein Modell geologischer Naturzeit repräsentiert. Die Anschaulichkeit des geologischen Strukturbegriffs dient Koselleck als heuristisches Modell für eine Theorie historischer Zeiten. Kosellecks Geschichtsdenken wird dadurch wieder ‚renaturalisiert' – wenn auch nur auf der begrifflich-metaphorischen Ebene; vgl. hierzu *Koselleck*, Zeitschichten.

6 *Lepenies*, Naturgeschichte 13 f.; vgl. auch 16.

7 Auch in neuesten Publikationen wird auf die Koselleck-Lepeniessche Denaturalisierungsthese verwiesen; vgl. *Stockhorst*, Novus, 360. Widerspruch gegen die ‚Denaturalisierungsthese' haben Johannes Rohbeck und Wolfert von Rahden eingelegt: vgl. *Rohbeck*, Fortschrittstheorie, 34 und 37; *Rohbeck*, Historisierung, 121; sowie *Rahden*, Revolution, 11. Günther geht im Gegensatz davon aus, dass die auch in anderen Disziplinen stattfindenden Prozesse der Verzeitlichung „den Begriff der Geschichte in dieser Epoche eher irritiert als entwickelt" hätten; *Günther*, Geschichte, 635.

Im Gegensatz dazu wird der Beginn und die Entwicklung des modernen historischen Denkens in dieser Arbeit nachdrücklich auf die von der Forschung bisher vernachlässigte Verzeitlichung der anorganischen Materie bezogen. Auch in den Erdwissenschaften wurde an der Schwelle zum 19. Jahrhundert die Vorstellung einer linearen und gerichteten Zeit entwickelt.[8] Die Historiographen und Geschichtsphilosophen des späten 18. Jahrhunderts haben diese geologischen Zeit- und Entwicklungsmodelle aufgegriffen und sie in ihre Geschichtsmodelle integriert. Die Verlaufsformen der Menschengeschichte wurden auf die Natur bezogen und wurden als Fortentwicklung von natürlichen Prozessen verstanden. Geschichte wurde damit immer auch als Naturgeschichte – im neueren Sinne gegenüber der älteren, deskriptiven *historia naturalis* – verstanden; die Natur, so die Hypothese, gewährleistete die Gesetzmäßigkeit und die Einheitlichkeit aller Geschichtsprozesse. Damit wird ein Zusammenhang von zwei revolutionären Prozessen untersucht, die beide im letzten Drittel des 18. Jahrhunderts beheimatet sind und beide, so die untersuchungsleitende Hypothese, in fortwährender Wechselwirkung standen. Damit werden die Einseitigkeiten und Vereinseitigungen der historiographiegeschichtlichen Forschung, welche die Spaltung von Natur- und Geisteswissenschaften in das 18. Jahrhundert zurück projiziert und „ihre eigenen Vorgeschichten bislang fast ausschließlich monodisziplinär fixiert und analysiert" hat, überwunden.[9]

Mit dieser Fragestellung bezieht sich diese Arbeit auf ein Forschungsfeld, welches die Bezüge von Naturgeschichte und Menschengeschichte untersucht. Von ‚genuinen' Historikern – insbesondere im deutschsprachigen Raum – wurde dieses transdisziplinäre Thema aus den oben genannten Gründen bislang weitgehend gemieden.[10] Von Wissenschaftlern anderer Professionen gibt es hingegen

8 Vgl. *Rudwick*, Bursting, 6.

9 *Garber*, Selbstreferenz, 139; vgl. auch *Engelhardt*, Bewusstsein, 12 und 22. Dieser hat früh darauf verwiesen, dass Aufklärungshistoriographen Geschichtsentwürfe und methodische Zugänge von „Naturwissenschaftlern" aufgegriffen haben; sowie *Rohbeck*, Fortschrittstheorie, 46 f. Rohbeck kommt in seiner Untersuchung der französischen und englischen Geschichtsphilosophie zu demselben Ergebnis; vgl. ebenso *Rohbeck*, Aufklärung, 138; wichtige Studien stammen zudem von Peter Hanns Reill; vgl. *Reill*, Enlightenment; *Reill*, Science; *Reill*, Naturwissenschaften; *Reill*, Historisierung; insbesondere den Studien Cartiers ist diese Arbeit verpflichtet, denn diese erschließen viele entlegene Quellen. Bei der Einschätzung der Quellen weicht diese Monographie von den Ergebnissen Cartiers ab: Cartier geht davon aus, dass die biblische Genesis über das gesamte 18. Jahrhundert hinweg der paradigmatische Referenztext für die Urgeschichte der Erde war; vgl. Cartier, Licht.

10 In den letzten 30 Jahren sind folgende Arbeiten erschienen, welche allerdings vor allem die Biologie und die Geographie, kaum jedoch die Geologie thematisieren: *Demandt*, Geschichts-

erste Ansätze: Grundlegend sind dabei die Studien der Philosophen bzw. Geschichtsphilosophen Andreas Urs Sommer, Johannes Rohbeck und Stephen Toulmin,[11] der Wissenschaftshistoriker Wolf und Dietrich von Engelhardt, Bernhard Fritscher und Stephen Brush[12] und der Germanisten Wolfgang Proß, Wolfert von Rahden, Peter Matussek, Jörn Garber, Lucas Marco Gisi und Hugh Barr Nisbet.[13] Die Rolle der Geologie und ihr Einfluss auf die Geschichtsvorstellungen ist in diesem Zusammenhang allerdings noch ein Desiderat der Forschung. Es existiert keine Untersuchung, die den Beitrag der Geologie zum historischen Denken in der Spätaufklärung systematisch analysiert. Die Nicht-Beachtung der Geologie steht zudem im starken Gegensatz zu ihrer Bedeutung in ihrem ‚heroischen Zeitalter'. Dadurch gerät das Bild der Spätaufklärung ins Ungleichgewicht. Exemplarisch für die Nichtbeachtung der Geologie formuliert Zedelmaier:

> Kosmogonie und Geogonie, die sich seit dem 17. Jahrhundert formierten, boten kaum Anschlußmöglichkeiten [für die Historie; D.S.]. Sie entwickelten sich seit dem späten 17. Jahrhundert unabhängig und weitgehend ohne Korrespondenz zur Historie, schon allein auf Grund ihres rational-hypothetischen Erkenntnisverfahrens.[14]

Zedelmaiers Einschätzung steht exemplarisch für weite Teile der Forschung, obgleich schon Michel Foucault – offenbar nicht weiter beachtet – bereits darauf hinwies, dass die Historisierung der Naturgeschichte der Historisierung der Menschengeschichte nicht nur zeitlich vorausging, sondern diese womöglich auch inhaltlich beeinflusst hat.[15]

---

wissenschaft; *Conze*, Evolution; *Tortarolo*, Angst; *Osterhammel*, Geschichte; *Osterhammel*, Wiederkehr; *Oexle*, Naturwissenschaft; *Cartier*, Licht; *Cartier*, Wissen; *Cartier*, Zeit.

11 Vgl. *Sommer*, Sinnstiftung; *Rohbeck*, Verhältnis; *Rohbeck*, Fortschrittstheorie; *Rohbeck*, Historisierung; *Rohbeck*, Evolutionstheorie; *Toulmin/Goodfield*, Discovery.

12 Vgl. *Engelhardt*, Wandlungen; *Engelhardt/Zimmermann*, Theorie; *Engelhardt*, Bewusstsein; *Fritscher*, Kant; *Fritscher*, Hegel; *Fritscher*, Archive; *Brush*, History; sowie *Brush*, Transmuted Past, 12–32.

13 Vgl. *Proß*, Begründung; *Proß*, Idee; *Rahden*, Aktualist; *Rahden*, Blick; *Matussek*, Goethe; *Böhme* [et al.], Kulturgeschichte; *Garber*, Selbstreferenz; *Garber*, Menschheitsgeschichte; *Gisi*, Einbildungskraft; *Nisbet*, *Herder*; Nisbet, Naturgeschichte; vgl. zudem weitere impulsgebende Studien: *Oldroyd*, Historicism Part I und Part II; *Dietz/Nutz*, Naturgeschichte; *Nutz*, Varietäten; *Mehr*, Kultur; *Schnapp*, Entdeckung; *Briese*, Comoedien; *Fischer-Kattner*, Schleifspuren; *Bach/Marino*, Naturforschung; *Gisi*, Parallelisierung; *Zammito*, Naturgeschichte.

14 *Zedelmaier*, Frühgeschichte, 102.

15 *Foucault*, mots, 379 f.; zu Foucaults Auseinandersetzung mit der Geologie vgl. *Albury/Oldroyd*, Renaissance.

2.2 Verzeitlichung

Ein zentraler Bezugspunkt dieser Arbeit sind Darstellungen, die den Beginn der Moderne an einem Wechsel der Zeitordnungen festmachen und die ‚Neuzeit' im sprichwörtlichen Sinne als ‚neue Zeit' verstehen.[16] Die Entstehung des modernen historischen Bewusstseins wird dabei als eine vermeintlich späte, plötzliche und einschneidende Entwicklung beschrieben.[17] Das Entdeckungsvokabular ist entsprechend euphorisch. Nach Friedrich Meinecke ist es die vielleicht „größte Revolution des Denkens", die das Abendland erlebt habe.[18] Michel Foucault spricht von einem „événement fondamental". Er bezeichnet sie als „un des plus radicaux sans doute qui soit arrivé à la culture occidentale".[19] Hans Blumenberg hebt die „Bewußtseinsvirulenz"[20] des Vorgangs hervor und auch in den Theorien von Niklas Luhmann nimmt die ‚Verzeitlichung der Zeit' eine zentrale Stellung ein.[21] Auf die Frage nach den Ursachen dieser ‚Zeit-Revolution' werden dabei unterschiedliche Antworten gegeben. Reinhart Koselleck, hermeneutisch argumentierend, bezeichnet die Entdeckung der Zeitlichkeit als eine souveräne Erkenntnisleistung der Subjekte. Sie bestehe darin, über den Unterschied zwischen ‚Erfahrung' und ‚Erwartung' die Vorstellung einer linearen Entwicklung in der Zeit zu generieren.[22] Für Wolf Lepenies ist der ‚Erfahrungsdruck' des anschwellenden empirischen Wissens ursächlich für den Zeitenbruch. Dieser erzwinge eine neue Form von temporaler Ordnung.[23] Michel Foucault bekennt, dass erst eine geradezu unendliche Untersuchung Aufschluss über die Ursachen dieses Prozesses geben könne.[24]

Die vorliegende Monographie schließt hier an und modifiziert die Verzeitlichungsthese.[25] Ansatzpunkt sind die außerhalb der Geschichtswissenschaft sich etablierenden Zeitdiskurse der Geologie, die bislang in diesem Kontext noch nicht

---

16 Vgl. *Lepenies*, Naturgeschichte, 10; vgl. auch *Koselleck*, Geschichte, 467; sowie *Rohbeck*, Verzeitlichung.

17 Vgl. *Muhlack*, Historisierung, 8.

18 *Meinecke*, Staatsräson, 425.

19 *Foucault*, mots, 232.

20 *Blumenberg*, Lebenszeit, 183 und 240.

21 *Luhmann*, Temporalisierung, 288.

22 Vgl. *Koselleck*, Erfahrungsraum; zum Einfluss von Koselleck vgl. exemplarisch *Blanke/Fleischer*, Aufklärung, 7.

23 *Lepenies*, Naturgeschichte, 16 f.

24 Vgl. *Foucault*, mots, 233.

25 Die breite Akzeptanz der Verzeitlichungsthese wird in der deutschsprachigen Forschung nur von Wenigen in Frage gestellt; vgl. *Seifert*, Verzeitlichung; sowie *Sawilla*, Geschichte.

berücksichtigt wurden.[26] Die Hypothese ist, dass die veränderte Temporalstruktur, welche die ‚Moderne' charakterisiert, maßgeblich auch in erdwissenschaftlichen Diskursen ‚produziert' wurde.[27] Kann diese Vermutung verifiziert werden, müssen etablierte Periodisierungen und Verläufe hinterfragt werden, denn im Lichte des hier vorgestellten Untersuchungsansatzes erscheinen die Zeitkonzepte der Moderne als weitaus früher, heterogener und dynamischer als bisher beachtet.

2.3 Wissenschafts-, Ideen- und Kulturgeschichte der Geologie

Die internationale Forschung zur Ideen- und Kulturgeschichte der Geologie ist inzwischen sehr reichhaltig.[28] Im Kontext der Frage nach den langen Zeiträumen hervorzuheben sind die Arbeiten von Stephen Toulmin und June Goodfield, Claude Albritton, Paolo Rossi, Stephen Jay Gould und Martin Rudwick.[29] Trotz der Vielzahl von Studien wurde der kulturgeschichtliche Impuls der Geologie noch nicht ausreichend gewürdigt. Martin Rudwick betont: „[I]t [die Entdeckung der Tiefenzeit; D.S] has been grossly underexplored by historians, and neglected by those who popularize science and its history".[30] Diesem Manko will die vorliegende Monographie wenigstens ansatzweise abhelfen. Das gilt vor allen für den deutschsprachigen Raum. Der Wissenschaftshistoriker Hubert Laitko wies schon 1999 auf die Forschungslücke hin: „Im 19. Jahrhundert [...] war das spezifische Gewicht der Geowissenschaften für das Weltbild besonders groß; erstaunlicherweise ist dieser Umstand [...] so gut wie garnicht [sic!] zur Kenntnis genommen worden."[31]

26 Auf diese Forschungslücke weisen hin: *Reill*, Science, 430; *Rahden*, Blick, 73; *Stockhorst*, Novus, 372; *Mittelstraß*, Neuzeit, 348.
27 Vgl. *Wendorff*, Zeit, 316 f.; *Toulmin/Goodfield*, Discovery, 103; *Rohbeck*, Fortschrittstheorie, 48.
28 Schwerpunktmäßig wird allerdings der angloamerikanische Raum untersucht, der deutschsprachige hingegen wird vernachlässigt; vgl. zu diesem: *Beringer*, Geschichte; *Herneck*, Beitrag; *Hölder*, Geschichte; *Guntau*, Geologie; *Keményfi*, Karte; *Schimkat*, Geologie; von Bedeutung sind insbesondere die Schriften von Fritscher; vgl. *Fritscher*, Entmoralisierung; *Fritscher*, Archive.
29 Vgl. *Toulmin/Goodfield*, Discovery; *Albritton*, Abyss; *Rossi*, Abyss; *Rossi*, Altern; *Gould*, Time's Arrow; *Rudwick*, Bursting; *Rudwick*, Worlds; *Rudwick*, Deep History; vgl. außerdem *Rappaport*, Geologists; sowie *Gohau*, History; *Gohau*, Naissance.
30 *Rudwick*, Bursting, 1; vgl. auch *Rudwick* [et al.], Symposium, 387; *Dietz*, Naturgeschichte, 595; *Frodeman*, Geo-logic, 79 f.
31 *Laitko*, Historizität, 38.

Inhaltlich schließt diese Arbeit dabei insbesondere an die jüngsten Schriften Martin Rudwicks an – ohne sich in irgendeiner Form an ihnen messen zu wollen.[32] Rudwick untersucht Rezeptionsprozesse zwischen der Geologie und den Geschichtswissenschaften. Seine zentrale Erkenntnis ist, dass die Geologie ein kontingentes Geschichtsverständnis entwickeln konnte, indem sie methodische Anleihen bei der Geschichtswissenschaft nahm.[33] Diese Arbeit hat eine ähnliche Fragestellung: Sie analysiert ebenfalls Rezeptionsprozesse zwischen Geologie und Geschichtswissenschaft, richtet dabei ihr Hauptaugenmerk allerdings auf letztere und fragt, ob der von Rudwick beschriebenen ‚Historisierung der Natur' auch eine ‚Naturalisierung der Geschichte'[34] entspricht. Ebenso impulsgebend für den Ansatz und die Fragestellung dieser Arbeit sind die Schriften von Georg Braungart zur Kulturgeschichte der Geologie im deutschsprachigen Raum.[35]

2.4 Ideengeschichte der Zeit / Zeit als Problem der Geschichtswissenschaft

Obwohl die Zeit-Forschung auf eine fast unüberschaubare Fülle von Forschungsliteratur zurückblickt, gibt es eine ausführliche Thematisierung der geologischen Tiefenzeit im Kontext der Zeitkulturen der Neuzeit und der Moderne bisher nicht.[36] Nur in vereinzelten Beiträgen wird auf die Bedeutung der Geologie als Quelle moderner Zeitkonzepte hingewiesen.[37] Selbst ideengeschichtlich ausgerichtete Monographien ignorieren den fundamentalen Beitrag der Geologie zu den Zeitkonzepten der Moderne.[38] Frodeman fasst die Problemlage zusammen:

---

32 Vgl. die hymnischen Rezensionen von *Gohau* [et al.], Symposium, 359; *Buckland*, Collectors; *Greene*, Martin J. S. Rudwick; *Rappaport*, Martin Rudwick; *Westermann*, Menschengedenken.

33 *Rudwick*, Bursting, 6.

34 Diese Begrifflichkeit hat Peter Hanns Reill vorgeschlagen; vgl. *Reill*, Buffon, 668.

35 Vgl. exemplarisch: *Braungart*, Poetics; *Braungart*, Katastrophen; *Braungart*, Poetik; *Braungart*, Hauslehrer; *Braungart*, Petrefaktensammler. Weitere Germanisten sind dem Beispiel Braungarts gefolgt; vgl. *Haberkorn*, Naturhistoriker; *Schnyder*, Nicht-Wissen.

36 Einen guten Überblick über die Forschung gibt *Landwehr*, Zeiten, 9–40.

37 Vgl. *Ratzel*, Raum; *Weizsäcker*, Geschichte; *Schindewolf*, Zeitfaktor; *Schindewolf*, Erdgeschichte; *Simon*, Zeit; *Wagenbreth*, Bemerkungen; Rossi, Abyss; *Gould*, Time's Arrow; *Rupke*, End; *Hörz*, Zeit in Geologie; *Hörz*, Zeit; *Gee*, Search; *Schmeisser*, Erdgeschichte; *Haberkorn*, Tiefenzeit; *Osterhammel*, Geschichtskolumne, 622 f.

38 Vgl. folgende Publikationen. Aus Platzgründen werden ausschließlich Monographien und Sammelbände der letzten 20 Jahre aufgeführt. In diesen werden naturwissenschaftliche Zeitkonzepte zwar nicht vollständig übergangen – astronomische, biologische (Darwin) und physikalische (Einstein) werden z. T. berücksichtigt – geologische werden allerdings fast durchgängig ignoriert: *Ehlert*, Zeitkonzeptionen; *Sandbothe*, Verzeitlichung; *Dux*, Zeit; *Becker*, Zeit; *Raulff*,

„The concept of time plays an especially prominent role within contemporary Continental or European philosophy. Nevertheless, philosophers and historians have ignored the Huttonian and Wernerian revolution's decisive role in reshaping our sense of time."[39] Es besteht ein erheblicher Bedarf an Studien zur ‚geologischen' Zeit, denn zwischen der Bedeutung der Geologie im 18. und 19. Jahrhundert und ihrer Bedeutung in der Forschung besteht eine große Diskrepanz.[40] Indem diese Arbeit die Veränderung von Zeitkonzepten in der Spätaufklärung analysiert, thematisiert sie eine Fundamentalkategorie der Geschichtswissenschaft. Die Zeit sei, so Seibt, „das wichtigste Instrument des Historikers, sein geistiges Rüstzeug, die Gedankenelle, mit der er Ordnung schafft im Chaos der Erinnerung; das analytische Skalpell, mit dem er in der breiten Masse des Geschehenen nach dem roten Faden sucht".[41] Allerdings befassen sich nur wenige Publikationen mit der Veränderung von Zeitkonzepten. Landwehr moniert: „Bei näherem Hinsehen fällt [...] auf, dass Zeit vielfach nur vorausgesetzt, aber selten problematisiert wird."[42] Auch in den *Geschichtlichen Grundbegriffen* fehlt ein entsprechendes Lemma.

Dieser Veränderung der Zeitkonzepte in der Spätaufklärung nachzuspüren, ist das Anliegen der vorliegenden Arbeit. In diesem Sinne versteht sie sich ebenfalls als ein Beitrag zur Wissensgeschichte bzw. Ideengeschichte der Zeit. Der Schwerpunkt liegt dabei auf den Austauschprozessen zwischen Aufklärungshistoriographie und Erdwissenschaften.

Augenblick; *Mainzer*, Zeit; *Herzog*, Streit; *Chvojka* [et al.], Zeit; *Kablitz* [et al.], Zeit; *Rüsen*, Zeit; *Kaschuba*, Überwindung; *Rosa*, Beschleunigung; *Hameter* [et al.], Zeit; *Gloy*, Zeit; Gloy, Philosophiegeschichte; *Brendecke* [et al.], Autorität; *Bieber*, Zeit; *Keppler*, Zeitliches; *Schivelbusch*, Geschichte; *Nebel*, Ideen; *Schmale*, Time; *Bösch/Danyel*, Zeitgeschichte; *Kinnebrock*, Zeit; *Landwehr*, Zeiten; in einer weiteren Publikation Landwehrs wird die Geologie gestreift; vgl. *Landwehr*, Geburt, 128 f.; vgl. ebenso *Lenz*, Universalgeschichte, 78 f.

39 *Frodeman*, Geo-logic, 80.

40 Zur Bedeutung der Geologie im 18. und 19. Jahrhundert vgl. *Nowotny*, Eigenzeit, 84, welche sie als „Schlüsselwissenschaft" bezeichnet; *Schwarz* konstatiert, das die Wirkung der Geologie „kaum überschätzt werden" könne; *Schwarz*, Schlüssel, 54; vgl. auch *Laitko*, Historizität, 37.

41 *Seibt*, Zeit, 147. Zentrale Studien stammen von Fernand Braudel, Reinhart Koselleck und Heinz D. Kittsteiner. Vgl. exemplarisch: *Braudel*, Mittelmeer; *Braudel*, Geschichte; *Koselleck*, Zeitschichten; *Koselleck*, Zukunft; *Koselleck*, Zeit; *Kittsteiner*, Einheit; *Kittsteiner*, Geschichtsphilosophie; *Kittsteiner*, Verhältnis; auch Luhmanns Beiträge zur Zeittheorie sind einflussreich: *Luhmann*, Weltzeit; *Luhmann*, Temporalisierung; vgl. zudem folgende Studien: *Wendorff*, Zeit; *Kern*, Culture; *Seibt*, Zeit; *Borst*, Computus; *Pandel*, Zeit; *Rüsen*, Typen; *Hölscher*, Entdeckung; *Nebelin*, Zeit; *Stockhorst*, Zeitkonzepte; *Stockhorst*, Novus; *Rüsen*, Zeit.

42 *Landwehr*, Zeiten, 15. Klagen über die unzureichende Beschäftigung von Historikern mit der Zeitproblematik sind Legion; vgl. *Seibt*, Zeit, 145; *Kittsteiner*, Geschichtsphilosophie, 110; *Goertz*, Umgang, 168; *Kirov*, Geschichte, 12; *Hoffmann*, Zufall, 161; *Stockhorst*, Novus, 381; *Graf*, Zeit, 94.

2.5 Umweltgeschichte

Insofern die vorliegende Monographie das Naturverhältnis des Menschen zu seinem Heimatplaneten thematisiert, ordnet sie sich dem auch nach etwa 40 Jahren noch expandierenden Forschungsgebiet der Umweltgeschichte zu. Dass dieses Feld zu den z. Zt. „produktivsten und innovativsten" Forschungsgebieten der Geschichtswissenschaft gezählt werden kann, zeigt Uwe Luebken in einem systematisierenden Forschungsbericht.[43]

Diese Arbeit thematisiert die Frage, wie über verschiedene Zeitkonzepte das Verhältnis von Mensch und Erde verhandelt wird. Dabei möchte sie die Relevanz der Geisteswissenschaften für den Naturdiskurs belegen und zeigen, inwiefern die spätestens seit den 1960er Jahren als immer drängender wahrgenommene Umweltkrise nicht nur als ein materielles, sondern auch als ein epistemologisches Problem verstanden werden kann, weil mit einem fatalen Umgang mit der Natur immer auch problematische Naturkonzepte korrespondieren.[44]

---

43 *Luebken*, Undiszipliniert, 3; vgl. auch *Freytag*, Umweltgeschichte. Neben einer ganzen Reihe von Monographien sind in den letzten Jahren verschiedenste Sammelbände erschienen, welche die Forschungsdiskussion dokumentieren; vgl. *Bruckmüller*, Umweltgeschichte; *Finzsch*, Clios Natur; *Brunner*, Umgang; *Förster*, Umweltgeschichte(n). Von der wissenschaftlichen Etablierung zeugt inzwischen auch die institutionelle Verankerung des Forschungszweigs. An der Ruhr-Universität in Bochum und der TU in Darmstadt ist die Umweltgeschichte Teil von Lehrstuhldenominationen. An der LMU München ist das Rachel-Carson-Center for Environment and Society (ein Käthe-Hamburger-Kolleg) mit großer Wirkung aktiv.

44 Vgl. *Frodeman*, Geo-logic, 4; *Goodbody*, Nature, 5.

3 Methodische Prämissen, Begrifflichkeit, Quellenbasis

3.1 Die Bedeutung der Geologie für die Geschichte

Diese Monographie analysiert erstmals systematisch den Zusammenhang zwischen der ‚Verzeitlichung der Natur' sowie dem spätaufklärerischen Geschichtsdenken. Paradigmatisch wird hierfür auf der Seite der Naturkunde bzw. Naturwissenschaft die Geologie in den Blick genommen, welche sich um 1800 als Disziplin ausdifferenziert, institutionell etabliert und mit ihren unendlich langen Zeitperspektiven eine deutliche Herausforderung für anthropozentrische Geschichtsentwürfe darstellt. Das bedeutet keinesfalls, die Geologie sei in diesem Zusammenhang der einzige oder der wichtigste naturgeschichtliche Diskurs gewesen.[1] Allerdings haben die Erdwissenschaften als Impulsgeber für geschichtliches Denken eine besonders exponierte Bedeutung; sie waren nicht nur die populärste naturwissenschaftliche Disziplin im späten 18. und frühen 19. Jahrhundert, sondern prägten auch das Nachdenken über Zeit durch grundlegende methodologische Innovationen. Die Geologie war im späten 18. und frühen 19. Jahrhundert eine regelrechte „Modewissenschaf[t]"[2] und „eindeutig die dominierende wissenschaftliche Disziplin der Zeit."[3] Zahlreiche Veröffentlichungen bezeugen dies. Johann Ehrenreich von Fichtel gibt im Jahre 1792 etwas ironisch Auskunft über die Literaturfülle:

> [M]an sagte mir, in dem vorletzten Decennium des itzigen Jahrhunderts, sey über Mineralien mehr geschrieben worden, als über Theologie, Philosophie und Jurisprudenz mitsammen in einem halben Jahrhundert, ja es gebe mineralogische Papiere, wie Heu und Stroh im gegenwärtigen fruchtbaren Jahre.[4]

---

1 Dieser Ansatz hat exemplarische Bedeutung und möchte weiteren Untersuchungen der Relationen zwischen Geschichtsschreibung und Naturwissenschaft nichts vorwegnehmen. Verschiedene andere naturgeschichtliche Disziplinen wurden bereits in ihrem Verhältnis zur Geschichtswissenschaft untersucht; vgl. exemplarisch folgende Untersuchungen zum Vitalismus und zur Anthropologie: *Reill*, Nature; *Gisi*, Einbildungskraft.

2 *Guntau*, Wert, 152.

3 *Bowker*, Ursprünge, 705. Von der Renaissance bis zur Industriellen Revolution waren die Erdwissenschaften von immenser Bedeutung; vgl. *Guntau*, Wert, 151.

4 [*Fichtel*, Johann Ehrenreich von]: Die Mineralogen gegen das Ende des achtzehnten Jahrhunderts. Frankfurt und Leipzig 1792. Zit. n. *Guntau*, Wert, 152.

https://doi.org/10.1515/9783110650518-003

Es entstanden gelehrte Gesellschaften wie die ‚Societät für die gesamte Mineralogie' (1796), deren Förderer und Präsident Goethe war und der um 1800 etwa 1800 Mitglieder angehörten.[5] Bedeutsam war ebenso die Gründung von montanwissenschaftlichen Bildungseinrichtungen, ‚Bergakademien', wie etwa in Freiberg (1765), Schemnitz (1763/70), Berlin (1770), St. Petersburg (1773) und Clausthal (1775). In der ersten Hälfte des 19. Jahrhunderts stieg der gesellschaftliche Stellenwert sogar noch weiter an. Die Geologie war die mit Abstand populärste wissenschaftliche Disziplin in England,[6] in Frankreich[7] und im deutschsprachigen Raum. Hermann Hauff, der Bruder von Wilhelm Hauff, berichtet im Jahre 1840:

> Unter allen Naturwissenschaften ist Geologie die populärste, diejenige, deren Resultate das allgemeinste Interesse erregen. Sie zählt bei weitem am meisten dilettantische Beförderer. Unzählige, welche im vorigen Jahrhundert Wappen oder Münzen gesammelt hatten, studiren jetzt nach den Medaillen in den Flötzen die Dynastien der Fossilien. Ja, Geologie ist eine fashionable Liebhaberei geworden und selbst schöne Hände blättern im riesigen Steincodex der Gebirge wie in einem Modejournal [...].[8]

Die Metapher der Steinschichten als ‚Modejournal' verdeutlicht die weite Verbreitung der Geologie. Sie geht zurück auf den Topos vom ‚Buch der Natur' und lässt sich auch als ein ironischer Bezug auf die vielen geologischen ‚Moden' wie etwa Neptunismus und Plutonismus, Katastrophismus und Uniformitarismus, verstehen.

Eine Ursache für die große Popularität der Geologie war, dass ihre Grundkonzepte einfach verständlich waren, während die Interpretationen, die darauf aufbauten, gleichzeitig sehr grundlegend waren. Zudem steht der Aufschwung der Erdwissenschaften auch in einem Zusammenhang mit den Erfordernissen der Industriellen Revolution und dem wachsenden Rohstoffbedarf durch die Erfindung der Dampfmaschine.[9]

Die entscheidende Bedeutung der Erdwissenschaften für menschliche Geschichtskonzepte liegt jedoch in ihrer revolutionären Zeit-Konzeption: Durch Nico-

---

5 *Fuchsloch*, Entstehung, 472.
6 Vgl. *Cartier*, Licht, 113 f.; *Schwarz*, Schlüssel, 50.
7 Im Jahre 1833 wurden in Frankreich mehr Schriften geologisch-paläontologischen Inhalts publiziert als in allen übrigen naturwissenschaftlichen Disziplinen zusammen; vgl. *Bowker*, Ursprünge, 705.
8 *Hauff*, Geologische Briefe, 413. Die Einschätzung Hauffs deckt sich mit den Ergebnissen der jüngsten wissenschaftsgeschichtlichen Forschung; vgl. *Schwarz*, Schlüssel, 50.
9 Vgl. *Wagenbreth*, Dampfmaschine; *Lucier*, Geological Industries; *Gohau*, History, hier Kap. 8 ‚At the Service of Industry', 99 – 110; *Veneer*, Provincial geology; *Laudan*, History, 324.

laus Stenos stratigraphisches Grundgesetz (1669) wurde Zeit durch Materie dokumentiert. Schichtungen im Raum wurden als Manifestationen von Zeit erkannt. Dadurch wurde die vermeintlich ungreifbare Zeit – im wörtlichen Sinne – anschaulich, erfassbar und begreifbar. Aufgrund ihrer ungeheuer großen Erstreckung ist die geologische Zeit der menschlichen Fassbarkeit jedoch entzogen. Sie wird durch geologische Theoriebildung damit zugleich anschaulich und unanschaulich, bzw. aufgrund Anschaulichkeit unanschaulich.[10] Für die Innovationen des Welt- und Geschichtsbildes im späten 18. Jahrhundert ist diese Neukonzeption ohne Zweifel zentral. Sie ist die Voraussetzung dafür, dass sich die neuzeitliche Vorstellung eines singulären, unbegrenzten und irreversiblen Fortschrittsprozesses etablieren konnte.

3.2 Methodische Prämissen

Die Konzentration auf den Diskurszusammenhang von Erdwissenschaften und Historiographie durchbricht die gängigen Erklärungsmuster zum Beginn des historischen Denkens. Damit verweigert sich die vorliegende Untersuchung schematisierenden Darstellungen, welche den Ursprung des modernen historischen Denkens im 18. Jahrhundert einzig in den ‚Geisteswissenschaften' beheimatet sehen. Allerdings verschließt sie sich ebenso den derzeitig modischen Trends einer sich als *cultural study* verstehenden Historiographie: Es würde den Rahmen der Untersuchung sprengen, die Ausbildung der Aufklärungshistoriographie vor dem Hintergrund der Makrogeschichte, der Mentalitäts- und Sozialgeschichte nachzuvollziehen. Insofern verortet sich diese Arbeit nicht primär im Kontext von Foucaults Diskursanalyse. Den Anspruch, die ‚episteme', bzw. „die Basis oder das archäologische System zu bestimmen, das einer ganzen Reihe wissenschaftlicher ‚Repräsentationen' oder ‚Ergebnisse' gemeinsam ist, die überall in der Naturgeschichte, der Ökonomie und der Philosophie der Klassik verstreut sind,"[11] kann die Arbeit nicht einlösen. Dennoch sind die Theorien Foucaults ebenso wie die Arbeiten zur Wissenschaftsgeschichte von Ludwik Fleck, Thomas S. Kuhn und Bruno Latour, um nur die Wichtigsten zu nennen, als beständiger methodologischer Bezugspunkt dieser Arbeit fortwährend präsent. Gemeinsam ist ihnen, den Anspruch der Naturwissenschaften, die Wirklichkeit ‚objektiv' zu erfassen, rigide einzuschränken. Im Gegensatz dazu betonen sie den relativistischen und konstruktivistischen Grundcharakter naturwissenschaftli-

10 Vgl. *Rahden*, Blick, 46.
11 *Foucault*, Ordnung, 12.

cher Erkenntnis, welche u. a. vor dem Hintergrund von apparativen, institutionellen, sozialen und mentalitären Wirkungsfaktoren ‚konstruiert' wird. Für die übergreifende Analyse von Geologie und Geschichte sind diese Ansätze eine wichtige Voraussetzung, da sie die Differenz zwischen Natur und Geschichte als Scheindifferenz entlarven.[12] Untersuchungsleitend ist die Annahme, dass die Erdgeschichte nicht ausschließlich durch empirische Belege *re*konstruiert, sondern ebenso vor dem Hintergrund zeit-, kultur- und milieuspezifischer Grundannahmen *konstruiert* wurde. Bereits Stephen J. Gould hat auf ihren konstruktivistischen Charakter hingewiesen: In den maßgeblichen geologischen Werken von Burnet, Hutton und Lyell seien keine neuen Zeitkonzepte entwickelt worden, sondern die schon vorhandene Zeit-Metaphorik von Pfeil und Kreis werde immer wieder aktualisiert.[13]

In ihrem Vorgehen und ihrer Fragestellung versteht sich diese Arbeit im weitesten Sinne als kulturhermeneutische Wissens-, Wissenschafts- und Historiographiegeschichte. Ihre Methodik ist streng quellenbezogen. Zentraler Bezugspunkt ist die Analyse der Schriften, Korrespondenzen und Tagebucheinträge einzelner Erdwissenschaftler, Historiographen und Geschichtsphilosophen. Diese Darstellungsweise trägt der großen Heterogenität der Erdwissenschaften und der Aufklärungshistoriographie in ihrer vorparadigmatischen Phase Rechnung. Die Beschränkung auf diese Textzeugnisse und die Nichtberücksichtigung des breiten ‚Diskurses' und seiner sozial- und mentalitätsgeschichtlichen Verästelungen liegt darin begründet, dass das Thema wie schon erwähnt bislang fast gänzlich unerschlossen ist. Ziel ist es, die Transformationsprozesse zwischen den akademischen Diskursen von Erdwissenschaften und Aufklärungshistoriographie zu beschreiben. Diese dann wiederum im Kontext makrogeschichtlicher und sozialer und mentalitärer Entwicklungen auf breiter Quellenbasis und methodisch fundiert aufzuarbeiten, muss als Desiderat der Forschung späteren Untersuchungen überlassen werden.

Obwohl umfassendere sozialgeschichtliche Zusammenhänge damit nicht im Mittelpunkt der Untersuchung stehen, wird dennoch bei jedem einzelnen Autor danach gefragt, welche Bedeutung der geologischen Theorie in dem jeweiligen geschichtlichen Entwurf zukommt und welche Funktion sie besitzt. Auch mentalitätsgeschichtliche Fragen nach den damit verbundenen Einstellungen, Gedanken und Hoffnungen, nach theologischen Vorstellungen, Menschenbild, Endzeiterwartung und Erlösung werden analysiert. Allerdings sind hier die Er-

---

12 Vgl. *Rheinberger*, Epistemologie; *Braungart/Till*, Wissenschaft; *Daston/Galison*, Objektivität; *Golinski*, Knowledge.

13 *Gould*, Time's Arrow; vgl. auch *Braungart*, Poetik, 67; *Schnyder*, Geologie, 76 f.

gebnisse sehr vielgestaltig, so dass sich nicht zwangsläufig Korrespondenzen und Muster ergeben.

Dieser Schwerpunkt auf einzelne Autoren wird durch übergeordnete thematische und methodische Perspektivierungen ergänzt: *Thematisch* stehen Konflikte über die Gültigkeit verschiedener Zeitkonzeptionen im Mittelpunkt, da diese vor allem dann hervortreten, wenn über sie gestritten wird.[14] Die Geologie besaß in dieser Hinsicht ein großes provokatives Potential. Sie ist – mehr als hundert Jahre vor Darwin! – die erste Wissenschaft, die den biblischen Schöpfungsbericht direkt in Frage stellte. Der Konflikt zwischen ‚Genesis und Geologie' war entsprechend ubiquitär.[15] Insbesondere Historiker mussten vor dem Hintergrund dieser Konfliktlage Stellung beziehen. Allerdings soll hier aber die vermeintliche Dichotomie zwischen Glauben und Wissenschaft *nicht* vertieft werden. Die Forschung zur Geschichte der Geologie wurde – besonders in der marxistischen Wissenschaftsgeschichte[16] – lange Zeit beherrscht von dem zwar einprägsamen, aber letztlich simplifizierenden Antagonismus von ‚Genesis und Geologie'. Das Kampfmotiv, dass ein vernünftiges und empirisch-beschreibendes naturwissenschaftliches Denken die metaphysischen ‚Spekulationen' der Religion letztlich entkräftet habe, ist nicht zutreffend. Vielmehr wird vom Ergebnis eines langen und komplexen Prozesses in unzulässiger Weise auf seinen Verlauf geschlossen. In dieser Arbeit steht im Mittelpunkt, wie die besprochenen Autoren sich in diesem Konflikt positionierten und wie sie mit ihren Lösungsversuchen an der Bewältigung des geologischen Wissens arbeiteten und es gesellschaftlich verfügbar machten. Dabei sind grundsätzlich verschiedene Umgangsweisen denkbar, die von vehementer Ablehnung des geologischen Wissens über verschiedene Mischformen bis hin zur vollständigen Inkorporierung desselben reichen. Kulturgeschichtlich sind die Problemlösungsversuche von großer Relevanz, da sie Vorgehensweisen formulieren, wie sich Erdgeschichte und Menschengeschichte verbinden lassen.

Neben dem Konflikt zwischen ‚Genesis und Geologie' ist die Auseinandersetzung der Historiographen und Geschichtsphilosophen der Spätaufklärung mit der Urgeschichte der Erde zudem vor dem Problemhorizont zu begreifen, dass der Mensch auf der einen Seite zwar die komplexeste Naturerscheinung und mithin der Höhepunkt der Naturentwicklung zu sein scheint, gleichzeitig jedoch vor dem Hintergrund der Erdgeschichte nur eine verschwindend geringe, beinahe zu vernachlässigende Rolle spielt. Blumenberg verdeutlicht dieses Problem: „[D]as

---

14 Vgl. *Rinderspacher*, Gesellschaft, 14; sowie *Nowotny*, Eigenzeit, 116.

15 Vgl. *Gillispie*, Genesis; *Jackelén*, Cosmology, hier das Kap. ‚Deep time, Genesis and geology', 136 – 137.

16 vgl. etwa *Guntau*, Genesis, 35; sowie *Hörz*, Zeit.

Anwachsen der Weltzeit", drohte „die Zeitmaße der Geschichtsschreibung zur Nichtigkeit und Sinnlosigkeit herabzudrücken". Denn „jeder Zuwachs an Ausdehnung" musste „die Illusion eng zentrierter Geschichtsbilder" zerstören.[17] Vor diesem Problemhorizont stellt sich hier die Frage, wie sich ein menschliches Geschichtsbewusstsein vor dem Hintergrund eines radikal geänderten Zeitbewusstseins verorten lässt? Weitere spezifische Zeitkonflikte, die analysiert werden, sind etwa die Diskussion über das Alter der Welt oder der Basalt-Streit.

Neben diesen thematischen Problemkontexten sind *methodisch* drei prägnante Diskursbereiche bzw. ‚Gattungen' der Aufklärungshistoriographie untersuchungsleitend: die ‚historia sacra', die ‚Weltgeschichte' und die Geschichtsphilosophie.

3.3 Begrifflichkeit

Mit ihrer Fragestellung nach der ‚Natur der Geschichte' überschreitet diese Monographie ontologische und epistemologische Barrieren, die ‚Naturwissenschaften' und ‚Geisteswissenschaften' vermeintlich trennen. Das setzt konzeptionelle Vorannahmen voraus, die insbesondere die Begriffe ‚Geschichte' und ‚Geologie' betreffen: So wird ein ‚weiter' Geschichtsbegriff zu Grunde gelegt, der sowohl Entwicklungen in der Natur als auch in der Kultur umfasst. Leitend ist die Definition von Hermann Lübbe: „Geschichten sind Prozesse der Systemindividualisierung als Folge erhaltungsdienlicher Umbildung von Systemen unter differenten Umstandsbedingungen, deren Eintritt seinerseits aus der ursprünglichen Funktionalität der Systeme nicht ableitbar ist."[18] Mit diesem Ansatz sollen keineswegs alle Differenzen von Kulturgeschichte und Naturgeschichte nivelliert werden. Hervorzuheben ist allerdings, dass das Kriterium der ‚Geschichtlichkeit', so Lübbe, gegenüber dem Unterschied von Natur- und Geisteswissenschaften indifferent sei:

> In beiden Fällen, im Falle der Naturgeschichte nicht anders als im Falle der Kulturgeschichte, erbringt das historische Bewußtsein eine analoge Ordnungsleistung. Es ist die Leistung der Herstellung einer genetischen Verknüpfung von naturalen oder kulturellen Evolutionsrelikten, die, unverbunden, ein Chaos bilden würden und die sich dann durch Herstellung

---

17 *Blumenberg*, Lebenszeit, 228 und 239.

18 *Lübbe*, Geschichtsbegriff, 98; vgl. auch *Lübbe*, Einheit; weitere namhafte Historiker, wie Koselleck, Rüsen und Oeser, stimmen im Wesentlichen mit Lübbe überein und betonen den Zusammenhang zwischen ‚Naturgeschichte' und ‚Geschichte'; vgl. *Koselleck*, Zeiten, 292; *Rüsen*, Kultur, 53; *Oeser*, Zeitpfeil, 153.

> eines Deutungszusammenhangs ihrer genetischen Abhängigkeit voneinander zur Ordnung einer erzählbaren Geschichte zusammenfügen.[19]

Analog zum Geschichtsbegriff wird in dieser Arbeit auch ein ‚weites' Begriffsverständnis von ‚Geologie' zu Grunde gelegt. Neben ihrer Bedeutung als klassisch naturwissenschaftliche Disziplin mit einem starken Bezug zur Chemie, Mathematik und Physik steht hier insbesondere ihr Charakter als genuin historische Wissenschaft im Mittelpunkt, welchen Greene verdeutlicht: „*Geology* means and has always meant to explain what the earth is by telling the detailed historical story of how it came to be structured and ordered in the way we see it and then interpreting the details of this history".[20] Zentraler Bezugspunkt sind hierbei die Ansätze von Robert Frodeman, der die epistemologische Struktur der Erdwissenschaften als hybride charakterisiert. Im Kern begreift Frodeman die Geologie als eine historische Wissenschaft; Ziel ihrer Analysen sei es, die spezifische und unverwechselbare Geschichte historischer Phänomene nachzuvollziehen: „In geology [...] the goal is not primarily to identify general laws, but rather to chronicle the particular events that occurred at a given location".[21] In diesem Sinne kennzeichnet Frodeman die Geologie zudem auch als *hermeneutische* Wissenschaft: „Like art history, with which it shares a strongly visual component, *geology is a deeply hermeneutic science*; the outcrop typically means nothing to the uninitiated until the geologists introduces concepts for seeing the rock."[22] Analysen einer Fazies oder eines Geländes hätten, so Frodeman, eine zirkuläre Gestalt und ließen sich daher als ‚hermeneutischer Zirkel' begreifen. Ebenso wichtig bei der Einschätzung geologischer Phänomene sei ein ‚hermeneutisches Vorverständnis'.[23]

Es muss jedoch betont werden, dass sowohl Lübbes Geschichtsbegriff als auch Frodemans Geologiebegriff keine abstrakten heuristischen Konstrukte sind, welche den Diskursen der Spätaufklärung Gewalt antun. Im Gegenteil: Die Quellenanalysen belegen, dass das ‚weite' Verständnis von Geologie und Geschichte, welches die Ähnlichkeit zwischen den Erdwissenschaften und der Ge-

---

19 *Lübbe*, Gegenwartsschrumpfung, 44; vgl. auch *Lübbe*, Geschichtsbegriff, 101 f.

20 *Greene*, Geology, 169 [Hervorhebung im Original]. Zum Verhältnis von Geologie und Geschichte vgl. auch *Barraclough*, Scientific Method; *Baron/Sticker*, Ansätze; *Hooykaas*, Aktualismus; *Hooykaas*, Natuur; *Rheinberger*, Herausbildung; *Dietzsch*, Geschichte; *Buhr/Dietzsch*, Natur; *Bankwitz*, Erdgeschichte; *Cleland*, Differences; *Guntau*, Beziehungen.

21 *Frodeman*, Geo-logic, 91; vgl. auch ebd., 93 f.; *Frodeman*, Reasoning; *Gohau*, History, 5 und 90; *Oldroyd*, Earth, 4 und 59; *Schindewolf*, Erdgeschichte, 70 f.; *Lübbe*, Zug, 282; *Lübbe*, Einheit, 15.

22 *Frodeman*, Geo-logic, 87. [Hervorhebungen D.S.]; vgl. auch *Oldroyd*, Earth, 4.

23 Vgl. *Frodeman*, Geo-logic, 88.

schichtswissenschaft betont, der Geschichtsauffassung der Spätaufklärung konform ist.[24]

Begrifflich und konzeptionell steht die Arbeit vor dem Problem, dass sich im Untersuchungszeitraum dieser Monographie die ‚Geologie' als wissenschaftliche Disziplin erst sukzessive konsolidiert. Erst Horace-Bénédict de Saussures Aufstieg auf den Mont Blanc im Jahre 1787 markiert, so Martin Rudwick, den Punkt, von dem ab von einer ‚Geologie' im modernen Sinne zu sprechen sei.[25] Zur Mitte des 18. Jahrhunderts von ‚Geologie' zu sprechen wäre demnach anachronistisch. Dieser Problematik ist sich diese Arbeit bewusst. Um die vordisziplinäre Phase der Geologie als solche zu kennzeichnen, wird im betreffenden Zeitraum, wenn nicht näher spezifiziert, von ‚Geowissenschaften' respektive ‚Erdwissenschaften' gesprochen bzw. auf ‚erdwissenschaftliche Diskurse' rekurriert. Zudem ist gerade mit Blick auf die verschiedenen Bereiche des Naturwissens bei der Analyse höchste Sorgfalt geboten. Die verschiedenen Diskurszusammenhänge müssen in differenzierten Einzelbetrachtungen, die jedoch nicht die übergreifenden Zusammenhänge aus dem Blick verlieren, erschlossen werden.

3.4 Quellenbasis

Um die Korrespondenzen zwischen Erdwissenschaften und Historiographie möglichst umfassend in den Blick zu bekommen, wird bei der Auswahl der einzelnen Autoren nicht nur ein intellektueller Höhenkamm abgeschritten. Obwohl mit Herder und Schlözer auch sehr bekannte Vertreter der akademischen Zunft berücksichtigt werden, stehen vor allem die Schriften von Autoren mittlerer Reichweite im Mittelpunkt der Untersuchung. Diese Autoren entwickelten konventionelle Modelle historiographischer Theoriebildung und stellen eher den Prototyp als die Ausnahme dar. Damit soll die Verbreitung dieser Form des Denkens auch abseits von bereits bekannten ‚Leuchttürmen' belegt und eine annähernd adäquate Darstellung der historiographischen Transformationsprozesse gewährleistet werden.

24 Exemplarisch sei hier auf August Ludwig Schlözers Geschichtsdefinition verwiesen, welche Natur- und Kulturgeschichte einen einheitlichen Entwicklungsbegriff zu Grunde legt.

25 Vgl. *Rudwick*, Bursting, 21 f.; auch *Gohau*, History, 2 postuliert, dass ‚Geologie' bereits im Jahre 1778 von Jean-André Deluc in seiner modernen Bedeutung verwendet wurde; im Gegensatz dazu geht Alain Schnapp davon aus, dass bereits Ulisse Aldrovandi in seiner Schrift *Geologia ovvero de fossilibus* (entstanden vor 1605, erschienen 1648) den Begriff in seiner heutigen Verwendung geprägt habe; vgl. *Schnapp*, Antiquare, 45.

Bei den eingehend behandelten Autoren handelt es sich um eine exemplarische Auswahl, die ein repräsentatives Bild der Aufklärungshistoriographie ergeben soll.[26] Dabei wird sich die Untersuchung vornehmlich auf den deutschsprachigen Raum beschränken. Aus Gründen der Arbeitsökonomie kann die transnationale Dimension des Themas nur über die Forschungsliteratur abgebildet werden.[27] Ausnahmen sind die Schriften von Voltaire oder Buffon, deren Bedeutung für den deutschsprachigen Geschichtsdiskurs eine eigene und eingehende Analyse erfordert.

26 Die Auswahl der untersuchten Aufklärungshistoriographen und Geschichtsphilosophen beansprucht keine Vollständigkeit, etliche weitere kämen in Frage. Vgl. auch die folgenden Autoren und Werke und ihr Bezug auf die Erdwissenschaften: *Curtius*, Grundriß, 1–3; *Pölitz*, Geschichte, 223 f.; *Gotsch*, Erd-, Menschen-, und Culturgeschichte; *Gotsch*, Annalen des Erdballs; *Jenisch*, Universalhistorischer Ueberblick, 447; *Breyer*, Grundriss, 14; *Gruber*, Geschichte, xf., sowie 1–5; *Schneller*, Weltgeschichte, 1 f. und 42–50; *Carus*, Ideen, 91 f.; *Rotteck*, Allgemeine Geschichte, 74–85, sowie 131 f.; *Loebell*, Weltgeschichte, 10 f.; *Nösselt*, Weltgeschichte, 1 f.; *Nösselt*, Kleine Weltgeschichte; *Pischon*, Leitfaden, 2 f.; *Raumer*, Nachlaß, 2 f., sowie 244; *Raumer*, Vorlesungen 1847, 3; *Raumer*, Vorlesungen 1861, 3–8. Auch abseits der klassischen Historiographie zeigt sich die angesprochene Synthese von Natur und Geschichte; vgl. etwa die Reisetagebücher Georg Forsters, ebenso *Forster*, Blick, 307–327; vgl. zu Forster *Fritscher*, Blick; sowie *Rohbeck*, Naturgeschichte.

27 Vgl. für Frankreich und England bzw. Schottland: *Rohbeck*, Verhältnis; *Rohbeck*, Fortschrittstheorie; vgl. auch *Reill*, Enlightenment; *Reill*, Buffon. Weiterführende Studien werden an den betreffenden Stellen angeführt.

4 Methodisches Vorgehen / Aufbau der Arbeit

Da in dieser Arbeit die Herausbildung des modernen historischen Denkens unter einer neuen Perspektive analysiert wird, orientiert sie sich in ihrem methodischen Vorgehen an autoritativen Darstellungen zu diesem Prozess, allen voran an denen Reinhart Kosellecks: Als repräsentativ für die Herausbildung des ‚Kollektivsingulars' Geschichte – der Verschmelzung aller bis dahin unzusammenhängenden Einzelgeschichten zu einer umfassenden Gesamtgeschichte – identifizierte Koselleck drei wegbereitende Entwicklungen: 1. die Delegitimierung der historia sacra; 2. den Übergang von der historia universalis zur Weltgeschichte und 3. die Entstehung der Geschichtsphilosophie. Diese Prozesse seien gleichzeitig Initiatoren und Indikatoren für die Veränderungen im Geschichtsverständnis der Spätaufklärung.[1] Diese Arbeit orientiert sich an denselben Umbrüchen. Ziel der Analyse ist es zu zeigen, dass bei jedem von ihnen erdwissenschaftliches Wissen beteiligt war.

Ausgangspunkt des Analyseteils ist eine begriffsgeschichtliche Studie zum Revolutionsbegriff, welche die eminente Bedeutung der Erdwissenschaften für die Geschichtskonzepte und die Begriffskategorien der Moderne exemplarisch verdeutlicht: Während ‚Revolution' in der Astronomie die zyklische Wiederkehr des Gleichen repräsentierte, kennzeichnete der Begriff in den Erdwissenschaften bereits seit dem späten 17. Jahrhundert eine irreversible Ordnungserschütterung. Die damit verbundenen Qualitäten von ‚Plötzlichkeit' und ‚Gewaltsamkeit' markierten eine deutliche Differenz zu seiner astronomischen Bedeutung. Die emphatische Vorstellung eines ‚Neubeginns' – Kernsemantik des modernen, politischen Revolutionsbegriffs – ist ohne Bezug auf die Erdwissenschaften nicht plausibel erklärbar.

Anschließend wird der Einfluss der Erdwissenschaften bei der ‚Delegitimierung der Historia Sacra' analysiert: Deren Bedeutung geht darauf zurück, dass sie zentrale Ereignisse der Bibel methodisch neu reflektieren. Waren Schöpfung und Apokalypse bis ins 18. Jahrhundert geradezu religiös-heilige Sonderbezirke, in welche profanes Wissen nicht einzudringen vermochte, so postulierten die Erdwissenschaften ‚vor' bzw. ‚nach' diesen Ereignissen eine Urzeit bzw. eine Zukunft, welche von der biblischen Zeitrechnung nicht annähernd erfasst werden konnte. Die religiös begründete zeitliche Symmetrie zwischen Erd- und Menschengeschichte ging damit unwiederbringlich verloren. Zwischen beiden tat sich der ‚dunkle Abgrund der Zeit' auf, der theologische Sinnstiftungsversuche vor ernstzunehmende Legitimationszwänge stellte. Allerdings wurde nicht nur das

1 Vgl. insbesondere *Koselleck* et al., Geschichte; *Koselleck*, Historia.

https://doi.org/10.1515/9783110650518-004

Alter der Erde quantitativ vergrößert, sondern auch ‚Zeit' in ihrer Qualität neu bestimmt: ‚Zeit' war fortan nicht mehr das präfigurierte Ablaufen eines göttlich vorbestimmten Prozesses mit einem genau beschriebenen Anfang und einem absehbaren Ende, sondern sie wurde materialisiert, säkularisiert, naturalisiert und entfristet. Dies ist eine gewichtige Zäsur in der Geschichte des historischen Denkens und ein für den modernen Geschichtsbegriff konstitutiver Akt.

Im dritten Kapitel wird der Einfluss der Erdwissenschaften auf die zwischen 1750 und etwa 1800 entstandenen geschichtsphilosophischen Entwürfe analysiert: In ihrer Frühphase griff die Geschichtsphilosophie konsequent auf die Zeit- und Entwicklungsmodelle der simultan zu ihrer Entstehung dynamisierten Erdgeschichte zurück. Die Integration der Erdgeschichte in geschichtsphilosophische Entwürfe bedeutet den Versuch, Erdgeschichte und Menschengeschichte als Kontinuum zu denken. Die Verlaufsformen der Menschengeschichte wurden dabei als Fortentwicklung von natürlichen Prozessen verstanden. Insbesondere partizipierte die Geschichtsphilosophie an der besonderen Evidenz der geologischen Zeitmodelle. Durch diese empirischen Zeitmodelle konnte ‚Zeit' als ein ewiger und unvorhersehbarer Prozess begriffen werden. Der erste bedeutende geschichtsphilosophische Entwurf, welcher beanspruchte, eine Weltgeschichte der Erde und ihrer Menschen zu sein, stammt von Voltaire. Bei Herder sowie in den Schriften von Karl Franz von Irwing (1728–1801), Christoph Meiners (1747–1810) und Franz Michael Vierthaler (1758–1827) findet sich diese Auffassung ebenfalls.

Im vierten Kapitel wird untersucht, wie die Erdwissenschaften von den ‚Weltgeschichtsschreibern' des späten 18. Jahrhundert rezipiert wurden. Untersuchungsleitend ist dabei die These, dass die Entdeckung der Tiefenzeit auch die Herausbildung der Gattung der Weltgeschichte befördert hat. Ausgangspunkt der Analyse bildet die *Protogaea* Gottfried Wilhelm Leibniz'. Weitere Schwerpunkte der Untersuchung liegen auf August Ludwig Schlözer (1735–1809), Franz Joseph von Mumelter (1762–1798), Christian Daniel Beck (1757–1832), Johannes von Müller (1752–1809) und Friedrich Christoph Schlosser (1776–1861).

Im fünften Abschnitt wird das Ende der produktiven Diskurskonstellation in den Blick genommen: Während die Aufklärungshistoriographie und die Geschichtsphilosophie ihr Blickfeld über die menschliche Geschichte hinaus ausdehnten und dabei erdhistorische Zusammenhänge in den Blick nahmen, verengte der Historismus des 19. Jahrhunderts den Untersuchungsbereich der Geschichte wieder. Dieser Vorgang wurde – insbesondere von Gustav Droysen – sowohl methodologisch als auch ontologisch legitimiert: Die Natur wurde enthistorisiert bzw. entzeitlicht. Sie galt fortan als Ausdruck eines universellen, gleichförmigen und quasi-mechanischen Prozesses und damit als ungeschichtlich. Wirkliche Geschichte, d. h. individuelle und irreversible Entwicklung, gäbe es nur im Bereich des Menschlichen. Diese ‚Entzeitlichung' ist als Komplementärentwicklung zur bereits gut untersuchten ‚Verzeitlichung' zu begreifen. Sie hinterfragt die Vorstellung einer einmaligen und irreversiblen Vergeschichtlichung und problematisiert damit die implizite Teleologie von ‚Großtheorien' wie Kosellecks ‚Sattelzeit', Lovejoys ‚Verzeitlichung' oder Kuhns ‚Wissenschaftlicher Revolution'.[2]

---

2 Abgesehen von den bereits angeführten Hinweisen von Wolf Lepenies, der diese Terminologie geprägt hat, ist das Thema noch weitgehend unerforscht. Auch Luhmann und Foucault vertreten die Vorstellung, die ‚Verzeitlichung' sei ein einmaliger und irreversibler Vorgang.

II Die Naturalisierung der Geschichte in der Spätaufklärung

1 Der neuzeitliche Revolutionsbegriff und seine geologischen Bedeutungsschichten

1.1 Eine Lücke in der Begriffsgeschichte von ‚Revolution'

Wie kaum ein anderer ist ‚Revolution' ein Grundbegriff der Moderne. In seiner heutigen Bedeutung ist er allerdings erst seit der Französischen Revolution gebräuchlich.[1] Davor wurde er vornehmlich als Terminus der Naturkunde, etwa in der Astronomie, verwendet; erst im 19. Jahrhundert verengte sich seine Bedeutung, zuletzt ausschließlich auf den politisch-sozialen Bereich.

Obwohl die Bedeutung von ‚Revolution' maßgeblich in der Naturgeschichte verwurzelt ist, wurde diese in den durchaus zahlreichen Forschungsbeiträgen lediglich registriert und keiner vertiefenden Untersuchung für Wert befunden.[2] So ist bislang unentdeckt geblieben, dass sich die naturkundliche Verwendung von ‚Revolution' nicht nur auf die Astronomie erstreckte, sondern dass der Begriff auch im Bereich der Erdwissenschaften eine durchaus bedeutende Tradition besaß.[3] Die Vorstellung von umfassenden ‚Revolutionen der Erde' prägte zwischen dem 17. und dem 19. Jahrhundert die Geschichts- und Entwicklungskonzepte der Erdwissenschaften und findet sich in fast allen maßgeblichen Werken dieser Zeit.[4] Eine Begriffsgeschichte, welche dies nicht berücksichtigt, weist gravierende Leerstellen auf. Sie kann die Entwicklung des Begriffs ‚Revolution' nicht adäquat erfassen und nicht plausibel darstellen, wie der vermeintlich aus der Astronomie stammende und auf die Gleichförmigkeit und Unveränderlichkeit der göttlichen

---

1 Vgl. *Koselleck*, Revolution, 140 f.

2 Die meisten Studien zur Begriffsgeschichte von ‚Revolution' sind in den 1970er, 1980er und 1990er Jahren entstanden. Vgl. *Arendt*, Revolution; *Krauss*, Bedeutungsentwicklung; *Griewank*, Revolutionsbegriff; *Bender*, Revolutionen; *Bender*, Revolutionsbegriff; *Koselleck*, Revolutionsbegriff; *Reinalter*, Revolutionsbegriff; *Bulst/Fisch/Koselleck/Meier*, Revolution; *Cohen*, Revolutionen. In den letzten zwei Jahrzehnten sind – offenbar im Zusammenhang mit dem Niedergang der Begriffsgeschichte – nur noch vereinzelte Publikationen erschienen; vgl. *Becker*, Zeit; *Kumar*, Revolution; *Koselleck*, Revolution; sowie die Beträge des Bandes *Küttler/Middell*, Nation.

3 Die ‚geologische' Verwendung des Revolutionsbegriffs wurde bislang noch nicht aufgearbeitet. Vereinzelte und verstreute Hinweise finden sich bei: *Günther*, Wissenschaft, 149; *Cohen*, Revolutionen, 306 f.; vgl. zudem folgende Aufsätze: *Rahden*, Revolution; *Rappaport*, Words; *Groh/Kempe/Mauelshagen*, Einleitung; *Briese*, Comoedien; *Briese/Günther*, Katastrophe; *Mauelshagen*, Catastrophes.

4 Der Begriff ‚Revolution' avancierte bereits im 17. und nicht erst im 18. Jahrhundert zu einem Schlüsselbegriff der Erdwissenschaften; das übersehen *Briese*, Comoedien; sowie *Groh/Kempe/Mauelshagen*, Einleitung.

https://doi.org/10.1515/9783110650518-005

Ordnung verweisende Revolutionsbegriff seit dem Ende des 18. Jahrhunderts zur Bezeichnung von unvorhergesehenen, gewaltsamen und irreversiblen Umstürzen avanciert.

Im Folgenden wird erstmals systematisch die Entstehung und Entwicklung des Revolutionsbegriffes in erdwissenschaftlichen Schriften vom späten 17. bis zum frühen 19. Jahrhundert analysiert. Dabei wird auf das methodische Paradigma der Begriffsgeschichte sowie auf ihre zentralen Grundannahmen zurückgegriffen. Ausgangspunkt ist die Hypothese, dass der Revolutionsbegriff durch seine Verwendung in erdwissenschaftlichen Diskursen eine entscheidende Neuprägung erfahren hat. Während ‚Revolution' in der Astronomie auf die Unveränderlichkeit der zyklischen Weltordnung verwies, bekam der Begriff im Kontext der Erdgeschichte die Bedeutung einer scharfen, einschneidenden Zäsur, die heute Kernbestandteil der Semantik des modernen, politischen Revolutionsbegriffs ist. Um die These, dass gerade die geologischen Diskurse für die moderne Bedeutung von ‚Revolution' konstitutiv waren, zu stützen, wird dem Begriffstransfer zwischen den Erdwissenschaften und dem Bereich Politik/Gesellschaft gesonderte Aufmerksamkeit gewidmet. Es wird gezeigt, dass sich Politiker, Historiker und Philosophen gegen Ende des 18. und zu Anfang des 19. Jahrhunderts spezifisch auf die Erdwissenschaften beziehen, wenn sie ‚Revolution' verwenden. Dies kann eine abschließende lexikologische Untersuchung belegen, denn in den Einträgen zum Lemma ‚Revolution' lassen sich die geologischen Bedeutungsschichten des neuzeitlichen Revolutionsbegriffs noch bis in die zweite Hälfte des 19. Jahrhunderts nachweisen.

In Übereinstimmung mit der übergeordneten Fragestellung dieser Arbeit werden maßgeblich deutschsprachige Quellen untersucht. Um der Mehrsprachigkeit der ‚Gelehrtenrepublik' der Frühen Neuzeit gerecht zu werden, werden jedoch auch englische, französische und lateinische Textzeugnisse mitberücksichtigt. Da es gegen Ende des 18. Jahrhunderts Bestrebungen gab, den lateinischen Begriff ‚revolutio' durch ein deutschsprachiges Äquivalent zu ersetzen, werden auch Begriffsvarianten, wie ‚Umwälzung' oder ‚Umschaffung', in die Untersuchung miteinbezogen.[5]

5 Vgl. [Art.] *Die Revolution*, Grammatisch-kritisches Wörterbuch, 1096 f.

1.2 ‚Revolutionen der Natur' – plötzliche, gewaltsame und irreversible Ereignisse

Die Darstellungen zur Begriffsgeschichte von ‚Revolution' weisen große Gemeinsamkeiten auf. Übereinstimmend wird davon ausgegangen, dass der Begriff erst mit der Französischen Revolution seine moderne Bedeutung erhalten habe.[6] Obwohl verschiedene historische Ereignisse rückblickend als ‚Revolution' bezeichnet werden könnten, habe es in Griechenland, Rom und im lateinischen Mittelalter keinen derartigen oder einen anderen vergleichbaren Begriff gegeben.[7] Das Wort selbst stamme aus der Spätantike und sei die spätlateinische Substantivierung des Verbs ‚revolvere', welches ‚zurückwälzen', ‚umwälzen' und im übertragenen Sinne ‚Umlauf' bedeutet.[8] Anfangs sei der Begriff hauptsächlich in der Astronomie verwendet worden – als Bezeichnung für den gleichförmigen Umlauf der Himmelskörper, die ewige Wiederkehr des Gleichen bzw. die Unveränderlichkeit der göttlichen Ordnung. Er findet sich mit dieser Bedeutung im Titel von Kopernikus' *De revolutionibus orbium coelestium* (1543) und wurde bis weit ins 18. Jahrhundert hinein tradiert.[9] Schon seit dem 14. Jahrhundert sei der Begriff schließlich auch in einem politischen Sinne verwendet worden[10] – hier allerdings noch ausschließlich in der astronomisch-zyklischen Bedeutung als ‚Wiederherstellung des Althergebrachten', sinngemäß als ‚Restauration', wie Koselleck hervorhebt: „Die naturale Metaphorik der politischen ‚Revolution' lebte von der Voraussetzung, daß auch die geschichtliche Zeit immer von gleicher Qualität, in sich geschlossen, wiederholbar sei."[11] Im 18. Jahrhundert habe sich der Revolutionsbegriff zunehmend von seiner naturgeschichtlich-zyklischen Ursprungsbedeutung gelöst. Allerdings verstanden sich sowohl die Amerikanische als auch die Französische Revolution in ihrem ursprünglichen Impuls als restaurativ und entwickelten erst in ihrem jeweiligen dynamischen Verlauf ‚revolutionäre' Vorstellungen. Erst im Rückblick auf diese Ereignisse sei der Kollektivsingular ‚Revolution' in seiner modernen, politischen Bedeutung geprägt worden.[12] Zuvor habe die politische Sprache, wie Arendt bekräftigt, „über kein Wort" verfügt, „das

6 *Bulst/Fisch/Koselleck/Meier*, Revolution, 653.

7 *Griewank*, Revolutionsbegriff, 17.

8 *Bulst/Fisch/Koselleck/Meier*, Revolution, 670.

9 Das belegt der Eintrag im *Zedler-Lexikon*, in welchem der Astronomie das größte Gewicht zugemessen wird; vgl. [Art.] *Revolutio Planetae*, Johann Heinrich Zedler, 954.

10 Allerdings häufen sich erst seit dem späten 16. Jahrhundert Belege dieser Verwendungsweise; vgl. *Bender*, Revolutionsbegriff, 36.

11 *Koselleck*, Revolutionsbegriff, 25.

12 Vgl. *Kumar*, Revolution, 2117; sowie *Arendt*, Revolution, 54.

einen Umschwung bezeichnet hätte, in dem die Untertanen selbst zu Herrschern werden.“[13]

Nach diesem geläufigen Grundmuster stimmen alle Darstellungen zur Begriffsgeschichte darin überein, dass der Begriff ‚Revolution‘ sprichwörtlich vom Himmel auf die Erde, bzw. von der Astronomie in die Politik/Gesellschaft, gewandert ist. Ebenso kollektiv wird ausgeblendet, dass ‚Revolution‘ ein Schlüsselbegriff in der Erdgeschichtsschreibung vom 17. bis ins 19. Jahrhundert war und durch diese Verwendung signifikante semantische Umdeutungen erfahren hat.

Bereits im 17. Jahrhundert wurden plötzliche und gewaltsame Veränderungen des Erdbodens als ‚Revolutionen‘ bezeichnet. Nicolaus Steno nimmt in seiner Schrift *De solido* (1669) derartig einschneidende Veränderungen der Erde an. Der Meeresgrund sei durch vulkanische Aktivität gehoben und gesenkt worden; zudem sei das Land verschiedentlich von verheerenden Feuerbrünsten, Überschwemmungen und Erdbeben heimgesucht worden.[14] Allerdings verwendet Steno nicht den Revolutionsbegriff, sondern spricht unspezifisch von „varias mutationes“.[15] Erst in der Rezeption des 19. Jahrhunderts wurden Stenos ‚mutationes‘ als ‚Umwälzungen‘ übersetzt.[16]

Der früheste Beleg einer spezifisch erdhistorischen Verwendung von ‚Revolution‘ findet sich in Thomas Burnets *Telluris Theoria Sacra* (1681).[17] Burnets Ansatz bestand darin, die Hauptereignisse der Erdgeschichte, die Sintflut und die Apokalypse, physikalisch zu beschreiben. Die Sintflut sei „the first great revolution of Nature“.[18] Sie sei „the greatest thing that ever yet hapnet [sic!] in the world, the greatest revolution and the greatest change in Nature“.[19] Über das Jüngste Gericht bemerkt er entsprechend: „[W]hat appearance of what foundation is there of such a revolution, that all Nature will be dissolv’d, and the Heavens and the Earth consum’d with Fire, as your prophecies pretend?“[20] An Burnets Verwendung von ‚Revolution‘ ist bemerkenswert, dass der Rückkehrgedanke – Kernbestandteil der astronomischen Verwendung von ‚Revolution‘ – obsolet wird. Stattdessen

---

13 *Arendt*, Revolution, 49; vgl. auch *Koselleck*, Revolution, 140 f.

14 Vgl. *Steno*, De solido, 75: Dort rekurriert Steno auf „terraemotus, è terris erumpentes ignes, fluminum, & marium exundationes“.

15 Ebd.

16 Vgl. *Humboldt*, Kosmos. Bd. VII,2, 330.

17 Thomas Burnet publizierte sein umfangreiches Werk zwischen 1680 und 1690 zunächst auf Latein und besorgte anschließend die englische Übersetzung. Diese wird im Folgenden zu Grunde gelegt: *Burnet*, Theory 2 Bde.

18 *Burnet*, Theory Bd. 1, 78.

19 Ebd., 9.

20 Ebd., 45; vgl. auch ebd., 24 und 69.

akzentuiert Burnet die Plötzlichkeit und Gewaltsamkeit der Veränderungen, die in schroffem Gegensatz zur sonst erfahrbaren Gleichförmigkeit der Welt ständen:

> And to this steadiness of Nature and universal calmness of the external World, we have imputed those long periods of life which men enjoy'd at that time: As on the contrary, when that great change and revolution happen'd to Nature at the Deluge, and the Heavens and the Earth were cast in another mould, then was brought in, besides many other new Scenes, that shortness and vanity in the life of Man, and a general instability in all Sublunary things, but especially in the Animate World.[21]

Damit betonen Sintflut wie Jüngstes Gericht als brutale Zäsuren die Irreversibilität der erdgeschichtlichen Entwicklung. Während die Erde im prädiluvialen Zustand noch von erhabener Schönheit gewesen sei, hätten die ablaufenden Wasser der Sintflut dieselbe als Ruine zurückgelassen. Das Jüngste Gericht werde schließlich sogar zur vollständigen Zerstörung des Planeten führen. In diesem Sinne – als einschneidende Zäsur – verwendet Burnet den Terminus fast diametral entgegengesetzt zu seiner astronomischen Bedeutung und mit dieser Semantik wurde ‚Revolution' im Folgenden in den Erdwissenschaften tradiert. So hebt etwa John Woodward in seinem *Essay toward a Natural History of the Earth* (1695) in äquivalenter Weise die unvermittelte und ungeheure Zerstörungskraft der Sintflut hervor und verwendet ‚Revolution' als Synonym zu ‚Katastrophe':

> Here was, we see, a mighty *Revolution:* and *that* attended with Accidents very strange and amazing: the most horrible and portentous Catastrophe that Nature ever yet saw: an elegant, orderly, and habitable Earth quite unhinged, shattered all to pieces, and turned into an Heap of ruins: Convulsions so exorbitant und unruly: a Change so exceeding great and violent, that the very Representation alone is enough to startle and shock a Man.[22]

Ein gleichartiger Gebrauch des Terminus' findet sich auch in seinem später erschienenen Werk *An Attempt Towards a Natural History of the Fossils of England.*[23]

Auch Gottfried Wilhelm Leibniz, der sich auf Burnet bezieht,[24] rekurriert in seiner vermutlich in den 1690er Jahren entstandenen, aber erst 1749 postum publizierten *Protogaea*[25] auf umfassende Erdveränderungen.[26] Diese seien so ge-

---

21 *Burnet*, Theory Bd. 2, 206; vgl. auch *Burnet*, Theory Bd. 1, 45.

22 *Woodward*, Essay, 82 [Hervorhebung im Original]; vgl. auch ebd., 84. Woodward verwendet – wie Burnet ebenfalls – ‚Revolution' auch im astronomischen Sinne; vgl. ebd., 52 und 229.

23 *Woodward*, Attempt, 125.

24 Vgl. *Leibniz*, Theodizee, 245 und 289.

25 Abschnitte der *Protogaea* wurden von Leibniz bereits zu Lebzeiten publiziert; etwa 1693 in den *Acta eruditorum;* auch in seiner Korrespondenz rekurrierte Leibniz darauf; vgl. *Schmeisser*, Erdgeschichte, 845. Erst drei Jahrzehnte nach Leibniz Tod wurde die Protogaea 1749 von Christian

waltig gewesen, dass sogar „auf den höchsten Bergen einmal das Meer gewesen ist oder daß es dort Meeresdinge gegeben hat".[27] Diese umfassenden Katastrophen kann Leibniz anhand der stratigraphischen Ablagerungen, die bei einem Brunnenbau in Amsterdam zu Tage traten, nachweisen:

> Wahrscheinlich ist dort einmal Meeresboden gewesen, wo nun in einer Tiefe von mehr als 100 Fuß die Schalen liegen. Auf diesem Boden haben wiederholte Überschwemmungen und Katastrophen alle diese Schichten von Ton und Sand abgesetzt, während in Zwischenzeiten die Erdablagerungen entstanden. So hat sich das zurückgedrängte Meer allmählich entfernt; schließlich aber, auf seinem Recht bestehend, hat es die Dämme wieder zerbrochen, das Land überschwemmt und die Wälder dahingestreckt, deren Reste nun beim Graben entdeckt werden.[28]

Im lateinischen Original werden die ‚Umwälzungen' mit dem ebenfalls aus der Astronomie stammenden Terminus ‚conversiones' bezeichnet. Allerdings versteht Leibniz darunter, im Gegensatz zur astronomischen Bedeutung (‚Umdrehung', ‚Umlauf', ‚Jahresumlauf', ‚periodische Wiederkehr'), einschneidende erdgeschichtliche Aussterbeereignisse und mächtige Ursachen wie Erdbeben und Wasserfluten.[29]

Der französische Frühaufklärer Bernard Le Bovier de Fontenelle (1657–1757) verwendete den Terminus ‚Revolution' in derselben Weise. Fossile Muscheln und Blätter gäben hinreichend Zeugnis erdgeschichtlicher Katastrophen: „DEs vestiges trés-anciens & en trés-grand nombre d'inondation [...] prouvent assés qu'il est arrivé autrefois à la surface de la Terre de grandes revolutions."[30] Dabei akzentuierte er eigens die Heftigkeit und die Unvorhersehbarkeit der ‚Revolutionen' und

---

Ludwig Scheidt herausgegeben. Zur Publikationsgeschichte vgl. die Einleitung in der jüngst erschienenen englischsprachigen Edition: *Cohen/Wakefield*, Introduction. Im Folgenden wird die deutsche Übersetzung Wolf von Engelhardts zu Grunde gelegt: *Leibniz*, Protogaea 1949.

26 Leibniz postulierte eine Abkühlungstheorie der Erde. Die glutheiße magmatisch-flüssige Erde sei in einem langsamen Abkühlungsprozess geschrumpft. Umfassende erdgeschichtliche Katastrophen, auf welche Leibniz unter Verweis auf Burnet rekurriert, seien die natürlichen Begleiterscheinungen dieses Prozesses; vgl. auch *Bowler*, Evolution, 251.

27 *Leibniz*, Protogaea 1949, 87.

28 Vgl. ebd., 169–171.

29 Vgl. auch den lateinischen Wortlaut: „Et credibile est per magnas illas conversiones etiam animalium species plurimum immutatas. [...]. Nec dubito in tanta rerum perturbatione ex longinquis oris saepe advecta maris spolia, cum nunc quoque constet, passim tempestates in littoribus ejicere genera conchyliorum, quae piscatores ex vicino mari non educunt." *Leibniz*, Protogaea 1949, 88.

30 *Fontenelle*, empreintes, 3. Fontenelle bezieht sich vornehmlich auf Wasserfluten, vgl. ebd., 4; sowie *Fontenelle*, cornes, 4; *Fontenelle*, pétrifications, 3. Den Hinweis auf Fontenelle verdankt diese Arbeit *Rappaport*, Words.

spricht von „revolutions prodigieuses & subites".[31] Von Fontenelle beeinflusst,[32] griff auch Antoine de Jussieu (1686–1758) den Terminus auf: „[J]'ai supposé quelques révolutions extraordinaires qui nous ont précedés de long-tems, telle que seroit celle de quelque inondation, par le moyen de laquelle les mers ayant changé de lit".[33]

Auch Buffon bezeichnet in seiner *Histoire naturelle* (1749) die erdgeschichtlichen Veränderungen als ‚Revolutionen'. Diese nachzuweisen sei ihm ein Kernanliegen, wie er im Schlusswort hervorhebt: „Il n'est pas possible de douter après avoir vû les faits [...], qu'il ne soit arrivé une infinité de révolutions, de bouleversemens, de changemens particuliers & d'altérations sur la surface de la terre".[34] Wohl in Abgrenzung zu der astronomischen Bedeutung des Begriffs und in wörtlicher Bezugnahme auf Fontenelle hebt Buffon explizit die Gewaltsamkeit und die Plötzlichkeit hervor und spricht von „révolutions prodigieuses & subites".[35] Dieselbe Begriffsverwendung findet sich auch in den *Époques de la Nature* (1778).

In der Sattelzeit findet der Terminus ‚Revolution' in den Erdwissenschaften sehr große Verbreitung. Dadurch wurde seine vormalige astronomische Bedeutung zunehmend verdeckt. Während Burnet, Fontenelle und Buffon ‚Revolution' auch noch zur Bezeichnung astronomischer Phänomene verwenden, verschwindet dieser Bezug danach fast vollständig und ist im Werk Blumenbachs, Delucs und Cuviers nicht mehr zu finden. Der Begriff wird in der Folge fast ausschließlich auf die Erdgeschichte bezogen – und die Erdwissenschaften auf ihn. Horace-Bénédict de Saussure sieht in der Auseinandersetzung mit den ‚révolutions de notre Globe' die zentrale denkerische Herausforderung der Erdwissenschaften: „C'est ainsi que la vue de ces grands objets engage le Philosophe a méditer sur les révolutions passées & à venir de notre Globe."[36] Er lässt sein paradigmatisches Werk, die *Voyages dans les Alpes* (1779), wie folgt beginnen:

> Tous les hommes qui ont considéré avec attention les matériaux dont est construite la Terre que nous habitons, ont été forcés de reconnoître que ce Globe a essuyé de grandes révolutions, qui n'ont pu s'accomplir que dans une longue suite de siecles.[37]

---

31 *Fontenelle*, empreintes, 5.
32 Zu diesem Zusammenhang vgl. *Rappaport*, Words, 33 f.
33 *Jussieu*, l'origine des pierres, 205.
34 *Buffon*, Histoire naturelle, 840; vgl. exemplarisch auch ebd., 252, 253, 255, 256, 257, 407, 530, 531, 808, 841.
35 Ebd., 534; vgl. auch ebd., 270. Zu Buffons Revolutionsbegriff vgl. *Rappaport*, Words, 34.
36 *Saussure*, Voyages, vi.
37 Ebd., [2]. Zu Saussures Gebrauch von ‚Revolution' vgl. exemplarisch ebd., iv, 23, 106, 144, 162, 167, 184, 263, 277, 336, 341, 343, 361, 368, 507.

Auch im deutschsprachigen Raum ist der Begriff im letzten Drittel des 18. Jahrhunderts sehr verbreitet. Johann Friedrich Blumenbach versteht unter ‚Revolution' synonym zu „Erdcatastrophen" eine „totale Umschaffung der Vorwelt, und zwar durch heftige allgemeine Ausbrüche des unterirdischen Feuers".[38] Peter Simon Pallas bemerkt angesichts der riesenhaften Knochen in Sibirien: „On ne peut donc plus douter de la prodigieuse révolution qui a changé le climat".[39] Auch Leopold von Buch und Jean-André Deluc[40] verwenden den Begriff häufig. Die Verankerung des Revolutionsbegriffs in den erdwissenschaftlichen Diskursen der Sattelzeit verdeutlicht exemplarisch Georges Cuvier. In seinem opus magnum, dem *Discours sur les Révolutions de la surface du Globe*,[41] ist der Terminus titelgebend.[42] Nach diesem Wortlaut müsste Cuvier als ‚Revolutionist' und nicht, wie in der Geologiegeschichte tradiert, als ‚Katastrophist' bezeichnet werden.[43] Erst durch die semantische Verengung von ‚Revolution' auf politische Ereignisse wurde Cuviers Theorieansatz rückblickend zu einer ‚Katastrophentheorie' und nicht zu einer ‚Revolutionstheorie' stilisiert.

1.3 Der erdhistorische Revolutionsbegriff in historiographischen, philosophischen, politischen und wissenschaftlichen Diskursen der Spätaufklärung

Die spezifisch erdhistorische Bedeutung von ‚Revolution' blieb nicht auf die Erdwissenschaften beschränkt. In der Sattelzeit wurde der Begriff – unter ostentativer Bezugnahme auf seine geologische Verwendungsweise – von Politikern, Historikern und Philosophen aufgegriffen und zunehmend zur Beschreibung von Vorgängen im Bereich von Politik und Gesellschaft verwendet. ‚Revo-

38 *Blumenbach*, Handbuch, 558; vgl. auch ebd., 25, 554, 555, 557 f., 559, 560.

39 *Pallas*, De Pétersbourg, 1.

40 Vgl. exemplarisch Leopold von *Buch*, Briefe, 131; *Deluc*, Lettres; vgl. *Briese/Günther*, Katastrophe, 174.

41 Unter diesem Titel wurde das Werk 1825 in Paris publiziert; es ist eine weitere Auflage von Cuviers 1812 zuerst in Paris erschienenen *Recherches sur les ossemens fossiles de quadrupèdes, où l'on rétablit les caractères de plusieurs animaux dont les révolutions du globe ont détruit les espèces.* Bereits in den *Recherches* vertrat Cuvier katastrophische Vorstellungen und gebrauchte den Revolutionsbegriff. Zu Cuviers Revolutionsbegriff vgl. *Rappaport*, Words, 31. Cuvier ist von Deluc stark geprägt worden. Vermutlich betrifft das auch die Verwendung von ‚Revolution'; vgl. *Briese/Günther*, Katastrophe, 181.

42 Unter ‚Revolutionen' versteht Cuvier plötzliche, gewaltsame, einschneidende Ereignisse; vgl. *Cuvier*, Discours, 63 f. und 130.

43 Vgl. exemplarisch *Palmer*, Planet Earth, 25.

lution‘ in seiner spezifischen erdwissenschaftlichen Semantik als plötzliches, einschneidendes, gewaltsames und irreversibles Ereignis gewann so begriffliche Dignität und avancierte zu einer zentralen geschichtsphilosophischen Kategorie der Spätaufklärung.

Ein früher Beleg findet sich bei Voltaire. Seine einflussreiche *Philosophie de l'histoire* (1765) beginnt mit der auf die Erdgeschichte bezogenen Frage „si le globe que nous habitons était autrefois tel qu'il est aujourd'hui.“[44] Vor dem Hintergrund seiner Auseinandersetzung mit den erdhistorischen Schriften von Leibniz, Benoît de Maillet, Jean-Étienne Guettard und insbesondere Buffon[45] geht Voltaire davon aus, dass die Erde eine eigene und abwechslungsreiche Geschichte habe, die in Form von ‚Revolutionen‘ verlaufe:

> Il se peut que notre monde ait subi autant de changements que les Etats ont éprouvé de révolutions. Il paraît prouvé que la mer a couvert des terrains immenses, chargés aujourd'hui de grandes villes et de riches moissons. Vous savez que ces lits profonds de coquillages qu'on trouve en Touraine, et ailleurs, ne peuvent y avoir été déposés que très lentement par le flux de la mer dans une longue suite de siècles.[46]

Auch im *Essai sur les mœurs* (zuerst 1756) legt Voltaire analoge Entwicklungsvorstellungen zu Grunde:

> Mille révolutions locales ont certainement changé une partie du globe, dans le physique et dans le moral; mais nous ne les connaissons pas; et les hommes se sont avisés si tard d'écrire l'histoire, que le genre humain, tout ancien qu'il est, parait nouveau pour nous.[47]

Voltaires ‚révolutions‘ sind der Kern eines Entwicklungskonzepts, welches Natur und Kultur gleichermaßen zu Grunde liegt. Sie sind für seinen Geschichtsentwurf derart zentral, dass er sogar erwog, sein geschichtsphilosophisches Hauptwerk, den *Essai sur les mœurs*, als *Essai sur les révolutions* zu publizieren.[48]

Nicht zuletzt Voltaires exponierter Stellung im Kontext der Aufklärung ist es geschuldet, dass sein geologisch geprägter Revolutionsbegriff breit rezipiert wurde, denn die „jüngeren Aufklärer der zweiten Jahrhunderthälfte haben [...] von Voltaire gelernt, Wandlungen der verschiedensten Art in Welt und Geschichte,

---

44 *Voltaire*, Philosophie 1969, 89.

45 Die Seitenränder von Voltaires persönlichem Exemplar der *Histoire naturelle* zeugen von der Auseinandersetzung mit Buffon. Es finden sich polemische Kommentare wie ‚faux‘ oder ‚chimère‘; vgl. zu diesem Hinweis *Barber*, Voltaire, 250.

46 *Voltaire*, Philosophie 1969, 89; vgl. auch ebd., 90.

47 *Voltaire*, Essai, 16; vgl. auch *Voltaire*, Philosophie 1969, 91.

48 Vgl. *Reinalter*, Revolutionsbegriff, 54; sowie *Rohbeck*, Fortschrittstheorie, 13.

auch von langfristiger Dauer, als ‚Revolutionen' zu begreifen."[49] Er findet sich im Werk August Ludwig Schlözers, welcher in der *Vorstellung seiner Universal-Historie* (1772) den ‚Begriff der systematischen Weltgeschichte' in Anlehnung an Voltaire wie folgt formuliert:

> Wir wollen die Revolutionen des Erdbodens, den wir bewohnen, und des menschlichen Geschlechtes, dem wir angehören, im Ganzen übersehen, um den heutigen Zustand von beiden aus Gründen zu erkennen.[50]

Der Revolutionsbegriff, den Schlözer in Auseinandersetzung mit den Naturforschern Leibniz, Buffon, Johann Ernst Basilius Wiedeburgs und Johan Gottschalk Wallerius', Johann Esaias Silberschlags Schriften entwickelt, ist Fundament seines Geschichtsdenkens. Schlözer hebt sogar explizit hervor, dass er „nicht bloß Revolutionen des Menschengeschlechts, sondern auch Revolutionen des Erdbodens, in die Weltgeschichte nehme."[51]

Auch Johann Gottfried Herder verwendet den Begriff ‚Revolution' als gleichermaßen natur- wie kulturgeschichtliches Konzept.[52] Neben Voltaire[53] wurde er maßgeblich von den Geologen Nicolas Antoine Boulanger (1722–1759),[54] Abraham Gottlob Werner[55] und Georges Buffon[56] beeinflusst. In den *Ideen* finden diese Vorstellungen den deutlichsten Ausdruck, vor allem in Kapitel III mit dem Titel ‚Unsre Erde ist vielerlei Revolutionen durchgegangen, bis sie das, was sie jetzt ist, worden', das wohl von Leibniz' *Protogaea* inspiriert ist.[57] Herder schreibt: „Der

49 *Griewank*, Revolutionsbegriff, 165.
50 *Schlözer*, Vorstellung 1772, 1; vgl. auch ebd., 13. In den folgenden Ausgaben seiner Weltgeschichte (1773, 1785 und 1792) werden die Bezugnahmen auf erdgeschichtliche Diskurse noch expliziter.
51 *Schlözer*, Vorstellung 1773, 348; zu Schlözers Revolutionsbegriff vgl. *Blanke*, Einleitung, xxx.
52 Als ‚Revolutionen' werden abrupte und brutale Veränderungen der Welt bezeichnet. Dazu zählen neben „Pest, Mißwachs, Erdbeben, Erdrevolutionen" auch „Völkerrevolutionen, Verwüstungen, Kriege." *Herder*, Briefe, 719. Zu Herders Revolutionsbegriff vgl. *Griewank*, Revolutionsbegriff, 176; *Arnold*, Wandlungen; *Rahden*, Revolution.
53 Johann Gottfried Herder hat Voltaires Geschichtsphilosophie erwiesenermaßen bereits in seiner Rigaer Zeit (1764–1769) studiert. Vor allem die Abschnitte der *Ideen* über die ‚Veränderungen der Welt' wurden durch Voltaires *Philosophie de l'Histoire* (1765) inspiriert. Bereits Bernhard *Suphan*, Schlußwort, 656 weist darauf hin; vgl. auch *Arnold*, Wandlungen, 165; *Liebel-Weckowicz*, Herder's Place, 64; sowie *Sauter*, Herder, 7.
54 Herder verfasste eine Rezension zu Boulangers Werk *L'Antiquité dévoilée par ses usages* (1766). Dort zeigte er sich der Vorstellung von Revolutionen gegenüber aufgeschlossen; vgl. *Herder*, Boulanger, 153.
55 Vgl. Carolina *Herder*, Erinnerungen, 109.
56 Vgl. *Cohen*, Revolutionen, 307.
57 Vgl. den Kommentar von Wolfgang *Proß* in: *Herder*, Ideen III,2, 86f.

Fels unsrer Erde ist sehr alt, und die Bekleidung desselben hat lange Revolutionen erfodert, über die kein Streit stattfindet."[58] Das „älteste Buch der Erde" und seine Seiten aus Stein offenbarten eine Geschichte, welche die *älteste* oder die *erste Urkunde des Menschengeschlechts* aufgrund ihrer Anciennität sowie ihrer Glaubwürdigkeit übertreffe:

> So spricht das älteste Buch der Erde mit seinen Ton- Schiefer- Marmor- Kalk- und Sandblättern; [...]. Vielmehr ist alles, was sie redet, dafür, daß unsre Erde [...] sich zu einem eignen, und ursprünglichen Ganzen durch eine Reihe zubereitender Revolutionen gebildet habe [...].[59]

Dieser auf die Erdgeschichte bezogene Revolutionsbegriff ist von entscheidender Wichtigkeit für Herders Geschichtskonzept, wie Günter Arnold hervorhebt:

> [D]en naturgeschichtlichen, in den *Ideen* vor allem geologische und paläontologische Umwälzungen bezeichnenden Begriff ‚Revolutionen der Erde' wendet Herder als Naturgesetz auf die menschliche Gesellschaft an, indem er erklärt: ‚Das Maschinenwerk der Revolutionen ist unserm Geschlecht so nöthig, wie dem Strom seine Wogen, damit er nicht ein stehender Sumpf werde.'[60]

Aufgrund der großen Bedeutung, die Voltaire, Schlözer und Herder für das Geschichtsdenken ihrer Zeit besaßen, weisen zahlreiche weltgeschichtliche und geschichtsphilosophische Entwürfe der Spätaufklärung ein ähnliches Konzept auf. So gebraucht Karl Franz von Irwing in seiner Schrift *Versuch über den Ursprung der Erkenntnis der Wahrheit und der Wissenschaften* (1781) den Revolutionsbegriff vornehmlich in einem geologischen Sinne und bemerkt, dass die „Eingeweide der Erde" die „deutlichsten Beweise" davon gäben, „daß sowohl Feuer als Wasser, schon die erstaunlichsten *Revolutionen* darauf angerichtet"[61] haben. Christoph Meiners stellt in seinem *Grundriß der Geschichte der Menschheit* (1785) eingangs die Frage nach den „ältesten Wohnsitzen der Menschen" und den „wichtigsten Revolutionen der Erde".[62] Unter den geologischen Theorien hält er „die eines Pallas, Saussüre, und Soulavie [für] die annehmlichste."[63] Er beginnt seine Schrift mit einem Kapitel zur Erdgeschichte, den ‚Allgemeinen Betrach-

---

58 *Herder*, Ideen III,1, 379.
59 Ebd., 350.
60 *Arnold*, Wandlungen, 164. Erst in Herders nach der Französischen Revolution entstandenem Spätwerk wird der Revolutionsbegriff auf eine primär politische Bedeutung zugespitzt – allerdings verwendet er ihn bis an sein Lebensende auch als geologischen Terminus; vgl. ebd., 170.
61 *Irwing*, Versuch, 79 f. [Hervorhebung D.S.]
62 *Meiners*, Grundriß, Vorrede, ohne Paginierung [9 f.].
63 Ebd., 1.f.

tungen über die Entstehung der Erde, über ihre wichtigsten Revolutionen und über ihren vormaligen und gegenwärtigen Zustand' (1–16).[64]

In Franz Michael Vierthalers *Philosophischer Geschichte der Menschen und Völker* (Bd. 1, 1787) hat der Revolutionsbegriff eine primär geologische Bedeutung: „Ueberhaupt erlitt unser ganze [sic!] Planet auf seiner Oberfläche binnen 5000 Jahren viele und grosse Revolutionen."[65] Auch Christian Daniel Beck zählt die geologischen „Revolutionen der Erde" zum Bereich des Geschichtlichen.[66] Und Christoph Daniel Schlosser verwendet in seiner Schrift *Universalhistorische Uebersicht* (1826–1834) den Revolutionsbegriff noch in seiner geologischen Bedeutung und benutzt ihn, wie Herder und Schlözer, als grundlegendes, Natur und Kultur gleichermaßen erfassendes ‚Geschichtsgesetz':

> Wenn wir als den ersten Satz aller Geschichte, als Resultat aller Erfahrungen, durch Darstellung der Geschichte unseres Geschlechts zu beweisen versuchen, daß es unter steten Revolutionen nach und nach sich weiter und weiter entwickelte [...], so ahnden [sic!] wir schon, daß dieß der Gang der ganzen Natur sey, daß nicht bloß das menschliche Geschlecht, sondern die ganze irdische belebte und unbelebte Natur, ja die Erde selbst sich auf diese Weise zum Vollkommnern entwickelt habe.[67]

Diese Beispiele aus der Historiographie und der Geschichtsphilosophie der Spätaufklärung stehen nicht alleine. In Politik, Wissenschaft und Literatur wurde ebenso prägnant auf den geologischen Revolutionsbegriff rekurriert. So erkennt Maximilien de Robespierre einen Zusammenhang zwischen „le monde moral" und „le monde physique" und postuliert analoge Entwicklungsmuster zwischen beiden Bereichen: „Le monde a changé", stellt er fest. „Tout a changé dans l'ordre physique; tout doit changer dans l'ordre moral et politique." Unter Bezugnahme auf den Revolutionsbegriff wird der Geschichtsprozess der Erde Vorbild und Muster für die weitere Entwicklung der Gesellschaft, welche die Jakobiner anzustoßen meinten: „La moitié de la révolution du monde est déjà faite; l'autre moitié doit s'accomplir."[68] Robespierre greift hier – ohne darauf hinzuweisen – auf Voltaires *Essai sur les mœurs* zurück. Dort wird fast im selben Wortlaut ein Zusammenhang zwischen Erdgeschichte und Menschengeschichte postuliert: „Mille révolutions locales ont certainement changé une partie du globe, dans le physique et dans le moral; mais nous ne les connaissons pas; et les hommes se sont avisés

---

64 Zum Einfluss Herders auf Christoph Meiners vgl. *Proß*, Begründung, 215.
65 *Vierthaler*, Geschichte Bd.1, 38 f.; vgl. auch ebd., 222 f.; sowie *Vierthaler*, Reisen, 207.
66 *Beck*, Anleitung 1787, 19.
67 *Schlosser*, Uebersicht 1826, 6.
68 *Robespierre*, Séance, 443 f.

si tard d'écrire l'histoire, que le genre humain, tout ancien qu'il est, paraît nouveau pour nous."[69]

Georg Büchner greift in *Dantons Tod* (1835) Robespierres Natur-Geschichts-Analogie auf[70] und entschleiert ihre zynischen Implikationen. Unter Verweis auf geologische ‚Revolutionen'[71] wird der blutige Terror der Jakobiner von St. Just legitimiert:

> Ich frage nun: soll die moralische Natur in ihren Revolutionen mehr Rücksicht nehmen, als die physische? Soll eine Idee nicht eben so gut wie ein Gesetz der Physik vernichten dürfen, was sich ihr widersezt? Soll überhaupt ein Ereigniß, was die ganze Gestaltung der moralischen Natur d. h. der Menschheit umändert, nicht durch Blut gehen dürfen?[72]

Kern von St. Justs Argumentation ist ebenso wie bei Robespierre die Behauptung, dass ein systematischer Zusammenhang zwischen der Entwicklung von Erdgeschichte und Menschengeschichte bestünde. Tertium comparationis ist dabei der Revolutionsbegriff. Der Blutrausch der Terreur wird dargestellt als eine alternativlose Naturnotwendigkeit, ein zynisches Naturgesetz des Terrors: „Der Weltgeist bedient sich in der geistigen Sphäre unserer Arme eben so, wie er in der physischen Vulcane oder Wasserfluthen gebraucht." Zynisch fragt er: „Was liegt daran, ob sie nun an [...] einer Seuche oder an der Revolution sterben?"[73] Der Terror der Jakobiner sei nicht nur unumgänglich, er leiste zudem der Entwicklung der Gesellschaft Vorschub, denn:

> Die Revolution [...] zerstückt die Menschheit um sie zu verjüngen. Die Menschheit wird aus dem Blutkessel wie die Erde aus den Wellen der Sündfluth mit urkräftigen Gliedern sich erheben, als wäre sie zum Erstenmale geschaffen.[74]

---

69 *Voltaire*, Essai, 16. Lepenies mutmaßt, dass Robespierre sich auf die Naturdarstellungen des von der Revolution verfemten Aristokraten Buffon bezog; vgl. *Lepenies*, Historisierung, 279.
70 Inhaltlich ist eine große Nähe zu Robespierres eben besprochener Rede zu erkennen, so dass gemutmaßt werden kann, dass diese als Vorlage diente; vgl. *Büchner*, Danton's Tod 3.4, 154; vgl. auch *Nagel*, Verheißungen, 118.
71 Über die geologischen Quellen, die Büchner dieser Rede St. Justs zu Grunde legte, kann nur spekuliert werden. Es sind deutliche Anzeichen einer katastrophischen Geologie, wie sie von Georges Cuvier vertreten wurde, zu erkennen. Büchner war vermutlich über seinen Straßburger Lehrer, Georges Louis Duvernoy (1777–1855), der selbst ein Schüler Cuviers war, mit diesem bekannt geworden; vgl. auch *Büchner*, Danton's Tod 3.4, 152f. Darüber hinaus erinnern Duktus und Inhalt der Passage an Baron d'Holbachs Werk *Système de la Nature*.
72 *Büchner*, Danton's Tod 3.1, 185.
73 Ebd., 185 f.
74 Ebd., 190. Allerdings lässt sich Büchners naturgeschichtliche Deutung der französischen Revolution nicht nur an dieser Rede St. Justs festmachen, vielmehr strukturiert geologische Me-

Erdgeschichtliche Gesetzmäßigkeiten werden damit auf die Gesellschaft und ihre Entwicklung übertragen. Eine naturwissenschaftliche Terminologie und geologische Metaphern verleihen der Vorstellung eine vermeintliche Schlüssigkeit, welche Ivan Nagel als „schlüssig[e] Halluzination terroristisch-totalitärer Vernunft" kennzeichnet.[75]

Neben der Rede von Robespierre diente Büchner wohl auch Joseph Görres' Schrift *Resultate meiner Sendung nach Paris* (1800) als Vorlage.[76] In dieser kennzeichnete Görres den jakobinischen Terror als Naturgesetzmäßigkeit und postulierte einen Zusammenhang zwischen Entwicklungen in Natur und Geschichte:

> [A]uch das Rad der Natur rollt hin, und in seinen Speichen hängen Millionen zerrissener Leichen. Was ist Menschenleben bei den Kombinationen physischer Kräfte zum allgemeinen Cyklus der Naturbegebenheiten? Sollen geistige Kräfte in ihrem Combiniren ängstlicher verfahren, sollen sie sich hemmen lassen von der rohen Materie, die unfolgsam und träge ihren Formirungen sich entgegensträubt? Nein, der Geist ordne in seiner höhern Sphäre, und trage dann die Ordnung in die niedere über, was sich ihm entgegensetzt, das werde vernichtet![77]

Derselbe Zusammenhang zwischen politischen und natürlichen Revolutionen wird auch von dem Journalisten, politischen Publizisten, Juristen und Schriftsteller Andreas Georg Friedrich Rebmann (1768–1824) hergestellt. Obwohl dieser ein leidenschaftlicher Unterstützer der Ideale der Revolution war, stand Rebmann der Jakobinerherrschaft zwiespältig gegenüber und lehnte den revolutionären Terror ab.[78] Dennoch unternahm er in seinem überaus erfolgreichen satirischen Roman *Hans Kiekindiewelts Reisen in alle vier Weltteile* (1794/96)[79] den Versuch einer Apologie. Dabei werden der Revolutionsterror der Jakobiner – „diese Mordtaten, diese Ausschweifungen, diese Greuel" – vom Mentor und Reisebe-

---

taphorik Büchners Darstellung an zentralen Stellen: Collot spricht etwa von der „Lava der Revolution"; ebd., 245. Auch Danton verweist auf die Geologie: „Die Sündfluth der Revolution mag unsere [...] Leichen absetzen wo sie will, mit unseren fossilen Knochen wird man noch immer allen Königen die Schädel einschlagen können." Ebd., 309.

75 *Nagel*, Verheißungen, 118.

76 Vgl. ebd., 111; sowie *Büchner*, Danton's Tod 3.3, 406.

77 *Görres*, Resultate, 64.

78 Vgl. *Voegt*, Einleitung, 14.

79 Der Roman erschien 1794 in erster Auflage anonym bei Heinsius in Leipzig und Gera. Nach einem unautorisierten Nachdruck im darauffolgenden Jahr publizierte Rebmann 1796 eine zweite überarbeitete Fassung. Diese wurde der späteren Werkausgabe zu Grunde gelegt; vgl. *Rebmann*, Hans Kiekindiewelts Reisen. Als Einstieg in die Forschung und zur Biographie Rebmanns vgl. *Voegt*, Einleitung; sowie *Zimmermann*, Nachwort. Zimmermann konstatiert, dass der Roman ein „außerordentlicher literarischer Erfolg" gewesen sei; ebd., 185.

gleiter des jungen Hans', Herrn Plitt, mit den natürlichen Katastrophen der Erde verglichen: Der „physischen" wie auch „der moralischen Welt" läge gleichermaßen das „Gesetz der ewigen unwandelbaren Natur" zu Grunde, welches mit jeder „Gärung [...] näher zur Vollkommenheit führt". Die vielen Toten der Revolution, so der durchaus zynische Tenor, seien Kollateralschäden, unbeabsichtigte Opfer im allgemeinen Fortschrittsgeschehen. Im Lichte eines unerschütterlichen und mitleidslosen Fortschrittsoptimismus' erscheinen die vielen Todesopfer als unvermeidlich, „ehe das große Geschäft der Vollendung zur Reife kommt" und „Erneuerung und Ruhe" Einzug halten könne. Schließlich bewirke auch die Natur „durch Orkane, feuerspeiende Berge und Erdbeben ihre physischen Verbesserungen."[80]

Nicht nur in der politisch-rhetorischen und literarischen Inszenierung bildete der erdwissenschaftliche Revolutionsbegriff Anknüpfungspunkte. Die Evidenz und Plausibilität des erdhistorischen Terminus wurde auch in wissenschaftlichen Abhandlungen immer wieder aufs Neue evoziert. In diesem Sinne bezog Samuel Thomas Soemmerring[81] in seiner Schrift *Einfluß der Bestimmung der Zoolithen auf die Geschichte der Menschheit* (1790) Naturgeschichte und Menschengeschichte in methodischer Engführung systematisch aufeinander.[82]

Auch in Georg Christoph Lichtenbergs Aufsatz *Einige Betrachtungen über die physischen Revolutionen auf unsrer Erde* (1794) ist der geologische Revolutions-

---

80 *Rebmann*, Hans Kiekindiewelts Reisen, 429.

81 Die Schreibweise des Namens variiert. Nicht nur im 18. Jahrhundert finden sich verschiedene Versionen. Selbst zwischen den Artikeln der *Allgemeinen Deutschen Biographie* und der *Neuen Deutschen Biographie* bestehen Unterschiede. Hier ist die Schreibweise der jüngsten und noch nicht abgeschlossenen Werksausgabe maßgeblich; vgl. Soemmerring, Werke. Soemmerring war vor allem als Neurophysiologe bekannt. Er galt im 19. Jahrhundert als „der größte Deutsche Anatom in zweiten Hälfte des 18. Jahrhunderts." Vgl. *Jännicke*, Sömmerring, 614. Soemmerring verkehrte mit den bedeutendsten Männern seiner Zeit. Dazu gehörten u. a. Forster, Heinse, Jacobi, Kant, Johannes von Müller, die beiden Humboldts, Goethe und Hölderlin. Zu seinen Lehrern zählten Lichtenberg, Blumenbach und Christian Gottlob Heyne. In der Wissenschaftsgeschichte des 18. Jahrhundert nimmt Soemmerring eine zentrale Stellung ein. Die paläontologischen Arbeiten Soemmerrings wurden in der noch nicht abgeschlossenen Werkausgabe gebündelt und neu herausgegeben; vgl. *Soemmerring*, Schriften zur Paläontologie.

82 Soemmerring formuliert die Vorstellung einer Ko-Evolution von Menschen- und Naturgeschichte. Sein Ziel ist es, die „Wichtigkeit" der Fossilien als „Beytrag[...] zur Geschichte der Menschheit" hervorzuheben: „Generationen von Menschen jener Zeiten, gingen [...] durch irgend eine gewaltsame Revolution zu Grunde, [...] [und] ihre Thierklassen, fanden in diesen Veränderungen vielleicht selbst durch einander einen gänzlichen Untergang"; ebd., 75 und 77; vgl. auch *Wenzel*, Schriften, 28.

begriff titelgebend und dient dazu, die Bedeutsamkeit der politischen Umwälzungen durch den Vergleich mit der Naturgeschichte zu relativieren.[83]

In Übereinstimmung damit ist Ernst Moritz Arndts Projekt einer „Physik der Geschichte" (1809) ein Versuch, die „Entwicklung des ganzen Geschlechts einmal bloß physisch" zu betrachten „auf eben die Art, wie der Naturforscher [...] die verschiedenen *Alter der Metalle* und *Bergarten* behandelt." In dieser Perspektive erscheinen „die Menschen bloß als notwendige Naturgeburten, alle ungeheuren Revolutionen, welche die Welt verändert haben, als physische Ausbrüche, als Erdbeben, Vulkane, Wolkenbrüche, die hier etwas zerstören, um dort etwas zu schaffen."[84]

1.4 Lexikographische Analyse des Revolutionsbegriffs

Die Hypothese dieses Kapitels wird auch durch lexikographische Belege gestützt. Während in der rezenten begriffsgeschichtlichen Forschung der geologische Ursprung des Revolutionsbegriffs verschwunden ist, rekurrieren Lexikonartikel aus dem 18. und 19. Jahrhundert noch verstärkt auf die geologische Bedeutung. Sie heben zudem hervor, dass der Begriff aus der Geologie auf die Politik übertragen wurde.

Der Artikel in Diderots und d'Alemberts *Encyclopédie* gibt einen guten Überblick über den Bedeutungsumfang des Revolutionsbegriffs in der Mitte des 18. Jahrhunderts. Neben der politischen Bedeutung eines „changement considérable arrivé dans le gouvernement d'un état"[85] werden drei verschiedene naturhistorische Bedeutungsvarianten aufgeführt. ‚Revolution' erscheint als ein Terminus der Geometrie, der Astronomie und der Geologie – hier wird der Begriff als ‚Révolution de la terre' spezifiziert: „[C]'est ainsi que les naturalistes nomment les événemens naturels, par lesquelles la face de notre globe a été & encore continuellement altérée dans ses différentes parties par le feu, l'air & l'eau."[86]

83 *Lichtenberg*, Betrachtungen; vgl. dazu *Braungart*, Apokalypse, 108–110.

84 *Arndt*, Geist der Zeit II, 124 [Hervorhebungen D.S.].

85 [Art.] *Révolution*, Encyclopédie Vol. 14, 237.

86 Ebd., 237 f.; vgl. auch folgende Differenzen zum ‚weiten' Revolutionsbegriff der Encyclopédie: Im bereits früher erschienenen *Realen Staats- und Zeitungs-Lexicon* (= Hübner, insg. 31 Aufl. zwischen 1704 und 1828) erscheint das Lemma ‚Revolution' zuerst in der dritten Auflage (1708). Dabei wird ausschließlich die politische Bedeutung des Begriffs thematisiert: „'Revolution', wird von einem Lande gesaget, wenn dasselbe eine sonderliche Aenderung im Regiment und Policey-Wesen gelitten." [Art.] *Revolution*, Reales Staats- Zeitungs- und Conversations-Lexicon 1708, 1158. Die folgenden Auflagen übernehmen diesen Wortlaut, ab der 14. Aufl. mit geringfügigen Änderungen. In der 31. Auflage (1824–1828) heißt es immer noch sinngemäß übereinstimmend:

Die Konjunktur, die der Begriff ‚Revolution' in der Spätaufklärung aufweist, zeigt sich mit einer gewissen zeitlichen Verzögerung in den entsprechenden Lexikonartikeln. In Adelungs *Grammatisch-kritischem Wörterbuch der Hochdeutschen Mundart*, das bereits nach der Französischen Revolution im Jahre 1798 erschienen ist, wird die astronomische Bedeutung bereits nicht mehr aufgeführt. Zuvörderst wird auf den geologischen Gebrauch des Begriffs rekurriert: „Revolution [...] nennet man ungewöhnlich große Überschwemmungen, Erdbeben, welche große Erdstriche verändern, Revolutionen in der Natur".[87] Erst anschließend wird die politische Bedeutung, „die gänzliche Veränderung in der Verfassung eines Reiches, wenn z. B. eine Monarchie in eine Republik, diese in eine Monarchie verwandelt"[88] wird, aufgeführt.

Auch die *Oeconomische Encyclopädie* (= Krünitz, in einer einzigen Auflage mit 242 Bänden zwischen 1773 und 1858 erschienen) belegt die geologische Bedeutung des Revolutionsbegriffs: Eine ‚Revolution' sei „[e]ine große, wichtige, von ungewöhnlichen Ereignissen begleitete Veränderung, sey es in der Natur, in den politischen Beziehungen, in den Wissenschaften etc."[89] Im Artikel ‚Präadamiten' heißt es:

> Wir finden zwar Spuren von sehr großen Revolutionen, welche Vulkane und Meeresfluthen auf unserer Erde angerichtet haben; allein diese sind nicht von dem enormen Charakter, daß sie nothwendig gleichzeitig sich über den ganzen Erdboden erstreckt haben müßten. In dem einen Jahrtausend kann die eine, in dem andern eine andere Gegend davon betroffen seyn. Wenigstens sind die hohen Gebirge, seitdem es schon organische Wesen auf dem Erdboden gab, nie mit dem Meere überdeckt gewesen, weil man in den Schichten der Urgebirge keine Spuren von organischen Bildungen findet, wie die jüngern Flötzformationen daran so reich sind.[90]

„'Revolution', ist jede gewaltsame Änderung in der Verfassung und Verwaltung eines Staats, wenn sie nicht von der legitimen Oberherrschaft ausgeht." [Art.] *Revolution*, Johann Hübner's Zeitungs- und Conversations-Lexicon 1826, 792f.

Im *Allgemeinen Lexicon der Künste und Wissenschafften* taucht der Begriff erst in der zweiten Auflage im Jahre 1748 auf. Der Artikel wird dort ausschließlich in seiner astronomischen Bedeutung abgedruckt. Die dritte Auflage von 1767 ist gegenüber der zweiten unverändert; vgl. [Art.] *Revolution*, Johannis Theodori Jablonskies Allgemeines Lexicon der Künste und Wissenschaften 2. Aufl. 1748, 917; sowie [Art.] *Revolution*, Johann Theodor Jablonskies Allgemeines Lexicon der Künste und Wissenschaften 3. Aufl. 1767, 1193.

87 [Art.] *Revolution*, Adelung, 1096.

88 Ebd.

89 [Art.] *Revolution*, Johann Georg Krünitz's oekonomisch-technologische Encyklopädie 1819, 186.

90 [Art.] *Präadamiten*, Johann Georg Krünitz's oekonomisch-technologische Encyklopädie 1810, 620f.

Der Artikel in der *Allgemeinen deutschen Real-Encyclopädie* (= Brockhaus, 5. Aufl., 1819) ist weitaus aufschlussreicher bezüglich der diskursiven Entwicklungen. Grundlegend für die moderne Verwendung von ‚Revolution', so der Artikel, sei der Gebrauch in der Geologie, da hier der Begriff mit einer neuen Semantik ausgestattet worden sei. Während ‚Revolution' in der Astronomie noch die gleichförmige Bewegung der Himmelskörper bezeichnet habe, verkehre sich der Begriff in geologischen Kontexten in eine heftige Störung der Ordnung und damit in das genaue Gegenteil:

> *Revolution* bedeutet eigentlich eine Um- oder Zurückwälzung (von *revolvere*, um- oder zurückwälzen). Es wird indeß dieses Wort in vielfachem Sinne gebraucht. Die *Astronomen* verstehen darunter die Bewegung eines kleinern Weltkörpers um einen größern, der ihn durch das Uebergewicht seiner Anziehungskraft beherrscht, z. B. des Mondes um die Erde, der Erde um die Sonne. Bei dieser Revolution geht alles seinen ordentlichen und gesetzmäßigen Gang. Die *Geologen* hingegen verstehen darunter solche Katastrophen auf der Erde, wodurch der natürliche Lauf oder das natürliche Verhältniß der irdischen Dinge eine bedeutende Veränderung erleidet, z. B. wenn durch große Wasserfluthen, Erdbeben u. dgl. die Oberfläche der Erde anders gestaltet wird. Solche Revolutionen haben zwar auch ihren Grund in den allgemeinen Naturgesetzen, erscheinen aber doch in ihren Wirkungen als etwas von der gewöhnlichen Ordnung der Dinge Abweichendes, wodurch manches bisher Bestandne aufgehoben oder zerstört wird.[91]

Die semantische Umprägung des Revolutionsbegriffs durch die Geologie, so der Artikel weiter, sei enorm folgenreich gewesen, da diese Bedeutung auch auf die menschliche Welt übertragen worden sei: „Diese Bedeutung des Wortes hat man auch auf die *moralische* Welt übergetragen. [...]. Dergleichen Revolutionen [wie die geologischen; D.S.] können sich nun auch in der *politischen* Welt ereignen."[92]

---

91 [Art.] *Revolution*, Allgemeine deutsche Real-Encyclopädie [= Brockhaus] 5. Aufl. 1819, 238. [Hervorhebungen im Original].

92 Ebd. [Hervorhebungen im Original.] – Die ersten vier Auflagen des Brockhaus-Lexikons rekurrieren – im Gegensatz zu der hier zitierten fünften Auflage – ausschließlich auf die politische Verwendung. In der ersten Auflage (1809–1811) erhält der Begriff kein eigenes Lemma. Stattdessen finden sich ausführliche Lemmata zu ‚Revolution von England', ‚Revolution von Frankreich', ‚Revolution von Nordamerika', ‚Französischer Revolutionskrieg' und ‚Revolution von Pohlen'; vgl. [Art.] *Revolution von ...*, Conversations-Lexikon [= Brockhaus] 1. Aufl. 1809. In der zweiten Auflage (1812–1819) findet sich erstmals ein Lemma ‚Revolution', allerdings wird nur die politische Bedeutung des Begriffs expliziert; vgl. hierzu [Art.] *Revolution*, Conversations-Lexikon [= Brockhaus] 2. Aufl. 1817, 227. Die Ausführungen der dritten und vierten Auflage sind identisch mit der zweiten. Ab der hier zitierten fünften Auflage (1819) wird schließlich die geologische Bedeutung des Terminus in den Mittelpunkt der Definition gestellt. In den sich daran anschließenden Auflagen findet sich dieselbe Darstellung in übereinstimmendem Wortlaut; vgl. [Art.] *Revolution*, Allgemeine deutsche Real-Encyclopädie [= Brockhaus] 6. Aufl. 1824; [Art.] *Revolution*,

In Meyers *Conversations-Lexicon* (1850) wird nicht eigens auf den Stellenwert der Geologie hingewiesen. Allerdings zeigt sich die naturgeschichtliche Begriffsherkunft in den gewählten Formulierungen deutlich:

> Welch eine ungeheure Gewalt liegt in dem Wort Revolution, welch eine Welt des Sturmes und der Bewegung [...]. Die ganze Naturentwicklung, von Zeitalter zu Zeitalter, ist eine fortgesetzte Revolution, die Weltgeschichte eine bunte Reihe von aufeinanderfolgenden Revolutionen [...].[93]

Herders Conversations-Lexikon rekurriert noch 1856 auf die naturgeschichtliche Bedeutung des Begriffs und führt diplomatisch die verschiedenen Verwen-

---

Allgemeine deutsche Real-Encyclopädie [= Brockhaus] 7. Aufl. 1827; [Art.] *Revolution*, Allgemeine deutsche Real-Encyclopädie [= Brockhaus] 8. Aufl. 1836. Erst in der neunten Auflage von 1847 wird der Stellenwert der Geologie nicht mehr eigens hervorgehoben: [Art.] *Revolution*, Allgemeine deutsche Real-Encyclopädie [= Brockhaus] 9. Aufl. 1847, 97.
Auf ähnliche Weise verändert sich der Inhalt des Lemmas ‚Revolution' im *Encyclopädischen Wörterbuch der Wissenschaften, Künste und Gewerbe* (= Pierer, insg. 7 Aufl. zwischen 1824 und 1893): In der 1. Auflage rekurriert der Artikel noch ausschließlich auf das politische Geschehen der jüngsten Zeit; vgl. [Art.] *Revolution*, Encyclopädisches Wörterbuch der Wissenschaften [= Pierer] 1. Aufl. 1833. Dasselbe gilt auch für die zweite (1840 – 1846) und die hier übereinstimmende dritte Auflage (1849 – 1852). Es wird gar nicht auf den astronomischen Ursprung des Terminus' verwiesen; vgl. [Art.] *Revolution*, Universal-Lexikon der Gegenwart und Vergangenheit [= Pierer] 2. Aufl. 1844, 52. In der vierten Auflage (1857 – 1865) wird der Artikel schließlich neu konzipiert und semantisch ausgeweitet. Es wird nicht mehr ausschließlich die politische Bedeutung aufgeführt, sondern „jedes den bestehenden Zustand gewaltsam erschütternde u. umgestaltende Ereigniß" zählt als ‚Revolution'. Das gilt insbesondere auch für die Erdgeschichte, wie gesondert betont wird: „[S]o bezeichnet man z. B. die gewaltsamen Umbildungen der Erdoberfläche durch vulkanische od. neptunische Kräfte als geologische R[evolution]en". [Art.] *Revolution*, Pierer's Universal-Lexikon der Vergangenheit und Gegenwart 4. Aufl. 1862, 89. Die fünfte (1867 – 1872) und sechste Auflage (1875 – 1879) des *Encyclopädischen Wörterbuchs* übernehmen diese ‚erweiterte' Definition, welche auch die geologischen Revolutionen miteinschließt.
Auch im *Allgemeinen deutschen Volks-Conversations-Lexikon* von 1849 findet sich eine äquivalente Darstellung der Begriffsgeschichte von ‚Revolution' mit teilweise wörtlichen Übereinstimmungen zum Brockhaus: „Die physiologische Bedeutung dieses Wortes hat man auf die moralische Welt und von dieser auf die politische übertragen. [...]. Bei den Geologen bedeutet der Ausdruck solche Katastrophen auf der Erde, welche eine bedeutende Veränderung des natürlichen Verhältnisses der irdischen Dinge verursachen". [Art.] *Revolution*, Allgemeines deutsches Volks-Conversations-Lexikon, 520 f.

93 [Art.] *Revolution und Reform*, Das große Conversations-Lexicon für die gebildeten Stände, 1003. Im *Neuen Konversations-Lexikon* von 1860 ist der entsprechende Artikel ‚Revolution' neu konzipiert und es findet sich kein Verweis auf die Naturgeschichte; vgl. [Art.] Revolution, Neues Konversations-Lexikon für alle Stände.

dungsweisen von ‚Revolution' auf, das sind die astronomische, die geologische und die politische.[94]

1.5 Eine bislang vergessene Bedeutungstransformation

In seiner Geschichte erfährt der Begriff ‚Revolution' zwei entscheidende Bedeutungstransformationen: Die erste ist markiert durch die Übertragung aus dem astronomisch-astrologischen Bereich in die Terminologie der Erdwissenschaften im späten 17. Jahrhundert. Die zweite ereignet sich im Kontext des politischen Geschehens um 1800 und gibt dem Begriff seine moderne Bedeutung, die im Laufe des 19. Jahrhundert alle früheren Verwendungsweisen überlagert. Während die zweite Bedeutungstransformation in jeder Darstellung zur Geschichte des Revolutionsbegriffs exponiert hervorgehoben wird, ist die erste heute weitgehend vergessen. Dabei ist sie mindestens ebenso radikal und markiert eine Zäsur in der Begriffsgeschichte, ohne welche die neue politische Zuspitzung, die der Begriff im Kontext der Französischen Revolution bekommt, nicht denkbar wäre. Während der Revolutionsbegriff im astronomisch-zyklischen Sinne bis in die Neuzeit hinein auf die zyklische Wiederkehr des Gleichen und die unveränderliche Ordnung der Dinge verwies, kennzeichnete er in den Erdwissenschaften bereits seit dem späten 17. Jahrhundert eine gewaltsame und irreversible Ordnungserschütterung. Die damit verbundenen Qualitäten von ‚Plötzlichkeit' und ‚Gewaltsamkeit' markierten eine bedeutende Differenz zum astronomischen Revolutionsbegriff und dessen Betonung von Gleichförmigkeit, Wiederholung und Dauer. Spätestens mit Burnets *Telluris Theoria Sacra* (1681) – und damit noch vor der ‚Glorious Revolution'[95] – war ‚Revolution' als Terminus technicus der Erdwissenschaften fest etabliert und bezeichnete singuläre und nicht-umkehrbare erdgeschichtliche Ereignisse. Während in astronomischen und politischen Diskursen bis weit ins 18. Jahrhundert hinein unter ‚Revolution' letztlich eigentlich eine Restauration verstanden wurde,[96] evozierten die Erdwissenschaften bereits gegen Ende des 17. Jahrhunderts die Vor-

---

94 [Art.] *Revolution*, Herders Conversations-Lexikon, 716.

95 Diese wird in der Begriffsgeschichte von ‚Revolution' immer als eine Zäsur dargestellt. Im Anschluss an dieses Ereignis sei ‚Revolution' verstärkt als politischer Begriff verwendet worden; vgl. *Griewank*, Revolutionsbegriff, 150; sowie *Bender*, Revolutionsbegriff, 49.

96 Vgl. *Arendt*, Revolution, 52: „Die Tatsache, daß das Wort ‚Revolution' eigentlich Restauration meint, also etwas, was wir für das gerade Gegenteil einer Revolution ansehen, ist erheblich mehr als eine historische oder philologische Kuriosität. Denn die Revolutionen des siebzehnten und achtzehnten Jahrhunderts, die in unsern Augen so offenbar von dem Geist der Neuzeit zeugen, waren ursprünglich als Restauration gemeint und geplant."

stellung von katastrophalen Einzelereignissen und brutalen geschichtlichen Zäsuren. Geologische Revolutionen wurden als Diskontinuitäten und Ordnungserschütterungen verstanden. Sie insinuierten, dass etwas Neues in der Geschichte stattfände. Die emphatische Vorstellung eines ‚Neubeginns' – Kernsemantik des modernen Revolutionsbegriffs – ist ohne diese Begriffsmodifikation nicht denkbar. Hier liegt die Ursache für die große Konjunktur, die der erdwissenschaftliche Revolutionsbegriff in der Spätaufklärung erfahren hat. Er gewann begriffliche Dignität und wurde zu einer zentralen geschichtsphilosophischen Kategorie aufgewertet. Menschliches Geschehen konnte in übergeordnete naturhafte Verläufe eingeordnet und als Ausprägung eines ‚Geschichtsgesetzes' verstanden werden. In den Reden Robespierres und in den Texten von Görres und Büchner wird dem maßlosen Morden der Anschein einer naturgesetzhaften Notwendigkeit gegeben.

Insbesondere die Ergebnisse der lexikographischen Untersuchung belegen mit massiver Evidenz die bedeutende Rolle, welche den Erdwissenschaften in der Begriffsgeschichte von ‚Revolution' zukommt. Sie heben hervor, dass der geologische Revolutionsbegriff und nicht der astronomische der modernen politisch-gesellschaftlichen Verwendung zu Grunde gelegt wurde. Der moderne Revolutionsbegriff ruht damit auf einem geologischen Fundament.

In der zweiten Hälfte des 19. Jahrhunderts verschwindet die geologische Denotation von ‚Revolution'. Die Semantik des Begriffs verengt sich auf die politisch-gesellschaftliche Bedeutung, so dass der Terminus als metaphorische Entlehnung aus der Naturgeschichte nicht mehr erkennbar ist. Auch innerhalb der Erdwissenschaften wurde er zunehmend ungebräuchlich und durch ‚Katastrophe' ersetzt.[97] Damit werden alle Verweise auf die Kontexte gekappt, in denen die Bedeutung des modernen Revolutionsbegriffs geprägt wurde. In begriffsgeschichtlicher Perspektive treten sie wieder hervor und belegen exemplarisch die eminente Bedeutung der erdwissenschaftlichen Diskurse für die Konzepte und die Begriffskategorien der anbrechenden Moderne – ebenso wie ihre Vernachlässigung durch die Forschung.

97 Dieser Prozess wird dadurch verstärkt, dass das methodische Paradigma des ‚Katastrophismus' durch sein Gegenmodell den ‚Aktualismus', der von der Gleichförmigkeit der Veränderungen ausgeht, abgelöst wird; vgl. *Groh/Kempe/Mauelshagen*, Einleitung, 18 f.

2 Die Delegitimierung der *historia sacra* durch die geologische Tiefenzeit

2.1 ‚Der alte Gott in Wohnungsnot'

Die kopernikanische Wende, welche den Menschen in räumlicher Hinsicht aus dem Mittelpunkt der Schöpfung verdrängt hat, ist geistesgeschichtlich zweifellos eine Zäsur. Theologisch ist sie jedoch nicht annähernd so brisant wie die Entdeckung der geologischen Tiefenzeit und die zeitliche Marginalisierung des Menschen: Während die Bibel zur räumlichen Lage der Erde im Weltall kaum Angaben macht, finden sich im Alten Testament zahlreiche Details über die Entstehung der Erde und ihr Alter.[1] Im Gegensatz zur Dezentrierung der Erde, die theologisch weitgehend unerheblich war,[2] stellte die Entdeckung des ‚dunklen Abgrunds der Zeit' religiöses Wissen und biblische Darstellungen direkt in Frage. Blasphemische Metaphern belegen die Bedeutung des Vorgangs: So bilanziert David Friedrich Strauß: „[D]er alte Gott gerät in Wohnungsnot";[3] Nietzsche spricht im selben Zusammenhang vom ‚Tod Gottes' und damit von Mord.[4]

Die ‚Entdeckung' der geologischen Tiefenzeit stellt geistesgeschichtlich eine einschneidende Zäsur dar. Ihre Bedeutung kann nur annähernd erfasst werden, wenn man bedenkt, dass die Zeitkonzepte in der Frühen Neuzeit im Kern religiöser Natur waren. Grundlegend für das Zeitdenken waren nicht nur der christliche Kalender sowie die christlichen Feste, die Orientierung im Jahreslauf boten und durch ihre zyklische Wiederkehr die religiösen Glaubensinhalte fest im Bewusstsein der Gläubigen verankerten. Auch die Konzepte von Vergangenheit und Zukunft orientierten sich an den Darstellungen der Bibel.[5] Jahrhundertelang bekräftigte die *historia sacra*[6] eine religiöse Ordnung der Geschichte. Sie war in Form

---

1 Abgesehen vom ersten Satz der Genesis enthält die Bibel keine Kosmogonie, wohl aber eine Geogonie; vgl. *Seifert*, Verzeitlichung, 468.

2 Rémi Brague desavouiert die Bedeutung der kopernikanischen Wende: Sie sei keineswegs als ‚Kränkung' empfunden worden, sondern erst nachträglich dazu stilisiert; vgl. *Brague*, Geozentrismus; *Brague*, Weisheit, 243.

3 Zit. n. *Nipperdey*, Geschichte, 449.

4 Vgl. *Marquard*, Zeit, 364.

5 Vgl. die Schriften von Jan Assmann zur ‚Zeitkonstruktion' und zum ‚kulturellen Gedächtnis'; hier exemplarisch *Assmann*, Gedächtnis.

6 Die *historia sacra* ist definiert durch die Form ihrer Überlieferung: Sie ist eine auf göttliche Offenbarung zurückgehende und damit revelatorische Geschichtserkenntnis. ‚Heilig' ist sie aufgrund ihrer göttlichen Provenienz. Dadurch unterscheidet sie sich von der Heilsgeschichte, die auch, wie das Beispiel der nachbiblischen Kirchengeschichte verdeutlicht, als profane Historie

https://doi.org/10.1515/9783110650518-006

von Lehrbüchern in ganz Europa verbreitet. Von ihrer Institutionalisierung zeugt etwa die *Chronica Carionis*, die im Jahre 1532 mit einem Vorwort von Philipp Melanchthon als Druck erschien und bis 1649 mindestens 153 Neuauflagen und Neubearbeitungen sowie Übersetzungen ins Französische, Italienische, Englische, Spanische, Dänische, Tschechische und Türkische erlebte.[7] Von Johannes Sleidans *De quatuor summis imperiis* (1556) erschienen bis 1774 mindestens 110 Fortsetzungen und Neuauflagen. Das katholische Pendant dieser protestantischen Werke war die *Historiarum Epitome* von Orazio Torsellini, welche bis ins Jahr 1786 129 Neuauflagen erlebte. Zeitlich umfasste die *historia sacra* die gesamte Geschichte der Erde von ihrer Erschaffung bis zu ihrer künftig erwarteten Zerstörung. Sie machte es möglich, die gesamte vergangene und auch zukünftige Entwicklung der Menschheit zu überblicken und zeigte „die Welt als ein zusammenhängendes Ganzes, als Sinnbild eines der Kontingenz entledigten, beherrschbaren Erfahrungsraumes."[8] Das menschliche Leben stand dabei in zeitlicher Kongruenz zur Geschichte der Erde: Schöpfung der Welt und die Erschaffung des Menschen entsprachen einander ebenso wie die Zerstörung von Mensch und Welt in der Apokalypse.

Diese Kongruenz wurde spätestens zur Mitte des 18. Jahrhunderts gesprengt.[9] Am nachhaltigsten konnten die Erdwissenschaften Evidenz dafür erbringen, dass das Alter der Welt dasjenige der Menschheit bei weitem übersteige. Die Geologie war mehr als hundert Jahre vor Darwin[10] die erste naturkundliche Disziplin, welche den Schöpfungsbericht der Genesis direkt in Frage stellte und welche die biblische Chronologie mit Problemen konfrontierte, die sie nicht lösen konnte.[11]

In diesem Kapitel wird erstmals die Bedeutung der erdhistorischen Diskurse beim Prozess der Delegitimierung der *historia sacra* analysiert. Wissenschaftshistorisch ist dieser Prozess von enormer Bedeutung. Er zeigt sich ursächlich für die Herausbildung des modernen Begriffs von Geschichte: Erst nachdem christliche Ordnungsvorstellungen hinterfragt worden waren, konnte der Geschichtsverlauf als kontingente und zukunftsoffene Entwicklung verstanden werden. Koselleck bekräftigt diese Hypothese: „Was den neuen Begriff einer ‚Geschichte

---

geschrieben werden konnte; vgl. *Seifert*, Geschichte, 82 f.; *Ott*, Heilsgeschichte; sowie *Lohff*, Heil, Heilsgeschichte.

7 Hierzu und zu den folgenden Angaben vgl. *Zedelmaier*, Marginalisierung, 17.

8 *Zedelmaier*, Anfang, 19.

9 Zur Periodisierung vgl. auch Johannes Fabian, der die Zäsur bereits im 16. Jh. und damit weitaus früher ansetzt: *Fabian*, Time, 168, Fußn. 15.

10 Die Geologie ging der Biologie nicht nur zeitlich voraus. Auch inhaltlich fußt die Evolutionstheorie maßgeblich auf der Entdeckung der Tiefenzeit; vgl. *Fabian*, Time, 168.

11 Vgl. zu diesem Problemkomplex: *Bultmann*, biblische Urgeschichte; *Bultmann*, Urgeschichte.

überhaupt' auszeichnete, war seine Verzichtsleistung, nicht mehr auf Gott zurückverweisen zu müssen. Damit einher ging die Freilegung einer nur der Geschichte eigentümlichen Zeit."[12]

Wegen seiner enormen Wichtigkeit wurde der Prozess der Delegitimierung der *historia sacra* im 18. Jahrhundert von der Forschung bereits verstärkt in den Blick genommen.[13] Als wichtigste Ursachen für die Ordnungsverschiebungen im Bereich historischen Denkens wurden die geographische Entdeckung der ‚neuen Welten',[14] die Etablierung einer historisch-kritischen Philologie[15] sowie der Aufstieg der Profanhistorie[16] identifiziert. Die Frage nach der Bedeutung der naturkundlichen, mithin geologischen Diskurse bei der Delegitimierung der *historia sacra* ist noch weitgehend ein Desiderat der Forschung: „[W]e need to remember that we know practically nothing about the relation between religion and geology on the Continent."[17] Eine Ursache für die Vernachlässigung ist, dass die Relevanz und Signifikanz dieser Diskurse bislang unterschätzt wurden. Zwar hat Arno Seifert bereits früh darauf hingewiesen, dass die geologischen Zeitkonzepte „die biblische Ära zunehmend in Bedrängnis brachten".[18] Allerdings geht er gleichzeitig davon aus, dass die heilige Geschichte nicht grundlegend in Frage gestellt werden konnte: „Was mithin der ausgehenden Frühneuzeit an Geschichtswissen profanhistorischer und philosophischer Provenienz zu Gebote stand, reichte genau genommen nicht aus, die *historia sacra* zu falsifizieren."[19] Diese Einschätzung wurde bis in die jüngste Gegenwart tradiert. Noch Helmut Zedelmaier unterschätzt den Einfluss der geologischen Zeitkonzepte. In seiner Habilitationsschrift über den *Anfang der Geschichte* werden „Fragen der Kosmogonie und Geogonie" nicht berücksichtigt, da diese, vermeintlich, „von den Spannungen zwischen bi-

---

12 *Koselleck*, Geschichte, 651.

13 Vgl. zu diesem Forschungsfeld exemplarisch: *Klempt*, Säkularisierung; *Koselleck* et al., Geschichte; *Seifert*, Verzeitlichung; *Seifert*, Geschichte; *Hardtwig*, Verwissenschaftlichung; *Zedelmaier*, Marginalisierung; *Zedelmaier*, Frühgeschichte; *Zedelmaier*, Anfang; *Lehmann-Brauns*, Neuvermessung.

14 Von Bedeutung ist dabei die von Isaac de La Peyrère im Rahmen der Frage nach der Herkunft der Indianer entwickelte ‚Prä-Adamiten-Hypothese'; vgl. *Schnapp*, Entdeckung, insbesondere Kap. 4: ‚Die Zurückweisung der Naturgeschichte des Menschen' 239 – 295; sowie *Muhlack*, Geschichtswissenschaft, 188.

15 Vgl. exemplarisch: *Lehmann-Brauns*, Neuvermessung; *Klempt*, Säkularisierung.

16 Vgl. exemplarisch: *Zedelmaier*, Marginalisierung; *Völkel*, Aufstieg.

17 *Laudan*, History, 323.

18 *Seifert*, Verzeitlichung, 467.

19 *Seifert*, Geschichte, 89; vgl. auch ebd., 95.

blischer Auslegung und vernünftiger Erklärung [...] weniger berührt" gewesen seien.[20]

Während die fachwissenschaftlichen Diskurse den Einfluss geologischer Erkenntnisse bei der Delegitimierung der *historia sacra*, abgesehen von verstreuten Hinweisen, ignorieren,[21] wurde abseits von ihnen punktuell bereits sehr früh auf ihre Bedeutung verwiesen. So stellt Ernst Cassirer schon 1932 fest:

> Die Geologie geht [...] voran, indem sie vor allem das *zeitliche Schema* durchbricht, in das die biblische Schöpfungsgeschichte eingespannt ist. Schon im siebzehnten Jahrhundert hatten sich die Angriffe vornehmlich auf dieses Schema gerichtet.[22]

Auch Hans Blumenberg bemerkt, dass der „Zeitgewinn für die Vergangenheit" durch die Erdwissenschaften mit der „Provinzialisierung der biblischen Chronologie" und der „Entkräftung des Primats der Bibel als Geschichtsurkunde" einhergehe.[23] Überdies bezeichnet Helga Nowotny die Geologie in diesem Zusammenhang als „Schlüsselwissenschaft". Vor allem die „Verdrängung der Religion als zeitsetzende Instanz und höchste Autorität in der Bestimmung der Zeit hatte [...] weitreichende Folgen."[24]

Diese Hinweise sollen im Folgenden geprüft und systematisch weiterverfolgt werden. Untersuchungsleitend ist dabei die Hypothese, dass die Erdwissenschaften die Verbindlichkeit der *historia sacra* bereits sehr früh und zudem sehr grundlegend in Frage stellten. Mit dem geologischen Wissen gingen Erkenntnisse einher, welche der *historia sacra* zentral widersprachen. Das betraf maßgeblich drei Bereiche: die biblischen Darstellungen des Anfangs der Welt, bzw. die bi-

---

20 *Zedelmaier*, Anfang, 5. Diese Begründung wirft Fragen auf; vgl. insbesondere die Rezension von Lucas Marco *Gisi*: [Rez.] Helmut Zedelmaier.

21 Systematische Untersuchungen stehen aus. Verstreute Hinweise auf die Bedeutung der geologischen Diskurse finden sich bei: *Rossi*, Abyss; Rossi untersucht jedoch einen weitaus früheren Zeitraum als diese Arbeit und analysiert wie Vicos *Scienza nouva* (erstmals 1725) auf die naturkundlichen Diskurse reagierte. Ebenso wie Rossi untersucht auch Michael Kempe, die Zeit um 1700; vgl. *Kempe*, Wissenschaft. Im Gegensatz zu Rossi und Kempe wird in dieser Arbeit vor allem die zweite Hälfte des 18. Jahrhunderts analysiert; vereinzelte und verstreute Hinweise dazu finden sich bei *Tortarolo*, Angst; sowie bei *Cartier*, Zeit, 107; vgl. ebenso *Fabian*, Time, insbesondere die Abschnitte ‚From Sacred to Secular Time: The Philosophical Traveler' (2–11) und ‚From History to Evolution: The Naturalization of Time' (11–21); im Mittelpunkt steht dort allerdings die Biologie, die Geologie wird hingegen nur am Rande thematisiert; weitere punktuelle Hinweise finden sich bei *Sommer*, Sinnstiftung, 207; vgl. auch *Moser*, Geschichtsphilosophie, 111; *Rahden*, Blick, 41f.; *Löther*, Vergangenheit, 286.

22 *Cassirer*, Philosophie, 48. [Hervorhebung im Original.]

23 *Blumenberg*, Lebenszeit, 224.

24 *Nowotny*, Eigenzeit, 85.

blische Genesis, sodann die Beschreibung des Weltendes, bzw. der Apokalypse, sowie die Angaben zum Alter der Welt. Zeitlich konzentriert sich die Untersuchung auf Arbeiten, die um die Mitte und in der zweiten Hälfte des 18. Jahrhunderts entstanden sind. Tortarolo bemerkt zu Recht: „In der ersten Hälfte des 18. Jahrhunderts hatte die Bibel die Menschengeschichte noch fest im Griff."[25]

2.2 ‚Genesis und Geologie': Konturen einer Debatte

Als methodische Vorbemerkung sei hier die Feststellung gestattet, dass mit der im Untertitel formulierten Fragestellung der vermeintliche Dualismus zwischen ‚Glaube und Wissenschaft' nicht vertieft werden soll.[26] Die Forschung zur Geschichte der Geologie wurde – insbesondere von der marxistischen Wissenschaftsgeschichte[27] – lange Zeit beherrscht von dem zwar einprägsamen, aber letztlich simplifizierenden Antagonismus von ‚Genesis und Geologie'.[28] Das Kampfmotiv, dass die empirische Methodik der Naturwissenschaft die metaphysischen ‚Spekulationen' der Religion entkräftet habe, ist nicht zutreffend. Vielmehr wird vom Ergebnis eines langen und komplexen Prozesses in unzulässiger und grob vereinfachender Weise auf seinen Verlauf geschlossen. Im Folgenden wird gezeigt, dass vor allem Theologen die weitreichenden geologischen Beobachtungen und Schlüsse diskutierten. Insofern spielt sich der Konflikt innerhalb einer Gruppe von theologisch geschulten Naturkundlern bzw. naturkundlich interessierten Theologen ab. Insbesondere Martin Rudwick hat kürzlich gezeigt, dass die Erdwissenschaften erst durch die *Synthese* von religiösen und wissenschaftlichen Vorstellungen eine kontingente Vorstellung von historischem Wandel ausbilden konnten.[29]

Übereinstimmend damit wird auch kein Dualismus auf der Ebene der Zeitkonzepte angenommen – etwa nach dem Muster ‚rational' vs. ‚irrational'. Es wird nicht davon ausgegangen, dass es eine ‚objektive' Naturzeit gebe, welche die Unzulänglichkeiten theologischer Zeitvorstellungen aufgedeckt habe.[30] Vielmehr werden sowohl religiöse als auch naturwissenschaftliche Zeitmodelle gleicher-

---

25 *Tortarolo*, Angst, 38.

26 Vgl. als Einstieg *Peterson/Ruse*, Science; sowie *Brooke*, Science.

27 Vgl. exemplarisch *Guntau*, Genesis, 35; sowie *Hörz*, Zeit.

28 Vgl. zu dieser Debatte: *Gillispie*, Genesis; *Rudwick*, Shape; *Hölder*, Naturwissenschaft; *Roberts*, Geology; *Greene*, Genesis; *Kölbl-Ebert*, Geology.

29 Vgl. *Rudwick*, Bursting, insbesondere das Kap. zu Deluc, 150 – 158.

30 Auch die Erdgeschichte ist keine ‚objektive' Zeit. Die Art und Weise, wie sie konzipiert wird, ist von kulturellen Parametern abhängig; vgl. *Gould*, Time's Arrow.

maßen als kulturelle Konstrukte begriffen.[31] Vor dem Hintergrund eines Wandels der Plausibilitätsannahmen im 18. Jahrhundert war es den Erdwissenschaften möglich, den Konstruktcharakter der religiösen Zeit offenzulegen, während sie ihren eigenen hinter einer anscheinend objektiven empirischen Methodik verbergen konnte.

Dennoch ist der Konflikt von ‚Genesis und Geologie' kein Konstrukt der Wissenschaftsgeschichte.[32] Franz Michael Vierthaler schildert eine aufschlussreiche Episode, die verdeutlicht, als wie brisant geologisches Wissen empfunden wurde:

> Das System vom Rückzuge des Meers hatte ein seltsames Schicksal: Mahometanische und Christliche Theologen – welch ein Contrast! – sprachen das Urtheil der Verdammnis über selbes aus. Jene behaupteten, es verletze den Alkoran; und diese es verletze die Bibel [...]. Im Jahre 1747 geschah folgendes in Schweden: Die Geistlichkeit überreichte den Landständen eine Schrift, in der sie alle Gelehrten, die das System von dem Rückzuge des Meeres vertheidigten, der Ketzerey beschuldigten. Diese Sottise, welche die Kleriker eines ganzen Landes in dem aufgeklärtesten Jahrhundert begieng, hatte die Wirkung, die sie haben mußte: man geboth den Theologen Stillschweigen, und drohte mit Strafen, wo sie sich unterstünden sich noch einmal vor den Augen Europa's zu prostituieren.[33]

Vierthaler selbst – das ist aufschlussreich – bezieht eindeutig Stellung und übt explizite Kritik an der kirchlichen Dogmatik, denn

> da sie über Materien urtheilten, in denen man ihnen gerne erlaubt unwissend zu seyn, was konnten sie anders erwarten, als daß sie sich Schande, und ihren Feinden Schadenfreude machten? Nachdem sie schon so oft unglücklich decidirten, können sie sich mit Rechte beklagen, daß man ihre Decisionen verachtet? können sie mit Grunde behaupten, daß unser Zeitalter ausarte, weil man ihnen ihre Irrthümer zum Vorwurfe macht? Muß nicht die ganze Welt darauf verfallen, daß, nachdem sie sich in der Geographie geirrt, als sie den Bischof Virgil verdammten; in der Astronomie, als sie den Galilei verdammten, in der Metaphysik, als sie den Jordan Bruno und den unsterblichen Locke verdammten; in der Physik, als sie so viele Zauberer, so viele Herren, so viele gute Bücher verbrannten – sie sich wohl auch in der Geschichte der Natur irren können?[34]

Nur vier Jahre später, im Jahre 1751, entbrannte der Konflikt zwischen Erdwissenschaftlern und Theologen in Frankreich. Wieder griff die Obrigkeit ein, kam

---

31 Vgl. Aleida *Assmann*, Zeit; sowie Aleida *Assmann*, Zeit-Konstruktionen, 21; vgl. auch *Fabian*, Time, 146.

32 Neuerdings tendiert die Forschung dazu, die Auseinandersetzung zwischen Genesis und Geologie als ein Konstrukt der Wissenschaftsgeschichte darzustellen; vgl. *Laudan*, History, 322 f.

33 *Vierthaler*, Geschichte Bd. 1, 38 f.

34 Ebd., 39.

aber zu einem entgegengesetzten Ergebnis als in Schweden: Buffon musste seine Darstellung zur Entstehung der Erde öffentlich widerrufen, weil sie der biblischen Genesis widersprach.[35] Der Widerspruch sowie der Widerruf wurden europaweit wahrgenommen, woran Herder in der *Ältesten Urkunde des Menschengeschlechts* erinnert:

> Es ist bekannt, dass Buffon der h. Sorbonne mit Unterschrift des Namens einen Schein ausstellen mußte, daß seine Träume Moses Schöpfung gar nicht zu dekreditieren [sic!] Luft hätten, und da er den Schein, der vor seinem Werke steht, ausstellte, ward er passiert.[36]

Die theologische Bedeutsamkeit der Auseinandersetzung um ‚Genesis und Geologie' verdeutlicht auch der Theologe Siegmund Jacob Baumgarten. Dieser widmete dem „Streit *de theoria telluris*"[37] in seiner Monographie *Untersuchung Theologischer Streitigkeiten* (1762) einen eigenen Abschnitt.[38] Zu diesem Zeitpunkt, d. h. im Jahr 1762, schätzt Baumgarten die Brisanz der Debatte allerdings noch als gering ein. Die Ansätze der Erdwissenschaftler seien zu theorielastig und könnten keine Plausibilität erzeugen:

> [B]einahe alles, was zu den besondern Meinungen der *Theoristen* gehöret, beruhet auf unerweislichen Mutmassungen, denen es an Beweisen der historischen Richtigkeit felet [sic!]: daher weder aus der Schrift noch aus anderweitigen Warheiten der Naturlehre etwas darin mit überzeugender Gewisheit bestimmet werden kann, obgleich der gröste Theil dieser Mutmassungen aus dergleichen Gründen widerlegt werden kann.[39]

Durch die zunehmende Genauigkeit, welche die Erdwissenschaften gegen Ende des 18. Jahrhunderts entwickelten, veränderte sich diese Bewertung. Sobald aus „Mutmassungen" empirisch validiertes Wissen wurde, konnten die Erdwissenschaften nicht mehr als ‚harmlos' abgetan werden, wie die Kontroverse verdeutlicht, die zwischen Johann Gottfried Herder und August Ludwig Schlözer um die Entstehung der Erde stattfand.

Auslöser der Debatte war eine vernichtende Rezension, die Herder über die erste Ausgabe von Schlözers *Vorstellung seiner Universal-Historie* (1772) im Jahre ihres Erscheinens in den *Frankfurter Gelehrten Anzeigen* anonym publizierte.[40] Schlözer blieb die Identität des anonymen Kritikers nicht lange verborgen. Seine

---

35 Vgl. *Meier*, Anhang.
36 *Herder*, Älteste Urkunde, 195.
37 *Baumgarten*, Untersuchung, 525. [Hervorhebung im Original.]
38 Ebd., 524–526.
39 Ebd., 526. [Hervorhebung im Original.]
40 *Herder*, A. L. Schlözers Vorstellung.

nicht minder geharnischte Antwort erschien im Jahre 1773 in Form eines fast 200-seitigen Buches, welches fortan als *Zweeter Teil* der bis dahin einbändig konzipierten *Universal-Historie* firmierte.[41] Ein für die Gesamtausrichtung der Rezension nicht unwesentlicher Kritikpunkt Herders betraf Schlözers Darstellung einer dynamischen Naturgeschichte, wie sie in seinem Kapitel ‚Vorgeschichte. Von der Schöpfung bis auf die Erbauung Roms'[42] skizziert wurde. In diesem Zeitraum, so Schlözer, seien nur wenige „Sätze bekannt und brauchbar". Der erste davon laute: „Unsere Erde wurde umgeschaffen."[43] Diese auf den ersten Blick unscheinbare Feststellung impliziert eine grundlegende Abkehr von biblischen Darstellungen. Schlözer insinuiert, dass die Erde in einem fortwährenden Veränderungsprozess begriffen sei, also nicht einmal *ge*schaffen und damit ‚fertig', sondern sukzessive verändert, d. h. *um*geschaffen werde. Herder greift dies in seiner Rezension auf: „Und denn, ist […] alles *bewiesen?* nichts zu gewagt? nichts des lieben Einfalls wegen da? *Die Umschaffung der Erde!*"[44] Schlözers Anti-Kritik geht nun wiederum mit Herder ins Gericht. In aller Ausführlichkeit grenzt Schlözer die unterschiedlichen wissenschaftlichen Standpunkte und weltanschaulichen Gesichtspunkte voneinander ab und entschleiert die theologischen Implikationen von Herders Kritik, allen voran die Vorstellung einer ‚fertigen' Schöpfung und den Zeitraum von sechs Schöpfungstagen:

> Doch das *UM*schaffen geht vielleicht Hrn. H[erder] im Kopfe herum: warum nicht *ER*schaffen? Ist der Satz von *Umschaffung* der Erde *bewiesen*, ist er nicht *zu gewagt?* – – – Ich will nicht hoffen, daß Hr. H[erder] im Ernste glaubt, daß unsre Erde, oder gar das Große All, netto 6 mal 24 Stunden vor Adam, erst erschaffen, erst aus dem Nichts hervorgerufen, worden? Glaubt ers wirklich: so ist hier der Ort nicht, wo man ihm in Kürze den nötigen Unterricht geben kan.[45]

Schlözers Anti-Kritik entwickelt sich immer mehr zu einer Suada gegen die biblische Genesis. Er fügt paläontologische und geologische Belege in seine geschichtswissenschaftliche Argumentation ein und beruft sich auf „Muscheln" und „Versteinerungen". Zudem sprengt er den biblischen Zeitrahmen und legt zum ersten Mal die Zeithorizonte offen, die er – bis dahin implizit! – für die Entwicklung der Erde veranschlagt:

---

41 Zur Herder-Schlözer-Kontroverse vgl. *Leventhal*, Progression; *Fulda*, Wissenschaft, hier das Kap. ‚Epochenumbrüche in Herders Kritik an Schlözer ', 191–227; *Reill*, Science, insbesondere 446–449.

42 *Schlözer*, Vorstellung 1772, 88.

43 Ebd.

44 *Herder*, A. L. Schlözers Vorstellung, 439. [Hervorhebungen im Original.]

45 *Schlözer*, Vorstellung 1773, 349. [Hervorhebungen im Original.]

> Von der *Erschaffung* der Erde weiß die Historie nichts: nur die Metaphysik lallt von ihr, wie Hr. H[erder] von Grundesreinigung und Erinnerungsmalen, und wie ich vom Torso lalle. Aber die letzte *Umschaffung* derselben, oder diejenige große Revolution, da sie, nachdem sie vielleicht Myriaden von Jaren [sic!] ein Ocean gewesen, trocknes, und für Geschöpfe unsrer Art, (die wir nicht alle *schwimmen* und *tauchen* können), bewonbares Land geworden, kennt die Tradition im Mose, Sanchuniathon, Berosus, und der Orphischen Philosophie, und beweisen die Urkunden von Muscheln und Versteinerungen im Innersten der höchsten Berge.[46]

Schlözers Argumentation schlägt um in beißenden Spott – hier wird deutlich, welche Schärfe die Kontroverse erreicht hatte, und mit welcher Polemik der Konflikt zwischen ‚Genesis und Geologie' ausgefochten wurde:

> Doch vielleicht glaubt Hr. H[erder] lieber, [...] daß diese Muscheln und Elefanten, durch Noah's Sündfluth, in ihre heutige Abgründe geschwemmet worden. Oder er glaubt mit seinem lieben *Voltaire*, daß die Muscheln erst von den Pilgrimen aus den Kreuzzügen nach Hause gebracht, und in die Europäischen Alpen verzettelt worden.
> Das kan er glauben. Wenigstens ist für ihn die ganze schwere Materie von Umschaffung der Erde entberlich: ja er würde sogar unbedächtig und gegen die Pastoralklugheit handeln, wenn er beim Predigen oder Katechisiren davon Gebrauch machen wollte.[47]

Ihre polemische Schärfe bekommt die Debatte dadurch, dass neben persönlichen Animositäten auch verschiedene Wissenschaftsverständnisse und Weltbilder aufeinanderprallen. Während der Bückeburger Konsistorialrat Herder von der Warte religiöser Überzeugungen und Dogmen argumentiert, lehnt Schlözer Herders „Pastoralklugheit" ab und geht auf Abstand zu dessen „Predigen" und „Katechisieren".[48]

Für das Verhältnis von ‚Genesis und Geologie' ist es aufschlussreich, dass Herder seine theologischen Überzeugungen zehn Jahre später in den *Ideen* (1784) aufgibt und die von ihm zuvor verfemten Positionen Schlözers, wenn auch wohl nicht direkt von Schlözer, sondern mehrheitlich aus anderen Quellen, stillschweigend übernimmt.[49]

Das wachsende Ausmaß der Debatte und die polemische Schärfe, die in der Auseinandersetzung zwischen Schlözer und Herder zu Tage tritt, dokumentiert

46 Ebd. [Hervorhebungen im Original.]
47 Ebd., 350. [Hervorhebung im Original.]
48 Ebd.
49 Vgl. Kap. II.3.4 dieser Arbeit: Johann Gottfried Herder und die Geologie. Dieses Ergebnis ist für die Herder-Forschung relevant. Die Debatte wurde mehrheitlich zur Kritik eines ‚auf die Zukunft verweisenden Historisten' an einem ‚rückständigen Aufklärungshistoriographen' stilisiert; vgl. exemplarisch *Fulda*, Wissenschaft, 193; vgl. zu diesem Problemzusammenhang auch *Peters*, Reich, 25.

Johann Ernst Basilius Wiedeburg in einer 1776 erschienenen Schrift mit dem Titel *Neue Muthmasungen über die SonnenFlecken Kometen und die erste Geschichte der Erde.* Im Vorwort, welches sich laut Überschrift ‚An dieienigen‘ richte, ‚die von der StreitFrage, das Alter der Erde betreffend nicht unterrichtet seyn dürften‘,[50] bilanziert Wiedeburg den geologisch induzierten Glaubwürdigkeitsverlust der *historia sacra:* Über die verschiedenen, langanhaltenden Überschwemmungen der Erde berichte die Bibel nichts. „Ein wirklicher Feind unserer geoffenbarten Religion möchte daher gar leicht einen Anlaß zu nicht gar ungegründeten Einwendungen gegen die ganze Offenbarung nehmen."[51] Insbesondere die katholische Kirche startete eine massive gegenaufklärerische Kampagne, um die Verbreitung des vermeintlich ketzerischen Wissens zu bekämpfen. Im Jahre 1800 wurde in Rom eine ‚Religions-Akademie‘ gegründet, um „die göttliche Offenbarung gegen die Angriffe einer falschen Wissenschaft zu vertheidigen, die das Gebäude der Religion und der menschlichen Gesellschaft vernichten will."[52] Über die Arbeit dieser Institution heißt es in den ‚Korrespondenz-Nachrichten‘ aus Italien, die das *Morgenblatt für gebildete Stände* im Jahre 1822 abdruckte:

> Die *Akademie der katholischen Religion zu Rom* hat ein Verzeichniß der Gegenstände bekannt gemacht, welche die Mitglieder derselben für ihre Vorlesungen gewählt haben. Die meisten dieser Abhandlungen beschäftigen sich mit geologischen Gegenständen und haben die Tendenz, zu beweisen, daß die Mosaische Kosmogonie, buchstäblich verstanden, mit der Natur übereinstimme, und daß sich alle geologische [sic!] Phänomene überaus leicht aus derselben erklären lassen.[53]

Aufschlussreich für den Impetus dieser Institution ist zudem eine vom *Morgenblatt* erwähnte Rede, die Graf Zamboni, Sekretär der besagten Religions-Akademie sowie geheimer Kämmerer von Papst Pius VII. und Domherr von S. Maria Maggio, im ‚Hauptgymnasio der Weisheit‘ in Rom, im Jahre 1821 hielt.[54] Sie wurde unter dem aussagekräftigen Titel, [*V*]*on der Nothwendigkeit die Leichtgläubigen vor den Kunstgriffen einiger neueren Geologen zu warnen, die unter dem Schatten ihrer physischen Beobachtungen die mosaische Geschichte der Schöpfung und der Sündfluth zu läugnen sich erkühnen*, ins Deutsche übersetzt. Ihr Ziel ist es, „die Geologen [zu] bekriegen".[55] Wenig überraschend beginnt sie überaus polemisch:

---

50 *Wiedeburg*, Muthmasungen, [3 – 14].
51 Ebd., [7].
52 *Zamboni*, Rede, [2].
53 *Korrespondenz-Nachrichten*, Morgenblatt, 512. [Hervorhebung im Original.]
54 Vgl. *Häusler*, Landesaufnahme, 477.
55 *Zamboni*, Rede, 12.

> Mit doppelter Masse trachtet die Schule der falschen Philosophie der heiligen Geschichte der Schöpfung und der allgemeinen Sündfluth jenes Ansehen zu rauben, das ihr so viele Jahrhunderte, so viele Philosophen und Nationen erhalten haben [...]. Der Schoos der Erde, die Eingeweide und die Gipfel der Berge, die Tiefe der Meere, alles dieß wurden neue Schlachtfelder, auf denen man Mosen anzugreifen sich erfrechte. Mit einem Häuflein von Halbgelehrten, die sich ereiferten, der Welt ihren Platz anzuweisen und Theorien der Erde zu erschaffen, mit diesen behauptete man mit aller Zuversicht, als ob man die entschiedenste und bekannteste Wahrheit lehrte, [...] daß die Schöpfungsgeschichte des Moses nur ein Inbegriff von pöbelhaften Ueberlieferungen und Fabeln wäre [...].[56]

Über die Arbeit der Religions-Akademie resümiert Zamboni:

> Demungeachtet gebührt es unserer Akademie, diesen vermessenen Geologen jene Kühnheit, mit der sie ihre Wissenschaft mißbrauchen, dadurch zu benehmen, daß wir das Schändliche ihrer Sisteme enthüllen und durch die That, durch Vernunftschluße und durch die Gesetze der Natur beweisen, daß sie, Moses zum Trotze, vergebens Jahrhunderte auf Jahrhunderte häufen. Alle ihre Hypothesen sind nichts anders als Träume, die die Prüfung eines auch nur mittelmäßig unterrichteten Physikers nicht bestehen. Wird unsere Akademie in diesem Jahr beweisen, daß man uns fruchtlos zwingen will, die ersten Blätter der Schöpfungsgeschichte zu zerreissen, so wird man dennoch wieder zur unmittelbaren Mittheilung Gottes, zur Offenbarung seine Zuflucht nehmen müßen, um den Ursprung der Dinge zu entdecken und die Bildung der Erde und der kleinsten Himmelskörper kennen zu lernen.[57]

In katholischen Kreisen fanden sowohl die Rede Zambonis als auch die deutsche Übersetzung wohlwollende Beachtung, wie ein anonym gebliebener Rezensent bemerkt: „Gegen diese Abgeordnete [sic!] der Finsterniß und des Bösen [gemeint sind die Geologen; D.S.] tritt Hr. Zamboni als ein recht sachkundiger Mann auf. [...]. Herr Z. zeigt das Grundlose ihrer stolzen Hypothesen, mit denen sie ihren Unglauben [...] darthun".[58]

Auch zur Mitte des 19. Jahrhundert war der Streit zwischen Genesis und Geologie noch nicht beigelegt. Beredtes Zeugnis davon gibt der Artikel ‚Theologie und Geologie' der 1841 erschien:

> Satan ist besonders ein Modemann. Wir können leicht bemerken, wie er immer das, was in Kunst, Wissenschaft oder Leben Mode wird, gleich anfangs für sich ausbeutet [...]. So verhält es sich auch mit einem Zweige der Naturwissenschaft, welcher in den letzten Jahrzehnten erst eigentlich sich gebildet hat, mit der *Geologie* nämlich.[59]

---

56 Ebd., 3.

57 Ebd., 7 f.

58 [Rez.] Rede des Hrn. Grafen, Der Katholik, 229.

59 *Theologie*, Der Katholik, 155. [Hervorhebung im Original.]

Auch in einem ähnlich perspektivierten Aufsatz von 1877 – und damit nach Darwin! – heißt es noch, dass jeder Widerspruch zwischen der *historia sacra* und den geologischen Darstellungen sich früher oder später als ein „Fehler bei der menschlichen Forschung nachweisen lassen wird".[60]

Wie manifest der Konflikt zwischen Genesis und Geologie auch zur Mitte des 19. Jahrhunderts noch war, verdeutlicht die Publikationsgeschichte von Friedrich Christoph Schlossers (1776–1861) weltgeschichtlichen Schriften. Insgesamt konzipierte und publizierte Schlosser drei mehrbändige, weltgeschichtliche Werke. Jedoch nur eines davon bezieht sich auf die Geologie. Die Ursache dafür ist Rücksicht auf religiöse Empfindungen.

In der *Weltgeschichte in zusammenhängender Erzählung* (1815–1841)[61] wird die Bibel noch als maßgebliche Referenz für die ‚älteste Geschichte' präsentiert:

> Da die heiligen Schriften der Juden die einzigen vollständig erhaltenen Documente der ältesten Geschichte sind, so sollten wir mit der Geschichte des jüdischen Volks [...] unsere Erzählung anfangen [...].[62]

Die zweite Schrift, die *Universalhistorische Uebersicht der Geschichte der alten Welt und ihrer Cultur* (1826–1834) verstand sich, wie Schlosser im Vorwort mitteilt, „eigentlich nur [als] eine verbesserte Auflage des ersten Theils der Weltgeschichte in zusammenhängender Erzählung".[63] Dennoch nahm Schlosser inhaltliche Änderungen vor, die insbesondere die Abschnitte ‚Vorweltliche Zeit' und ‚Urweltliche Zeit' betrafen. Neu hinzu kam die Geologie, die biblische Darstellungen verdrängte:

> Wenn wir als den ersten Satz aller Geschichte, als Resultat aller Erfahrungen, durch Darstellung der Geschichte unseres Geschlechts zu beweisen versuchen, daß es unter steten Revolutionen nach und nach sich weiter und weiter entwickelte [...], so ahnden wir schon, daß dieß der Gang der ganzen Natur sey, daß nicht bloß das menschliche Geschlecht, sondern die ganze irdische belebte und unbelebte Natur, ja die Erde selbst sich auf diese Weise zum Vollkommnern entwickelt habe.[64]

In Analogie zur Erdgeschichte verstand Schlosser auch die Entwicklung der menschlichen Geschichte:

---

60 *Geologie*, Der Katholik, 103.
61 Der erste Band erschien 1815; die weiteren Teile erschienen in den Jahren 1817, 1818, 1821, 1824, 1839 und 1841.
62 *Schlosser*, Weltgeschichte Bd. 1 1815, 1
63 *Schlosser*, Uebersicht 1826, iii.
64 Ebd., 6.

> [D]as Fortschreiten der menschlichen Cultur mag man sich etwa so denken, wie wir oben bey der Geschichte der Erdoberfläche die Trümmer der frühern Cultur stets den Grund bilden sahen, auf dem das Neugewordne, wenn es vollendet war, um eine Stufe höher stand, als das früher Geborne.[65]

Von diesen fortwährenden „Fluthen und Ueberschwemmungen, Zerstörungen und neue[n] Gestaltungen" fänden sich viele Berichte:

> [D]enn fast in allen Gegenden und Ländern, in denen sich eine dunkele Kunde der Vorwelt, oder auch nur der Urzeit erhalten hat, finden wir Sagen von gewaltsamen Verheerungen durch die Elemente und zerstörenden Wassermassen, von Ueberschwemmung und Sündfluth, oder vom Entstehen der Menschen aus Steinen und feuchter Erde […].[66]

Bereits in den 1830er Jahren distanzierte sich Schlosser von den geologischen Passagen und beteuerte, er werde in einer Neuauflage des Werkes „hauptsächlich Alles austilgen, was religiösen Personen Anstoß gegeben hat". Dabei scheint ihm der Ausschluss nicht sachlich gerechtfertigt zu sein, da aller Ärger „nur auf Mißverstand beruhte, dem hoffentlich Jugendlehrer durch Unterscheidung des Standpunctes und der Manier abhelfen werden. Wie dieses geschehen kann, wird der Verf. selbst durch die Aenderungen, die er zu machen gedenkt, einmal zeigen."[67] Durch welche Änderungen den Missverständnissen abzuhelfen sei, macht Schlosser deutlich:

> Uebrigens würde der Verf. bey einer neuen Auflage mit dem ersten Theil einige Veränderungen vornehmen, die um vieles bedeutender seyn werden. Er würde besonders die Geologie weglassen […].[68]

---

65 Ebd., 59.
66 Ebd., 16.
67 *Schlosser*, Uebersicht Bd. 3,4 1834, iv.
68 Ebd.; in einem späteren Werk kommt Schlosser nochmals auf die geologischen Exkurse in der *Universalhistorischen Uebersicht* zu sprechen. Dabei vermittelt er den Anschein, als wären sie zufällig, aus Unachtsamkeit hineingekommen: „In den Abriß waren sie [die Theorien zur Erdbildung; D.S.] aus den Heften für seine Vorlesungen übergegangen; in diesen Vorlesungen über Universalhistorie, wie in allen übrigen, war es gar nicht darauf abgesehen, über alle diese Dinge abzusprechen, sondern es sollten nur verschiedene, wenn auch heterogene Studien auf die Geschichte angewandt werden. Der Verfasser hielt die Vorträge und schrieb das Heft, aus dem der universalhistorische Abriß gezogen ist, blos in der Absicht, um das Resultat der zu seiner eigenen Bildung unternommenen Studien, welche weder auf Erlangung von Ruhm noch auf Bücherschreiben berechnet waren, auf Geschichte anzuwenden, die Zuhörer der Vorträge und die Leser des Buches zu ähnlichen Studien anzuregen und ihren Blick zu erweitern." Vgl. *Schlosser*, Weltgeschichte Bd. 1 1844, xi.

In der *Weltgeschichte für das deutsche Volk* (19 Bde., 1844–1857) wurde dieses Vorhaben in die Tat umgesetzt. Inhaltlich basiert sie weitgehend auf den bereits früher publizierten weltgeschichtlichen Schriften.[69] Nur die Bände 9–15 über das 15. bis 17. Jahrhundert konzipierte Schlosser neu. Die Bände 5–8 fußen auf der Frankfurter *Weltgeschichte*, die Bände 16–18 auf Schlossers *Geschichte des achtzehnten Jahrhunderts* und die ersten vier Bände beruhten auf der *Universalhistorischen Uebersicht der Geschichte der alten Welt* und ihren ausführlichen geologischen Diskursen.[70] Diese werden jedoch, Schlossers Vorankündigung entsprechend, sämtlich getilgt. Begründet wird dieser Ausschluss durch den veränderten Adressatenbezug. Während „der universalhistorische Abriß aus den Heften seiner Vorlesungen für junge Gelehrte entstanden war",[71] sei die populärwissenschaftliche Weltgeschichte auf ein ganz anderes Publikum ausgerichtet, so Schlosser im Vorwort:

> Die gegenwärtige Weltgeschichte hat einen ganz andern Zweck. Es sollen nicht junge Gelehrte aufmerksam gemacht werden, wie eng die Geschichte des Menschen mit Naturgeschichte und Naturwissenschaft überhaupt zusammenhängt, sondern es sollen dem größern Publikum Thatsachen und Resultate kurz vorgetragen, alles Individuelle und Hypothetische aber ausgeschlossen werden.
> Kosmogonische und geogonische Betrachtungen sind daher hier nicht angebracht [...].[72]

Zudem verletzten die geologischen Passagen die religiösen Empfindungen seiner Rezipienten: „Frommen, mit Philosophie und Naturwissenschaft unbekannten Gemüthern hätte außerdem leicht Ärgerniß gegeben werden können, weil sie ohne Zweifel manches würden mißverstanden haben."[73] Ein weiteres Argument der etwas gewundenen Rechtfertigung Schlossers ist, dass die geologischen Darstellungen in der *Universalhistorischen Uebersicht* inzwischen veraltet seien:

> Abgesehen von dieser Bedenklichkeit [der religiösen Brisanz; D.S.] hätte der Verfasser das Meiste ganz umarbeiten müssen, weil durch Liebig und andere Chemiker das Werden irdischer Dinge in ein ganz neues Licht gebracht ist, und seit Buckland, Cuvier und Humboldt's geognostischen Versuch, also seit der Erscheinung der Bücher, denen der Verfasser vorzugsweise gefolgt war, die Theorie der Erdbildung sehr große Fortschritte gemacht hat. Der Verfasser hätte also ein neues Buch schreiben müssen [...].[74]

---

69 Zum Entstehungsprozess vgl. *Stegmüller*, Popularisierungsstrategien.
70 *Gottlob*, Schlosser 1997, 574 f.
71 *Schlosser*, Weltgeschichte Bd. 1 1844, x.
72 Ebd.
73 Ebd.
74 Ebd., xf.

Die Tilgung der erdgeschichtlichen Bezugnahmen hinterlässt im methodischen Aufbau der *Weltgeschichte für das deutsche Volk* eine Lücke. Die Frage, „wo und wie man nach Weglassung der Kosmogonie und Geogonie und anderer im universalhistorischen Abriß enthaltenen Betrachtungen beginnen solle" beschäftigte Schlosser.[75] Fast wäre er wieder in überkommene Muster verfallen. Er

> glaubte anfangs, es würde am besten sein, mit der Mosaischen Schöpfungsgeschichte zu beginnen. Diese gilt bei dem Publikum, für welches dieses Buch bestimmt ist, für die zuverlässigste Geschichte, hat seit Einführung des Christentums dafür gegolten, und muß in unsern christlichen Staaten in den Schulen gelehrt werden.[76]

Diese letzte Kehrtwende zurück zur Darstellung der Genesis wird von Schlosser jedoch nicht vollzogen. Dennoch verdeutlicht sie sein ambivalentes Verhältnis zur Urgeschichte der Erde. Das mehrfache Lavieren zwischen verschiedenen Urgeschichtskonzeptionen belegen die Spannung zwischen ‚Genesis und Geologie'. Ebenso lassen Schlossers gewundene Rechtfertigungen, seine mehrfachen Entschuldigungen und der Verweis auf ‚fromme Gemüter' die Heftigkeit des Konflikts von Genesis und Geologie erahnen.

Eine sehr humoristische Ausgestaltung des Konflikts ‚Genesis und Geologie' präsentiert der Schriftsteller und Prediger Bruno Wille (1860–1928) in seinem Roman *Der Glasberg* (1920). Auch wenn dieses letzte Beispiel der literarischen Fiktion entspringt, verdeutlicht es die Relevanz der Auseinandersetzung. Im Kapitel ‚Die Schöpfung der Welt'[77] wird der Konflikt in ein Tübinger Klassenzimmer verlegt. Der Lehrer fragt den Schüler und homodiegetischen Erzähler, der wie der Autor des Buches ‚Wille' heißt: „Heut repetiere mr Gschichtstabelle – fange mer ahn, Wille! Sag du mr, wann ischt die Welt erschaffe?"[78] Nach der ausweichenden Antwort des Protagonisten gibt schließlich ein Klassenkamerad die erwartete Antwort: „Viertausendeinhondertzweuondachtz'g v o r Krischtus war die Schöpfung der Welt."[79] Diese Zahl überzeugt den Protagonisten nicht. Auf seinen ungläubigen Gesichtsausdruck befragt, zieht er geologische und paläontologische Beweise heran. Im Naturkunde-Unterricht werde gelehrt, es gebe Fossilien, die über 100 000 Jahre alt seien: „Wenn's versteinerte Schnecken gibt, die hunderttausend Jahre alt sind, muß doch die Schöpfung älter sein."[80] Der Lehrer macht

---

75 Ebd., xiii.
76 Ebd.
77 *Wille*, Glasberg, 62–67; zu Wille vgl. *Cepl-Kaufmann*, Wille.
78 *Wille*, Glasberg, 62.
79 Ebd., 64. [Hervorhebung im Original.]
80 Ebd.

sich über diese Auskunft lustig, der mundartliche Dialekt konterkariert dabei seine Aussage und kennzeichnet die rückwärtsgewandte Haltung seiner Sprecher: „An Schneckle, an so domme Viecher glaubscht? Also geh zu deim Schneckle ond laß dir von d e m Gschichtsonterricht erteile! Es weiß wohl die *bessere* Tabelle, als *mir* da hänt, gelt?"[81] Und weiter, an den jungen Quenstedt, den Sohn des berühmten Tübinger Geologen gerichtet:

> „Ein vernönftiger Mensch tut sich net auf so Schneckle verlasse – wo auch noch versteunert sind, wie Lots Weib zur Salzsäule ward. Versuch's ond frag dei Schneckle, wie alt es sei! Meinscht, es werd antworte: Du, Quenstedtle! Tu mer gratuliere! Heut vor honderttausend Jahr ischt mei Versteunerungstag gwä –?"[82]

Der Lehrer sanktioniert das geologische Wissen. Wer sich nicht an die Zeitskalen der Bibel halte, „bleibt halt sitze!"[83] Auf die Frage, worauf sich denn diese ‚kurze' Zeitskala begründe, argumentiert der Lehrer, immer wieder unterbrochen von kritischen Nachfragen, mit dem Offenbarungscharakter der *historia sacra:*

> „Woher sie dees wisse? Ha no – glaubscht denn du net an die Bibel? Aus dem Buch der Bücher hänt die Hischtoriker das Datom ausgrechnet! Der Moses zählt ja die Jahr auf, wo seit der Schöpfung verstriche sind." – „Aber woher weiß es denn der Moses?" – „Ha," eiferte Naso, „von Goot selber! Der hat ihm ja die Bücher Mose in die Feder diktiert! Wer also net ans Datom der Schöpfung glaubt, der glaubt net an Moses! Wer aber net an Moses glaubt, der'scht eunfach ... der'scht e Lausbub!"[84]

Die vorgelegten Belege zeigen: Die Ergebnisse der Erdwissenschaften boten Sprengstoff für die *historia sacra.* Einen enormen Stein des Anstoßes bilden dabei die Zeitskalen der Geologie, das hohe Alter der Welt. Herder bringt die Brisanz der Konfliktlage auf den Punkt: „Welche Frage z. B. hat mehr Streit erreget, als die über das Alter der Welt, über die Zeitdauer unsrer Erde und des Menschengeschlechtes?"[85] Auch Christian Daniel Beck bekräftigt: „Ueber die ursprüngl[iche] Beschaffenheit der Erde ist von Physikern und Theologen gestritten worden."[86]

---

81 Ebd. [Hervorhebungen im Original.]
82 Ebd., 64 f.
83 Ebd., 66. [Hervorhebung im Original.]
84 Ebd.
85 *Herder*, Ideen III,1, 377. Dieses zeigt sich auch exemplarisch anhand der folgenden von Theologen verfassten Publikationen: *Reß*, Ueber das Alter der Welt aus der Lava des Aetna (1780); *Bergk*, Unumstößlicher Beweis daß die Erde drei- und mehrmal älter ist, als man gewöhnlich annimmt (1803); *Rhode*, Ueber den Anfang unserer Geschichte und die letzte Revolution der Erde, als wahrscheinliche Wirkung eines Kometen (1819).
86 *Beck*, Anleitung 1813, 105.

Ernst Troeltsch verdeutlicht noch am Anfang des 20. Jahrhunderts die Brisanz, welche die geologische Tiefenzeit im Kontext der *Glaubenslehre* darstellte:

> Die Theologen vergessen gern, welche Skepsis überhaupt auf den modernen Menschen einströmt, wenn er die Unermeßlichkeit der Zeit bedenkt. Unser Planet besteht nach der Meinung einiger Gelehrten dreimal hunderttausend Jahre! Vor solche rasenden Zeiträume gestellt, wird es unendlich schwer, die Menschheit an dieses eine historische Moment, das wir Jesus nennen, zu binden und in alle Ewigkeit in ihm zusammengefasst zu denken. An diesem Punkt liegen erst die allergrößten Schwierigkeiten gegen die Verabsolutierung eines einzigen Geschichtsmoments.[87]

2.3 Der Streit über das Alter der Welt: *Bursting the limits of time?*

Die genaue Berechnung des Weltalters war eine Beschäftigung, die sich insbesondere in der Frühen Neuzeit großer Beliebtheit erfreute.[88] Das Alter der Erde glaubte man aufgrund der Patriarchenfolge der Bibel nicht nur auf das Jahr, sondern auch auf den Tag und die Stunde genau berechnen zu können. So fiel nach dem anglikanischen Bischof James Ussher, der eine besonders einflussreiche und bis ins 19. Jahrhundert maßgebliche Berechnung durchführte, der erste Tag der Welt, ein Sonntag, „upon the entrance of the night preceding the twenty third day of October in the year of the Julian calendar 710 [= 4004 v.Chr.]."[89] Die große Genauigkeit der biblischen Zeitangaben führte jedoch weniger zu Einhelligkeit als zu Unstimmigkeiten bei der Bestimmung des Alters der Welt. Bereits die 1576 erschienene Arbeit von Meredith Hanmer *Chronography Continued from the Birth of Christ* konnte 17 unterschiedliche Berechnungen auflisten.[90] In Baumgartens *Allgemeiner Welthistorie* von 1744 fanden sich bereits 96 unterschiedliche Zählungen und in Andreas Buchers 1830 erschienenem *Lehrbuch der Allgemeinen Geschichte* wurden mehr als 130 unterschiedliche Angaben aufgeführt. Die Unterschiede ergaben sich aufgrund unterschiedlicher Übersetzungen der Bibel und differierten zwischen etwa 3500 und 7000 Jahren, je nachdem ob die Vulgata, die hebräische Bibel, der samaritanische Pentateuch oder die Septuaginta zu Grunde gelegt wurde.[91] Die große Anzahl unterschiedlicher Berechnungen stellte die Integrität der biblischen Quelle allerdings nie grundlegend in Frage. Heftige Kon-

87 *Troeltsch*, Glaubenslehre, 89f.
88 Vgl. *Dean*, Age.
89 *Ussher*, Annals, 1.
90 Die folgenden Angaben nach *Cartier*, Licht, 22f.
91 Vgl. *Tortarolo*, Angst, 21.

troversen ergaben sich vor allem angesichts der weitaus längeren Geschichtsperspektiven von Griechen und Ägyptern.

Der Glaube an die Begrenztheit der Weltzeit war ein zentrales, vehement verteidigtes Dogma der Bibel. In Augustinus' *Gottesstaat* findet sich ein Abschnitt mit dem Titel: ‚Die falsche Behauptung, es gebe eine vieltausendjährige Geschichte'. Hier wendet sich Augustinus scharf gegen Überlieferungen, die „von einer vieltausendjährigen Geschichte wissen wollen, während wir nach der Heiligen Schrift vom Beginn der Menschheit an noch nicht ganz sechstausend Jahre rechnen."[92] Außerordentlich polemisch bezeichnet Augustinus von der Bibel abweichende Darstellungen als „verlogene Schriften" und spricht von ihrer „Wertlosigkeit" und „völlige[n] Unglaubwürdigkeit".[93] Mit dieser vehementen Verteidigung der biblischen Zeithorizonte und der Verunglimpfung von abweichenden Zeitrechnungen begründet er eine Tradition, die sich bis weit in die Neuzeit zumindest bis Bossuet erstreckte.[94] So formuliert der Historiker Johann David Köhler noch im Jahre 1726 entschieden:

> Die vornehmsten *Chronologi* setzen den Anfang der Welt auf den 26. Tag des Octobers in das 1657. Jahr vor der Sündflut, und in das 3947. Jahr vor Christi Geburt. Die alten Egyptier und Chaldäer, wie auch die heutigen Sineser, machen zwar in ihren Geschichten und Jahr-Rechnungen die Welt um viele tausend Jahre älter; Es ist aber der heiligen Schrift mehr zu glauben, als allen aus einer eitlen Ruhmsucht des Alterthums herrührenden heydnischen Fabel-Büchern [...].[95]

Noch Johann Christoph Gatterer schreibt: „Die Chineser wollen unendlich älter seyn, als sie sind, ob sie wol eines der ältesten Völker auf den Erdboden sind. Sie spielen mit Millionen von Jahren, wie Kinder mit Bällen."[96]

Die Belege untermauern: Der Glaube an die Begrenztheit der Weltzeit war ein zentrales biblisches Dogma. Konfessionsübergreifend wurde davon ausgegangen, dass die Weltzeit *insgesamt* auf etwa 6000 Jahre begrenzt war. Alain Schnapp bekräftigt: „Die Leugnung des hohen Alters der menschlichen Geschichte war also Teil der zentralen monotheistischen Lehre."[97]

Diese Begrenzungen der biblischen Zeithorizonte wurden durch die Entdeckung der geologischen Tiefenzeit gesprengt. Insbesondere von Theologen wurden die Ergebnisse der Geologie diskutiert und verbreitet. Der Schotte Alexander

92 *Augustinus*, Gottesstaat, 75.
93 Ebd.
94 Vgl. auch *Muhlack*, Geschichtswissenschaft, 159.
95 *Köhler*, Sculptura Historiarum, 2. [Hervorhebung im Original.]
96 *Gatterer*, Abriß, 586.
97 *Schnapp*, Entdeckung, 243.

Geddes (1737–1802) korrigiert im Vorwort seiner monumentalen Bibelübersetzung die Darstellung der Genesis grundlegend und weitet den Zeithorizont beträchtlich aus: „So may this, much less, planet, called *Earth*, have rolled in its little orbit for millions and millions of years; and have undergone, for aught that we know to the contrary, millions of revolutions; before it was made the habitation of man."[98] Die Brisanz derartiger Darstellungen zeigt das Beispiel Buffons, der das Weltalter auf etwa 75 000 Jahre schätzte. Buffon musste seine Darstellung öffentlich widerrufen, weil sie der heiligen Geschichte widersprach.[99]

Ähnliche Paradigmenwechsel zeigen sich auch im deutschsprachigen Raum. Kant bezifferte das Erdalter auf „Millionen und ganze Gebürge von Millionen Jahrhunderte[...]."[100] Auch der lutherische Theologe Gottfried Less gestand der Erde ein Alter von „Myriaden von Jahr-Millionen" zu.[101] Georg Christian Füchsel und Johann Heinrich Gottlob von Justi stellten nicht nur die zeitlichen Angaben der Bibel in Frage, sondern zogen darüber hinaus auch ihren Erkenntniswert in Zweifel. Da die Angaben zur Urzeit der Erde auf empirischem Wege verlässlicher seien, sollten sie herangezogen werden, um die Bibel „der Natur gemäß" auszulegen, wie Füchsel in § 70 seiner *Erd- und Menschengeschichte* schreibt:

> Weil aber die ältesten Urkunden von dem Ursprunge eines und des andern Volks, wegen ihrer jetzigen unnatürlichen Auslegung, so lange streitig bleiben, bis man aus der Naturkunde so viel Gewißheit von den Menschen voraus gesetzt hat, daß sich hiernach diese Urkunden wieder der Natur gemäß auslegen lassen [...].[102]

Justi ist in diesem Sinne noch expliziter und stellt sogar polemisch den Offenbarungscharakter der *historia sacra* in Frage. Sie sei nichts als die Zeitrechnung eines Nomadenvolkes:

> Unsere jetzige Zeitrechnung [...] ist weiter nichts, als die Zeitrechnung der Juden, eines kleinen, unwissenden, und allezeit verächtlich gewesenen Volkes auf den Erdboden. Man kann demnach diese Zeitrechnung angreifen, tadeln, und ihre Unrichtigkeit zeigen, ohne daß man deshalb die Offenbahrung selbst beleidigt.[103]

Justi schätzt das Alter der Erde als unermesslich viel höher als jenes der Menschen ein: „Millionen Jahre scheinen kaum zureichend zu seyn, und vier bis fünfmahl

98 *Geddes*, Bible, ii [Hervorhebung im Original]; vgl. *Bultmann*, Bibelkritik.
99 Vgl. *Meier*, Anhang.
100 *Kant*, Naturgeschichte, 314.
101 *Less*, Religions-Theorie, 173 f.
102 *Füchsel*, Entwurf, 54.
103 *Justi*, Geschichte, 317.

tausend Jahre [...] scheinen bei diesen Umständen einen sehr unzureichenden Zeitpunct auszumachen."[104] Der Offenbarungscharakter der Genesis wurde gegenüber derartigen Darstellungen bis ins 19. Jahrhundert vehement verteidigt: „Die mosaische Geschichte, wenn sie auch unsern Geologen mißfällt, [...] ist überdieß von Gott geoffenbart. Nur diese Wahrheit können die Geologen zur Grundlagen annehmen; wenn sie dieselbe ausschließen, so schließen sie nur die Wahrheit selbst aus, um zu ihr zu gelangen."[105]

Obwohl die hier diskutierten Beispiele belegen, dass sich auch unter Theologen zwischen 1750 und 1800 die geologischen Darstellungen zur Urzeit der Erde durchsetzten, blieb das Problem weiterhin virulent. Noch im späten 19. Jahrhundert finden sich Rückzugsgefechte von Anhängern biblischer Zeitkonzepte, welche die Übereinstimmung der biblischen und der geologischen Darstellungen zu belegen suchen. Auch lange nach der disziplinären Konsolidierung der Geologie und sogar nach dem Erscheinen von Darwins *On the Origin of Species* (1859) wird die geologische Tiefenzeit immer noch als Problem empfunden.

Beispielhaft nachvollziehen lässt sich das an den Schriften von Johann Andreas Wagner, einem Geologie-Professor (!), der in verschiedenen Publikationen die biblische Darstellung der Genesis rehabilitiert.[106] Auch Athanasius Bosizio versteht – ebenso wie die anonym publizierte *Chronologie der Genesis* (1881)[107] – noch am Ende des 19. Jahrhundert die geologischen Darstellungen als „mehr oder minder unsichere Vermuthungen"[108] und versuchte, das Konfliktpotential der verschiedenen Zeitskalen noch spät im 19. Jahrhundert zu entschärfen. Insbesondere in Lehrbüchern für das Fach Geschichte, die am Ende des 19. Jahrhunderts in Schulen verwendet wurden, ist oftmals das Paradigma der biblischen Genesis maßgeblich.[109] Die Beharrungskraft der biblischen Chronologie thematisiert einer der Vordenker des historischen Materialismus, Friedrich Albert Lange. Dieser beobachtet, „wie leicht auch geübte Denker in eine ungerechtfertigte Scheu vor grossen Zahlen verfallen." Als Ursache dafür macht er aus:

---

104 Ebd., 99.
105 [Rez.] Rede Zamboni, 231.
106 Vgl. *Wagner*, Geschichte der Urwelt; *Wagner*, Abweisung; *Wagner*, Naturwissenschaft und Bibel.
107 Vgl. *A[lker]*, Chronologie. Im Vorwort wird die Fragestellung folgendermaßen umrissen: „Die vorliegende Schrift [ist] ein neuer Versuch das Problem der biblischen und profanen Chronologie der Urzeit und des hohen Alterthums zu lösen"; ebd., 1.
108 *Bosizio*, Hexameron, vi. vgl. auch *Bosizio*, Geologie.
109 Vgl. *Cartier*, Licht, 118 f.

> Es sind die *sechstausend Jahre der Bibel*; es sind überhaupt die beschränkten Vorstellungen aus unsrer eignen Kindheit und aus der Kindheit der Menschheit, von denen wir uns in unwillkürlicher Scheu nicht gern weiter entfernen möchten, als irgend nöthig ist.[110]

Ulrich Muhlack kommt hinsichtlich des „elementaren Problem[s] der Chronologie“ zum gleichen Schluss:

> Wahrscheinlich hat nirgends sonst die alte Geschichtsbetrachtung so lange das Feld behauptet. Wenn man zur Begründung für diesen erstaunlichen Vorgang die nachwirkende Autorität der Bibel angibt, so braucht es dazu eine zusätzliche Erklärung. Die neue Geschichtsbetrachtung trifft in der mittelalterlichen und in der konfessionellen Historiographie durchweg auf biblische Überlieferung, ohne sich dadurch immer behindern zu lassen. Aber sicher ist richtig, daß der biblischen Chronologie eine ganz besondere Suggestivität faktischer Evidenz eignet, die sich, nicht nur in Deutschland, am ehesten gegenüber Kritik als immun erweist, jedenfalls mögliche Kritiker am ehesten zur Rücksicht nötigt.[111]

Diese Beispiele verdeutlichen, dass die Durchsetzung der geologischen Zeitvorstellungen nicht, wie oft suggeriert, als ein plötzliches ‚Durchbrechen der Zeitschranken‘ zu verstehen ist. Diese ubiquitäre Metapher wurde von dem in Württemberg geborenen[112] Geologen und Paläontologen Georges Cuvier 1812 geprägt. Cuvier sprach von, „à savoir franchir les limites du temps“. Die Zeitgrenzen zu durchbrechen – oder zu ‚sprengen‘, bedeutet eine Geschichte der Erde zu rekonstruieren, welche die Existenz des Menschen um ein Tausendfaches übersteigt, wie Cuvier deutlich macht: „Et l’homme, à qui il n’a été accordé qu’un instant sur la terre, aurait la gloire de refaire l’histoire des milliers de siècles qui ont précédé son existence, et des milliers d’ êtres qui n’ont pas été ses contemporains!“[113] Martin Rudwick übernimmt die Formulierung im Titel seines Kompendiums zur Geologiegeschichte: *Bursting the Limits of Time*. Die Vorstellung der ‚durchbrochenen Zeitschranken‘ ist suggestiv und schließt wissenshistorisch an etablierte Konzepte wie etwa das einer ‚wissenschaftlichen Revolution‘ an.[114] Sie

---

110 *Lange*, Geschichte Bd. 2, 384. [Hervorhebung im Original.]

111 *Muhlack*, Geschichtswissenschaft, 181.

112 Georges Cuvier, der durch seine Arbeiten am Muséum national d’histoire naturelle und am Collège de France in Paris weltberühmt wurde, wurde im Jahre 1769 in Mömpelgard (heute: Montbéliard in der Franche-Comté) und damit auf dem historischen Gebiet des Herzogtums Württemberg geboren. Seine Ausbildung erhielt er an der Hohen Karlsschule in Stuttgart. Zu Cuviers Beziehung zu Württemberg vgl. den Ausstellungskatalog: *Uhland/ Adam*, Ausstellung; ein aufschlussreiches Dokument ist auch der unlängst erstmals edierte Bericht Cuviers über eine Reise auf die Schwäbische Alb; vgl. *Wörz/Oettler/Engelhardt:* Georges Cuviers ‚Reise. Zu Cuviers Beziehungen zur Universität Tübingen vgl. *Schäfer*, Georges Cuvier.

113 *Cuvier*, Recherches, 3, 116.

114 Vgl. *Kuhn*, Structure.

ist jedoch in verschiedener Hinsicht ungeeignet, den wissenshistorischen Prozess der Durchsetzung der geologischen Zeitkonzepte zu beschreiben. Die Konnotation von ‚Plötzlichkeit' und ‚Einmaligkeit' sind unpassend und es wäre besser, von einem sukzessiven Zurückschieben der Zeitschranke sowie von einem simultanen Vorhandensein von verschiedenen Zeitvorstellungen zu sprechen. Die Grenzen der Zeit wurden nicht ‚plötzlich' durchbrochen, sondern eher langsam geweitet. Grenzen blieben grundsätzlich bestehen. Die theologisch begründete Zeitschranke von 6000 Jahren wurde lediglich durch eine weiter in der Vergangenheit liegende Zeitschranke ersetzt.[115] Erst nach einer längeren Übergangsphase – wahrscheinlich erst im späten 19. oder im frühen 20. Jahrhundert – kann von einer weitgehenden Verdrängung der biblischen Zeithorizonte gesprochen werden. Allerdings ist das Thema auch heute noch immer Gegenstand heftiger Invektiven. Während sich in Europa die Vorstellung einer geologischen Tiefenzeit durchgesetzt hat, folgt ein beträchtlicher Teil der US-amerikanischen Bevölkerung immer noch dem Bericht der biblischen Genesis und lehnt die geologischen Darstellungen zur Entstehung der Erde ab.[116] Laut einer Umfrage aus dem Jahre 2005 gehen 78 % aller Amerikaner davon aus, dass Gott das Leben auf der Erde in seiner jetzigen Form innerhalb der letzten 10 000 Jahre geschaffen habe. Weniger als die Hälfte aller Amerikaner glaubten an die Evolution und an die Vorstellung, dass sich das Leben auf der Erde entwickelt und verändert habe. Auch in einigen Schulen wird die Darstellung der Genesis als eine dem geologischen Bericht der Erdentstehung äquivalente Darstellung gelehrt.[117]

Insgesamt ist aber von einer mehrstufigen und umfassenden Säkularisierung der biblisch begründeten Zeitvorstellungen durch die Geologie zu sprechen. Als Metapher ist die Vorstellung einer langsamen Diffusion treffender als diejenige eines Durchbruchs der Zeitschranken.

Die hier genannten Gegenpositionen stellen die Hypothese dieses Kapitels nicht in Frage. In Gelehrtenkreisen hatte sich die Vorstellung einer geologischen Erdgeschichte bereits am Anfang des 19. Jahrhunderts weitgehend durchgesetzt. Auch wenn Teile der Öffentlichkeit die Gültigkeit der geologischen Zeithorizonte noch heutzutage anzweifeln, finden geologische Darstellungen zur Urgeschichte

---

115 Vgl. *Toulmin/Goodfield*, Discovery, 159.

116 Vgl. exemplarisch die folgenden Publikationen: *Price*, Feet; *Morris*, Biblical Creationism; als Einstieg zum apokalyptischen Denken in den USA vgl. *Thompson*, Ende. Institutionen wie das *Institute for Creation Research* oder die *Creation Research Society* wurden mit derselben Zielsetzung gegründet; vgl. auch folgende empirische Studie: *Cotner/Brooks/Moore*, Age.

117 Vgl. *Pew Research*, Religion. Weitere Beispiele verdeutlichen die Relevanz dieser Untersuchung: vgl. *Newport*, U.S; *Assmann*, Zeit-Konstruktionen, 11 f.

der Erde bereits im letzten Drittel des 18. Jahrhunderts Eingang in theologische Lehrbücher, wie folgender Abschnitt zeigt.

2.4 Die Säkularisierung der Genesis durch die Geologie

In der biblischen Darstellung fällt die Erschaffung der Erde mit derjenigen des Menschen zusammen. Mit dieser Kongruenz von *Lebenszeit und Weltzeit* sind zentrale religiöse Sinndimensionen und auch Heilsversprechen verknüpft:[118] Der Mensch wird in Bezug zum Heilsplan Gottes gesetzt, der als geschichtsmächtige Instanz den Ablauf des geschichtlichen Prozesses gewährleistet. In diesem verläuft die Entwicklung über verschiedene Abschnitte: die Erschaffung der Welt, die Vertreibung aus dem Paradies, das Versprechen an Abraham, Moses Gesetz sowie Geburt, Tod und Auferstehung Christi und dessen Wiederkunft im Jüngsten Gericht. Der Mensch ist in jeglicher Hinsicht Mittelpunkt der Schöpfung: „Und Gott schuf den Menschen nach seinem Bild, nach dem Bild Gottes schuf er ihn; als Mann und Frau schuf er sie. Und Gott segnete sie, und Gott sprach zu ihnen: Seid fruchtbar und vermehrt euch, und füllt die Erde, und macht sie (euch) untertan.“ (Genesis 1, 27–28)

Diese biblische Darstellung und die damit verknüpften Heilsversprechen wurden von den Darstellungen der Erdwissenschaften nachhaltig in Zweifel gezogen. ‚Hinter‘ der mosaischen Genesis, bzw. ‚davor‘, wurde eine erdgeschichtliche Urzeit entdeckt, welche von der biblischen Zeitrechnung nicht annähernd erfasst wurde. Die zeitliche Symmetrie zwischen der Schöpfung der Erde und der Entstehung des Menschen ging verloren. Zwischen ihnen tat sich ein unübersehbarer Schlund auf, ein ‚dunkler Abgrund der Zeit‘, wie Buffon es formulierte: Die Welt, so wurde offenbar, hatte bereits Millionen von Jahren ohne den Menschen existiert, ihre ‚Schöpfung‘ verlor sich in einer kaum greifbaren Vorzeit.

Die große Bedeutung erdhistorischer Diskurse bei der Infragestellung religiösen Wissens beruht darauf, dass sie zentrale Darstellungen der Bibel, insbesondere die Schöpfung sowie die Apokalypse, methodisch neu reflektieren und damit die Bibel als Quelle für Anfang und Ende der Geschichte hinterfragen. Während die ‚Mitte der Geschichte‘, d. h. die Zeit zwischen Schöpfung und Apokalypse, bereits früh durch Profanhistorien erschlossen werden konnte, be-

118 Vgl. *Blumenberg*, Lebenszeit, 79. Dieser bezeichnet die Koinzidenz von Lebenszeit und Weltzeit als eine Form des „kompensierenden Heils“: „bei eigner Hinfälligkeit und Endlichkeit solle gefälligst auch alles andere hinfällig und endlich sein – abstrakter ausgedrückt: Lebenszeit und Weltzeit sollten koinzidieren.“ Zu den Sinndimensionen der religiösen Zeit-Konstruktionen, ‚imperialer‘ und ‚apokalyptischer‘ Zeit, vgl. *Assmann*, Zeit-Konstruktionen.

anspruchte die revelatorische Geschichtserkenntnis das Privileg, für den allen Überlieferungen vorausgehenden ‚Anfang' der Geschichte, die Schöpfung, und für ihr nur durch Prophezeiungen zu erschließendes Ende, die Apokalypse, die zentrale Quelle zu sein. Da diese Abschnitte nicht durch menschliche Überlieferung erschlossen werden konnten, war die heilige Geschichte für diese Zeiträume schlichtweg auch die einzige Darstellung, auf die zurückgegriffen werden konnte. Aufgrund dieser Sonderstellung trat jede weitere Ursprungserzählung automatisch in Konkurrenz zur *historia sacra*, wie Lehmann-Brauns hervorhebt:

> Innerhalb der historischen Logik der ‚historia sacra' lagen Anfang und Ende der Geschichte im Abglanz des biblischen Berichts bzw. der biblischen Prophetie. Wissen über Anfang und Ende der Geschichte konnte methodisch durch Exegese der Heiligen Schrift gewonnen werden. [...]. Für den Anfang und das Ende der Geschichte reklamierte die Exegese in einer auf die spätantike Patristik zurückreichenden Tradition, exklusive Quelle zu sein.[119]

Seit der zweiten Hälfte des 18. Jahrhunderts finden sich von theologischer Seite vielfache Versuche, sich zu den geologischen Darstellungen in ein Verhältnis zu setzen. Sie zeugen davon, dass die erdgeschichtlichen Darstellungen der Entstehung der Welt und ihres Alters insbesondere aus theologischer Sicht als Problem empfunden wurden. Im Folgendem soll diese theologische Debatte um die Urgeschichte der Erde im Mittelpunkt der Untersuchung stehen. Ein wichtiges Moment zur Wahrnehmung, Einschätzung und Bewertung der Schriften stellen dabei zeitgenössische Rezensionen dar, die verstärkt ausgewertet werden.

Das angesprochene Problemszenario der verlorenen zeitlichen Symmetrie von Erd- und Menschengeschichte verdeutlicht der Jesuit und Naturkundler Franz Güssmann. Mehr als 20 Jahre hatte dieser mit den Zeitskalen der Naturkunde gerungen.[120] Anschließend präsentierte er 1782 eine zweiteilige, 740 Seiten lange Abhandlung mit dem Titel: *Beyträge zur Bestimmung des Alters unserer Erde, und ihrer Bewohner der Menschen.* Eingangs bemerkt er: „Bis auf diese letzten Zeiten haben alle, die eine Jahrrechnung von Anbeginn der Zeiten geschrieben, eine und eben dieselbe Epoche für das menschliche Geschlecht und für die ganze Schöpfung angenommen;"[121] geologische Funde stellten diesen gemeinsamen Anfang nun in Frage: „Aber endlich hat man diese chronologische Frage in zwo ganz verschiedene getheilet, und eine andre Epoche des menschlichen Geschlechtes, eine ganz andere unserer Erde gesuchet". Das neue geologische Wissen, so

---

119 *Lehmann-Brauns*, Neuvermessung, 165; vgl. auch *Toulmin/Goodfield*, Discovery, 55.
120 Vgl. *Lehmann-Brauns*, Neuvermessung, 11; vgl. auch die hier aus Platzgründen nicht besprochene Schrift: *Güssmann*, Versuch.
121 *Güssmann*, Beyträge 1782, 7; die Schreibweise des Nachnamens variiert. Biographische Informationen finden sich in *Zapfe*, Index.

Güssmann, führe zu dem „entsetzliche[n] Unterschiede", dass einige Naturwissenschaftler „unter den 5 Tagen des Moses [...] viele tausend, ja Myriaden Jahre zu verstehen verlangen."[122] Der berühmteste und zugleich berüchtigtste von ihnen sei Buffon:

> Büffon hat nur von der Zeit an, da unserer Erde durch den Anstoß eines ungeschickten Kometen von der Sonne losgerissen, und zum Planeten ward, die Jahre und Tage durch seine Rechnung gefunden, die bis auf unsere Zeiten über 74830 sich belaufen [...]. Zu dieser Summe der Jahre, die er durch genaue Rechnung, und kostbare Versuche herausgebracht, sezt er noch eben so viele Jahre als einen Beytrag zu: und so hat er alle Neuerungsliebhaber, welche die logischen Schlüsse und physischen Gründe den denkenden Gelehrten zum Gebrauche überlassen, vollkommen überzeuget, daß man eine besondere Epoche für das erste Daseyn der Erde als eines Sonnenstückes, eine besondere ihres Planetenstandes, eine andere ihrer Bewohnlichkeit, und noch eine andere ihrer Bevölkerung durch das menschliche Geschlecht festsezen müsse.[123]

Von diesen Darstellungen grenzt sich Güssmann vehement ab. Die vorgestellten Belege entbehrten jeder Vernunft; nur „Scheingründe" würden „für ein höheres Alter unserer Erde der Natur"[124] sprechen: „Die Ueberreste der Meerthiere, und die Spuren des Meeres selbst auf der Oberfläche unserer Erde beweisen kein höheres Alter der Erde, als die angenommene Zeitrechnung der 5800 Jahre unserem Geschlechte einräumet."[125] Auch „die wie immer grosse Menge der Laven, und Vulkane, und wie immer grosse Mannigfältigkeit derselben auf unserer Erde beweiset kein höheres Zeitalter, als die gemeine Zeitrechnung dem menschlichen Geschlechte einräumet."[126] Über weite Strecken ist Güssmanns Argumentation unsachlich und polemisch:

> Freylich, die Erfinder dieser [geologischen] Theorien, und Systeme müssen, nachdem sie einmal etwas zu Markte tragen wollen, in Ermangelung der Beweise andere Mittel aufsuchen, ihre Waare an den Mann zu bringen; sie müssen den Leser blenden, oder irre machen, oder mit einer Art von Dreistigkeit zwingen [...].[127]

Das Ausmaß der Polemik steht im Verhältnis zur Größe der empfundenen Gefahr. Güssmann verdeutlicht diese, indem er Buffons spatiale Metapher der Tiefenzeit,

---

122 *Güssmann*, Beyträge 1782, 8.
123 Ebd., 8 f.
124 *Güssmann*, Beyträge 1783, 470.
125 Ebd., 334.
126 Ebd., 350.
127 Ebd., 10.

den ‚dunklen Abgrund der Zeit', evoziert: „Warum wollen wir eben über die Gränze schreiten, um in den Abgrund zu stürzen?"[128]

Ebenso bedrohlich erscheinen die Zeitskalen der Erdwissenschaften dem Theologen Johann Daniel Müller. Bereits der Titel seiner Monographie führt mit einer rhetorischen Frage in medias res: *Ist es wahr, daß die Erde ein unermeßlich hohes Alter habe?* (1774) Die Schrift ist in Form eines Zwiegesprächs formuliert und setzt pointiert ein: „Verehrungswürdiger Freund", wird suggestiv gefragt,

> hat man Ursache, fragen Sie, eine ältere, als sechs tausend jährige Welt, anzunehmen, wenn man die besondere Beschaffenheit der Erden erklären will? Ist man genöthiget, zu einer Dauer, von vielen Millionen Jahren; [...] zu umgeformten Weltklumpen; zu einem veränderten Sonnenlauf; zu oft gewechselten Erdpolen; zu verschiedenen Geschlechtern der Menschen und Thiere; zu öfteren allgemeinen Ausrottungen derselben; und hundert Dingen dieser Art [...]?[129]

Anlass zu dieser Annahme gäben die Ergebnisse der Erdwissenschaftler, aufgrund derer man an „viel ältere, auf einander gefolgte, und von einander ganz verschiedene, Menschen- Thiere- und Pflanzengeschlechte, glauben" könne, sowie „eine öftere gänzliche Vertilgung und Wiederherstellung der Bewohner der Erde"[130] annehmen müsse:

> Man kann, aus ganzen Gebürgen von Muscheln; hohen Felsen und Steinschlakken; großen Schichtenlagen von versteinerten Fischen und Seegerippen [...] sehen, daß sie [die Erde; D.S.], durch Feuer und Wasser, Veränderungen erlitten habe, die einen weit größeren, als einen sechstausendjährigen Zeitraum, erfordern. Es gibt ganze Länder und Bergketten, die alle Kennzeichen an sich haben, daß sie ehedem See- und Meeresgrund gewesen; Flözgebürge, die soviel Wechsellagen, von Dammerde, Sand und Schiefer, in sich fassen; soviel Schachten, darinnen versteinerte Früchte, [...] gefunden werden, daß man daraus schließen kann, daß, vor undenklichen Jahren, die bewohnte Gegenden der Erde unbewohnet, und die unbewohnte bewohnt gewesen seien.[131]

Inhaltlich bezieht sich Müller auf Johann Heinrich Gottlob von Justis *Geschichte des Erd-Cörpers*[132] (1771) aber auch auf „Leibniz",[133] „Woodwarth",[134] „Torberg

128 Ebd., 472.
129 *Müller*, Ist es wahr, 1f.
130 Ebd., Vorrede, [5].
131 Ebd., [4f.].
132 Es wird wiederholt auf Justi hingewiesen; vgl. exemplarisch ebd., [5], 2, 5, 6.
133 Vgl. exemplarisch ebd., 15. Zu Leibniz vgl. Kap. II.4.2 dieser Arbeit: Gottfried Wilhelm Leibniz' *Protogaea*.
134 Vgl. exemplarisch ebd., 16.

Bergmann“[135] und „Büffon“.[136] Sein Problem mit diesen Schriften benennt Müller ganz direkt. Die Zeitrechnung der Bibel werde in Frage gestellt, sie erscheine als unerheblich und fehlerhaft:

> Man hat daher keinen Grund, die Erzählung der Schrift, von dem jüngeren Ursprungderselben [sic! der Erde; D.S.], nach den Worten zu nehmen; man kann solche entweder verblümt erklären, oder die Zeitrechnungen derselben für unrichtig halten.[137]

Ebenso wie Güssmann lehnt auch Müller die Zeitmodelle der Erdwissenschaftler ab. Sein Ziel ist es, wie er offen bekennt, „diesen großen Stein des Anstoßes der Christlichen Lehre aus dem Wege [zu] räumen“.[138]

Güssmanns und Müllers Abhandlungen sind Ausdruck einer z. T. erbittert geführten theologischen Debatte, für die sich problemlos noch weitere Belege anführen ließen.[139] Allerdings müssen derartige Schriften, die noch spät im 18. Jahrhundert die mosaische Genesis als wörtliches Protokoll der Erdentstehung bezeichnen, als letzte, verzweifelte Rückzugsgefechte betrachtet werden. Wie Rezensionen der besprochenen Schriften verdeutlichen, waren diese Versuche, die Glaubwürdigkeit der *historia sacra* als historische Quelle zu restituieren, hoffnungslos und überzeugten selbst wohlwollende Leser nicht. Dies verdeutlicht ein Rezensent, der Müllers Impetus zwar lobt,[140] jedoch die offensichtlichen Mängel der Schrift kenntlich macht: „Allein daß er [Müller; D.S.] alle Schwierigkeiten aufgelößt habe, kann man, wenn man unpartheyisch seyn will, nicht behaupten.“[141] Der Rezensent ist nicht überzeugt, „daß die Sündfluth das alles habe hervorbringen können, was der Hr. Verf. ihr zuschreibt“[142] und kann diesem und weiteren Argumenten „umöglich Beyfall geben.“[143] Derselbe Befund zeigt sich auch in einer Besprechung einer späteren Schrift Güssmanns mit dem Titel: *Versuch einer Erklärung der mosaischen Schöpfungsgeschichte nach Naturgesetzen* (1788). Dort heißt es lakonisch: „Die Beweise des Verf. werden den Leser nicht

---

135 Vgl. exemplarisch ebd., 15.
136 Vgl. exemplarisch ebd., 17.
137 Ebd., [6].
138 Ebd.
139 Vgl. *Maier*, Stimmt die Erzählung; *Maier*, Versuch; *Silberschlag*, Neue Theorie; Johannes Esaias *Silberschlag*, Geogonie; Johannes Esaias *Silberschlag*, Chronologie.
140 Vgl. [Rez.] Ist es wahr, Kritische Sammlungen, 57; vgl. auch eine weitere Rezension derselben Schrift, die deutlich neutraler ist: [Rez.] Ist es wahr, Gothaische gelehrte Zeitungen.
141 [Rez.] Ist es wahr, Kritische Sammlungen, 54 f.
142 Ebd., 55.
143 Ebd., 56.

überzeugen".[144] Zu Georg Wilhelm Maiers ähnlich gelagerter Schrift *Versuch über die erste Bildung der Erde nach Moses Bericht in physikalisch-chemischer Rücksicht* (1795) heißt es in einer Rezension übereinstimmend:

> Man sollte denken, dass es gegenwärtig niemanden mehr einfallen könnte, die Mosaische Schöpfungsgeschichte zur Grundlage einer physikalischen Erklärung von der Entstehung und Ausbildung der Erde zu machen. Doch scheinet sie fast unserm Vf. nur Gelegenheit zu seyn, desto mehr von seinen, freylich noch sehr mangelhaften und verworrenen, Kenntnissen an den Tag zu bringen.[145]

Die hier angeführten Rezensionen sind keine Einzelfälle; vielmehr bilden sie die gewandelte Lehrmeinung einflussreicher Theologen ab. Die Schriften Johann Friedrich Wilhelm Jerusalems, dem Vater Karl Wilhelm Jerusalems, dessen Suizid durch Goethes *Werther* eine traurige Berühmtheit erlangte, belegen, in welchem Ausmaß naturkundliche Darstellungen zur Geschichte der Erde rezipiert wurden. In seinem 1768 zuerst erschienenen Hauptwerk *Betrachtungen über die vornehmsten Wahrheiten der Religion* verdeutlicht Jerusalem exemplarisch die Haltung der Neologie[146] und grenzt sich vehement von einem wörtlichen Verständnis der biblischen Genesis, wie es beispielsweise in Güssmanns und Müllers Schriften zu Grunde gelegt wurde, ab:

> [A]ber was ist dennoch unsinniger als diese Schöpfungsgeschichte selbst? und ist es, bey unsern aufgeklärten Zeiten, nicht eine wahre Beleidigung der Vernunft, und eine Verspottung der Religion selbst, solchen Unsinn den Menschen noch immer als eine Religionswahrheit aufzudringen [...]? Könnte der ärgste Feind der Religion dieselbe lächerlicher und verächtlicher machen?[147]

Die biblischen Zeitkonzepte erscheinen ihm als unzulänglich und unzeitgemäß: „[U]nd wenn dies noch nicht Unsinn genug wäre, so ist dies ganze Universum seit seiner Schöpfung noch nicht älter als sechstausend Jahr, und die ewig wirksame Allmacht und Güte ist alle Ewigkeit hindurch bis dahin unthätig gewesen."[148] Im Gegensatz dazu fänden sich in den Schriften führender Erdwissenschaftler wie Leibniz, Buffon und Peter Simon Pallas „scharfsinnige[...] Beobachtungen über die Bildung der Berge, und die Veränderungen der Erde"[149], die sich Jerusalem zu eigen macht:

144 [Rez.] Versuch einer Erklärung, Allgemeine deutsche Bibliothek, 142.
145 [Rez.] Versuch über die erste Bildung der Erde, Allgemeine Literatur-Zeitung 20 (1798), 158 f.
146 Zur Neologie und der Auseinandersetzung zum Alter der Welt vgl. *Reill*, Enlightenment, 82 f.
147 *Jerusalem*, Betrachtungen, 558 f.
148 Ebd., 560.
149 Ebd., 571.

> [A]ber überhaupt scheinet sie [die Erde; D.S.] vom Feuer und Wasser unendlich ältere, anhaltendere, und totalere [Zerrüttungen] [als die Sintflut; D.S.] erlitten zu haben, die ihre ganze Fläche verändert, auch tiefer als Menschen hinein dringen mögen, umgekehrt und zerrüttet haben, und wovon alles, was wir jetzt sehen, nichts als die Ruinen sind. Seegrund auf Seegrund, Laven auf Laven, Trümmer auf Trümmern, die viele Jahrtausende voneinander unterschieden, und der sichtbarste Beweis sind, daß sie mehr als einmal ganz Meer gewesen, auch ganz gebrannt habe [...].[150]

Ein weiteres Beispiel für die Akzeptanz geologischer Theorien gibt der Theologe Johann Georg Rosenmüller, dessen Auseinandersetzung mit den Erdwissenschaften sich in einer Publikation mit dem Titel *Antiquissima telluris historia a Mose Gen. I. descripta* (1776) niederschlägt, welche sechs Jahre später in deutscher Übersetzung und erweitert durch ein Nachwort erschien.[151] Der ostentativ Bescheidenheit und Zurückhaltung suggerierende Titel des Nachworts, *Meynungen eines Layen*, kann Rosenmüllers Fachexpertise nur auf den ersten Blick verbergen. Innerhalb der verschiedenen geologischen ‚Lager' des Basalt-Streits bezieht Rosenmüller explizit Position: „Ich bekenne mich zu derjenigen Parthey, welche die meisten Veränderungen der Erde dem unterirrdischen Feuer zuschreiben [sic!], und werde vielleicht hierüber meine Meinung öffentlich sagen."[152] Rosenmüller stellt die Ergebnisse der Erdwissenschaften nicht in Frage. Er versucht, diese mit dem Bericht der Genesis zu vereinen und nimmt eine ‚doppelte' Schöpfung an. Demzufolge schildere die biblische Genesis nicht die ursprüngliche Schöpfung, sondern gewissermaßen die ‚Umschöpfung' der bereits existierenden Erde. Die Zeitangaben, die Rosenmüller veranschlagt, bleiben unspezifisch; im Schlusssatz in der Ansprache an den ‚Bruder Naturforscher' wird jedoch deutlich, dass man von einem „*hohen Alter der Welt* sprechen"[153] könne, welches deutlich über dem von der Bibel vorgegebenen Alter von 7000 Jahren liege:

> Nun, lieber Bruder Naturforscher, nun können wir auch mit sicherm Tritt unsere Straße mit einander gehen. Wir dürfen uns nicht fürchten, wenn wir Dinge in der Natur antreffen, die über 7000 Jahre alt sind, zu sagen: sie sind über 7000 Jahre alt. Wir haben nicht mehr nöthig, alles auf Rechnung der Sündfluth zu schreiben, oder verkezert [sic!] zu werden. Wir können durch die Schichten der Oberfläche der Erden, im Gestein oder Erdschichten, mit ruhigem Blik durchschauen, und uns nicht fürchten, wenn wir auf ehrwürdige Trümmer der Vorwelt kommen, unser forschendes Auge darf da verharren, und mit gierigem Blik practische Beweise suchen [...]. Nun so können wir als Brüder Hand in Hand auf Berge steigen, Thäler

150 Ebd., 570; vgl. auch die weitere Argumentation Jerusalems, welche Darwins ‚Entstehung der Arten' präfiguriert; ebd., 571.
151 *Rosenmüller*, Abhandlung.
152 Ebd., 133.
153 Ebd., 198. [Hervorhebung im Original.]

> besichtigen, ausgegrabene und in der größten Tiefe liegende Riesengebeine betrachten, auch vom Felsen aufgehäufte Mauren bewundern, und dadurch in unserm Herzen den Saz bestätigen: *Sehr alt ist diese Welt.*[154]

Mit seiner Positionierung in den fachwissenschaftlichen Kontroversen der Erdwissenschaftler stellt der ‚Plutonist' Rosenmüller keine Ausnahme dar. Im Gegensatz dazu kann man den Theologen August Friedrich Wilhelm Sack, Kanzelredner unter Friedrich dem Großen,[155] dem Neptunismus zuordnen. Dieser schreibt: „Das Flüßige, was der Erde beygemischt ist, übertrifft das Handfeste viel tausend mal, ist dieses letztere nun ein Präzipitat, so ist es allerdings ein seinem ursprünglichen Zustande flüßig gewesen".[156] Sack belegt mit seiner Schrift *Geologie oder Betrachtung der Erde*, dass sich im letzten Drittel des 18. Jahrhunderts die Ansicht von dem hohen Alter der Erde auch unter Theologen durchgesetzt hatte:

> Wie alt ist aber die Erde? Eine Frage, die gar nicht zu beantworten ist. Sie ist zuverläßig älter als man glaubt. Sind die Marmorberge, womit die ganze Erdkugel bepflanzt ist, Geburten von Konchilien und Testazeen, wie man mit Gewißheit behaupten kann, so lässet unser Arbitriren keine geringe Anzahl von Jahrtausenden zu. Was für wunderbare Ereignisse und Zerstöhrungen, und zufällige Bildungen der Erde können sich in einem solchen Zeitraum zugetragen, und zufällige Bildungen der Erde bewürket haben? Und welche Zerstörungen und Umformungen ihrer Oberfläche können ihr noch bevorstehen?[157]

Die Verbreitung und Akzeptanz, welche das geologische Wissen schon am Ende des 18. und nicht erst des 19. Jahrhunderts – vor allem auch unter Theologen – gefunden hatte, belegen theologische Kompendien mit didaktischer Ausrichtung. Damit avanciert geologisches Wissen zur theologischen Lehrmeinung. Wie die im Jahre 1780 in der zweiten Auflage erschienene *Dogmatik* des Göttinger Theologieprofessors Gottfried Less zeigt, verstand dieser seine Schrift als „Lehrbuch der Religions-Theorie".[158] Die geologischen Zeitkonzepte bilden keinen Stein des Anstoßes und werden unkommentiert in die Darstellung übernommen. Less geht von einem unglaublichen hohen Alter der Erde aus. Beweise dafür sieht er in den „Seethieren die auf den höchsten Gebirgen und in den tiefsten Klüften Schichtenweise liegen; den Petrefakten tief in den Eingeweiden der Erde; den Körpern in ganz fremden Klimaten; und den erstaunlichen Veränderungen des Erdbo-

154 Ebd., 197 f. [Hervorhebung im Original.]
155 Vgl. *Lommatzsch*, Sack.
156 *Sack*, Geologie, 307.
157 Ebd., 309.
158 *Less*, Religions-Theorie, ix.

dens".[159] Der Zeitpunkt der Schöpfung liege dementsprechend lange zurück: „Ohne Zweifel strahlten schon vor Myriaden von Jahr-Millionen, aus unermesslichen Gefilden der Schöpfung, die Vollkommenheiten des Ewigen hervor."[160]

Fast ebenso prägnant sind die Arbeiten des Göttinger Theologieprofessors und Abtes des Klosters Marienthal David Julius Pott.[161] Seine auch 100 Jahre später noch rezipierte Schrift gibt ihre Programmatik bereits im Titel preis: *Moses und David keine Geologen.*[162] Übermittelt ist die Schrift in Form von Briefen an den Schwiegervater des Verfassers, Lorenz von Crell, Bergrat und Professor für Mineralogie am Collegium Carolinum in Braunschweig.[163] Sie war ein Plädoyer für die Befreiung der Geologie aus der Vormundschaft der Theologie. Pott verband mit ihr den

> Wunsch [...] die exegetisch richtigeren Ansichten [...] mehr zur Beherzigung der Geologen zu fördern, und ihnen so theils eine Fessel abzunehmen, die den Fortgang ihrer eigenen Untersuchungen so sehr aufhalten und irre leiten muß, theils den [sic!] Wahn zu entreißen, als wenn dergleichen biblische Stellen wirklich einen entscheidenden Probierstein der Richtigkeit ihrer eignen Untersuchungen abgeben könnten.[164]

Im Zentrum der Abhandlung steht die Auseinandersetzung mit dem Werk des irischen Geologen Richard Kirwan, dessen *Geological Essays* (1799) Crell ins Deutsche übersetzt hatte. Pott kritisiert dessen an Thomas Burnet erinnernde methodische Vorgehen, die Glaubwürdigkeit der Geologie durch die Darstellungen der biblischen Genesis zu belegen, grundlegend. Der geologische Bericht und der biblische Bericht ließen sich nicht harmonisieren. Die Genesis sei kein erdgeschichtliches Dokument, sondern, hier zeigt sich der Einfluss Herders, vor allem ein poetisches Werk, eine „dichterisch bearbeitete Kosmogonie."[165] Pott distanziert sich damit von dem Anspruch der Bibel, für den Anfang der Geschichte die maßgebliche Darstellung zu liefern. Vielmehr solle einer vorurteilsfreien geologischen Forschung der Weg bereitet werden. „[D]en Geologen" sollten „die sich selbst nur zu gutmüthig, aber unnöthig angelegten, Mosaischen Fesseln" abgenommen werden, um „ihren eignen Untersuchungen freyere Bahn" zu öff-

---

159 Ebd., 162.
160 Ebd., 173 f.
161 Vgl. *Siegfried*, Pott.
162 Dieses Werk ist auch publiziert unter dem Titel *Versuch über den Schöpfungshymnus Gen. I. seinen Nachhall Ps. CIV. und die Noachische Fluth.*
163 Zu Crell vgl. *Oppenheim*, Crell.
164 *Pott*, Moses, vii.
165 Ebd., 98.

nen.[166] Die empirischen Beobachtungen der Erdwissenschaftler ständen für sich und würden durch die Bibel weder legitimiert noch falsifiziert: „Ich lasse die Richtigkeit jener geologischen Thatsachen gern auf der Richtigkeit der selbst angestellten Beobachtungen beruhen; aber daran zweifle ich, ob auch Moses sie wirklich erzähle. [...]. Ich bezweifle die *Uebereinstimmung selbst*".[167] Diese Einschätzung, so Pott selbstbewusst, werde von einer Mehrzahl der Theologen geteilt:

> Ich darf dies um so freymüthiger und unbefangener gestehen, je fester ich zum voraus überzeugt seyn darf, daß, wo nicht alle, doch bey weitem die mehresten teutschen Theologen, die mit den gelehrten Arbeiten eines Eichhorn, Gabler, Paulus, Ziegler, Ilgen, und vieler anderen, über diesen Gegenstand nur einigermaßen bekannt sind, gleiches Urtheil mit mir fällen werden.[168]

Karl Gottlieb Bretschneider bekräftigt diese Feststellung ebenfalls in einem didaktischen Kompendium, dem *Handbuch der Dogmatik*. Es sei „die Ansicht der meisten Theologen neuerer Zeit", dass „in den mosaischen Nachrichten keine historische Wahrheit" zu erkennen sei.[169]

Ein besonders treffendes Beispiel dafür, dass insbesondere Theologen der Akzeptanz und Durchsetzung der geologischen Darstellungen Vorschub leisteten, ist Johann Georg Justus Ballenstedt. Der zu Unrecht fast vergessene evangelische Prediger verwendete, angeregt durch Johann Friedrich Wilhelm Jerusalem,[170] „seine Muße ganz vorzüglich zu geologischen Studien und war besonders eifrig bemüht, die theologischen Vorstellungen von der Schöpfungsgeschichte, wie sie die Genesis mittheilt, in rationalistischem Sinne aufzuklären."[171] Dieses Unterfangen mündete in zahlreiche Publikationen, deren Gedankengänge der Tübinger Paläontologe Werner Quenstedt als „für die damalige Zeit geradezu revolutionär" rühmte.[172]

---

166 Ebd., 91.
167 Ebd., 14. [Hervorhebung im Original.]
168 Ebd., 11 f.
169 *Bretschneider*, Handbuch, 592; Dietrich Hermann Hegewisch plädiert sogar dafür, die religiöse Chronologie, die das Alter der Welt seit der Schöpfung berechnet, abzuschaffen, da die Einwände der empirischen Wissenschaften so stichhaltig seien; vgl. *Hegewisch*, Kleine Schriften, 171.
170 *Quenstedt*, Ballenstedt, 560.
171 *Gümbel*, Ballenstedt, 22.
172 *Quenstedt*, Ballenstedt, 560; Die wichtigsten geologischen Publikationen Ballenstedts seien hier aufgeführt: *Ballenstedt*, Urwelt; *Ballenstedt*, jetzige Welt; *Ballenstedt*, Vorwelt; *Ballenstedt*, Bemerkungen; Ballenstedt gibt einen Eindruck davon, wie aufgeheizt und polemisch die Debatte in Europa am Anfang des 19. Jahrhunderts war. Er schreibt u. a. davon, wie Verleger (erfolgreich!) unter Druck gesetzt wurden, Werke geologischen Inhalts nicht zu drucken und wie Zeitschriften, die thematisch auf die Geologie ausgerichtet waren, nach der dritten Nummer eingestellt wurden.

Theologisch waren Ballenstedts Gedankengänge jedoch für viele immer noch bedenklich. Er ging von einem großen Alter der Welt aus. Der Erdball enthalte „die deutlichsten Spuren, daß er nicht erst seit ein Paar tausend Jahren da ist" und seine Urgebirge und seine Revolutionen „predigen [!; D.S.] uns seine unendliche Dauer und spotten der Zeitrechnung der Chronologen",[173] so Ballenstedt:

> Unsere Annalisten und Chronologen, ein Petav, Usher, Hübner, Schrader und andere, haben sich viele Mühe gegeben, das Alter der Welt, wie sie sagen, zu berechnen, um eine richtige Zeitrechnung herauszubringen. Sie schlagen bekanntlich das Alter der Welt auf etwa 5822 Jahre an. *Nichts scheint mir aber unmöglicher, überflüssiger und vergeblicher zu seyn*, als eine solche Berechnung. – Wie können wir, so kurze Zeit lebende Menschen, deren Jahre und Lebenszeit gegen die Jahre und Lebensdauer anderer Planetenbewohner kaum Wochen und Monate ausmachen, uns mit unserer Zeitrechnung so hoch versteigen, daß wir es wagen wollen, den Anfang der Dinge, oder auch nur den Anfang unsers Erdkörpers zu bestimmen? Dies wäre eben so thöricht, als wenn die Ephemer (Ephemera), welche kaum 12 Stunden lebt, das Alter einer tausendjährigen Ceder oder nur eines hundertjährigen Greises berechnen wollte.[174]

Zum Alter der Erde macht Ballenstedt keine genauen Angaben, das sei schlichtweg unmöglich. Jedenfalls sei es weitaus höher als jenes der Menschen. Im Anbetracht der Verwitterungen der Erde schätzt er es auf „40 bis 60000 Jahre".[175]Auch bezüglich der Frage, ob Adam der erste Mensch gewesen sei, äußert er sich polemisch: „Es ist für die Religion ganz gleichgültig, ob der erste Mensch Adam, oder anders geheißen, ob er in Asien oder sonst wo gelebt habe, ob er vor fünf- oder zehntausend Jahren entstanden sey?"[176] Entsprechend hält er die Vorstellung, dass alle Menschen von einem Paare abstammen, für eine „horrende Idee".[177]

Es wundert nicht, dass diese Darstellungen manchem Zeitgenossen als gotteslästerlich erschienen. Ein anonym gebliebener ‚Preußisch-Sächsischer Landprediger' kritisiert in seiner Streitschrift *Ueber Ballenstedts Urwelt. Ein Wort freimüthiger Prüfung und versuchter Ehrenrettung der ältesten biblischen Urkunden* (1825) die „antibiblische Tendenz [...], wodurch es sich fast allein auszeichnet", scharf.[178] Bei allen kritischen Tönen ist jedoch auffallend, dass die geologischen

---

Die systematische Aufarbeitung dieses Konfliktfeldes für den deutschsprachigen Raum steht noch aus.

173 *Ballenstedt*, Urwelt Bd. 2 1818, 29.

174 Ebd., 27 f. [Hervorhebungen D.S.]

175 Ebd., 43.

176 Ebd., 225.

177 Ebd., viii.

178 *Preußisch-Sächsischer Landprediger*, Ueber Ballenstedts Urwelt, 4.

Zeit- und Entwicklungskonzepte keinen Anstoß erregen. Tatsächlich nimmt der Verfasser der kritischen Rezension das geologische Wissen billigend in Kauf: „[D]aß der Erdboden mehrere große und allgemeine Revolutionen erfahren, die nach unbestimmbar langen Zeiträumen [...] erfolgten und ihn wieder umwandelten [...]: ist eine bekannte Sache jedem, der nur ein Handbuch der Naturgeschichte [...] besitzt". Beiläufig kommt er überdies affirmierend auf die „beträchtliche[n] Zeiträume"[179] der Urzeit zu sprechen.

Die Kontroverse um Ballenstedts Schriften zeigt: Am Anfang des 19. Jahrhunderts scheinen auch Kritiker die geologischen Darstellungen von der Entstehung der Erde weitgehend akzeptiert zu haben. Der Impetus der Kritik an Ballenstedts Schriften richtet sich nicht gegen die Annahme eines hohen Alters der Erde, sondern gegen die Vorstellung eines sehr alten Menschengeschlechts. Der Rezensent kritisiert die direkt auf die Evolutionstheorie verweisenden Vorstellungen, dass der Mensch seine Gestalt im Laufe der Zeit verändert habe und sein Vorfahr eine große Affenart sei.[180]

Angesichts der oft immer noch stark polarisierenden Darstellungen der Wissenschaftsgeschichte ist ein wichtiges Ergebnis dieser Arbeit aufzuzeigen, dass die biblischen Zeitschranken insbesondere von den Theologen selbst geöffnet wurden.[181] Dies verdeutlicht paradigmatisch die Umkehrung der Legitimationsprozesse im 18. Jahrhundert: Mussten sich die erdwissenschaftlichen Darstellungen zu Beginn des Jahrhunderts noch an den biblischen Darstellungen orientieren, so wurden diese gegen Ende des Jahrhunderts vor dem Hintergrund der erdwissenschaftlichen Diskurse ausgelegt, um die Glaubwürdigkeit des biblischen Berichts zu retten.[182]

2.5 Die Säkularisierung der Apokalypse durch die Geologie

Es ist oft unbemerkt geblieben, dass die Zeitforderungen der Geologie nicht nur die Vergangenheit und damit den ‚Anfang' der Geschichte betrafen. Der Zeitbedarf der Erdwissenschaften richtete sich ebenso auf die Zukunft. Neben der Problematik von ‚Genesis und Geologie' ist im gleichen Atemzug von einem Konfliktverhältnis von ‚Erdgeschichte und Eschatologie' zu sprechen. Die Be-

---

179 Ebd., 10, 13.

180 Ebd., 16 – 18.

181 Neben den hier diskutierten Schriften vgl. auch *Bergk*, Beweis; vgl. auch die Darstellungen des Tübinger Stiftsstipendiaten und Theologen Heinrich Eberhard Gottlob Paulus, des Schwiegervaters August Wilhelm Schlegels: *Paulus*, Chaos, insbesondere 27 – 35.

182 Vgl. *Cartier*, Zeit, 105.

deutung der Geologie bei der ,Säkularisierung der Apokalypse ist jedoch noch weitgehend unerforscht.[183] Die Hypothese dieses Abschnitts ist, dass die noch im späten 17. Jahrhundert omnipräsente Vorstellung eines nahen Weltendes[184] nicht zuletzt durch die Geologie delegitimiert wurde. Für unser modernes, zukunftsoffenes Geschichtsverständnis ist die Aufhebung der zeitlichen Begrenzungen der Zukunft von grundlegender Bedeutung. Doris Gerber bezeichnet die ,Delegitimierung' bzw. ,Säkularisierung der Apokalypse' als unverzichtbare Voraussetzung des modernen Geschichtsbegriffs: „Erst nach der Hinfälligkeit [...] eschatologischer Prophezeiungen kann Geschichte als etwas begriffen werden, das in eine offene und prinzipiell unendliche Zukunft hinein verläuft." Insofern sei die „Vorstellung einer unendlichen Offenheit [...] die Voraussetzung für die spekulativen Geschichtsphilosophien des 18. und 19. Jahrhunderts".[185]

Die Vorstellung einer in der Zukunft begrenzten Weltzeit ist zentraler Bestandteil des jüdisch-christlichen Glaubens.[186] Ebenso wie der Mensch ist auch die Erde ,sterblich', „sie wird am Ende mit dem auf sie einstürzenden Himmelsgewölbe unter dem ,Zorn Gottes' dem Vergessen ausgeliefert und so ,eine Beute des Verderbens'."[187] Mit diesem Ereignis sind zentrale religiöse Heilsversprechen verknüpft, welche die Wiederkunft Christi am Jüngsten Tag, die Auferstehung des Fleisches bzw. der Toten und das Weltgericht einschließen, hier nach den Worten Paulus' im Ersten Brief an die Thessalonicher:

> Das sagen wir euch nach einem Wort des Herrn: Wir, die Lebenden, die übriggelassen sind für die Ankunft des Herrn, werden den Entschlafenen nicht zuvorkommen. Denn der Herr selbst wird beim Befehl, beim Ruf des Erzengels und unter dem Posaunenschall Gottes vom Himmel herabsteigen, und die Toten, die in Christus ruhen, werden zuerst auferstehen. Dann werden wir, die Lebenden, die übriggelassen sind, zugleich mit ihnen auf den Wolken in die Luft entrückt werden dem Herrn entgegen; und so werden wir immer beim Herrn sein. (1. Thess. 4, 15–17.)

---

183 Während der Konflikt zwischen ,Genesis und Geologie' bereits hinreichend erforscht ist, gibt es zum Problemkomplex von ,Erdgeschichte und Eschatologie' kaum weiterführende Studien; die einzige Arbeit, die beschreibt, wie der „Endzeitdiskurs [...] mit naturkundlichem Wissen angereichert" wurde, stammt von *Pohlig*, Events, 349; vgl. auch *Horn/Schnyder*, Klimatologie, 15f. Diese sprechen allerdings von einer ,Pluralisierung der Apokalypse'; auch Hölscher geht in seiner Monographie über *Die Entdeckung der Zukunft* nur sehr punktuell auf die Geologie ein; vgl. *Hölscher*, Entdeckung, 35f. Zur Veränderung der eschatologischen Vorstellungen – allerdings ohne Bezug auf die Geologie – vgl. *Haeusler*, Ende; sowie *Seibt*, Zeit.

184 Vgl. zu dieser Vorstellung *Pohlig*, Säkularisierung, 334.

185 *Gerber*, Zukunft, 177; vgl. auch *Conze*, Evolution, 4.

186 Vgl. *Barnes*, Images.

187 *Seils*, Weltende, 464.

Da die Weltzeit insgesamt auf etwa 6000 Jahre taxiert wurde, schien am Beginn der Neuzeit das Ende der Welt nah zu sein. Für Martin Luther etwa war charakteristisch, dass er in der unmittelbaren Erwartung der Apokalypse lebte: „In diesem 1540. Jahr ist die Zahl der Jahre der Welt genau 5500. Daher ist das Ende der Welt zu hoffen. Denn das sechste Jahrtausend wird nicht voll werden."[188] Luthers Hoffnung auf ein nahes Weltende verdeutlicht exemplarisch die Zukunftsvorstellungen seiner Zeitgenossen. Matthias Pohlig resümiert: „Eine offene Zukunft von mehr als ein paar hundert Jahren vertrat, so weit man sehen kann, vor dem späten 17. Jahrhundert niemand."[189]

Die zunehmende Entkräftung der Endzeiterwartung kann man an den sich wandelnden Wahrnehmungen der Jahrhundertwenden nachvollziehen. War die Wende vom 17. zum 18. Jahrhundert noch von apokalyptischen und chiliastischen Vorstellungen eines nahen Weltendes begleitet, so spielten bei der darauffolgenden Jahrhundertwende die biblischen Prophezeiungen kaum noch eine Rolle.[190] Während des 18. Jahrhunderts veränderten sich die Konzepte des Weltendes, so Pohlig:

> Während die Reformation und die Konfessionalisierung von einem hohen Maß an endzeitlicher Erwartung begleitet wurden, veränderte sich in der zweiten Hälfte der Frühen Neuzeit das Nachdenken und Sprechen über das Weltende. Die Vorstellung vom nahen Weltende und das apokalyptische Bildreservoir stellten noch um 1600 einen zentralen Repräsentationsbestand der alteuropäischen Kultur bereit; um 1750 traf dies nicht mehr zu.[191]

Die Vorstellung eines offenen Zukunftshorizontes wurde nicht zuletzt durch geologische Zeitkonzepte etabliert, welche das Weltende säkularisierten. Anstatt eine metaphysische Ordnung vorauszusetzen, wurde die historische Struktur der Erdgeschichte mit Hilfe der sinnlichen Wahrnehmung und aufgrund physikalischer Gesetzmäßigkeiten erkannt – dabei konnte der grundsätzliche Charakter der Erdgeschichte, wie bei Füchsel und Justi, sogar als völlig offen und unbestimmt angenommen werden.[192] Angesichts der vielen ‚Revolutionen des Erdballs', so Justi, sei die Zukunft und auch das Überleben der Menschen nicht gesichert: „[W]ir können noch nicht versichert seyn, ob die jetzige Bevölkerung und

---

188 Martin *Luther*, *Supputatio annorum mundi* (1541), zit. n. ebd., 465 f.

189 *Pohlig*, Säkularisierung, 334; vgl. auch *Hölscher*, Entdeckung, 33.

190 Vgl. *Lehmann-Brauns*, Neuvermessung, 168 f. Zum Wandel der Zukunftsvorstellungen vgl. u. a. die Beiträge in dem Sammelband: *Jakubowski-Tiessen* [et al.], Endzeit- und Zukunftsvorstellungen.

191 *Pohlig*, Säkularisierung, 331.

192 Vgl. *Hofbauer*, Funktion, 531 f.

Bewohnung des Erdcörpers die letzte seyn wird".[193] Füchsel teilte dieses Verständnis einer offenen Zukunft, formuliert diese Einsicht allerdings weniger existentialistisch und abstrakter: „Das Gegenwärtige erfolgte aus dem Vergangenen, wie das Zukünftige aus dem Gegenwärtigen erfolgen muß. Deswegen muß uns das Gegenwärtige, nebst der Rücksicht in das Vergangene, die ersten Gründe zur Aussicht in das Zukünftige geben."[194] Auch Ballenstedt entkräftet die Vorstellung einer drohenden Apokalypse und geht von der Ewigkeit der Materie aus:

> [V]on einer Umwandlung unsers Erdballes kann die Rede seyn, nicht aber von völliger Auflösung und Vernichtung. [...]. Die Erde verjünget und erneuet sich immer wieder durch und aus sich selbst, wenn sie veraltet und verfällt. Der Erdball bleibt [...] beständig gleich schön, gleich munter, gleich herrlich.[195]

Ironisch bezieht er sich auf die biblische Vorstellung der Apokalypse: „Der jüngste Tag der Erde ist zwar schon oft da gewesen und wird auch noch oft wiederkehren: denn die Gegenwart ist schwanger mit der Zukunft und aus der Zerstörung geht immer neues Leben hervor".[196]

Diese neue durch die Geologie induzierte Vorstellung einer offenen und dynamischen Zukunft verändert den Erwartungshorizont der Menschen grundlegend. Sie zwingt dazu, über die kommende Zeit neu und anders nachzudenken, wie etwa Lichtenberg, der in seinen *Betrachtungen über die physischen Revolutionen auf der Erde* (1794) die offene Zukunft thematisiert:

> Wo geht denn, muß auch der Unbefangenste, der den Menschen beobachtet, fragen, die Reise hin, für welche er so sammelt? Oder ist diese Welt jetzt nicht mehr für ihn, und ein Land, wo er, gleich Pflanzen ausser ihrem Clima, zwar aufgehen, kümmerlich blühen, aber nie mehr zur Reife kommen kann?[197]

Die ‚Entdeckung der Zukunft' bedeutete einen fundamentalen Eingriff ins biblische Zeitkonzept. Die gestundete Zeit wurde entfristet und der Schrecken des Jüngsten Gerichts war gebrochen – das kirchliche Selbstverständnis jedoch bedroht, denn „[d]as ausbleibende Weltende hatte die Kirche konstituiert und in eins damit eine statische Zeit, die als Tradition erfahrbar ist."[198] Gleichzeitig ist die Delegitimierung der statischen, prädeterminierten und begrenzten Zeit und die

193 *Justi*, Geschichte, 322.
194 *Füchsel*, Entwurf, 243.
195 *Ballenstedt*, Urwelt Bd. 2 1818, 45.
196 Ebd., 46.
197 *Lichtenberg*, Betrachtungen, 105f.
198 *Koselleck*, Zukunft, 33.

Entfristung der Zukunft ein für den modernen Geschichtsbegriff konstitutiver Akt. ‚Offene' Entwicklungsvorstellungen wurden vor diesem Hintergrund überhaupt erst denkbar.

2.6 Naturzeit als Grundlage des modernen Geschichtsbegriffs

Die geologischen Diskurse haben maßgeblich dazu beigetragen, die *historia sacra* zu entkräften. In keiner anderen Denktradition wurden Darstellungen und Angaben der Bibel so früh und grundlegend reformuliert wie in den Erdwissenschaften. Die Infragestellung religiöser Zeitkonzeptionen ist ein Vorgang von großer Tragweite, der nicht nur den Wortlaut der biblischen Darstellungen, sondern auch grundlegende religiöse Sinnhorizonte in Zweifel zog. Die ‚Delegitimierung' der *historia sacra* hat vielfältige religiöse, politische und soziale Implikationen, denn jede Zeitkonstruktion, so Aleida Assmann, ist ein wichtiger Macht- bzw. Ordnungsfaktor:

> Kulturen [...] existieren in Zeitgestalten, die sie selbst hervorbringen. Diese Zeitgestalten haben viel mit der Durchsetzung und Stabilisierung von Ansprüchen zu tun, Ansprüchen auf Macht und auf Wahrheit. Zeit wurde in dieser Perspektive sichtbar als eine kulturelle Konstruktion, die von religiösen, politischen und gesellschaftlichen Interessen nicht abzulösen ist. Die Form der Zeit korrespondiert mit der Form des politischen Gebildes, das sich zum Garanten der jeweiligen Konstruktion seines Handlungs-, Erwartungs- und Sinnhorizontes macht.[199]

Durch die Entdeckung und Beschreibung außerbiblischer Zeit- und Geschichtsräume büßte die biblische Geschichte ihre Erklärungskraft für einen allgemeinen und umfassenden Geschichtsverlauf ein, denn das „universalgeschichtliche Modell vom biblisch verbürgten Anfang und Ende der Geschichte setzte voraus, dass die Heilige Schrift für die Erkenntnis des gesamten Geschichtsverlaufs suffizient war, weil sie den Rahmen der kompletten Schöpfungs- und Menschheitsgeschichte umfasste."[200] Die Vergrößerung der zeitlichen Perspektive ging mit einem Verlust des Ursprungs und des Ziels der Geschichte einher.

Die zentrale Bedeutung der Erdwissenschaften beim Prozess der Delegitimierung der *historia sacra* gründet sich darauf, dass sie das Alleinstellungsmerkmal der Bibel, privilegierte Quelle für den Anfang und das Ende der Geschichte zu sein, hinterfragten. Waren Schöpfung und Apokalypse bis ins

199 *Assmann*, Zeit, 157.
200 *Lehmann-Brauns*, Neuvermessung, 65 f.

18. Jahrhundert hinein geradezu religiös-heilige Sonderbezirke gewesen, so postulierten die Erdwissenschaften ‚vor' bzw. ‚nach' diesen Ereignissen Zeiträume, welche von der biblischen Zeitrechnung nicht annähernd erfasst werden konnten. Am radikalsten und prägnantesten formulierte diese neuen geologischen Erkenntnisse zu Anfang und Ende der Geschichte wohl James Hutton im letzten Absatz seiner *Theory of the Earth:* „The result, therefore, of our present enquiry is, that we find no vestige of a beginning, – – no prospect of an end."[201] Die religiös begründete zeitliche Symmetrie zwischen Erd- und Menschengeschichte ging damit unwiederbringlich verloren. Zwischen beiden tat sich der ‚dunkle Abgrund der Zeit' auf, der theologische Sinnstiftungsversuche vor ernstzunehmende Legitimationszwänge stellte. Jedoch nicht nur die wörtliche Darstellung der *historia sacra* wurde widerlegt, auch ihre methodische Grundlage als revelatorische Geschichtserkenntnis wurde in Zweifel gezogen; ihre vormalige Einheit zerfiel und mit ihr auch ihr Wahrheitsanspruch. Der göttliche *ordo temporum* verlor ebenso wie der göttliche Heilsplan seine Verbindlichkeit.[202] Damit wurden auch die Heilsgewissheit, welche sie zu geben versprach, sowie das dadurch garantierte göttliche Heilsversprechen dauerhaft in Frage gestellt. Die biblische Weltauffassung sowie der göttlich verbürgte Sinn menschlicher Existenz auf der Erde waren grundlegend bedroht und mussten neu formuliert werden.

Allerdings wurde nicht nur das Alter der Erde quantitativ vergrößert, sondern auch ‚Zeit' in ihrer Qualität neu bestimmt.[203] Die Erdwissenschaften machten den grundsätzlichen Konstruktcharakter der religiösen Zeitordnungen erkennbar; gleichzeitig verbargen sie ihren eigenen, indem die empirischen Untersuchungsmethoden die eigenen Zeitkonstruktionen als besonders evident kennzeichneten. Die Geologie schuf nicht nur Zeiträume, sondern akzentuierte die Qualität einer vorwärtsschreitenden, veränderbaren, dynamischen Zeit. Die stratigraphische Methodik identifizierte Zeit als räumliche Dimension. Sie machte es möglich, die eigentlich so flüchtige Zeit zu materialisieren und ihre Wirkungen sichtbar und – im wahrsten Sinne des Wortes – begreifbar zu machen. Sie ließ „bekannte Phänomene in einem anderen Licht erscheinen", machte „schlagartig gänzlich neue Strukturen sichtbar" und verlangte „einen völlig neuen Interpretationsrahmen für die Phänomene [...], der das Wissen, die Episteme einschneidend umorganisiert."[204] Zeit wurde nicht nur säkularisiert und naturalisiert, sondern auch *verräumlicht*. Chronologie wurde damit auch eine Frage der

201 *Hutton*, Theory, 304.
202 Vgl. *Zedelmaier*, Marginalisierung, 16.
203 Vgl. auch *Fabian*, Time, 12.
204 *Rahden*, Blick, 34.

räumlichen Lage. Die Rekonstruktion der Vergangenheit war vor diesem Hintergrund auf empirischem Wege möglich. Methodologisch gesehen findet, wie Rahden zu Recht bemerkt, ein *historical*, bzw. *temporal turn* statt, „aber im umfassenden Sinne der ‚Neuorganisation der Episteme' (Michel Foucault) und des ‚revolutionären' Wandels eines grundlegenden kognitiven ‚Paradigmas' (Thomas S. Kuhn)".[205] Empirie erlangte größere Geltung als die Autorität der Bibel, bzw., wie Wolfert von Rahden es lakonisch formulierte: „Die Naturkunde besiegt die Urkunde."[206] Mit der empirischen Methode etablierten die Erdwissenschaften einen neuen Wahrheitsbegriff. ‚Zeit' war fortan nicht mehr das präfigurierte Ablaufen eines göttlich vorbestimmten Prozesses mit einem genau beschriebenen Anfang und einem absehbaren Ende, sondern sie wurde materialisiert, säkularisiert, naturalisiert und entfristet. Die geologischen Zeitkonzepte waren, so Wendorff, ursächlich für die „Verweltlichung und Neutralisierung der geschichtlichen Zeit". Durch Zeitmodelle, die einen Zugriff aufs Unendliche herstellten und durch persönliches Erleben nicht mehr einholbar waren, konnte ‚Zeit' als ein ewiger und unvorhersehbarer Prozess begriffen werden, der nicht mehr abhängig von den „willkürliche[n] chronologische[n] Machtentscheidung[en] eines göttlichen Wesens" war, sondern „nach unveränderlicher Eigengesetzlichkeit ablief und im Prinzip keinen Anfang und kein Ende hatte."[207] Die Geologie postulierte die Vorstellung von ‚Zeit' als eigenständige Qualität, welche die Verhältnisse der Welt bestimmte sowie ‚Motor' für Entwicklungen war und irreversible Veränderungen nach sich zog.[208] Buffon dokumentierte bereits im Jahre 1756 dieses neue naturgeschichtliche Verständnis von Zeit in der Formulierung: „Le grand ouvrier de la nature est le temps."[209]

Die Auflösung der präfigurierten und statischen Zeit der *historia sacra* und ihre Ersetzung durch eine entfristete, gerichtete und dynamische bedeuten mehr als eine zunehmende Entfernung vom Wortlaut der Bibel. Die geologisch induzierte Säkularisierung und Naturalisierung der Zeit ist eine gewichtige Zäsur in

---

205 Ebd.

206 *Rahden*, Aktualist, 293.

207 *Wendorff*, Zeit, 322.

208 Ein weiteres Desiderat der Forschung ist die Frage, wie die ‚Öffnung der Zukunft' durch die Geologie und der Fortschrittsglaube zusammenhängen. Es erscheint plausibel, dass die Idee einer unendlichen Verbesserung und die Delegitimierung der Apokalypse durch die Geologie zusammenhängen. Es scheint zudem kein Zufall zu sein, dass Fortschrittskonzepte und erdwissenschaftliche Theorien simultan entstanden sind.

209 *Buffon*, Animaux, 59 f.

der Geschichte des geschichtlichen Denkens, ein für den modernen Geschichtsbegriff[210] und für die Geschichtsphilosophie[211] konstitutiver Akt.

210 Erst nachdem die Zeit „ihre eschatologische Finalität als Heilszeit – als befristeter Weg zum erlösenden Ende, als Frist zum Heil" verloren hat, so *Marquard*, Zeit, 364, „kann die Weltzeit zu jener [...] ziellos ‚offenen' und ‚evolutionär entfristeten Zeit' werden".
211 Vgl. ebd; sowie *Moser*, Geschichtsphilosophie, 109.

3 ‚Doppelte Verzeitlichung.' Entstehung der Geschichtsphilosophie und Dynamisierung der Natur

3.1 Die ‚Geburt der Geschichte' und die Entdeckung der geologischen Tiefenzeit

Die Entstehung der Geschichtsphilosophie hängt im Wesentlichen mit derselben historischen Konfiguration zusammen, die Mitte des 18. Jahrhunderts auch zur ‚Geburt der Geschichte' führte.[1] Koselleck bringt diesen Zusammenhang auf den Punkt: „Die Freilegung der ‚Geschichte überhaupt' fiel zusammen mit der Entstehung der Geschichtsphilosophie."[2] Erst in der zweiten Hälfte des 18. Jahrhunderts bildete sich jene historisch-philosophische Gattung in prägnanter Weise heraus, welche seitdem als ‚Geschichtsphilosophie' bezeichnet wird und welche das Gesamtgeschehen der Geschichte erstmals in einem säkularen Sinn als einen sinnvollen Verlauf und (meistens) als einen Prozess des Fortschritts und der Höherentwicklung sah.[3]

Der Ansatz, den Gesamtverlauf der Geschichte von den Ursprüngen des Universums (wie z. B. exponiert bei Herder) ausgehend zu konzipieren und dabei nicht auf einen göttlichen Plan zu rekurrieren, kann als Ausdruck eines neuen Zeit- und Geschichtsbewusstseins verstanden werden. Von entscheidender Wichtigkeit war dabei „ein zeitlich lineares und nicht umkehrbares Kontinuum zwischen Vergangenheit, Gegenwart und Zukunft."[4] Koselleck hebt die Novität dieses Vorgangs hervor: „Erst die Geschichtsphilosophie ist es, die die frühe Neuzeit von ihrer eigenen Vergangenheit ablöste und mit einer neuen Zukunft auch unsere Neuzeit eröffnete."[5]

Während die Wurzeln anderer philosophischer Disziplinen, wie der Metaphysik oder der Moralphilosophie, bis in die Antike zurückreichen, ist die Geschichtsphilosophie damit bedeutend jünger. Ihre ‚Verspätung' wird häufig damit erklärt, dass in der abendländischen Kultur das geschichtliche Denken bis weit in die Neuzeit hinein von theologischen Vorstellungen geprägt worden sei. Biblische

1 Vgl. *Rohbeck*, Aufklärung, 15.
2 *Koselleck*, Geschichte, 658.
3 Zum Fortschrittsoptimismus der frühen Geschichtsphilosophie vgl. *Sommer*, Sinnstiftung, 50 und 56.
4 *Rohbeck*, [Art.] Geschichtsphilosophie, 368.
5 *Koselleck*, Zukunft, 33.

https://doi.org/10.1515/9783110650518-007

Darstellungen lieferten eine verbindliche Gesamtdeutung menschlicher Geschichte, einen kohärenten Sinnentwurf, der sowohl die Erschaffung der Welt als auch ihre Zerstörung in der Apokalypse erfasste. Erst nachdem diese transzendent begründete Zeitstruktur – nicht zuletzt durch die empirischen Zeitmodelle der Geologie – nachdrücklich in Frage gestellt worden war,[6] konnte die Kontingenz der Geschichte philosophisch reflektiert werden.[7] Dennoch lassen sich Heilsgeschichte und Geschichtsphilosophie nicht einfach in einen kausal-genetischen Zusammenhang bringen, in welchem die Geschichtsphilosophie als eine verweltlichte Form christlicher Heilserwartung fungiert, wie Karl Löwith es postulierte.[8] Löwiths Versuch, die Geschichtsphilosophie von Turgot bis zu Marx als einen Ausdruck säkularisierter christlicher Heilsgeschichte zu begreifen, erfuhr berechtigte Kritik und wurde nicht nur von Hans Blumenberg entschieden zurückgewiesen. Blumenberg trat im Gegensatz vehement für die *Legitimität der Neuzeit* ein und bezeichnete die Vorstellung der Säkularisierung als „Kategorie des geschichtlichen Unrechts",[9] welche die Eigenständigkeit der Geschichtsphilosophie nicht angemessen würdigte.[10]

Seit der Mitte des 18. Jahrhunderts entstanden erstmals Schriften, welche die Geschichte, ihre Gesetzmäßigkeiten, die Voraussetzung ihrer Erkenntnis und die Möglichkeiten ihrer Darstellung explizit thematisierten und die auch das auf Voltaire zurückgehende Kompositum ‚Geschichtsphilosophie'[11] – z. T. auch in Variationen – im Titel trugen. Ihre Verfasser waren keine berufsmäßigen Philosophen, sondern Beamte der Verwaltung (Isaak Iselin), Theologen (Johann Gottfried Herder) und Dichter (Gotthold Ephraim Lessing). Ihre Schriften beruhten auf einer ganz neuartigen Verbindung von zuvor getrennten Wissensbereichen. Sie

---

6 Vgl. hierzu Kap. II.2 dieser Arbeit: Die Delegitimierung der *historia sacra* durch die geologische Tiefenzeit.

7 Vgl. exemplarisch: *Schloßberger*, Geschichtsphilosophie, 103; *Lehmann-Brauns*, Neuvermessung, 167; *Conze*, Evolution, 3; *Moser*, Geschichtsphilosophie, 109.

8 Vgl. *Löwith*, Weltgeschichte.

9 So die Überschrift des ersten Abschnitts in *Blumenberg*, Legitimität, 9–74; vgl. auch *Sommer*, Sinnstiftung, 15 f.

10 In Übereinstimmung mit Blumenberg beschreibt Sommer das Verhältnis von Geschichtsphilosophie und *historia sacra* metaphorisch als Verwandtschaftsverhältnis; vgl. *Sommer*, Sinnstiftung, 56.

11 Ein ‚Gründungsdokument' der Geschichtsphilosophie gibt es nicht und Voltaire ist keineswegs als ‚Gründervater' anzusehen, auch wenn er der Urheber des entsprechenden Begriffs ist. Allerdings ist sein Essai sur les mœurs et l'esprit des nations (1756) neben Anne Robert Jacques *Turgots* Discours (1751) und Giambattista *Vicos* Principi di una scienza nuova d'intorno alla comune natura delle nazioni (1725) ein „geschichtsphilosophisch richtungweisendes Werk"; vgl. *Sommer*, Sinnstiftung, 68 f.

verknüpften die Philosophie, die Wissenschaft der allgemeinen Prinzipien, mit der Geschichte, den kontingenten und disparaten Tatsachen und Ereignissen.[12] Damit entstand der philosophisch begründete Anspruch, die heterogenen Erfahrungstatsachen in eine verbindliche, vernünftige und begründete Ordnung zu bringen. Der so konstituierte Geschichtsverlauf wurde als eine Form der Sinngebung und meistens auch als ein „Prozess, in dem ein universeller Fortschritt waltet", verstanden.[13]

In Übereinstimmung mit Andreas Urs Sommers Definition sollen diese ab 1750 entstandenen geschichtsphilosophischen Entwürfe als „spekulativ-universalistische Geschichtsphilosophie" bezeichnet werden:

> *Universalistisch* ist sie, insofern der gesamte Verlauf der menschlichen Geschichte auf dem ganzen Erdball ihr Thema darstellt. [...]. *Spekulativ* ist diese universalistische Geschichtsphilosophie, insofern sie aus einer sehr beschränkten Anzahl kontingenter historischer Tatsachen einen kontinuierlichen und zielgerichteten Verlauf der Geschichte ableitet oder doch eine solche Ableitung als (moralisches oder ontologisches) Postulat nahelegt [...].[14]

Probleme der Forschung

Die Geschichtsphilosophie erregt schon lange ein großes Interesse und gab Anlass zu heftigen Debatten. Das Problem ihrer Ausbildung, ihr Verhältnis zur ‚historia sacra' sowie ihre Beziehung zu anderen Ausprägungen der Geschichtsforschung im 18. Jahrhundert werden in der vorliegenden Untersuchung bestenfalls gestreift.[15] Ziel des Kapitels ist es vielmehr, die Bedeutung der erdgeschichtlichen Diskurse bei der Formierung und Konsolidierung der Geschichtsphilosophie zu analysieren. Im Mittelpunkt stehen dabei ihre Anfänge in der zweiten Hälfte des 18. Jahrhunderts, über die wir, wie Sommer treffend bemerkt, „bislang mehr schlecht als recht unterrichtet" sind.[16] Bei der Untersuchung dieser Frühphase bildet die Analyse des Verhältnisses von Geschichtsphilosophie und Naturgeschichte den Schwerpunkt. Denn obwohl die ‚alte' sta-

---

12 Vgl. *Hoorn*, Leibe, 180 f.
13 *Sommer*, Sinnstiftung, 203.
14 Ebd., 48 f. [Hervorhebungen im Original.]
15 Zu diesen Problemkomplexen vgl. *Löwith*, Weltgeschichte; *Meinecke*, Entstehung; *Marquard*, Schwierigkeiten; *Reill*, Enlightenment; *Seifert*, Geschichte; *Muhlack*, Geschichtswissenschaft; *Fulda*, Wissenschaft; *Zedelmaier*, Anfang; *Sommer*, Sinnstiftung; *Gisi*, Einbildungskraft; *Demandt*, Philosophie; zum Einstieg vgl. *Rohbeck*, Geschichtsphilosophie Einführung; *Dietzsch/Cacciatore/Lambrecht*, Philosophie; *Dierse/Scholtz*, Geschichtsphilosophie; *Kittsteiner*, [Art.] Geschichtsphilosophie.
16 *Sommer*, Sinnstiftung, 205.

tische Naturgeschichte im selben Zeitraum dynamisiert wurde, in dem auch die Geschichtsphilosophie entstand,[17] wird das Verhältnis von Naturgeschichte und Geschichtsphilosophie in den Forschungsbeiträgen bestenfalls am Rande thematisiert.[18] Angesichts der ‚doppelten Verzeitlichung' bzw. der zeitlichen Koinzidenz dieser beiden Prozesse ist es erstaunlich, dass die Frage nach ihrem Zusammenhang bislang noch nicht umfassend behandelt worden ist. Gisi bezeichnet die „umfassende Aufarbeitung der Bezüge zwischen Naturgeschichte und Menschheitsgeschichte" als „ein wichtiges Forschungsdesiderat".[19]

Zumindest teilweise lässt sich dieser blinde Fleck der Forschung mit dem von Koselleck und Lepenies formulierten Diktum erklären, dass die Zeitvorstellungen der Moderne durch eine ‚Denaturalisierung' gekennzeichnet seien. Das bedeutet: Während sich die maßgeblichen Zeitmodelle in Antike und Humanismus an den zyklischen Entwicklungsprozessen von Lebewesen und Kosmos orientiert hätten, habe sich in der zweiten Hälfte des 18. Jahrhunderts die Vorstellung einer linearen und irreversiblen Entwicklung durchgesetzt. Die zuvor naturhaft-zyklische Zeitvorstellung wurde zur ewig fortschreitenden Linie. Sie wurde von der Natur abgekoppelt, bzw. „denaturalisiert",[20] und ersetzt durch das Konzept eines menschengemachten, sich beschleunigenden und offenen Zeitverlaufs. Der Blick auf die produktiven Beziehungen zwischen Naturwissenschaft und Geschichtsphilosophie wurde durch dieses Diktum über Jahrzehnte hinweg verstellt.[21] Die

17 Oftmals wird die Frage, ob die Verzeitlichung früher in der Natur- als in der Geschichtsforschung stattgefunden habe, mit der etwas pauschalen und unbefriedigenden Antwort einer ‚Simultanität' abgetan. Dieses Problem ist im Rahmen dieser Arbeit nicht zu klären. Zur ‚simultanen' Verzeitlichung vgl. *Conze*, Evolution; sowie *Rohbeck*, Fortschrittstheorie, 48.

18 Vgl. exemplarisch die Habilitationsschrift von Helmut Zedelmaier, der „Fragen der Kosmogonie und Geogonie" bewusst ausklammert; *Zedelmaier*, Anfang, 5; vgl. hierzu auch die Rezension von Gisi.

19 *Gisi*, Einbildungskraft, 320; vgl. in ebd. 318 – 333 das Kap. ‚Naturalisierung der Geschichtsphilosophie in der Spätaufklärung', in welchem Gisi den Einfluss geologischer Theorien analysiert; vgl. auch *Reill*, Buffon, 667.

20 Koselleck bezieht sich verschiedentlich auf die ‚Denaturalisiserung' der Zeit; vgl. exemplarisch *Koselleck*, Beschleunigung, 153: „Meine These wird lauten, daß der Beschleunigung eine Denaturalisierung der bis dahin überkommenen Zeiterfahrung entspricht. Sie ist Indikator einer spezifisch neuzeitlichen Geschichte." Vgl. auch *Lepenies*, Naturgeschichte, 13: Dieser konstatiert ebenfalls eine „Durchsetzung antinaturaler Zeitvorstellungen" und bemerkt, dass „im Übergang zur Moderne die naturale Zeitvorstellung" verschwindet.

21 Vgl. *Günther*, Geschichte, 635; Dieser geht davon aus, dass die in anderen Disziplinen stattfindenden Prozesse der Verzeitlichung „den Begriff der Geschichte in dieser Epoche eher irritiert als entwickelt" haben.

Forschung folgte fortan disziplinären Grenzen, die im 18. Jahrhundert noch keine Rolle spielten.[22]

Obwohl das Diktum von Koselleck und Lepenies weit verbreitet ist und immer noch Akzeptanz findet,[23] äußert sich in den letzten Jahren vermehrt Widerspruch. Vor allem Andreas Urs Sommer weist vehement auf die intrikate Verschränkung von Naturgeschichte und Geschichtsphilosophie hin. In seiner Habilitationsschrift, welche die Entstehung der spekulativ-universalistischen Geschichtsphilosophie im 18. Jahrhundert analysiert, konstatiert er einen engen Zusammenhang zwischen Geologie und Geschichtsphilosophie. Aufgrund ihrer „teleologisch-anthropozentrische[n] Struktur" befördere die Erdgeschichtsschreibung die Geschichtsphilosophie und ermögliche damit „eine Reintegration der Menschheitsgeschichte in wahrhaft globalem Zusammenhang".[24] Durch die Inkorporierung der Erdgeschichte kompensiere die Geschichtsphilosophie die Wirkungen der modernen Naturwissenschaft, d. h. die Marginalisierung des Menschlichen, und bewirke eine „*Re-Anthropozentrierung* der Weltbetrachtung".[25] Allerdings kann Sommer nur eine eingeschränkte Evidenz für seine prägnante These erbringen. Einzig bei Herder kann Sommer Bezugnahmen auf die Erdgeschichte nachweisen.[26]

Gewichtige Studien zum Verhältnis von Geschichtsphilosophie und Geologie stammen von Johannes Rohbeck. Allerdings beziehen sich diese vornehmlich auf französische und englischsprachige Geschichtsphilosophen (u. a. Fontenelle, Boulanger, Turgot, Rousseau und Condorcet in Frankreich, James Burnett, Henry Horne und Adam Ferguson in England bzw. Schottland).[27] Für diese Diskursräume kann Rohbeck nachweisen, dass sich bei der Begründung der Geschichtsphilosophie „die Beziehung zwischen Naturgeschichte und Menschheitsgeschichte als konstitutiv erwiesen" habe.[28] Den Erdwissenschaften komme in diesem Zusammenhang eine besondere Bedeutung zu: „In der Tat hat die sich seit dem 17. Jahrhundert zu einer eigenständigen Disziplin herausbildende *Geologie* we-

22 Zu diesem Problemkomplex vgl. *Rohbeck*, Historisierung, 121 f.

23 Vgl. *Zedelmaier*, Anfang, 5.

24 *Sommer*, Sinnstiftung, 227.

25 Ebd. [Hervorhebung im Original.]

26 Vgl. hierzu auch *Gisi*, [Rez.] Sommer, 98.

27 Vgl. *Rohbeck*, Fortschrittstheorie, insbesondere das Kap. zu Nicolas-Antoine Boulanger und seiner *L'Antiquité dévoilée par ses usages* (1766). Weiterhin einschlägig sind auch die Abschnitte zu Turgot, Fontenelle, Rousseau, Condorcet sowie diejenigen zu James Burnett, Henry Horne und Adam Ferguson; für den deutschen Sprachraum gehen seine Untersuchungen nicht über Herder und Georg Forster hinaus; vgl. zudem exemplarisch: *Rohbeck*, Verhältnis; *Rohbeck*, Historisierung; *Rohbeck*, Evolution; *Rohbeck*, Aufklärung; *Rohbeck*, Evolutionstheorie.

28 *Rohbeck*, Aufklärung, 138.

sentlichen Anteil an der Entstehung des Geschichtsdenkens."[29] An anderer Stelle bemerkt er:

> Kosmologie und Geologie gingen der Geschichtstheorie sogar voraus, was die Vermutung nahelegt, dass einige Fortschrittstheoretiker von der Vorstellung eines sich verändernden Universums beeinflusst wurden. Geographische und geologische Kenntnisse bildeten denn auch in einer ganzen Reihe von Geschichtswerken den systematischen Ausgangspunkt. *Die Menschheitsgeschichte wurde ganz explizit in die Naturgeschichte integriert.*[30]

Ohne dass bislang systematische Untersuchungen für den deutschen Sprachraum vorliegen, haben diese Bezüge zwischen Erd- und Menschheitsgeschichte bereits Eingang in Lehrbücher gefunden. Etwas pauschal bilanziert Matthias Schloßberger in seiner jüngst erschienenen Einführung in die Geschichtsphilosophie den Einfluss der erdgeschichtlichen Zeitkonzepte: „Viele Erkenntnisse der Naturwissenschaften, viele Theorien der Geisteswissenschaften sind erst möglich geworden durch die Ausdehnung der Zeit, die man als *Die Entdeckung der Tiefenzeit* beschrieben hat." Für die Herausbildung der modernen Vorstellung von Geschichte sei „diese Ausdehnung der Zeit sicher die bedeutendste neue Erfahrung", denn „es kam zur Öffnung des zeitlichen Raumes, zu einem Begriff der Ewigkeit innerhalb der erfahrenen Zeit".[31] Erst diese „Überwindung der begrenzten Zeitvorstellung ermöglicht dann die moderne Geschichtsphilosophie, die längere Zeiträume braucht, um die Vergangenheit zu ordnen, vor allem aber um Platz für zukünftige Entwicklungen zu haben."[32] Vereinzelte Aufsätze, welche die hier thematisierte Frage streifen, finden sich zudem bei Jörn Garber,[33] Wolfgang Proß,[34] Hugh Barr Nisbet,[35] Peter Hanns Reill[36] und Werner Conze.[37]

Die angeführten Referenzen belegen die Aktualität des Themas und die Relevanz der Fragestellung: Insbesondere in den neuesten Studien von Sommer,

---

29 *Rohbeck*, Fortschrittstheorie, 46 f. [Hervorhebung in Original.]

30 Ebd., 48. [Hervorhebung im Original.]

31 *Schloßberger*, Geschichtsphilosophie, 92. [Hervorhebungen im Original.]

32 Ebd., 94. Schloßberger kann seine prägnanten Hypothesen nicht durch eigene Studien belegen. Er bezieht sich vornehmlich auf Pietro Rossi *Abyss* und Stephen J. Gould *Time's Arrow*, die beide den deutschen Sprachraum nur knapp thematisieren.

33 Vgl. *Garber*, Hauptbestimmungen; sowie *Garber*, Selbstreferenz.

34 Vgl. *Proß*, Begründung; sowie *Proß*, Idee.

35 Vgl. *Nisbet*, Naturgeschichte; sowie *Nisbet*, Herder.

36 Vgl. *Reill*, Enlightenment; *Reill*, Science; *Reill*, Historisierung.

37 Vgl. *Conze*, Evolution, 11 f.; dieser untersucht, „ob und wie die doppelte Verzeitlichung geschichtsphilosophisch in einen einheitlichen Deutungszusammenhang gestellt worden ist." Dabei steht allerdings, wie im Titel bereits hervorgehoben, die Biologie und nicht die Geologie im Mittelpunkt.

Rohbeck und Schloßberger wird auf die Bedeutung der Erdwissenschaften bei Ausbildung der Geschichtsphilosophie verwiesen. Gleichzeitig werden aber auch die Desiderate der Forschung deutlich. Bezüglich des deutschen Sprachraums fehlt es sowohl an über Herder und Forster hinausgehenden Einzeluntersuchungen wie auch an systematischen Überblicksdarstellungen.

Im Folgenden soll dieses Manko ansatzweise behoben werden. Es soll der Blick auf die produktiven Beziehungen zwischen Erdwissenschaften und Geschichtsphilosophie gelenkt werden, denn ebenso wie auf die *historia sacra* kann der Einfluss von erdgeschichtlichen Darstellungen auch auf die zwischen 1750 und etwa 1800 entstandenen geschichtsphilosophischen Entwürfe nachgewiesen werden. In ihrer Frühphase, so die Hypothese, griff die Geschichtsphilosophie konsequent auf die Zeit- und Entwicklungsmodelle der simultan zu ihrer Entstehung dynamisierten Naturgeschichte zurück. Die Integration der Erdgeschichte in geschichtsphilosophische Entwürfe bedeutet den Versuch, Erdgeschichte und Menschengeschichte als kohärente Einheit, als Kontinuum zu denken. Die Verlaufsformen der Menschengeschichte wurden auf die Natur bezogen und als Fortentwicklung von natürlichen Prozessen verstanden. Die Natur gewährleistete die Gesetzmäßigkeit und Einheitlichkeit aller Geschichtsprozesse.

Vor allem bezüglich der Vorgeschichte und der zukünftigen Entwicklung waren die Erdwissenschaften für die Geschichtsphilosophen relevant. Insbesondere für den Anfang der Geschichte und für ihr nur hypothetisch erschließbares Ende konnten die Erdwissenschaften das Privileg beanspruchen, die exklusivsten Darstellungen zu liefern. Da diese Abschnitte nicht durch menschliche Überlieferung erschlossen werden konnten, boten die Erdwissenschaften für diese Zeiträume schlichtweg auch die einzigen Darstellungen, auf die zugegriffen werden konnte. Zedelmaier weist darauf hin: „Die von der Historie ausgegrenzte Vorgeschichte eroberte sich im Verlauf des 18. Jahrhunderts die philosophische Geschichte."[38]

Vor diesem Hintergrund wundert es nicht, dass der systematische Ausgangspunkt etlicher geschichtsphilosophischer Werke die Naturgeschichte und im Besonderen die Erdgeschichte ist. Zudem profitierte die Geschichtsphilosophie von der Evidenz der geologischen Zeitmodelle. Die empirische Methodik machte es möglich, die eigentlich so flüchtige Zeit zu materialisieren. Zeit wurde zu einer Dimension des Raumes. Durch diese empirischen Zeitmodelle, die einen Zugriff aufs Unendliche herstellten, konnte ‚Zeit' als ein ewiger und unvorhersehbarer Prozess begriffen werden, der „nach unveränderlicher Eigengesetzlichkeit ablief

38 *Zedelmaier*, Frühgeschichte, 101; vgl. auch *Lehmann-Brauns*, Neuvermessung, 178.

und im Prinzip keinen Anfang und kein Ende hatte."[39] Die Geologie postulierte die Vorstellung von ‚Zeit' als einer eigenständigen Qualität, welche die Verhältnisse der Welt bestimmte sowie ‚Motor' für Entwicklungen war und irreversible Veränderungen nach sich zog. Buffon dokumentiert bereits im Jahre 1756 dieses neue naturgeschichtliche Verständnis von Zeit in der Formulierung: „Le grand ouvrier de la nature est le temps."[40] Diese Naturalisierung der Zeit ist eine gewichtige Zäsur in der Geschichte des geschichtlichen Denkens und für die Geschichtsphilosophie konstitutiv. Ihre Begründung im späten 18. Jahrhundert ist untrennbar mit diesen naturalisierten, säkularisierten und entfristeten Zeitkonzepten verbunden.

Allerdings ist die Synthese von Naturgeschichte und Menschheitsgeschichte nicht unproblematisch. Durch die Entdeckung der Tiefenzeit und die damit verbundene Dehnung der Zeitachse ins Unendliche war die historische Begrenztheit aller Kultur deutlich geworden. Der Mensch und alle kulturellen Errungenschaften schrumpften angesichts der unglaublichen Zeiträume bildlich gesprochen zu einem Punkt zusammen. Die geschichtsphilosophische Relevanz der geologischen Tiefenzeit wird von Walter Benjamin hervorgehoben, der seine Gedanken in Form von geschichtsphilosophischen Thesen fasst und dabei einen (bisher nicht ermittelten) Paläobiologen zu Wort kommen lässt:

> ‚Die kümmerlichen fünf Jahrzehntausende des homo sapiens', sagt ein neuerer Biologe, ‚stellen im Verhältnis zur Geschichte des organischen Lebens auf der Erde etwas wie zwei Sekunden am Schluss eines Tages von vierundzwanzig Stunden dar. Die Geschichte der zivilisierten Menschheit vollends würde, in diesen Maßstab eingetragen, ein Fünftel der letzten Sekunde der letzten Stunde füllen.' Die Jetztzeit, die als Modell der messianischen in einer ungeheueren Abbreviatur die Geschichte der ganzen Menschheit zusammenfasst, fällt haarscharf mit *der* Figur zusammen, die die Geschichte der Menschheit im Universum macht.[41]

Die neuempfundene Bedeutungslosigkeit des Menschlichen angesichts der erdgeschichtlichen Zeiträume mit ihrer anthropozentrischen Geschichtsperspektive zu vermitteln, stellte für die Geschichtsphilosophen im 18. Jahrhundert ein Problem dar. Angesichts der unterschiedlichen Lösungen ist gleichermaßen von einer Naturalisierung der Geschichtsphilosophie durch die Geologie sowie von ei-

39 *Wendorff*, Zeit, 322.

40 *Buffon*, Animaux, 59 f. Ein weiteres Desiderat der Forschung ist die Frage, wie die ‚Entdeckung der Zukunft' durch die Geologie und die Entstehung von Fortschrittskonzepten in der Spätaufklärung zusammenhängen. Es scheint kein Zufall zu sein, dass beide simultan entstehen. Zumindest ist davon auszugehen, dass sich beide Dynamiken gegenseitig bedingen.

41 *Benjamin*, Begriff, 703. [Hervorhebung im Original.]

ner Anthropologisierung bzw. „Re-Anthropozentrierung“[42] der Naturgeschichte durch die Geschichtsphilosophie zu sprechen.

Vorgehen und Quellenbasis

Im Folgenden stehen nicht ausschließlich intellektuell hochstehende Autoren im Mittelpunkt. Obwohl mit Herder und Voltaire auch zwei sehr bekannte Geschichtsphilosophen analysiert werden, sind vor allem Entwürfe von unbekannteren Geschichtsphilosophen Gegenstand der Untersuchung. Damit soll die Verbreitung dieser Form des Denkens auch abseits von bereits bekannten ‚Leuchttürmen‘ belegt werden. Um der Heterogenität der unterschiedlichen Entstehungskontexte und Problemhorizonte adäquat Rechnung zu tragen, sollen die verschiedenen Entwürfe in Einzelinterpretationen erschlossen werden, doch wird, soweit vorhanden, eine besondere Aufmerksamkeit auf ihre gegenseitigen Bezugnahmen gerichtet.

Die Auswahl der sechs hier vorgestellten Geschichtsphilosophen und ihrer Texte bleibt gleichwohl eine exemplarische und könnte ohne Probleme erweitert werden. Auch in den Werken von Marcus Anton Gotsch (1769–1802), Daniel Jenisch (1762–1804), Friedrich August Carus (1770–1807), Carl Friedrich Breyer (1771–1818), Karl Heinrich Ludwig Pölitz (1772–1838) oder auch Johann Gottfried Gruber (1774–1851) und Friedrich Schlegel, um nur einige zu nennen, zeigt sich eine systematische Verschränkung von Geschichtsphilosophie und Naturgeschichte.[43] Dies bei weiteren Autoren zu präzisieren, bleibt vorerst ein Desiderat der Forschung.

3.2 Gibt es auch eine *Natur*geschichtsphilosophie?

In diesem Kapitel werden ausgewählte, im deutschsprachigen Raum einflussreiche, von der Forschung jedoch bislang unerschlossene erdwissenschaftliche Schriften bezüglich ihrer Zeit- und Entwicklungskonzepte analysiert. Damit wer-

---

42 *Sommer*, Sinnstiftung, 485.

43 Vgl. *Gotsch*, Erd-, Menschen-, und Culturgeschichte; *Gotsch*, Annalen des Erdballs; *Jenisch*, Ueberblick, 447; *Carus*, Ideen, 91; *Breyer*, Grundriss, § 11, 11–17; sowie *Breyer*, Begriff; *Pölitz*, Geschichte, 223 f.; *Gruber*, Geschichte, xf., insbesondere das Kap. ‚Muthmaßliche Urgeschichte des Menschengeschlechts‘, 1–49; *Schlegel*, Vorlesungen, 7; vgl. ebenfalls *Schelling*, Weltalter, 11 f. Auf die ebenfalls einschlägigen Geschichtsphilosophen des 20. Jahrhunderts, Spengler, Jaspers, Benjamin und Blumenberg wurde bereits punktuell verwiesen. Sie illustrieren ebenfalls die Bedeutung der Geologie für das Geschichtsdenken.

den erstens für die weitere Argumentation relevante, werkbiographische Hintergrundinformationen über drei im deutschsprachigen Raum vor 1800 intensiv rezipierte Erdwissenschaftler aufbereitet, zweitens die Zeitdiskurse der Erdwissenschaften, ihr Geschichtsverständnis sowie ihre Zeit- und Entwicklungsmodelle zur Mitte des 18. Jahrhundert exemplarisch analysiert und drittens eine programmatische Beobachtung formuliert: Die untersuchungsleitende Hypothese ist, dass viele der um die Mitte und in der zweiten Hälfte des 18. Jahrhunderts entstandenen erdgeschichtlichen Entwürfe bezüglich ihrer Fragestellung und ihrer Methodik den im selben Zeitraum verfassten ‚geschichtsphilosophischen' Schriften derart ähnlich sind, dass es statthaft erscheint, von einer ‚Naturgeschichtsphilosophie' bzw. einer ‚Geschichtsphilosophie der Naturgeschichte' zu sprechen und diese als Teilbereich der Geschichtsphilosophie zuzuordnen.[44] Damit wird ein ‚weites' Verständnis von Geschichtsphilosophie postuliert. Es wird davon ausgegangen, dass es im 18. Jahrhundert neben der ‚historisch-philosophischen' auch eine veritable ‚naturgeschichtliche' Ausprägung geschichtsphilosophischer Reflexion gab, bzw. dass Geschichtsphilosophie zwischen beiden Diskursformen keinen Unterschied machte. Das bedeutet keinesfalls, dass sich alle in der zweiten Hälfte des 18. Jahrhunderts entstandenen erdwissenschaftlichen Schriften auf diese Weise kategorisieren ließen. Es gab allerdings in der Erdgeschichtsschreibung gewisse Gattungen und Konventionen, die sich fast ausschließlich als Beiträge zu geschichtsphilosophischen Diskursen verstehen lassen; dazu gehört etwa die von Burnet bis zu Buffon, Saussure und Hutton reichende sehr prominente naturkundliche ‚Gattung' der ‚Theory of the Earth'.[45]

Bislang wurde die Geschichtsphilosophie mit großer Selbstverständlichkeit als eine ausschließlich ‚geisteswissenschaftliche' Disziplin begriffen. Ausschlaggebend dafür waren die prominenten geschichtsphilosophischen Entwürfe des späten 18. und besonders des 19. Jahrhunderts u. a. von Kant, Fichte, Hegel und Marx. Allerdings sind die Anfänge der Geschichtsphilosophie im Gegensatz zu ihrer Blütezeit nicht ausschließlich in literarisch-philosophischen Disziplinen beheimatet, sondern waren ebenso selbstverständlich in naturhistorischen und erdgeschichtlichen Diskursen verankert. Die Trennung von ‚Geist' und ‚Natur' ist in ihrer Polarität erst im 19. Jahrhundert entstanden und darf nicht fraglos auf das 18. Jahrhundert zurückprojiziert werden. Insofern ist es irreführend und anachronistisch, ‚Geschichtsphilosophie' als eine ausschließlich ‚geisteswissenschaftliche' Disziplin zu kennzeichnen. Denn das geschichtsphilosophische

44 Bereits Arno Seifert formulierte diese Vermutung; vgl. *Seifert*, Verzeitlichung, 464.
45 Vgl. *Rudwick*, Bursting, Kap. 3: ‚The Theory of the Earth', 133 – 180. Nicht alle diesbezüglichen Publikationen sind einschlägig. Welche sich der Geschichtsphilosophie zuordnen lassen, muss eine genaue Analyse ergeben.

Denken war in seiner vorparadigmatischen Phase noch sehr heterogen, wie Sommer betont:

> Wer die Genealogie dessen rekonstruieren will, was seit der zweiten Hälfte des 18. Jahrhunderts den Namen ‚philosophie de l'histoire' oder ‚Geschichtsphilosophie' trägt, und damit neuen Paradigmenbildungen nachspürt, ist schlecht beraten, bloss nach Büchern Ausschau zu halten, die sich schon im Titel und *expressis verbis* als ‚geschichtsphilosophisch' ausweisen. Der frühe geschichtsphilosophische Diskurs ist disparater als das der Rückblick auf die in diesem Feld gemeinhin als epochemachend angeführten Werke von Vico über Lessing bis Kant vermuten lässt. Das Nachdenken über Geschichte ist lange Zeit kein Bestandteil universitären Philosophierens, so dass sich die geschichtsphilosophischen Kompendien und Lehrbücher später einbürgern, als dies in der sich zeitgleich als autonome Disziplin etablierenden Ästhetik geschieht.[46]

In der zweiten Hälfte des 18. Jahrhunderts hatte das geschichtsphilosophische Denken weder einen spezifischen Ort noch eine spezifische Form. „Insofern ist der Kollektivsingular ‚Geschichtsphilosophie' selbst problematisch".[47] Die „Multifunktionalität der Geschichtsphilosophie" ebenso wie ihre „Multilokalität" ist kennzeichnend für diese Gattung, „die eben nicht institutionell-akademisch fest eingebunden war und so grosse Bewegungsfreiheit genoss, die schliesslich gegen Ende des Jahrhunderts zu einer eigentümlichen Ubiquität geschichtsphilosophischer Sinnangebote führte."[48] In ihrer vorparadigmatischen Phase, in welcher die Geschichtsphilosophie noch keine genauen Grenzen hatte, können die naturalistischen Schriften als Bestandteil dieses Diskurses gelten. Bis die Geschichtsphilosophie in der Romantik und im Deutschen Idealismus zum alleinigen Gegenstand eigenständiger Werke avancierte, fristete sie „ein gewissermassen parasitäres Dasein in anderen ‚Diskursen'"[49] und die Naturgeschichte – so die These – war einer davon. Die Repräsentanten dieser vorparadigmatischen Geschichtsphilosophie waren deswegen nicht nur „Verwaltungsbeamte (Isaak Iselin), Theologen (Johann Gottfried Herder) oder allenfalls Dichter (Gotthold Ephraim Lessing) und Geschichtsprofessoren (Friedrich Schiller)",[50] sondern eben auch Naturhistoriker und Erdwissenschaftler.

Genauso heterogen wie die Geschichtsphilosophie in der zweiten Hälfte des 18. Jahrhunderts waren auch die Erdwissenschaften. Sie waren in großem Maße der philosophischen Spekulation und der Deduktion verpflichtet. Empirie spielte

46 *Sommer*, Sinnstiftung, 67 f. [Hervorhebung im Original.]
47 Ebd., 72; vgl. auch *Rohbeck*, Aufklärung, 16.
48 *Sommer*, Sinnstiftung, 482.
49 Ebd., 71.
50 Ebd., 69.

meist eine untergeordnete Rolle. Martin Rudwick, der Nestor der modernen Geologiegeschichte, klassifiziert die von Burnet zu Buffon, Saussure und Hutton reichenden Schriften zur ‚Theory of the Earth' als ein naturkundlich-philosophisches Genre und versteht auch ihre Verfasser – entsprechend ihrem Selbstverständnis – primär als Philosophen, die Erd- und Menschengeschichte in ihrer gegenseitigen Verklammerung beschrieben:

> Most geotheorists claimed indeed to be ‚philosophers' in the broadest sense. Their goal was to explain not just the character of the earth itself but also its relation to its human and even divine significance. Any geotheory was therefore embedded in a dense intellectual matrix. It had to be related on the one hand to fundamental questions of physics and cosmology and on the other to basic concepts of human nature and human society, of morals and metaphysics [...].[51]

Vor diesem Hintergrund, so Rudwick, müssten diese Schriften und ihre Verfasser in einem umfassenden intellektuellen Spannungsfeld situiert werden: „It was in consequence of its wide-ranging ambitions that the genre of geotheory had intrinsic links with other intellectual constructions that offered explanations of human meaning and significance."[52] Auch Rhoda Rappaport kommt zu dem Ergebnis, dass sich die Erdwissenschaftler noch bis mindestens 1750 mehrheitlich als Historiker bzw. Geschichtsphilosophen verstanden und den Anspruch formulierten, sowohl für die Menschengeschichte als auch für die Erdgeschichte zuständig zu sein.[53] Entsprechend klassifizierten sie die Geschichte der Menschheit als Teil einer umfassenderen Erdgeschichte und korrelieren ‚Kultur' und ‚Natur' in derselben Zeitskala. Auch Hofbauer hebt die geschichtsphilosophische Relevanz der Erdwissenschaften hervor. Es zeige sich deutlich, „daß Erdgeschichte von höchster Relevanz für die Menschheitsgeschichte ist. Erdgeschichte ist im 18. Jahrhundert oft auch eine Beschäftigung mit den Fragen ‚woher kommen wir?, wer sind wir?, wohin gehen wir?'"

> Die Deutung der (erd-)historischen Vergangenheit stand in sehr unmittelbarer Beziehung mit dem anthropologischen Selbstverständnis des Aufklärers; die Stellung des Menschen in der Geschichte und der Erdgeschichte, die Art, wie er ihr ausgeliefert ist, ihr vielleicht (mit Hilfe der Vernunft) entwächst oder sie gar bestimmt, ist der wesentliche Hintergrund für die Vorstellungen von seinen Möglichkeiten und Erwartungen.[54]

---

51 *Rudwick*, Bursting, 137f.
52 Ebd., 138; vgl. auch *Rudwick*, Transposed concepts.
53 Vgl. *Rappaport*, Words; *Rappaport*, Geologists; *Frodeman*, Reasoning.
54 Hofbauer, Funktion, 532f.

Epistemologisch bewegen sich die im Folgenden analysierten naturgeschichtsphilosophischen Schriften im Spannungsfeld zwischen philosophischer Spekulation, deduktivem Rationalismus und Empirismus.[55] Sie entstanden in der Frühphase der Geologie und spiegeln den methodischen Pluralismus dieser Zeit wider. Die Erdgeschichte zu rekonstruieren, war gleichermaßen eine methodische und eine erkenntnistheoretische Herausforderung, denn ihre Verfasser konnten auf keine allgemein anerkannten Prinzipien oder methodischen Grundsätze zurückgreifen. Man kann diese Ansätze, in Anlehnung an Sommers Definition der ‚frühen' Geschichtsphilosophie,[56] als *‚spekulativ-universalistische naturgeschichtsphilosophische Entwürfe'* bezeichnen. Sie sind *spekulativ,* weil sie aufgrund von sehr wenigen physikalischen Gesetzen die gesamte Geschichte der Erde entwerfen, *universalistisch,* weil sie die gesamte Erd- und Menschengeschichte umfassen, und *philosophisch*, weil sie sowohl über den Gegenstand der Erdgeschichte als auch über die Art ihrer Erkenntnis reflektieren. Denn wenn man unter ‚Geschichtsphilosophie' „jede philos[ophische] Reflexion sowohl über das Wesen, als auch über die Erfahrungs- und Deutungsmöglichkeiten der Geschichte, bis hin zu methodologischen Erörterungen der historischen Forschung bzw. Erklärung"[57] versteht, dann müssen die hier analysierten erdhistorischen Werke als Beiträge zu einer solchen verstanden werden, denn sie verbinden Reflexionen über das Wesen und den Gang der Erd- und Menschengeschichte mit methodologischen Bemerkungen zur erdhistorischen Erkenntnisweise. Es geht in ihnen immer sowohl um den *Gegenstand* wie auch die *Darstellung* des Geschichtsverlaufs, um die epistemischen Grundlagen und die methodischen Voraussetzungen erdhistorischer Erkenntnis sowie um die Klärung von Anfang, Ende und weiterem Verlauf der Erdgeschichte. Füchsel verknüpft seine Erdgeschichte mit Überlegungen zu Vergangenheit und Zukunft. Er begreift diese als zeitliche Dimensionen oder ‚Modi' der Gegenwart, die sich genau wie diese in ständigem Wandel befänden. Justi hingegen vertritt die Vorstellung von periodisch eintretenden Vernichtungsereignissen. 15 Jahre nach dem Erdbeben von Lissabon wird bei ihm die Katastrophe zu einem regelhaften Element, zu einem ‚notwendigen Übel' der Erdentwicklung. Sogar die Totalauslöschung allen Lebens ist vorstellbar. Buffon orientiert sich in seinen *Époques* zwar äußerlich – mit der Gliederung in die sieben Epochen – noch an den Narrativen der Genesis, stellt biblische Vorstel-

55 *Zur* Epistemologie der Geologie vgl. *Becksmann*, Gang; *Engelhardt*, Bewusstsein; *Engelhardt*, Theorie; *Hörz*, Aspekte; *Löther*, Aktualismus; *Groh/Groh*, Wandel; *Dott*, Geological Reasoning; *Frodeman/Raab*, Phenomenology of Geology; *Frodeman*, Geo-logic; *Löther*, Vergangenheit; *Inkpen*, Philosophy of Geology.

56 Vgl. *Sommer*, Sinnstiftung, 48 f.

57 [Art.] *Geschichtsphilosophie*, Philosophisches Wörterbuch, 263.

lungen jedoch gleichzeitig infrage. Er erklärt die fortschreitende Abkühlung der Erde zum Motor der Entwicklung. Über fortschreitende Degeneration führe sie schließlich zum Aussterben alles Lebens auf der Erde durch den Kältetod. Im Kontext des Aufklärungsoptimismus, des Fortschrittsdenkens und der Vorstellung der ‚perfectibilité' muten diese Gedanken revolutionär an. Damit thematisieren die drei Autoren diejenigen Fragen, die Rohbeck als Grundfragen der Geschichtsphilosophie bilanziert.[58]

Innerhalb des geschichtsphilosophischen Diskurses hatten die Zeit- und Entwicklungsmodelle der naturgeschichtsphilosophischen Entwürfe eine große Bedeutung. Zeitlich gingen sie der Geschichtstheorie voraus und ihre Zeitkonzepte waren sehr einflussreich: Während sie auf der einen Seite das kulturelle ‚Zeitinventar' bereicherten und zu seiner Pluralisierung und Diversifizierung beitrugen, führten sie auch zum entgegengesetzten Effekt: Der Singularisierung und Homogenisierung des Zeit-Diskurses. Alle unzusammenhängenden und abgeschlossenen Einzelgeschichten – vom Anfang des Universums, der Entstehung der Erde, der Pflanzen, der Tiere und des Menschen – wurden in einem säkularen Sinn in ein zusammenhängendes Ganzes integriert, welches beanspruchte, das Maß der Weltgeschichte zu sein. Alle denkbaren, möglichen und unterschiedlichen Geschicht*en* werden zu einer universellen Geschichte synthetisiert. Dadurch entsteht die notwendige Bedingung für die Möglichkeit einer Geschichtsphilosophie: die Präfiguration eines säkularen Prozesses, auf den sich alle anderen Entwicklungen beziehen lassen, ein lineares, irreversibles Kontinuum, welches Vergangenheit, Gegenwart und Zukunft gleichermaßen umfasst.

Zur Auswahl

Diese Arbeit möchte den Einseitigkeiten der (vornehmlich anglo-amerikanischen) Forschung zur Geologiegeschichte, welche die Bedeutung der deutschsprachigen Autoren tendenziell ignoriert, entgegenwirken. Deswegen werden in diesem Abschnitt mit Füchsel und Justi zwei relativ unbekannte, jedoch gleichwohl bedeutende deutschsprachige Erdwissenschaftler vorgestellt. Anschließend wird Buffon in den Mittelpunkt der Untersuchung gerückt. Ausschlaggebend hierfür ist seine große Bedeutung – insbesondere für den deutschen Sprachraum. Aus Zeit- und Platzgründen konnte die Anzahl der ausgewählten Erdwissenschaftler nicht erweitert werden. Alle hier besprochenen erdgeschichtlichen Entwürfe haben gemeinsam, dass sie sowohl die Erdgeschichte als auch die Menschengeschichte umfassen. Sie etablieren die Vorstellung eines einheitlichen Zeitkontinuums, ei-

---

58 Vgl. *Rohbeck*, Geschichtsphilosophie Einführung, 17 f.

ner singulären, linearen,[59] universell und irreversibel verfließenden Zeit, welche die Kultur und die Natur miteinander verbindet.[60] Zwar lösen sie sich vehement von einer ausschließlich anthropozentrischen Perspektive auf die Geschichte, doch etablieren sie gerade dadurch einen umfassenden Zeitrahmen, der von der Entstehung der Erde bis zu ihrem weit in der Zukunft liegenden Ende reicht. Insbesondere die Vorstellung der Kontinuität von Erdgeschichte und Menschengeschichte ist dabei stark ausgeprägt. In Füchsels Werk wird diese Synthese bereits im Titel, *Entwurf zu der ältesten Erd- und Menschengeschichte, nebst einem Versuch, den Ursprung der Sprache zu finden* (1773), hervorgehoben. Auch Buffons epochales Werk amalgamiert bereits im Titel, *Époques de la Nature* (1778), eine Synthese von Natur- und Menschenzeit.

3.2.1 Johann Heinrich Gottlob von Justis geologische Katastrophentheorie

Johann Heinrich Gottlob von Justi (1717/20 – 1771) gilt als „einer der letzten Universalgelehrten."[61] Isabel Hull bezeichnet ihn als einen „hyperenergetic polymath who published on state administration, finance, technology, politics, mineralogy, chemistry, botany, and belles lettres".[62] Allerdings wartet sein geologisches Werk noch fast vollständig auf eine wissenschaftliche Erschließung. Koch weist darauf hin, dass Justi im Besonderen „auf geowissenschaftlichem Gebiet [...] mit [seinen] Leistungen hervor[ragte]." Diese seien jedoch „bis jetzt völlig unterschätzt".[63] In Lexikonartikeln werden seine geologischen Schriften oft nicht einmal genannt[64] auch in Überblicksdarstellungen zur Geologiegeschichte wird er oft vollständig übergangen.[65] Es scheint nur ein einziger einschlägiger Aufsatz zu Justis geolo-

---

59 Wie Gould gezeigt hat, werden den erdgeschichtlichen Entwicklungsmodellen sowohl ‚pfeilartige' als auch zirkuläre Zeitvorstellungen zu Grunde gelegt. Beide setzen jedoch eine linear verfließende Zeit voraus.

60 Vgl. *Wendorff*, Zeit, 315, der von einem „Siegeszug der Geologie" spricht.

61 *Burgdorf*, Justi, 51. Eine Bibliographie zu Justi findet sich in *Reinert/Reinert*, Bibliography; zur älteren Forschungsliteratur vgl. die immer noch umfangreichste und detaillierteste Biographie von *Frensdorff*, Leben.

62 *Hull*, Justi, 324. *Burgdorf*, Justi, 53, zählt weitere Tätigkeitsfelder Justis auf; dazu gehören Medizin, Metallurgie, militärische Organisation, Politik und Landwirtschaft.

63 *Koch*, Ideengehalt, 181 und 184.

64 So etwa in der *Encyclopedia of the Enlightenment:* vgl. *Hull*, Justi, 324 f.; sowie in der *Allgemeinen Deutschen Biographie*; vgl. *Inama-Sternegg*, Justi.

65 Das gilt insbesondere für die angloamerikanische und die französischsprachige Forschung; vgl. folgende Monographien: *Oldroyd*, Earth; *Rudwick*, Bursting; *Rudwick*, Worlds; *Rappaport*, Historians; *Gohau*, History. Im deutschsprachigen Raum geht die Beschäftigung mit Justi kaum

gischem Werk zu existieren.[66] Das ist erstaunlich, denn er verstand sich insbesondere als Erdwissenschaftler, wurde auch von seinen Zeitgenossen so wahrgenommen und genoss ein großes Ansehen. Das zeigt ein bald nach seinem Tod erschienener Nachruf mit dem Titel: ‚Minéralogiste Allemand, Conseiller aux Mines‘. Wie die anonyme Verfasserin ‚Madame D. M.‘ berichtet, galt er als der ‚deutsche Buffon ‘: „[B]eaucoup de ses admirateurs l'ont – ils appellé le *Buffon* des Allemands."[67] Justis seitherige Nichtbeachtung als Geowissenschaftler erscheint auch deswegen unverständlich, weil er den Erdwissenschaften sein ganzes Leben lang praktisch verbunden war: Er bekleidete das Amt eines Bergrates bzw. Berghauptmanns in habsburgischen (1750–1753), in großbritannisch-hannoverschen (1755–1757) und zuletzt in preußischen Diensten unter Friedrich dem Großen (1765–1768).

Während Justis Verdienste für die Erdwissenschaften von der Forschung fast komplett ausgeblendet werden, wird er heute vornehmlich als Staatswissenschaftler und politischer Schriftsteller gewürdigt. Böning bezeichnet ihn als „one of the most significant economic and political writers of his time".[68] Backhaus rühmt ihn als „[t]he most prolific of the cameralist writers".[69] Auch die Literaturwissenschaft,[70] die Politikwissenschaft,[71] und die Theologie[72] haben das facettenreiche Werk Justis inzwischen für sich entdeckt.

Obwohl Justis Leben und Werk von der Forschung inzwischen mehr und mehr erschlossen wird, sind etliche Einzelheiten bis heute unklar geblieben. Zu grundlegenden Fakten, wie etwa seinem Geburtsdatum, gibt es widersprüchliche Angaben.[73] Zudem wird sein Leben – aufgrund von Scheidungsskandalen, Finanznöten, wechselnden Allianzen mit Kriegsgegnern, einer umstrittenen

über Fußnoten hinaus; vgl. *Zittel*, Geschichte, 47, 442 und 450; *Guntau*, Genesis, 34 und 50; und etwas ausführlicher *Blei*, Erkenntniswege.

66 *Koch*, Ideengehalt.

67 Die Schrift wurde im Jahre 1777 anonym publiziert. Die Verfasserin ließ sich nicht ermitteln; vgl. Madame D. *M.*, Précis Historique, 323; [Hervorhebung im Original.] vgl. auch *Inama-Sternegg*, Justi, 751.

68 *Böning*, Justi, 605 f.

69 *Backhaus*, Wolff to Justi, 1. Neben diesen Einschätzungen spiegelt allein die Anzahl wirtschaftshistorischer Publikationen die Bedeutung Justis als Kameralist wieder. Exemplarisch seien nur neuere Publikationen aufgeführt: *Ulrich*, Political Economy; *Nokkala*, Triebfeder; *Schmidt am Busch*, Cameralism.

70 Vgl. *Wiesinger*, Textsorten; *Biesterfeld*, Vergessene Fabeldichter; *Rösch-Wanner*, Justi als Literat.

71 Vgl. *Lee*, Kulturtransfer; *Burgdorf*, Justi.

72 Vgl. *Fleischer*, Kirchenverständnis.

73 Backhaus und Koch nennen das Jahr 1717, Inama-Sternegg, Böning und Burgdorf führen das Jahr 1720 auf.

Selbstnobilierung,[74] einer nicht erwiesenen Konversion[75] und seines Todes im Gefängnis – zunehmend „von Legenden überwuchert.“[76] Um diese Unklarheiten aufzuklären, ist eine grundlegende Biographie dringend erforderlich.

Die wichtigsten Eckpunkte seiner Biographie seien hier kurz aufgeführt: Von 1742–1744 studierte Justi Rechts- und Kameralwissenschaften in Wittenberg. 1750 wurde ihm an der Ritterakademie zu Wien eine Professur für Kameralistik und Rhetorik angeboten, welche er bis 1753 innehatte. Anschließend (1755–1757) war er Akademiemitglied, Bergrat und Oberpolizeikommissar in Göttingen. Im Jahr 1758 war er für die dänische Krone tätig und anschließend von 1765 bis 1768 als Berghauptmann und Oberaufseher der Glas- und Stahlfabriken in Berlin. Die letzten Jahre seines Lebens verbrachte er als Gefangener in der preußischen Festung Küstrin. Er war angeklagt, Geldmittel veruntreut zu haben und konnte seine Unschuld bis zu seinem Tod im Jahre 1771 nicht beweisen.

Seine erdwissenschaftlichen Erkenntnisse hat Justi maßgeblich in zwei Schriften dargestsellt. Mit dem *Grundriss des gesamten Mineralreiches worinnen alle Foßilien in einem, ihren wesentlichen Beschaffenheiten gemäßen, Zusammenhange vorgestellet und beschrieben werden* trat er 1757 bei seinen Zeitgenossen nachhaltig als Mineraloge in Erscheinung. Sein methodischer Ansatz bestand darin, Steine und Mineralien ausschließlich nach ihrer äußeren Beschaffenheit und ihren Materialeigenschaften zu klassifizieren. Auffallend ist die Ähnlichkeit des methodischen Ansatzes mit der heute ungleich bekannteren, jedoch knapp 20 Jahre später erschienenen Schrift Abraham Gottlob Werners *Von den äußerlichen Kennzeichen der Fossilien* (1774).[77] Justis Schrift war schnell vergriffen und wurde im Jahre 1765 noch einmal aufgelegt.[78]

Justis geologisches Hauptwerk, *Geschichte des Erd-Cörpers aus seinen äusserlichen und unterirdischen Beschaffenheiten hergeleitet und erwiesen*, erschien postum im Jahre 1771. Die Schrift ist im Kontext der rationalistischen Theoriebildung der Aufklärung, näherhin der ‚Theory of the Earth‘ zu verstehen.[79] Justi skizziert die fundamentalen physikalischen Mechanismen der Erdentstehung und Erdentwicklung. Empirische Erkenntnisse werden trotz seiner praktischen Erfahrung im Bergbau nicht systematisch integriert und nur sporadisch herange-

74 *Burgdorf*, Justi, 52.
75 Vgl. *Böning*, Justi, 605; *Burgdorf*, Justi, 51.
76 *Burgdorf*, Justi, 56.
77 Die Frage, ob ein Zusammenhang zwischen diesen beiden Schriften besteht, ist unerforscht.
78 Holger *Böning*, Justi, 606, weist darauf hin, dass auch Kant ein Exemplar dieser Schrift besaß.
79 Justi bezieht sich auf Leibniz (vii), Burnet (60), Maupertuis (77), Buffon (79) und Whiston (285). Grundlegend sind zudem die Ansätze von Descartes, Newton sowie Kants Kosmologie; zur ‚Theory of the Earth‘ vgl. *Rudwick*, Bursting, Kap. 3, 133–180.

zogen. Dennoch misst er empirischen Beobachtungen sowie insbesondere den darauf fußenden Schlussfolgerungen eine große Bedeutung bei und hält sie spekulativen, nicht-empirischen Annahmen entgegen.[80]

Die Maßgeblichkeit der Bibel für naturhistorische Fragen wird von Just negiert. Seine Zweifel formuliert er bemerkenswert explizit: „Ich zweifle sehr, daß man durch überzeugende Gründe jemahls wird behaupten können, daß die Bibel unumschränkter Richter in der Erkenntniß der Natur und der dazu erforderlichen Wissenschaften sey."[81] Den Verfassern der heiligen Texte fehle schlichtweg die Kompetenz für naturkundliche Fragen. Die Bibel sei schließlich nicht zuletzt die Genealogie eines Hirtenvolks und habe weder Anspruch noch Zuständigkeit, über die Erdgeschichte zu informieren.[82] Deswegen dürfe man „sich nicht abhalten lassen" Gedanken zur Entstehungsgeschichte der Erde zu formulieren, „wenn sie auch nicht mit der Offenbarung vollkommen übereinstimmen sollten."[83]

Vor dem Hintergrund dieser Ausführungen lehnt Justi die Vorstellung einer allumfassenden biblischen Flut ab. Wenn überhaupt, sei nur an eine lokale Überschwemmung zu denken.[84] Dennoch rekurriert Justi auch auf katastrophische Elemente. Er geht von regelmäßig eintretenden Polverlagerungen aus, welche allgemeine Überschwemmungen zur Folge hätten. Diese „erschreckliche[n] Veränderungen" und „wiederholte[n] Verwüstungen"[85] fänden regelmäßig statt. Es sei „leicht zu erweisen, daß sich wenigstens vierzig große Ueberschwemmungen auf unserm Erdcörper zugetragen haben müssen."[86] Sie bewirkten jedes Mal die fast vollständige Vernichtung allen Lebens, welche Justi mit rhetorischer Prägnanz in Szene setzt:

> Das ganze Weltmeer [...] wird aus seinen Ufern herausbrechen, und [...] das feste Land überschwemmen, und alle lebende Creaturen, welche diesem einbrechenden Strohme des Meeres durch die Flucht auf hohe Gebirge nicht entrinnen können, zu Grunde richten und in seinen Fluthen ersäufen. Dasjenige, was vorhero festes Land gewesen ist, wird zu dem Grunde des Meeres werden [...].[87]

80 Vgl. *Koch*, Ideengehalt, 184.
81 *Justi*, Geschichte, 277.
82 Vgl. ebd., 189 f.
83 Ebd., 4.
84 Vgl. ebd., 288.
85 Ebd., 275. Polverlagerungen seien die Ursache für die Existenz von Knochen exotischer Tiere in kalten Gegenden; vgl. ebd., 157–192.
86 Ebd., 98.
87 Ebd., 193 f.

Justi formuliert hier – weit früher als Cuvier und Deluc – eine säkulare Katastrophentheorie. Die Katastrophe wird zu einem konstitutiven Element der Erdgeschichte und die wiederholte Zerstörung der Erde zu einem regelhaften Prozess.[88] Dabei ist bemerkenswert, dass Justi diese Gedanken der ‚produktiven Katastrophe' etwa 15 Jahre *nach* dem erschütternden Erdbeben von Lissabon formulierte. Er relativiert die menschliche Katastrophe und betrachtet die vielen Toten als Kollateralschaden, d. h. als zufällige Nebenwirkungen eines im Grunde regelhaften Prinzips. Max Frisch charakterisiert, allerdings ohne auf Justi einzugehen, diese transhumane Perspektive[89] ca. 200 Jahre später zutreffend: „Katastrophen kennt allein der Mensch, sofern er sie überlebt; die Natur kennt keine Katastrophen."[90]

Ebenso grundsätzlich sind Justis Gedanken zur Entstehung der Gebirge.[91] Er macht „vielerley verschiedene Arten" aus, „durch welche die Gebirge auf dem Erdboden ihren Uhrsprung gehabt haben." Einerseits seien dies vulkanische Hebeprozesse: Es „[s]ind viele, und zwar die höchsten Felsengebirge, von dem unterirdischen Feuer in dem Mittelpuncte des Erdcörpers in die Höhe und in die Oberfläche emporgetrieben worden."[92] Andererseits identifiziert er auch „Flötz- und Sandgebirge". Diese seien „von denen Ströhmen in dem Meer gebildet und formiret worden, zur Zeit, da die jetzige bewohnte Oberfläche noch den Grund des Meeres ausmachte" sowie „durch Ueberschwemmungen auf der Oberfläche der Erde entstanden."[93]

Im Kontext der Geologiegeschichte des 18. Jahrhunderts kommt der Schrift vor allem aufgrund der skizzierten Zeithorizonte eine Sonderstellung zu. Koch weist darauf hin, dass Justi „als erster in geologischen Zeiträumen gedacht und das Blickfeld für die zeitliche Unendlichkeit eröffnet" habe und nennt die von Justi entworfenen erdhistorischen Zeithorizonte seine „bedeutendste Leistung [...] auf geologischem Gebiet"[94] Vor dem Hintergrund der Katastrophentheorie ent-

---

88 Koch würdigt die Bedeutung von Justis Theorien. Er spricht in diesem Zusammenhang von einer „geistige[n] Tat", deren Bedeutung erst ermessbar werden, „wenn man bedenkt, daß die Katastrophentheorie erst mit Cuvier 1828 ihren Höhepunkt erreichte." Vgl. *Koch*, Ideengehalt, 186.

89 Vgl. zu diesem Begriff *Braungart*, Poetik, 58–62.

90 *Frisch*, Mensch, 103; vgl. hierzu *Braungart*, Katastrophen 2007.

91 Vgl. *Justi*, Geschichte, insbesondere das erste Kap. ‚Von dem Unterschiede und der Beschaffenheit der Gebirge auf dem Erdcörper, und wie daraus ein sehr hohes Altertum geschlossen werden müsse', 41–76.

92 Ebd., 62f. Damit formuliert Justi elaborierte Gedanken zur Gebirgsentstehung, die ihn, so *Koch*, Ideengehalt, 185, zu einem „Vorläufer der Theoretiker der Erhebungskrater" machen, deren prominentester Vertreter James Hutton sei.

93 *Justi*, Geschichte, 63.

94 *Koch*, Ideengehalt, 185f.

wickelt Justi „kühne, doch [...] zumeist gut begründete“[95] geologische Zeitmodelle:

> Wenn man aber vollends erweget, daß auf dem jetzigen festen Lande zu wiederholten Mahlen ein Meeresgrund statt gefunden [...], so weis man kaum, was vor ein Alterthum man dem Erdcoerper beymessen soll. Millionen Jahre scheinen kaum zureichend zu seyn, und vier bis fünfmahl tausend Jahre, die ich in dem ersten Abschnitte angenommen habe, scheinen bei diesen Umständen einen sehr unzureichenden Zeitpunct auszumachen.[96]

Auch mit empirischen Methoden bestimmt Justi das Alter der Erde. Dabei orientiert er sich an der Dauer der Versteinerungsprozesse von Baumstämmen, die zur Zeit Trajans für den Brückenbau verwendet wurden. Seine Hypothese lautet wie folgt: „[S]o könnte man aus dem Maße, wie diese Pfähle einen Fortgang in der Versteinerung gehabt hätten, mit ziemlicher Zuverlässigkeit urtheilen, wie lange Zeit die Natur zur Versteinerung großer und starker Stämme nöthig hätte.“[97] Da diese Stämme, wenn überhaupt, nur „ohngefehr eines halben Zolles breit in einem ziemlich guten Achat versteinert“ waren, so lässt sich abschätzen, dass „die Natur eine sehr lange Zeit nöthig habe, um die Versteinerung sehr starker Stämme zu Stande zu bringen. [...]. Gewiß können hunderttausend Jahre dazu kaum zureichend seyn.“[98]

Die Folgerung einer geologischen Tiefenzeit führt Justi zu geschichtsphilosophischen Spekulationen über die Stellung des Lebendigen im Kontext der Erdgeschichte. Vor dem Hintergrund seiner Katastrophentheorie formuliert er Einsichten in die Relativität allen Lebens und die Kontingenz des Daseins. Die Katastrophe wird zu einem gleichermaßen regelhaften und kontingenten Moment der Erdgeschichte. Da die Erde jederzeit von einer Totalkatastrophe heimgesucht werden könnte, leugnet Justi jegliche Gewissheiten. Selbst die Auslöschung der Menschheit sei nicht ausgeschlossen. Bezogen auf die ‚Revolutionen‘ der Erde schreibt er: „[S]o ist es zu vielen Mahlen auf dem Erdboden ergangen, und wir können noch nicht versichert seyn, ob die jetzige Bevölkerung und Bewohnung des Erdcörpers die letzte seyn wird“.[99]

Mit wohligem Schaudern nimmt Justi eine Zukunftsperspektive ein und imaginiert, wie die versteinerten Reste der jetzigen und durch eine Katastrophe zerstörten Zivilisation in späterer Zeit ausgegraben werden würden, und damit „gleichfalls die Spuren und Kennzeichen von der jetzigen Bewohnung tief unter

---

95 Ebd., 184.
96 *Justi*, Geschichte, 99.
97 Ebd., 268.
98 Ebd., 269 f.
99 Ebd., 322.

der Erde entdeck[t] werden."[100] Durch das paradoxe Bild der Gegenwart als Relikt der zukünftigen Vergangenheit evoziert er die Vorstellung des eigenen Aussterbens. Erdgeschichtliche Katastrophen könnten das Leben auf der Erde jederzeit auslöschen. Der Mensch und die Zivilisation erscheinen als in einem kontingenten, historischen Prozess befangen, in dem sie eine untergeordnete Rolle spielen. Diese Gedanken sind von bemerkenswerter Radikalität und Konsequenz. Sie beinhalten zudem eine nihilistische Komponente, denn Justis Geschichte kennt keine ‚Sicherheiten': weder Sinn, noch Ziel, noch einen festen Verlauf.

Es ist sicherlich nicht von untergeordneter Bedeutung, dass Justi sein geologisches Hauptwerk in den letzten Jahren seines Lebens erblindet und in Gefangenschaft verfasste. Es kann nur spekuliert werden, inwiefern die biographische Extremsituation und die Radikalität seiner wissenschaftlichen Annahmen sich gegenseitig bedingt haben. Nicht zuletzt kann die Beschäftigung mit der geologischen Tiefenzeit auch ein Trostpotential freigesetzt haben, denn die Totalrelativierung der Menschheit relativiert auch das eigene Leiden.[101]

3.2.2 Die Verzeitlichung der Erdgeschichte durch Georg Christian Füchsel

Im Gegensatz zu deduktiv-rationalistischen Modellen der Erdgeschichte, wie etwa Thomas Burnets *Telluris Theoria Sacra* (1681) oder James Huttons *Theory of the Earth* (1788), welche dieselbe als grundsätzlich determiniert bzw. ungeschichtlich begreifen, postulierte Georg Christian Füchsel (1722–1773) bereits zur Mitte des 18. Jahrhunderts, dass die Vergangenheit der Erdgeschichte unvorstellbar lang und ihre Zukunft unbestimmt und offen sei. Er wird deswegen von manchen als der eigentliche ‚Entdecker der Tiefenzeit' bezeichnet.[102] Insbesondere Füchsels erkenntnistheoretische Reflexionen stellen eine kaum zu überschätzende Leistung dar. In einem Missverhältnis dazu steht ihre Resonanz in der Forschung. Die bereits vor rund 150 Jahren getroffene Einschätzung der *Allgemeinen Deutschen Biographie*, nach der Füchsel ein „wenig beachteter, kaum genannter und doch für die Entwicklung der geognostischen Wissenschaft höchst bedeutender Forscher" sei, ist immer noch aktuell.[103] In der überschaubaren Anzahl von For-

---

100 Ebd.

101 Vgl. zu diesem Problemkomplex *Braungart*, Poetik, 60 und 70; *Braungart*, Apokalypse, 108–110; *Braungart*, Katastrophen 2007, 26, 30, 35.

102 Vgl. *Rein*, Füchsel; vgl. auch *Rahden*, Blick, 42, der dem „aktualistischen Eternalismus" Füchsels paradigmenbildende Bedeutung zuschreibt.

103 *Gümbel*, Füchsel, 175. Zu Füchsel vgl. *Rein*, Füchsel, *Wiefel*, Füchsel; *Rahden*, Aktualist; *Hofbauer*, Geognosie; *Watznauer*, Weltbild; *Möller*, Füchsel; *Gümbels* Einschätzung gilt auch für

schungsbeiträgen wird Füchsel immer wieder aufs Neue als ein früher, entscheidender Begründer des Aktualismus bzw. des Uniformitarianismus genannt. Es wird betont, dass er zentrale methodologische Einsichten bereits sehr früh formuliert habe und dass er damit den ‚Gründervätern' der modernen Geologie, James Hutton und Charles Lyell, zeitlich vorangehe.[104] Hofbauer hebt hervor: „[K]ein Werk markiert [...] deutlicher" einen „Neuanfang in methodischer Hinsicht" als das Füchsels. Man sehe, „wie das, was man später Aktualismus oder in schärferer Form Uniformitarianismus genannt hat, notwendig aus dieser [Füchsels; D.S.] erkenntnistheoretischen Grundhaltung resultiert."[105]

Im Jahr 1722 in Ilmenau als Sohn eines Bäckers geboren, begann Füchsel 1741 in Jena Medizin zu studieren und wechselte später nach Leipzig. Vermutlich besuchte er ebenso Veranstaltungen der Theologie und Chemie. Undurchsichtig bleibt, warum er Leipzig ohne akademischen Abschluss wieder verließ.[106] Schließlich lebte er in Rudolstadt und eröffnete dort 1756 eine ärztliche Praxis. Im Jahre 1773 starb Füchsel im Alter von nur 51 Jahren; die Grabstätte ist unbekannt.[107]

Bereits zu Lebzeiten wurde Füchsels Werk wenig rezipiert. Wie Goethe in einem Brief vom 27. Dezember 1780 an Ernst II., Herzog von Sachsen-Gotha und Altenburg, berichtet, wurden potentielle Leser abgeschreckt, weil seine Schriften in unbedeutenden Journalen sowie in mangelhaftem Latein veröffentlicht wurden:

> Diese Schrift [*Historia terrae et maris*; D.S.] war, wie mir von einem seiner überbliebenen Freunde erzählt worden, erst deutsch aufgesetzt, hatte nachher das Unglück, weil in jenen Acten die deutsche Sprache nicht erscheinen sollte, von einem Andern ins Lateinische übersetzt zu werden; dadurch ist sie so verunstaltet und schwer zu verstehen geworden, daß ich, so genau ich mit den Sachen bekannt bin und so sehr sie mich interessieren, doch gestehen muß, sie noch nicht ganz gelesen zu haben.[108]

---

neuere Übersichtsdarstellungen zur Geologiegeschichte, in denen Füchsels Bedeutung unterschätzt wird; vgl. *Oldroyd*, Earth, 77–79. Das Fehlen von differenzierten Studien führt dazu, dass wichtige Teile der Biographie unvollständig und lückenhaft sind.

104 Vgl. *Genske/Hess-Lüttich*, Zeit-Zeichen, 134; vgl. auch *Rahden*, Aktualist, 294.

105 *Hofbauer*, Funktion, 541 f.

106 Vgl. *Rein*, Füchsel, 14.

107 Vgl. ebd., 19.

108 *Goethe*, Sämtliche Werke Bd. 29, 320 f.

Vor allem Abraham Gottlob Werner ist es zu verdanken, dass Füchsels grundlegende Erkenntnisse nicht in Vergessenheit gerieten.[109] Auch bei Herder, der beispielsweise den Begriff ‚Geogonie' übernommen hat,[110] zeigt sich Füchsels Einfluss.

Seine erdgeschichtlichen Studien hat Füchsel maßgeblich in zwei Monographien publiziert: 1761 in der *Historia terrae et maris, ex Historia Thuringiae, per montium descriptionem* sowie zwölf Jahre später im anonym veröffentlichten *Entwurf zu der ältesten Erd- und Menschengeschichte, nebst einem Versuch, den Ursprung der Sprache zu finden* (1773).[111]

Die *Historia terrae et maris* ist der Versuch, eine Erdgeschichte Thüringens zu skizzieren. In methodischer Hinsicht verpflichtet sich Füchsel dabei der Empirie, wie er im Vorwort formuliert: „Denn die *Beobachtungen* sind Grundlage der Erkenntnis und die *Schlußfolgerungen* aus den Beobachtungen sind Taten des Geistes".[112] In seiner Argumentation rekurriert Füchsel konsequenterweise ausschließlich auf mechanische Kräfte, d. h. die Auswirkungen von Wind, Wasser, Erosion, Erdbeben usw. Zudem postuliert er, dass diese Kräfte in der Vergangenheit genauso wirksam gewesen seien wie in der Gegenwart und präfiguriert damit das Prinzip des Aktualismus.[113] Bei seinem Vorgehen orientiert er sich methodisch an Stenos stratigraphischem Grundgesetz. Demgegenüber wird die biblische Chronologie konsequent verabschiedet. So verlängert er das Alter der Erde ins Unermessliche und distanziert sich explizit vom biblischen Schöpfungsbericht: „Denn das Maß [= Zeitmaß; D.S.], das die göttlichen Schriften Moses vom Aufbau der Erde, um die Natur zu beobachten, vorgeschrieben hat [sic!], weicht gewiss ab von menschlichen Maßen, und sie [sic!] scheint unglaubwürdig und erdichtet."[114] Siegfried Rein hebt die Programmatik dieses Ansatzes hervor: „Mit dieser zukunftsweisenden Behandlung der Problematik und seiner aktualistischen Interpretation des natürlichen irdischen Geschehens geht er als Erster auf Konfrontation zur als Dogma geltenden biblischen Schöpfungsgeschichte."[115] Wolfert von Rahden bilanziert treffend:

---

109 Vgl. *Watznauer*, Weltbild, 64; sowie *Oldroyd*, Earth, 79; Zweifel daran formuliert *Hofbauer*, Geognosie, 169.

110 Vgl. *Rahden*, Revolution 1, Fußn. 3.

111 Vgl. *Langer*, 95, Anm. 12, der die Autorschaft Füchsels anzweifelt. Für eine Urheberschaft Füchsels argumentiert *Rahden*, Aktualist, 306 f., Fußn. 1; dieser Meinung schließe ich mich an.

112 *Füchsel*, Historia, § 212a; zit. n. *Rein*, Füchsel, 16. [Hervorhebungen im Original.]

113 Vgl. zu diesem Absatz *Rahden*, Aktualist, 297 f.

114 *Füchsel*, Historia, § 212a; zit. n. *Rein*, Füchsel, 16; vgl. auch *Oldroyd*, Earth, 79.

115 *Rein*, Füchsel, 16 f.

> Füchsel accentuates the ‚unimaginable' and ‚unthinkable' age of the earth and of Man and language. This is the cornerstone of his *actualism* or *actualistic eternalism*. He realizes the gap in the wall of time, and he widens this gap. The inquiring glance of stones and fossils reveals the abyss of time which provokes a shift in the new paradigmatic thinking to come.[116]

Wegen dieser ebenso frühen wie entschiedenen Rekurrenz auf eine unendlich lange Erdgeschichte wird Füchsel von Siegfried Rein als eigentlicher ‚Entdecker der Tiefenzeit' bzw. der „Gründer des geologischen Zeitbegriffs" bezeichnet.[117] Die Schichtenfolge der Erde visualisiert Füchsel in einer vierdimensionalen geologischen Karte, die als erste geologische Karte überhaupt gilt.[118] Zudem prägte er in diesem Werk die heute immer noch gebräuchlichen Termini ‚stratum', ‚situs', ‚positus' und ‚series montana'.[119]

Füchsels geologisches Hauptwerk, *Entwurf zu der ältesten Erd- und Menschengeschichte, nebst einem Versuch, den Ursprung der Sprache zu finden* (1773), ist von der Forschung faktisch unbeachtet geblieben.[120] Dabei ist die Schrift nicht nur für Geologiehistoriker relevant, denn Füchsel verbindet geologische, anthropogeographische, anthropologische und geschichtsphilosophische Vorstellungen.[121] Ausgangspunkt ist die Feststellung, dass die Erdgeschichte von großer Relevanz für die Menschengeschichte sei, denn es „[l]assen sich [...] die Menschen nicht ohne ihren Wohnsitz, nemlich die Erde, denken".[122] Wie schon in der Reihenfolge der Substantive des Titels festgelegt, versteht er dabei die Entwicklung des Menschen von der Erde aus und schreibt (§ 3) „so ist hierzu kein besserer Rath, als daß man von dem Erdball die Untersuchung anfange, denn [sic!] von diesem Wohnsitze auf die Menschen, und endlich auf ihre Sprache fortschlösse."[123]

Neben diesem Ansatz, Erdgeschichte und Menschengeschichte zu verbinden, haben insbesondere die methodischen Überlegungen und erkenntnistheoretischen Reflexionen Füchsels programmatischen Charakter: Ein nicht unbeträchtlicher Teil der *Erd- und Menschengeschichte* widmet sich Problemen der historischen Rekonstruktion der Vergangenheit und verhandelt Fragen danach,

---

116 *Rahden*, Aktualist, 289. [Hervorhebungen im Original.]

117 *Rein*, Füchsel, 11. Das Prädikat, ‚Entdecker der Tiefenzeit' zu sein, wird verschiedenen Geologen zugeschrieben, meistens James Hutton; vgl. *Repcheck*, Man.

118 Die Karte ist vierdimensional, weil sie eine zeitliche sowie drei räumliche Dimensionen abbildet; vgl. *Oldroyd*, Earth, 77.

119 Vgl. ebd., 79. Der Begriff ‚series Montana' wird heute als ‚Formation' bezeichnet.

120 *Rein*, Füchsel, 18.

121 Vgl. *Hofbauer*, Geognosie, 18.

122 *Füchsel*, Entwurf, 2.

123 Ebd., 3.

wie das Vergangene und das Zukünftige erkannt werden können.[124] Erkenntnisleitend ist dabei der Gedanke, dass Vergangenheit und Zukunft als zwei Zeithorizonte der Gegenwart begriffen werden müssten, welche nur über diese zu erschließen seien (im Sinne einer nur aus der Gegenwart erschließbaren Vergangenheit bzw. einer sich aus der Gegenwart entwickelnden Zukunft), denn, so Füchsel, „[a]lle unsere erste Kenntnis entspringt aus dem Gegenwärtigen“.[125] In § 205 präzisiert er: „Was und wie jedes ist, sagt uns das Gegenwärtige; was und wie es war, zeigen uns entweder die Ueberbleibsel des Vergangenen, oder die bekannte vorige Zeit“.[126] Die Zukunft sei nicht durch göttliche Ratschlüsse oder physikalische Gesetze präfiguriert oder determiniert, sondern von den Ereignissen und Prozessen der Gegenwart abhängig: „Das Gegenwärtige erfolgte aus dem Vergangenen, wie das Zukünftige aus dem Gegenwärtigen erfolgen muß. Deswegen muß uns das Gegenwärtige, nebst der Rücksicht in das Vergangene, die ersten Gründe zur Aussicht in das Zukünftige geben.“[127] Mit diesem Konzept werden deterministische Geschichts- und Entwicklungsmodelle zurückgewiesen, die eine bestimmte Entwicklung als gegeben voraussetzen: „Was sich also weder durch das gegenwärtige [sic!] einer Sache, noch durch ihre Ueberbleibsel, noch aus der bekannten vorigen Zeit, von ihr erweisen läßt, darf man ihr auch nicht eigenmächtig weder für das Gegenwärtige, noch Vergangene, noch auch Zukünftige andichten“.[128]

An diesen methodischen und erkenntnistheoretischen Reflexionen zeigt sich die Bedeutung Füchsels. ‚Vergangenheit‘ und ‚Zukunft‘ können als zeitliche ‚Modalitäten‘ der Gegenwart verstanden werden.[129] Durch diese ‚reflexive Modalisierung‘ der Gegenwart konzipiert Füchsel ‚Zeit‘ als einen linearen, singulären, unendlichen, universellen, irreversiblen und kontingenten Prozess. Er entwirft damit ein erdhistorisches Geschichtsverständnis, welches die Kontingenz der Entwicklung und das Konzept einer ‚offenen Zukunft‘ akzentuiert.

---

124 Vgl. den wichtigen Aufsatz *Hofbauer*, Funktion, insbesondere 532–542.
125 *Füchsel*, Entwurf, 243.
126 Ebd., 148.
127 Ebd., 340.
128 Ebd., 148.
129 Der Begriff ‚Modalität‘ soll hier ganz im Sinne Luhmanns verstanden werden, der „ein jeweils gegenwärtiges Zeiterleben, das auf nichtaktuelle Zeithorizonte verweist, als Modalisierung gegenwärtigen Erlebens bezeichne[t].“ Vgl. *Luhmann*, Weltzeit, 104.

3.2.3 Der ‚dunkle Abgrund der Zeit'. Buffons Geschichtsmodelle

„[E]t tout ce que font d'efforts nos géologues actuels, tous ce qu'en feront jamais les géologues futurs [...] ne sera jamais qu'un remaniement incessant, et sans cesse perfectionné, des *Époques de la nature.*"[130] – Alle geologischen Arbeiten der Gegenwart und der Zukunft seien nichts weiter als kontinuierliche Überarbeitungen und Verbesserungen von Buffons *Époques de la nature* – so würdigte der französische Biologe und Physiologe Pierre Flourens die wissensgeschichtliche Bedeutung von Georges-Louis Leclerc, Comte de Buffon (1707–1788). Auch wenn diese aus dem Jahre 1860 stammende Wertschätzung heute sicherlich anders formuliert werden würde, sucht der Erfolg, den Buffons *Histoire Naturelle*[131] im 18. und 19. Jahrhundert hatte, seinesgleichen: Die 1749 erschienenen ersten drei Bände waren bereits nach sechs Wochen vergriffen, und noch innerhalb desselben Jahres erschienen zwei weitere Auflagen. Insgesamt erschienen 52 französische Gesamt-Editionen sowie 20 weitere in Deutsch, Englisch, Italienisch und Spanisch. Dazu kamen nicht weniger als 250 Volksausgaben. In den Privatbibliotheken des 18. Jahrhunderts zählte die *Histoire Naturelle* nach dem *Dictionnaire* Pierre Bayles sowie dem Œuvre des Dichters Clement Marot zu den häufigsten Werken.[132] Auch Buffon selbst war berühmt – zu seinen Korrespondenten zählten u. a. Katharina die Große, Friedrich der Große, die Könige von Dänemark, Polen und Schweden sowie Benjamin Franklin und Thomas Jefferson.[133] Die Publikation der *Histoire Naturelle* im Jahre 1749 wird – auch angesichts der überwältigenden Rezeption – als eines der wichtigsten Ereignisse der Wissensgeschichte des 18. Jahrhunderts angesehen.[134] Inhaltlich setzte sie neue Maßstäbe: Sie demonstrierte eine neue, auf Beobachtung beruhende wissenschaftliche Methodik und hatte zum Ziel, einen enzyklopädischen Überblick über alle Lebewesen und Mineralien zu geben.

Buffons Darstellungen zur Naturgeschichte (im alten, deskriptiven, statischen Sinne) werden eingerahmt durch zwei Arbeiten, welche die dynamische Ge-

---

130 *Flourens*, Manuscrits, 75. [Hervorhebung im Original.] Als Einstieg zu Buffon vgl. Jacques Roger, der immer noch die umfassendste und gründlichste Einführung zu Buffons Leben und Werk bietet: *Roger*, Buffon; vgl. ebenso den Tagungsband, der zu Buffons 200. Todestag entstanden ist: *Beaune* [et al.], Buffon.

131 In der Histoire Naturelle (1749–1804) unternahm Buffon den Versuch, das gesamte biologische, geologische und anthropologische Wissen seiner Zeit systematisch zu erfassen. Insgesamt erschienen 36 Bände.

132 Vgl. *Lepenies*, Naturgeschichte, 139; *Albritton*, Abyss, 86, sowie *Lepenies*, Speicherung, 63.

133 Vgl. *Albritton*, Abyss, 87; sowie *Lepenies*, Naturgeschichte, 139.

134 Vgl. *Reill*, Science, 343.

schichte der Natur zum Thema haben: Das sind zum einen die 1749 im ersten Band der *Histoire Naturelle* erschienene *Histoire et Théorie de la Terre*[135] sowie die 1778 im fünften Supplementband erschienenen *Époques de la nature*.[136] In diesen beiden Schriften skizziert Buffon eine dynamische Erdgeschichte. Insbesondere die *Époques* markieren eine Zäsur: Sie kennzeichnen im Werk Buffons den Übergang von der traditionellen, ‚statischen' Naturgeschichte zu einer ‚dynamischen' Geschichte der Natur im Sinne Kants.[137] Obwohl beide Schriften die mit Abstand bekanntesten im ohnehin schon sehr bekannten Werk Buffons sind, wird ihnen in der Forschung zur Wissenschaftsgeschichte der Geologie nicht viel Bedeutung zugemessen. Sie gelten weder als besonders originell noch als methodisch innovativ und erscheinen aus heutiger Sicht wissensgeschichtlich als Sackgasse, worauf Oldroyd nachdrücklich hinweist:

> It is inappropriate to think of Buffon as a geologist. [...]. He did not build up a history of the globe on a basis of observations of rocks, minerals and fossils and the due recording of information about such objects on maps, followed by efforts to synthesize the information thus gathered into theories as to how the earth reached its present condition. He did not observe [...] processes of geological change as they may be observed occurring today. Buffon was the grand theorist, and the path to modern geology did not run directly through him, influential though he undoubtedly was.[138]

Zwar wird Buffon heute eine geringe Bedeutung für die wissenschaftliche Entwicklung der Geologie zugemessen, doch wurde er von seinen Zeitgenossen als einer der berühmtesten Erdwissenschaftler wahrgenommen. Auch wenn seine Zeitkonzepte methodisch nicht besonders ausgefeilt waren, so waren sie dennoch die bekanntesten und einflussreichsten. Insbesondere von Historiographen der Spätaufklärung wurden sie ausgiebig rezipiert. Jacques Roger hebt hervor:

> The influence of the model proposed by Buffon in the *Epochs of Nature* was not restricted to the natural sciences alone. [...]. History was no longer concerned with studying wars or

135 Der vorliegenden Untersuchung wird zudem die bereits 1750 bei Grund in Hamburg und Leipzig erschienene deutsche Übersetzung zu Grunde gelegt, die nicht zuletzt wegen des Vorwortes von Albrecht von Haller für die Rezeption Buffons im deutschsprachigen Raum wichtig ist; vgl. *Buffon*, Allgemeine Historie.

136 Vgl. hier die rezeptionsgeschichtlich relevante deutsche Übersetzung von 1781: *Buffon*, Epochen. Diese ist im Folgenden maßgeblich.

137 Vgl. *Rheinberger*, Buffon, 203.

138 *Oldroyd*, Earth, 92; vgl. auch *Toulmin/Goodfield*, Discovery, 150; *Gohau*, History, 88; sowie *Albritton*, Abyss, 80. Zu Buffon als Geologe vgl. *Seibold/Seibold*, Buffon; *Leclaire*, L'Histoire naturelle.

political conflicts but rather with rediscovering the course of all of humanity by revealing the forces at work and the slow processes of transformation.[139]

Das bedeutet: Historiographen, Verfasser von Universal- und Weltgeschichten sowie Geschichtsphilosophen der Spätaufklärung orientierten sich an Buffons Darstellung einer dynamischen Naturgeschichte. Sie fand Eingang in deren Darstellungen, und unter denjenigen, welche methodische und inhaltliche Anleihen aus Buffon Werk nahmen, waren Gatterer, Schlözer und Herder, um nur einige zu nennen.

Historie und Theorie der Erde

Die erste der beiden dezidiert erdgeschichtlichen Schriften Buffons, die *Historie und Theorie der Erde*, erschien als zweiter Abschnitt des ersten Bandes der *Allgemeinen Historie der Natur* im Jahre 1749 auf Französisch und bereits im folgenden Jahr auf Deutsch.[140] Der Titel des Werkes gibt Aufschluss über die wissenschaftlichen Traditionen, innerhalb welcher es stand. *Historie der Natur* bzw. Naturgeschichte bedeutete eine ‚statische' systematisierende Beschreibung der Dinge. Mit dem koordinierten Titelzusatz *Theorie der Erde* suchte Buffon, Anschluss an die populären Theorien von Burnet und Whiston herzustellen.[141] Das Neue von Buffons Ansatz lag in der Kombination von zwei wissenschaftlichen Gattungen: Einerseits galt es, mit großer theoretischer Abstraktion den grundlegenden Funktionsmechanismus der Erde zu beschreiben; andererseits durch eine umfassende und genaue Beschreibung aller Einzelheiten die Gesetzmäßigkeiten der Natur empirisch zu belegen. Dieses Verhältnis von theoretischer Abstraktion und empirischem Nachweis zeigt sich im Aufbau des Werkes: Während die ‚Abhandlung' der *Historie und Theorie der Erde* in der hier zu Grunde liegenden deutschen Übersetzung aus dem Jahre 1750 nur etwa 30 Seiten lang ist, füllen die sich daran anschließenden *Beweise von der Theorie der Erde* knapp 250 Seiten und sind damit mehr als achtmal so umfangreich.

Buffons *Theorie der Erde* hob sich vor allem durch zwei methodische Innovationen von den *Theories of the Earth* seiner Vorgänger ab: Einerseits schloss er alle sakralen Texte sowie auch alle profanen Überlieferungen als Belege für die

139 *Roger*, Life, 424.

140 Vgl. *Buffon*, Allgemeine Historie, 41–72. Aus Sicht der Erdwissenschaften sind zudem Buffons fünf Bände zur *Histoire des mineraux* einschlägig. Für die Fragestellung dieser Arbeit besitzen sie jedoch eine untergeordnete Bedeutung, denn sie sind im Sinne der ‚alten' Naturgeschichte deskriptiv und systematisierend angelegt.

141 Vgl. zu dieser Gattung *Rudwick*, Bursting, hier Kap. 3: ‚The Theory of the Earth', 133–180.

Geschichte der Erde aus. Andererseits legte er seiner Erdgeschichte nur diejenigen Phänomene zu Grunde, die sich gegenwärtig in der Natur beobachten ließen. Lange vor den Geologen des 19. Jahrhunderts lehnte er damit zugleich die Vorstellung von erdumfassenden Katastrophen und auch von ‚Wundern' (wie die Sintflut) aus methodischen Gründen ab und formulierte Ansätze eines aktualistischen Paradigmas.[142]

Die Veränderungen der Erdgeschichte präsentierte Buffon als zyklische Prozesse: Berge würden durch Regen und Flüsse abgetragen; die freigesetzten Sedimente lagerten sich am Meeresboden in Schichten ab und indem diese wieder aus dem Wasser träten, begänne der Kreislauf aufs Neue. Die *Theorie der Erde* stellt damit eine unveränderliche Welt dar, in welcher den Prozessen der Natur ein zyklischer Charakter zukommt. Sie verweigert sich einem linearen und irreversiblen Zeitverständnis und steht damit, wie zu Recht bemerkt wurde, „gewissermassen ausserhalb der Zeit." Buffon beschreibt die Erde als ein physikalisches System, welches im Wandel gleich bleibe und welches damit zwar „*in* der Zeit existiert [...], aber sich *mit der Zeit* gerade nicht verändert."[143] Auch lasse die Dynamik des Systems keine Schlüsse auf einen Ursprung oder ein Ende zu: „The history of the earth was therefore not ended. In fact, it could not end, because it had neither beginning nor end: it was cyclical. The alternation of the oceans and the earth could be repeated indefinitely".[144] Über die Ausdehnung der erdgeschichtlichen Zeiträume machte Buffon keine genauen Angaben. Einzig im ‚Beschluß der Theorie der Erde' findet sich ein Hinweis darauf, dass das Alter der Erde dasjenige der Menschen weit übersteigen müsse:

> Wir müssen inzwischen gestehen, daß wir nicht anders als höchst unvollkommen, von der Folge der gänzlichen Veränderungen in der Natur zu urtheilen im Stande sind [...]. Es mangelt uns an Erfahrung, und an Zeit. Wir bedenken nicht, daß diese Zeit, die uns fehlet, der Natur nicht mangelt. Wir wollen die vergangenen und zukünftigen Zeiten nach dem Augenblicke unsers Daseyns ermessen; und wir bedenken nicht, daß dieser Augenblick des menschlichen Lebens, ob ihn schon die Geschichte, so viel als möglich, verlängert, dennoch nichts als ein Punct in der Dauer, und ein einziger Umstand in der Geschichte der Werke Gottes sey.[145]

Mit diesen Formulierungen wagt Buffon einen vorsichtigen Blick in den von ihm so benannten und sprichwörtlich gewordenen ‚dunklen Abgrund der Zeit'. Dabei betont er, dass dem Menschen in der Erdgeschichte keine privilegierte Position

142 Vgl. *Rappaport*, Earth Sciences, 423; sowie *Roger*, Life, 101.
143 *Rheinberger*, Zeit, 205. [Hervorhebungen im Original.]
144 *Roger*, Life, 105.
145 *Buffon*, Allgemeine Historie, 313.

zukäme; das menschliche Leben sei nichts weiter „als ein Punct in der Dauer“. Diese zeitliche Marginalisierung des Menschlichen wird noch verstärkt, indem der Mensch als Beobachtungssubjekt disqualifiziert wird. Der „Augenblick[...] unsers Daseyns“ sei zu flüchtig, um die Veränderungen in der Natur angemessen nachvollziehen zu können. Aufgrund dieser Behauptungen wurde Buffon von theologischen Zensoren gezwungen, seine Darstellung öffentlich zu widerrufen.[146]

Époques de la nature

Die in der *Theorie der Erde* entwickelte Vorstellung einer unbestimmt-uralten Erde, die sich in ihren zyklischen Veränderungen gleich bleibe, wird in Buffons zweitem erdgeschichtlichen Diskurs entscheidend modifiziert. In den *Époques de la nature* wird der Erde eine lineare und irreversible Geschichte zu Grunde gelegt.[147] Bereits im Titel treten die Unterschiede zu der 30 Jahre früher erschienenen *Theorie der Erde* deutlich hervor: Buffon orientierte sich in seinem späteren Werk nicht mehr an den Parametern der ‚Theories of the Earth‘, sondern skizzierte anhand einer Abfolge von ‚Epochen‘ eine Entwicklung, die von der Entstehung der Erde bis zum Auftreten des Menschen alle Ereignisse in eine gemeinsame Zeitskala einordnete. Die einzelnen Elemente dieses Prozesses waren dabei nicht neu: Der Ursprung der Erde aus der Sonne, das Zentralfeuer im Inneren der Erde, die vulkanischen Aktivitäten und der Einfluss der Erosion – sie alle waren bereits länger in den geologischen Diskursen in der ersten Hälfte des 18. Jahrhunderts präsent. Neu war, dass ein physikalisches Prinzip als alleiniger Urheber für die Veränderungen in der Erdgeschichte verantwortlich gemacht wurde: die fortschreitende Erkaltung der Erde.[148] Buffon konzipierte jetzt die Erdgeschichte als zielgerichtete Entwicklung und gliederte diese in sieben Epochen.[149] Ausgehend von einer glutheißen und flüssigen Anhäufung von Materie, ihrer Verfestigung, der Entstehung der Ozeane, dem (spontanen) Beginn des Lebens, der Trennung der Kontinente und dem Auftreten des Menschen, machte diese Konzeption der

---

146 Vgl. *Meier*, Anhang.

147 Diese Darstellung einer linearen und irreversiblen Entwicklungsgeschichte führte dazu, dass Buffon als Vorgänger von Lamarck und Darwin gehandelt wird; vgl. *Roger*, Life, 469; vgl. auch *Lovejoy*, Buffon.

148 Vgl. *Rheinberger*, Buffon, 214.

149 Die Anzahl von sieben Epochen wird als Zugeständnis auf die Darstellung der Genesis und die sieben Schöpfungstage interpretiert. Albritton weist darauf hin, dass Buffons Einteilung ein gewisses Maß an Willkür besitzt und nicht grundlegend für sein System ist; vgl. *Albritton*, Abyss, 84.

Erdgeschichte allerdings auch ein Ende allen Lebens auf der Erde – durch vollständige Erkaltung – absehbar. Das organische Leben auf der Erde ist in Buffons Epochenschema daher ein Element von begrenzter Dauer mit einem klar definierten Anfang und einem absehbaren Ende.

In der Diskussion über die *Époques* wird immer wieder die Frage aufgeworfen, wie sich die pessimistische Sicht einer Degeneration allen Lebens durch fortschreitende Abkühlung in das von Fortschritts- und Verbesserungsvorstellungen geprägte Zeitalter der Aufklärung einfügen lässt.[150] Allerdings muss Buffon zugestanden werden, dass sich in seiner Darstellung das Leben auf der Erde mitnichten in einem ständigen Abstieg befindet, wie oft suggeriert wird, sondern viel eher in Form einer Glockenkurve verläuft: Bei sehr großer Hitze beginnt das Leben keimhaft, dann nimmt es zu und bekommt bei mittleren Temperaturen seine größte Vielfalt, bei zunehmender Kälte nimmt es wieder ab und erlischt schließlich. Zwar verläuft der Energieverlust der Erde in einer linear-absteigenden Bewegung, die Geschichte des Lebens und der Menschen jedoch nicht, ebenso wenig wie – so das Ergebnis von Sommer – in einer aufsteigenden, teleologischen Bewegung.[151]

Zwei Elemente sollen im Folgenden hervorgehoben werden, da sie im Kontext der hier leitenden Fragestellung als besonders wichtig erscheinen. Das ist einerseits Buffons Zeitkonzeption und andererseits seine Vorstellung von geschichtlichem Wandel. Beide Aspekte hängen eng miteinander zusammen, sollen hier jedoch getrennt voneinander diskutiert werden.

Buffons Zeitkonzeption

Buffons dynamische Geschichte der Erde fußt auf einem physikalischen Gesetz. Die langsam fortschreitende Abkühlung der einst glutheißen Erde ist der ‚Motor' der Veränderungen. Das thermodynamisch[152] begründete „Prinzip der Energiedissipation" führte eine Ungleichheit in die Erdtheorie ein und erlaubte es Buffon,

---

150 Zu den degenerativen Lesarten zu Buffon vgl. etwa Roger, Buffon, 204.

151 Vgl. *Sommer*, Sinnstiftung, 214 f. Sommer kommt zu dem Schluss: „Der Mensch markiert kein Durchgangsstadium innerhalb eines arbiträren Prozesses, sondern ist vielmehr das Ziel einer Entwicklung sich steigernder Komplexitäten." Diese gegen Braungart, Blumenberg, Gould und Rudwick gerichtete Darstellung kann jedoch nicht überzeugen. Buffons Geschichtsablauf wird durch die fortschreitende Auskühlung der Erde vorangetrieben. Die Erdgeschichte läuft damit nicht teleologisch auf den Menschen zu, sondern der Mensch ist nur eine *Zwischenstufe* auf dem Weg zur Auslöschung allen Lebens und zur vollständigen Abkühlung der Erde.

152 Das bedeutet nicht, dass Buffon als Begründer der Thermodynamik anzusehen ist; vgl. *Rheinberger*, Zeit, 130.

„in der physikalischen Welt nicht nur Reiteration, d. h. zyklische Verläufe zu denken,“ sondern auch „permanente, irreversible Veränderungen, die dem Zeitverlauf eine unumkehrbare Richtung verleihen“, zu konzipieren.[153] Damit besitzt Buffons Geschichtsvorstellung einen hybriden Status: Einerseits bekommt die Erde eine lineare, gerichtete und irreversible Geschichte, andererseits gründet diese Geschichtlichkeit auf einem physikalischen Gesetz, d. h. ihr Verlauf ist nicht kontingent, sondern determiniert. Vor diesem Hintergrund werden in der Forschung die Verdienste Buffons unterschiedlich gewürdigt. Zwar wird er durchaus als ‚Entdecker der Geschichtlichkeit der Natur‘ bezeichnet,[154] gleichzeitig wird jedoch auf die Insuffizienz dieses Geschichtskonzepts verwiesen.[155]

Allerdings konnten die von Buffon skizzierten Zeithorizonte eine besonders hohe Plausibilität beanspruchen. Buffon war einer der ersten, der die Ausdehnung der Zeit bzw. die Länge der Erdgeschichte experimentell untersuchte.[156] Um die Abkühlungsgeschwindigkeit der Erde messen zu können, ließ Buffon Metall- und Steinkugeln in verschiedenen Größen anfertigen und erhitzen. Die Abkühlungszeiten der Kugeln übertrug er verhältnisgerecht auf die Größe der Erde. Offiziell nahm er für den Zeitraum von der Entstehung der Erde bis zur Gegenwart 75 000 Jahre an. In seinen Manuskripten finden sich jedoch Zahlen bis zu einer Größenordnung von bis zu zehn Millionen Jahren.[157] Die Entscheidung, die weitaus kürzeren Zahlen in den *Époques* zu publizieren, begründete Buffon in seinen Manuskriptheften mit der geringen Auffassungsgabe und der mangelhaften Vorstellungskraft seiner Zeitgenossen, die er nicht überfordern wollte: „Although it be very true that the more we stretch time, the more we will near the truth and the reality of the use that Nature makes of it, it is nevertheless necessary to shorten it as much as possible to conform to the limits of our intelligence.“[158]

Auch wenn er die Länge der Erdgeschichte beschnitt, so überstieg sie doch die bekannten und von der Bibel legitimierten Zeithorizonte bei Weitem. Die Geschichte der Natur wurde damit zur unerlässlichen Vorgeschichte der Geschichte der Menschheit, die erst in der letzten und siebten Epoche erschien.[159] Diese Konzeption ließ die erdgeschichtliche Randständigkeit und Bedeutungslosigkeit

---

153 Ebd., 221 f.
154 Vgl. *Roger*, Buffon, 193; *Koselleck*, Geschichte, 681; *Seifert*, Verzeitlichung, 470.
155 Vgl. *Taylor*, Époques 379; *Gohau*, History, 96.
156 In der Forschung wird verschiedentlich darauf verwiesen, dass Buffon der erste gewesen sei, der das Erdalter empirisch untersucht und auf konkrete Zahlen gebracht habe; vgl. etwa *Gribbin*, Birth, 13.
157 Vgl. *Roger*, Life, 411.
158 Zit. n. *Roger*, Life, 412; vgl. auch *Gohau*, History, 94, der sich auf dieselbe Stelle bezieht.
159 *Sloan*, Gaze, 127.

menschlichen Lebens erkennen und ging einher mit einem Schub des historischen Bewusstseins, denn die Vorstellung von sich aneinander anschließenden Epochen verband Naturgeschichte und Menschengeschichte in der Kontinuität einer einheitlichen Zeitstruktur.[160]

Buffons Geschichtsmodelle und ihre Rezeption durch Historiographen und Geschichtsphilosophen in der Spätaufklärung

Allerdings erschlossen Buffons Experimente zur Abkühlungsgeschwindigkeit der Erde nicht nur eine ganz neue Zeitskala, sondern sie begründeten ein auf physikalischen Gesetzen beruhendes Geschichtskonzept, welches Mensch und Welt gleichzeitig einer umfassenden Historisierung unterwarf und Naturgeschichte und Menschengeschichte durch denselben Geschichtsbegriff zusammenschloss. In einem allumfassenden Geschichtsprozess waren die Gesetzmäßigkeiten, welche die Veränderungen auf der Erde vorantrieben, für Natur wie Geschichte dieselben. Die Vergeschichtlichung der Natur bedeutete damit gleichzeitig eine Naturalisierung der Geschichte des Menschen, denn erst die siebte und letzte der von Buffon beschriebenen Epochen war dadurch gekennzeichnet, dass „die Kraft des Menschen die Kraft der Natur unterstützte."[161]

Durch diesen methodischen Ansatz demonstrierte Buffon, dass sowohl Natur- als auch Menschengeschichte mit einer übergreifenden historischen Betrachtungsperspektive zu begreifen sowie auch in einer übergreifenden Zeitskala zu korrelieren seien. Befördert durch die stürmische Rezeption seiner Schriften etablierte Buffon damit einen linearen, nicht-zyklischen, einheitlichen, gerichteten und irreversiblen Geschichtsbegriff, der sowohl der Naturgeschichte als auch der Menschengeschichte zugrunde gelegt werden konnte. Die Konsequenz seiner Vergeschichtlichung der Natur war also zugleich die Naturalisierung der Geschichte.[162]

Diese Darstellung wurde Muster für die Historiographen und Geschichtsphilosophen der Spätaufklärung und ihre geschichtsphilosophischen, welt- und universalgeschichtlichen Entwürfe. Auch Koselleck bekräftig: „Mit diesem Vorgriff, der ihm die Natur in historische Epochen zu gliedern erlaubte, war eine Definition gefunden, die sich stark dem Geschichtsbegriff nähert, der dann in Deutschland seit Herder entwickelt wurde [...]. Die einmal historisierte Natur konnte jetzt auch als Strukturmerkmal menschlicher Geschichte dienen."[163] Ins-

160 Vgl. auch: *Conze*, Evolution, 12; *Geus*, Naturgeschichte, 738; *Weber*, Verzeitlichung, 116.
161 *Buffon*, Epochen, 135.
162 Vgl. *Dougherty*, Buffons Bedeutung, 238 f.
163 *Koselleck*, Geschichte, 681; vgl. auch *Engelhardt*, Wandlungen, 48.

besondere die *Époques* wurden zu einem exponierten Referenzpunkt, wie Reill belegt:

> [T]he most influential scientific model employed by late eighteenth-century historians was provided by Buffon [...]. Simply said, this Buffonian vision of science served as the starting point and guiding inspiration for the reconstruction of late Enlightenment historical thought and practice in Scotland and Germany. It provided a model with distinct elective affinities to the problems historians faced and it carried the positive associations of being the most advanced scientific thinking of the era.[164]

Die von Buffon propagierte Einbettung der menschlichen Geschichte in die viel größere Geschichte der Natur, die Zugrundelegung einer einheitlichen Zeitskala und gemeinsamer Entwicklungsgesetzmäßigkeiten führte dazu, dass die Historiographen und Geschichtsphilosophen der Spätaufklärung sich fortan daran orientierten.[165] Herders *Ideen zur Philosophie der Geschichte der Menschheit* sind nur ein Beispiel für diesen Bezug; ihnen wurden Buffons Werke zu Grunde gelegt.[166]

3.3 Voltaires Begründung der Geschichtsphilosophie aus der Natur

François-Marie Arouet (1694–1778), bekannt unter seinem Pseudonym Voltaire, gilt als der Urheber des Ausdrucks ‚philosophie de l'histoire'. Der erste Beleg dieser Wendung findet sich in einem Brief vom 4. März 1765 an Étienne Noël Damilaville, in dem Voltaire sich auf den Titel seines kurz zuvor verfassten Textes bezieht, der noch im selben Jahr in Holland unter dem Pseudonym ‚Abbé Bazin' erscheinen sollte.[167] Unter einer ‚philosophisch' verfassten Geschichte verstand Voltaire eine ausschließlich auf Vernunftprinzipien gründende Historiographie. Methodisch bedeutete dies für ihn die systematische Verpflichtung auf Quellenkritik sowie den Einbezug von ‚Technik' und ‚Wissenschaft' in die Geschichtsschreibung. Allerdings entwickelt Voltaire weder einen Fortschrittsbegriff noch eine Teleologie. Sein Geschichtsentwurf stellt keine einheitliche Entwicklung dar,

---

164 *Reill*, Buffon, 668.
165 Vgl. ebd.
166 Vgl. *Engelhardt*, Wandlungen, 48; *Conze*, Evolution, 16; *Cohen*, Revolutionen, 308.
167 *Demandt*, Philosophie, 336. Bereits ein Jahr früher, 1764, verweist Voltaire in einer Rezension von Humes *Complete History of England* auf die Notwendigkeit einer von Philosophen verfassten Geschichte; vgl. *Dierse/Scholtz*, Geschichtsphilosophie, 416. Als Einstieg vgl. *Brumfitt*, Geschichtsphilosophie; *Stenger*, Voltaire.

sondern viel eher „eine Anhäufung von Verbrechen, Verrücktheiten und Unglücken, bei der meist menschliche Grausamkeit und Dummheit im Spiel sind.“[168] Damit einher ging die Abwendung von einer Geschichtsdarstellung, welche sich an der *historia sacra* orientiert. Deswegen verstand Voltaire seine *Philosophie de l'histoire*[169] als expliziten Gegenentwurf zu Bossuets heilsgeschichtlich orientierter *L'histoire universelle* (1681), an welche sie inhaltlich noch anknüpfte.[170]

Obwohl Voltaire als einer der ‚Gründerväter‘ der Geschichtsphilosophie von der Forschung bereits viel Aufmerksamkeit bekommen hat, ist bislang übersehen worden, dass seine zentralen geschichtsphilosophischen Schriften, die *Philosophie de l'histoire* (1765) sowie der *Essai sur les mœurs et l'esprit des nations* (zuerst 1756), jeweils mit Abschnitten zur Geschichte der Erde beginnen. Der Stellenwert dieser Passagen wird nicht zuletzt daran deutlich, dass er die *Philosophie de l'histoire* einer späteren Fassung seines historiographischen Hauptwerks, dem *Essai sur les mœurs et l'esprit des nations*, als theoretisches Fundament und Einleitung schließlich vorangestellt hat (1769).[171] Überdies finden sich nicht nur in diesen beiden exponierten Schriften Bezugnahmen auf die Erdgeschichte, sondern die Auseinandersetzung mit den erdwissenschaftlichen Diskursen seiner Zeit zieht sich durch sein gesamtes Werk und ist nur in Ansätzen aufgearbeitet worden.[172]

Die Hypothese dieses Abschnitts ist, dass Voltaire mit diesen Bezugnahmen auf die Erdgeschichte einen programmatischen Anspruch verbindet, welcher den Charakter seiner Geschichtsphilosophie entscheidend prägt. Damit sprengt er das christliche Geschichtsbild durch die Erweiterung des Zeithorizonts um die geologische ‚Vorgeschichte‘ entschieden, sodann wird die Geschichte des Menschen räumlich und zeitlich ausgeweitet und mit derjenigen der Natur verknüpft, und schließlich werden Natur und Geschichte über eine gemeinsame Entwicklungsvorstellung miteinander verbunden.

---

168 *Rohbeck*, Aufklärung, 74 f.

169 Zit. n. der für den deutschen Sprachraum maßgeblichen und breit rezipierten ersten Übersetzung *Die Philosophie der Geschichte des verstorbenen Herrn Abtes Bazin, übersetzt und mit Anmerkungen begleitet von Johann Jakob Harder* (1768).

170 Vgl. *Rohbeck*, Geschichtsphilosophie 2008, 835; sowie *Muhlack*, Geschichtswissenschaft, 154.

171 *Rohbeck*, Fortschrittstheorie, 43.

172 Voltaires Interesse an der Geologie ist bislang weitgehend ein Desiderat der Forschung. Die einzige einschlägige Monographie ist inzwischen methodisch überholt: *Carozzi*, Attitude; zu weiterer Forschungsliteratur vgl. *Mayer*, Introduction, hier den Abschnitt ‚Voltaire et l'histoire de la Terre‘, 10 – 15; sowie *Barber*, Voltaire; allerdings thematisiert Barber größtenteils Biologie und Anthropologie.

Voltaires Zeitgenossen reagierten auf Provokation und Programmatik, die mit dieser Neukonzeption von Geschichte einhergingen: Die Provokation verdeutlicht Johann Jakob Harder, der deutsche Übersetzer der *Philosophie de l'histoire*. Dieser schreibt im ‚Vorbericht des Uebersetzers', er könne sich nicht entsinnen, „in irgend einem Buche so viele Einwürfe gegen den historischen Glauben der heiligen Schrift beysammen gefunden zu haben, als in der Philosophie der Geschichte."[173] Insbesondere die zu Beginn dargestellten geologischen Theorien erregten dabei sein Missfallen. Den einleitenden Satz, „[d]ie Erde hat erstaunliche Veränderungen gelitten. So viele Provinzen Frankreichs haben, lange Jahrhunderte durch, in der See gelegen", kommentiert er despektierlich: „Eine seltsame Aufführung für einen Philosophen! ein sonderbarer Satz an der Spitze eines Buches, das einen solchen Titel führet, wie dieses!"[174] Die Programmatik von Voltaires Ansatz verdeutlicht Robespierre: Dieser bezieht sich auf den im *Essai sur les mœurs* postulierten Zusammenhang von Natur und Geschichte, um die Gewaltorgien der Revolution zu legitimieren. Er orientiert sich fast wörtlich an Voltaire: „Tout a changé dans l'ordre physique; tout doit changer dans l'ordre moral et politique." Der Geschichtsprozess der Erde ist Vorbild und Muster für die weitere Entwicklung der Gesellschaft, welche die Jakobiner anzustoßen meinen: „La moitié de la révolution du monde est déjà faite; l'autre moitié doit s'accomplir."[175]

Ebenso wie Buffons *Histoire naturelle* beginnt auch Voltaires *Philosophie der Geschichte* programmatisch mit einem Abriss der Erdgeschichte:[176] „Wir wollen mit der Untersuchung anfangen, ob der Erdball, den wir bewohnen, ehedem so war, wie er jetzt ist?"[177] Voltaire skizziert ein großangelegtes Panorama, innerhalb dessen der Mensch seiner traditionellen Zentralstellung verlustig gegangen ist:

> Es kann seyn, daß unsere Welt so viele Veränderungen ausgestanden, als die Staaten Umkehrungen erlitten haben. Es scheint bewiesen zu seyn, daß das Meer unermeßliche Gegenden bedecket habe, die jetzt mit großen Städten und mit reichen Erndten angefüllet sind. Ihr wisset, daß die riesen Schneckenbette, die man in Touraine und anderswo findet, daselbst nur sehr langsam durch die Fluth des Meeres in einer langen Folge von Jahrhunderten können abgesezet seyn. Touraine, Bretagne, Normandie, die angränzenden Länder sind weit

---

173 *Harder*, Vorbericht, unpaginiert [vf.].
174 *Voltaire*, Philosophie der Geschichte, 4 Anm. 1.
175 *Robespierre*, Séance, 444.
176 Allerdings grenzt sich Voltaire deutlich von Buffon ab. Vor diesem Hintergrund ist folgende Formulierung zu verstehen: „Ich möchte indessen nicht behaupten, daß das Meer alle Gebirge auf Erden gebildet, oder gar umflossen habe." *Voltaire*, Philosophie der Geschichte, 3.
177 Ebd., 1.

länger ein Theil des Oceans gewesen, als sie Provinzen von Frankreich und Gallien gewesen sind.[178]

Dergleichen erdgeschichtliche Veränderungen fänden sich über den ganzen Erdball erstreckt. Das feste Land sei vormals Meeresboden gewesen, denn, „[w]as kann der bewegliche Sand im nordlichen Africa [...] anders seyn, als Meersand, welcher angehäuft zurück blieb, als das Meer sich allmählig zurück zog?" Auch die „Cycladischen Inseln" seien vormals „ein Theil des festen Landes gewesen" und die „Sicilianische Meerenge" zeige Anzeichen dafür, „daß Sicilien ehemals mit Apulien zusammengehangen".[179] Zwar bleiben die Zeithorizonte, von denen Voltaire ausgeht, im Gegensatz zu Angaben in späteren Texten, verhältnismäßig vage, dennoch wird deutlich, dass die erdgeschichtlichen Prozesse viel Zeit benötigen.

Auch in seinem historiographischen Hauptwerk, dem *Essai sur les mœurs* (zuerst 1756), thematisiert Voltaire die Erdgeschichte an exponierter Stelle.[180] Konsequenterweise beginnt er mit den Umwälzungen der Erde. Im ‚Avant-Propos'[181] rekurriert er auf die einleitenden Passagen der *Philosophie de l'histoire* und fügt diesen die programmatische Beobachtung hinzu, dass die physische und die moralische Welt zusammenhingen:

> Les causes physiques ont dû se joindre aux causes morales; car si l'Océan n'a pu changer entièrement son lit, du moins il est constant qu'il a couvert tour à tour, et abandonné des vastes terrains. La nature a dû être exposée à un grand nombre de fléaux et de vicissitudes. Les plus belles terres, les plus fertiles de l'Europe occidentale, toutes les campagnes basses arrosées par les fleuves, ont été couvertes des eaux de la mer pendant une prodigieuse multitude des siècles [...].[182]

Richtungsweisend – vor allem für die Geschichtsphilosophie – ist, dass Voltaire von einer gegenseitigen Beeinflussung von Erdgeschichte und Menschengeschichte ausgeht. Die Revolutionen der Erde veränderten nicht nur die Topographie, sondern hätten auch Auswirkungen auf die moralische Welt: „Mille révolutions locales ont certainement changé une partie du globe, dans le physique et dans le moral; mais nous ne les connaissons pas; et les hommes se sont avisés si

---

178 Ebd., 1f.
179 Ebd., 2.
180 Der *Essai sur les mœurs* ist „die erste Universal- oder Weltgeschichte, in der versucht wird, die Entwicklung der Kultur als Ganzes, d. h. von den Anfängen der Menschheit und auf der gesamten Erde zu erfassen." *Rohbeck*, Aufklärung, 73.
181 *Voltaire*, Essai, 1–16.
182 Ebd., 14.

tard d'écrire l'histoire, que le genre humain, tout ancien qu'il est, paraît nouveau pour nous."[183] Vor dem Hintergrund dieser Ausführungen wundert es nicht, dass Voltaire erwog, sein geschichtsphilosophisches Hauptwerk *Essai sur les révolutions* zu nennen.[184]

Die Auseinandersetzungen mit den verschiedenen erdwissenschaftlichen Theorien sind jedoch nicht nur in diesen beiden exponierten Schriften auszumachen, sondern sie ziehen sich durch Voltaires gesamtes Werk und beschäftigten ihn fast sein ganzes Leben.

Erste Belege dafür finden sich in der Schrift *Eléments de la Philosophie de Newton* (zuerst 1738).[185] Sie wurde 1736 im Exil in Cirey-sur-Blaise in Zusammenarbeit mit Émilie du Châtelet verfasst und ist bedeutsam, weil sie Newtons Werk, das außerhalb Englands noch nahezu unbekannt war, dem französischen und auch dem europäischen Publikum vorstellte.[186] Im dritten Teil der *Eléments* thematisiert Voltaire in Kapitel 10 und 11 die Erdgeschichte. Ausgangspunkt in Kapitel 10 mit dem Titel ‚De la figure de la Terre considérée par rapport aux changements qui ont pu y survenir'[187] ist die *Telluris Theoria Sacra* (1681) von Thomas Burnet. Dieser postulierte, Gott habe ursprünglich eine harmonische und vollkommene Welt geschaffen, und erst die biblische Sintflut habe die Symmetrie und Schönheit dieser göttlichen Schöpfung zerstört. Felsen und Berge seien damit nichts anderes als die Ruinen der Schöpfung. Diese Vorstellung lehnt Voltaire ab: „C'est une étrange idée dans Burnet et dans tant d'autres auteurs, d'imaginer qu'avant le déluge la Terre était une belle sphère unie sans aucune inégalité".[188] Infolgedessen geht er nicht davon aus, dass die Berge, als ‚Ruinen der Schöpfung', durch die Sintflut entstanden seien: „Quelques écrivains frappés de la prodigieuse irrégularité qui paraît sur notre globe, ont cru que nous n'habitons que des ruines".[189] Er hält die biblische Sintflut für ein Wunder, welches physikalisch nicht vollständig erklärbar sei. Das belegt er, indem er vorrechnet, dass die Menge des Wassers auf der Erde nicht ausreiche, die Erde komplett zu bedecken.

183 Ebd., 16.

184 Vgl. *Rohbeck*, Fortschrittstheorie, 13.

185 Hier zit. n. der kritischen Edition, welche die Ausgabe von 1741 zu Grunde legt. In dieser Fassung sind die inhaltlichen Bezugnahmen auf die Geologie gegenüber der Ausgabe von 1738 erheblich prägnanter. In der späteren Ausgabe von 1748 werden die entsprechenden Kap. unterdrückt; vgl. Voltaire, Eléments, hier insbesondere der Abschnitt ‚The text of this edition', 169–180.

186 Vgl. *Stenger*, Voltaire, 222. Die Beschäftigung mit Newton prägt insbesondere Voltaires Vorstellung eines wissenschaftlichen Methodenideals nachhaltig; vgl. *Barber*, Voltaire, 254.

187 Vgl. *Voltaire*, Eléments, 473–476.

188 Ebd., 474.

189 Ebd., 473.

In Kapitel 11, ‚De la période d'environ deux millions d'années nouvellement inventée', diskutiert Voltaire das Erdalter.[190] Er geht davon aus, dass die Erde regelmäßig eine bislang unbekannte Bewegung durchmache, durch welche die Pole ihre Lage wechselten. Dabei werden die Zeitdimensionen, welche Voltaire für die Entwicklungszyklen der Erde annimmt, deutlich, denn der Polwechsel fände nur alle 1 944 000 Jahre statt: „La révolution entière des pôles de l'écliptique ou de l'équateur s'achève en près de 1 944 000 années [...]. Ainsi ce n'est que dans une période de deux fois 1 944 000 années que notre globe peut voir deux fois le Soleil se coucher à l'occident".[191] Vor dem Hintergrund dieser Zeithorizonte erscheint ihm das menschliche Leben als kurz: „[C]ette comparaison fasse encore paraître notre vie plus courte."[192] Als Belege für die Bewegung der Pole führt Voltaire die schiefe Ekliptik der Erde an, sowie verschiedene mythische Überlieferungen (etwas aus Ägypten, Babylon und Mesopotamien). Sodann führt er noch Muscheln als Beweise für diese Überschwemmungen an:

> La seule inspection de la Terre donnait un grand poids à cette opinion.
> On voit que les Eaux ont successivement couvert et abandonné les lits qui les contiennent; des végétaux, des poissons des Indes, trouvés dans les pétrifications de notre Europe, des coquillages entassés sur des montagnes, rendent assez témoignage à cette ancienne vérité, et la plupart de ces coquillages, arrangés encore par lits, font voir qu'ils n'ont été ainsi déposés que peu à peu, par des marées régulières et dans une nombreuse suite d'années.[193]

Weitaus expliziter noch als in den *Eléments de la Philosophie de Newton* ist der Bezug zur Geologie in Voltaires Schrift *Dissertation sur les changements arrivés dans notre globe et sur les pétrifications qu'on prétend en être encore les témoignages*.[194] Diese lässt sich als eine kritische Revision der geologischen Theorien ihrer Zeit verstehen. Vor allem richtet sich Voltaires Kritik, wie bereits dem Titel zu entnehmen ist, gegen die Annahmen der Physikotheologie, dass sich die Wahrheit der biblischen Sintflut mit Hilfe von Fossilien belegen ließe. Diese Ansicht wurde besonders von Physikotheologen wie Thomas Burnet (1635–1715), William Whiston (1667–1752) und John Woodward (1665–1728) vertreten. Diesem me-

190 Vgl. ebd., 477–489.
191 Ebd., 479 f.
192 Ebd., 483.
193 Ebd., 477.
194 Es handelt sich dabei um die französische Übersetzung eines ursprünglich auf italienisch publizierten Essays mit dem Titel *Saggio intorno ai cambiamenti avvenuti su'l globo della terra* (1746). Nachdem ein Jahr später bereits eine nicht-autorisierte französische Übersetzung erschienen war, übertrug Voltaire den Text eigenständig ins Französische; vgl. *Mayer*, Introduction, 3–23; *Carozzi*, Attitude, 23.

thodischen Ansatz, biblisch bezeugte Ereignisse durch empirische Belege zu stützen, begegnete Voltaire mit ironischem Spott:[195]

> On a trouvé dans les montagnes de la Hesse une pierre qui paraissait porter l'empreinte d'un turbot, et sur les Alpes un brochet pétrifié: on en conclut, que la mer et les rivières ont coulé tour à tour sur les montagnes. Il était plus naturel de soupçonner, que ces poissons, apportés par un voyageur, s'étant gâtés, furent jetés, et se pétrifièrent dans la suite des temps [...].[196]

Und etwas später:

> On a vu aussi dans des provinces d'Italie, de France etc., de petits coquillages qu'on assure être originaires de la mer de Syrie. Je ne veux pas contester leur origine; mais ne pourrait-on pas se souvenir que cette foule innombrable de pèlerins et des croisés qui porta son argent dans la Terre Sainte, en rapporta des coquilles? Et aimera-t-on mieux croire que la mer de Joppé et de Sidon est venue couvrir la Bourgogne et le Milanais?[197]

Diese hier von Voltaire evozierte Vorstellung, die Muscheln in den Bergen seien Überreste von Pilger-Mahlzeiten, ist in der Wissenschaftsgeschichte ein häufig kommentierter Gemeinplatz geworden. Buffon etwa äußerte sich bereits im ersten Band seiner *Histoire naturelle* (1749) herablassend über die Naivität dieser Ansicht, ohne die Ironie zu erkennen. In *La Défense de mon oncle* greift Voltaire diese Kritik auf: „M. de Buffon m'en reprit très vertement dans sa théorie de la terre page 281."[198] Lyell allerdings durchschaut die Hintersinnigkeit und schreibt in den *Principles of Geology* (1830 – 1833) über Voltaire: „[H]e [Voltaire, D.S.] endeavoured to inculcate scepticism as to the real nature of such shells [...]. He would sometimes [...] pretend that they were eastern species, which had fallen from the hat of pilgrims coming from Syria."[199]

Auch in *L'Homme aux quarante écus* (1768) wird die Geschichte mit den Pilger-Muscheln aufgegriffen, diesmal in einem fiktiven Kontext. Die Schrift hat ihren Hauptimpuls in der Auseinandersetzung mit der physiokratischen Schule, allerdings werden im Kapitel ‚Nouvelles douleurs' auch geologische und biologische Theorien thematisiert.[200] Der Dialog ist deutlich polemisch-satirisch gestaltet:

---

195 In dieser Hinsicht müssen Voltaires Schriften zur Geologie durchaus im Problemkontext von ‚Genesis und Geologie' verstanden werden; vgl. hierzu Kap. II.2 dieser Arbeit: Die Delegitimierung der *historia sacra* durch die geologische Tiefenzeit.
196 *Voltaire*, Dissertation, 25.
197 Ebd., 27.
198 *Voltaire*, Défense, 239; vgl. zu dieser Episode *Schnapp*, Entdeckung, 398 f.
199 *Lyell*, Principles, 66; vgl. auch *Carozzi*, Attitude, 71.
200 *Voltaire*, L'Homme 340 – 347.

> Mais, monsieur l'incrédule, que répondrez-vous aux huîtres pétrifiées qu'on a trouvées sur le sommet des Alpes?
> Je répondrai, monsieur le créateur, que je n'ai pas vu plus d'huîtres pétrifiées que d'ancres de vaisseau sur le haut du mont Cenis. [...] [J]'aime mieux croire que des pèlerins de Saint-Jacques ont laissé quelques coquilles vers Saint-Maurice, que d'imaginer que la mer a formé le mont Saint-Bernard [...].
> – Monsieur l'incrédule, je vous tournerai en ridicule dans le monde que je me propose de créer.
> – Monsieur le créateur, à vous permis; chacun est maitre dans son monde [...].[201]

In der Schrift *La Défense de mon oncle* (1767) werden Vorstellungen von grundlegenden erdgeschichtlichen Veränderungen, wie sie in der *Philosophie de l'histoire* oder im *Essai sur les mœurs* niedergelegt worden waren, teilweise wieder zurückgenommen. In Kapitel XIX mit dem Titel ‚Des montagnes et des coquilles'[202] geht Voltaire weitaus expliziter als zuvor davon aus, dass sich die Welt im Laufe ihrer Geschichte kaum verändert habe:

> J'avouerai ingénument que mon oncle avait le malheur d'être d'un sentiment opposé à celui d'un grand naturaliste qui prétendait que c'est la mer qui a fait les montagnes, qu'après les avoir formées par son flux es son reflux elle les a couvertes de ses flots et qu'elle les a laissées toutes semées de ses poissons pétrifiés.[203]

Das ganze folgende Kapitel dient dazu, diese Position argumentativ zu stützen. Dabei nimmt Voltaire explizit Stellung zu Buffons („d'un grand naturaliste") Darstellung zur Entstehung der Gebirge. Ebenso wendet er sich etwas später gegen die Idee einer langsamen Abkühlung der Erde und der damit zusammenhängenden Degradation der Arten. Die Erde habe keine grundlegenden Veränderungen erlitten: „Ne perdez point de vue cette grande vérité, que la nature ne se dément jamais. Toutes les espèces restent toujours les mêmes. Animaux, végétaux, minéraux, métaux; tout est invariable dans cette prodigieuse variété. Tout conserve son essence."[204] Trotz der deutlichen Abgrenzung zu Buffon ist Voltaires Haltung sehr sachlich. Er kann trotz der thematischen Differenzen z. B. bei der Frage zur Entstehung der Berge Buffons Bedeutung durchaus anerkennen.[205] Nur die Seitenränder von Voltaires persönlichem Exemplar der *Histoire naturelle*

201 Ebd., 343 f.
202 *Voltaire*, Défense, 236 – 241.
203 Ebd., 236.
204 Ebd., 237.
205 Ebd., 240.

zeugen davon, wie grundlegend die Meinungsverschiedenheiten waren. Das belegen handschriftlichen Kommentare wie ‚faux' oder ‚chimère'.[206]

Die letzte große eigenständige Schrift Voltaires, welche die Erdwissenschaften thematisierte, erschien zuerst anonym im Jahre 1768 unter dem Titel *Les Singularités de la nature*.[207] Schon der Titel lässt sich als eine Kritik an den Systementwürfen der Erdwissenschaftler auffassen. In den zwanzig Jahren, die zwischen der *Dissertation sur les changements arrivés dans notre globe* (1746/48) und den *Singularités de la nature* lagen, waren grundlegende Werke, wie etwa Benoît de Maillets (1656–1738) *Telliamed* (1748) oder Buffons *Théorie de la Terre* (1749), erschienen. Gegen die Methodik dieser Werke, welche die Entwicklung der Natur anhand von wenigen grundlegenden physikalischen Gesetzen zu erklären suchten,[208] polemisiert Voltaire: „On se propose ici d'examiner plusieurs objets de notre curiosité avec la défiance qu'on doit avoir de tout système".[209] So wundert es nicht, dass auch die Pilger-Geschichte wieder aufgegriffen wird. Im Kapitel ‚Des Pétrifications d'animaux marins'[210] bemerkt er: „[U]ne huitre près du mont Cenis ne prouve pas que l'Océan Indien ait enveloppé toutes les terres de notre hémisphère."[211] Inhaltlich verteidigt Voltaire wiederholt die Vorstellung einer Welt, die sich seit ihrer Schöpfung kaum verändert habe.

Es würde den Rahmen dieser Arbeit sprengen, die zahlreichen und verstreut vorliegenden Belege, die von Voltaires Auseinandersetzung mit der Geologie zeugen, in ihrer Gesamtheit aufzuführen und zu analysieren.[212] Es ist aber deutlich geworden, dass Voltaire sich in seiner zweiten Lebenshälfte (ab den

206 Vgl. *Barber*, Voltaire, 250.

207 In der kritischen Ausgabe der Werke Voltaires, den *Œuvres complètes de Voltaire*, war zum Zeitpunkt der Abfassung dieser Arbeit der Band zu den *Singularités* noch nicht erschienen. Deshalb wird hier die für die Rezeption im deutschsprachigen Raum maßgebliche Dresdener Ausgabe von Conrad Walther zu Grunde gelegt. Das Werk lässt sich als Synthese der an verschiedenen Stellen geäußerten Gedanken zur Erdgeschichte verstehen. Von den 38 Kap.n wurden lediglich vier vollständig neu konzipiert. Das sind: Kap. 1 ‚Des Pierres figurées'; Kap. 7 ‚De la Pierre'; Kap. 8 ‚Du Caillou'; Kap. 9 ‚De la Roche'; vgl. Carozzi, Attitude, 64 f.

208 Zur Gattung ‚Theory of the Earth' vgl. *Rudwick*, Bursting, Kap. 3: ‚The Theory of the Earth', 133–180.

209 *Voltaire*, Singularités, 1.

210 Vgl. ebd., 36–39.

211 Ebd., 38.

212 Weitere Belege finden sich etwa in *Les Colimaçons du révérend père l'Escarbotier* (1768). Außerdem thematisieren mehrere Artikel der *Questions sur l'Encyclopédie* erdgeschichtliche Fragestellungen, etwa ‚Changements arrivés dans notre globe', ‚Des coquilles', und ‚Déluge universel'; auch im [*Third Paris notebook*] finden sich einschlägige Bezüge; vgl. auch den Essay *Dieu, réponse au Système de la nature* (1770); ebenso *Lettre sur un écrit anonyme* (1772); sowie die beiden Gedichte ‚Les Cabales' und ‚Les Systèmes' (1772) und auch *Dialogues d'Evhémère* (1777).

1730er Jahren) verstärkt sowohl mit der Erdgeschichte, aber vor allem auch mit der zeitgenössischen Forschung zu diesem Thema befasste. Auffallend ist dabei, dass er seinen früh formulierten Grundüberzeugungen auch später weitgehend treu blieb. Die späteren Belege wiederholen und variieren bereits früher formulierte Beobachtungen.[213]

Dennoch lassen sich zwei Phasen in seiner Auseinandersetzung mit den Erdwissenschaften konturieren. In der frühen Phase bis 1748 und vornehmlich in den Schriften *Eléments de la Philosophie de Newton* (1738) sowie in der *Dissertation sur les changements arrivés dans notre globe* (1746/48) setzt er sich vornehmlich mit den älteren physikotheologischen Ansätzen des späten 17. und frühen 18. Jahrhunderts auseinander. Dazu gehören die Schriften von Thomas Burnet, William Whiston, John Woodward, Bernard Palissy, Athanasius Kircher und Bernard le Bovier de Fontenelle. In der späteren Phase ab 1750 hingegen kreisen seine Gedanken zentral um die Systementwürfe Benoît de Maillets, Buffons und Jean-Étienne Guettards.

Grundsätzlich ist Voltaire in beiden Phasen gegenüber den Erdwissenschaften skeptisch eingestellt. Er kritisiert die Theorieentwürfe zur Erdgeschichte mitunter sehr polemisch. Allerdings ist dies nicht als eine kategorische Zurückweisung zu verstehen, sondern hauptsächlich als Kritik an spekulativen Methoden und dem damit verbundenen universalen Anspruch.[214] Die Erdwissenschaften konnten in ihrer vorparadigmatischen Phase, im späten 17. sowie im frühen und mittleren 18. Jahrhundert, noch auf kein gesichertes wissenschaftlich-methodisches Fundament zurückgreifen und waren zudem vielfach noch eng mit religiösen Vorstellungen verknüpft. Diese unausgereifte Methodik widersprach Voltaires aus der Auseinandersetzung mit Newton resultierender Überzeugung, dass sich verlässliches Wissen über die Natur nur durch genaue Beobachtung sowie experimentelle Überprüfung generieren ließe. Er hatte sie sich in den 1730er Jahren zu eigen gemacht und sie bestimmte zeitlebens sein Verhältnis zu den Erdwissenschaften, wie Barber hervorhebt:

> Newton's achievements gave Voltaire a sound criterion of scientific proof [...]. It is true, I think, that Voltaire's fundamental intellectual attitudes had crystallised by the 1730s, under the influence of Newtonian physics with its view of scientific truth as something mathematically quantifiable and solidly based on observations and experiments which are universally verifiable. Neither biology nor geology in Voltaire's time was in a position to meet that criterion [...].[215]

213 *Barber*, Voltaire, 251.
214 Vgl. ebd., 250.
215 Ebd., 254.

In dem hier verhandelten Kontext und der Frage nach dem Zusammenhang von Erdgeschichte und Geschichtsphilosophie sind vor allem die beiden Schriften *Philosophie de l'histoire* und *Essai sur les mœurs* von Relevanz. Ihre Bedeutung liegt darin, dass Voltaire am Ende seines Lebens seine Vorstellungen über die Erdgeschichte und insbesondere seine grundlegende Ablehnung von umfassenden Veränderungen teilweise revidiert.[216] Er postuliert, „daß unsere Welt [...] viele Veränderungen ausgestanden" und „daß das Meer unermeßliche Gegenden bedecket habe, die jetzt mit großen Städten und mit reichen Erndten angefüllet sind."[217] Mit diesen Bemerkungen überschreitet er den heilsgeschichtlich eingegrenzten Horizont der traditionellen Geschichtsschreibung. Voltaire hat damit nicht nur „als erster die Schranken zwischen christlicher und nichtchristlicher Welt, zwischen europäischen und nichteuropäischen Völkern aufgehoben",[218] sondern eben auch diejenigen zwischen Erd- und Menschengeschichte. Mit dieser Erweiterung des Zeithorizonts um die geologische ‚Vorgeschichte' der Geschichte sprengt der ‚Theist' Voltaire entschieden das christliche Geschichtsbild. Die damit verbundenen Spannungen zwischen Wissenschaft und Glauben werden komplett ausgeblendet – obwohl ihm sicher bewusst war, dass Buffon im Jahre 1751 seine dem mosaischen Bericht widersprechenden Darstellungen widerrufen musste.[219]

Von besonderer Wichtigkeit ist, dass Voltaire zwischen Erd- und Menschengeschichte einen Entwicklungszusammenhang postulierte. Die Geschichte des Menschen wird räumlich und zeitlich ausgeweitet und mit derjenigen der Natur verbunden. Die Wurzeln der Kultur werden in der Natur verortet und beide werden über eine gemeinsame Entwicklungsvorstellung miteinander verknüpft. Im *Fragment sur l'histoire générale* (1773), weist er explizit auf diesen Zweck hin: „Ce fut donc en consultant la nature que nous tâchâmes de porter quelque faible lumière dans le ténébreux chaos de l'antiquité."[220] Die Verknüpfung von Natur und Geschichte findet dabei auf verschiedenen Ebenen statt. Einerseits postuliert Voltaire, dass die Wurzeln der Kultur in der Natur aufzusuchen sind. Andererseits zeitigen die ‚Revolutionen der Erde' Auswirkungen, die sowohl die physische wie auch die moralische Welt betreffen: „Mille révolutions locales ont certainement changé une partie du globe, dans le physique et dans le moral".[221]

---

216 Vgl. ebd., 253.
217 *Voltaire*, Philosophie der Geschichte, 1f.
218 *Gölter*, Geschichtsauffassung, 108.
219 Zu Voltaires Verhältnis zum biblischen Zeithorizont vgl. *Muhlack*, Geschichtswissenschaft, 155 und 189.
220 *Voltaire*, Fragment sur l'histoire générale (1773); zit. n. *Dierse/Scholtz*, Geschichtsphilosophie, 417.
221 *Voltaire*, Essai, 16.

Nicht zuletzt wegen ihrer Radikalität und Universalität wurden Voltaires Gedanken zur Natur der Geschichte viel rezipiert und weit über die Grenzen Frankreichs hinaus richtungsweisend für das Geschichtsdenken und für die geschichtsphilosophischen Diskurse.[222] Insbesondere für den deutschsprachigen Raum waren Voltaires Geschichtsmodelle, im Gegensatz zu ähnlich ausgerichteten Ansätzen, wie etwa dem von Nicolas-Antoine Boulanger (1722–1759),[223] immens wichtig.[224] Horst Walter Blanke und Dirk Fleischer haben hervorgehoben: „[D]ie deutsche Aufklärungshistorie ist ohne Bezug auf Voltaires *Essai sur les moeurs* (1756) und seinen Versuch einer *Philosophie de la histoire* [sic!] (1756) [sic!] [...] undenkbar."[225]

---

222 Vgl. *Weber*, Universalgeschichte, 56: Rohbeck konstatiert, dass Guillaume Thomas François Raynal (*L'Histoire philosophique*) Constantin François Volney (*Les Ruines Ou Méditations Sur Les Révolutions Des Empires*) und auch der Engländer William Robertson (*The History of America*) von Voltaire inspiriert wurden und seine Naturkonzeption zu Grunde legten. Das Gleiche gilt auch für die Geschichtskonzeptionen Adam Fergusons (*An Essay on the History of Civil* Society sowie *Principles of Moral and Political Science*) und Condorcets (*Esquisse d'un tableau historique des progrès de l'esprit humain*), die ebenso Naturgeschichte und Menschengeschichte konzeptionell miteinander verbanden. Auch die geschichtsphilosophischen Entwürfe von Turgot, Rousseau, James Burnett „beginnen wie selbstverständlich mit einer Geschichte der Tiere, die dann von der Menschheitsgeschichte abgelöst wird. Häufig werden sogar noch kosmologische und geologische Überlegungen zur Erdgeschichte vorangestellt." *Rohbeck*, Fortschrittstheorie, 48, Fußn. 75; sowie *Rohbeck*, Aufklärung, 129 f.

223 Der Aufklärungsphilosoph Nicolas-Antoine Boulanger ist ein gutes Beispiel für die Tendenz der Spätaufklärung, Erdgeschichte und Menschengeschichte zu verbinden. In seinem Werk *L'Antiquité dévoilée par ses usages* (1766), welches von d'Holbach herausgegeben wurde, postulierte er einen Zusammenhang zwischen der Geschichte der Erde und der Ausbildung der Kultur: Die Entwicklung von politischen und religiösen Institutionen versteht er als Reaktion auf Katastrophen der Erdgeschichte. Zyklisch eintretende erdgeschichtliche Katastrophen seien ein Agens kultureller Entwicklung. Sie sind bei Boulanger Universalerklärung für die Genese von Gesellschaft und Religion. Zwar wurde Boulanger (vor allem in Frankreich) stark rezipiert, auf das sich ausprägende Geschichtsdenken im deutschsprachigen Raum hatte er allerdings nur untergeordneten Einfluss. Deswegen wird auf diesen für das Thema dieser Arbeit höchst einschlägigen Aufklärer nur in dieser Fußnote verwiesen. Als Einstieg zu Boulanger vgl. *Asal*, Art; sowie *Rossi*, Abyss, hier den Abschnitt ‚Boulanger and Vico', 101–107; zu seiner Bedeutung als Geologe vgl. *Rudwick*, Bursting, 186.

224 Vgl. *Möller*, Friedrich, 60; dieser belegt die Bedeutung Voltaires für das Geschichtsdenken im deutschsprachigen Raum; vgl. auch *Proß*, Idee, 273, der hervorhebt, dass „die französischen Autoren [...] weit wirkungsmächtiger in Deutschland waren, als es die Forschung bisher zu zeigen mochte." Sowie *Cartier*, Licht, 120.

225 *Blanke/Fleischer*, Artikulation, 30.

3.4 Johann Gottfried Herder und die Geologie

Ebenso wie bei Voltaire bilden auch in Johann Gottfried Herders (1744–1803) geschichtsphilosophischen Entwürfen Erd- und Menschengeschichte eine Einheit.[226] Obwohl dieser u. a. von Voltaire inspirierte Ansatz, Natur und Geschichte zu verklammern, als kennzeichnend für Herders geschichtsphilosophisches Denken gilt,[227] wurde bislang übersehen, dass Herder seiner Natur-Kultur-Synthese insbesondere auch geologische Vorstellungen zu Grunde legt.[228] Diese Vernachlässigung der Geologie ist überraschend, da Herders naturwissenschaftliches Denken bereits relativ gut erforscht ist.[229] Noch verwunderlicher ist die Missachtung der Geologie vor dem Hintergrund, dass sie die mit Abstand gewichtigste naturkundliche Disziplin zu Herders Lebzeiten war.[230] Mit Johann Ehrenreich von Fichtel gibt ein Zeitgenosse in einer Schrift von 1792 etwas ironisch Auskunft über die Fülle von Publikationen:

> [M]an sagte mir, in dem vorletzten Decennium des itzigen Jahrhunderts, sey über Mineralien mehr geschrieben worden, als über Theologie, Philosophie und Jurisprudenz mitsammen in einem halben Jahrhundert, ja es gebe mineralogische Papiere, wie Heu und Stroh im gegenwärtigen fruchtbaren Jahre.[231]

---

226 Herder wurde von Voltaire beeinflusst. Er hatte dessen Geschichtsphilosophie bereits in Riga (1764–1769) studiert. Insbesondere Herders *Ideen zur Philosophie der Geschichte der Menschheit* (1784–1791) und dort die Abschnitte über die ‚Veränderungen der Welt' wurden von Voltaires *Philosophie de l'Histoire* (1765) inspiriert; vgl. *Suphan*, Schlußwort, 656; vgl. auch *Herder*, Werke Bd. 32, 27. Dasselbe gilt auch für Herders Revolutionsbegriff; vgl. *Arnold*, Wandlungen, 165; *Liebel-Weckowicz*, Herder's Place, 64; *Sauter*, Herder, 7.

227 Vgl. *Collingwood*, Idea, 89. Zudem würdigt er den Ansatz als „the most important expression of this new attitude to the past"; ebd., 88 f. Auch von der deutschsprachigen Forschung wurde dieses Urteil übernommen; vgl. *Conze*, Evolution, 14; *Engelhardt*, Wandlungen, 49; *Proß*, Nachwort, 987; vgl. zu diesem Ansatz auch *Nisbet*, Naturgeschichte; *Nisbet*, Geschichtsdenken; *Nisbet*, Bedeutung; *Garber*, Selbstreferenz.

228 Vgl. *Proß*, Begründung, 191, Fußn. 12; soweit ich sehen konnte, existiert nur ein einziger einschlägiger Aufsatz: *Rahden*, Blick; vgl. auch *Nisbet*, Herder, hier das Kap. mit dem Titel ‚The geological sciences and cosmology; meteorology; geography', 164–192; zudem liegt mir ein unveröffentlichtes Vortragsmanuskript vor, welches Georg Braungart dankenswerterweise zur Verfügung gestellt hat: *Braungart*, Herder.

229 Das gilt insbesondere für die Biologie sowie für die Geographie. Zum Verhältnis Herders zur Biologie vgl. *Lovejoy*, Herder; *Stolpe*, Herder; *Liebel-Weckowicz*, Herder's Place; *Liebel-Weckowicz*, Ranke; *Proß*, Idee. Herders Interesse an der Geographie wurde durch die Königsberger Vorlesungen Kants angeregt, vgl. *Günzel*, Geographie; sowie die frühe Studie *Lehmann*, Herder.

230 Vgl. *Schwarz*, Schlüssel, 50; sowie *Bowker*, Ursprünge, 705.

231 [*Fichtel*, Johann Ehrenreich von]: Die Mineralogen gegen das Ende des achtzehnten Jahrhunderts. Frankfurt und Leipzig 1792. Zit. n. *Guntau*, Wert, 152.

Zudem war sie auch die kontroverseste wissenschaftliche Disziplin. Herder selbst fragt rhetorisch: „Welche Frage z. B. hat mehr Streit erreget, als die über das Alter der Welt, über die Zeitdauer unsrer Erde und des Menschengeschlechtes?“[232]

Es ist die untersuchungsleitende Vermutung dieses Abschnitts, dass Herders Geschichtsphilosophie und ihre charakteristische Verklammerung von Natur und Geschichte erst vor dem Hintergrund einer intensiven Beschäftigung mit den Erdwissenschaften ihre prägnanten Konturen gewinnen konnte, denn die Bildungsgesetze der Materie sind der Garant für die Kontinuität zwischen Natur und Geschichte; sie formulieren die Basistheorien für den geschichtlichen Verlauf und stellen das Fundament für alle kontinuierlich darauf aufbauenden Entwicklungen dar.

Neben den bereits gut erforschten Philosophen und Theologen Herder tritt hier also der bislang fast unbekannte Erdwissenschaftler. Dies wirft ein neues Licht auf Herder – nicht nur auf den Anthropologen und Geschichtsphilosophen, sondern auch auf den Theologen: Denn während Herder in den *publizierten* Schriften seines Frühwerks, vor allem denjenigen zum Alten Testament, theologisch-rationalistische Erklärungen der Erdgeschichte verwarf und im Besonderen die physikotheologischen Entwürfe kategorisch ablehnte, zeigt sich in zu seinen Lebzeiten *un*publizierten Texten desselben Zeitraums eine weitgehende Akzeptanz von geologischen Theorien und den damit verknüpften Vorstellungen von Wandel, Entwicklung und Dauer. Dies gilt insbesondere für das *Journal meiner Reise im Jahre 1769* (entstanden 1769, erstmals publiziert 1846), die Schrift *Über die ersten Urkunden des Menschlichen Geschlechts. Einige Anmerkungen* (entstanden 1768 – 1769, erstmals publiziert 1980), sowie für das Fragment *Zur Geschichte der Wissenschaften aus Boulanger* (mutmaßlich entstanden 1766, erstmals publiziert 1899).[233] Die unpublizierten Schriften ermöglichen damit tiefere Einblicke in Herders erdgeschichtliches Denken als die publizierten. Die Ursache dieser Diskrepanz wird hier diskutiert.

Der ‚späte‘ Herder hat diesbezüglich den Schritt in die Öffentlichkeit gewagt. Vor allem in den späten geschichtsphilosophischen Schriften haben die Erdwissenschaften deutlichen Niederschlag hinterlassen und prägen Herders Vorstellung von Veränderung und Entwicklung grundlegend.

Zunächst bilden Herders ‚frühe‘ Schriften den Ausgangspunkt der Untersuchung; anschließend wird das geschichtsphilosophische Spätwerk analysiert. Zwei Gesichtspunkte sind dabei erkenntnisleitend: Einerseits wird die Beschäf-

232 *Herder*, Ideen III,1, 377.
233 Das gilt jedoch nicht für den methodischen Ansatz der Physikotheologie. Dieser wird in den unpublizierten Schriften ebenso vehement abgelehnt wie in den publizierten.

tigung des *Theologen* Herder mit der Urzeit der Erde vor dem Hintergrund der Debatte um ‚Genesis und Geologie' analysiert. Dabei wird Herders etwas ambivalente Positionierung im ‚Basalt-Streit' untersucht.[234] Sodann wird die Entwicklung seiner Vorstellungen zum Erdalter, woran sich der Einfluss der Erdwissenschaften auf Herders Denken exemplarisch erkennen lässt, nachvollzogen. Andererseits wird die Frage untersucht, wie Herder als *Geschichtsphilosoph* und ‚*Anthropozentriker*' die Marginalisierung des Menschlichen durch die geologische Tiefenzeit reflektierte.[235] Mit dieser Frage zielt die Arbeit auf folgenden Problemhorizont: Von der Forschung wird Herder übereinstimmend als prototypischer Vertreter anthropozentrischen Denkens sowie als ‚Ausgangspunkt der modernen philosophischen Anthropologie' charakterisiert;[236] dabei wird postuliert, dass er auch die Erdgeschichte teleologisch und damit anthropozentrisch konzipiert hätte.[237] Im Gegensatz dazu bilanziert diese Arbeit die Brüche und Inkommensurabilitäten in Herders anthropologischem und anthropozentrischem Denken, die bei der Beschäftigung mit den Erdwissenschaften zu Tage treten.

Herder und die Erdwissenschaften

Wie schon erwähnt, wurde Herders Rezeption der Erdwissenschaften von der Forschung bislang vergleichsweise stiefmütterlich behandelt.[238] Das ist verwunderlich, denn Herder bekundete ein ausgeprägtes Interesse für diese Gebiete. Auf familiärer Ebene begründete er eine bis in die Enkelgeneration reichende Tradition von praktisch tätigen Geologen. Herders Sohn August (1776 – 1838) studierte u. a. an der Freiberger Bergakademie bei Abraham Gottlob Werner. Später war er als Oberbergmann in Sachsen der höchste im Montanwesen tätige Beamte und wurde für seine Verdienste vom König von Sachsen in den Freiherrenstand erhoben. Auch dessen Sohn Wolfgang von Herder (1810 – 1853) blieb den Erdwissenschaften verbunden und arbeitete als Oberbergamtsassessor in Freiberg.[239]

Zudem war die Beschäftigung mit den Erdwissenschaften auch im Freundes- und Bekanntenkreis fest verankert. Enge Freunde wie Goethe, Knebel, Einsiedel oder Merck begaben sich auf ‚Fossilienjagd' und waren für Herder in diesen

234 Vgl. zum Basaltstreit *Martens*, Goethe.

235 Herder wird als ein Hauptvertreter des anthropologischen und anthropozentrischen Denkens in der zweiten Hälfte des 18. Jahrhunderts dargestellt; vgl. *Düsing*, „Anthropozentrische Elemente.

236 Vgl. das gleichlautende Kap. in *Pannenberg*, Anthropologie, 40 – 43.

237 Vgl. *Sommer*, Sinnstiftung, 227.

238 Vgl. Fußnote 228 in diesem Kapitel.

239 Vgl. *Gümbel*, Herder, Siegmund.

Fragen wichtige Gesprächspartner.[240] Neben Goethe scheint insbesondere Johann Heinrich Merck (1741–1791) in dieser Hinsicht einen prägenden Einfluss auf Herder ausgeübt zu haben.[241]

Im Kontext der unterschiedlichen erdwissenschaftlichen Theorien entwickelte Herder eine besondere Affinität zum System des Freiberger Geologen Abraham Gottlob Werner (1749–1817), der auch der Lehrer und Förderer seines Sohnes August war. In einem Brief an Johann Wilhelm Ludwig Gleim (1719–1803) lobt Herders Frau Carolina den „vortreffliche[n] Bergrath Werner", durch dessen „unvergleichlichen Unterricht in seinen Collegia" auch der Sohn August reüssiere.[242] Das Verhältnis von Herder und Werner charakterisiert Carolina wie folgt:

> Eben so lebhaft interessierte ihn [Herder; D.S.] unsers großen Werners geognostisches System. August [Herders Sohn; D.S.] mußte ihm dasselbe erzählen. In Aachen [...] wo auch Werner zu gleicher Zeit mit uns da war, hatte derselbe die Güte, Herders Wißbegierde zu befriedigen, und ihm mündlich in mehrern Stunden einen Abriß seines Systems mitzuteilen. Herder hatte eine ausnehmende Freude darüber.[243]

Herder war von der Entdeckung der Erdgeschichte fasziniert. Wie Carolina Herder mitteilt, wünschte er sich sogar, später geboren zu sein, um die weitere Entwicklung der Erdwissenschaften mitzuerleben, denn er empfand bei der Beschäftigung mit diesen Interessensgebieten einen größeren Genuss, als im „bloße[n] Spielwerk der Phantasie":

> In den letzten Jahren so mannichfaltiger Entdeckungen, unter welchen er [Herder; D.S.] Werners geognostisches System vorzüglich schätze, wünschte er manchmal, erst jetzt geboren zu seyn, um die Resultate, die sie herbeiführen, zu erleben. Er lebte in diesen Ideen; an Auffindung, Verbindung und Harmonie der Gesetze der Natur unter einander und mit dem Ganzen, auch in moralischer Hinsicht, hing seine ganze Seele. Dies waren ihm weit höhere und liebere Genüsse als das bloße Spielwerk der Phantasie.[244]

Neben Abraham Gottlob Werner wurde Herder von Buffon beeinflusst.[245] Diese Verbindung ist in zweifacher Hinsicht brisant: Einerseits vertrat Buffon in seinen *Époques de la nature* (1778) plutonistische Vorstellungen und erwies sich damit als ein theoretischer Antipode des Neptunisten Werner. Andererseits war der von

240 *Nisbet*, Herder Philosophy, 164.
241 Vgl. *Rupke*, Study, 401.
242 *Düntzer/Herder*, Briefe, 306.
243 *Herder*, Erinnerungen, 109.
244 Ebd., 195; auch in den *Ideen* formuliert Herder einen diesen Schilderungen Carolinas entsprechenden Gedanken; vgl. *Herder*, Ideen III,1, 25.
245 Vgl. *Hoorn*, Leibe, 185; *Zammito*, Naturgeschichte, 72 f.; *Garber*, Selbstreferenz, 138, Fußn. 5.

Buffon mit großer Bestimmtheit vorhergesagte Kältetod der Erde insbesondere in theologischer Hinsicht brisant. Herder war sich der Brisanz von Buffons Schrift bewusst. Davon zeugt die bereits in der *Ältesten Urkunde* artikulierte Kenntnis von Buffons Konflikt mit den Theologen der Sorbonne.[246]

Der Einfluss Buffons zeigt sich insbesondere an Herders Geschichtsbegriff. Im gleichem Maße wie Buffon die Natur dynamisiert und ihr die Charakteristika eines modernen Geschichtsverständnisses verleiht, naturalisiert Herder die menschliche Geschichte.[247] Damit wird der Geltungsbereich, in dem die Entwicklung der Kultur zu betrachten ist, beträchtlich ausgeweitet. Er umfasst nicht nur räumlich-geographische, sondern auch erdzeitliche Dimensionen. Neben Werner und Buffon orientierte sich Herder zudem maßgeblich an den naturgeschichtlichen Schriften Immanuel Kants.[248]

Herders *Journal meiner Reise im Jahre 1769* und seine theologischen Schriften zum Alten Testament

Es ist auffallend, dass der charakteristische Grundzug von Herders später Geschichtsphilosophie, Natur und Geschichte zu verklammern, bereits in seinem Frühwerk sehr prägnant artikuliert wird.[249] Im erst postum publizierten *Journal meiner Reise im Jahre 1769* reflektiert Herder bereits über das „Große[...] Thema" einer „Universalgeschichte der Bildung der Welt".[250] Dabei formuliert er auch seinen charakteristischen methodischen Zugang, der darin besteht, die Entwicklung der menschlichen Geschichte analog zu derjenigen der Natur zu begreifen und die Gesetzmäßigkeiten herauszuarbeiten, die beiden Entwicklungen gleichermaßen zu Grunde liegen:

---

246 *Herder*, Älteste Urkunde, 195.

247 Zu Buffons Geschichtsbegriff vgl. *Reill*, Buffon, 670; *Koselleck*, Geschichte, 681. Zu den Unterschieden zwischen Buffons und Herder Geschichtsbegriff vgl. *Conze*, Evolution, 14.

248 Vgl. besonders Kants frühe, vorkritische Schriften zur Kosmologie und Geologie, insbesondere die *Allgemeine Naturgeschichte und Theorie des Himmels* (1755); aber auch die *Untersuchung der Frage, ob die Erde in ihrer Umdrehung um die Achse einige Veränderung erlitten habe* (1754) sowie die *Frage, ob die Erde veralte, physikalisch erwogen* (1754) und auch *Über die Vulkane im Monde* (1785); vgl. auch die ‚Erdbebenschriften': *Kant*, Ursachen der Erderschütterungen; *Kant*, Fortgesetzte Betrachtung; *Kant*, Geschichte. Zu Kant und Herder vgl. auch *Beiser*, Enlightenment, 194; *Liebel-Weckowicz*, Herder's Place, 63; Zu Kants Bezug auf die Erdwissenschaften vgl. *Fritscher*, Kritik; *Günzel*, Radikalaufklärung.

249 Vgl. *Förster*, Herder, 363 f.

250 *Herder*, Journal, 365.

> Gesetze der Welt: Gesetze der Körper: Gesetze Menschlicher und Tierischer Naturen; euch will ich in der Dunkelheit meines Labyrinths zu Hülfe nehmen, wie Gesetze für Nationen zu schaffen sind, daß sie so wie ihr, gelten, würksam werden, glücklich machen, ihr Ziel erreichen! Gesetze der Körper zuerst, denn sie sind die bekanntesten.[251]

Ebenso beinhalten diese frühen Schriften bereits sehr prägnante Spekulationen über die Uranfänge des organischen Lebens. In einem bedeutenden Fragment, welches Bernhard Suphan als die „‚Urzelle' der Geschichtsphilosophie" Herders bezeichnete,[252] finden sich „quasi-evolutionäre Gedankenexperimente":[253]

> Die unermeßlichen Welten; die vielen Sonnen p.
> Unsere Erde p.
> Das veste Land ein Berg
> Die See ein Wasserbecken voll Meerthiere
> Die Erdstrata . ...
>
> ***
>
> In welcher Welt war ich; ehe ich hier her p.
> Was werde ich sein
> Zusammenhang der Geschöpfe; große Geister
> Vielleicht empfinden die Pflanzen, wie wir
> Ich bin ein Thier gewesen;[254]

Es ist bemerkenswert, dass diese fragmentarischen und abrupt abbrechenden Ausführungen bereits eine deutliche Kluft zur biblischen Darstellung erahnen lassen. Wolfgang Proß erkennt in ihnen ein Geschichtsbild, welches sich „trotz aller Lippenbekenntnisse des Glaubens" bereits grundlegend von den Vorgaben der *historia sacra* entfernt habe und „das dem etablierten dogmatischen Glauben an eine göttliche Lenkung des Universums bis hinein in das Leben des Individuums und dessen Teilhabe an dieser Göttlichkeit diametral entgegengesetzt ist."[255]

Auch wenn sich in diesem Text Ansätze von Herders geschichtsphilosophischen Entwicklungskonzepten bereits erkennen lassen, ist seine Haltung gegenüber den Erdwissenschaften zur gleichen Zeit von einer deutlichen Ablehnung geprägt. Gegen Ende der Rigaer Zeit (1764–1769), vermutlich in den Jahren 1768 und 1769, verfasste Herder einen Text, der ebenso wie das *Journal meiner*

---

251 *Herder*, Blätter, 472.
252 *Suphan*, Schlußwort, 665.
253 *Rahden*, Blick, 65.
254 *Suphan*, Schlußwort, 665.
255 *Proß*, Nachwort, 881

Reise im Jahre 1769 postum publiziert wurde. Er trägt den Titel *Über die ersten Urkunden des Menschlichen Geschlechts. Einige Anmerkungen* und stellt die früheste zusammenhängende Bibelauslegung Herders dar.[256] Es ist eine bisweilen stark polemisch geprägte Auseinandersetzung mit der zeitgenössischen Forschung zu den ersten Kapiteln der Genesis (1–11) und ein Plädoyer für ein historisch-kritisches Verständnis derselben. Die ersten Kapitel der Bibel seien vor allem als poetischer Ausdruck zu verstehen. Es seien „Poetische, Orientalische Urkunden [...], aus den Sagen voriger Zeiten!"[257] Sie seien nicht göttlichen Ursprungs, sondern anthropomorph: „Gott denkt ohne Worte, ohne Symbole, ohne Reihen, ohne Bilder, ohne alle Außenwerke der Vorstellung. [...]. In diesem Verstande ist Alles in der Bibel durchaus Menschlich. Gedanke, und Wort, und Reihe und Art der Vorstellung alles Menschlich."[258]

Durch dieses ‚ästhetische' Verständnis der Genesis und das Postulat, dass sie ausschließlich als poetischer Ausdruck zu verstehen sei und sich keine konkrete Tatsachenbeschreibung aus ihr ableiten ließe, entzog Herder der biblischen Urgeschichte ihre ‚wissenschaftliche' Erklärungskraft. Er ging damit auf kritische Distanz zu historischen und naturhistorischen Auslegungen der Bibel. Insbesondere über letztere äußerte er sich mit besonderer Abneigung: Diese neue „Mode [...] [ist] weit heftiger, gelehrter und ansteckender gewesen" als die anderen. Diese „Wut ‚*Physischer Systeme*' über die Mosaische Geschichte"[259] und die „Physische[n] Hypothesen über das erste Kapitel des ersten Buchs Mose" erscheinen Herder als „Furien, die den Text verwüsten und zerreißen".[260] Ebenso wie die Genesis seien auch die erdhistorischen Theorien poetische Machwerke, die von nichts weiter zeugten als dem Erfindungsgeist ihrer Schöpfer:

> Wie viel Schöpfungsgeist haben die *Cartesianer* bewiesen, wenn sie die Welt aus Atomen, *Burnet* durch die Gesetze der Schwere, *Whiston* durch seinen dienstfertigen Kometen erbauet! Ein Schöpfer warf die Welt des Andern über den Haufen, und jeder blies die seinige, oft mit mehr Phantasie als zu einem Roman erfordert wird, aus seinem Gehirn, wo sie lange voraus fertig lag, und nur mit den Worten Moses bedeckt wurde.[261]

Allerdings richtet sich Herders deutlich artikulierte Kritik insbesondere auf den *methodischen Zugang* der Physikotheologie, der darin besteht, Offenbarung und

256 Er wurde erst 1980 von Günter Arnold im Nachlass Johannes von Müllers in der Schaffhauser Stadtbibliothek wiederentdeckt; vgl. *Smend*, Kommentar, 1328.
257 *Herder*, ersten Urkunden, 26.
258 Ebd., 29.
259 Ebd. 42. [Hervorhebung im Original.]
260 Ebd., 21.
261 Ebd., 42. [Hervorhebungen im Original.]

Naturgeschichte aufeinander zu beziehen. Sie richtet sich weder gegen die Annahme einer dynamischen Naturgeschichte noch gegen die Vorstellung einer Erdgeschichte, die von der biblischen Darstellung abweicht. Im Gegensatz zur Überlieferung der Bibel versteht Herder die versteinerten Muscheln auf den Bergen nicht als Überbleibsel der Sintflut, sondern als unmissverständliche Zeugnisse erdgeschichtlicher Umwälzungen: „Da habens ja andre Naturlehrer aus zehn Gründen und Proben bewiesen, daß diese Versteinerungen vielmehr zeugen, daß die Erde voraus Jahrhunderte durch ein Seegrund gewesen, als daß eine Überschwemmung von etlichen Tagen sie habe erzeugen können.“[262] Allerdings werden die Spannungen und Widersprüche zwischen theologischer Überlieferung und naturgeschichtlichen Zeugnissen und damit der Konflikt zwischen Genesis und Geologie intentional ausgeblendet:

> Mit den Dokumenten und Überbleibseln einer allgemeinen Überschwemmung, wie man sie in so vielen Ländern gefunden, fangen wir nicht an, denn wie anders würden doch diese Muschelalgen und Versteinerungen an sich selbst reden müssen, wenn wir nicht zum Voraus zu ihnen den Glauben daran, aus unser Morgenländischen Urkunde mitbringen, sondern auf sie als Naturphänomena merken wollen? [...]. Wir nehmen also unsre Morgenländische Urkunde so zur Hand, als wenn wir von Nichts anders in der Welt wüßten.[263]

Insbesondere dieser letzte Satz ist aufschlussreich für die Haltung des jungen Herder zu den Erdwissenschaften. Hier lässt sich erkennen, dass die Ausblendung der Erdgeschichte durchaus programmatischen Charakter besaß. „Muschelalgen und Versteinerungen“ werden ignoriert. Die Genesisexegese scheint Herder nur vor dem Hintergrund einer weitgehenden Verdrängung der Erdgeschichte möglich.

Charakteristisch für Herders zwiespältige Haltung gegenüber den Erdwissenschaften ist noch ein weiteres früh entstandenes und ebenfalls zu Lebzeiten nicht publiziertes Fragment. Es trägt den Titel *Zur Geschichte der Wissenschaften aus Boulanger* und ist der vermutlich im Jahre 1766 in Riga entstandene Entwurf einer Besprechung von Nicolas Antoine Boulangers (1722–1759) Schrift *L'Antiquité dévoilée par ses usages.*[264] Auch hier richtet sich Herders Kritik nicht gegen die Annahme einer vom biblischen Bericht unabhängigen Erdgeschichte, sondern vor allem dagegen, dass Boulanger versucht, diese Geschichte mit dem biblischen Bericht in Übereinstimmung zu bringen. So sympathisiert Herder zwar durchaus

---

262 Ebd., 141.
263 Ebd., 141 f.
264 Zur zeitlichen Einordnung vgl. die Anmerkungen von Bernhard *Suphan* in: Herder, Werke, Bd. 2, 372; sowie: *Herder*, Werke Bd. 12, 448. Zu Boulanger vgl. *Asal*, Menschengeschichte.

mit den Ergebnissen Boulangers: „So viel ist immer wahr, daß in den Anfangszeiten unsrer Erde große Revolutionen vorgegangen seyn müssen, wie dies so viele Hypothesen der Naturlehrer [...] offenbar bestätigen."[265] Die Methodik Boulangers hingegen, eine Übereinstimmung zwischen Bibel und Naturkunde herbeizuführen, betrachtet er mit Argwohn:

> Wer hat dem Autor gesagt, daß keine andre Revolutionen, als Sündfluthen seyn können, und gewesen sind? Wer sagt es ihm, daß, wenn auch in allen Ländern Spuren von Sündfluth seyn sollten, diese Ueberschwemmungen alle auf einmal und so mächtig gewesen, daß die gewaltsamen Wirkungen draus entstanden [...]?[266]

Angesichts dieses methodischen Vorgehens Boulangers verliert Herder jegliche kritische und professionelle Distanz und äußert sich sehr polemisch. Er nennt Boulangers Schrift eine „unglückliche Mißgeburt" und unterstellt dem Verfasser, „allen gesunden Verstand in der Sündfluth ersäuft" zu haben.[267]

Auch in der *Ältesten Urkunde des Menschengeschlechts* von 1774/76 bringt Herder im ersten Abschnitt, ‚Bisheriger Sinn oder Unsinn der Schulen', seine Verachtung für die physikotheologischen Ansätze deutlich zum Ausdruck: „[I]hr *Burnets*, *Whistons*, *Cluvers*, *Patriks*, *Silberschlags* und hundert Euer Mitbrüder, wen habt ihr mit Träumen und Hypothesen, Atome, Kräfte, Feuerteilchen, und Kometensphären durch alle sechs Tage hindurch gejagt und gegeißelt – wen habt ihr überzeugt?"[268] In Herders Augen ist „aller Physische [...] Kram, diesem ehrwürdigen Urstücke angestrichen, Schande und Sünde [...], Schande der Menschlichen Vernunft, und Sünde gegen die einfältige, unverwirrte Offenbarung".[269] Sein Vorschlag zum Umgang mit den physikotheologischen Ansätzen ist entsprechend rabiat: „Wenn alle Bücher sollten zusammengebracht werden, die übers Erste Kapitel des Ersten Buchs Mose mehr oder minder kommentiert – gewiß ein Brand, wie dort in Alexandrien! und ich hoffe, viele sollen mit diesem Buche dazu reif werden."[270]

265 *Herder*, Boulanger, 153.
266 Ebd., 154.
267 Ebd., 153, 156.
268 *Herder*, Älteste Urkunde, 188. [Hervorhebungen im Original.] Seine ambivalente Haltung hat Herder etwas später in seiner *Ältesten Urkunde*, 190, selbst auf den Punkt gebracht: „*Scheuchzers*, *Nieuwentyts* und andre Werke dieser Art sind meistens dem Physischen Teil nach gut oder vortrefflich: dem Theologischen und zumal *Auslegungsteil* nach erbärmlich." Hervorhebungen D.S. Dieses Urteil lässt sich auch auf Boulangers Schrift übertragen; vgl. auch *Nisbet*, Bedeutung, 210; *Bultmann*, biblische Urgeschichte, 135.
269 Ebd., 199.
270 Ebd., 185.

In dieser und in vergleichbarer Weise zieht sich Herders Ablehnung der physikotheologischen Bibelinterpretationen prominent durch seine Schriften zur Exegese des Alten Testaments. Vor allem auch in Anbetracht der Schärfe der Polemik erscheint es verwunderlich, dass Herder gleichzeitig davon ausgeht, dass die Erde für lange Zeiträume mit Wasser bedeckt war. Diese Widersprüche zwischen Genesis und Geologie, die in den Fragmenten zu Boulanger und in den *ersten Urkunden* und damit in den *un*publizierten Schriften anklingen, werden allerdings in den *publizierten* Schriften weitgehend ausgeblendet. Seine Überzeugung, „daß die Erde voraus Jahrhunderte durch ein Seegrund gewesen" und dass Versteinerungen nicht durch „eine Überschwemmung von etlichen Tagen" hätten erzeugt werden können,[271] behält Herder vorerst für sich bzw. formuliert sie ausschließlich in nicht veröffentlichten Schriften.

Herders geschichtsphilosophisches Spätwerk

In den *Ideen zur Philosophie der Geschichte der Menschheit*, in vier Bänden in den Jahren 1784, 1785, 1787 und 1791 erschienen, änderte sich die Bewertung der menschlichen Urgeschichte und damit auch Herders Verhältnis zur biblischen Genesis. Bereits zu Beginn macht er deutlich: „Wer bloß metaphysische Spekulationen will, hat sie auf kürzerm Wege; ich glaube aber, daß sie, abgetrennt von Erfahrungen und Analogien der Natur, eine Luftfahrt sind, die selten zum Ziel führet."[272] Damit legt er der Gesamtkonzeption der *Ideen* den Versuch zu Grunde, die Genesis durch die Naturkunde zu belegen.[273] Die Publikation der *Ideen* markiert damit eine deutliche Änderung von Herders Haltung gegenüber der Urgeschichte der Erde, denn in den *ersten Urkunden* und auch zum Teil in den *Ältesten Urkunden* lehnt er eine Bezugnahme der Naturkunde auf die biblische Offenbarung noch strikt ab. Nun wendet er dieselbe Vorgehensweise an, die er vorher deutlich kritisiert hatte.[274] Das zeigt, wie sich die Legitimationsprozesse gegen Ende des 18. Jahrhunderts verschieben. Die Theologie verlor das Deutungsmonopol für die Darstellung der Entstehung der Erde, und die Stichhaltigkeit ihrer Darstellungen musste fortan naturgeschichtlich belegt und beglaubigt werden.[275]

In den *Ideen* realisiert Herder schließlich die sich bereits im Frühwerk andeutende ‚Universalgeschichte der Bildung der Welt'. Auch im gesellschaftlichen Bereich seien Naturgesetze am Werk, die in analoger Weise zu physikalischen

271 *Herder*, ersten Urkunden, 141.
272 *Herder*, Ideen III,1, 14.
273 Vgl. den Kommentar von Wolfgang *Proß* in *Herder*, Ideen III,2, 42.
274 Vgl. *Nisbet*, Bedeutung, 212.
275 Vgl. *Cartier*, Zeit, 105.

Gesetzen wirkten: „Die ganze Menschengeschichte ist eine reine Naturgeschichte menschlicher Kräfte, Handlungen und Triebe nach Ort und Zeit."[276] Insofern ließe sich die Geschichte der Staaten und Nationen analog zur derjenigen der Tiere und Pflanzen verstehen und erklären.[277] Die ganze Welt sei letztlich ein Ausdruck derselben Grundgesetze: „Die Kraft, die in mir denkt und wirkt, ist ihrer Natur nach eine so ewige Kraft als jene, die Sonne und Sterne zusammenhält [...]. Denn alles Dasein ist sich gleich, ein unteilbarer Begriff, im Größten sowohl im Kleinsten auf einerlei Gesetze gegründet."[278] Die Bedeutung der erdwissenschaftlichen Theorien für die Menschengeschichte hebt Herder besonders hervor. Jene formulieren die Basistheorien und seien Garant für die Kontinuität zwischen beiden Bereichen:

> Was indes jeder Stein- und Erdart verliehen ist: ist gewiß ein allgemeines Gesetz aller Geschöpfe unsrer Erde; dieses ist *Bildung*, bestimmte *Gestalt*, eignes *Dasein*. Keinem Wesen kann dies genommen werden: denn alle seine Eigenschaften und Wirkungen sind darauf gegründet. Die unermeßliche Kette reicht vom Schöpfer hinab bis zum Keim eines Sandkörnchens, da auch dieses seine bestimmte Gestalt hat, in der es sich oft der schönsten Krystallisation nähert. [...]. Von einfachen Gesetzen, so wie von groben Gestalten schreitet sie [die Natur; D.S.] ins Zusammengesetztere, Künstliche, Feine; und hätten wir einen Sinn, die Urgestalten und ersten Keime der Dinge zu sehen, so würden wir vielleicht im kleinsten Punkt die Progression der ganzen Schöpfung gewahr werden.[279]

Die Bildungsgesetze der Materie stellen das Fundament und die Keimzelle für alle kontinuierlich darauf aufbauenden Entwicklungen dar. Vor diesem Hintergrund postuliert Herder einen Zusammenhang zwischen Erdgeschichte und Menschengeschichte und bemerkt resümierend:

> So hat also die Natur mit den Bergreihen, die sie zog, wie mit den Strömen, die sie herunter rinnen ließ, gleichsam den rohen aber vesten Grundriß aller Menschengeschichte und ihrer Revolutionen entworfen. [...]. Das Alles gehört so sehr zur natürlich-fortschreitenden Geschichte des Menschengeschlechts, als zur Naturgeschichte der Erde.[280]

In dieser Konzeption, die Natur und Geschichte verklammert und die Vorstellung einer durchgängigen Entwicklung, einer Evolution suggeriert, ist die große Brisanz und die Bedeutung des Werkes zu sehen, welche Charlotte von Stein in einem

276 *Herder*, Ideen III,1, 522.
277 Vgl. auch *Nisbet*, Naturgeschichte, 34.
278 *Herder*, Ideen III,1, 19 f. Die genaue Bedeutung von Herders ‚Gesetzen' ist oft schwer zu bestimmen; vgl. *Nisbet*, Naturgeschichte, 35.
279 *Herder*, Ideen III,1, 49 f. [Hervorhebungen im Original.]
280 Ebd., 39 f.

Brief an Knebel deutlich macht: „Herders neue Schrift macht wahrscheinlich, daß wir erst Pflanzen und Thiere waren; was nun die Natur weiter aus uns stampfen wird, wird uns wohl unbekannt bleiben."[281]

Weit weniger wohlwollend in seiner Aufnahme der *Ideen* zeigte sich Kant. Vor allem das methodische Konzept erschien ihm als zu spekulativ, und er kritisierte es mit ungeheurer Schärfe: „Allein was soll man überhaupt von der Hypothese unsichtbarer, die Organisation bewirkender Kräfte, mithin von dem Anschlage, das, was man nicht begreift, aus demjenigen erklären zu wollen, was man noch weniger begreift, denken?"[282] Angesichts dieser harschen Kritik und ihrer häufig unkritischen Tradierung[283] darf nicht übersehen werden, dass Herders Werk geistesgeschichtlich enorm einflussreich war und von anerkannten Naturwissenschaftlern wie Georg Forster, Peter Camper und Samuel Thomas von Soemmerring positiv aufgenommen wurde. Auch der Biologe Carl Friedrich von Kielmeyer und der berühmte Geologe Georges Cuvier – um nur zwei Beispiele zu nennen – wurden von Herders *Ideen* maßgeblich geprägt.[284] Auch Herders Aufnahme in die ‚Königlich-Preußische Akademie der Wissenschaften zu Berlin' im Jahre 1787 und in die ‚Physikalische Gesellschaft zu Jena' im Jahre 1793 zeugen von dem durch die *Ideen* erworbenen naturwissenschaftlichen Renommee.[285] Wolfgang Proß resümiert die Bedeutung der *Ideen* wie folgt:

> Herders *Ideen zur Philosophie der Geschichte der Menschheit* gehören, trotz der harschen Kritiken Kants, zu den epochemachenden Werken der Zeit des späten 18. Jahrhunderts, und ihre Nachwirkung reicht ungebrochen auf vielen Gebieten, der politischen und der Ideengeschichte, der Naturwissenschaften und der Anthropologie, bis ins 20. Jahrhundert.[286]

Herder und der Basalt-Streit

Die geologische Debatte darüber, ob die Erde durch das Feuer oder aus dem Wasser entstanden sei, wird als ‚Basalt-Streit' bezeichnet.[287] Inhaltlich standen sich zwei Positionen gegenüber: Der ‚Neptunismus', welcher von der Entstehung

---

281 *Düntzer*, Briefe, 120.

282 *Kant*, Recensionen, 53 f.

283 Das Diktum Kants hat die Herder-Forschung nachhaltig geprägt. Auch in neueren Publikationen werden Herder methodische Schwächen unterstellt. Nur in Schriften der jüngsten Zeit lässt sich eine Zurücknahme derartiger Wertungen erkennen; vgl. *Conze*, Evolution, 14; *Nisbet*, Naturgeschichte, 37; *Proß*, Nachwort, 986.

284 Vgl. *Nisbet*, Herder Philosophy, insbesondere das Kap. ‚Herder's place in the scientific tradition' 325 – 334.

285 Ebd., 325 f.

286 *Proß*, Nachwort, 1021.

287 Vgl. *Martens*, Goethe.

der Erde aus einem langsam ablaufenden Urozean ausging, postulierte allmähliche Prozesse. Der ‚Plutonismus', welcher der Erde einen vulkanischen Ursprung zu Grunde legte, neigte zu katastrophischen Ereignissen (Vulkanausbrüchen u. ä.). Anlass der Auseinandersetzung war die Entstehung des gleichnamigen Gesteines, über welche von den verschiedenen Kontrahenten kontradiktorische Hypothesen formuliert wurden. Wissensgeschichtlich ist diese Debatte äußerst aufschlussreich. Es ist eine vordergründig naturwissenschaftliche Auseinandersetzung über die Entstehung der Erde, die jedoch weitreichende weltanschauliche Implikationen besitzt. Ihre Bedeutung ist vergleichbar mit der Frage: „Kreist die Sonne um die Erde oder umgekehrt?"[288] Die Debatte hat zudem veritable religiöse Relevanz, denn „[a]uf Seiten der ‚Neptunisten' [...] bleibt die Diskussion lange theologisch gefärbt, während sich die ‚Plutonisten' bewußt von religiösen Welterklärungsmodellen absetzen."[289]

Angesichts dieser mit großer Schärfe geführten wissenschaftlichen Debatte und auch ihrer theologischen Brisanz ist Herders Haltung erstaunlich. Während sogar seine Frau Caroline Stellung in der Kontroverse bezog,[290] nahm Herder eine Position ‚zwischen den Fronten' ein. Ebenso wie zu Buffons Plutonismus zeigte Herder Affinität zu Abraham Gottlob Werners Neptunismus.[291] In der Schrift *Vom Geist der Ebräischen Poesie*, die im Winter 1781/1782 entstand, werden diese Vorstellungen prägnant formuliert:

> Aus Wassern hat sich diese [die Erde; D.S.] langsam gebildet: Wasser haben lange und in verschiednen Perioden über ihr gestanden; in den ersten Zeiten ihrer Bewohnung waren Überschwemmungen überall häufig. Vermutlich also war damals nur noch die Höhe der Erde bewohnbar: alles andre lag noch unter den Wassern.[292]

Diese Auseinandersetzung mit der ‚Wasser'-Erde weist inhaltlich bereits auf die kurze Zeit später erscheinenden *Ideen* voraus. Sie bestimmte im Entstehungsprozess des Werks den Gedankenaustausch der (erneuerten) Freundschaft zwischen Goethe und Herder. Goethe charakterisiert diese Zeit näher:

288 Ebd.

289 Ebd.

290 Caroline Herder bemerkt über Werners System: „Daß sein System der Geognosie das wahre ist, sieht jeder Verständige und achtet ihn als den Linné der Mineralogie." *Düntzer/Herder*, Briefe, 306.

291 Vgl. *Nisbet*, Herder Philosophy, 178; sowie *Nisbet*, Naturgeschichte, 18 f. Insbesondere die Rezeption von Peter Simon Pallas' Schriften war wohl ausschlaggebend für Herders Affinität zum Neptunismus; vgl. *Pallas*, Betrachtungen; vgl. auch den Kommentar von Wolfgang *Proß*, in *Herder*, Ideen III,2, 89 f.

292 *Herder*, Geist, 856.

> Unser tägliches Gespräch beschäftigte sich mit den Uranfängen der Wasser-Erde, und der darauf von altersher sich entwickelnden organischen Geschöpfe. Der Uranfang und dessen unablässiges Fortbilden ward immer besprochen und unser wissenschaftlicher Besitz, durch wechselseitiges Mitteilen und Bekämpfen, täglich geläutert und bereichert.[293]

Der hier von Goethe thematisierte ‚Neptunismus' findet sich auch in Herders *Ideen*. Besonders deutlich zeigt er sich in dem Kapitel mit dem aufschlussreichen Titel: ‚Der Planet, den wir bewohnen, ist ein Erdgebürge, das über die Wasserfläche hervorragt'. Die Urgebirge der Erde, so Herder, „schienen gleichsam der alte Kern und die Strebepfeiler der Erde zu sein, auf welche Wasser und Luft nur ihre Last ablegten, bis endlich eine Pflanzstätte der Organisation herabgedacht und geebnet ward."[294] Sie seien zudem sehr alt und stammten aus einer Zeit, in welcher die Erde noch nicht von Menschen bewohnt war:

> Der alte Granit, der Innere Kern unsres Planeten, zeigt soweit wir ihn kennen, keine Spur von untergegangenen organischen Wesen; weder daß er solche in sich enthielte, noch daß seine Bestandteile dieselben voraussetzten. Wahrscheinlich ragte er in seinen höchsten Spitzen über die Wasser der Schöpfung empor, da sich auf denselben keine Spur einer Meerwirkung findet; auf diesen nackten Höhen aber konnte ein menschliches Geschöpf so wenig atmen, als sich nähren.[295]

Zudem evozierte Herder nicht nur neptunistische Vorstellungen, sondern er lehnte die katastrophischen Theorien des Plutonismus als spekulativ und unbeweisbar ab: „Daß dieser Fels glühend aus der Sonne geschleudert sei, ist ein riesenhafter Gedanke, der aber weder in der Analogie der Natur noch in der fortgehenden Entwicklung unsrer Erde Grund findet".[296] Goethe, der dem Neptunismus zugewandt war und der katastrophische Phänomene wie Erdbeben und Vulkanausbrüche als beunruhigende Sinnbilder von Zerstörung aus weltanschaulichen Gesichtspunkten vehement ablehnte,[297] beanspruchte die Urheberschaft für die von Herder formulierten Positionen:

> Im ersten Bande von Herders ‚Ideen zur Philosophie der Geschichte der Menschheit' sind viele Ideen, die mir gehören, besonders im Anfange. Diese Gegenstände wurden von uns damals gemeinschaftlich durchgesprochen. Dazu kam, daß ich mich zu sinnlichen Be-

---

293 *Goethe*, Schriften zur Morphologie, 405.

294 *Herder*, Ideen III,1, 36 f.

295 Ebd., 349. Auch im zehnten Buch des zweiten Teils der *Ideen* rekurriert Herder auf neptunistische Theoriehorizonte; vgl. ebd, 369.

296 *Herder*, Ideen III,1, 369; Hier bezieht sich Herder auf Pallas; vgl. den Kommentar von *Proß* in: *Herder*, Ideen III,2, 104 f.

297 Vgl. *Martens*, Goethe.

> trachtungen der Natur geneigter fühlte, als Herder, der immer schnell am Ziele sein wollte und die Idee ergriff, wo ich kaum noch einigermaßen mit der Anschauung zu Stande war [...].[298]

Allerdings hat Goethe seinen Einfluss auf Herder wohl überschätzt.[299] Trotz der expliziten Stellungnahmen sowohl für den Neptunismus als auch gegen den Plutonismus bleibt Herders Haltung letztlich zwiespältig. Wenn Goethe, wie oben beschrieben, seinen Einfluss auf Herders erdgeschichtliche Vorstellungen geltend macht, dann übersieht er – oder er blendet es aus –, dass es in den *Ideen* ebenfalls Tendenzen zu katastrophischen und vulkanistischen Vorstellungen gibt.[300] Damit wird der von Herder bereits als spekulativ abgetane „riesenhafte Gedanke" einer Entstehung der Erde aus dem Feuer im selben Werk wieder rehabilitiert.

Gleich zu Anfang der *Ideen*, in Kapitel III mit dem Titel ‚Unsre Erde ist vielerlei Revolutionen durchgegangen, bis sie das, was sie jetzt ist, worden', formuliert Herder, in einer Passage, die wohl von Leibniz' *Protogaea* inspiriert ist,[301] diese Positionen:

> Das Wasser hat überschwemmt und Erdlagen, Berge, Täler gebildet: das Feuer hat gewütet, Erdrinden zersprengt, Berge emporgehoben und die geschmolznen Eingeweide des Innern hervorgeschüttet: die Luft, in der Erde eingeschlossen, hat Höhlen gewölbt und den Ausbruch jener mächtigen Elemente befördert: Winde haben auf ihrer Oberfläche getobet und eine noch mächtigere Ursache hat sogar ihre Zonen verändert.[302]

Dabei nimmt Herder zweierlei Arten von Revolutionen an: „Viele dieser Revolutionen gehen eine schon gebildete Erde an und können also vielleicht als zufällig betrachtet werden; andere scheinen der Erde wesentlich zu sein und haben sie ursprünglich selbst gebildet."[303]

Im Kapitel ‚Revolutionen der Welt nach den ältesten Traditionen', das vermutlich aufgrund seiner theologischen Brisanz in der Erstausgabe der *Ideen* unterdrückt wurde und erst postum im Jahre 1814 erschien, skizziert Herder Erdrevolutionen von solcher Heftigkeit, dass sich sogar die Achse der Erde verschob:

> Eine Revolution kam und veränderte so wie den Schwerpunkt und die äußere Gestalt, so auch die Bahn der Erde. Indem der alte Südpol herauf-, der alte Nordpol nach Amerika

298 Zit. n. *Herwig*, Goethes Gespräche, 429.
299 Vgl. *Nisbet*, Herder Philosophy, hier das Kap. ‚Herder's influence on Goethe's scientific writings', 327 f.
300 Vgl. *Nisbet*, Naturgeschichte, 18.
301 Vgl. den Kommentar von Wolfgang *Proß* in: *Herder*, Ideen III,2, 86 f.
302 *Herder*, Ideen III,1, 25.
303 Ebd.

> herunterrückte: änderte sich das Klima der Länder nicht durch seine neue Lage, sondern auch durch die neuen Jahrszeiten der Planeten. Jetzt also ward die ganze Erde bewohnbar, da sie es vorher nur in einem kleinen Umfang seyn sollte; und so begann die Geschichte *unserer* Jahrszeiten, *unserer* Menschheit.[304]

Insbesondere den Vulkanen weist Herder eine entscheidende Rolle bei der Bildung der Erde zu. In Übereinstimmung mit den theoretischen Annahmen des Plutonismus schildert er die Bildung der Welt aus dem Feuer. Er spricht davon, dass „Erdbeben und Vulkane" besonders „in den früheren Perioden der Erdbildung [...] wirksam und mächtig gewesen sind".

> Zum Bau und Anbau der Erde trugen sie [Erdbeben und Vulkane; D.S.] ohne Zweifel viel bei, da sie mit ihren Lavaströmen den Boden deckten und mit ihrem Feuer so viele gebundne Massen von Luft und Waßer aus den Kalksteinen auflöseten; noch mehr aber halfen sie zur Verdichtung und Bevestigung der Erde.[305]

Die in diesen Schilderungen evozierten Theorieansätze sind den oben aufgeführten neptunistischen diametral entgegengesetzt. Herder verbindet Theorieelemente, die inhaltlich an den jeweils äußersten Enden des theoretischen Spektrums beheimatet waren und die von den meisten seiner Zeitgenossen als unvereinbar betrachtet wurden. Vor allem vor dem Hintergrund, dass diese Debatte z. T. mit äußerster Schärfe geführt wurde und dass auch enge Freunde und Vertraute wie Goethe oder Werner in dieser polemischen Kontroverse – als Neptunisten (!) – beteiligt waren, ist Herders Position von Bedeutung. Auf dem Höhepunkt der Kontroverse in den 1780er-Jahren vereinigt Herder in den *Ideen* antagonistische Theorieelemente und positioniert sich damit genau zwischen den Fronten.

Herder und das Alter der Erde

Während Herder in seinen frühen Schriften den Erdwissenschaften noch mit scharfer Ablehnung begegnet, so avancieren sie in den *Ideen* zu einem zentralen Bezugspunkt seines geschichtsphilosophischen Entwurfs. Entsprechend veränderten sich auch seine Zeitvorstellungen. Im Jahre 1764 ging Herder – wie die allermeisten Theologen seiner Zeit – noch davon aus, dass die Welt 5945 Jahre alt

304 *Herder*, Revolutionen, 1147. [Hervorhebungen im Original.]
305 Ebd., 1152.

sei.[306] Auch in dem 1766 in Riga verfassten *Kurzen Entwurf einer allgemeinen Weltgeschichte* wird eine ähnliche Zeitdauer angegeben.[307] Die erste Abweichung vom etablierten 6000-Jahre-Schema findet sich in einem im Jahre 1771 oder 1772 im Kontext der *Ältesten Urkunde* entstandenen und nicht publizierten Fragment. Dort bekennt Herder: „Aber so wißen wir ja nicht das Alter der Welt!" Die Bibel, so Herder, könne keine valide Grundlage für das Alter der Erde sein, sie sei lediglich ein „Geschlechtsregister" und „keine Zeittafel für unsre Weltgeschichte."[308] In den 1774 publizierten *Ältesten Urkunden* nimmt Herder jedoch wieder Abstand von dieser Deutung und stellt fest, dass „die Welt fast sechstausend Jahr alt" ist.[309]

In den *Ideen* verabschiedet sich Herder schließlich vom biblischen Zeitkorsett. Auch wenn er das Alter der Erde nicht konkret angibt, wird dennoch deutlich, dass die Natur „auf unser Zeitmaß gar nicht rechnet"[310] und die Bibel keine Richtschnur für das Alter der Erde sein kann: „Der Fels unsrer Erde ist sehr alt, und die Bekleidung desselben hat lange Revolutionen erfodert, über die kein Streit stattfindet. Hier läßt Moses einem jeden Freiheit, Epochen zu dichten, wie er will".[311] Die Erde habe die längste Zeit ohne Menschen existiert: „Je älter aber diese Revolutionen sind und je länger sie daureten, desto jünger muß notwendig das menschliche Geschlecht sein".[312]

Indem Herder die Anfänge der Menschheit in einer sehr langen Erdgeschichte verortet, geht er auf kritische Distanz zum kirchlichen Dogma über das Alter der Welt: Nicht mehr die Bibel sei die *älteste* oder die *erste Urkunde des Menschengeschlechts*, sondern das „älteste Buch der Erde" hat Seiten aus Stein:

> So spricht das älteste Buch der Erde mit seinen Ton- Schiefer- Marmor- Kalk- und Sandblättern; und was spräche es hiemit für eine Umschaffung der Erde, die ein Menschengeschlecht überlebt hätte, dessen Reste wir wären? Vielmehr ist alles, was sie redet, dafür, daß unsre Erde aus ihrem Chaos von Materien und Kräften unter der belebenden Wärme des schaffenden Geistes sich zu einem eignen, und ursprünglichen Ganzen durch eine Reihe zubereitender Revolutionen gebildet habe [...].[313]

306 Vgl. *Liebel-Weckowicz*, Herder's Place, 65; sowie *Nisbet*, Herder Philosophy, hier Abschnitt ‚Chronology: the age of the earth', 164–165.
307 Vgl. *Liebel-Weckowicz*, Herder's Place, 65.
308 *Herder*, Palämon, 186 f.
309 *Herder*, Älteste Urkunde, 274.
310 *Herder*, Ideen III,1, 26.
311 Ebd., 379.
312 Ebd.
313 Ebd., 350.

Insbesondere der Topos vom ‚Buch der Natur' macht den Paradigmenwechsel in Herders Denken kenntlich: Das „älteste Buch der Erde mit seinen Ton- Schiefer- Marmor- Kalk- und Sandblättern" steht in spannungsvollem Kontrast zu der *ältesten* oder der *ersten Urkunde des Menschengeschlechts*, von der er sich mit der Bezugnahme auf die topische Tradition programmatisch abgrenzt.

In seinen Schriften zum Alten Testament positioniert sich Herder zum Alter der Erde noch als Vertreter des traditionellen Weltbildes. In *un*publizierten Fragmenten desselben Zeitraums deutet sich jedoch bereits eine Änderung dieser Haltung an. Diese Diskrepanz zwischen veröffentlichten und nicht-veröffentlichten Schriften zeigt, dass Herder sich der Brisanz des Streits um das Alter der Erde bewusst war. Wie sensibel kirchliche Würdenträger reagierten, konnte er zur Genüge an der Auseinandersetzung Buffons mit der Sorbonne beobachten, die er wie folgt kommentierte: „Es ist bekannt, daß Buffon der h. Sorbonne mit Unterschrift des Namens einen Schein ausstellen mußte, daß seine Träume von Moses Schöpfung gar nicht zu dekretieren Lust hätten, und da er den Schein, der vor seinem Werke steht, ausstellte, ward er passiert."[314] Insbesondere vor dem Hintergrund, dass Herder als protestantischer Theologe und später als oberster Glaubenshüter von Sachsen-Weimar – als Kirchen- und Schulaufseher, Oberhofprediger, Generalsuperintendent und Oberkonsistorialrat – auch die offizielle Kirchenmeinung vertreten musste, macht diese Diskrepanz, die in publizierten und unpublizierten Schriften des Frühwerks hervortritt, nachvollziehbar.

Vor dem Hintergrund seiner kirchlichen Stellung und auch vor der z. T. erbittert geführten Debatte um die Geltung der biblischen Genesis ist bemerkenswert,[315] dass Herder in den *Ideen* das biblische Zeitkorsett schließlich ablegt und sich damit auch ins Licht der Öffentlichkeit wagt.

Die Bedeutung der erdgeschichtlichen Diskurse in den *Ideen*

Herders Auseinandersetzung mit der Urgeschichte der Erde ist vor dem Problemhorizont zu begreifen, dass der Mensch auf der einen Seite zwar die komplexeste Naturerscheinung und mithin der Höhepunkt der Naturentwicklung zu sein scheint, gleichzeitig jedoch vor dem Hintergrund der Erdgeschichte nur eine verschwindend geringe, beinahe zu vernachlässigende Rolle spielt.[316] Andreas Urs Sommer hat dieses Problem aufgegriffen und eine Interpretation vorgelegt,

314 *Herder*, Älteste Urkunde, 195; zum Widerruf Buffons vgl. *Meier*, Anhang.
315 Vgl. hierzu Kap. II.2.2 dieser Arbeit: ‚'Genesis und Geologie': Konturen einer Debatte'.
316 Vgl. auch *Braungart*, Herder, 2.

die davon ausgeht, dass Herder durch eine teleologische Lesart der Erdgeschichte den bedrohten Anthropozentrismus wieder restituiere:

> Die Entdeckung der unabsehbaren Zeittiefen der Erdgeschichte hatte das anthropozentrische Verständnis der Welt und der Geschichte fundamental bedroht, und die Bedrohung liess sich [...] bei Herder nur abwenden, indem man die Teleologie auf höherer Stufe restituierte, um so die Menschheitsgeschichte als Ziel der Erdgeschichte auszugeben.[317]

Diese Deutung überzeugt nicht vollends. Zwar finden sich bei Herder Belege für ein teleologisches Verständnis der Erdgeschichte, in denen der Mensch als Höhe- und Endpunkt einer zwar unendlich langen, aber dennoch zielgerichteten Erdentwicklung erscheint.[318] Allerdings finden sich auch Stellen, die einer derartigen Deutung widersprechen: Dort nimmt Herder eine geradezu entgegengesetzte Position ein. Er kritisiert Voltaires „unphilosophisches Geschrei", mit welchem dieser nach dem Erdbeben von Lissabon „beinah lästernd die Gottheit [...] anklagte"[319] und hebt, im Gegensatz dazu, die zyklische und unerbittliche Gesetzhaftigkeit der ‚Revolutionen des Erdbodens' hervor:

> Jetzt sind Umwälzungen dieser ungeheuren Gattung seltner [...]; nie aber können und werden sie unserm Geschlecht und Wohnplatz ganz fremde werden. [...]. Sind wir uns selbst nicht und alle das unsre, selbst unsern Wohnplatz, die Erde, den Elementen schuldig? Wenn diese, nach immer fortwirkenden Naturgesetzen periodisch aufwachen und das Ihre zurücke fodern, wenn Feuer und Wasser, Luft und Wind, die unsre Erde bewohnbar und fruchtbar gemacht haben, in ihrem Lauf fortgehn und sie zerstören [...]; was geschähe anders, als was nach ewigen Gesetzen der Weisheit und Ordnung geschehen mußte? Sobald in einer Natur voll veränderlicher Dinge Gang sein muß: so bald muß auch Untergang sein [...].[320]

Hier kommt die ‚transhumane Perspektive'[321] Herders zum Vorschein, welche die Bedeutung der menschlichen Opfer bei diesen Umwälzungen in beinahe zynischer Weise relativiert. Vor dem Hintergrund der regelhaft ablaufenden Umwälzungen der Erde erscheinen die menschlichen Opfer der Katastrophen gar nur als Kollateralschäden eines eigentlich naturhaften Prozesses. Sogar der Untergang der Menschheit ist vor diesem Horizont nicht ausgeschlossen. Hier greift Herder die radikale Deutung Immanuel Kants auf, der nach dem Erdbeben von Lissabon die Bedeutung der menschlichen Katastrophe knapp 30 Jahre vor Herder in ähnlich radikaler Weise marginalisierte:

---

317 *Sommer*, Sinnstiftung, 223.
318 Vgl. exemplarisch *Herder*, Ideen III,1, 27 und 154.
319 Ebd. 27.
320 Ebd.
321 Vgl. zu diesem Begriff *Braungart*, Poetik, 58–62.

> Die Betrachtung solcher schrecklichen Zufälle ist lehrreich. Sie demüthigt den Menschen dadurch, daß sie ihn sehen läßt, er habe kein Recht, oder zum wenigsten, er habe es verloren, von den Naturgesetzen, die Gott angeordnet hat, lauter bequemliche Folgen zu erwarten, und er lernt vielleicht auch auf diese Weise einsehen: daß dieser Tummelplatz seiner Begierden billig nicht das Ziel aller seiner Absichten enthalten sollte.[322]

Sodann kritisiert Kant den menschlichen Narzissmus und relativiert die Bedeutung des Menschen für die Erde in einem durchaus nihilistischen Gestus:

> So sind wir Menschen geartet. Nachdem wir einen widerrechtlichen Anspruch auf alle Annehmlichkeit des Lebens gemacht haben, so wollen wir keine Vortheile mit Unkosten erkaufen. Wir verlangen, der Erdboden soll so beschaffen sein: daß man wünschen könnte darauf ewig zu wohnen. [...]. Als Menschen, die geboren waren, um zu sterben, können wir es nicht vertragen, daß einige im Erdbeben gestorben sind, und als die hier Fremdlinge sind und kein Eigentum besitzen, sind wir untröstlich, daß Güter verloren worden, die in kurzem durch den allgemeinen Weg der Natur von selbst wären verlassen worden.[323]

Vor dem Horizont der geologischen Tiefenzeit kommt nun auch Herder auf die Bedeutungslosigkeit der menschlichen Kultur zu sprechen und vergleicht den Menschen mit einem Wurm:

> Indessen ists wahr, daß wir vorzüglich bestimmt sind, auf der Oberfläche unsrer Erde als Würmer umherzukriechen, uns anzubauen und auf ihr unser kurzes Leben zu durchleben. Wie klein der große Mensch im Gebiet der Natur sei, sehen wir aus der dünnen Schichte der fruchtbaren Erde, die doch eigentlich allein sein Reich ist. Einige Schuhe tiefer, und er gräbt Sachen hervor, auf denen nichts wäachset [sic!], und die Jahre und Jahrszeiten erfodern, damit auf ihnen nur schlechtes Gras gedeihe. Tiefer hinab: und er findet oft, wo er sie nicht suchte, seine fruchtbare Erde wieder, die einst die Oberfläche der Welt war; die wandelnde Natur hat sie in ihren fortgehenden Perioden nicht geschonet. Muscheln und Schnecken liegen auf den Bergen; Fische und Landtiere liegen versteint in Schiefern; versteinte Hölzer und Abdrücke von Blumen, oft beinah anderthalb tausend Fuß tief.[324]

Herder konturiert hier in durchaus radikaler Weise die zeitliche und auch die räumliche Geringfügigkeit der menschlichen Kultur. Der Mensch erscheint nicht als Ziel des Schöpfungsprogramms, sondern als ein kleines, unbedeutendes ‚Anhängsel' in der Entwicklung der Erde. Insbesondere seine vermeintliche

322 *Kant*, Geschichte, 431; vgl. auch *Kant*, Ursachen; *Kant*, Betrachtung; vgl. dazu *Braungart*, Geologie, 161–164.
323 *Kant*, Geschichte, 455 f.
324 *Herder*, Ideen III,1, 52.

Sonderstellung auf der Erde sei nichts weiter als eine Ausgeburt der eigenen Eitelkeit, so Herder mit Pathos:

> Nicht auf dem Boden deiner Erde wandelst du, armer Mensch, sondern auf einem Dach deines Hauses, das durch viel Überschwemmungen erst zu dem werden konnte, was es dir jetzt ist. Da wächst für dich einiges Gras, einige Bäume, deren Mutter dir gleichsam der Zufall heranschwemmte und von denen du als eine Ephemere lebest.[325]

Insbesondere der hier verwendete Topos der ‚Ephemere‘ ist aufschlussreich für das Verständnis dieser Formulierung. Herder greift eine sehr prägnante topische Tradition auf. Er bezieht sich damit auf den Radikalaufklärer Paul Henri Thiry d'Holbach (1723 – 1789) und dessen umstrittene Schrift *Système de la nature* (1770). In einem berühmten Passus, in welchem d'Holbach ein zeitliches Panorama von solcher Weitläufigkeit aufspannt, dass Sonnen verlöschen und Planeten zu Staub zerfallen, kritisiert dieser die Hybris des Menschen, sich als Mittelpunkt des Universums zu empfinden, obwohl er doch nichts weiter als eine ‚Ephemere‘ sei:

> Des soleils s'éteignent & s'encroûtent; des planètes périssent & se dispersent dans les plaines des airs; d'autres soleils s'allument, de nouvelles planètes se forment pour faire leurs révolutions ou pour décrire de nouvelles routes, & l'homme, portion infiniment petite d'un globe, qui n'est lui-même qu'un point imperceptible dans l'immensité, croit que c'est pour lui que l'univers est fait, s'imagine qu'il doit être le confident de la nature, se flatte d'être éternel, se dit le Roi de l'univers! O homme! ne concevras-tu jamais que tu n'es qu'un Ephémère?[326]

Dieser einprägsame Topos der ‚Ephemere‘ ist zu Zeiten Herders verbreitet. Der englische Geologe Gideon Mantell (1790 – 1852) postuliert, „dass man wohl die Frage aufwerfen darf, ob denn der Mensch, dieses ephemere Wesen der materiellen Schöpfung, den ungeheuren Zeitraum zu erfassen vermöge, der zur progressiven Entwicklung von Sonnen und ihrer Systeme erforderlich ist?“[327] Selbst der national-protestantische Schriftsteller Wolfgang Menzel (1798 – 1873) verwendet ihn, um die zeitliche Insignifikanz des Menschlichen zu akzentuieren. Er bemerkt, dass die unermesslichen Zeiträume der Erdgeschichte „dem menschlichen Stolze [...] zur Demüthigung dienen“, denn vor dem Horizont der Erdgeschichte

325 Ebd. Vgl. *Braungart*, Herder, 22.
326 *Holbach*, Système, 86 f.
327 *Mantell*, Phänomene, 18.

> würde das ganze menschliche Geschlecht (nicht bloß etwa ein Individuum) noch weniger als eine Ephemere seyn; das Leben eines menschlichen Individuums aber würde [...] fast unberechenbar kurz, nur ein einziger Augenaufschlag seyn. Solche Rechnungen sollten die Eitelkeit auf unserer kleinen Erde ein wenig dämpfen.[328]

Vor dem Hintergrund des Schocks einer Dezentrierung menschlicher Kultur wundert es, dass Herder der Betrachtung der Erdgeschichte gleichzeitig ein Trostpotenzial zugesteht. Erdgeschichte und Menschengeschichte, so Herder, seien sich in ihrem Ablauf derart ähnlich, dass die Beschäftigung mit der Erdgeschichte dabei helfe, die ‚Hinfälligkeit und Abwechslung' der menschlichen Geschichte zu reflektieren: „Schon die Bildung unsres Wohnhauses und aller Stoffe, die es hergeben konnte, muß uns also auf die Hinfälligkeit und Abwechselung aller Menschengeschichte bereiten; mit jeder nähern Ansicht erblicken wir diese mehr und mehr."[329] Durch die Überschreitung des menschlichen Horizonts erkennt Herder in den ‚Revolutionen' übergeordnete Geschichtsmuster, die sowohl physischer wie auch sozialer Natur seien und Zerstörung und Fortschritt verbänden. Erst diese transhumane Erkenntnis der Sinnkonstanz ermögliche es, den ‚grausenvollen Anblick' geschichtlicher Kontingenz zu bewältigen:

> Grausenvoll ist der Anblick, in den Revolutionen der Erde nur Trümmer auf Trümmern zu sehen, ewige Anfänge ohne Ende, Umwälzungen des Schicksals ohne dauernde Absicht! Die Kette der Bildung allein macht aus diesen Trümmern ein Ganzes, in welchem zwar Menschengestalten verschwinden, aber der Menschengeist unsterblich und fortwirkend lebet. [...]. Goldene Kette der Bildung also, du die die Erde umschlingt und durch alle Individuen bis zum Thron der Vorsehung reichet, seitdem ich dich ersah [...] ist mir die Geschichte nicht mehr, was sie mir sonst schien, ein Gräuel der Verwüstung auf einer heiligen Erde. [...]. Das Maschinenwerk der Revolutionen irret mich also nicht mehr: es ist unserem Geschlecht so nötig, wie dem Strom seine Wogen, damit er nicht ein stehender Sumpf werde.[330]

In diesem Zitat kommt die Quintessenz von Herders Auseinandersetzung mit der Erdgeschichte zum Ausdruck. Der „Gräuel der Verwüstung" erdgeschichtlicher Umwälzungen und menschlicher Revolutionen wird in einer ‚transhumanen Perspektive' aufgefangen.[331] Dabei bleibt die Dezentrierung menschlicher Kultur

---

328 *Menzel*, Naturkunde, 18f.
329 *Herder*, Ideen III,1, 28.
330 Ebd. 313f.
331 Dieses ‚konsolatorische' Potential der transhumanen Perspektive, welches die Kontingenz geschichtlicher Erfahrung zu bewältigen hilft, erinnert deutlich an ähnliche Beispiele, etwa bei Lichtenberg, Annette von Droste-Hülshoff, Stifter oder Max Frisch; vgl. dazu *Braungart*, Katastrophen 2008, 19; *Braungart*, Poetik, 60, 70.

als virulenter Untergrund erhalten und ist in ihrer Dialektik deutlich spürbar. Der von Sommer postulierte Anthropozentrismus bleibt damit ambivalent und ist nur vor dem Hintergrund einer teilweisen Verdrängung der geologischen Tiefenzeit und der Marginalisierung des Menschlichen möglich.[332]

Die Analyse der Rezeption der Erdwissenschaften wirft ein neues Licht auf Herder – nicht nur auf den Anthropologen und Theologen, sondern insbesondere auf den Geschichtsphilosophen: Herders geschichtsphilosophisches Denken und seine Rezeption der Erdwissenschaften ist durch abrupte Brüche, inhaltliche Spannungen und vermeintliche Gegensätze charakterisiert. Dabei ist bemerkenswert, dass Kernaspekte seiner im Spätwerk realisierten ‚erdwissenschaftlichen' Geschichtsphilosophie bereits in den frühen Entwürfen der Königsberger (1762–1764) und der Rigaer Zeit (1764–1769) formuliert werden, allerdings – und das ist vor dem Hintergrund des Konflikts von Genesis und Geologie bemerkenswert – vor allem in den unpublizierten Schriften wie dem *Journal meiner Reise im Jahre 1769* oder der Schrift *Über die ersten Urkunden des Menschlichen Geschlechts. Einige Anmerkungen*, sowie dem Fragment *Zur Geschichte der Wissenschaften aus Boulanger.* Dazu gehören etwa die Analogie von Geschichte und Natur, die Suche nach allgemeinen und beiden Bereichen zu Grunde liegenden Gesetzen sowie die Überzeugung „daß die Erde voraus Jahrhunderte durch ein Seegrund gewesen" und die aufzufindenden Versteinerungen nicht durch „eine Überschwemmung von etlichen Tagen" haben entstehen können.[333] Auch bei seinen Angaben zum Alter der Erde lässt sich eine auffällige Diskrepanz zwischen den veröffentlichten und den unveröffentlichten Schriften bemerken. Es hat den Anschein, als sollte Herders affirmative Einstellung gegenüber den Erdwissenschaften vor der Öffentlichkeit und den scharfen Augen der Zensoren verborgen werden – eine vor dem Hintergrund der Auseinandersetzung um ‚Genesis und Geologie' durchaus verständliche Maßnahme.

Im Gegensatz dazu ist sein Verhältnis zu den Erdwissenschaften im selben Zeitraum einer deutlichen Veränderung unterworfen: Während Herder in seinen frühen Schriften zum Alten Testament den Entwürfen der Erdwissenschaftler (vor allem Burnet und Whiston) noch mit scharfer Ablehnung begegnet, so avancieren sie in den *Ideen* zu Kernelementen seines geschichtsphilosophischen Entwurfs (vor allem Theorien von Werner, Buffon und Pallas). Insbesondere die veränderte Einstellung zum Alter der Erde und die zunehmende Affinität zu geologischen Theorien sind zwei korrespondierende und sich gegenseitig stützende Dynamiken.

332 Vgl. hierzu *Braungart*, Herder, 22.
333 *Herder*, ersten Urkunden, 141.

Auch die Vorstellung von Herder als ‚Anthropozentriker' muss modifiziert werden. Die Belege dieser Arbeit zeigen, dass Herder die Diskrepanz zwischen Erdgeschichte und Menschengeschichte nicht vollständig ausblenden konnte. Herder reflektiert die Konsequenzen der ‚Entdeckung der Tiefenzeit' deutlich und charakterisiert den Menschen als ‚Fremdling' der Erdgeschichte – als ‚Ephemere' und ‚Wurm'. Gleichzeitig stellt die ‚transhumane Perspektive' der Erdgeschichte für Herder jedoch auch ein Trostpotential bereit, welches die Kontingenz geschichtlicher Erfahrung zu bewältigen hilft.

3.5 Karl Franz von Irwings Verknüpfung von Erd- und Menschengeschichte

Johann Gottfried Herders geschichtsphilosophisches Werk wurde von der Forschung lange als Sonderfall betrachtet, da Herder Erdgeschichte und Menschengeschichte besonders eng aufeinander bezogen habe.[334] Allerdings wurde dabei übersehen, dass derselbe methodische Ansatz eine durchaus ernstzunehmende Tradition in der Spätaufklärung besaß. Insofern ist Herders Werk kein Einzelfall, sondern verdeutlicht viel eher die Regel.[335] Nur indem es diese besonders klar verdeutlicht, so Hanns Peter Reill, kann es als Ausnahme bezeichnet werden.[336]

Ein Beleg für die Stichhaltigkeit dieser Behauptung bildet das geschichtsphilosophische Werk Karl Franz von Irwings (1728–1801). Allerdings ist der dort zu Grunde gelegte methodische Ansatz, Erdgeschichte und Menschengeschichte zu verklammern, insgesamt weitaus radikaler als noch bei Herder, dessen Geschichtsphilosophie Irwing rezipierte.[337]

Ebenso wie Herder stand auch Karl Franz von Irwing in Diensten der Kirche und bildete als Jurist zusammen mit zwei weiteren weltlichen Räten und sechs Theologen das Oberkonsistorium in Berlin, welches zum geistlichen Departement des Justizministeriums in Preußen gehörte und dem vor allem das höhere Schulwesen unterstand.[338]

In der Forschung ist Irwing ein nahezu Unbekannter. Bis auf Fußnoten und kleinere Exkurse haben seine Schriften bislang kaum Niederschlag in den Dis-

---

334 Vgl. *Sommer*, Sinnstiftung, 227 f.

335 Auch Gisi weist darauf hin vgl. *Gisi*, Sommer, 98.

336 Vgl. *Reill*, Historisierung, 57.

337 Vgl. *Dessoir*, Geschichte, 224; zudem rezipierte Irwing die Geschichtsphilosophie Isaak Iselins (1728–1782).

338 *Zande*, Irwing, 150.

kursen zur Spätaufklärung sowie zur Philosophiegeschichte gefunden.[339] Die vorhandenen Forschungstexte heben die Bedeutung Irwings hervor: Stöckmann zählt Irwing „zu den Anthropologen der ersten Stunde“ und hebt hervor, dass dessen Werk im Entstehungskontext „zu den am häufigsten referierten und zitierten Quellen“[340] zähle; Johan van der Zande bemerkt: „Zweifellos gehört I[rwing] zu den bis heute zu wenig beachteten Popularphilosophen.“[341]

Die Kommentare von Irwings Zeitgenossen bezeugen eine ähnliche Wertschätzung. Der als ‚Zopfprediger‘ bekannt gewordene lutherische Pfarrer Johann Heinrich Schulz – er weigerte sich, die geistliche Amtsperücke zu tragen und wurde deswegen vom Dienst suspendiert – bezeichnete Irwing als einen „der aufgeklärtesten Gelehrten Berlins“. Er zählte ihn „unter die Philosophen, deren Leben ein Abdruck ihrer Weisheit ist“ und charakterisierte seine Schriften als Ausdruck „von philosophischem Scharfsinn und reifer Beurtheilungskraft“.[342]

In den wenigen Forschungsbeiträgen wird Irwing vor allem als Anthropologe[343] sowie als Psychologe gewürdigt.[344] Dabei wird vor allem sein voluminöses Hauptwerk, *Erfahrungen und Untersuchungen über den Menschen* analysiert, welches zwischen 1772 und 1785 publiziert wurde. In dieser Schrift skizziert Irwing eine Kulturgeschichte des Menschen, die auf der Vorstellung der Empfindungsfähigkeit aufbaut – die Naturgeschichte spielt vorerst noch keine Rolle.[345] Im Zentrum steht eine Konzeption von Emotionen, die das Movens für die Entwicklung der Kultur und die Triebkraft für den Fortschritt der Menschheit darstelle. Die Gefühle seien sogar dem Verstand und der Vernunft überlegen, denn, im Gegensatz zu jenen, „lassen [sie] sich von keinen Blendwerken […] lange täuschen […]. Der natürliche Strom menschlicher Gefühle klärt am Ende selbst den

---

339 Erstaunlicherweise findet sich selbst in umfangreichen biographischen Nachschlagewerken wie der *Allgemeinen Deutschen Biographie* und der *Neuen Deutschen Biographie*, die insgesamt mehr als 26 000 Artikel aufführen, kein Eintrag zu Irwing. Ein biographischer Artikel stammt aus dem *Dictionary of Eighteenth-Century German Philosophers: Wunderlich*, Irwing. Im Artikel ‚Geschichtsphilosophie‘ im *Historischen Wörterbuchs der Philosophie* wird auf Irwing verwiesen; vgl. *Dierse/Scholtz*, Geschichtsphilosophie, 424.

340 *Stöckmann*, Phänomenologie, 88 f.; vgl. auch *Dessoir*, Geschichte, 221: Dieser hat bereits früh auf Irwings „umfangreiches und bedeutendes […] Werk“ hingewiesen.

341 *Zande*, Irwing, 150.

342 Zit. n. *Menk*, Schulz, 159 f.; vgl. auch *Gisi*, Einbildungskraft, 379.

343 Vom vielgestaltigen Werk Irwings haben nur die anthropologischen Schriften ein wenig Beachtung gefunden; vgl. *Heinz*, Wissen, 110 – 114; *Gisi*, Einbildungskraft, 378 – 382; *Stöckmann*, Phänomenologie.

344 Vgl. *Dessoir*, Geschichte; sowie *Stöckmann*, Phänomenologie, 89.

345 *Gisi*, Einbildungskraft, 381. In geschichtsphilosophischer Hinsicht ist vor allem der dritte Band relevant. Hier entwickelt Irwing einen ‚Versuch über die Kultur der Menschheit überhaupt‘.

Verstand auf, und weiset die Vernunft zurechte.“[346] Der methodische Neuansatz wird vor allem dadurch markiert, dass Irwing auf kritische Distanz zu überkommenen religiösen und moralischen Lehrsätzen und Dogmen geht. Die Schrift fußt auf dem „Grundsatz [...], so viel [wie] möglich, alles zu vergessen, was ich von transcendentaler Wissenschaft in Absicht der Seele und ihrer Natur gelernt hatte.“[347]

Dieselbe kritische Grundhaltung gegenüber religiösen Dogmen liegt auch Irwings 1781 publiziertem *Versuch über den Ursprung der Erkenntnis der Wahrheit und der Wissenschaften*, der im Untertitel als ein *Beytrag zur philosophischen Geschichte der Menschheit* spezifiziert wird, zu Grunde. In seinem methodischen Vorgehen verbindet Irwing zwei unterschiedliche Fragestellungen miteinander: Einerseits entwirft er systematische Überlegungen über die Einteilung der Wissenschaften und ihr Verhältnis zueinander; andererseits formuliert er eine Geschichtsphilosophie, welche die Kulturgeschichte in der Erdgeschichte verankert.

Ausgangspunkt sind methodologische Reflexionen über die Einteilung der Wissenschaften, ihre Beziehung zueinander und über ihre unterschiedlichen Möglichkeiten, die Wahrheit abzubilden. Nach Irwings – etwas holzschnittartiger – Einteilung gebe es zwei Arten von Wissenschaften, nämlich solche, die empirisch vorgehen, und solche, „die sich über Gegenstände ausbreiten, die [...] an sich selbst keiner sinnlichen Beobachtung unterworfen sind“.[348] Seine These ist, dass sich die empirischen Wissenschaften menschheitsgeschichtlich früher ausgebildet hätten und zudem zuverlässigere Ergebnisse lieferten als die – von Irwing so genannten – ‚transcendentalen‘ Wissenschaften. Dadurch ergebe sich ein Abhängigkeitsverhältnis: Die ‚transcendente‘ Wahrheit könne erst auf den Ergebnissen der empirischen Wissenschaften aufbauend zu aussagekräftigen Ergebnissen kommen. Der Schluss, den Irwing aus diesem Abhängigkeitsverhältnis zieht, ist weitreichend und betrifft die Legitimation aller ‚transcendenten‘ Wissensbereiche im Kern: Solange der Erkenntnisfortschritt in den empirischen Wissenschaften nicht abgeschlossen sei, sei ‚transcendentes‘ Wissen immer nur ein vorläufiges, mithin unzulängliches Wissen.[349]

Vor dem Hintergrund dieser methodischen Prämissen stellt Irwing die Gültigkeit der biblischen Genesis vehement in Frage.[350] Dabei beruft er sich insbesondere auf die Zeitmodelle der Erdwissenschaftler: Da „besonders in neuern

---

346 *Irwing*, Erfahrungen Bd. 3, 239; vgl. auch ebd., 159; vgl. *Stöckmann*, Phänomenologie, 89 und 95; *Gisi*, Parallelisierung, 50.

347 *Irwing*, Erfahrungen Bd. 4, 10.

348 Ebd., 25.

349 Vgl. ebd., 33 f.

350 Vgl. *Meyer*, Wahrheit, 267 f.

Zeiten", so Irwing „die Naturgeschichte mehr erweitert, und durch genauere und öfters wiederholte Beobachtungen mehr berichtiget worden" sei, hätten auch „alle metaphisische Systeme und transcendente Wissenschaften ungemein viel gewonnen". Erst „[d]urch jene Bemühungen in den natürlichen Wissenschaften, ist die Philosophie in den Stand gesetzt worden, mehr Fakta und richtigere, aus der Natur zu erborgen, und auf Dinge, die nicht sinnlich sind, anzuwenden."[351] Wiederholt rekurriert Irwing darauf, dass vor allem die Erdwissenschaftler die Zeitschranke verschoben hätten, denn

> erwägt [...] [man] die Bemerkungen einiger Bergwerksverständigen, die in sehr beträchtlichen Tiefen der Erde, deutliche und unzuverkennende Spuren einer mehrmaligen ganz von einander verschiedenen Bewohnung der Erde entdeckt haben wollen, so kann man sich ohne Mühe nicht erwehren, das Alterthum des menschlichen Geschlechts weit über die Grenzen aller bisher bekannten Zeitrechnungen hinauszusetzen.[352]

In diesen Diskursen sei zum ersten Mal wirkungsvoll der Zeithorizont bis ins Unermessliche erweitert worden:

> Und in der That geben [...] die von den Naturforschern über die Naturgeschichte der Erde gemachte Bemerkungen [...] Anlaß genug, es gar nicht unwahrscheinlich zu finden, daß das wahre Alter unsers Erdkörpers sich weit über alle bekannte Zeitrechnungen hinaus erstrecke, und derselbe von einem ganz unermeßlichen Alterthum seyn müsse.[353]

Diese fast grenzenlosen naturgeschichtlichen Zeithorizonte verändern das Verständnis der biblischen Urgeschichte. Irwing sieht in Adam nicht mehr den Urvater der Menschen, sondern den einzigen Überlebenden einer erdgeschichtlichen Katastrophe.[354] Geschichtsphilosophisch ist dies bedeutsam. Vor unserer ‚jetzigen' Welt existierte bereits eine andere menschliche Zivilisation, die durch eine umfassende erdgeschichtliche Katastrophe vernichtet wurde. Allerdings seien die Errungenschaften und Erkenntnisse dieser untergegangenen Zivilisation überliefert worden. Diesem „noch vor den Zeiten Adams" vorhergehenden Menschengeschlecht, verdanke „der ganze erste Zustand der Erkenntnis unserer gegenwärtigen Erdperiode, seine wahre Quelle und Abstammung".[355] Der Mehrwert dieser Synthese aus Erdgeschichte und Menschengeschichte besteht darin

---

351 *Irwing*, Versuch, 30.
352 Ebd., 81f.
353 Ebd., 79; vgl. auch ebd., 72f., 79f.
354 Vgl. ebd., 84f.
355 Ebd., 121.

> im Ganzen zu wissen, was für Kenntnisse Adam aus seiner Vorwelt mit sich herüber gebracht, um zur Verherrlichung der göttlichen Regierung der Welt, den Gang und die Geschichte des menschlichen Verstandes zu studiren, um zu erkennen, wie und durch welche Mittel es damit bis auf den itzigen Grad der menschlichen Erkenntniß gekommen.[356]

Damit legt Irwing der geschichtlichen Entwicklung keineswegs eine progressive oder teleologische Tendenz zugrunde, sondern im Gegensatz dazu einen zyklischen Charakter: Periodisch eintretende Erdrevolutionen führten immer wieder aufs Neue zu einer „ganz unvermeidliche[n] Herabsinkung zur Unwissenheit, Sinnlichkeit, und Barbarey". Es sei „allemal eine ganz leichte Sache, daß ein Volk von der Aufklärung zur Unwissenheit und zum Aberglauben, oder von der Kultur zur Barbarey herunter finden kann."[357] Der rekurrente Grundgedanke von Irwings Argumentation ist die Erkenntnis, dass die Entwicklung der menschlichen Kultur „nur sehr langsam habe hergehen müssen, und daß viel Zeit erforderlich gewesen, bis sie nur einigermaaßen eine ordentliche Form und einen merklichen Grad der Vollkommenheit habe [...] erlangen können."[358]

Der Einfluss Herders auf Irwing[359] zeigt sich auch anhand seiner Positionierung im Basalt-Streit: Ebenso wie Herder nimmt Irwing eine vermittelnde Position ein. Bei der z. T. mit äußerster Schärfe geführten und weltanschaulich bedeutsamen Kontroverse, ob die Erde durch Feuer oder aus dem Wasser entstanden sei, positioniert sich Irwing genau zwischen den Fronten. Er schreibt, dass in Perioden von Jahrtausenden „einmal das Feuer, und das andere Mal das Wasser, nach und nach dergestalt die Oberhand gewinnen [konnte], daß endlich allemal eine fast allgemeine Revolution und Umkehrung der Oberfläche der Erde" erfolgt sei.[360]

Irwings Schrift ist ein Versuch, zwischen den empirischen und den transzendenten Wissenschaften zu vermitteln und Erd- und Menschengeschichte zu verknüpfen. Ziel ist es, „die philosophische Geschichte der Menschheit mit der wirklichen Geschichte der Welt, wieder in die vollkommenste Harmonie"[361] zu bringen. Es geht nicht zuletzt darum, darzulegen, „[w]as vor den Zeiten Adams das menschliche Geschlecht auf dieser Erde für Schicksaale gehabt", um mit dieser Untersuchung „die sichtbare Lücke" des Ursprungs des Menschen zu ergänzen.[362] Da jedoch die ‚wirkliche Geschichte der Welt' nicht durch menschliche

356 Ebd., 90.
357 Ebd., 101.
358 Ebd., 34; vgl. exemplarisch ebd., 12f., 30, 58, 72, 77, 79f., 84, 84f.
359 Vgl. *Dessoir*, Geschichte, 224.
360 *Irwing*, Versuch, 80.
361 Ebd., 89f.
362 Ebd., 90.

Quellen begriffen werden könne, sei man hier auf erdgeschichtliche Belege angewiesen:

> [S]o gehe man, an der Hand der Natur, denn die Geschichte verläßt uns hier, in jene graue uralte Zeiten zurück, da das menschliche Geschlecht noch gleichsam in der Wiege lag, und erforsche mit dem Auge der Vernunft, unter welchen Umständen und durch welche Veranlassungen es habe möglich werden können, daß sich der menschliche Verstand bis zu jenen transcendenten Wahrheiten habe erheben können.[363]

Irwings geschichtsphilosophische Reflexionen über den Charakter der geschichtlichen Entwicklung verdeutlichen exemplarisch den Modifikationsprozess religiösen Wissens vor dem Hintergrund der Dynamisierung und Historisierung der Natur: Die erdwissenschaftlichen Diskurse verändern das vormals religiös geprägte Wissen vom Ablauf der Geschichte entscheidend und konturieren sowohl die Kontingenz wie auch die Kontinuität der geschichtlichen Entwicklung. Mit Hilfe der aus den Erdwissenschaften gewonnenen Erkenntnisse werde das Wissen der biblischen Überlieferung modifiziert, ihre „sichtbare Lücke [...] wird ausgefüllt, und man kann von allen und jeden sonderbaren Erscheinungen in der Geschichte der Erkenntniß der Menschen, natürlichen und hinlänglichen Grund angeben."[364] Im Gegensatz zur biblischen Überlieferung sei von einer viele Jahrtausende dauernden Menschheitsentwicklung auszugehen.[365] Irwing präfiguriert hier Darwins Evolutionstheorie. Er konstatiert, dass „die Menschen sich erst vom Thiere zu vernünftigen Geschöpfen, und von der Wildheit zum gesitteten Zustande, durch eine lange Reihe von Mittelzuständen [haben] erheben müssen." Demzufolge ist Irwings Antwort auf die Frage, wie sich die Zeitrechnungen der Naturgeschichte mit den Darstellungen der Bibel vereinbaren lassen, erstaunlich unzweideutig: Die Bibel sei in ihrem Wahrheitsgehalt allenfalls noch sekundäre Erkenntnis und zudem in ihrer Bedeutung von naturwissenschaftlichem Wissen abhängig. Aufgrund des großen Alters sei ein Großteil der Darstellungen der Bibel „mit Irrthümern und Trugschlüssen"[366] behaftet, denn „[a]us so wenigen Faktis der Natur [...] konnte nur eine mangelhafte und unrichtige Vorstellung von der meistentheils geheimen Oekonomie der Natur und ihren verborgenen Absichten hergeleitet werden."[367] Damit stellt Irwing die Gültigkeit der religiösen Dogmen in ein Abhängigkeitsverhältnis zu naturwissenschaftlichen Erkenntnissen und dis-

363 Ebd., 35.
364 Ebd., 90.
365 Ebd., 94.
366 *Irwing*, Versuch, 64. Irwing zeigt jedoch auch Verständnis für Irrtümer und Unerfahrenheit; vgl. ebd., 62.
367 Ebd., 63 f; vgl. auch *Meyer*, Wahrheit, 268.

tanziert sich explizit vom Offenbarungsbegriff. Er konstatiert, dass die „Sinne“ und die „Vernunft als Erkenntnisquelle betrachtet, der unmittelbaren Offenbarung in gleicher Rücksicht weit vorzuziehen sind“ und deswegen „weit allgemeinere, und daher auch nützlichere Erkenntnißquellen für das ganze menschliche Geschlecht sind, als die unmittelbare Offenbarung.“[368] Diese explizite Naturalisierung von religiösem Wissen ist theologisch brisant und vor allem im Problemkontext von ‚Genesis und Geologie‘ bedeutsam.[369] Vor diesem Hintergrund ist es wohl zu verstehen, dass Irwing die Schrift anonym publizierte, da er als Oberkonsistorialrat auf das Wohlwollen seiner kirchlichen Vorgesetzten angewiesen war.[370]

3.6 Der „unermeßliche Zeitraum“ der Erdgeschichte in Christoph Meiners' Geschichtsphilosophie

Christoph Meiners (1747–1810) sticht selbst im ‚tintenklecksenden Säkulum‘[371] als Vielschreiber hervor. Er publizierte zu Lebzeiten insgesamt 44 z. T. mehrbändige Monographien und mehr als 180 Aufsätze und verfasste damit nach der Überschlagsrechnung von Martin Gierl mehr als 2000 Seiten im Jahr, bzw. etwa sieben Seiten pro Tag.[372] Verschiedene Schriften aus dieser „staunenswerthen, ja nahezu entsetzlichen Menge seiner schriftstellerischen Leistungen“[373] verstehen sich als Beiträge zur Geschichtsphilosophie. Dazu gehört allen voran der im Jahre 1785 publizierte *Grundriß der Geschichte der Menschheit*,[374] der inhaltlich und konzeptionell an Herders *Ideen* anknüpft.[375] Auch hier zeigt sich: Die Geschichte der Erde ist für Meiners axiomatischer Bestandteil seiner Geschichtsphilosophie. Wegen seiner Explizitheit stellt Meiners' ‚Göttinger-Materialismus‘ eine Besonderheit in seiner Zeit dar.[376]

Zunächst werden hier die methodischen Prämissen des *Grundrißes der Geschichte der Menschheit* sowie die Grundlinien der Argumentation dargestellt; zur

368 Ebd., 156 und 165.
369 Vgl. hierzu Kap. II.2.2 dieser Arbeit: ‚'Genesis und Geologie‘: Konturen einer Debatte.
370 Das vermutet auch *Meyer*, Wahrheit, 267 f.
371 Die Formulierung stammt von *Schiller*, Räuber, 30.
372 *Gierl*, Meiners, 430.
373 *Prantl*, Meiners, 225.
374 Eine zweite Ausgabe erschien 1793; aus rezeptionsgeschichtlichen Gründen ist hier die Erstauflage maßgeblich.
375 Vgl. *Meiners*, Grundriß, [31].
376 *Wunderlich*, Empirismus, 90.

Konturierung von Christoph Meiners’ erdhistorischem Denken werden zudem weitere Schriften herangezogen; das sind die *Untersuchungen über die Verschiedenheiten der Menschennaturen* (1811) sowie die Schrift *Beschreibung alter Denkmäler in allen Theilen der Erde* (1786). Da Meiners’ Geschichtsphilosophie in der Forschung bislang als optimistisch und teleologisch charakterisiert wurde,[377] stellt sich die Frage, wie Meiners den ‚dunklen Abgrund der Zeit‘ in einen anthropozentrischen Geschichtsentwurf einordnen kann.

Während Meiners’ Geschichtsphilosophie in der Forschung bislang relativ wenig Beachtung gefunden hat,[378] sind seine äußerst fragwürdigen Ansichten zu den unterschiedlichen Menschenrassen breit rezipiert worden.[379] Bereits unter Meiners’ Göttinger Kollegen fanden diese Konzepte mehrheitlich keine Zustimmung. Georg Forster und Johann Friedrich Blumenbach wiesen seinen „Vulgärrassismus“ entschieden zurück.[380] Noch stärkeres Missfallen als die rassistischen Äußerungen erregte bei den Zeitgenossen allerdings Meiners’ deutliche Kritik an der Philosophie Kants.[381] Diese Kritik bewegte vor allem die ältere Forschung dazu, mit Meiners hart ins Gericht zu gehen. In diesem Sinne wurde er als ein „urteilsloser Polyhistor“, dessen Gedanken „maßlos plump und thöricht“ erscheinen, abgestempelt.[382] Auch in der *Allgemeinen Deutschen Biographie* findet sich ein ähnliches Urteil: Meiners wird als „hastiger Vielschreiber“ charakterisiert, und seine geschichtlichen Darstellungen dürfen „weder an Genauigkeit der Forschung noch an Tiefe der Auffassung einen höheren Werth beanspruchen“.[383] Diese im Geiste des Neukantianismus entstandenen Wertungen wurden über lange Zeit unhinterfragt tradiert und erst im späten 20. Jahrhundert teilweise revidiert.[384]

---

377 Vgl. *Garber*, Selbstreferenz, 154.

378 Im Artikel ‚Geschichtsphilosophie‘ im Historischen Wörterbuch der Philosophie wird Meiners *Grundriß der Geschichte der Menschheit* erwähnt; vgl. *Dierse/Scholtz*, Geschichtsphilosophie, 420; vgl. auch *Garber*, Selbstreferenz; *Proß*, Begründung, 213–128; *Araújo*, Weltgeschichte.

379 Meiners postuliert, dass Kulturunterschieden letztlich Rassenunterschiede zu Grunde lägen, nämlich diejenigen zwischen dem kaukasischen Stamm, der „den Namen des Schönen“ verdient, und dem mongolischen, der „mit Recht den Namen des Häßlichen“ trägt. *Meiners*, Grundriß, 43. Meiners geht so weit, dass er die Brutalität des Sklavenhandels aufgrund der vermeintlich rassischen Minderwertigkeit der Betroffenen für legitim hält. Rassistische Äußerungen sind über sein ganzes Werk verstreut; vgl. insbesondere die Schriften *Ueber die Rechtmässigkeit des Negern-Handels* (1788) und *Ueber die Natur der Afrikanischen Neger* (1790); vgl. *Lotter*, Meiners; *Dougherty*, Meiners; *Gierl*, Meiners.

380 Vgl. *Gierl*, Meiners, 431; sowie *Hoorn*, Leibe, 189.

381 Vgl. *Wunderlich*, Kant, besonders 90–101; sowie *Wunderlich*, Empirismus, 65 f.

382 Zit. n. *Wunderlich*, Empirismus, 65.

383 *Prantl*, Meiners, 225.

384 Vgl. exemplarisch *Schubert*, Meiners, 56.

Fachlich war Meiners „ein intellektueller Vagant auf den verschiedensten Forschungsfeldern".[385] Erste Beachtung fand er mit der Schrift *Revision der Philosophie,* welche 1772 anonym erschien und in welcher er programmatisch eine grundlegende Umorientierung der Philosophie nach empirischen Grundsätzen forderte. Daraufhin wurde Meiners im gleichen Jahre eine außerordentliche Professur in Göttingen angeboten; drei Jahre später wurde er schließlich Ordinarius an der Georgia Augusta.[386] Die durchaus beachtliche wissenschaftliche Reputation, die er zu Lebzeiten genoss, zeigt sich nicht nur an zwei (abgelehnten) Rufen nach Erfurt und Halle, sondern ebenso an seiner Mitgliedschaft in zahlreichen wissenschaftlichen Akademien, wie etwa der *Königlichen Societät der Wissenschaften zu Göttingen* (1776), der *Société philotechnique* in Paris (1803), der *Moskauer Gesellschaft der Naturalisten* (1805) sowie der *Bayerischen Akademie der Wissenschaften* (1808).[387]

Mit seinen geschichtsphilosophischen Schriften vertrat Meiners eine programmatische Zielsetzung. Er begriff sich als Wegbereiter einer noch jungen Disziplin, die nur in Isaak Iselin (1728–1782) einen – in seinen Augen bescheidenen – Vorgänger gehabt habe,[388] und erhob den Anspruch der Begründung einer „neuen Wissenschaft".[389] Um diesen Anspruch einzulösen, richtete er seine *Geschichte der Menschheit* programmatisch auf die Erdwissenschaften aus. Im Gegensatz zur vorherigen Tradition beabsichtigte Meiners, keine Geistesgeschichte und keine politische Geschichte zu verfassen: „Die Thaten und Schicksale merkwürdiger Menschen und Völker, deren zuverläßige und lehrreiche Erzählung man vorzugsweise Geschichte oder politische Geschichte zu nennen pflegt, schliesse ich von der Geschichte der Menschheit ganz aus". Indessen habe die *Geschichte der Menschheit* „ganz andere Absichten [...] und auch eine ganz verschiedene Methode."[390] Sie orientiere sich – und das verstand er als Alleinstellungsmerkmal seiner Geschichtsphilosophie – an weitaus größeren zeitlichen Dimensionen, bzw. an einem „allgemeinen die ganze Erde umfassenden Blick". Während die bisherige Geschichte „das menschliche Geschlecht da, wo die ältesten Urkunden es uns zuerst zeigen", als Ausgangspunkt nehme, und dabei der „Zeitordnung so genau, als möglich" folge, unterscheide sich die *Geschichte der*

---

385 Ebd.

386 *Wunderlich*, Empirismus, 66.

387 Vgl. *Wunderlich*, Meiners, 774.

388 Darüber hinaus nennt Meiners als Vorgänger noch Henry Horne (*Sketches of the History of Man*, 1774) sowie William Falconer (*Remarks on the influence of climate* [...] *of mankind*, 1781); vgl. *Meiners*, Grundriß, [27–30].

389 *Meiners*, Grundriß, [17]; vgl. *Proß*, Begründung, 213 f.

390 Ebd., [14].

Menschheit darin fundamental, denn „[d]iese chronologische Ordnung kennt die Geschichte der Menschheit gar nicht."[391] Die bis dahin gültige Zäsur zwischen Natur und Kultur wird von Meiners ignoriert. Dadurch wird der zeitliche Rahmen extrem ausgeweitet und ist schließlich identisch mit der Geschichte der Erde. Meiners entwickelt eine Definition von Geschichtsphilosophie, die sich programmatisch und in definitorischer Abgrenzung zu den vorherigen Konzeptionen auf die Erdgeschichte bezieht:

> Aus dem, was ich bisher gesagt habe, läßt sich leicht abnehmen, was Geschichte der Menschheit sey, und in wieferne sie den Namen einer neuen Wissenschaft verdiene. Die Geschichte der Menschheit ist eine Wissenschaft, in welcher nach einleitenden Betrachtungen über den gegenwärtigen und vormaligen Zustand der Erde, und über die ältesten Wohnsitze der Menschen, die allmählige Verbreitung derselben über alle Theile der Erde [...] auseinander gesetzt [wird].[392]

Nur in dem neuen Medium der Geschichtsphilosophie könnten die neuen Erkenntnisse zur Geschichte der Natur und zur Natur der Geschichte in ihren gegenseitigen Bezügen thematisiert werden: Die Fragen nach den „ältesten Wohnsitzen der Menschen, und über die wichtigsten Revolutionen der Erde [können] [...] in keiner andern Art von Geschichte so schicklich und gründlich, als in der Geschichte der Menschheit vorgetragen werden".[393] Die Neubegründung des Genres der Geschichtsphilosophie – so versteht Meiners seine Schrift – werde folglich dadurch geleistet, dass Erdgeschichte und Menschengeschichte verklammert würden, und „[d]iese Summe von Kenntnissen verdient allerdings den Namen einer neuen Wissenschaft."[394]

Diese definitorische Grundlegung der Geschichtsphilosophie und ihre Verklammerung mit der Erdgeschichte bestimmt den Aufbau und die argumentative Struktur des Werkes. Ähnlich wie in den Schriften Voltaires und Herders beginnt auch Meiners' *Grundriß der Geschichte der Menschheit* mit einem Kapitel zur Erdgeschichte, den ‚Allgemeinen Betrachtungen über die Entstehung der Erde, über ihre wichtigsten Revolutionen und über ihren vormaligen und gegenwärtigen Zustand'.[395] Nicht nur Wolfgang Proß erkennt in dieser Konzeption den Einfluss Herders: „Die Frucht von Meiners [sic!] Lektüre der ersten beiden Bände der Herderschen *Ideen* ist in dieser Konzeption insofern deutlich zu spüren, als er die

391 Ebd. [15f]; vgl. auch *Garber*, Selbstreferenz, 157.
392 *Meiners*, Grundriß, [17].
393 Ebd., [9f.].
394 Ebd., [17].
395 Ebd., 1–16.

Genese der Erde bis zum Zustand, auf dem der Mensch auf dieser erscheint […] an den Anfang stellt“.[396]

Bezüglich der Erdwissenschaften gibt sich Meiners als Skeptiker zu erkennen, der die methodologischen und epistemologischen Probleme der vorparadigmatischen Geologie reflektiert. Dabei äußert er deutliche Kritik an allen der ‚Théorie de la terre‘ zugehörigen Systementwürfen, auch an den *Époques* Buffons. Er beklagt, dass nach „allen den grossen Entdeckungen, die man in unserm Jahrhunderte gemacht […] die Geschichte der Bildung der Erde, und ihrer vornehmsten Revolutionen doch immer noch mit undurchdringlichen Finsternissen bedeckt [ist].“[397] Dennoch gebe es auch erhellende erdwissenschaftliche Schriften: „Unter den verschiedenen Erklärungen der Entstehung unsers Erdballs, oder wenigstens des Kerns desselben ist bisher die eines Pallas, Saussüre, und Soulavie die annehmlichste.“[398]

Dass diese grundlegenden Zweifel an der Stichhaltigkeit erdwissenschaftlicher Theorien Ausdruck seiner Beschäftigung mit den Erdwissenschaften und nicht seiner Ablehnung derselben sind, zeigt sich im Folgenden. Meiners greift die bedeutendsten geologischen Kontroversen auf und positioniert sich vor dem Hintergrund seiner Geschichtsphilosophie. In Bezug auf den ‚Basalt-Streit‘ gibt er sich als Neptunist zu erkennen: „Der Ocean bedeckte einstens die Erde entweder ganz bis fast an ihre höchsten Bergspitzen, oder überstömte auch ihre verschiedenen Theile zu verschiedenen Zeiten.“[399] Zudem macht er deutlich, dass „aber die Granit-Gebürge gewiß nicht durch Feuer entstanden sind“.[400] Obwohl er die Entstehung der Erde aus dem Feuer mit explizitem Bezug auf Buffon in Zweifel zieht,[401] gesteht er plutonistischen Theorien einen gewissen Einfluss zu und bemerkt, dass „das Feuer eine von den mächtigsten Ursachen [ist], die unsere Erde umgebildet haben. Vulcane brachten Berge, Inseln, und ganze Länder-Flächen hervor, und rissen durch Erdbeben, die sie veranlaßten, grosse Erdtheile und Reiche aus einander.“[402]

Über das Erdalter wagt Meiners keine Spekulationen. Im *Grundriß der Geschichte der Menschheit* belässt er es bei einer lakonischen Bemerkung: „[M]an

396 *Proß*, Begründung, 215.
397 *Meiners*, Grundriß, 1. Auch in den fast 30 Jahre später postum publizierten *Untersuchungen über die Verschiedenheiten der Menschennaturen* wiederholt er seine Einschätzung; vgl. *Meiners*, Untersuchungen, 13.
398 Ebd., 1f.
399 Ebd., 2; vgl. auch *Meiners*, Untersuchungen, 15.
400 *Meiners*, Grundriß, 2.
401 Vgl. *Meiners*, Untersuchungen, 59.
402 *Meiners*, Grundriß, 2.

kann aber viel leichter das höhere oder geringere Alter der verschiedenen Gebürg- und Stein-Arten, als die Entstehung derselben angeben."[403] In der Schrift *Beschreibung alter Denkmäler* und in den *Untersuchungen über die Verschiedenheiten der Menschennaturen* macht er jedoch deutlich, dass er die Erdgeschichte für einen „unermeßliche[n] Zeitraum"[404] hält und dass es ein gewagtes und letztlich vergebliches Wagnis der Vernunft sei, diesen aufzuspüren.[405]

Auffallend ist, dass Meiners in seiner Auseinandersetzung mit der Geschichte der Erde ohne einen einzigen Verweis auf die biblische Überlieferung auskommt. Die Genesis als paradigmatische Erzählung für die Entstehung und Entwicklung der Erde, die noch bei Herder beträchtliche Bedeutung besitzt, ist für ihn als Referenztext unbedeutend. Insbesondere vor dem Hintergrund der Heftigkeit der Debatte um Genesis und Geologie ist diese deutliche Positionierung erstaunlich.[406] In der postum erschienenen Schrift *Untersuchungen über die Verschiedenheiten der Menschennaturen* (1811), welche die bei weitem ausführlichsten erdgeschichtlichen Diskurse beinhaltet, thematisiert er den Konflikt zwischen Genesis und Geologie dann doch eingehender. Hier rechtfertigt er seine Darstellungsweise unter Bezugnahme auf den erdwissenschaftlichen Diskurs:

> Die meisten und grösten Naturforscher der neuern Zeit verwarfen entweder die alten Sagen der Juden über die Entstehung, Erhaltung und Verbreitung der Menschen und Thiere, über die Sündfluth und die ersten Wohnsitze der Menschen geradezu, oder sie übergingen sie mit Stillschweigen, ohne die geringste Rücksicht darauf zu nehmen. *Büffon, Bailly, Soulavie, Saussure, Delametherie, Lamarck, Pallas, Herrman, Zimmermann*, und viele andere Schriftsteller halten es für unmöglich, daß unsere Erde so jung sey, und Menschen und Thiere auf eine solche Art erschaffen, erhalten und verbreitet worden, als die jüdischen Ueberlieferungen erzählen.[407]

Die Bedeutung der erdhistorischen Diskurse in Christoph Meiners' Geschichtsphilosophie

Die Bedeutung der erdhistorischen Diskurse in Christoph Meiners' Geschichtsphilosophie wurde in der Forschung vor allem darin gesehen, eine optimistisch-teleologische Naturanalogie für die Entwicklung der Gesellschaft bereitzustellen.

---

403 Ebd.; vgl. auch *Meiners*, Untersuchungen, 17 f.
404 *Meiners*, Untersuchungen, 91.
405 Vgl. *Meiners*, Beschreibung, 7 f.; sowie *Meiners*, Untersuchungen, 94 f. Dabei geht er jedoch davon aus, dass das Alter der Menschheit weitaus geringer als dasjenige der Erde sei, da die Menschen später als die viele andere Tiere und Pflanzen entstanden seien; vgl. ebd., 32.
406 Vgl. hierzu Kap. II.2.2 dieser Arbeit: ‚'Genesis und Geologie': Konturen einer Debatte'.
407 *Meiners*, Untersuchungen, 9 f. [Hervorhebungen im Original.]

Garber bezeichnet Meiners' Geschichtsphilosophie als eine dem Fortschritt verpflichtete Weltgeschichte, die „mit den einfachsten" Lebewesen beginne und in optimistischer Weise auf den Menschen, das „Lebewesen mit der größten Komplexität", und „die Höchstform der Naturgeschichte wie auch der Kulturgeschichte", zusteuere.[408] Damit besäße die Erdgeschichte genau jene Funktion, die ihr Andreas Urs Sommer im Kontext spekulativ-universalistischer Geschichtsphilosophie zuschreibt, und die darin bestehe, den für die Geschichtsphilosophie konstitutiven Anthropozentrismus zu erneuern, denn in „Analogie zur teleologisch-anthropozentrischen Struktur der Erdgeschichte lässt sich leicht eine Vervollkommnungstendenz in die menschliche Geschichte hineinlesen".[409] Die Beobachtung Garbers ist sicherlich richtig. Erkenntnisleitend ist für Meiners folgende Frage: „Welche analogische [sic!] Schlüsse nun kann man aus allen angeführten Thatsachen, und den darauf gegründeten Vermuthungen in Rücksicht auf den Menschen ziehen?"[410] Es finden sich zahlreiche Stellen wie die folgende, in denen Meiners die teleologische Entwicklung der Erdgeschichte als eine unablässig vom Einfachen zum Komplexen fortschreitende Entwicklung konzipiert: „In der ganzen Natur, am unläugbarsten im Pflanzen- und Thierreiche, findet ein unmerkliches Fortschreiten vom Unvollkommnern zum Vollkommnern und Vollkommensten Statt [sic!]."[411]

Allerdings erschöpft sich die Funktion der erdgeschichtlichen Diskurse nicht vollständig in dieser Bestimmung, denn dieses optimistische Verständnis der Erdgeschichte wird immer wieder konterkariert. Bereits in der 1786 erschienenen Schrift *Beschreibung alter Denkmäler* thematisiert Meiners die Überwindung, die es ihn koste, die Erdgeschichte imaginativ zu erschließen, da diese Vergegenwärtigung gleichzeitig mit der Erkenntnis der zeitlichen Marginalität des Menschen auf der Erde einhergehe:

> Wenn man unter Massen von Granit, und in dem Innern fast unersteiglicher Gebirge Ueberbleibsel von Pflanzen und Thieren antrift, so wagt man es kaum, mit seiner Einbildungskraft so weit an der Reihe verfloßener Jahrtausende zurückzugehen, als man selbst fühlt, daß nöthig sey, um den Zeitpunct des Untergangs aller dieser lebenden und empfindenden Wesen, und die Entstehung ihrer Decken und Hüllen zu erreichen.[412]

In dieser Passage wird die Ambivalenz der geologischen Tiefenzeit akzentuiert, welche sich nicht vollständig in anthropozentrische Sinnentwürfe eingliedern

---

408 *Garber*, Selbstreferenz, 153.
409 *Sommer*, Sinnstiftung, 215.
410 *Meiners*, Untersuchungen, 39.
411 Ebd., 38; vgl. auch ebd., 166.
412 *Meiners*, Beschreibung, 7 f.

lässt. In Anbetracht der unglaublich langen Zeiträume verlieren die geschichtsphilosophischen Betrachtungen ihre rationale Evidenz. Sie bekommen gleichsam einen pessimistischen Grundton, denn in diesem Lichte ihrer eigenen Geschichte scheint die Erde vor allem eine ungeheure Grabstätte zu sein:

> Man kann die ganze Oberfläche der Erde, als eine ungeheure Grabstätte ansehen, in welche die Zeit unter der Leitung der Vorsehung unzählige Geschlechter von Menschen und Thieren, und selbst die größten Werke der Natur begraben hat, auf welcher aber doch noch Denkmäler genug übrig sind, woraus man das Daseyn der verschwundenen Bewohner der Erde und Meere, und den Zustand des Schauplatzes, auf welchem sie sich bewegten, entweder unwidersprechlich darthun, oder doch mit vieler Wahrscheinlichkeit errathen kann.[413]

Hiermit erteilt Meiners optimistisch-teleologischen Konzepten des Geschichtsverlaufs eine Absage. Der obige Passus enthält ein deutlich erkennbar resignatives Moment und artikuliert einen Geschichtspessimismus, der die Hinfälligkeit alles Lebenden akzentuiert:

> Die zerfressenen Trümmer, bloße Gerippe dessen, was sie einst waren, erfüllen das Gemüth mit eben den schwermüthigen Gedanken und Empfindungen, welche alle Ueberbleibsel vormahliger Größe einzuflößen pflegen. Bei dem Verweilen und Nachdenken über diese alten Ruinen bestrebt sich der Geist vergeblich, den Zeitraum zu schätzen, wärend welchem die verwitterten Gebirge niedergedrückt worden, oder die noch stehenden ungeheuren Massen so werden aufgelöst werden, daß auch nicht eine Spur von ihnen übrig bleibt.[414]

Angesichts der Erdgeschichte in eine Fortschrittshoffnung zu verfallen und nach dem Beispiel Jean-André Delucs[415] eine Verbesserung zu erwarten, sei eine Traumvorstellung, die, wenn überhaupt, nur Dichtern gestattet sei:

> Die von jeher auffallende Abnahme der Gebirge veranlaßte schon lange den Gedanken, daß dereinst alle Gebirge würden abgetragen, und die ganze Erde in eine gleichförmige Ebene werde verwandelt werden. Dichtern träumte sogar, und nur Dichtern war ein solcher Traum zu verzeihen, daß die ganze geebnete Erde ein viel glücklicherer Wohnsitz von Menschen seyn werde, als die gegenwärtige ist.[416]

Angesichts dieser pessimistischen Reflexionen ergibt sich ein zwiespältiges Bild. Einerseits zeigt sich Meiners als expliziter Vertreter des ‚Göttinger Materialismus', der die Entstehung und Entwicklung der Erde vollkommen unverbrämt von metaphysischen Spekulationen, differenziert und mit kritischer Reflexion nach-

---

413 Ebd., 7.
414 *Meiners*, Untersuchungen, 94 f.
415 Vgl. ebd., 70.
416 Ebd., 69.

zeichnet. Andererseits artikuliert Meiners aber auch das Unbehagen, welches er – jeglicher metaphysischer Sicherheiten beraubt – angesichts der Größe des Geschichtsbilds empfindet: Es gibt Momente von kühler und kühner Rationalität, in welchen Meiners die Entwicklung des Lebens auf der Erde als einen gerichteten Prozess der Höherentwicklung begreift, bzw. die Erdgeschichte in optimistischen und teleologischen Geschichtskonzeptionen aufgehen lässt; im Gegensatz dazu zeigt sich immer wieder aufs Neue, dass dieses optimistische Weltbild unter der Last des ‚dunklen Abgrunds der Zeit' buchstäblich in sich zusammenfällt und dass im Gegensatz zu den optimistischen Fortschrittsvorstellungen eine pessimistische Zerfallsgeschichte und eine fast barock anmutende Vision der *vanitas mundi* beschworen wird.

3.7 Franz Michael Vierthalers katastrophische Kulturanthropologie

Das musikalische Denkmal, welches ihm Franz Schubert gesetzt hat, ist heute wohl bekannter als Franz Michael Vierthaler (1758 – 1827) selbst: Die Gratulations-Kantate mit dem Titel *Namensfeier für Franz Michael Vierthaler*, die am 29. September 1815 anlässlich seines 57. Geburtstages in Wien uraufgeführt wurde, verdeutlicht die Wertschätzung, die Vierthaler unter seinen Zeitgenossen genoss.[417] Der Untertitel des Werks, ‚*Erhab'ner, verehrter Freund der Jugend*', weist zudem darauf hin, dass Vierthaler vor allem als Pädagoge geschätzt wurde. Dies gilt auch noch für die aktuelle Forschung. Von dieser wird Vierthaler maßgeblich als „ein bedeutender Vertreter der Aufklärungspädagogik" wahrgenommen.[418]

Bevor Vierthaler jedoch als ‚Salzburger Pestalozzi' überregionale Bekanntheit erlangte und als Direktor des Seminars für Lehrerbildung im Fürsterzbistum Salzburg (1790) sowie ebenda als Professor für Pädagogik, als Direktor der Waisenhäuser, als Landesschuldirektor (1803) und auch als Verfasser zahlreicher pädagogischer Schriften in Erscheinung trat, verfasste er eine *Philosophische*

---

417 *Clive*, Schubert, 197.

418 [Art.] *Vierthaler*, Deutsche Biographische Enzyklopädie, 207; vgl. auch: [Art.] *Vierthaler*, Neuer Nekrolog; *Hochmuth*, Denkmahl; *Zillner*, Vierthaler; [Art.] *Vierthaler*, Brockhaus; vgl. auch folgende frühe Schriften: *Wagner*, Geschichte; *Wagner*, Vierthalers Schulplan; *Schöndorfer*, Phasen; vgl. besonders die vom pädagogischen Institut Salzburg 1958 veröffentlichte Festschrift: *Laireiter*, Vierthaler; in dieser besonders die beiden Aufsätze: *Köchl*, Vierthaler; *Hörburger*, Vierthaler; vgl. auch folgende Publikationen: *Schindling*, Bildung, 12; *Veits-Falk/Weiß*, Salzburg, besonders 179 – 183; *Vierling-Ihrig*, Schule, besonders 34 – 36.

Geschichte der Menschen und Völker.[419] Sie wurde sehr wohlwollend aufgenommen, und „verschaffte ihm litterarischen Ruf".[420] Nachdem die ersten fünf Bände bereits in den Jahren 1787–1795 erschienen waren, führten Vierthalers umfangreiche pädagogische und administrative Tätigkeiten dazu, dass die letzten beiden Bände erst in den Jahren 1818 und 1819 erscheinen konnten. Vierthaler selbst kommt, fast wehmütig, auf die Ursache dieser erheblichen Verzögerung zu sprechen: „Die Geschichte, einst mein Hauptfach und noch immer mein Lieblingsstudium, darf itzt nur noch Nebengeschäft für mich seyn. Nur meine Nebenstunden gehören ihr, und diese weihe ich auch derselben gern."[421]

Obwohl Vierthaler explizit eine ‚philosophische Geschichte' verfasst, ist er von den Forschungsdiskursen zur Geschichtsphilosophie bislang übergangen worden.[422] Bereits in älteren Beiträgen wird diese Lücke angeprangert, und es wird darauf hingewiesen, dass Vierthaler zu Unrecht „als philosophisch-historischer Schriftsteller bereits vergessen" sei.[423] Das Gleiche gilt auch hinsichtlich der Erdwissenschaften, mit denen Vierthaler sich zeitlebens beschäftigte. In älteren Forschungsbeiträgen wird zwar noch hervorgehoben, dass Salzburg ihm die „wichtigsten Beleuchtungen und Beschreibungen seiner geologischen, antiquarischen und statistischen Merkwürdigkeiten"[424] verdanke; bis auf Randbemerkungen haben diese jedoch bislang keinen Eingang in die Geologiegeschichts-

---

419 Für ein ausführliches Verzeichnis der Werke Vierthalers vgl. *Laireiter*, Vierthaler, 68–74.

420 *Zillner*, Vierthaler, 680; vgl. auch die fast durchgängig positiven Rezensionen: [Rez.] Philosophische Geschichte, Allgemeine Literatur-Zeitung; [Rez.] Philosophische Geschichte, Gothaische gelehrte Zeitungen. Auf eine negative Rezension in der *Oberdeutschen allgemeinen Litteraturzeitung* (1788) antwortete Vierthaler mit der Schrift: *Rechtfertigung gegen einen oberdeutschen Recensenten* (1788).

421 *Vierthaler*, Geschichte Bd. 5, unpaginiertes Vorwort [3]. Es ist Ausdruck von Vierthalers Ethos' als Historiker, dass auch sieben Bände die Alte Geschichte nicht abdeckten – der siebte endete mit den Griechen; eine geplante Geschichte der Römer konnte nicht mehr realisiert werden. Damit dürfte Vierthaler das im Vorwort des ersten Bandes gesteckte Ziel, ein Werk zu schreiben, das nicht zu umfangreich und nicht zu knapp sei und das bezüglich des Umfangs „ungefähr die Mitte hält", verfehlt haben; vgl. *Vierthaler*, Geschichte Bd. 1, [9].

422 Im Artikel ‚Geschichtsphilosophie' im Historischen Wörterbuch der Philosophie wird auf Vierthaler in zwei Fußnoten Bezug genommen, vgl. *Dierse/Scholtz*, Geschichtsphilosophie, 420; Annette *Meyer*, Wahrheit, erwähnt Vierthaler auf 239; Thomas Nutz zählt Vierthaler zu denjenigen Pädagogen, die in der Nachfolge Herders ähnlich perspektivierte Schriften verfassten; vgl. *Nutz*, Varietäten, 81 f.; vgl. auch *Leopold*, Origins, 64.

423 *Wurzbach*, Vierthaler, 279.

424 *Hochmuth*, Denkmahl, [18]; vgl. auch den wortgleichen und vermutlich ebenfalls von Hochmuth verfassten Passus in: [Art.] *Vierthaler*, Nekrolog, 876.

schreibung gefunden.[425] Exemplarisch für Vierthalers sachkundige erdgeschichtliche Beobachtungen und für seine differenzierten terminologischen Unterscheidungen hier ein Beleg aus den *Reisen durch Salzburg:*

> Gerade diese Strecke, von Aussee über Abtenau nach Berchtesgaden hin, zeichnet sich zugleich durch eine Menge von Seeproducten und Versteinerungen aller Art aus.
> Das Rußbachthal in der Abtenau ist vorzüglich reich daran. Man findet daselbst Vermiculiten, Pholaden, Nerititen, Koralliolithen, Astroiten und ähnliche Producte aus dem Thier- und Pflanzenreich in Menge. Auf dem Dürrenberge selbst sind Chamiten, Pectiniten und Muschelabdrücke nicht selten.
> Sogar auf dem flachen Lande kommen dergleichen Erscheinungen vor. Schroll fand Ammonshörner, Echiniten, und verschiedene Schaalthiere in verschiedenen Orten. Ich selbst besitze mehrere Ostraciten. Sie sind trefflich erhalten, und wurden nicht ferne von Tetenhausen gefunden, wo sie schichtweise aufeinander liegen. Die Revolution, von welcher alle diese Erscheinungen zeugen, fällt nicht in die Zeiten der Urwelt, sondern in eine ungleich spätere Periode. Die Seeproducte und Versteinerungen erscheinen nicht in uranfänglichen Gebirgen, sondern im Uebergangskalkstein und am häufigsten in Gebirgen von der neuern Formation, in Flötzgebirgen.[426]

‚Genesis und Geologie' in Vierthalers *Philosophischer Geschichte*

In Vierthalers *Philosophischer Geschichte der Menschen und Völker* werden Erdgeschichte und Menschengeschichte miteinander verbunden. Es ist der Versuch, „allgemeine Linien zur Geschichte der rohen Menschheit" nachzuzeichnen, „und den menschlichen Geist von seiner ersten Entwicklung an bis hin zur Gränze der Aufklärung" zu verfolgen.[427] In Übereinstimmung mit den geschichtsphilosophischen Entwürfen Herders, Schlözers und Meiners' beginnt das erste Kapitel programmatisch mit ‚Bemerkungen über die Geschichte der Erdbeschreibung und der Erde selbst'.[428] Es bietet eine Synopse der empirischen Wissenschaften seiner Zeit, allen voran der Astronomie, der Geographie und der Geologie. Seine Quellen, insbesondere seine geologischen, gibt Vierthaler nicht bzw. nur sehr sporadisch an. Im Vorwort des fünften Bandes rechtfertigt sich Vierthaler gegen ebendiesen Vorwurf, der auch vom zeitgenössischen Publikum erhoben wurde: „Dem Vorwurfe, daß ich meine Quellen nur selten anführe, suchte ich im gegenwärtigen Bande sorgfältig auszuweichen. Ich war diese Aufmerksamkeit besonders jenen

425 Eine Ausnahme ist Harald Lobitzer, der Vierthaler das Verdienst zuschreibt, die „frühesten Arbeiten, die Geologie des Inneren Salzkammerguts betreffend", verfasst zu haben; vgl. *Lobitzer*, Bohadsch, 95 f.

426 *Vierthaler*, Reisen, 207.

427 So *Vierthaler* im Vorwort des 3. Bd.s über das Konzept des 1.: Geschichte Bd. 3, unpaginiertes Vorwort, [4 f.].

428 *Vierthaler*, Geschichte Bd. 1, 1–57.

Gelehrten schuldig, welche sich in ihren Schriften auf meine Geschichte mit Zuversicht berufen zu können glaubten."[429] In seinem methodischen Vorgehen orientiert sich Vierthaler u. a. an Herder,[430] Schlözer und Meiners.[431]

Vierthaler thematisiert den Transformationsprozess des religiösen Wissens und zeichnet nach, wie dieses zunehmend von empirischem Wissen verdrängt wurde. Exemplarisch führt er eine Begebenheit an, die deutlich macht, wie brisant geologisches Wissen empfunden werden konnte; dabei thematisiert er den Konflikt zwischen ‚Genesis und Geologie':[432]

> Das System vom Rückzuge des Meers hatte ein seltsames Schicksal: Mahometanische und Christliche Theologen – welch ein Contrast! – sprachen das Urtheil der Verdammnis über selbes aus. Jene behaupteten, es verletze den Alkoran; und diese es verletze die Bibel [...]. Im Jahre 1747 geschah folgendes in Schweden: Die Geistlichkeit überreichte den Landständen eine Schrift, in der sie alle Gelehrten, die das System von dem Rückzuge des Meeres vertheidigten, der Ketzerey beschuldigten. Diese Sottise, welche die Kleriker eines ganzen Landes in dem aufgeklärtesten Jahrhundert begieng, hatte die Wirkung, die sie haben mußte: man geboth den Theologen Stillschweigen, und drohte mit Strafen, wo sie sich unterstünden sich noch einmal vor den Augen Europa's zu prostituieren.[433]

Vierthaler charakterisiert das Verhältnis zwischen beiden Bereichen als agonal und bezieht eindeutig Stellung gegen die ‚Kleriker'. Zudem übt er Kritik an der kirchlichen Dogmatik, denn

> da sie über Materien urtheilten, in denen man ihnen gerne erlaubt unwissend zu seyn, was konnten sie anders erwarten, als daß sie sich Schande, und ihren Feinden Schadenfreude machten? Nachdem sie schon so oft unglücklich decidirten, können sie sich mit Rechte beklagen, daß man ihre Dicisionen verachtet? können sie mit Grunde behaupten, daß unser Zeitalter ausarte, weil man ihnen ihre Irrthümer zum Vorwurfe macht? Muß nicht die ganze Welt darauf verfallen, daß, nachdem sie sich in der Geographie geirrt, als sie den Bischof Virgil verdammten; in der Astronomie, als sie den Galilei verdammten, in der Metaphysik, als sie den Jordan Bruno und den unsterblichen Locke verdammten; in der Physik, als sie so viele Zauberer, so viele Herren, so viele gute Bücher verbrannten – sie sich wohl auch in der Geschichte der Natur irren können?[434]

---

429 *Vierthaler*, Geschichte Bd. 5, [5]; Die geologischen Quellen lassen sich folglich nur erahnen. Vierthaler bezieht sich auf William Whiston (*Vierthaler*, Geschichte Griechen, 6), Buffon (ebd., 100), Peter Simon Pallas (*Vierthaler*, Geschichte Bd. 1, 42) und vor allem Boulanger, dessen auf erdgeschichtliche Katastrophen bezogene Kulturanthropologie Vierthaler weiterentwickelt (ebd., 258 f., 383, und 567).

430 Das bemerkt auch *Köchl*, Vierthaler, 12; vgl. auch *Hammermayer*, Erzstift Salzburg, 363 f.

431 Vgl. *Nutz*, Varietäten, 82.

432 Vgl. hierzu Kap. II.2.2 dieser Arbeit: ,'Genesis und Geologie': Konturen einer Debatte.

433 *Vierthaler*, Geschichte Bd. 1, 38 f.

434 Ebd., 39.

Auch inhaltlich stellt Vierthaler den biblischen Schöpfungsbericht in Frage und rekurriert dabei insbesondere auf geologische Belege: Er thematisiert die großen erdgeschichtlichen Veränderungen und postuliert, dass „[e]in grosser Theil der jetzt bewohnten Erde [...] einst Meeresbette“ war, und dass die „Menge von versteinerten Muscheln, von Cheramiden – vom Seewasser ausgespülte Klippen – und Limnotaiasten [...] redende Beweise [dafür sind], daß alle diese Länder einst Meeresbette waren. Meeresbette war die ganze Ionische Küste, Ilion, Teuthra, Ephesos und die Paradisgefilde um den Maeandros.“[435] Die erdgeschichtlichen Veränderungen erscheinen als umfassend: „Die meisten Länder, vorzüglich Schweden und Norwegen, Pommern und Preussen tragen die auffallendsten Beweise an sich, daß sie einst unter Wasser lagen.“[436] In einem an Buffon erinnernden Passus evoziert Vierthaler die Vorstellung einer Naturgeschichte, die eigenständig Veränderungen und Wandel initiiert:

> Ueberhaupt ist die Natur immer in Arbeit: immer geschäftig im Zerstören und Schaffen, reißt sie hier Länder von Ländern ab, und vereiniget dort Inseln mit Inseln und Continenten. Sie wirft an diesem Orte Küsten und Länder in die See, und ruft an einem andern dafür jene aus derselben hervor. Wie viele Inseln lagen einst im Ocean begraben, welche heut zu Tage von Menschen bewohnt sind? Wie viele Länder und Küsten verschlang dagegen das Meer?[437]

In diesen Passagen gibt sich Vierthaler als ein entschiedener Anhänger einer dynamischen Naturgeschichte zu erkennen. Kurz darauf folgt die überraschende Revision dieser Positionen:

> Doch ich eile über ein Feld hinweg, auf welchem sich nur Hamilton’s mit Ruhme verweilen können. Indeß mag das wenige, was ich hier an alten und neuen Naturforschern anführte, schon hinreichen, uns zu überzeigen [sic!], daß es unmöglich sey, über die eigentliche Gestalt der Erde, die sie vor der grossen Fluth, oder auch einige Jahrhunderte später hatte, mehr als schwankende Hypothesen zu liefern.[438]

Der emphatischen Bezugnahme auf erdgeschichtliche Veränderungen folgt ein Widerruf. Formelhaft charakterisiert Vierthaler die erdgeschichtlichen Forschungsergebnisse als ungesichert und hypothetisch: „Lächeln muß man also, wenn man in unsern Tagen einen Prometheus aufstehen sieht, welcher verwegen genug ist, eine Charte von der Urwelt hinzuzeichnen, und dabey stolz und mit Pythagoras Stirne ausruft: So sah die Erde aus, eh es noch einen Geschichts-

---

435 Ebd., 41.
436 Ebd., 44.
437 Ebd., 45; vgl. die ähnliche Formulierung in *Buffon*, Animaux, 59 f.: „Le grand ouvrier de la nature est le temps.“
438 *Vierthaler*, Geschichte Bd. 1, 54.

schreiber gab!"[439] Die Schriften Moses' seien hingegen die einzige valide Quelle zur Urgeschichte der Erde: „Mose, der einzige Geschichtsschreiber, welcher von den vorsündfluthischen Zeiten redet, und Glauben verdienet, wenn er von denselben redet, spricht davon zu wenig und zu unbestimmt."[440]

In diesen Passagen widerruft Vierthaler seine vorherige Position. Während er eingangs noch die Vorstellung einer dynamischen Erdgeschichte evoziert, distanziert er sich nun von dieser Darstellung. Zur biblischen Genesis verhält er sich ähnlich ambivalent: Einerseits begrüßt er, dass Theologen, die sich zur Urgeschichte der Erde äußern, zurückgewiesen werden. Andererseits jedoch bezeichnet er die Bibel als einzige valide Quelle der Erdgeschichte. Inwieweit diese Passagen als authentischer Ausdruck für Vierthalers Überzeugungen angesehen werden können oder nur ein Zugeständnis an die kirchlichen Autoritäten und seine persönlichen Vorgesetzten waren – Vierthaler war immerhin Staatsbeamter im Erzbistum Salzburg und enger Vertrauter von Fürsterzbischof Hieronymus von Colloredo (1732–1812) –, kann nicht endgültig bestimmt werden. Offensichtlich ist jedoch, dass er damit das Wohlwollen eines anonymen Rezensenten erlangte, der lobend hervorhob:

> Auch mit den Schriften der Neuern, den besten Reisebeschreibungen, den Systemen der Franzosen über Kosmogonie etc. beweist er eine genaue Bekanntschaft. Nicht selten greift er die elenden, oft ganz aus der Luft gegriffenen Hypothesen der letztern mit Scharfsinn, oft mit glücklichem Witz an.[441]

Womöglich lässt sich Vierthalers etwas widersprüchliche Haltung in der *Philosophischen Geschichte der Menschen und Völker* gegenüber dem biblischen Schöpfungsbericht mit der pädagogischen Ausrichtung der Schrift erklären, die als Lehrbuch und „zum Gebrauche adelicher Jünglinge" konzipiert wurde.[442] Es erscheint gut möglich, dass er aus derartigen Überlegungen zur Selbstzensur griff, um das brisante geologische Wissen zu entschärfen,[443] denn in anderen Schriften

---

439 Ebd. Dieses ‚Zurückrudern' wird in einer zeitgenössischen Rezension kritisiert; vgl. [Rez] *Vierthaler*, Oberdeutsche allgemeine Litteraturzeitung, 122. Vierthaler rechtfertigt sich und erwidert, dass er Buffon nicht habe kritisieren wollen und man ihn falsch verstanden habe; vgl. *Vierthaler*, Rechtfertigung, [29] und [5].

440 *Vierthaler*, Geschichte Bd. 1, 54; dieser Überzeugung wird wiederholt Ausdruck gegeben; vgl. auch ebd., 140 f. zum Erdalter und zur Auseinandersetzung mit Buffons Berechnungen vgl. ebd., 38 f. und 100 f.

441 [Rez.] Philosophische Geschichte, Allgemeine Literatur-Zeitung, 636.

442 *Vierthaler*, Geschichte Bd. 1, [9].

443 Mit Verweis auf diesen Lehrbuchcharakter seiner Schrift rechtfertigt er das gewählte Vorgehen; vgl. ebd., 57.

finden sich Abschnitte, die es zumindest sehr wahrscheinlich machen, dass er persönlich davon ausging, dass das Alter der Erde dasjenige des Menschen weit übersteige. In *Meine Wanderungen durch Salzburg, Berchtesgaden und Österreich* bemerkt er:

> Der Göhl und Freyberg bietet besonders dem Geologen reichen Stoff zum Nachdenken dar. [...]. Sie führen den stillen Forscher auf Spuren von Veränderungen, welche älter sind, als die Geschichte selbst; von neuen Welten und Menschengeschlechtern. Mitten unter den zertrümmerten Steinmassen zeigen sich nämlich, mehr oder weniger zermalmt, aber noch immer unverkennbar, Seegeschöpfe aller Art. Man findet sie sogar hoch über der Region der Alpen: Zeugen von Begebenheiten, von denen keine Menschen zeugen können. Neu und schwach ist unser Geschlecht; aber die Gebirge sind alt und stark.[444]

Erdgeschichtliche Katastrophen als Ursache für das ‚Sinken' und das ‚Steigen' der Kultur

Ungeachtet aller Ungereimtheiten bezüglich der Gültigkeit von ‚Genesis und Geologie' werden in Vierthalers *Philosophischer Geschichte* die Geschichte der Erde und die Entwicklung der Menschheit verklammert. Im Kapitel ‚Moralische Wirkungen der Fluthen. Verwilderung des Menschen, und seine allmählige [sic!] Fortschritte zur Cultur' werden diese Ansätze einer katastrophischen Kulturanthropologie systematisch ausgearbeitet. Die erdgeschichtliche Katastrophe erscheint als ein konstitutiver Teil der Geschichte der Menschheit. Vierthalers erklärtes Ziel ist es „eine allgemeine Uebersicht von jenem Zustande zu entwerfen, in welchem wir alle Nationen in ihrem Ursprunge finden; und die gewöhnlichen Ursachen von dem Sinken und Steigen der Cultur zu entwickeln."[445]

Referenzpunkt bei diesem Vorhaben ist das Werk des französischen Aufklärungsphilosophen, Historikers und Geologen Nicolas-Antoine Boulanger (1722–1759).[446] In seinem bekanntesten Werk *L'Antiquité dévoilée par ses usages*, welches postum im Jahre 1766 von d'Holbach herausgegeben wurde, postulierte Boulanger einen Zusammenhang zwischen der Geschichte der Erde und der Ausbildung der Kultur: Periodisch eintretende erdgeschichtliche Katastrophen seien das Agens der kulturellen Entwicklung.[447] In vergleichbarer Weise postuliert auch Vierthaler einen Zusammenhang zwischen der Geschichte der Erde und der Entwicklung der Kultur. Insbesondere der Frühgeschichte der Menschheit prägt er dabei die Si-

---

444 *Vierthaler*, Wanderungen, 33 f.
445 *Vierthaler*, Geschichte Bd. 3, [3].
446 Zu Vierthalers Bezugnahmen auf Boulanger, vgl. Geschichte Bd. 1, 258 f., 383 und 567.
447 Vgl. *Asal*, Menschengeschichte; sowie *Rossi*, Abyss, hier den Abschnitt ‚Boulanger and Vico', 101–107.

gnatur der erdgeschichtlichen Katastrophe auf: Die ersten Menschen, über welche die Bibel berichtet, seien nicht von Gott direkt geschaffen worden, sondern sie seien Überlebende einer großen erdgeschichtlichen Katastrophe. In diesem Sinne bezeichnet Vierthaler die frühen Gesellschaften wiederholt als „Trümmer des Menschengeschlechts", als „Ueberreste einer großen Zerstörung" und als „Abkömmlinge unglücklicher Flüchtlinge, die einem allgemeinen Verderben entrannen".[448] Die vergangenen Erdkatastrophen imaginiert er in plastischen Szenen:

> Die Flächen der Erde tief im Gewässer vergraben, aus welchem nur die Pike der hohen Gebirge ihre Scheitel und Rücken hervorstrecken; und auf diesen jammernde Menschen, entflohen dem allgemeinen Verderben, größtenteils ohne Nahrung, ohne Hilfsmittel, und folglich bestimmt, vom Hunger aufgerieben zu werden, weil die Fluthen ihrer verschonten: so eine Scene liefert ungefähr ein überschwemmtes Land.[449]

Die Folgen der regelmäßig eintretenden erdgeschichtlichen Katastrophen werden ambivalent gesehen: Einerseits zerstörten sie die Kultur und seien sie Ursache, dass sich „Cultur in Barberey"[450] verwandele, und „aus polizirten Menschen, aus Künstlern und Weisen, Barbaren und Anthropophagen [werden]."[451] Hier ist die Erdgeschichte Ausgangspunkt für geschichtspessimistische Reflexionen: Als Folge der erdgeschichtlichen Katastrophe „mußte der Mensch unglaublich schnell, unglaublich tief fallen; mußte hinunter sinken bis zur Gränze des Viehes – bis zum Pefferäh [Einwohner Feuerlands; D.S.] und Buschmann."[452]

> Es giebt der Ursachen von der Verwilderung der Menschen sehr viele: dergleichen sind der Despotismus [...], freywillige oder gezwungene Auswanderungen [...] vorzüglich aber diese Naturrevolutionen selbst, Ausbrüche von Volcanen und Erdbeben, welche oft ganze Inseln und Länder zerstörrten, ihre Bewohner vertilgten, und die wenigen Geretteten zu Wilden machten. Allein da von allen diesen und anderen Ursachen wohl keine so allgemein war, als die Ueberschwemmungen, so spreche ich vorzugsweise von dieser allein, als der Hauptquelle, aus welcher jene allgemeine Verwilderung hergeleitet werden kann, in der wir selbst die polizirtesten Völker in ihrem Ursprunge finden. Zudem läßt sich mein Raisonnement über die Fluthen und ihren [sic!] Folgen leicht auf jeden anderen Fall anwenden.[453]

---

448 *Vierthaler*, Geschichte Bd. 1, 38, 48; Vierthaler bezieht sich auf die Bewohner des heutigen Indonesiens.
449 Ebd., 222f.
450 Ebd., 229.
451 Ebd., 234.
452 Ebd., 228.
453 Ebd., 222f.

Andererseits hätten die erdgeschichtlichen Katastrophen aber auch positive Folgen. Durch die Nivellierung aller Fortschritte der (latent negativ bewerteten) Kultur schaffe die Katastrophe einen Ausgangspunkt, der wiederum zur Ausbildung der Sitten befähige:

> Aber auch gute Folgen, vorzüglich für den moralischen Charakter der Menschen hatten verheerende Fluthen oft. Unglücke beugen den zu steifen Nacken der Menschen; machen ihre Herzen leitbar und empfänglicher für den Unterricht des Weisern, gesellig, mitleidig gegen seinen Nebenmenschen und gegen die Götter fromm.[454]

Der durch die Naturkatastrophe – durchaus im Rousseau'schen Sinne – konstituierte ideale Naturzustand wird zur Keimzelle der Neubegründung von Kultur. Vierthaler evoziert hier die Vorstellung vom ‚edlen Wilden', eines von zivilisatorischen Einflüssen unverdorbenen Naturmenschen:

> Wo aber weder Reichthum noch Armuth ist, dort müssen die Sitten der Menschen wohl sehr unverdorben seyn: dort findet kein Uebermuth, keine Bedrückung Statt [sic!]; Eifersucht und Neid sind dort gänzlich unbekannt. Sie verdienten daher dieses Zustandes und der Simplicität ihrer Sitten wegen den Name [sic!] gute Menschen.[455]

Damit schaffe die Katastrophe die Möglichkeitsbedingung für eine positive Entwicklung:

> Denn ist der Mensch einmal aus einer Indolenz, aus seiner Schlafsucht geweckt; sind die Triebfedern der menschlichen Handlungen, die Leidenschaften in ihm gespannt, und geben ihm Leben und Thätigkeit: so giebt eine Erfindung zur andern Stoff; Künste folgen auf Künste; von Grad zu Grad, von Stufe zu Stufe glimmt der Mensch bis zu Wipfel der Vollkommenheit hinan.[456]

Die erdgeschichtliche Katastrophe ist damit fest in Vierthalers umfassender Kulturtheorie verankert. Sie hat dialektische Wirkungen, kann zur vollständigen Zerstörung von Kultur führen, ist jedoch gleichermaßen die Keimzelle ihrer Neubegründung. Durch die Darstellung von Aufstieg und Fall der Kultur zielt Vierthaler keineswegs auf einen teleologischen Geschichtsverlauf, sondern konturiert eine zyklische Entwicklung von ‚Aufstieg' und ‚Verfall'.

---

454 Ebd., 239.
455 Ebd., 240.
456 Ebd., 243.

4 Die Bedeutung der Erdgeschichte bei der Entstehung der Weltgeschichtsschreibung

4.1 ‚Big history' in der Frühen Neuzeit?

Welt- bzw. Globalgeschichtsschreibung hat Konjunktur.[1] Sie ist zur Zeit das dynamischste Teilgebiet der internationalen Geschichtswissenschaften.[2] Die Triebkräfte dieser Blütezeit werden vor allem in der nach dem Zusammenbruch der Sowjetunion stark zunehmenden Verflechtung und Intensivierung der internationalen Beziehungen, des Welthandels, der Finanzmärkte, der Kommunikation und der Weltpolitik gesehen.[3] Im gleichen Maße mögen allerdings auch die mit diesen Entwicklungen einhergehenden gravierenden ökologischen Probleme, welche „die Existenzfrage der Menschheit in völlig neuartiger Weise und härtester Konsequenz gestellt"[4] haben, das Bedürfnis nach globalen Perspektiven verstärken. Bilanzierend formuliert Osterhammel: „Die Frage nach der Weltgeschichte ist also unabweisbar gestellt und verlangt Antworten."[5]

Die intensive Beschäftigung mit der Weltgeschichte ist allerdings kein neuer Trend. Sie ist vielmehr, auch bezüglich ihrer Intensität, als eine Renaissance zu

---

1 Der Begriff ‚Weltgeschichte' wurde bereits im Mittelalter geprägt, konnte sich jedoch nicht durchsetzen (vgl. *Koselleck*, Geschichte, 686). Ab dem 17. Jahrhundert tauchte er wieder auf, wurde jedoch beinahe äquivalent mit ‚Universalgeschichte' im Sinne einer ‚Geschichte der Menschheit' mit räumlich und zeitlich maximaler Ausdehnung verwendet. Da sich beide Begriffe in der historischen Verwendung im 18. Jahrhundert nicht eindeutig unterscheiden lassen, wird im Folgenden auch nicht zwischen ihnen unterschieden. Trotz dieser Begriffsvarianten lässt sich „am Vordringen des Ausdrucks ‚Weltgeschichte' ein tiefgreifender begrifflicher Wandel aufzeigen." *Koselleck*, Geschichte, 687. Diesem spätaufklärerischen Wandel gilt das Hauptinteresse dieses Kapitels. Zur Begriffsgeschichte von ‚Weltgeschichte' vgl. *Koselleck*, Geschichte; Zur Abgrenzung von ‚Weltgeschichte' und ‚Universalgeschichte' vgl. *Araújo*, Weltgeschichte, 13 f. Zu weiteren Begriffsnuancen vgl. *Osterhammel*, [Art.] Weltgeschichte, 322; sowie *Zwenger*, Universalgeschichte.

2 Vgl. *Conrad*, Globalgeschichte, 7; *Osterhammel*, Zugänge, 10; *Chakrabarty*, Provincializing. Von dem ‚Boom' zeugen zahlreiche einschlägige Zeitschriften, Buchreihen, Forschungsnetzwerke, Vereinigungen, Fachkongresse und Monographien. Einen guten Überblick gibt: *Conrad*, Globalgeschichte; die umfassendste Bestandaufnahme für den englischsprachigen Raum bietet: *Manning*, World History.

3 Vgl. *Weber*, Universalgeschichte, 22; sowie *Conrad*, Globalgeschichte, 10.

4 *Weber*, Universalgeschichte, 24 f.

5 *Osterhammel*, ‚Weltgeschichte', 452. Dass die Antworten, die Osterhammel einfordert, nicht immer einfach zu geben sind, liegt an den mit den Fragen einhergehenden methodischen Problemen; vgl. *Osterhammel*, Höherer Wahnsinn; *Hardtwig*/*Müller*, Einleitung, 9 f.; *Mommsen*, Geschichte, 125 f.

https://doi.org/10.1515/9783110650518-008

verstehen: Bereits vor etwa 250 Jahren gab es schon einmal eine Blütezeit der Weltgeschichtsschreibung, der allerdings nur eine relativ kurze Lebensdauer von nicht viel mehr als 30 Jahren beschieden war und die nach einem relativ abrupten Anfang ein ebenso plötzliches Ende fand.[6] Gleichwohl war sie, folgt man Koselleck, für die Entstehung des historischen Denkens eine der wichtigsten Voraussetzungen:

> Die Ausprägung der Geschichte zum alles begründenden Begriff läßt sich nun an drei Vorgängen aufweisen: an der Ausfällung der historia naturalis aus dem historischen Kosmos, was aber die Historisierung der ‚Naturgeschichte' nach sich zog; zweitens an der Einschmelzung der historia sacra in die allgemeine Geschichte; *und drittens an der Konzeptualisierung der Weltgeschichte als Leitwissenschaft, die die alte Universalhistorie transformiert.*[7]

Viele rezente Welthistoriker ignorieren jedoch diese Wurzeln. Nach Osterhammel verdient die Weltgeschichtsschreibung der Spätaufklärung „kaum mehr als ein wissenschaftshistorisches Interesse."[8] Er versteht die „Welt- oder Globalgeschichte des späten 20. und frühen 21. Jahrhunderts" als „ein[en] neue[n] Beginn." Die „Klassiker" seien zwar „prinzipiell anregend [...], aber für die heutige Praxis historischer Forschung und Interpretation" praktisch ohne Bedeutung.[9] Ursachen für die Bedeutungslosigkeit seien methodische Mängel sowie ihr ‚Konstruktivismus', ihr ‚naives' Fortschrittsdenken und ihr Eurozentrismus.[10]

Auch wenn das Gewicht der Kritikpunkte im Einzelnen nicht von der Hand zu weisen ist, wird hier letztlich – insbesondere durch die Pauschalität des Urteils – das Verdikt des Historismus wiederholt, welcher das Geschichtsdenken der Spätaufklärung als methodisch unzureichend abwertete. Es ist zudem wissenschaftshistorisch bedeutsam, dass sich die pauschale Kritik an der Weltgeschichtsschreibung insbesondere auf die maßgeblichen Innovationen des spätaufklärerischen Geschichtsdenkens richtet, welche die moderne Geschichte

---

6 Vgl. *Harbsmeier*, World Histories, 93. Auch nach dem Zweiten Weltkrieg hatte die Weltgeschichte eine Hochkonjunktur; vgl. *Mommsen*, Geschichte, 124 f.; vgl. auch *Conrad/Eckert*, Globalgeschichte, 9 f. Diese verweisen auf noch ältere ‚globalgeschichtliche' Perspektiven, u. a. von Herodot (ca. 484–424 v. Chr.), Polybios (ca. 200–120 v. Chr.), Sima Qian (ca. 145–90 v. Chr.) oder Ibn Chaldun (1332–1406).

7 *Koselleck*, Geschichte, 678. [Hervorhebung; D.S.]; vgl. auch *Muhlack*, Geschichtswissenschaft, 118.

8 *Osterhammel*, ‚Weltgeschichte', 458.

9 *Osterhammel*, Zugänge, 12.

10 Vgl. ebd., 12 f., 20 und 22; vgl. auch *Weber*, Universalgeschichte, 32: Allerdings ist die Weltgeschichtsschreibung der Spätaufklärung nur bedingt eurozentristisch; vgl. [Art.] *Weltgeschichte*, Wörterbuch zur Geschichte, 580.

begründeten.[11] Dennoch ist das Verdikt nicht folgenlos geblieben und hat dazu beigetragen, „dass der Rückblick auf Vorgänger in der Historiographiegeschichte in der neuen Weltgeschichtsschreibung kaum eine Rolle spielt."[12]

Geschichte als Kollektivsingular in der Weltgeschichtsschreibung der Spätaufklärung

Die pauschale Kritik an der spätaufklärerischen Weltgeschichtsschreibung und ihre Vernachlässigung durch die Forschung stehen in einem disproportionalen Verhältnis zu ihrer historiographiegeschichtlichen Bedeutung: Für die Entwicklung des modernen historischen Denkens war die Weltgeschichtsschreibung der Spätaufklärung konstitutiv. Ihre große Bedeutung liegt darin, dass hier zum ersten Mal Geschichte als Kollektivsingular konzipiert wurde. Geschichte war fortan nicht mehr eine Sammlung von exemplarisch zu verstehenden Einzelgeschichten, sondern bekam eine einheitliche Form, welche alle unterschiedlichen Geschichten und Perspektiven zu *einem* Prozess zusammenschloss, so Koselleck: „Es war die ‚Weltgeschichte', die im Zeitalter der Französischen Revolution dem Begriff der Geschichte seine Leitfunktion zugewiesen hatte, die er seitdem nicht mehr verloren hat."[13] Mit der Transformation der heilsgeschichtlich orientierten Universalgeschichte zur Weltgeschichte entstand eine Geschichtsgattung, die „zahlreiche[...] Einzelgeschichten" zunehmend „in globale Zusammenhänge"[14] einfügte und ‚Geschichte' als lineares und (oft) teleologisches Geschehen konzipierte.

Diese eminente historiographiegeschichtliche Bedeutung der Weltgeschichtsschreibung steht im Kontrast zur Kürze ihrer Konjunktur. André de Melo Araújo kann anhand eines Diagramms, welches die jährlich angekündigten Lehrveranstaltungen zur Weltgeschichte an der Georgia Augusta zu Göttingen aufführt, die kurze und prägnante Blütezeit der Gattung treffend veranschaulichen:[15]

---

11 Die strikte Abgrenzung von der Weltgeschichtsschreibung der Spätaufklärung dient dabei nicht zuletzt dazu, die Novität des eigenen Ansatzes zu profilieren und die Affinitäten zur Weltgeschichtsschreibung des 18. Jahrhunderts zu überdecken. Die Gemeinsamkeiten zwischen der Weltgeschichtsschreibung im 18. und im 20. Jh. betont *Harbsmeier*, World Histories, 94 f.; vgl. auch *Weber*, Universalgeschichte, 67; sowie *Hardtwig/Müller*, Einleitung, 12.

12 *Hardtwig/Müller*, Einleitung, 12.

13 *Koselleck*, Geschichte, 690. Diese überzeugende These hat in der Forschung hohe Akzeptanz gefunden; vgl. exemplarisch *Rohbeck*, Weltgeschichte 2005, 482. Zur Geschichte der Weltgeschichtsschreibung vgl. *Heuß*, Weltgeschichte; *Randa*, Mensch; *Schulin*, Universalgeschichte; *Pigulla*, China; *Bergenthum*, Weltgeschichten; *Middell*, Weltgeschichtsschreibung; *Osterhammel*, Weltgeschichte; *Hardtwig/Müller*, Vergangenheit.

14 *Koselleck*, Erfahrungswandel, 49.

15 *Araújo*, Weltgeschichte, 47.

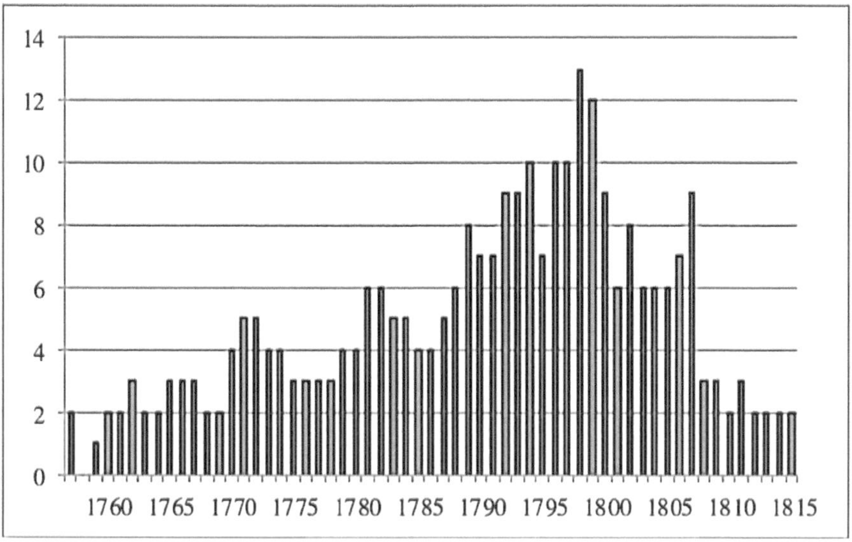

Abbildung 1: Anzahl der jährlich angekündigten Lehrveranstaltungen zur Weltgeschichte an der Georgia Augusta zu Göttingen in den Jahren 1756–1815.

Das Diagramm lässt erkennen, dass die Dynamik der Gattung ‚Weltgeschichte' mit Beginn der 1780er Jahre stetig zunimmt, um 1800 ihren Höhepunkt findet und danach stark abnimmt. Dasselbe gilt auch in Proportion zu anderen Veranstaltungen: Während im Jahr 1760 nur etwa 5 % der angekündigten Lehrveranstaltungen der Geschichte weltgeschichtlichen Inhalts waren, stieg dieser Anteil im Jahre 1780 auf 20 % und im Jahre 1800 sogar auf 25 %. Zehn Jahre später sank er schließlich auf 10 % und wurde anschließend weiter marginalisiert.[16]

Im letzten Drittel des 18. Jahrhunderts, so hat es den Anschein, wurden für eine kurze Zeit die Schranken von Raum und Zeit geöffnet, und die Weltgeschichtsschreibung hatte ein kurzes und intensives Maximum. Dies bemerkten bereits die Zeitgenossen: Im Jahre 1773 bezeichnete es der *Teutsche Merkur* als „sonderbar, daß in den letzten zwei bis drei Jahren so viele Universalhistorien erschienen seien."[17] Diese Frage stellt sich auch hier: Wie lässt sich diese kurze und für den modernen Geschichtsbegriff so folgenreiche Blütezeit der Weltgeschichtsschreibung erklären?

Für den *Niedergang* der Weltgeschichtsschreibung gibt es bereits plausible Erklärungen. Folgt man Araújos Argumentation, so sind es maßgeblich biogra-

16 Ebd., 50
17 Zit. n. *Koselleck*, Geschichte, 687.

phische, politische und wissenschaftshistorische Ursachen, die diesen Verfall hervorriefen: 1. Die Historikergeneration, welche sie maßgeblich gefördert hatte, starb, und es gab keine Nachfolger. 2. Die französische Besatzungsmacht sanktionierte die Freiheit von Forschung und Lehre; davon war insbesondere die Gattung der Weltgeschichte betroffen. 3. Der Prozess der Professionalisierung der Wissenschaft führte zur Aufspaltung von zuvor zusammenhängenden Wissensbereichen und die Weltgeschichtsschreibung zerfiel in unterschiedliche Disziplinen (Ethnologie, Anthropologie).[18] Koselleck verweist vor allem auf die gestiegenen methodischen Ansprüche, die „Einwände gegen universale Entwürfe wachsen" ließen.[19] Dies reflektiert bereits Leopold von Ranke:

> Man sieht, wie unendlich schwer es mit der Universalhistorie wird. Welche unendliche Masse! Wie differierende Bestrebungen! Welche Schwierigkeit, nur das Einzelne zu fassen! Da wir überdies vieles nicht wissen, wie wollen wir nur den Kausalnexus allenthalben ergreifen; geschweige das Wesen der Totalität ergründen. Diese Aufgabe durchaus zu lösen, halte ich für unmöglich. Die Weltgeschichte weiß allein Gott.[20]

Während also der *Niedergang* der Weltgeschichtsschreibung plausibel erklärt werden kann, liegen die Ursachen ihrer plötzlichen *Dynamik* ab ca. 1780 teilweise noch im Dunkeln.[21] Unstrittig ist, dass diese Blütezeit im Zusammenhang mit geographischen Entdeckungen steht. Insbesondere die 1760 abgeschlossene Vermessung der Ozeane wird als Voraussetzung dafür angesehen. Harbsmeier etwa bemerkt: „In the beginning, the newly discovered worlds outside Europe played an important, if not *the* most important role."[22]

Es ist die untersuchungsleitende Beobachtung dieses Abschnitts, dass neben den neuen geographischen Erkenntnissen eine weitere Entdeckungsleistung berücksichtigt werden muss: Die Entdeckung der geologischen Tiefenzeit. Ebenso wie durch Entdeckungsfahrten die Topographie des Raums erweitert wurde, so wurde in den Erdwissenschaften die Tiefe der Zeit erschlossen.[23] Die quantitative

---

18 Vgl. *Araújo*, Weltgeschichte, 216 f.; vgl. auch: *Osterhammel*, Weltgeschichte 2002, 322, der ähnliche Ursachen identifiziert; sowie *Harbsmeier*, World Histories, 124–127; macht die u. a. die Entstehung des Nationalgedankens als Ursache für den Verfall der Weltgeschichtsschreibung aus.
19 *Koselleck*, Geschichte, 690; eine weitere wichtige Möglichkeitsbedingung der Weltgeschichte ist die Delegitimierung der *historia sacra*; vgl. exemplarisch ebd., 651.
20 *Ranke*, Idee, 83.
21 Vgl. *Goertz*, Umgang, 33; *Muhlack*, Geschichtswissenschaft, 96–149.
22 *Harbsmeier*, World Histories, 115 [Hervorhebung im Original]; vgl. auch *Conrad*, Enlightenment, 1010; *Osterhammel*, ‚Weltgeschichte', 454; sowie *Osterhammel*, Neue Welten; *Weber*, Universalgeschichte, 53.
23 Impulsgebende Studien stammen insbesondere von Peter Hanns Reill; vgl. *Reill*, Naturwissenschaften, 102; *Reill*, Mechanism; *Reill*, Historisierung.

Erstreckung der geologischen Tiefenzeit erweiterte den Geschichtshorizont entscheidend und erhöhte das Zeitbewusstsein. Der qualitative Wandel innerhalb der Aufklärungshistoriographie und auch die vergleichbar plötzliche Dynamik der Weltgeschichtsschreibung lassen sich vor diesem Hintergrund besser nachvollziehen.[24]

In diesem Abschnitt wird untersucht, wie die Erdwissenschaften von den ‚Weltgeschichtsschreibern' des späten 18. Jahrhundert rezipiert wurden. Wie bei der Geschichtsphilosophie lässt sich auch auf die Weltgeschichtsschreibung der Spätaufklärung der Einfluss erdgeschichtlicher Zeit- und Entwicklungskonzepte nachweisen. Die Relevanz dieser Fragestellung zeigt sich schon allein daran, dass viele der in der Spätaufklärung entstandenen Weltgeschichten inhaltlich von der Beschreibung der Entstehung der Erde ihren Ausgang nehmen. Es scheint, als bedürfe es eines empirisch legitimierten Zeitbegriffs und eines erdgeschichtlich ratifizierten Verlaufsmodells, um den Verlauf der Weltgeschichte ‚objektiv' zu rekonstruieren.[25] Zudem weisen bereits Zeitgenossen wie Heinrich Martin Köster auf die sinntragende Synthese von Naturgeschichte und Menschengeschichte hin. Dieser resümiert im Jahre 1790 die hier angedeuteten Entwicklungen: „Es gibt aber noch eine andere Universalhistorie, schlechtweg so genannt, welche man auch die allgemeine Weltgeschichte nennt." Diese handele von der „ganze[n] Welt" d. h. von dem „menschliche[n] Geschlecht" sowie vom „Erdboden", von welchem wir „nicht alle Revolutionen, die sich auf demselben zugetragen haben mögen", wissen.[26] Auch ein anonym gebliebener Zeitgenosse bestätigt diese Beobachtung: „Die Naturgeschichte in ihrer Anwendung kan man mit Recht als einen Zweig der bürgerlichen Geschichte ansehen."[27]

Weitere Evidenz für die These, dass die Entdeckung der Tiefenzeit die Herausbildung der Gattung der Weltgeschichtsschreibung befördert hat, zeigen die prägnanten und viel zitierten Definitionen von ‚Weltgeschichte', wie etwa diejenige von Schlözer. Dieser thematisiert nicht ausschließlich das ‚MenschenGeschlecht', sondern bezieht explizit auch die ‚Revolutionen des Erdbodens' in das Untersuchungsspektrum mit ein, wenn er ‚Weltgeschichte' wie folgt definiert: „WeltGeschichte studieren, heißt, die HauptVeränderungen der Erde und des MenschenGeschlechts im Zusammenhang denken, um den heutigen Zustand von

24 Vgl. *Wendorff*, Zeit, 22; sowie *Toulmin/Goodfield*, Discovery, 103.
25 Vgl. *Rohbeck*, Fortschrittstheorie, 22 und 46 f. Dieser beobachtet – allerdings auf Frankreich und England bezogen, dass die Geologie für die Entstehung des Geschichtsdenkens wesentlich ist.
26 *Köster*, Historie, 651.
27 [Anonym]: Ausführliche Zergliederung des Systems der menschlichen Kenntnisse. Weimar 1773, 6; zit. n. *Gisi*, Einbildungskraft, 320 Fußn. 7.

beiden aus Gründen zu erkennen."[28] Und an anderer Stelle: „Wir wollen die *Revolutionen des Erdbodens*, den wir bewohnen, und des menschlichen Geschlechtes, dem wir angehören, im Ganzen übersehen, um den heutigen Zustand von beiden aus Gründen zu erkennen."[29] In zahlreichen wissenschaftlichen Darstellungen – auch in dem vielzitierten Lexikonartikel ‚Geschichte, Historie' von Reinhart Koselleck – werden Schlözers Definitionen von ‚Weltgeschichte' zitiert, ohne dass dabei darauf eingegangen wird, dass die Erdgeschichte *auch* als ein integraler Bestandteil der Weltgeschichte aufgefasst wird. Die Tatsache, dass Schlözer sich in programmatischer Weise *auch* auf die Geschichte der Natur bezieht, wird ignoriert. Koselleck, um nur ein prominentes Beispiel anzuführen, resümiert Schlözers Definition von Weltgeschichte wie folgt: „Damit hatte Schlözer schon die beiden Kriterien genannt, welche die neue Weltgeschichte auszeichneten: sie bezog sich räumlich auf den ganzen Globus und zeitlich auf das gesamte Menschengeschlecht".[30] Damit gesteht Koselleck der Weltgeschichte zwar eine räumliche Maximalperspektive zu, zeitlich beschränkt er ihren Geltungsbereich allerdings auf das Menschengeschlecht und verengt damit den Bedeutungsumfang der Definition Schlözers, welche auch die „HauptVeränderungen der Erde" in die geschichtliche Betrachtung mit einbezieht, entscheidend. Dieser Zusammenhang zwischen Erdgeschichte und Weltgeschichte ist noch weitgehend ein Desiderat der Forschung.[31] Es wird auch in neueren Publikationen noch davon ausgegangen, dass für die Historiographie des gesamten 18. Jahrhunderts die Genesis der Referenztext für den ‚Anfang der Geschichte' gewesen sei.[32]

Vorgehen und Quellenbasis

Im Folgenden steht der ‚Anfang' der Weltgeschichte in zweifacher Hinsicht im Mittelpunkt: Einerseits wird der zeitliche Beginn der Gattung und im Besonderen ihre Entstehungsbedingungen untersucht. Hierbei ist die untersuchungsleitende Vermutung, dass die ‚Entdeckung der Tiefenzeit' als ein entscheidender Impuls für die Herausbildung der Weltgeschichtsschreibung anzusehen ist. Andererseits stehen die *Darstellungen* der Anfänge der Weltgeschichte innerhalb der einzelnen Geschichtswerke im Mittelpunkt. Dabei geht es vor allem um die Epoche vom

28 *Schlözer*, WeltGeschichte 1792.
29 *Schlözer*, Vorstellung 1772, 1. [Hervorhebung D.S.]
30 *Koselleck*, Geschichte, 688; vgl. auch *Schmidt*, Wandel, 342; *Stockhorst*, Novus, 369, bezieht sich sowohl auf Schlözer als auch auf Koselleck.
31 Vgl. *Gisi*, Einbildungskraft, 320; vgl. auch *Garber*, Selbstreferenz, 139.
32 Vgl. *Cartier*, Licht, 35, 62 und 76.

Anfang der Welt bis zur Entstehung der menschlichen Kultur und damit um den Zeitraum jenseits der Schriftlichkeit. In der biblischen Darstellung umfasste dieser nur wenige Tage. Im Verlauf des 18. Jahrhunderts erbrachten Erdwissenschaftler jedoch Evidenz dafür, diesen weitaus größer zu konzipieren. Die Geologie ist damit – mehr als hundert Jahre vor Darwin – die erste Wissenschaft, die den biblischen Schöpfungsbericht direkt und unmissverständlich in Frage stellte. Die Konflikte zwischen ‚Genesis und Geologie' waren entsprechend ubiquitär.[33] Vor allem Historiker mussten angesichts dieser Konfliktlage Stellung beziehen. Das galt im Besonderen für die Verfasser von Weltgeschichten, da diese, wie das Beispiel Schlözers zeigt, die *ganze* Welt, also auch ihre Entstehung, thematisierten. Wie die Historiker mit dem Problemkomplex ‚Genesis und Geologie' umgingen, das wird besonders verfolgt. Dabei sind grundsätzlich verschiedene Umgangsweisen denkbar, die von vehementer Ablehnung des geologischen Wissens über verschiedene Mischformen bis hin zur vollständigen Inkorporierung desselben reichen.[34] Kulturgeschichtlich sind die Problemlösungsversuche von großer Relevanz, da sie exemplarisch Vorgehensweisen zeigen, wie sich Erdgeschichte und Menschengeschichte in einem gemeinsamen Sinnzusammenhang denken lassen.

Neben dem Konflikt von ‚Genesis und Geologie' ist die Auseinandersetzung der Historiographen der Spätaufklärung mit der Urgeschichte der Erde zudem relevant angesichts des Widerspruchs, dass der Mensch auf der einen Seite zwar die komplexeste Naturerscheinung und mithin der Höhepunkt der Naturentwicklung zu sein scheint, gleichzeitig jedoch vor dem Hintergrund der Erdgeschichte nur eine verschwindend geringe, beinahe zu vernachlässigende Rolle spielt. Die Entdeckung der Tiefenzeit ist vergleichbar mit einer Zentrifugalbewegung, in der der Mensch vom Mittelpunkt der Weltzeit an ihren äußersten Rand geschleudert wird. Menschenzeit und Weltzeit sind fortan asymmetrisch. „[D]as Anwachsen der Weltzeit" droht, so Blumenberg, „die Zeitmaße der Geschichtsschreibung zur Nichtigkeit und Sinnlosigkeit herabzudrücken".[35] Noch prägnanter formuliert: „[J]eder Zuwachs an Ausdehnung" musste „die Illusion eng zentrierter Geschichtsbilder" zerstören.[36] Vor diesem Problemhorizont stellt sich hier die Frage, wie diese beiden konkurrierenden Perspektiven vereinbart werden können: Wie lässt sich ein menschliches Geschichtsbewusstsein vor dem Hintergrund eines radikal geänderten Zeitbewusstseins verorten? In diesem Kontext besitzen die historiographischen Entwürfe eine besondere Wichtigkeit, da sie

33 Vgl. hierzu Kap. II.2.2 dieser Arbeit: ,'Genesis und Geologie': Konturen einer Debatte'.

34 Vgl. *Cartier*, Zeit, 119.

35 *Blumenberg*, Lebenszeit, 228.

36 Ebd., 239.

nicht nur das Wissen von der Geschichte der Erde verfügbar machen, sondern auch Lösungsstrategien etablieren, wie sich Erd- und Menschengeschichte korrelieren lassen.

Im Folgenden werden sechs ‚Weltgeschichtsschreiber' der Spätaufklärung analysiert. Um der Heterogenität der unterschiedlichen Entstehungskontexte und Problemhorizonte adäquat Rechnung zu tragen, werden die verschiedenen Entwürfe in Einzelinterpretationen erschlossen – allerdings wird eine besondere Aufmerksamkeit auf gegenseitige Bezugnahmen gerichtet. Bei der Auswahl der einzelnen Autoren sollen nicht ausschließlich Zeugnisse intellektueller Hochkultur beachtet werden. Zwar werden mit Schlözer und mit Schlosser zwei bekannte Vertreter der Aufklärungshistoriographie analysiert, doch stehen auch Entwürfe ‚mittlerer Reichweite' von Verfassern mit geringerem Bekanntheitsgrad im Mittelpunkt. Damit wird die Verbreitung dieser Form des Denkens auch abseits von bereits bekannten ‚Leuchttürmen' belegt.

Die Auswahl der sechs hier vorgestellten Geschichtswissenschaftler ist als exemplarisch zu verstehen, denn weitere weltgeschichtliche Entwürfe weisen dasselbe Geschichtsverständnis auf.[37] Die hier signifikante Verbindung von Natur und Geschichte zeigt sich zudem nicht nur im anvisierten Untersuchungsraum und könnte ohne Probleme auch über die Spätaufklärung hinaus erweitert werden. Noch die von 1960 bis 1965 in elf Bänden erschienene und von den Historikern Alfred Heuß und Golo Mann herausgegebene *Propyläen-Weltgeschichte* belegt die Bedeutung der Erdgeschichte für die Weltgeschichtsschreibung. Heuß entwickelt hier eine Geschichtsdefinition, die explizit die Naturgeschichte mit einschließt und formuliert ein Entwicklungsmodell, welches Erdgeschichte und Menschengeschichte verknüpft.[38] Das erste Kapitel, verfasst von dem Paläontologen Gerhard Heberer, beschreibt ‚Die Herkunft der Menschheit' und beginnt mit der Geschichte der Erde und mit den Geologen Charles Lyell, Karl Ernst von Hoff und Georges Cuvier.[39] Die neumodische Gattung der ‚big history' greift zeitlich sogar noch weiter aus und beginnt mit der Entstehung des Universums.[40]

---

37 Vgl. etwa: *Curtius*, Grundriß 3; *Loebell*, Becker's Weltgeschichte, 10 f.; *Rotteck*, Geschichte, 74, 131 f.; *Schneller*, *Weltgeschichte*, hier das Kap. ‚Erdboden' 42–226; zur Marginalisierung des Menschlichen vgl. ebd., 41.

38 Vgl. *Heuß*, Einleitung, 14 und 15; als weiteres Beispiel vgl. *Peters/Peters*, Weltgeschichte.

39 *Heberer*, Herkunft, 89.

40 Vgl. *Christian*, Maps.

4.2 Gottfried Wilhelm Leibniz' *Protogaea*

Menschengeschichte und Erdgeschichte als *eine* Entwicklung

Bereits bei Gottfried Wilhelm Leibniz (1646–1718) zeigt sich die hier in den Blick genommene Synthese von Natur und Geschichte eindrücklich. In seiner *Protogaea* (entstanden nach 1691) stellt Leibniz die Geschichte der Natur an den Anfang der Geschichte des Hauses Braunschweig und macht sie damit zu einem notwendigen Bestandteil der menschlichen Geschichte.

Leibniz war damit einer der ersten neuzeitlichen Historiker, welcher Natur- und Menschengeschichte in einem *säkularen* Sinne als *einen* dynamischen Prozess konzipierte.[41] Es war lange unverständlich, warum er eine genealogische Arbeit über die Welfen mit der Erdgeschichte beginnen ließ. Von Zeitgenossen, aber auch von Historikern, wurde die *Protogaea*,[42] wenn überhaupt,[43] vor allem als „Kuriosum" betrachtet und „meistens belächelt".[44] Unter der hier angelegten Fragestellung besitzt Leibniz' methodischer Ansatz jedoch eine große Bedeutsamkeit, denn er präfiguriert das historische Denken der Spätaufklärung: Die *Protogaea* ist einer der ersten neuzeitlichen Ansätze – vielleicht sogar der erste, wie Volker Bialas mutmaßt[45] –, welcher die gesamte Welt-, Natur- und Menschengeschichte als *einen* dynamischen Prozess auffasst. Das galt vor allem auch in methodischer Hinsicht: Fossilien wurden ebenso wie Urkunden und Chroniken als gleichberechtigte Quellengattung angesehen. Michael Kempe verdeutlicht: „Den geschichtlichen Quellen der politischen Geschichte entsprachen Versteinerungen oder Kristalle für die Naturgeschichte; letztere erhielten den gleichen epistemischen Status als Überlieferungsreste der Vergangenheit wie Relikte aus Menschenhand."[46]

Da die *Protogaea* bereits am Ende des 17. Jahrhunderts verfasst worden ist (ca. 1691–94 entstanden; erstmals veröffentlicht 1749),[47] geht Leibniz der ‚klas-

41 Vgl. *Heuvel*, Landesgeschichte, 318 und 321.

42 Im Folgenden wird die Edition mit der Übersetzung Wolf von Engelhardts zu Grunde gelegt vgl. *Leibniz*, Protogaea 1949; auch die neueste Ausgabe beruht noch auf dieser; vgl. *Leibniz*, Protogaea 2014; eine englische Ausgabe ist jüngst erschienen: *Leibniz*, Protogaea 2008.

43 Roger Ariew führt verschiedene Ursachen für die wissenschaftshistorische Nichtbeachtung der *Protogaea* auf; vgl. *Ariew*, Protogaea, 11 f.; sowie *Heuvel*, Landesgeschichte, 317.

44 *Holz*, Leibniz, 109; vgl. auch *Huber*, Leibniz, 225; *Sticker*, Leibniz' Beitrag, 245 f.

45 *Bialas*, Wissenschaftsgeschichte, 20.

46 *Kempe*, Texten, 258; vgl. auch *Rappaport*, Geologists, 94; *Cohen*, Leibniz's Protogaea, 129; *Smith*, Leibniz.

47 Leibniz hatte Abschnitte der *Protogaea* bereits zu Lebzeiten, etwa 1693 in den *Acta eruditorum*, publiziert; zudem wurden Kernthesen in Briefen vermittelt. Erst drei Jahrzehnte nach dem Tod ihres Verfassers wurde die *Protogaea* 1749 von Christian Ludwig Scheidt herausgegeben. Zur

sischen‘ Aufklärungshistoriographie zeitlich zwar voraus, inhaltlich lässt er sich aber durchaus schon in diesem Kontext verstehen, denn er ist ihr, wie Blanke und Fleischer feststellen, „mit einer gewissen Berechtigung“ schon zuzurechnen.[48] Da Leibniz zudem von den folgenden Historikergenerationen – auch und insbesondere von den hier im Mittelpunkt stehenden Geschichtsphilosophen und Historiographen der Spätaufklärung – maßgeblich rezipiert wurde, wird Leibniz’ Natur und Mensch umfassendes Geschichtsmodell im Folgenden analysiert.

Leibniz und die Erdwissenschaften

Für Leibniz’ Interesse an den Erdwissenschaften lassen sich verschiedene biographische Anhaltspunkte finden: Einerseits waren sowohl Groß- wie Urgroßvater im Bergbau beschäftigt, andererseits, und das ist wohl entscheidend, konnte Leibniz auf umfangreiche persönliche Erfahrungen im Bergbau, der ‚Hightech-Wissenschaft‘ seiner Zeit, zurückgreifen. Friedrich Wellmer und Jürgen Gottschalk beschreiben diesen Zusammenhang lakonisch: „Vom Bergbau kam Leibniz zur Geologie“.[49] Allerdings sei auch noch der Einfluss Stenos erwähnt, der für die *Protogaea* kaum zu überschätzen ist. Steno war als Apostolischer Vikar von 1677 bis 1680 – und damit zeitgleich mit Leibniz! – in Hannover beschäftigt; ob es zu einem Treffen zwischen beiden kam, ist nicht überliefert.

Vor dem Hintergrund seiner Erfahrungen in den Harzbergwerken ist Leibniz sich der Beschränktheit menschlicher Einsichten und der Geringfügigkeit menschlicher Maße bewusst. Er bekennt: „Wir kennen fast nur die Oberfläche unserer Weltkugel, wir dringen kaum tiefer ein als einige hundert Meter weit“.[50] Kant und Lichtenberg greifen diesen Topos vom nicht sehr ‚tiefschürfenden‘ Menschen später auf, um den menschlichen Narzissmus zu kritisieren.[51]

Publikationsgeschichte vgl. *Cohen/Wakefield*, Introduction, xlf.; zur *Protogaea* vgl. *Sticker*, Leibniz’ Beitrag; *Rossi*, Abyss, 49–65; *Ariew*, Leibniz’s Protogaea; *O’Briant*, Philosopher; *Cohen*, Leibniz’s Protogaea; *Waschkies*, Erdgeschichte; *Bredekamp*, Fenster, hier Kap. VII ‚Fossilien und die Kunsttheorie der Erde‘ 116–128; *Heuvel*, Landesgeschichte; *Schmeisser*, Erdgeschichte.

48 *Blanke/Fleischer*, Artikulation, 32.

49 *Wellmer/Gottschalk*, Beschäftigung, 60; vgl. auch: *O’Hara*, Leibniz; *Gottschalk*, Bergbau; *Gottschalk*, Verbesserungsvorschläge; *Waschkies*, geologische Forschungen; *Fettweis*, Leibniz.

50 *Leibniz*, Theodizee, 289.

51 Vgl. *Kant*, Geschichte, 431f.; sowie *Lichtenberg*, Betrachtungen, 82; vgl. dazu *Braungart*, Apokalypse, 108–110; *Braungart*, Poetik, 58–62.

Leibniz' Protogaea

Im Jahre 1685 wurde Leibniz mit der Aufgabe betraut, eine Geschichte der Vorfahren von Herzog Ernst-August von Braunschweig-Lüneburg zu verfassen – ein Vorhaben, welches ihn sein gesamtes weiteres Leben beschäftigte und welches er dennoch nicht abschließen konnte. Maßgeblich für sein Scheitern war, dass er nicht nur die Geschichte der Welfen akribisch bis in die feinsten Verästelungen des Frühmittelalters rückverfolgte, sondern dass er den Skopus der ursprünglich genealogischen Studie enorm erweiterte und die Geschichte der Welfen in einer dynamisierten Erdgeschichte verankerte.

Das 1749 postum publizierte Fragment *Protogaea*, „eine Art katastrophistische[r] Erdabkühlungstheorie",[52] ist das Ergebnis dieses enormen Vorhabens. Ausgangspunkt war eine „Theorie über das Kindesalter unserer Erde", die Leibniz als den Beginn einer neuen Wissenschaft, „die man Natur-Geographie nennen kann",[53] bezeichnete. Schon zu Beginn wird die Erdgeschichte als eine unabdingliche Voraussetzung der Menschengeschichte beschrieben:

> Von großen Dingen ist auch eine geringe Kenntnis wertvoll. Wer daher vom ältesten Zustand unseres Landes beginnen will, muß auch etwas über das erste Aussehen der Erde und über die Natur und den Inhalt des Bodens sagen. [...]. Denn wenn nur jeder in seiner Gegend seine Wißbegier beisteuert, so wird man leichter die allgemeinen Ursprünge erkennen.[54]

Die *Protogaea* ist damit ein Versuch, eine Weltgeschichte zu schreiben, die sich gleichermaßen auf Natur und Geschichte bezieht. Leibniz rechtfertigt seine Konzeption wie folgt:

> Ich fange an von den höchsten Antiquitäten dieser Lande, ehe sie vielleicht von Menschen bewohnt worden, und so alle Historien übersteigen, aber aus den Merckmahlen genommen werden, so uns die Natur hinterlassen. Nehmlich dass allem Ansehen nach ein grosses Theil dieser Lande [...] vom Wasser Veränderung gelitten, und dass diese Lande grossen Theils unter Meer gewesen, zeigen die Glossopetrae [...].[55]

Das zeitlich Ferne wird in Leibniz' Konzeption durch seine räumliche Nähe erschlossen und alle Ereignisse – von der Urzeit, der Vorvergangenheit bis zur Gegenwart – werden als eine fast lückenlose Handlungsfolge verknüpft. Am Beispiel eines Brunnenbaus in Amsterdam werden diese sich überschneidenden

---

52 *Kempe*, Texten, 257.
53 *Leibniz*, Protogaea 1949, 19.
54 Ebd., 7.
55 *Leibniz*, Entwurf, 240.

Dimensionen von Mensch und Geschichte anhand eines stratigraphischen Modells dargestellt.

> Wahrscheinlich ist dort einmal Meeresboden gewesen, wo nun in einer Tiefe von mehr als 100 Fuß die Schalen liegen. Auf diesem Boden haben wiederholte Überschwemmungen und Katastrophen alle diese Schichten von Ton und Sand abgesetzt, während in Zwischenzeiten die Erdablagerungen entstanden. So hat sich das zurückgedrängte Meer allmählich entfernt; schließlich aber, auf seinem Recht bestehend, hat es die Dämme wieder zerbrochen, das Land überschwemmt und die Wälder dahingestreckt, deren Reste nun beim Graben entdeckt werden.[56]

Die Bedeutung von Leibniz' Konzeption liegt in einem Geschichtsbegriff, der die Geschichte in der Natur ebenso wie die Natur in der Geschichte verankert. Im Schlusssatz wird diese Verklammerung prägnant formuliert: „So tritt für uns die Natur an die Stelle der Geschichte. Unsere Geschichtsschreibung dagegen vergilt diese Gnade der Natur, auf daß ihre herrlichen Werke, die uns noch vor Augen liegen, der Nachwelt nicht unbekannt bleiben."[57]

Einerseits wird durch dieses Konzept die Geschichte naturalisiert; andererseits wird die bis dahin statisch gedachte Natur verzeitlicht und es wird deren *individuelle*, unverwechselbare Geschichte jenseits von allem cartesianischen Systemdenken beschrieben, wie Schmeisser hervorhebt: „Denn für Leibniz steht fest, dass [...] zahlreiche geologische Ereignisse stattgefunden haben, die der Erde über die Zeit ein ganz besonderes Erscheinungsbild verliehen haben und ihre *individuelle* Entwicklung bis zum aktuellen Zeitpunkt bestimmten."[58] Kempe hebt die Programmatik dieser Konzeption hervor: „Indem man das Unterirdische als Raum der Geschichte entdeckte, geriet zugleich die Natur insgesamt in den Fokus der Geschichtsbetrachtung. Sie trat als eigene geschichtsmächtige Kraft aus dem Hintergrund hervor, wurde gewissermaßen ins Geschichtsbild hineingeblendet."[59] Damit wird Geschichte empirisch begründet und bezieht sich explizit auch auf die Naturgeschichte.

Die Bedeutung von Leibniz' Ansatz zeigt sich vor allem an seiner Wirkung. Buffon, um nur ein besonders prominentes und für diesen Kontext einschlägiges Beispiel zu nennen, wurde „deutlich von Leibniz' *Protogaea* beeinflußt"[60] und

---

56 *Leibniz*, Protogaea 1949, 169 – 171.

57 Ebd., 171.

58 *Schmeisser*, Erdgeschichte, 849 [Hervorhebung im Original].

59 *Kempe*, Texten, 258; vgl. auch *Bialas*, Wissenschaftsgeschichte.

60 *Bialas*, Wissenschaftsgeschichte, 20; vgl. auch *Kempe*, [Rez.] Protogaea, 407; *Cohen*, Leibniz's Protogaea, 126.

auch Montesquieu, Taine und Comte bezogen sich auf ihn.[61] Insofern ist es Leibniz' Verdienst, ein vielrezipiertes Modell für die Verklammerung von Natur und Geschichte geschaffen zu haben. Nicht zuletzt dadurch konnte „die bedeutende Stellung, die Leibniz in der Entwicklung der Geschichtswissenschaft eingenommen hat," gefestigt werden.[62]

4.3 August Ludwig Schlözer und die Naturgeschichte

Die Naturalisierung der Geschichte: Gemeinsamkeiten und Unterschiede bei Johann Christoph Gatterer und August Ludwig Schlözer

Sowohl Johann Christoph Gatterer (1727–1797) als auch August Ludwig Schlözer (1735–1809) haben die Geschichtswissenschaft methodisch auf die Naturkunde bezogen und ihr damit eine Perspektive gegeben, die ihr bis dahin fehlte.[63] Während ihrer gemeinsamen Zeit in Göttingen entbrannte ein Streit zwischen den beiden herausragenden Autoritäten der Aufklärungsgeschichtsschreibung, der neben den Gemeinsamkeiten vor allem die Unterschiedlichkeit ihrer Geschichtskonzeptionen verdeutlicht: Als Schlözer im Jahre 1768 seinen Ruf nach Göttingen erhielt, war der etwas ältere Gatterer dort seit fast zehn Jahren Professor und eine Koryphäe auf dem Gebiet der Universalgeschichte. Schlözer, der sich bis dahin vor allem als Experte für die Russische Geschichte hervorgetan hatte, bot jedoch bereits 1770 ebenfalls Vorlesungen zur Universalgeschichte an, die zudem zeitgleich mit denen Gatterers stattfanden.[64] Da Schlözer bei den Zuhörern weitaus beliebter war, wurde Gatterers Einfluss ebenso wie die Höhe seiner Kolleggelder empfindlich beschnitten.[65] Es entstand ein Streit, der nach Verleumdungen und gegenseitigen Beleidigungen in Plagiatsvorwürfen gipfelte: Gatterer warf Schlözer vor, wesentliche Elemente aus seiner Schrift *Einleitung in die synchronistische Universalhistorie* (1771) übernommen und dieselben der ein Jahr später erschienenen *Vorstellung seiner Universal-Historie* zu Grunde gelegt zu haben. Schlözer wiederum rechtfertigte sich und klagte nach einer ausführlichen Widerlegung der Anschuldigungen:

---

61 Vgl. *Holz*, Leibniz, 110.

62 *Conze*, Leibniz, 1; vgl. auch *Babin/Heuvel:* Einleitung.

63 *Dougherty*, Buffons Bedeutung, 267.

64 Schlözer gebraucht die Termini ‚Universalgeschichte' und ‚Weltgeschichte' in seinen frühen Schriften nahezu synonym. Später unterscheidet er zwischen beiden. Unter ‚Universalgeschichte' versteht er dabei die überkommene, theologisch geprägte Geschichtsschreibung; vgl. *Schlözer*, WeltGeschichte 1785, 1.

65 Zum Konflikt zwischen Gatterer und Schlözer vgl. *Dougherty*, Buffons Bedeutung, 267 f.

> Nichts kommt mir ärmlicher vor, als Prozesse über das gelehrte Mein und Dein. Plündere mich, wer da will, so bald ich etwas habe drucken lassen: nie werde ich Klage führen, daß ein andrer meine Erfindungen zu brauchen wisse. Nur zum Danke dafür, wenn ich mich phlegmatisch von andern plündern lasse, möchte ich nicht den Vorwurf leiden, daß ich selbst der Plündernde, nicht der Geplünderte, wäre.[66]

Einerseits sind Gatterers Vorwürfe durchaus berechtigt: Es ist als sein Verdienst anzusehen, der Geschichtswissenschaft „eine naturhistorische Grundlage verschafft zu haben."[67] Andererseits sind aber auch Schlözers Rechtfertigungen begründet, denn er modifizierte Gatterers ‚geomorphen' Ansatz entscheidend: Während Gatterer noch maßgeblich auf christlich-dogmatische Vorstellungen einer statischen Erde rekurrierte,[68] erweiterte Schlözer den geographischen Ansatz um eine zeitliche Tiefenperspektive.[69] Schlözer entwickelte eine transhumane Perspektive, die sich radikal von Gatterers Ansatz unterschied. Dabei wurden vor allem auch langfristig relevante Ereignisse in ihrem kausalen Zusammenhang berücksichtigt:

> [Die Universalhistorie] erzählet nur grosse Begebenheiten, und darunter offt ungeheure Wirkungen aus anscheinenden kleinen Ursachen. Sie wandelt unter den größten Sterblichen aller Zeiten und Völker herum; Jahrhunderte liegen vor ihr ausgebreitet; sie siehet Reiche entstehen, blühen, veraltern, und verschwinden; und Revolutionen, die den Erdkreis erschüttert haben, durchlaufft ihr schneller Blick von ihrer ersten Entstehung bis zu ihren oft späten, oft vereitelten, Folgen hin.[70]

An der frühen und prägnanten Artikulation des ‚Kollektivsingulars Geschichte' macht Koselleck die Modernität Schlözers fest. Als Beleg zitiert er in seinem Artikel ‚Geschichte, Historie' Schlözers maßgebliche Definition von Weltgeschichte: „WeltGeschichte studieren, heißt, die HauptVeränderungen der Erde und des MenschenGeschlechts im Zusammenhang denken, um den heutigen Zustand von beiden aus Gründen zu erkennen."[71] Im Anschluss daran resümiert er diese Definition wie folgt: „Damit hatte Schlözer schon die beiden Kriterien genannt, welche die neue Weltgeschichte auszeichneten: sie bezog sich räumlich auf den

66 *Schlözer*, Vorstellung 1773, 415.
67 *Dougherty*, Buffons Bedeutung, 267; vgl. auch *Gatterer*, Einleitung, 15.
68 Gatterer orientierte sich zeitlebens an der christlichen Chronologie. Erst gegen Ende seines Lebens kamen ihm Zweifel; vgl. *Gatterer*, Versuch, 2; *Muhlack*, Geschichtswissenschaft, 131; sowie *Reill*, Enlightenment, 78.
69 Schlözer hält sogar eine das gesamte Universum umfassende Geschichtsdarstellung für möglich; vgl. *Schlözer*, Vorstellung 1772, 39.
70 *Schlözer*, Vorstellung 1772, 35.
71 *Schlözer*, WeltGeschichte 1792, 71.

ganzen Globus und zeitlich auf das gesamte Menschengeschlecht".[72] Ebenso wie schon Gatterer knapp 200 Jahre früher ignoriert Koselleck die zeitlichen Tiefenperspektiven von Schlözers Geschichtskonzeption. Er gesteht Schlözers Weltgeschichte zwar eine räumliche Maximalperspektive zu, in zeitlicher Hinsicht beschränkt er ihren Geltungsbereich allerdings auf das Menschengeschlecht. Damit verengte er den Bedeutungsumfang der Geschichtsdefinition Schlözers, die sich auch auf die „HauptVerändrungen der Erde" bezieht, entscheidend. Da diese Darstellung oftmals unhinterfragt tradiert wurde, bestimmte sie die bisherige Rezeption Schlözers.[73]

Fragestellung und Vorgehen

Die Nichtbeachtung der zeitlichen Tiefenperspektive führte zu einer erheblichen Fehleinschätzung von Schlözers Geschichtsdenken. Die Größenordnung seiner Zeitkonzepte sowie ihre Natur und Geschichte verklammernde Dynamik wurden deswegen von der Forschung bislang nicht angemessen gewürdigt; er wurde hingegen mehrfach als christlich-traditioneller Historiker charakterisiert, wie Tortarolo hervorhebt: „Wenn es um die Chronologie der ersten Zeiten geht, ist Schlözer trotzdem durchaus traditionsorientiert. Letztendlich macht er sich die biblische Chronologie zu eigen."[74] Auch Muhlack kommt zu dem Schluss, dass Schlözer „die Größenordnung des biblischen Weltalters keineswegs in Frage"[75] gestellt habe.

Ausgangspunkt dieses Kapitels ist hingegen die Beobachtung, dass Schlözer biblische Periodisierungen und Zeitmaße grundlegend kritisierte. Er nahm an, dass die Entwicklung der Erde „Myriaden von Jaren [sic!]"[76] gedauert haben müsse, und dass wohl auch das (deutlich jüngere) Menschengeschlecht auf eine Geschichte von mindestens 20 000 Jahren zurückblicken könne.[77] Diese zeitliche Tiefenperspektive, so die untersuchungsleitende Hypothese, ist ein Ergebnis von Schlözers Beschäftigung mit den Erdwissenschaften. Dieses ist bislang von der Forschung noch nicht aufgearbeitet worden. Zwar gibt es erste Ansätze, die Schlözers Natur und Kultur verklammerndes Geschichtskonzept registrieren und

72 *Koselleck*, Geschichte, 688; zur Modernität Schlözers vgl. auch *Hardtwig*, Verwissenschaftlichung, 79; sowie *Peters*, Reich, 24.

73 Vgl. *Schmidt*, Wandel, 342; *Stockhorst*, Novus, 369; *Zedelmaier*, Schlözer, 180.

74 *Tortarolo*, Angst, 47; vgl. auch *Seifert*, Geschichte, 109 f.

75 *Muhlack*, Geschichtswissenschaft, 184; vgl. auch *Zedelmaier*, Schlözer, 181.

76 *Schlözer*, Vorstellung 1773, 349.

77 *Schlözer*, WeltGeschichte 1792, 31.

punktuell thematisieren,[78] Untersuchungen, welche dabei die historischen Erdwissenschaften berücksichtigen, stehen allerdings noch aus. Exemplarisch für die Nichtbeachtung der Geologie formuliert Zedelmaier: „Kosmogonie und Geogonie [...] entwickelten sich seit dem späten 17. Jahrhundert unabhängig und weitgehend ohne Korrespondenz zur Historie“[79]

Im Folgenden wird gezeigt, dass Schlözer bereits in der *Vorstellung seiner Universal-Historie* von 1772 explizit auf geologische Diskurse rekurrierte. In den nachfolgenden Ausgaben, dem *Zweeten Teil* von 1773, der *Zwoten, veränderten Auflage* von 1775 und der *WeltGeschichte*, die in zwei Auflagen 1785 und 1792 erschien, und welche Schlözer als „dritte, obgleich sehr veränderte, und in der Form ganz umgearbeitete Ausgabe, meiner in den Jahren 1772 und 1775 gedruckten *Vorstellung der UniversalHistorie* [sic!]“ verstanden wissen wollte, werden diese Bezugnahmen noch expliziter.[80]

Die Analyse von Schlözers Rezeption der Erdwissenschaften wirft ein neues Licht auf seine Geschichtskonzeption. In Auseinandersetzung mit den erdwissenschaftlichen Diskursen, so meine These, formuliert er einen Geschichtsbegriff, der Natur- wie Menschenentwicklung simultan umfasst. Belege dafür sind etwa seine bereits oben angeführten Geschichtsdefinitionen. Mit dem dort zu Grunde gelegten Revolutionsbegriff formuliert er zudem ein historisches Strukturprinzip,

---

78 Allerdings liegt der Schwerpunkt dabei auf der Naturgeschichte und nicht auf der Geologie; vgl. *Reill*, Science, 440; *Dougherty*, Buffons Bedeutung, 269; *Yarchin*, Interpretation, 49. Zum deutschen Sprachraum vgl. *Cartier*, Licht, 59; *Garber*, Selbstreferenz, 160 f.; sowie *Nutz*, Varietäten, 70.

79 *Zedelmaier*, Frühgeschichte, 102; vgl. auch *Zedelmaier*, Schlözer, 181; sowie *Zedelmaier*, Anfang, 177–183.

80 *Schlözer*, WeltGeschichte 1785, [3]. Das Gleiche gilt auch für Schlözers in 6 Auflagen erschienene *Vorbereitung zur WeltGeschichte für Kinder* (1806/2011) Es muss allerdings berücksichtigt werden, dass Schlözers ‚Weltgeschichten‘ nicht als ‚eigenständige‘ Schriften, sondern als Begleittexte für seine Vorlesung konzipiert waren. In der ersten Ausgabe von 1772 referiert er den epistemischen Status der Schriften wie folgt: „Sie sind ein Leitfaden für meine Zuhörer, denen ich dadurch ein paar Wochen Prolegomenen erspare, die Mühe des Nachschreibens vermindere, und die beständige Ueberschauung des Ganzen erleichtere. Sie sind höchstens eine Anfrage an einige Gelehrte, die mir die Ehre erwiesen haben, eine concentrirte und dennoch etwas ausführliche Weltgeschichte von mir zu verlangen, mit denen ich mich aber noch vorher über die Materie und Form eines solchen Buches öffentlich besprechen wollte.“ *Schlözer*, Vorstellung 1772, [4]. In der Ausgabe von 1785 schreibt er, seine Weltgeschichte „ist immer noch kein Buch zur Lectür fürs große Publicum, sondern, wie der Augenschein lert [sic!], ‚blos zum LeitFaden beim Unterrichte eigentlicher Studirenden‘ bestimmt“. Die Weltgeschichte ist damit letztlich ein Begleittext zur Vorlesung, „wo also dem mündlichen Vortrage noch vieles zum Erklären und Ergänzen übrig gelassen werden durfte.“ *Schlözer*, WeltGeschichte 1785, [3]. Diese Funktionsbestimmung trägt zum eher theoretischen Charakter der Schrift bei.

welches die Dynamik von Erdgeschichte und Menschengeschichte gleichermaßen verdeutlicht. Damit einher geht die Annahme, dass Natur und Kultur in ihren Entwicklungsgesetzen aufeinander verweisen. Schlözers Natur und Geschichte verklammernde Konzeption von Weltgeschichte war deswegen so bedeutend, weil sie den Anfang einer Tradition darstellte und außerordentlich breit rezipiert wurde. Seine Geschichtsdefinitionen wurden oftmals sogar wörtlich übernommen. So schreibt Michael Conrad Curtius in seinem *Grundriß der Universal-Historie* (1790):

> Die Historie ist die Kenntniß merkwürdiger vorgefallener Begebenheiten und ihrer Ursachen. Die Begebenheiten können die Welt oder die Erde, oder einen Theil der Erde betreffen. *Unser Gegenstand ist die Kenntniß der wichtigsten Veränderungen und Schicksale des Erdbodens und des uns bekannten Menschengeschlechts.*[81]

Entsprechend definiert Julius Franz Schneller in seiner *Weltgeschichte zur gründlichen Erkenntniß der Schicksale und Kräfte des Menschengeschlechts* (1808): „Die Wissenschaft von solchen Hauptveränderungen des Erdbodens und des Menschengeschlechtes, um den heutigen Zustand von beyden aus Gründen zu erkennen, ist die *Weltgeschichte.*"[82] Auch Karl von Rotteck bezieht sich bereits 1812 auf Schlözer: „[M]ir [scheint] die *Schlözer'sche* Erklärung der Weltgeschichte am meisten zu entsprechen, weswegen ich sie auch mit geringer Modifikation zu der meinigen mache". Im Anschluss daran definiert er die Weltgeschichte wie folgt: „*Weltgeschichte ist eine zusammenhängende Darstellung aller Hauptveränderungen* (Revolutionen*) der Erde und des Menschengeschlechtes, woraus sich der jetzige und jedesmalige Zustand Beyder* [sic!] *aus Gründen erkennen läßt.*"[83]

Schlözers Streit mit Johann Gottfried Herder

Evidenz für die Hypothese, dass sich Schlözer bei der Konzeption seiner ‚Weltgeschichte' zentral auf die Erdgeschichte bezieht, lässt sich anhand einer weiteren Kontroverse, die der äußerst streitbare Schlözer mit Johann Gottfried Herder ausfocht, erbringen. Wie bereits die Auseinandersetzung mit Gatterer eignet sich auch diejenige mit Herder gut für die Konturierung von Schlözers Positionen, denn hier werden mehrdeutige Aussagen präzisiert, Thesen polemisch zugespitzt

---

81 *Curtius*, Grundriß 1. [Hervorhebung D.S.]; vgl. auch ebd., vf.
82 *Schneller*, Weltgeschichte, 2. [Hervorhebung im Original]; vgl. auch ebd., 23.
83 *Rotteck*, Geschichte, 75. [Hervorhebungen in Original.] Neben den drei hier exemplarisch aufgeführten Belegen für den Einfluss Schlözers könnten noch andere angeführt werden; vgl. *Mumelter*, Versuch 1794, 24, 56; sowie *Beck*, Anleitung 1813, 48.

und unterschiedliche Standpunkte scharf voneinander abgegrenzt. Erst auf die kritische Nachfrage Herders verleiht Schlözer seinen in der *Vorstellung seiner Universal-Historie* von 1772 noch mehrdeutigen Angaben zur Erdgeschichte in seiner Antikritik von 1773, der *Vorstellung seiner Universal-Historie. Zweeter Teil*, prägnant Ausdruck und legt die Grundüberzeugungen seines Geschichtsdenkens offen. Dabei wird deutlich, dass sein Geschichtsbegriff keine Unterschiede zwischen Natur und Kultur kennt und beide Bereiche gleichermaßen umfasst und verklammert.[84]

Auslöser der Debatte war eine vernichtende Rezension, die Herder über die erste Ausgabe von Schlözers *Vorstellung seiner Universal-Historie* im Jahre ihres Erscheinens in den *Frankfurter Gelehrten Anzeigen* anonym publizierte. Schlözers nicht minder geharnischte Antwort erschien im Jahre 1773 in Form eines fast 200-seitigen Buches, welches fortan als *Zweeter Teil* der bis dahin einbändig konzipierten *Universal-Historie* firmierte.[85]

Ein für die Gesamtausrichtung der Rezension nicht unwesentlicher Kritikpunkt Herders betraf den Konflikt von ‚Genesis und Geologie' und thematisierte Schlözers Darstellung einer dynamischen Naturgeschichte im Kapitel ‚Vorgeschichte, Von der Schöpfung bis auf die Erbauung Roms'.[86] In diesem Zeitraum erschien Schlözer der epistemische Status der überlieferten Nachrichten als besonders unsicher. Deswegen seien, so Schlözer, nur wenige „Sätze bekannt und brauchbar". Der erste davon laute: „Unsere Erde wurde umgeschaffen."[87] Diese auf den ersten Blick unscheinbare Feststellung impliziert eine grundlegende Abkehr von biblischen Darstellungen. Schlözer insinuiert, dass die Erde in einem fortwährenden Veränderungsprozess begriffen sei, also nicht einmal *ge*schaffen und damit ‚fertig', sondern sukzessive verändert, d. h. *um*geschaffen, werde. Herder greift dies in seiner Rezension auf. Dabei stellt er den Wahrheitsgehalt von Schlözers Darstellung einer dynamischen Erde in Frage und unterstellt ihrem Verfasser Effekthascherei: „Und denn, ist [...] alles *bewiesen?* nichts zu gewagt? nichts des lieben Einfalls wegen da? *Die Umschaffung der Erde!*"[88] Schlözers Anti-Kritik geht nun wiederum mit Herder ins Gericht. In aller Ausführlichkeit grenzt er die unterschiedlichen wissenschaftlichen Standpunkte und weltanschaulichen Gesichtspunkte voneinander ab und legt dabei die Axiome seines Geschichtsdenkens offen:

---

84 Vgl. *Peters*, Reich, 159.

85 Zur Herder-Schlözer-Kontroverse vgl. *Leventhal*, Progression; sowie *Fulda*, Wissenschaft, 446–449.

86 *Schlözer*, Vorstellung 1772, 88f.

87 Ebd., 88.

88 *Herder*, A. L. Schlözers Vorstellung, 439. [Hervorhebungen im Original.]

> Die *Umschaffung* der Erde!
> Steht der Satz des *lieben Einfalls wegen* S. 88 in meinem Buche? Meint Hr. H[erder] das? das sollt er nicht meinen. Er weiß vielleicht, daß ich nicht bloß Revolutionen des Menschengeschlechts, sondern auch Revolutionen des Erdbodens, in die Weltgeschichte nehme. Folglich ist ihr eine Nachricht vom Anfange und der Entstehung der Wonung [sic!] der Adamiten eben so wesentlich, als die Nachrichten vom Anfange der Menschen selbst. Fängt doch jeder Mönch die Geschichte seines Klosters mit der Erbauung desselben an, falls er sie weiß.[89]

Schlözer weist hier unmissverständlich darauf hin, dass sein Geschichtsbegriff Natur und Kultur gleichermaßen umfasst.[90] Zugleich entschleiert er die theologischen Implikationen von Herders Kritik, allen voran die Vorstellung einer ‚fertigen' Schöpfung und den Zeitraum von sechs Schöpfungstagen:

> Doch das *UM*schaffen geht vielleicht Hrn. H[erder] im Kopfe herum: warum nicht *ER*schaffen? Ist der Satz von *Umschaffung* der Erde *bewiesen,* ist er nicht *zu gewagt?* – – – Ich will nicht hoffen, daß Hr. H[erder] im Ernste glaubt, daß unsre Erde, oder gar das Große All, netto 6 mal 24 Stunden vor Adam, erst erschaffen, erst aus dem Nichts hervorgerufen, worden? Glaubt ers wirklich: so ist hier der Ort nicht, wo man ihm in Kürze den nötigen Unterricht geben kan [sic!].[91]

Bemerkenswert an dieser Passage ist, wie polemisch Schlözer die christlichen Zeitvorstellungen ablehnt. Im weiteren Verlauf schlägt seine Argumentation sogar in beißenden Spott um. Er fügt paläontologische und geologische Belege in seine eigentlich geschichtswissenschaftliche Argumentation ein und beruft sich auf „Muscheln" und „Versteinerungen". Zudem sprengt er den biblischen Zeitrahmen und legt die Zeithorizonte offen, die er – bis dahin implizit! – für die Entwicklung der Erde veranschlagt hat:

> Von der *Erschaffung* der Erde weiß die Historie nichts: nur die Metaphysik lallt von ihr, wie Hr. H[erder] von Grundesreinigung und Erinnerungsmalen, und wie ich vom Torso lalle. Aber die letzte *Umschaffung* derselben, oder diejenige große Revolution, da sie, nachdem sie vielleicht Myriaden von Jaren [sic!] ein Ocean gewesen, trocknes, und für Geschöpfe unsrer Art, (die wir nicht alle *schwimmen* und *tauchen* können), bewonbares Land geworden, kennt die Tradition im Mose, Sanchuniathon, Berosus, und der Orphischen Philosophie, und beweisen die Urkunden von Muscheln und Versteinerungen im Innersten der höchsten Berge.[92]

---

89 *Schlözer*, Vorstellung 1773, 348. [Hervorhebungen im Original.]

90 An anderen Stellen schließt Schlözer die Erforschung der Erdgeschichte aus *pragmatischen* Gründen aus. Vermeintliche ontologische Unterschiede spielen dabei keine Rolle; vgl. *Schlözer*, Vorstellung 1772, 10, und 67.

91 *Schlözer*, Vorstellung 1773, 349. [Hervorhebungen im Original.]

92 Ebd. [Hervorhebungen im Original.]

Schlözers Anti-Kritik entwickelt sich immer mehr zu einer Suada gegen die biblische Genesis. Sie verdeutlicht, welche Schärfe die Kontroverse zwischen Herder und Schlözer erreicht hatte, bzw. mit welcher Polemik der Konflikt zwischen ‚Genesis und Geologie' ausgefochten wurde:

> Doch vielleicht glaubt Hr. H[erder] lieber, [...] daß diese Muscheln und Elefanten, durch Noah's Sündfluth, in ihre heutige Abgründe geschwemmet worden. Oder er glaubt mit seinem lieben *Voltaire*, daß die Muscheln erst von den Pilgrimen aus den Kreuzzügen nach Hause gebracht, und in die Europäischen Alpen verzettelt worden.
> Das kan er glauben. Wenigstens ist für ihn die ganze schwere Materie von Umschaffung der Erde entberlich: ja er würde sogar unbedächtig und gegen die Pastoralklugheit handeln, wenn er beim Predigen oder Katechisiren davon Gebrauch machen wollte.[93]

Im Schlussparagraphen fasst Schlözer seine Standpunkte noch einmal zusammen: Eine Weltgeschichte, welche die Erdgeschichte ausschlösse, sei unzeitgemäß. Sie würde zudem vom Publikum nicht akzeptiert. Viele Zuhörer besäßen bereits grundlegende Kenntnisse über die Erdgeschichte und würden ihn folglich verachten, wenn er sich bei der Darstellung der ersten Zeit auf die biblische Genesis bezöge:

> Aber mit der Universalhistorie hat es eine andre Bewandtniß: da finden sich nicht selten Zuhörer ein, die Mineralogie verstehen, und bereits Gruben befaren haben, oder solches nächstens thun werden. Wenn ich nun denen die sogenannte Schöpfungsgeschichte auf Calovischen Fuß [d. h., in biblisch-orthodoxer Weise; D.S.] erkläre: so verachten sie mich wegen meiner Unwissenheit. Und wenn ich ihnen gar sage, so sagt Mose: was für schlimme Folgen kann mein unphysischer Vortrag alsdenn nicht bei grübelnden Köpfen haben?[94]

Ihre polemische Schärfe bekommt die Auseinandersetzung zwischen Herder und Schlözer dadurch, dass neben persönlichen Animositäten auch verschiedene Wissenschaftsverständnisse und Weltbilder aufeinanderprallen.[95] Während der Bückeburger Konsistorialrat von der Warte religiöser Überzeugungen und Dogmen argumentiert, lehnt Schlözer diese „Pastoralklugheit" ab. Herder wiederum

---

93 Ebd., 350. [Hervorhebung im Original.]
94 Ebd., 351.
95 Vgl. *Blanke*, Einleitung, xxxvif. Blanke bemerkt hingegen, dass Herders Invektive gegen Schlözer von Christian Gottlob Heyne (1729–1812) „bestellt" worden sei. Sie sollte offenbar insbesondere Schlözers Mentor Johann David Michaelis (1717–1791) treffen und sei deswegen „nicht so sehr sachlich bedingt, keinesfalls aber das Dokument des Aufeinanderprallens unterschiedlicher Wissenschaftskonzeptionen." Obwohl diese biographischen Kontexte wichtig für das Verständnis der Kontroverse sind, wird hier davon ausgegangen, dass diese *auch* als Ausdruck verschiedener Weltanschauungen und Geschichtskonzepte verstanden werden muss.

verleiht seinen christlich-theologisch geprägten Geschichtsvorstellungen kurz darauf in der Schrift *Auch eine Philosophie der Geschichte zur Bildung der Menschheit* (1774) unmissverständlich Ausdruck, indem er die Allmacht Gottes und die Vorsehung der Weltgeschichte betont.[96]

Um so erstaunlicher ist, dass sich schon bald darauf eine Annäherung zwischen den Kontrahenten anbahnt. Dabei ist es überraschenderweise Herder, der seine theologischen Standpunkte aufgibt und der Schlözers naturalistisches Geschichtsverständnis, wenn auch wohl nicht direkt von Schlözer, sondern mehrheitlich aus anderen Quellen, aufgreift.[97] Die Übereinstimmungen treten spätestens in Herders 1784 veröffentlichten *Ideen zur Philosophie der Geschichte der Menschheit* offen zutage. Sie zeigen sich in Kapiteln wie ‚Unsre Erde ist vielerlei Revolutionen durchgegangen, bis sie das, was sie jetzt ist, worden' sowie in Herders grundlegender Definition von Geschichte, die in ihrem naturalistischen Duktus an Schlözers Bestimmung von ‚Weltgeschichte' erinnert: „Die ganze Menschengeschichte ist eine reine Naturgeschichte menschlicher Kräfte, Handlungen und Triebe nach Ort und Zeit."[98] Herders Kehrtwendung hin zu Schlözer wurde von der Forschung bislang kaum berücksichtigt.[99] Sie ist ein wichtiges Ergebnis dieser Analyse, denn bislang wurde die Debatte zur Kritik eines ‚fortschrittlichen Historisten' an einem ‚rückständigen Aufklärungshistoriographen' stilisiert, wie Fulda verdeutlicht: „[V]on den für die künftige Entwicklung der Geschichtsschreibung wesentlichen Einwänden Herders *begreift Schlözer kaum etwas.* Ganz allgemein macht sich der *begrenzte Horizont des Historikers* in seinem Versuch bemerkbar, Herder aus der geschichtstheoretischen Diskussion vorgängig auszugrenzen".[100] In Bezug auf die Entwicklungskonzepte ist es hingegen Herder, der, wenn man es so ausdrücken darf, ‚hinterherhinkt', der theologisch geprägte und grundlegend statische Zeitkonzepte vertritt und der spätestens zehn Jahre später in den *Ideen zur Philosophie der Geschichte der Menschheit* die von ihm zuvor abgelehnten Positionen Schlözers stillschweigend übernimmt.[101]

96 *Muhlack*, Geschichtswissenschaft, 141.
97 Vgl. *Dougherty*, Buffons Bedeutung, 269.
98 *Herder*, Ideen III,1, 522.
99 Vgl. *Peters*, Reich, 26 f. und 191.
100 *Fulda*, Wissenschaft, 193 [Hervorhebungen D.S.]; vgl. auch *Peters*, Reich, 25.
101 Zu Herders mitunter ambivalentem Verhältnis zu den Erdwissenschaften, vgl. Kap. II.3.4 dieser Arbeit: Johann Gottfried Herder und die Geologie.

Schlözer und die Naturgeschichte

Die von Herder kritisierten Darstellungen der Erdgeschichte sind Ausdruck von Schlözers bereits früh aufkeimendem naturgeschichtlichem Interesse. Schlözer erwog sogar, bei Carl von Linné (1707–1778), mit dem er seit seinem Aufenthalt in Schweden persönlich bekannt war, in Uppsala zu studieren. Als er sich schließlich dagegen entschied, reagierte Linné gekränkt: „Schlözer will nach Göttingen reisen, um Naturgeschichte zu studieren; die kann er auch bei mir lernen."[102]

Insbesondere aus der Zeit seines zweiten Aufenthalts in Göttingen (1759–1761) lassen sich verstärkt Anhaltspunkte für seine naturgeschichtlichen Interessen finden. So schreibt er in einem Brief an seinen Freund Viereck vom 18. Juni 1759:

> Wenn Sie einmal in mein Zimmer träten, würden Sie sich gewiß große Begriffe von meinen schon erworbenen medicinischen Wissenschaften machen. Vor dem einen Fenster liegt ein ganzer Schober verdorrter Kräuter [...]; vor dem andern liegen eine Menge Rippen von einer alten Frau, ein etwas grauer Todtenkopf, den ich letzthin, als ich auf ein benachbartes Dorf ging, vom Kirchhofe wegmauste, und ein vollständiges Skelet von einer Eidexe [...]. Auf den Winter soll es mit den Anatomischen recht angehn; ich habe mich schon zwei Katzen aus meiner Nachbarschaft dazu ausersehen [...].
> Sonnabends und Sonntags gehe ich mit meinem Lehrer in Naturalismo, dem Professor Büttner [...] gewöhnlich aufs Land. Diese unsere Exkursionen erstrecken sich bisweilen auf mehrere Meilen. Dann kommen wir des Abends um zehn Uhr mit *Steinen*, Kräutern und Insekten beladen, und so müde nach Hause, daß wir uns kaum rühren können.[103]

Weitere Anregungen stammen von Peter Simon Pallas (1741–1811), dessen naturgeschichtliche Vorlesungen Schlözer in Göttingen hörte und mit dem er sich zwischenzeitlich sogar ein Zimmer teilte.[104] Wie sein Sohn Christian von Schlözer berichtet, herrschte „zwischen beiden jungen Männern ein enges Verhältnis".[105] Auch Buffons *Histoire naturelle* (1749) wurde von Schlözer, wie Dougherty nachweist, schon früh rezipiert, so dass Schlözers *Universal-Historie* von 1772 wohl „tatsächlich Buffons Ansichten verkörpert".[106] Eine weitere Anregung stellte

---

102 Christian von *Schlözer*, Privatleben, 38.
103 Ebd., 51. [Hervorhebung D.S.]
104 Pallas trat besonders als Forschungsreisender in Erscheinung. Unter Katharina der Großen leitete er Expeditionen nach Sibirien; vgl. seine Schrift *Betrachtungen über die Beschaffenheit der Gebürge und die Veränderungen der Erdkugel, besonders in Beziehung auf das Rußische Reich* (1777).
105 Christian von *Schlözer*, Privatleben, 470; vgl. auch *Dougherty*, Buffons Bedeutung, 268.
106 *Dougherty*, Buffons Bedeutung, 268; vgl. auch *Reill*, Buffon, 669 f.

Voltaires *Philosophie der Geschichte* dar. Insbesondere der dort evozierte „expansive [...] view of the world“ dürfte Schlözer, so Reill, beeinflusst haben.[107]

Obwohl Schlözer also bereits bei der von Herder kritisierten ersten Ausgabe der *Vorstellung seiner Universal-Historie* (1772/73) auf einen großen Fundus naturgeschichtlichen Wissens zurückgreifen konnte,[108] wird der Bezug auf die Erdgeschichte in der *WeltGeschichte* von 1785 und insbesondere in der *Zwoten, verbesserten, Auflage* von 1792 weitaus expliziter. Grundlage für diese Neuakzentuierung sind naturkundliche Schriften, die allesamt nach der zweiten und vor der dritten Ausgabe der *Weltgeschichte* publiziert wurden. Diese Neuerscheinungen sind ursächlich für die umfangreichen Änderungen. Schlözer registrierte die Entwicklung der empirischen Wissenschaften genau und integrierte die neuesten Forschungsergebnisse in seine Geschichtskonzepte, wie er im Vorwort hervorhebt: „Die zum Teil neuen Ideen von der Entstehung unsrer Erde S. 16–24 [...] habe ich [...] nachgeschrieben.“[109] So zitiert er umfangreich aus Buffons 1778 erschienenen *Époques de la Nature*,[110] ebenso aus Johann Ernst Basilius Wiedeburgs 1776 publizierten *Neuen Muthmasungen über die Sonnen-Flecken Kometen und die erste Geschichte der Erde*.[111] Bezug nimmt er auch auf die jüngst erschienenen Schriften von Johan Gottschalk Wallerius[112] (1709–1785), von Johann Esaias Silberschlag[113] (1721–1791) und auf die schon etwas älteren, aber dennoch erst zur Mitte des 18. Jahrhunderts postum erschienenen Schriften von Gottfried Wilhelm Leibniz[114] (1646–1716). Anregung für die Erweiterung der biblischen Zeitskala fand Schlözer, neben den bereits zitierten Naturforschern, wohl auch bei seinem Lehrer Johann David Michaelis (1717–1791), der selber die bi-

---

107 *Reill*, Enlightenment, 84; vgl. auch *Frensdorff*, Schlözer, 588.

108 Vgl. exemplarisch *Schlözer*, Vorstellung 1772, 9 f.

109 *Schlözer*, WeltGeschichte 1785, [5].

110 Vgl. ebd., 17 f.

111 Johann Ernst Basilius Wiedeburg (1733–1789) war Professor für Mathematik in Erlangen und Jena.

112 Es ist nicht mit Sicherheit auszumachen, auf welche Schriften des schwedischen Naturforschers sich Schlözer bezieht. Vermutlich auf dessen kurz zuvor erschienenes Werk: *Meditationes physico-chemicae de origine mundi, imprimis geocosmi, ejusdemque metamorphosi*. Stockholmiae et Upsaliae 1779. Schlözer hat den in Upsala lehrenden Mineralogen bei seinem Aufenthalt dort (1756–1757) wahrscheinlich persönlich kennengelernt.

113 Es ist nicht mit Sicherheit auszuschließen, dass Schlözer sich nicht auf dessen jüngeren Halbbruder Georg Christoph Silberschlag bezieht – beide verfassten naturgeschichtliche Schriften, allerdings ist der preußische Oberconsistorial- und Oberbaurath Johann Esaias der weitaus einschlägigere von beiden. Vermutlich bezieht sich Schlözer auf die Schrift *Geogonie oder Erklärung der mosaischen Erderschaffung nach physikalischen und mathematischen Grundsätzen* (1780).

114 Zu Leibniz vgl. Kap. II.4.2 dieser Arbeit: Gottfried Wilhelm Leibniz’ *Protogaea*.

blische Chronologie erweitert hatte, wenn auch geringfügig.[115] Ein Beleg dafür ist etwa Michaelis' *Schreiben an Herrn Prof. Schlötzer die Zeitrechnung von der Sündflut bis auf Salomo betreffend.*

Schlözers Revolutionsbegriff

Wie bereits im einführenden Teil dieses Kapitels angedeutet, ist Schlözers ‚Begriff der systematischen Weltgeschichte' vor dem Hintergrund seiner Beschäftigung mit erdwissenschaftlichen Diskursen zu verstehen. Schlözer skizziert einen dynamischen Geschehenszusammenhang, der von der Entstehung der Welt bis zu ihrem Ende reicht und den er bereits in der *Vorstellung seiner Universal-Historie* von 1772 wie folgt definiert: „Wir wollen die Revolutionen des Erdbodens, den wir bewohnen, und des menschlichen Geschlechtes, dem wir angehören, im Ganzen übersehen, um den heutigen Zustand von beiden aus Gründen zu erkennen."[116] In dieser Definition, die über die verschiedenen Ausgaben des Werks bis auf geringfügige Änderungen immer wieder aufs Neue zentral exponiert wird, formuliert Schlözer seine historische Programmatik. Mit dem ‚Revolutionsbegriff' („Revolutionen des Erdbodens") formuliert er ein historisches Strukturprinzip, welches die Dynamik der Erdgeschichte ebenso wie diejenige der Menschengeschichte abbilden kann.[117] Dieser erdgeschichtlich konnotierte ‚Revolutionsbegriff' zeigt die Bedeutung der Erdwissenschaften für Schlözers Geschichtsvorstellung. Damit einher gehen zwei methodische Innovationen: Einerseits öffnet der Revolutionsbegriff einen quasi unbegrenzten Entwicklungszeitraum, der es möglich macht, die Geschichte räumlich und zeitlich in ihrer transhumanen Erstreckung zu umfassen. Andererseits gewinnt Schlözer eine säkulare Gliederungseinheit, welche die fortschreitende Veränderung der Natur wie auch der Kultur simultan und von einer übergeordneten Beobachtungsperspektive beschreibt. Geschichte ist damit nach Schlözers Definition ein auch durch die Naturentwicklung beglaubigter Prozess. Damit geht die implizite Annahme einher, dass Natur und Kultur in ihren Entwicklungsgesetzmäßigkeiten und -gesetzen aufeinander verweisen, wie Schlözer bekräftigt: „Der Erdboden hat Revolutionen erlitten. Er ist nicht mehr, wie er aus der Hand des Schöpfers kam. Er ändert, verschönert, verschlimmert sich, wie das Menschengeschlecht, das ihn bewohnt".[118]

---

115 Vgl. *Reill*, Enlightenment, 84.
116 *Schlözer*, Vorstellung 1772, 1.
117 Vgl. hierzu *Garber*, Selbstreferenz, 160 f. Zum Revolutionsbegriff vgl. auch *Blanke*, Einleitung, xxx; *Becher*, Schlözer, 15.
118 *Schlözer*, Vorstellung 1772, 8.

Neben Schlözers ‚Revolutionsbegriff' wurde auch der ‚allgemeine Blick, der das Ganze umfasset', von der Erdgeschichte inspiriert: „[D]er allgemeine Blick, der das Ganze umfasset: dieser mächtige Blick [...] bringt alle Staten des Erdkreises auf eine Einheit, das menschliche Geschlecht, zurück, und schätzet die Völker bloß nach ihrem Verhältnisse zu den grossen Revolutionen der Welt."[119] Peter Hanns Reill weist nach, dass diese transhumane Perspektive ebenfalls von der Naturgeschichte inspiriert wurde. Grundlegend war Buffons Konzeption des ‚allumfassenden Blickes des Naturhistorikers', dessen Formulierungen Schlözer fast wörtlich übernimmt.[120] In der Ausgabe von 1785 bekommt dieser ‚allgemeine Blick' zudem eine genuin erdgeschichtliche Konnotation:

> Der Naturforscher stellt sich auf eine Alpe, etwa 1800 Toisen ob dem Meere; überschaut von dar [sic!] die Erde ohne alle menschliche Travestirung, so gar ohne Grün; und sieht nichts als ein unendliches wallendes Meer, zusammengerückte Berge, zwischen ihnen Ebenen wie unordentliche Risse und Klüfte, und Flüsse und Seen wie Kloaken. – Dann steigt er in die Tiefen der Erde, wült im Innern der Gebirge und Ebenen, zält und mißt ihre ErdSchichten, und unterscheidet darin die Spuren von abwechselnd, und JarTausende hindurch, wirkendem Wasser und Feur.[121]

Die grundlegende Innovationsleistung Schlözers, sowohl den Revolutionsbegriff wie auch den ‚allgemeinen Blick' betreffend, liegt in der Konzeption eines übergreifenden geschichtlichen *Zusammenhangs*.[122] Es ist die Vorstellung einer Geschichte im Singular, die alle unzusammenhängenden Einzelgeschichten „in möglichster und kaum jemals zu erwartender Vollkommenheit"[123] in einer umfassenden Synthese vereint. Erst die tiefenzeitliche Ausweitung der Untersuchungsperspektive macht diese Neustrukturierung von historischer Erfahrung möglich. Naturgeschichtliche Zeit- und Entwicklungsmodelle sind in ihrer empirisch bestätigten Evidenz wie auch mit ihrer methodischen Exaktheit ein Beleg für die Stichhaltigkeit dieser Geschichtsvorstellung. Nur vor diesem Hintergrund kann Schlözer, so die These dieses Kapitels, den ‚Kollektivsingular Geschichte' derart prägnant formulieren.[124]

---

119 Ebd., 18 f. Schlözer war sich der Novität seines Ansatzes bewusst; vgl. ebd., 23; vgl. auch *Hardtwig*, Verwissenschaftlichung, 77.

120 Vgl. *Buffon*, Histoire 2007, 669.

121 *Schlözer*, WeltGeschichte 1785, 19 f.

122 Vgl. den Titel seiner *WeltGeschichte nach ihren HauptTheilen im Auszug und Zusammenhange* (zuerst 1785).

123 *Schlözer*, Vorstellung 1772, 17.

124 *Reills* Befunde stützen diese Argumentation; vgl. *Reill*, Science, 440 f.; vgl. auch *Dougherty*, Buffons Bedeutung, 238; sowie *Garber*, Selbstreferenz, 162.

Auch wenn die Forschung Schlözers ‚geologischen' Geschichtsbegriff bislang noch nicht näher betrachtet hat, so ist er dennoch von den Zeitgenossen wahrgenommen worden. So etwa von Schlözers dem Historismus nahestehenden Biographen Ferdinand Frensdorff, der moniert, dass Schlözer die Definition von Geschichte in unzulässiger Weise erweitert habe: „Ueber Gebühr, wird man hinzusetzen dürfen; denn nicht bloß die Revolutionen des menschlichen Geschlechts, sondern auch die des Erdbodens machen nach seiner Definition die Materie der Weltgeschichte aus." Dass Schlözer „auf die Skizzirung der Urwelt, dunkeln Welt und Vorwelt so viel Zeit und Kraft verschwendet" gereiche, so Frensdorff, „sehr zum Nachtheil der Arbeiten des Autors".[125]

In einer anonymen Rezension aus dem Jahre 1785 über die dritte Auflage des „so bekannten und beliebten Lehrbuchs" werden hingegen die „beträchtlichen Veränderungen", der Neuauflage lobend hervorgehoben. Es sei „[u]eberaus viel wichtiges und durchdachtes über die Entstehung und die Veränderungen der Erde und des Menschengeschlechts [...] darinnen concentrirt." Zudem seien „[d]ie Zeiträume, welche hier angenommen werden, [...] von denen, die Hr. S[chlözer] in seiner Vorstellung der Universal-Historie festsetzt, in etwas unterschieden."[126]

Schlözers Verhältnis zur biblischen Genesis

Bereits anhand der Auseinandersetzung mit Herder ließen sich Rückschlüsse auf Schlözers Verhältnis zur biblischen Genesis ziehen. Schlözer griff Herders bibelaffine Vorstellungen, etwa zum Alter der Welt, direkt an und grenzte sich entschieden davon ab. Seine Überzeugungen lassen sich treffend anhand der abschließenden Suggestivfrage resümieren: „Und wenn ich ihnen [den Studenten; D.S.] gar sage, so sagt Mose: was für schlimme Folgen kan [sic!] mein unphysischer Vortrag alsdenn nicht bei grübelnden Köpfen haben?"[127] Ihre polemische Schärfe bezieht die Frage dadurch, dass die Grundkonstellation des Konflikts umgedreht wird. Nicht die ‚neuen' erdwissenschaftlichen Theorien erscheinen als Bedrohung für das traditionsreiche heilige Wissen, das Fundament von Herrschaft, Glauben und Moral, sondern umgekehrt: Ein „unphysischer Vortrag", der sich auf den biblischen Schöpfungsbericht berufe, sei gefährlich. Was die „schlimme[n] Folgen" sind, wird nicht genauer spezifiziert. Es liegt jedoch nahe, darin ein Geschichtsverständnis zu sehen, welches nicht auf Kausallogik und Vernunft rekurriert, sondern sich der Bibel verpflichtet fühlt.

---

125 *Frensdorff*, Schlözer, 576.
126 [Rez.] WeltGeschichte, Allgemeine Literatur-Zeitung, 102f.
127 *Schölzer*, Vorstellung 1773, 351.

Von der *Vorstellung seiner Universal-Historie* (1772) ihren Ausgang nehmend, lässt sich bei Schlözer eine immer weitere Entfernung von theologischen Geschichtskonzepten feststellen.[128] Anhand der sukzessiven Erweiterung des chronologischen Rahmens, den Schlözer für die Entwicklung der Welt veranschlagte, lässt sich diese Entwicklung exemplarisch nachvollziehen.

Im Jahre 1772 scheint Schlözer das orthodoxe Weltbild noch zu bestätigen. Er bekräftigt: „Die Welt stehet etwa 6000 Jahre: ein langer, unüberdenklich langer Zeitraum!“[129] Im darauffolgenden Jahr legt er bereits die Zeithorizonte offen, von denen er implizit ausgegangen ist, und spricht von „Myriaden von Jaren [sic!]“.[130] In der *WeltGeschichte* (1785) – und damit nach der Lektüre von Leibniz, Buffon, Wiedeburg, Wallerius und Silberschlag – entfernt sich Schlözer gänzlich von der christlichen Chronologie und fragt polemisch: „Nun diese Erde, wann und wie ist sie entstanden? [...]. Fing sie zugleich mit dem übrigen All an (und wann hat dieses angefangen!); oder kam sie erst nach einigen JarMillionen mit hinein?“[131] Schlözer nimmt einen unvorstellbar großen Entwicklungszeitraum an. Beiläufig referiert er Buffons dystopisches Geschichtskonzept:

> Ein Komet, sagt *Buffon*, rannte vor 75 000 Jahren unsanft gegen die Sonne an [...]: aus diesem Abgestoßenen bildeten sich die 6 Planeten, folglich auch unsere Erde. Diese brannte noch fort 35 000 Jahre: dann wurde sie ein Ocean: nach 25 000 Jahren stieg trocknes Land empor; dieses fing zuerst in Sibirien an abzukülen, und die lebende Natur erwachte. Noch wird diese Natur 93 000 Jahre leben, und zulezt erfrieren.[132]

Auffallend ist, dass Schlözer zwischen dem Alter des Universums, dem Alter der Erde und dem Alter des Menschengeschlechts differenziert. In allen drei Punkten entfernt er sich dabei grundlegend von den biblischen Vorgaben. Während er dem Universum einige Millionen Jahre Entwicklungszeit zugesteht, veranschlagt er für die Geschichte der Erde etliche 100 000 Jahre und für die Entwicklung des Menschen bis zu 20 000 Jahre.[133] Selbst in seiner *WeltGeschichte für Kinder* (1806) lässt Schlözer keineswegs pädagogische Rücksicht walten: „GOTT, der von Ewigkeit war, schuf einst aus Nichts die ganze Welt. Seit wann Er sie erschaffen

128 Vgl. *Muhlack*, Geschichtswissenschaft, 134; sowie *Albrecht*, Geopolitik, 100; im Gegensatz dazu vertritt Peters die These, dass Schlözer zeitlebens sehr gläubig war; vgl. *Peters*, Reich, 435.

129 *Schlözer*, Vorstellung 1772, 59; dieser Satz wird oft zitiert, um Schlözers vermeintlich beschränkten Zeithorizont zu belegen.

130 *Schlözer*, Vorstellung 1773, 349.

131 *Schlözer*, WeltGeschichte 1785, 16 f.

132 Ebd., 17 f. [Hervorhebung im Original.] Im Anschluss daran referiert Schlözer die weitgehend analoge Darstellung von Johann Ernst Basilius Wiedeburg (1733–1789).

133 *Schlözer*, WeltGeschichte 1792, 31.

habe, weiß niemand: Vielleicht ist das Ding, Welt genannt, viele hunderttausend Jahre alt."[134]

An Schlözers sich ändernden Darstellungen der Urgeschichte lässt sich die Veränderung der Wahrheitsansprüche von Theologie und Geologie verdeutlichen.[135] In der Ausgabe von 1772 ist theologisches und naturkundliches Wissen noch weitgehend gleichgestellt.[136] In der zweiten, veränderten Ausgabe von 1775 wird Moses sogar noch eine Expertise für den ersten Zeitraum, die Urwelt, zugesprochen.[137] In der dritten Ausgabe von 1785 wird dieses bislang ausgewogene Verhältnis von Wissen und Glauben radikal verkehrt. Die biblische Genesis verliert die Deutungshoheit über die Entstehung der Erde. Fortan müssen die biblischen Darstellungen vor dem Hintergrund der Naturgeschichte legitimiert werden. Schlözer geht nun davon aus, dass die „neuen Ideen von der Entstehung unsrer Erde [...] zur Rettung der Mosaischen Bücher immer wichtiger werden".[138] Später werden sie für komplett ungültig erklärt:

> Nun diese unsre Erde, wann und wie ist sie entstanden? Ovids Metamorphosen, Böhmens Aurora, und Calov's Commentar über die Gesisin [sic!], können diese Frage nicht beantworten: man muß sich bei *Leibnitz, Buffon, Wiedeburg, Wallerius, Silberschlag*, und dergl. Männern, erkundigen [...]. Aber sie sei entstanden, wie sie wolle: so, wie sie nun ist, ging sie doch gewißlich nicht aus der Hand des Schöpfers. Sichtbar ist sie ein Werk der Zeit; eine Ruine ein Ueberbleibsel, das Cadaver einer älteren zerstörten Welt; ein noch erklärbares Denkmal von Revolutionen, die JarMyriaden gedauert haben müssen.[139]

Schlözers polemische Ablehnung der biblischen Chronologie ist allerdings keinesfalls mit einer Desavouierung der Bibel als ganzer gleichzusetzen. Sie bedeutet lediglich die Delegitimierung der Bibel als geschichtswissenschaftlicher Quelle. Peters weist zu Recht darauf hin, dass die biblische Geschichte zwar entscheidend marginalisiert, aber nicht vollständig verdrängt wurde.[140] Dennoch ist es ein wichtiges Ergebnis dieser Arbeit, dass Schlözer den Erkenntniswert der Bibel als *geschichtswissenschaftlicher* Quelle, insbesondere bezüglich der Urgeschichte der Erde, drastisch einschränkt und demgegenüber die Evidenz der naturgeschichtlichen Zeit- und Entwicklungsmodelle akzentuiert. Damit setzt sich diese Arbeit von dem weitgehenden Konsens der Forschung ab, dass es Schlözers Intention

---

134 *Schlözer*, WeltGeschichte Kinder, 37.
135 Vgl. *Cartier*, Zeit, 11 und 105; sowie *Garber*, Selbstreferenz, 161.
136 Vgl. *Schlözer*, Vorstellung 1772, 4 f.
137 Vgl. *Schlözer*, Vorstellung 1775, 7.
138 *Schlözer*, WeltGeschichte 1785, [5].
139 Ebd., 16 und 18 f. [Hervorhebungen im Original.]
140 Vgl. *Peters*, Reich, 174; vgl. auch *Reill*, Enlightenment, 86; sowie Cartier, Licht, 59.

gewesen sei, „die Konvergenz von biblischer (mosaischer) Überlieferung und neuerer Naturforschung nachzuweisen."[141]

Schlözers transhumane Geschichtsschreibung

Schlözer ist ein Hauptvertreter der Historiographie der Spätaufklärung, „eine der Gallionsfiguren der Göttinger Aufklärungshistoriographie".[142] Zentral für die Geschichtsschreibung dieser Epoche ist das neue Selbstverständnis des Bürgertums. Seine weltgeschichtlichen Entwürfe sind im Rahmen des Emanzipationsprozesses des Bürgertums von überkommenen Autoritäten zu verstehen.[143] Seine Beschäftigung mit den erdhistorischen Diskursen konterkariert diese Einordnung jedoch. Während es als die Aufgabe der ‚bürgerlichen' Geschichtsschreibung angesehen wird, die Identität ihrer Bezugssubjekte sicherzustellen, stellt die geologisch induzierte transhumane Perspektive die zeitliche Bedeutsamkeit des Menschlichen radikal infrage.[144] Schlözer reflektiert diesen Problemkomplex. Er thematisiert den naiven Anthropozentrismus des „gemeine[n] Mann[es]", der allzugern glaubte, „daß die Sterngen, die bei heller Nacht da oben am Firmamente flinkern, blos für ihn da wären, wie die Pracht des Dianentempels für Gellerts Fliege." Ebenso thematisiert er den Schock, der durch die Entdeckung des ‚dunklen Abgrunds der Zeit' ausgelöst wird: „Auch zittert er [der gemeine Mann; D.S.] zurück, so bald er von Myriaden Jahren hört; und meint, beim ersten Schritte jenseits der 6000 Jahre trete man in die Ewigkeit ein ......"[145] Vor dem Hintergrund einer tiefenzeitlichen Perspektive, so Schlözer programmatisch, werde „jeder Schüler der WeltGeschichte" einen Umbruch im Denken erleben: „Von nun an werden ihm [dem Schüler der Weltgeschichte; D.S.] WeltStürmer, die Reiche stifteten und zerstörten, wie Knaben vorkommen, die Kartenhäuser bauen und umweben. Der ganze ErdBall wird ihm ein Stäubchen, das ganze MenschenGeschlecht eine Bagatelle, seyn."[146] Für das Verständnis dieser Passage sind insbesondere die verwendeten Topoi aufschlussreich. Schlözers Metapher der ‚Knaben, die Kartenhäuser bauen' findet sich ebenso in einem im Jahr 1780 verfassten Brief Wilhelm Heinses. Dieser bezeichnet die griechischen und römischen Tempel, für welche insbesondere die Deutsche Klassik eine Vorliebe entwickelt hatte, als „zerstörte Kartenhäuserchen kleiner Kinder", um ihre zeitliche Insignifikanz vor

141 *Zedelmaier*, Schlözer, 193; vgl. auch *Cartier*, Licht, 158.
142 *Cartier*, Licht, 59; vgl. auch *Blanke*, Einleitung, xiv.
143 Vgl. *Becher*, Schlözer, 9; sowie *Blanke/Fleischer*, Artikulation, 68 f.
144 Vgl. zu diesem Begriff *Braungart*, Poetik, 58–62.
145 *Schlözer*, Vorstellung 1773, 350 f.
146 *Schlözer*, WeltGeschichte 1785, 13.

dem Hintergrund der geologischen Tiefenzeit zu akzentuieren.[147] Schlözer geht sogar noch weiter als Heinse. Er bezeichnet die Erde als ,ein Stäubchen' und die Menschheit als ,Bagatelle' und konturiert damit in radikaler Weise die zeitliche Geringfügigkeit menschlicher Kultur. Zudem greift er den bereits bei Leibniz,[148] Kant und Lichtenberg[149] evozierten Topos der unbekannten Tiefe des Erdbodens, bzw. des dunklen Abgrunds der Zeit, auf und bezieht sich mit seinen Formulierungen fast wörtlich auf Kant: „Noch zur Zeit aber sind wir nicht tief gekommen. Das tiefste Bergwerk ist von 500 Lachtern, ist folglich noch nicht 1/6000 bis zum MittelPuncte der Erde. Also kennen wir so wenig vom Innern unsrer Erde, als ein GallInsect von der Eiche, auf deren Rinde es sitzt."[150] Im Kontext der geologischen Tiefenzeit versteht Schlözer den Menschen als Parasiten, als „GallInsect von der Eiche". Dies weist weit ins 19. Jahrhundert und wird in ähnlicher Weise von Hermann Hauff (1800 – 1865), dem Bruder des berühmteren romantischen Schriftstellers Wilhelm, aufgegriffen:

> Der Geolog dagegen hat definitiv keine Phantasie von den unsern Sinnen unzugänglichen Tiefen der Erde abgerufen, und hält sich unmittelbar an das Studium der Veränderungen, welche im Leben der Erde mit ihrer Haut vorgegangen, in deren Falten und Ritzen wir mit der ganzen organischen Schöpfung als Parasiten hängen.[151]

Und ebenfalls, nochmals zynischer, von Friedrich Nietzsche, der den Menschen als Hautkrankheit bezeichnet: „Die Erde [...] hat eine Haut; und diese Haut hat Krankheiten. Eine dieser Krankheiten heisst zum Beispiel: ,Mensch'."[152]

An Schlözers Formulierungen und an den topischen Traditionen, in denen er steht, zeigt sich eine Geschichtsauffassung, die in zentralen Aspekten derjenigen der transzendentalen Philosophie diametral entgegengesetzt ist[153] und welche die soziale und politische Funktion der Aufklärungsgeschichtsschreibung nicht erfüllt. Das ,bürgerliche' Subjekt erscheint nicht als Mittelpunkt der Geschichte, sondern als ein in der geologischen Tiefenzeit verlorener Parasit. Da Schlözer die zeitliche Marginalisierung des Menschlichen durch die geologische Tiefenzeit nicht ausblenden kann, setzt er ihr seine trotzige Selbstbehauptung entgegen:

---

147 *Heinse*, Brief an Gleim, 35.

148 Leibniz ist sich der Beschränktheit menschlicher Einsichten und der Geringfügigkeit menschlicher Maße deutlich bewusst; vgl. *Leibniz*, Theodizee, 289.

149 Vgl. *Lichtenberg*, Betrachtungen, 82; *Kant*, Geschichte, 431 f.; vgl. hierzu *Braungart*, Apokalypse, 108 – 110.

150 *Schlözer*, WeltGeschichte 1785, 19, Fußn. 16.

151 *Hauff*, Geologische Briefe, 424 f.; vgl. dazu *Braungart*, Hauff.

152 *Nietzsche*, Zarathustra, 164; vgl. hierzu *Braungart*, Apokalypse, 110.

153 Zu Schlözers Verhältnis zur transzendentalen Philosophie vgl. *Peters*, Reich, 177 f.

„Und sollte diese Erde morgen untergehen, so – impavidum ferient ruinae:[154] denn eine Erde mer oder weniger in Gottes großem All, ist lange nicht, was eine Scheibe mer oder weniger im Escorial.“[155]

4.4 Franz Joseph von Mumelters „physikalische Geschichte der Menschheit“

Ein hoffnungsvoller, früh verstorbener Historiker

Franz Joseph von Mumelter (1762–1798) ist heute weitgehend unbekannt.[156] Die Hauptursache dafür ist wohl sein frühes und plötzliches Ableben. Bereits mit jungen Jahren zählte er zu den „Kreisen von Koryphäen der Wiener Hochschule“ und galt „als ein ganz erfreulicher und annehmbarer Zuwachs“.[157] Nach seinem frühen Tod im Jahre 1798 – er war erst 36 Jahre alt – meldete die Wiener Hofzeitung vom 8. Dezember 1798:

> Die Wissenschaften und die hiesige Universität haben durch den am 1. dieses Monats erfolgten plötzlichen Hintritt des Lehrers der allgemeinen Geschichte Franz Joseph *Mumelter* von *Sebernthal* einen empfindlichen Verlust erlitten. [...] Seine literarischen Arbeiten, meistens historischen und politischen Inhalts, sind rühmlich bekannt, sie zeigen [sic!] insgesammt von seinen Einsichten, seinen reichhaltigen gelehrten Kenntnissen und seinem Fleiße, und machen es um so beklagenswerther, daß ein frühzeitiger Tod diesen hoffnungsvollen Mann von seiner rühmlichen und nützlichen Laufbahn abgerufen hat.[158]

Mumelter wurde als Sohn eines wohlhabenden Gutsbesitzers in Bozen geboren und verlor seinen Vater früh. Das hinterlassene Vermögen verschaffte ihm die

---

154 Vgl. *Horatius*, Oden, 190 f.; dem zitierten Ausschnitt gehen die Worte voraus: „nec fulminantis magna manus Iovis: / si fractus inlabatur orbis“. Übersetzung: „[Den edlen, seinem Vorsatz treuen Mann erschüttert] selbst des Blitzeschleudernden Jupiters gewaltige Rechte nicht. / Fiel' über ihn das Weltall zusammen, / so treffen die Trümmer den Unerschrockenen.“

155 *Schlözer*, WeltGeschichte 1785, 13 f.

156 Auch systematische Datenbank- und Literaturrecherchen haben keine einschlägigen Forschungsbeiträge zu Mumelter und seinem Werk zutage fördern können. Grundlage dieses Kapitels sind neben den von Mumelter selbst veröffentlichten Schriften zwei biographische Artikel: [Art.] *Mumelter*, Oesterreichische National-Encyklopädie; *Wurzbach*, Mumelter; sowie zwei anonyme Rezensionen über Mumelters *Allgemeine Geschichte:* [Rez.] Mumelter, Neue allgemeine deutsche Bibliothek 1797; sowie [Rez.] Mumelter, Neue allgemeine deutsche Bibliothek 1801; in zwei Forschungsbeiträgen wird Mumelter gestreift – ersterem entstammt der Hinweis auf ihn: *Cartier*, Licht, 128; *Leopold*, Origins.

157 *Wurzbach*, Mumelter, 455.

158 Zit. n. ebd., 456.

Möglichkeit, sich ausschließlich seinen Studien zu widmen. Er studierte zunächst in Innsbruck Philosophie und Rechtswissenschaften (1778–1782) und wechselte anschließend nach Wien. Im Jahre 1790 wurde Mumelter als ordentlicher Professor der allgemeinen Weltgeschichte an die Universität Wien berufen. Aus dieser Zeit stammen seine maßgeblichen historischen Schriften. Dazu gehören der bereits 1786 erschienene *Versuch einer systematischen Reichsgeschichte in Kleinem. I. Band*, die 1790 veröffentlichte Schrift *Ueber die Verdienste österreichischer Regenten um das deutsche Reich* sowie der erste Band des hier im Mittelpunkt stehenden und im Jahre 1794 und 1795 in zwei *Abtheilungen* publizierten *Neuen Versuchs über die allgemeine Geschichte*. Hier entwirft Mumelter die Konturen einer Geschichtskonzeption, in welcher Natur und Kultur in ihren Entwicklungsgesetzmäßigkeiten aufeinander verweisen.

Mumelters *Allgemeine Geschichte* ist als mehrbändiges Werk konzipiert. Im ersten Band behandelt der Verfasser Fragestellungen unterschiedlichen Charakters. Der anonyme Rezensent bemerkt dazu: „Dieser erste Band enthält nur bloß Prolegomena, in welche alles das geworfen worden, was von dem Entstehen universalhistorischer Staaten zu wissen nöthig ist [...]. Das Hauptwerk wird nun mit dem zweyten Bande angefangen."[159] Weitere Bände konnten jedoch auf Grund des frühen Ablebens des Verfassers nicht realisiert werden.

Zwar ist Mumelters Schrift mit ostentativer Zurückhaltung als ein *Neuer Versuch* betitelt, jedoch enthalten die im ersten Band vorgestellten ‚Prolegomena' sehr grundsätzliche Überlegungen zur Geschichte. Es sind verschiedene Reflexionen hybriden Charakters, die methodologische,[160] historiographiegeschichtliche,[161] anthropologische,[162] geschichtsphilosophische[163] und naturgeschichtliche[164] Problemstellungen thematisieren. Die letzteren stehen im Folgenden besonders im Mittelpunkt.

---

159 [Rez.] Mumelter, Neue allgemeine deutsche Bibliothek 1797, 171.

160 Vgl. *Mumelter*, Versuch 1794, 21.

161 Vgl. ebd., hier das II. Hauptstück ‚Von der allgemeinen Weltgeschichte insbesondere, und ihren bisherigen Schicksalen', 24–57.

162 Vgl. ebd., hier das II. Hauptstück ‚Von der historischen Zeitrechnung', 58–77.

163 Vgl. ebd., hier das I. Hauptstück ‚Von der Geschichte überhaupt, und der wissenschaftlichen Behandlung derselben', 5–23; sowie das VI. Hauptstück. ‚Entwicklung des gesellschaftlichen Triebes, und des menschlichen Geistes, bis zur Erfindung der Schreibkunst' (ebd., 164–214); und auch das VII. Hauptstück ‚Geschichte der Cultur von Erfindung der Schreibekunst bis zur Entstehung universalhistorischer Staaten' (ebd., 215–278).

164 Diese stehen in dieser Arbeit im Vordergrund und finden sich insbesondere im IV. Hauptstück ‚Allgemeiner Abriß der heutigen Erdkunde: Benennung der Länder, welche den Alten bekannt waren. Geschichte der Erdkunde' (ebd., 78–127); sowie im V. Hauptstück ‚Veränderungen des Erdballes durch Natur und Kunst, und Einfluß derselben auf die Menschen' (ebd., 128–163).

Mumelters Geschichtskonzeption

Die ersten zwei Hauptstücke seiner *Allgemeinen Geschichte* handeln ‚Von der Geschichte überhaupt, und der wissenschaftlichen Behandlung derselben' sowie ‚Von der allgemeinen Weltgeschichte insbesondere, und ihren bisherigen Schicksalen'.[165] Es sind Reflexionen über die Prinzipien des historischen Denkens. Bei seiner Konzeption von Weltgeschichte ist Mumelter maßgeblich von August Ludwig Schlözer beeinflusst worden, wie er bekräftigt: Schlözer habe sich „die größten Verdienste um die Bearbeitung der Weltgeschichte" erworben und habe damit „die Muster nach welchen sich die übrigen Schriftsteller richteten" geprägt.[166] Die Nähe zu Schlözer zeigt sich bis in die Syntax hinein bei der Definition von ‚Weltgeschichte'. Mumelter bestimmt dieselbe als „die Geschichte der merkwürdigsten Veränderungen der Welt und ihrer Bewohner bis auf den heutigen Tag."[167] Kurz darauf bekräftigt er: „Als Wissenschaft ist sie [die Weltgeschichte; D.S.] eine klare und deutliche Erkenntniß der merkwürdigsten Veränderungen der Welt und ihrer Bewohner bis auf den heutigen Tag."[168]

Diese Geschichtskonzeption hat weitreichende Implikationen. Ihr liegt die Annahme zu Grunde, dass Natur und Kultur in ihren Entwicklungsgesetzmäßigkeiten aufeinander verweisen. Geschichte ist damit für Mumelter ein auch durch die Naturentwicklung beglaubigter Prozess. Vor allem die empirische Evidenz der Naturgeschichte belegt die Stichhaltigkeit seiner Geschichtsvorstellung. Das zeigt sich daran, dass Mumelter geologische Zeugnisse – etwa Versteinerungen sowie die Schichtenstruktur der Erde – in den Methodenapparat des Historikers integriert. Im ersten Hauptteil, in welchem er die verschiedenen Quellengattungen der Geschichtswissenschaft hinsichtlich des Grades ihrer Glaubwürdigkeit klassifiziert, kommt er auf paläontologische Zeugnisse zu sprechen. Grundsätzlich unterscheidet er zwischen ‚ungeschriebenen' und ‚geschriebenen' Quellen, die ersteren unterteilt er jedoch noch weiter: „Die ungeschriebenen Quellen theilen sich in Sagen, und stumme Denkmähler. [...]. Zu den stummen Denkmählern werden gerechnet nach Verschiedenheit ihrer Beziehung, *Spuren von Vulcanen und Überschwemmungen*, *Steine*, Altäre, Säulen, Trümmer, und Ruinen von alten Werken".[169] Zwar sei es kompliziert, diese ältesten Zeugnisse richtig zu interpretieren, dennoch seien sie für die Aufklärung der Urgeschichte grundlegend.[170]

---

165 Vgl., ebd., 5–23 und 24–57.

166 *Mumelter*, Versuch 1794, 56; vgl. ebenso ebd., 14 und 50 f.; Schlözers Definition von ‚Weltgeschichte' wird z. T. wörtlich übernommen; vgl. *Curtius*, Grundriß, 1; *Schneller*, Weltgeschichte, 2; *Rotteck*, Geschichte, 75.

167 *Mumelter*, Versuch 1794, 24; vgl. *Schlözer*, Vorstellung 1772, 1.

168 *Mumelter*, Versuch 1794, 24.

169 Ebd., 12. [Hervorhebungen D.S.]

Mumelters geologische Vorstellungen

Die „Hauptveränderungen des Erdballs und der Einfluß derselben auf den Menschen“[171] werden im ersten Band der *allgemeinen Geschichte* aufgeführt. Mumelter bemerkt:

> Unsere meisten Berge, Hügel und Ebnen sind Schichtenweise gebauet. Viele derselben enthalten Seeproducte, und zeigen an ihrer äußeren Gestalt vom Meere ausgespülte Klippen, ja man findet in verschiedenen Gegenden Landseen voll Meerwasser. Alle diese Erfahrungen zeigen die Wirklichkeit einer ehemaligen Überschwemmung.
> Aber auch durch Feuer geschahen große Veränderungen. Vermittelst des unterirdischen Feuers wurden Öffnungen durch den Grund des Meeres und die Oberfläche der Erde gemacht, ungeheure Massen ausgeworfen, Berge aufgethürmt, Länder hervorgebracht und getrennt.[172]

Bei dieser Darstellung beruft sich Mumelter fast ausschließlich auf jüngst erschienene Schriften: Allen voran auf Buffons *Époques de la nature*[173] (1778) (aber auch auf dessen *Allgemeine Historie der Natur*, 1750) und Ernst Basilius Wiedeburgs 1776 erschienene *Neue Muthmasungen über die SonnenFlecken Kometen und die erste Geschichte der Erde.*[174] Allerdings bezieht er sich in seiner Argumentation ebenso auf Peter Simon Pallas‘ (1741–1811)[175] *Betrachtungen über die Beschaffenheit der Gebürge und die Veränderungen der Erdkugel, besonders in Beziehung auf das Rußische Reich* (1772) sowie Jean-Sylvain Baillys (1736–1793) *Briefe von dem Ursprunge der Wissenschaften* (Paris 1777; dt. 1778).

---

170 Vgl. ebd., 12f. Allerdings hebt Mumelter hervor, dass es zwar nicht Aufgabe der Geschichtswissenschaftler sei, die Erdgeschichte zu erforschen, die Historiographie beziehe sich jedoch auf die *Ergebnisse* der empirischen Wissenschaften; vgl. ebd., 9 und 22f.

171 Ebd., 29. Mumelters Interesse an der Geologie wurde in seiner Wiener Zeit (1782–1798) geweckt. Insbesondere Ignaz von Born (1742–1791) dürfte sein Interesse an der Geologie bestärkt haben. Born trat als Mineraloge, Geologe und Satiriker in Erscheinung. Er war bedeutend auf dem Gebiet der Paläontologie; vgl. *Gugitz*, Born; *Leopold*, Origins, 66.

172 Ebd., 129.

173 Vgl. ebd., 128. Dass sich Mumelter von Buffons Zeithorizonten sowie von dessen dystopischer Darstellung des Kältetods der Erde nicht distanziert, lässt sich als stillschweigende Akzeptanz verstehen.

174 Johann Ernst Basilius Wiedeburg (1733–1789) war Professor für Mathematik in Erlangen und Jena. Zu den Bezugnahmen auf Wiedeburg vgl. Mumelter, Versuch 1794, 128.

175 Pallas trat vor allem als Entdeckungsreisender und Naturforscher in Erscheinung. Katharina die Große berief ihn 1767 als Professor für Naturgeschichte und als Leiter des Naturalienkabinetts an die Akademie zu St. Petersburg. Später wurde er mit der Leitung von wissenschaftlichen Expeditionen nach Sibirien betraut. Geologiegeschichtlich sind vor allem seine 1777 zuerst auf Französisch erschienenen *Observations sur la formation des montagnes* (dt. 1778) von Bedeutung, auf die Mumelter sich hier bezieht. Inhaltlich stand Pallas dem Neptunismus nahe, rückte aber später davon ab und postulierte einen vulkanischen Ursprung des Basalts; vgl. *Gärtner*, Pallas.

Bei der im Zusammenhang mit dem Basalt-Streit gestellten Frage, ob die Erde aus dem Feuer oder aus dem Wasser entstanden sei, legt sich Mumelter nicht fest und bezieht sich auf beide Systeme.[176]

Es ist wichtig, darauf hinzuweisen, dass Mumelter mit diesem Bezug auf die Erdgeschichte keine schematischen, deterministischen Zeit- und Entwicklungsmodelle impliziert. Die Erdgeschichte erscheint Mumelter nicht als teleologischer Vorgang, sondern als ein durchweg kontingenter Prozess, denn die erdgeschichtlichen Veränderungen seien „theils hervorbringend, theils zerstörend" gewesen.[177] Große erdgeschichtliche Veränderungen hätten einerseits das Wohl des Menschen gefördert – wie etwa durch die Vermehrung von Land und die Entstehung neuer Inseln – ihn andererseits in seiner Existenz jedoch immer wieder bedroht. Hier kommt er auf große Katastrophen wie Vulkanausbrüche, Erdbeben und große Überschwemmungen ebenso wie auf die allgemeine „Verwitterung" zu sprechen.[178] Im Kontext des oft als ‚teleologisch' klassifizierten Fortschrittsdenkens der Aufklärung, verdienen diese differenzierten und ambivalenten Konzeptionen des geschichtlichen Verlaufs durchaus Beachtung.

Genesis und Geologie

Mumelters Darstellung der Urgeschichte vermeidet fast jeglichen Bezug auf den in dieser Zeit maßgeblichen Referenztext, die Bibel. Christlich-religiöse Zeit- und Entwicklungsvorstellungen werden nicht thematisiert. An zwei Stellen äußert Mumelter Kritik an der Genesis. Einerseits betont er, dass „bloß die wichtigsten Begebenheiten in die Weltgeschichte gehören" und alles „Unerhebliche" ausgeblendet werden sollte, dazu gehörten „unnöthige Geschlechtsregister" sowie „chronologische Ängstlichkeiten".[179] Andererseits thematisiert er das Problem, dass sich die „ursprüngliche Gestalt der Erde" nicht genau bestimmen lasse, da „die einzige Urkunde, die wir hierüber haben, die heil. Schrift, eine solche physisch genaue Bestimmung nicht angibt".[180] Damit geht Mumelter auf Distanz zu den Darstellungen der Bibel. Er bemerkt, dass „Vorurtheile des Zeitalters, der Nation, des Standes, *der Religion* [...] häufig die Wahrheitsliebe" unterdrückt hätten. Das habe dazu geführt, „daß Männer von ausgebreiteten Kenntnissen, durch vorgefaßte Meinungen getäuschet" worden wären und „nicht das beobachteten, was sich ihren Sinnen darstellte, sondern was ihre erhitzte Einbil-

176 *Mumelter*, Versuch 1794, 129.
177 Ebd., 130; hier zeigen sich wieder Bezüge zu Schlözer; vgl. *Schlözer*, Vorstellung 1772, 1 f.
178 *Mumelter*, Versuch 1794, 131.
179 Ebd., 27.
180 Ebd., 128.

dungskraft denselben vorspiegelte.“[181] Zudem löst er sich von tradierten Darstellungsmustern und lässt seine Weltgeschichte nicht mit den Hebräern, sondern mit den ‚Hindostanern‘ beginnen – die Hebräer folgten nach Babyloniern, Assyrern, Ägyptern und Phöniziern erst an fünfter Stelle.[182] Der bereits oben zitierte anonyme Rezensent bemerkt dazu kritisch: „Nur in der Geschichte der Hebräer folgt der Hr. Verf. Grundsätzen, mit welchen Rec. nicht einverstanden ist.“[183] Hier zeigt sich, dass die Theologie ihr Deutungsmonopol für die Geschichte eingebüßt hat. Die biblische Schöpfungsgeschichte ist delegitimiert und von säkularen Erklärungen verdrängt worden. Durch ihre subtile Kritik an theologischem Geschichtsdenken ist Mumelters Schrift auf eine ganz unprovokative Weise provokant.

Die Bedeutung der Geologie in Mumelters Werk

Vor allem die Definition von ‚Weltgeschichte‘ macht deutlich, dass Mumelters Geschichtsbegriff keine Unterschiede zwischen Natur und Kultur macht. Mumelter konzipiert eine Makrohistorie, die nicht nur die Menschengeschichte erfasst, sondern den Blick weit über die Ursprünge der Menschheit richtet und einen langfristigen Wandel in den Blick nimmt. Erst durch die räumliche und zeitliche Ausweitung des Geschichtsbegriffs kann Mumelter seine Hauptthese vom gemeinsamen Ursprung der Menschheit in Indien belegen, denn Mumelter bestimmt „das erste Vaterland des Menschen“[184] unter Bezugnahme auf geologische Theorien. Er referiert Buffons und Wiedeburgs ‚Abkühlungstheorien‘, die davon ausgehen, dass die Erde als glutheißer Feuerball von der Sonne losgeschlagen wurde und dann von Norden nach Süden, bzw. von hoch nach niedrig abkühlte:

> Die Physik erklärt sich sowohl nach dem Büffonischen als Wiedeburgischen Systeme für Asien, weil Asien unter allen Welttheilen die größte Erhöhung der Erdenfläche darbietet, und nothwendig dasjenige Land am ersten bewohnbar seyn mußte, dessen Oberfläche bey einer Revolution durch Feuer, am frühesten abgekühlt, oder bey einer Revolution durch Wasser, am frühesten ausgetrocknet werden konnte.[185]

---

181 Ebd., 11. [Hervorhebung D.S.]
182 Vgl. hierzu den zweiten Teil des ersten Bandes *Mumelter*, Versuch 1795.
183 [Rez.] Mumelter, Neue allgemeine deutsche Bibliothek 1801, 40.
184 *Mumelter*, Versuch 1794, 155.
185 Ebd. Mumelter geht davon aus, dass sich Naturkunde und Urkunde nicht widersprechen, da auch die Bibel den Ursprung der Menschheit in Asien situiere. Allerdings scheinen für ihn naturwissenschaftliche Belege besondere Plausibilität beanspruchen zu können; vgl. ebd., 156 f.

Dieser naturgeschichtlich bestimmte ‚erste Wohnsitz der Menschen‘ hat Auswirkungen auf die Weltgeschichte, denn er rechtfertigt es, diese mit den ‚Hindostanern‘ und nicht mit den Hebräern beginnen zu lassen.[186] Diese eminenten Einflüsse der Erdgeschichte auf die Menschengeschichte lassen Mumelter von einer ‚physikalischen Geschichte der Menschheit‘ sprechen:

> Diese Erfahrungen von der Einwirkung der verschiedenen Beschaffenheit der Erde [...] auf die Menschen bilden auf eine gewisse Art die *physikalische Geschichte der Menschheit*, und bahnen von selbst den Weg zur moralischen Geschichte derselben oder zur eigentlichen Geschichte der Menschheit.[187]

Hier wird deutlich, dass Mumelter die Geschichte der Natur und diejenige der Kultur als ein Kontinuum begreift, als einen Prozess, der von der „physikalischen Geschichte der Menschheit“ zur „moralischen Geschichte derselben“ verläuft.

4.5 Christian Daniel Becks geologische ‚Weltgeschichte‘

Christian Daniel Beck: „einer der größten Literatoren, Archäologen, Philologen, Theologen und Historiker“

Zwischen der Bedeutung, die der Leipziger Philologe und Historiker Christian Daniel Beck (1757–1832) zu Lebzeiten genoss und derjenigen, die ihm in den Forschungsdiskursen zur Spätaufklärung zukommt, besteht eine Diskrepanz: Von seinen Zeitgenossen wurde Beck als „einer der größten Literatoren, Archäologen, Philologen, Theologen und Historiker“ wahrgenommen.[188] Nicht nur sein Schüler Leopold von Ranke rühmte seine „alle Jahrhunderte umfassende und dabei präzise Gelehrsamkeit“.[189] Er war zwölfmal Rektor der Universität Leipzig und an ihn ergingen drei Rufe aus Göttingen, die er allesamt ablehnte.[190] Heute hingegen zeigt sich in der Forschung keine Resonanz seiner früheren Bedeutung. Es finden sich – abgesehen von wenigen Lexikonartikeln[191] – keine auf Beck bezogenen Publikationen. Allenfalls wird in Überblicksdarstellungen, oft eher pauschal, auf

---

186 Vgl. ebd., 156; vgl. auch *Mumelter*, Versuch 1795, 282.

187 *Mumelter*, Versuch 1794, 163. [Hervorhebung D.S.]

188 [Art.] *Beck*, Nekrolog, 812.

189 Zit. n. *Muhlack*, Problem, 154.

190 Die Aufzählung seiner Verdienste und Ehrungen ließe sich noch verlängern; vgl. *Eckstein*, Beck, 210 f.; *Huttner*, Disziplinarentwicklung, 188; sowie [Art.] Beck, Nekrolog, 812.

191 Vgl. [Art.] *Beck*, Das gelehrte Teutschland; *Eckstein*, Beck; [Art.] *Beck*, Deutsche Biographische Enzyklopädie.

ihn verwiesen.[192] Dabei gilt seine zwischen 1787 und 1807 erschienene *Anleitung zur Kenntniß der allgemeinen Welt- und Völker-Geschichte für Studirende* nach dem Urteil Ulrich Muhlacks als die „damals [...] elaborierteste Ausgabe [...] [dieser] Gattung".[193]

Aufgrund der geringen Beachtung finden sich in der Forschung sehr unspezifische und auch unzutreffende Urteile über Christian Daniel Beck. So wird etwa darauf verwiesen, dass Beck biblische Vorstellungen vertrat, und sich „an der Darstellung Moses" orientierte.[194] Auch Muhlack betont: „Beck stellte die biblische Schöpfungsgeschichte an den Anfang".[195] Ausgangspunkt dieses Kapitels ist hingegen die Beobachtung, dass Christian Daniel Beck biblische Periodisierungen und Zeitgrenzen grundlegend kritisierte. Diese Kritik, so die Hypothese, ist ein Ergebnis seiner umfangreichen Rezeption geologischer und paläontologischer Schriften.[196] Im Mittelpunkt meiner Darstellung steht Becks Rezeption der Erdwissenschaften, die bislang noch nicht aufgearbeitet ist, die jedoch seinen Geschichtsbegriff grundlegend prägte.[197]

Bei der folgenden Untersuchung steht besonders die in vier Bänden erschienene *Anleitung zur Kenntniß der allgemeinen Welt- und Völker-Geschichte für Studirende* (1787–1807) im Mittelpunkt. Im Jahre 1813 erschien zudem eine beträchtlich umgestaltete zweite Auflage dieses Werkes, die allerdings bis auf den ersten Band unvollendet geblieben ist. Zwischen der ersten und der zweiten Auflage bestehen hinsichtlich der hier maßgeblichen Fragestellung keine gravierenden Unterschiede. Bereits diejenige von 1787 hatte einen spürbar naturalistischen Impetus. Allerdings ist dieser in der späteren Auflage noch deutlicher. Das gilt besonders für die geologischen Diskurse, da auch die „neuesten Untersuchungen und Werke darüber" ausgewertet werden.[198]

In den Jahren 1789 und 1790 wurde zudem eine *Kurzgefaßte Anleitung zur Kenntniß der allgemeinen Welt- und Völker-Geschichte* publiziert. Diese Kurzfassung unterscheidet sich in den hier relevanten Passagen von ihrem Referenzwerk nur geringfügig und wird deswegen in der Argumentation nur am Rande berücksichtigt.

---

192 Vgl. *Jordan*, Geschichtstheorie, 94; *Muhlack*, Problem, 153; *Huttner*, Disziplinarentwicklung, 189.

193 *Muhlack*, Problem, 153.

194 *Prüfer*, Bildung, 208.

195 *Muhlack*, Problem, 163.

196 Vgl. *Beck*, Anleitung 1813, 93 und 96 f.; hier finden sich Bezugnahmen auf Geologen wie Buffon, Deluc, Füchsel, Justi und Blumenbach.

197 Nur Cartier weist auf Becks Rezeption geologischer Schriften hin; vgl. *Cartier*, Licht, 55; dieser Studie entstammt auch der Hinweis auf Beck.

198 *Beck*, Anleitung 1813, viii und x.

Becks geologische ‚Weltgeschichte'

Als Historiker trat Christian Daniel Beck vor allem durch seine vierbändige *Anleitung zur genauern Kenntniß der allgemeinen Welt- und Völker-Geschichte* (1787–1807) in Erscheinung, durch die er sich, so das Urteil seiner Zeitgenossen, „bleibendes Verdienst erwarb".[199] Leopold von Ranke, um nur ein besonders prominentes Beispiel zu nennen, ließ sich von dieser Schrift zu einer eigenen Weltgeschichte inspirieren und rühmte sie noch Jahrzehnte später als „eine nützliche Arbeit".[200] Hervorgegangen ist das Werk aus einer Vorlesung über ‚Weltgeschichte', die Beck seit dem Wintersemester 1779/80 über mehr als 50 Jahre in fast jedem Semester bis zu seinem Tod anbot und für welche er es als Begleitbuch konzipierte.[201] Die Schrift verstand sich, so das Vorwort, als „eine Anleitung, ein Handbuch [...], [eine] ernsthafte, gedrängte, kurze Angabe der Begebenheiten".[202] Das Epitheton ‚kurz' muss hier als Euphemismus verstanden werden, denn Becks Schrift war alles andere als das. Sie gliederte „einen kaum übersehbaren Stoff" in Paragraphen und versah ihn mit voluminösen Fußnoten.[203]

Methodisch vertrat Beck einen quellenkritischen Ansatz und machte „genaue Prüfung und scharfe Beurtheilung der Nachrichten" zur Grundbedingung: „Man muß also die Quellen derselben, man muß den Werth jeder Quelle kennen, man muß selbst die Beschaffenheit jeder Nachricht untersuchen".[204] Inwieweit Beck diesem selbstgesetzten Anspruch nachkommen konnte, ist jedoch umstritten.[205]

Weniger umstritten ist, dass Beck die Geschichte als einen objektiv begreifbaren und empirisch rekonstruierbaren Verlauf konzipierte und dabei Anleihen aus der Naturgeschichte nahm. In diesem Sinne bekräftigt er in dem Kapitel ‚Einleitung in die allgemeine Geschichte': „Nichts kann für den denkenden Bewohner der Erde lehrreicher seyn, als die Betrachtung aller wichtigern Veränderungen, welche die Erde und die Menschen in ihrem physischen, politischen und moralischen Zustand erlitten, und wodurch jene und diese das geworden sind, was sie sind."[206] Hinter den von Beck gewählten Formulierungen ist bis in die Wortwahl Schlözers Definition von Weltgeschichte zu erkennen.[207] Geschichte

---

199 [Art.] *Beck*, Nekrolog, 812.
200 Zit. n. *Muhlack*, Problem, 154.
201 Vgl. *Huttner*, Disziplinarentwicklung, 189.
202 *Beck*, Anleitung 1787, vii.
203 *Huttner*, Disziplinarentwicklung, 189.
204 *Beck*, Anleitung 1787, 3.
205 Zu Kritik an diesem Ansatz vgl. *Wegele*, Geschichte, 804; *Muhlack*, Problem, 153.
206 *Beck*, Anleitung 1787, 1.
207 Vgl. *Schlözer*, WeltGeschichte 1785, 71; Beck macht Schlözers Einfluss durch eine Fußnote kenntlich; vgl. auch seine auf Schlözer bezogene Definition von ‚Allgemeiner Geschichte'; *Beck*, Anleitung 1813, 48.

wird hier explizit als Naturgeschichte definiert, wie Beck etwas später nochmals bekräftigt:

> Zur Weltgeschichte gehören nur die allgemeinern und größern Begebenheiten, an welchen die Welt (alle oder die vornehmsten Völker) Antheil hatte, und welche wichtige und bleibende Veränderungen in der Welt (dem physischen und politischen Zustande der Erde und dem natürlichen und gesellschaftlichen der Menschen) hervorgebracht haben [...].[208]

In Auseinandersetzung mit geologischen und paläontologischen Forschungsdiskursen entwickelt Beck einen Geschichtsbegriff, der Erde und Menschen gleichermaßen umfasst. Die Totalität der geschichtlichen Betrachtung sei die Voraussetzung dafür, die geschichtliche Entwicklung beurteilen zu können, denn erst in dieser transhumanen Perspektive wird der „Gang einer höhern Weltordnung und Weltregierung, die in dem Einzelnen und den Theilen weniger sichtbar erscheint, als in dem Großen und Allgemeinen, deutlicher".[209] Die Beschäftigung mit der Geschichte und die Einsicht in ihren Verlauf birgt zudem ein Trostpotential, welche die Kontingenz erträglich macht und „Hoffnung, Trost, Muth und Aufmunterung in reicherm Maaße gewähren" kann. Dieses Trostpotential der geologischen Tiefenzeit sei erschließbar, weil die Geschichte unter „der Leitung einer Vorsehung" stehe und als „allmälige Ausbildung des Menschen"[210] zu verstehen sei. Darunter versteht Beck allerdings keine stetige Höherbewegung, hingegen vertritt er eine dialektische Vorstellung von Fortschritt: „Indem man das ununterbrochene Fortschreiten, als unhistorisch, verwirft, darf man doch das partielle und allmälige Fortschreiten, zugleich mit dem Zurücksinken, nicht übersehen."[211]

Aufgrund der peniblen Lektüredokumentation in den Fußnoten ist es möglich bis ins Detail nachzuvollziehen, welche Werke Beck rezipierte. Der etwas überraschende Befund ist, dass Beck praktisch alle in dieser Arbeit thematisierten Erdwissenschaftler, Geschichtsphilosophen und Historiographen aufführt. Dazu gehören die Naturforscher Georg Christian Füchsel,[212] Johann Heinrich Gottlob von Justi,[213] Georges Buffon,[214] die Geschichtsphilosophen Voltaire,[215] Johann

---

208 Ebd., 52.
209 *Beck*, Anleitung 1813, 55; vgl. auch *Beck*, Anleitung 1787, 19 f. Auf Schlözer verweist wieder eine Fußnote.
210 Ebd., 139.
211 Ebd., 57; zum Trostpotential der transhumanen Perspektive vgl. *Braungart*, Poetik, 58 – 62.
212 Vgl. *Beck*, Anleitung 1813, 93. Dabei bezieht sich Beck auf Füchsels *Entwurf zu der ältesten Erd- und Menschengeschichte, nebst einem Versuch, den Ursprung der Sprache zu finden* (1773).
213 Vgl. ebd., 97 und 105.
214 Vgl. ebd., 103 f.

Gottfried Herder,[216] Karl Franz von Irwing,[217] Christoph Meiners,[218] Franz Michael Vierthaler,[219] und die Historiographen August Ludwig Schlözer[220] und Franz Joseph von Mumelter.[221] An diesen Bezugnahmen lassen sich die Konturen eines Diskurses erkennen, der sich selbst reproduziert. Allerdings ist er dabei nicht ausschließlich selbstbezüglich, da die empirische Basis sich exponentiell vergrößerte. Beck rekurriert zudem auf weitere Naturforscher und Historiographen; dazu gehören u. a. Peter Simon Pallas, Georg Forster, Johannes Esaias Silberschlag, Jean-Louis Giraud-Soulavie und Johann Friedrich Blumenbach.

Genesis und Geologie

Christian Daniel Beck hatte selbst eine theologische Ausbildung genossen. Seinen ersten Unterricht erhielt er von einem Hauslehrer, einem Katecheten, dem er, als dieser eine Stelle als Pfarrer annahm, als Schüler folgte. Auch während seines Studiums belegte er schwerpunktmäßig theologische Seminare.[222] Nicht zuletzt diese intensive religiöse Ausbildung hat dazu geführt, dass Beck in der Messestadt Leipzig das Amt des Zensors ausübte.[223] Vor diesem Hintergrund ist sich Beck der Brisanz seiner Darstellungen bewusst und thematisiert den Konflikt zwischen Genesis und Geologie: „Ueber die ursprüngl[iche] Beschaffenheit der Erde ist von Physikern und Theologen gestritten worden."[224] Er ist sich zudem bewusst, dass er, als Historiker, in dieser Auseinandersetzung Stellung nimmt, sobald er die Erdgeschichte thematisiert. In diesem Sinne sucht er vordergründig den Schulterschluss mit der Genesis:

> Von allen Sagen und Urkunden a) der Entstehungsgeschichte des Weltalls und unsrer Erde, und der frühesten Schicksale ihrer Bewohner, ist keine so achtungswerth, so zuverlässig, so

---

215 Vgl. ebd., 132. Zu Voltaire vgl. Kap. II.3.3 Voltaires Begründung der Geschichtsphilosophie aus der Natur.

216 Vgl. ebd., 47, 84 und 102. Zu Herder vgl. Kap. II.3.4 Gottfried Herder und die Geologie.

217 Vgl. ebd., 47, 84 und 76. Zu Irwing vgl. Kap. II.3.5 Karl Franz von Irwings Verknüpfung von Erd- und Menschengeschichte.

218 Vgl. ebd., 47, und 84. Zu Meiners vgl. Kap. II.3.6 Der „unermeßliche Zeitraum" der Erdgeschichte in Christoph Meiners' Geschichtsphilosophie.

219 Vgl. ebd., 99, 108 und 138. Zu Vierthaler vgl. Kap. II.3.7 Franz Michael Vierthalers katastrophische Kulturanthropologie.

220 Vgl. ebd., 50, 66 und 105.

221 Vgl. ebd., 92. Zu Mumelter vgl. Kap. II.4.4 Franz Joseph von Mumelters „physikalische Geschichte der Menschheit".

222 *Eckstein*, Beck, 210.

223 Vgl. *Huttner*, Disziplinarentwicklung, 182.

224 *Beck*, Anleitung 1813, 105.

> edel und mit der Natur der Dinge so übereinstimmend, als die, welche in dem ältesten uns bekannten Geschichtsbuche aufgezeichnet ist, man mag nun auf das Alter dieses Buches b), oder auf seinen Urheber, Moyses, und dessen Absichten, oder auf die Beschaffenheit der Erzählung sehen.[225]

Dennoch hat es den Anschein, als seien derartige Sätze Lippenbekenntnisse. Bei der Darstellung der Urgeschichte der Erde rückt Beck in entscheidenden Punkten von der biblischen Darstellung ab und bewegt sich auf einen Minimalkonsens zu: Gott ist zwar der Schöpfer der Welt, aber die Darstellung der Genesis ist nicht wörtlich zu verstehen.[226] Bei seiner Darstellung der Entstehung der Erde orientierte sich Beck maßgeblich an Erdwissenschaftlern und schildert ein naturalistisches Erdentstehungsszenario, das plutonistische und neptunistische Theoriehorizonte verbindet. Dabei führt er insbesondere paläontologische Beweise und Versteinerungen als Belege für erdgeschichtliche Veränderungen an:

> Ausgemacht scheint es, daß ursprünglich aus flüssiger Materie feste Theile sich entwickelten und in verschiedener Höhe absetzten, daß dieser Kern des Erdkörpers lange mit Wasser bedeckt blieb, und unter demselben und durch dasselbe seine erste Bildung allmälig erhielt, daß theils durch fortgehende Absetzungen, theils durch unterirdisches Feuer das erste Land aus dem Wasser hervortrat [...], daß dieß Land nach und nach für verschiedene lebende Wesen und endlich auch für Menschen bewohnbar geworden ist, daß mehrere frühere und spätere, größere und kleinere Revolutionen [...] der Erde ihre heutige von der ursprünglichen verschiedene Gestalt gegeben haben [...], und daß daher auch die Denkmäler und Spuren dieser verschiedenen Revolutionen (Fossile *Incognita* der Urwelt, Reste von ausgestorbenen Thierarten, Versteinerungen und Abdrücke von Thieren, die nicht mehr in den Gegenden wo man jene antrifft, leben und andere Petrefacta) wohl unterschieden werden müssen.[227]

Auch bei der Frage nach dem Alter der Welt geht er auf deutlichen Abstand zur biblischen Darstellung und verweist auf ihre geringe Stichhaltigkeit und ihre großen Widersprüche.[228] Die Vorstellung von ‚sechs Tagwerken' hält er für „anstößig".[229] Man müsse sich stattdessen „begnügen [...] einen wahrscheinlichen Maaßstab [sic!] für die Zeitangaben und Berechnungen festzusetzen".[230] Zwar scheut Beck davor zurück, genaue Angaben zum Erdalter zu formulieren, jedoch wird seine Annahme deutlich, dass jenes die biblisch legitimierten Zeitgrenzen

225 *Beck*, Anleitung 1787, 31; vgl. auch *Beck*, Anleitung 1813, xiv.
226 Vgl. ebd., 98 und 138.
227 Ebd., 96 f.
228 Vgl. ebd., 77.
229 Ebd., 103.
230 Ebd., 77.

deutlich übersteigen müsse.[231] Er verweist diesbezüglich auf Buffon, der in seinen *Époques de la nature* „artige Muthmaßungen in schönen Darstellungen" gebe und beruft sich auf Lava-Ablagerungen, die es wahrscheinlich machen, von einem „hohe[n] Alter von wenigstens 14 000 Jahren" auszugehen.[232]

Auch die Geltung der biblischen Sintflut stellt Beck vor dem Hintergrund der zahlreichen geologischen und paläontologischen Belege in Frage:

> Denn so natürlich auch die Ausdrücke der Urkunden auf die Vorstellung einer allgemeinen Fluth führen [...], so große Schwierigkeiten stehen ihr doch entgegen, und weder die Angabe der Höhe der Fluth, noch die verschiedenen Lagen und Richtungen der Stein- und Erdschichten [...], noch die Versteinerungen, die man auf und in Gebirgen findet [...], oder die Abdrücke indischer Gewächse in den Alpen und die Knochen von Thieren der wärmsten Länder in den kältesten und entferntesten Gegenden [...], können die Universalität der Fluth sicher beweisen [...].[233]

Insgesamt zeigt sich, dass Beck durchaus auf Abstand zu der Darstellung der Genesis geht. Dass ein Zensor des sächsischen Staates ostentativ auf geologische Theorien rekurriert, lässt auf eine weitgehende Akzeptanz geologischen Wissens schließen.

4.6 Johannes von Müller und die Erdwissenschaften

Johannes von Müller: Ein „Höhepunkt der neueren deutschsprachigen Historiographie"

Napoleons Erfolge waren durchaus nicht ausschließlich militärischer Natur. Nach einer Audienz beim Korsen am 20. November 1806 bemerkt Johannes von Müller (1752–1809): „Es war einer der merkwürdigsten Tage meines Lebens. Durch sein Genie und seine unbefangene Güte hat er mich erobert."[234] Die preußische Niederlage bei Jena und Auerstedt hatte Müller als tiefe Zäsur empfunden. Sein Vertrauen in den preußischen Staat war erschüttert. Während sein Brotherr, Friedrich Wilhelm III. von Preußen, mit seiner Familie nach Memel geflüchtet war, blieb er in Berlin. Müller betrachtete Napoleon als ein Werkzeug der Vorsehung, als den Erbauer einer neuen Weltordnung und war „bereit, bei der großen Weltumschaffung wo nicht mitzuwirken, doch sie wenigstens ganz unpartheiisch zu beschreiben", denn „Gott, ich sehe es, hat ihm das Reich, die Welt gegeben. Nie

---

231 Vgl. ebd., 104; sowie *Cartier*, Zeit, 110.
232 *Beck*, Anleitung 1813, 103 und 104.
233 Ebd., 136.
234 *Müller*, Denkwürdigkeiten, 113.

wurde dieses offenbarer, als durch diesen Krieg".[235] Sein Wunsch ging in Erfüllung. Im folgenden Jahr wurde Müller von Napoleon zum Minister-Staatssekretär am Hof König Jérômes in Kassel und kurz darauf zum Generaldirektor des Unterrichtswesens ernannt.[236] Seine damit verbundenen Hoffnungen erfüllten sich freilich nicht: „Der Hof des Königs Jérôme in Kassel eignete sich für alles besser als für die Kulturtendenzen eines Pfarrerssohns. Nach schwerster Kränkung legte der Staatsrat und Direktor der Studien seine Würden nieder und starb gebrochenen Herzens im Mai 1809, erst siebenundfünfzigjährig."[237]

Die Parteinahme für Napoleon bestimmt die Rezeption Johannes von Müllers bis heute. Zwar galt sein Werk zu Lebzeiten „als Höhepunkt der neueren deutschsprachigen Historiographie".[238] Madame de Staël bezeichnete Müller als den „Gelehrtesten unter den Historikern"[239] und Schiller würdigte ihn sogar namentlich im *Wilhelm Tell*.[240] Jedoch sahen viele Zeitgenossen in dem Seitenwechsel einen Verrat. Vor allem die ‚kleindeutsche', an Preußen orientierte Geschichtsschreibung des späten 19. Jahrhunderts (Heinrich von Sybel, Heinrich von Treitschke u. a.) ging mit Müller hart ins Gericht. Auch fast 100 Jahre nach seinem Ableben wurden die „feige Gesinnungslosigkeit des Apostaten", seine „Charakterlosigkeit", seine „Eitelkeit und Selbstsucht" noch gegeißelt.[241] Gemessen an seiner ehemaligen Bedeutung ist Johannes von Müller deswegen heute ein nahezu Unbekannter. Er ist „lange Zeit kaum einer genaueren Untersuchung für Wert befunden worden."[242] Insbesondere die editorische Aufarbeitung und Erschließung seines Werks ist ein dringendes Desiderat der Forschung.[243]

---

235 *Müller*, Werke. Bd. 7, 240 f.

236 Dort setzte er sich für das Fortbestehen der Universitäten Göttingen, Helmstedt, Marburg, Rinteln und Halle ein; vgl. *Pape*, [Art.] Müller, 318.

237 *Ernst*, Müller, 237.

238 *Gottlob*, Geschichtsschreibung, 67; vgl. zu diesem Urteil auch *Howald*, Begegnungen, 483; *Ernst*, Müller, 233.

239 Zit. n. *Howald*, Begegnungen, 483.

240 *Schiller*, Werke Bd. 5, 493. Auch sein Einfluss auf die jüngere Historikergeneration ist kaum zu überschätzen. Dazu gehören insbesondere Johann Christian Pfister, Joseph Freiherr von Hormayr, Friedrich von Raumer, Heinrich Luden, Friedrich Böhmer, Charles Simonde de Sismondi und Leopold von Ranke; vgl. *Schib*, Müller, 437; *Wegele*, Müller, 602; *Pöggeler*, Vorwort, 8.

241 *Wegele*, Müller, 603 f. Die Urteile der rezenten Forschung sind hingegen weitaus ausgewogener; vgl. *Gottlob*, Geschichtsschreibung, 195; *Ernst*, Müller, 237; sowie *Pöggeler*, Vorwort, 9.

242 *Gottlob*, Geschichtsschreibung, 68 f.; vgl. auch ebd., 70; diese Einschätzung ist noch immer aktuell. Zu Leben und Werk Müllers vgl. *Schib*, Müller; *Bonjour*, Studien; *Ernst*, Müller; *Jamme/Pöggeler*, Müller; *Gottlob*, Geschichtsschreibung; *Pape*, Müller 1989; *Howald*, Begegnungen.

243 Die vor rund 200 Jahren von Johann Georg Müller herausgegebenen *Sämmtlichen Werke* (27 Bände, Stuttgart 1810–1819) genügen heutigen Editionsgrundsätzen nicht mehr. Die „Dringlichkeit einer wissenschaftlich zuverlässigen Erschließung der Quellen" wurde jüngst vehement

In der folgenden Untersuchung stehen Johannes von Müllers historische Schriften im Mittelpunkt. Dabei handelt es sich einerseits um die nur fragmentarisch veröffentlichten *Vier und zwanzig Bücher Allgemeiner Geschichten besonders der Europäischen Menschheit* (1810), andererseits um die bereits zu Lebzeiten publizierten und mehrfach umgearbeiteten *Geschichten schweizerischer Eidgenossenschaft* (1786). Ausgehend von der Beobachtung, dass Johannes von Müller in beiden Werken explizit auf geologische Diskurse rekurriert, soll seine Rezeption der Erdwissenschaften hier systematisch untersucht werden.[244] Dabei ist die untersuchungsleitende Hypothese, dass zwischen Müllers ateleologischen und resignativen Geschichtsverständnis und seiner Rezeption der Katastrophengeologie ein Zusammenhang besteht. Insbesondere die Frage nach der Bedeutung des Menschlichen im Kontext der Geschichte der Erde gehört zu den großen Sinnfragen, die Müllers Geschichtsdarstellungen thematisieren.

Johannes von Müllers historische Schriften und ihr geologischer Anfang

Obwohl Johannes von Müller fast sein gesamtes Leben an den *Vier und zwanzig Büchern Allgemeiner Geschichten* arbeitete,[245] blieb ihm die Fertigstellung des Werkes versagt. Sein Bruder Johann Georg Müller konnte es erst im Jahre 1810 postum veröffentlichen. Trotz seines fragmentarischen Charakters nimmt es, so das Urteil des 19. Jahrhunderts, „in der Reihe der deutschen universalhistorischen Litteratur einen hervorragenden Platz ein".[246] Die Schrift wurde ursprünglich für den mündlichen Vortrag konzipiert und fußt wesentlich auf Vorlesungen, die Müller 1778/79 in Genf und in den Jahren 1781 und 1782 in Kassel hielt. Die Manuskripte wurden schließlich in den Jahren 1796 und 1797 in Wien zu einem weitgehend eigenständigen Text ausgearbeitet, der die Grundlage für die postume Veröffentlichung darstellt.[247]

Auch an den *Geschichten Schweizerischer Eidgenossenschaft* hat Müller fast sein ganzes Leben kontinuierlich gearbeitet; dennoch enden sie inhaltlich im Jahre 1489 kurz vor der Reformation. 1780 und 1786 – 1807 publizierte Müller be-

---

betont; vgl. *Howald*, Begegnungen, 436; allerdings sind in den letzten Jahrzehnten einige wichtige Editionsvorhaben angestoßen worden. Dazu gehört die *Allgemeine Aussicht über die Bundesrepublik im Schweizerland* und die Korrespondenz mit Karl Viktor von Bonstetten; ebenso entstand kürzlich eine Teilausgabe des Briefwechsels mit der Familie.

244 Vgl. für erste Hinweise *Reill*, Enlightenment, 87; sowie *Cartier*, Licht, 155 f.; dieser Studie entstammt der Hinweis auf Müller.

245 Johann Georg *Müller*, Vorbericht, xi.

246 *Wegele*, Müller, 606 f.

247 Johann Georg *Müller*, Vorbericht, xiv.

reits zwei Fassungen, die ihn auch über den deutschsprachigen Raum hinaus zu einem „berühmten Manne, zum gefeierten Geschichtschreiber" machten.[248]

Auch wenn sich die Perspektive beider Werke unterscheidet – Müller konzipiert eine Nationalgeschichte sowie eine Weltgeschichte –, steht in beiden Werken die Geschichte der Natur am Ausgangspunkt der Entwicklung:

In den *Geschichten Schweizerischer Eidgenossenschaft* beschreibt Müller die Alpen als eine mondförmige „himmelhohe weiße Mauer mit unersteigbaren Zinnen", die in „unzugänglicher Majestät [...] hoch über die Wolken [und] weit über die Länder der Menschen hinaus" von der Sonne vergoldet glänzt.[249] Mit der erhabenen, unbezwinglichen Höhe korrespondiert der ‚dunkle Abgrund' der Berge, „der nie erforschte Kern des Erdballs", der „in verschlossenen Gewölbern" glüht.[250] Diese geologische Tiefe besitze einen ambivalenten Charakter. Einerseits sei ihre „wohltätige Wärme" lebensspendend und bewirke, dass sich „aus den finstern Eiskammern" Flüsse ergössen. Andererseits bedrohten die „weltalte[n] Flammen" unter der „Grundfeste der Alpen" die Menschheit auch mit dem „Untergang".[251] Die hier angesprochenen Katastrophenszenarien werden im Folgenden imaginiert, selbst über den Spitzen der höchsten Berge – der Gegensatz bringt es effektvoll hervor – hätten wilde Wasser getobt:

> Die mitternächtliche Seite der Alpen senkt sich in viele hinter einander liegende Reihen Berge: auf allen diesen haben die Gewässer getobet, funfzehnhundert Klaftern hoch über den Städten und Flecken der Schweizerischen Eidgenossen, achtzehnhundert über der Fläche des Weltmeers.[252]

Trotz der Evokation von Katastrophen ist Müller grundsätzlich neptunistischen Theorien der Erdentstehung zugeneigt. Es fänden sich etliche Belege einer Entstehung der Erde aus dem Wasser.[253] Davon zeugten „unzählige Hügel von Sand und Schlamm", die voll mit „Seegewächse[n], Muscheln, Fische[n]" seien.[254] Diese Vorstellung einer ungeheuren Vorwelt evoziert Müller in plastischen Imaginationen: „[Ü]ber den Wassern der dammlosen Ströme und hundert morastiger Seen standen kalte giftige Nebel, und (in unbebautem Land gewöhnlich) in die Pflanzen stiegen ungesunde Säfte". Mit dieser fremdartigen Flora korrespondiert

---

248 *Wegele*, Müller, 597.
249 *Müller*, Geschichten. Erster Theil, 1.
250 Ebd., 2.
251 Ebd.
252 Ebd.
253 Vgl. *Müller*, Geschichten. Siebenter Theil, 2, Fußn. 7.
254 *Müller*, Geschichten. Erster Theil, 3.

auch eine gewaltige Megafauna, denn „Gewürme sog aus ihnen [den Pflanzen; D.S.] sein Gift, und wuchs in unglaubliche Dicke und Größe".[255]

In den *24 Büchern Allgemeiner Geschichte* ist die Beschreibung der Urzeit nüchterner. Auch hier zeigt sich Müller explizit als ein Anhänger neptunistischer Theorieansätze:

> Der Erdball, welchen die Geschlechter der Menschen bewohnen, ist, in ungezählten Jahrtausenden, durch kaum muthmaßliche Gesetze der Bewegung der Wasser und Einwürkung fremder Planeten und Welten, aus dem befruchtenden Schooße des alten Oceans nach und nach empor gestiegen. So wie der Urfels, um welchen sich alles bewegt, hin und wieder Erhöhungen hatte (die wir Gebürge nennen) und hohe Flächen sich weit und breit herum denselben anschließen [...].[256]

Die Zeithorizonte, die Müller für die Entwicklung der Erde veranschlagt, werden nicht genau benannt. Es wird allerdings deutlich, dass jene die Darstellungen in der Bibel deutlich übersteigen, denn es sei eine große Anzahl von „Jahren, deren Zahl niemand hat".[257] Die Erde habe sich „in ungezählten Jahrtausenden, durch kaum muthmaßliche Gesetze" entwickelt. Um diesen Zusammenhang zu verdeutlichen, entfaltet Müller ein zeitliches Panorama, in welchem die „geharnischt[en] Gipfel" der Berge in unendlicher Langsamkeit im „Lauf der Jahrtausende" verwittern, so dass schließlich nur noch „kahle[...] Höhen" und „Trümmer" von der einstigen Größe zeugen.[258] Menschen, die noch nicht zugegen gewesen seien, hätten kaum Möglichkeit, die Größe der Zeiträume zu ermessen: „[W]er", fragt Müller rhetorisch, „durchdringt mit menschlicher Kraft, in Eines Lebens Lauf" diese Fragen?[259]

Johannes von Müllers naturgeschichtliche Prägung

Großen Einfluss auf die Form und die Konzeption von Johannes von Müllers geschichtlichen Schriften hatte August Ludwig Schlözer. Müller hatte Schlözer in seiner Studienzeit in Göttingen kennengelernt und lobte ihn überschwänglich.[260]

---

255 Ebd.

256 *Müller*, Bücher. Erster Band, 5.

257 *Müller*, Geschichten. Erster Theil, 2.

258 Ebd.

259 Ebd. Allerdings differenziert Müller zwischen Erdalter und Menschenalter. Das menschliche Geschlecht sei deutlich jünger als die Erde. Dennoch überschreite sein Alter die biblischen Zeithorizonte signifikant; vgl. *Reill*, Enlightenment, 87.

260 Vgl. *Müller*, Werke. Bd. 16, 17.

Die Spuren von Schlözers Einfluss finden sich an zentralen Stellen in Johannes von Müllers Geschichtskonzeption. So greift Müller Schlözers suggestive Metapher vom ‚mächtigen Blick' auf; das gleiche gilt für das Geschichtsmuster der Revolutionen:

> Wenn man die verschiedenen Stämme des Menschengeschlechts, den ganzen Schauplatz der Welt mit *Einem Blick übersieht*, so glaubt man Gegenden und Völker zu bemerken, bei welchen die scheinbare Bestimmung (dass wechselweise in aller Welt sich die mannigfaltigen Fähigkeiten unserer Natur nach den verschiedenen Schattierungen des physischen Einflusses und überlieferter Kultur entwickeln) noch nicht völlig erreicht sei; *Revolutionen*, die in Verwilderung oder Hingebung enden […].[261]

Auch sein naturkundliches Interesse dürfte von der Schlözer-Lektüre zumindest inspiriert worden sein, wie Karl Schib konstatiert:

> Schlözer lebte bewusst im beginnenden Zeitalter der Naturwissenschaften […]. Er registrierte in seiner Geschichtsforschung wie ein Naturwissenschaftler, ordnete und zensurierte die Einzelbeobachtungen; die Erkenntnis der Gesetzlichkeit der geschichtlichen Welt sollte als Synthese in Erscheinung treten. Müller ging auch auf diese empirische naturwissenschaftliche Betrachtungsweise ein.[262]

Die Darstellungen der geologischen Urgeschichte realisierten Schlözers, so Müller, „unerhört große[n] Begriff" von Geschichte, auf den er sich in einem Brief an Karl Viktor von Bonstetten (1745 – 1832) bezieht: Erst wenn der Historiker „von den Wolken herunter die Räder der ganzen Maschine, mit einem Blick" erfasst habe, solle er „herunter steigen von den himmlischen Heerschaaren" und den „erstaunten Mitleidsgenossen in Städten und Ländern die Geschichte ihres Volks in einem Lichte zeigen, daß nie kein sterblich Auge gesehen und in keines Menschen Herz gekommen ist."[263] Dieser Einsicht blieb er zeitlebens verpflichtet.

Allerdings zog er für die Konturierung der geologischen Vorgeschichte noch weitere Fachkompetenz hinzu.[264] Von größter Bedeutung ist wohl der Einfluss

261 *Müller*, Bücher. Dritter Band, 530. [Hervorhebungen D.S.] Zum Verhältnis Schlözer-Müller vgl. *Peters*, Reich, 174; sowie *Schib*, Müller, 363 f. Zu Schlözer vgl. Kap. II.4.3 in dieser Arbeit: August Ludwig Schlözer und die Naturgeschichte.

262 *Schib*, Müller, 366.

263 Johannes von Müller an Karl Viktor von Bonstetten, Schaffhausen, den 26. Mai 1773; in: *Müller*, Werke Bd. 13, 19; vgl. auch *Reill*, Enlightenment, 87.

264 Müllers Ansatz, naturwissenschaftliches Wissen in die Geschichtsdarstellung zu integrieren, besaß programmatischen Charakter; vgl. *Schib*, Müller, 72, Fußn. 20; sowie *Howald*, Begegnungen, 136.

Charles Bonnets (1720 – 1793), dessen Hausgast Müller zeitweise war.[265] Über sein Verhältnis zu Bonnet bemerkt Müller: „Ich besuche täglich Hrn. *Bonnet* [...]; wir lesen sehr vieles mit einander, und er macht die nützlichsten Anmerkungen darüber [...]. Dreimal in der Woche gibt er uns Stunden in der Naturgeschichte."[266] Von ihrem intensiven Austausch zeugt auch ihre Korrespondenz. So schreibt Müller an Bonnet: „Sie lieben mich, weil ich die Wissenschaften liebe wie Sie und weil Sie in mir Anlagen entdeckt haben, die recht gut sind."[267]

Auch der schriftliche und mündliche Austausch mit dem Geologen und Glaziologen Jakob Samuel von Wyttenbach (1748 bis 1830) war für Müller von grundlegender Bedeutung.[268] Zudem korrespondierte er mit dem Erdwissenschaftler Christoph Jetzler (1734 – 1791) und holte Auskunft über die geologische Struktur des Randen, eines Höhenzugs bei Schaffhausen, ein.

Doch nicht nur seine Korrespondenz, auch seine Konversationen kreisten um die Urgeschichte der Erde. Nach seinem Treffen mit Johannes von Müller in Weimar schreibt Benjamin Constant in sein Tagebuch: „Gespräch mit Müller über interessante Frage: Ist die Welt erschaffen oder nicht? Je nach Antwort erscheint die Entwicklung der Menschheit diametral entgegengesetzt: Falls erschaffen, Verschlechterung; falls nicht erschaffen, Verbesserung."[269] Im selben Eintrag, wohl vor dem Hintergrund des Gesprächs, äußerte Constant zudem die Vermutung: „Sein [Johannes von Müllers; D.S.] Plan einer Weltgeschichte in dreißig Epochen. Wird in der ersten über die Welt vor der Sündflut steckenbleiben."[270]

In seinen weltgeschichtlichen Schriften bezieht sich Müller zudem auf den „berühmten Saussure",[271] auf Peters Simon Pallas,[272] sowie auf „*Büffon's* nicht

265 Charles Bonnet war ein früher und prominenter Anhänger der geologischen Katastrophentheorie. Grundlegend waren seine Werke *Contemplation de la nature* (1764) sowie *La Palingénésie philosophique* (1769); vgl. [Art.] *Bonnet*, Encyclopædia Britannica, 365; zu Müller und Bonnet vgl. *Bonjour*, Studien, 77.

266 Müller an seinen Vater vom 29. Juli 1776. In: Ders.: Werke. Bd. 29, 217. [Hervorhebung im Original.]

267 Müller an Charles Bonnet, Kassel 27. Mai 1782; in: *Howald*, Begegnungen, 354.

268 Vgl. Jakob Samuel Wyttenbach an Müller, Bern, im Spitthal 26. November 1777; zit. n. *Bonjour*, Korrespondenten, 94. Wyttenbach ist einer der bekanntesten Schweizer Alpenforscher der Spätaufklärung. Seine Arbeitsgebiete waren die Mineralogie, die Geologie und die Glaziologie. Sein bedeutendes Naturalienkabinett war ein Anlaufpunkt für Reisende wie etwa Johann Wolfgang von Goethe.

269 Benjamin *Constant*: Tagebuch, Weimar, 26. Januar 1804; zit. n. *Howald*, Begegnungen, 446.

270 Ebd.

271 *Müller*, Geschichten. Erster Theil, 1. Horace-Bénédict de Saussure (1740 – 1799), ein Neffe Albrecht von Hallers, war ein Schweizer Naturforscher. Er zählt zu den Begründern der Geologie. Martin Rudwick beginnt sein monumentales Werk *Bursting the Limits of Time* mit Saussures Aufstieg auf den Mont Blanc und schreibt jenem das Verdienst zu, den Begriff ‚Geologie' in seiner

schnell und stolz wegzuwerfende Muthmaßungen in den Epoques de la nature."[273] Seine Berufung nach Mainz (1786–1792) verdankte Müller zudem der Fürsprache der beiden dort ansässigen Naturforscher Samuel Thomas Soemmerring und Georg Forster.[274]

Ebenso bedeutend sind die Einflüsse der französischen Aufklärung. Insbesondere die Schriften von Rousseau, Montesquieu und Voltaire. Den letzteren traf Müller in Ferney noch persönlich und kommentierte dessen ‚geologische Scherze' wie folgt:

> Wo Voltaire gegen die Bibel witzig seyn will, beruhen seine Einfälle meist auf seichten Begriffen, die er nach elenden Uebersetzungen und aus Don Calmet vom Orient hatte. Das ist *seine* Entdeckung, daß die lagenweise im Gebirg befindlichen Versteinerungen Dinge sind, welche die Pilgrimme haben fallen lassen.[275]

Johannes von Müllers transhumane Perspektive und sein resignatives Geschichtsverständnis

Johannes von Müllers intellektuelle Biographie ist geprägt von abrupten Brüchen und unerwarteten Positionswechseln.[276] Insbesondere gilt das für sein Verhältnis zur Religion: Müller wurde als Kind und Kindeskind von Theologen geboren und

modernen Bedeutung geprägt zu haben. Saussures paradigmenbildende Schrift war die *Voyages dans les Alpes*. Genf 1779–96; vgl. *Rudwick*, Bursting, 134.

272 *Müller*, Geschichten. Erster Theil, 1. Im Besonderen bezieht er sich auf *Pallas*' Observations sur la formation des montagnes et sur les changements arrivés au Globe, particulièrement à l'Empire de Russie. St. Petersburg, 1777.

273 *Müller*, Geschichten. Siebenter Theil, 2, Anm. 11 [Hervorhebung im Original].

274 Vgl. *Wegele*, Müller, 597; Zur Freundschaft mit Soemmerring und Forster vgl. *Reill*, Gottlob, 240.

275 *Müller*, Geschichten. Achter Theil, 51. [Hervorhebung im Original]. vgl. auch *Müller*, Werke. Bd. 4, 94.

276 Der oben ausgeführte spektakuläre Wechsel an die Seite Napoleons ist nur eine von weiteren scharfen Kehrtwenden im Leben Johannes von Müllers. Nacheinander diente er an den wichtigsten Machtzentren des Heiligen Römischen Reiches deutscher Nation, ungeachtet der Rivalität, die zwischen ihnen bestand. Er arbeitete unter dem Reichserzkanzler und Kurfürsten von Mainz (1786–1792); anschließend in Wien (1792–1804) als Hofrat und Kustos der Hofbibliothek und vor seinem Wechsel an die Seite Napoleons in Berlin als geheimer Rat und preußischer Hofhistoriograph (1804–1807). Diese Hin- und Abwendungen, die tiefen Einschnitte und scharfen Zäsuren umgeben Person und Werk Johannes von Müllers mit einer Mehrdeutigkeit und Unbestimmbarkeit. In seinem Streben nach wissenschaftlicher Anerkennung und einer festen Stelle und seiner gleichzeitigen politischen Unabhängigkeit präfiguriert Müller den Habitus eines um seine Position kämpfenden Intellektuellen vgl. *Howald*, Begegnungen, 431; sowie *Pape*, Müller 1989, 21.

wuchs in Schaffhausen „unter dem althergebrachten staatlichen und kirchlichen Zwangssystem“[277] auf. Sein Studium in Göttingen (1769 – 1771) ließ allerdings „das bisherige Weltbild wie ein Kartenhaus zusammenbrechen“.[278] Anschließend artikulierte er eine mitunter so drastische Religionskritik, dass sogar der liberale Georg Forster ihre Schärfe monierte.[279] Der Abkehr von der Religion im Studium entsprach im Frühjahr 1782 eine ebenso radikale Rückwendung zum Glauben seiner Kindheit. Dadurch veränderte sich sein Geschichtsverständnis,[280] wie Müller in einem Brief an Bonstetten hervorhebt:

> Je länger ich die Geschichte studiere, umso deutlicher sehe ich, dass die wichtigsten Begebenheiten des Altertums durch eine wunderbare Verknüpfung alle auf ein und dasselbe Ziel hinliefen [...]; ich sehe, dass der Herr über alle Dinge mit geringsten Mitteln das Allergrößte zuwege gebracht hat und dass er uns, als die Stunde gekommen war, den Schlüssel aller scheinbaren Widersprüche dieser besten aller Welten gegeben hat.[281]

Der in diesem Passus artikulierte Glaube an Gott und an eine höhere Leitung der Geschichte müsse, so möchte man meinen, ein naturalistisches Verständnis der Schöpfung ausschließen. Dennoch rekurriert Müller, wie gezeigt wurde, in den *Geschichten Schweizerischer Eidgenossenschaft* und in den *Vier und zwanzig Büchern Allgemeiner Geschichten* auf ein solches. Zwar entstanden die geologischen Passagen größtenteils in einer Phase des Frühwerks (1778 – 1782), welches von seiner religiösen ‚Erweckung‘ noch weitgehend unbeeinflusst war. Allerdings werden sie auch in der zweiten Ausgabe der *Geschichten Schweizerischer Eidgenossenschaft*, die erst nach der religiösen Erweckung in den Jahren 1786-1807 entstand, nicht getilgt. Insofern muss davon ausgegangen werden, dass Müller auch *nach* derselben noch geologische Darstellungen zur Entstehung der Erde der Darstellung der Genesis vorzog.

Als Vermittler zwischen diesen Positionen kommt vermutlich Johann Gottfried Herder eine entscheidende Bedeutung zu. Nicht zuletzt dessen *Ideen zur Philosophie der Geschichte der Menschheit* – zuerst publiziert im Jahre 1784 und damit nach der ‚Erweckung‘ – scheinen Müllers Haltung bestärkt zu haben. Dieser äußert sich in einem Brief an Herder:

---

277 *Schib*, Müller, 494.

278 Ebd.

279 Georg Forster an Johann Karl Philipp Spener, Kassel, 19. Juli 1781; In: *Howald*, Begegnungen, 439. Auch Friedrich Nicolai (1733 – 1811) wirkte mäßigend auf ihn ein; vgl. *Schib*, Müller, 35.

280 Vgl. *Howald*, Begegnungen, 342.

281 Johannes von Müller an Karl Viktor von Bonstetten, Kassel, 27. Mai 1782. In: *Howald*, Begegnungen, 358 f.

> Dem Geschichtseher der Geschichtforscher, Gruss!
> Das alte Wort verdolmetschtest mir Du und artikulirtest mir den Schall aus der Vorwelt [...]. Gottgesandter weiser Mann, es war Dir so vieles nicht genug: *Du zeigest mir die Geschichte in der Natur, meine Brüder in mir, mich mir selbst in unserm Haus, und Gott allenthalben:* Du sahest und ich las, meine Seele ist von Deinem Feuer elektrisirt, angezogen von Deiner Kraft und von Deinem Geist befruchtet.[282]

Auch in seiner Vorrede zu Herders geschichtsphilosophischen Werken (1806) lobt Müller dessen Darstellungen, insbesondere jene über den Sinnzusammenhang des Einzelnen mit dem Ganzen, überschwänglich. Diese Akzentuierung „von Zusammenhang, von Plan“ besäße für ihn ein Trostpotential, welches „Hofnungen entzündet“ und schließlich von „Trauer“ und „Verzweiflung“ rette, „wie wenig anderes“.[283]

Allerdings – und das ist angesichts Müllers tiefer Religiosität und seiner Bewunderung Herders bemerkenswert – distanziert sich Müller explizit von Herders teleologischer Überzeugung, dass sich der Geschichtsverlauf in einer stetigen Höherentwicklung befinde: Das „*ununterbrochen* seyn sollende *Fortschreiten* unseres Geschlechts“, so Müller, sei ihm selbst „oft entwischt“. Stattdessen seien „ganze Welttheile oder doch sehr große Länder“ in „Anarchie“ und „Barberei“ versunken.[284] Im Gegensatz zu Herder ist Müllers Geschichtsverständnis geprägt von einem resignativen Moment. In diesem Sinne fragt er suggestiv:

> Was ist unser Geschlecht? Nicht dieses oder jenes, durch den Einfluß glücklicher Umstände für eine Zeit lang etwas höher gehobene Volk, welches durch andere Zufälle, wo nicht selbst nach der Natur der Sache, in einem wenig entfernten Zeitalter wieder sinkt, oft ohne daß die Summe seiner Geistescultur an ein anderes Volk zu neuer Bearbeitung überginge.[285]

Zwischen Müllers ateleologischem und resignativem Geschichtsverständnis und seiner Rezeption der Katastrophengeologie besteht ein Zusammenhang. Die Erdgeschichte, so Müller, gebe Zeugnis von zahllosen Katastrophen. Diese hätten „Gewölbe, groß wie Welttheile, gebrochen, gesprengt“ und die Wasser hätten sich „mit all ihrer Macht in die alten Finsternisse hinuntergestürzt“.[286] Noch die

---

282 *Müller*, Briefwechsel, 63. [Hervorhebungen D.S.] Johann Georg Müller hat den Brief auf das Erscheinungsjahr der *Ideen* (1784) datiert. Allerdings wurde er vermutlich erst nach dem Erscheinen des vierten Bandes (1791) verfasst, vgl. dazu den Kommentar in ebd., 63.

283 *Müller*, Vorrede, vi.; zum Trostpotential der transhumanen Perspektive vgl. *Braungart*, Poetik, 58–62.

284 *Müller*, Woltmann, 319 f.

285 Ebd., 319; zum pessimistischen Geschichtsverständnis vgl. auch *Federlin*, Müller, 251.

286 *Müller*, Geschichten. Erster Theil, 2.

menschliche Frühgeschichte sei von denselben geologischen Katastrophen bestimmt gewesen:

> Lang und hart war der Kampf um Urbarmachung des Erdbodens zu Bewohnung und Nutzung: bald überschwemmten Fluthen ein großes gesittetes Land, dessen Grundfeste sie langsam unterfressen; bald brach ein See aus einem hohen Thal und vertilgte Nationen; bald wurde ein Bergvolk im Anfang seiner Bildung durch den Einbruch neuer Meere von allen Völkern abgesondert; allem Guten widerstanden, übermächtig an Zahl und Gewalt, wilde Thiere, große Schlangen, feuchte ungesunde Luft, gesetzlose Leidenschaften roher Gemüther [...].[287]

Im Lichte der durch die geologische Tiefenzeit evozierten transhumanen Perspektive zeige die Geschichte vor allem die Bedeutungslosigkeit des Menschlichen: „Menschen von Erde und Staub, Fürsten von Erde und Staub, wie schrecklich dieß geschieht, das zeigt die Geschichte."[288] Diese Problemkonstellation ist fortwährender Bezugspunkt. Die in diesem Kontext immer wieder implizit formulierte Frage, „was ist der Mensch, was wird er sein"?,[289] beantwortet Müller, indem er die zeitliche Randständigkeit des Menschlichen in der Geschichte der Erde konturiert. Selbst Helden, Eroberer und Könige verschwänden nahezu restlos im „Ozean der Zeiten".[290]Müllers resignative Haltung ist sehr pessimistisch. So charakterisiert er das menschliche Dasein wie folgt:

> Zwischen zwei undurchdringlichen Finsternissen ein halb verlornes, arbeitsvolles oder ödes, schnell vorbeifliegendes Leben, wenig lohnend, selten befriedigend, oft von trügerischer, kalter, harter Tyrannei hohngeneckt, nicht abgebrochen, und wenn es recht wohltätig vielwirkend war, ohne andere Aussicht, als auf irgend eine nahe revolutionäre Zerstörung des elendsten Wirkens, *das* ist des mühseligen Sterblichen Loos.[291]

Diese zynische Marginalisierung wird jedoch wieder durch die Evokation des Erhabenen konterkariert: „Was ist ermüdender, niederschlagender, als das Schauspiel der Menschenwelt, *ohne einen erhabenen, das Ganze fassenden Blick!*"[292] Damit bietet die transhumane Perspektive auch ein Trostpotential: Es sei

287 Ebd., 4.
288 *Müller*, Bücher. Dritter Band, 532.
289 Johannes von Müller an Johann Georg Müller, Kassel den 16. August 1808. In: *Howald*, Begegnungen, 339.
290 Vgl. *Müller*, Bücher. Dritter Band, 531 f.
291 *Müller*, Vorrede, vif. In diesem Kontext ist auch Müllers Feststellung zu verstehen, dass das Lebendige etwas Fremdartiges auf der Erde ist; vgl. *Müller*, Bücher. Erster Band, 5 f.
292 *Müller*, Vorrede, vif. [Hervorhebungen D.S.]; zum Geologisch-Erhabenen vgl. *Braungart*, Geologie, 166.

schon viel gewonnen „sobald man die Kraft hat, was ist und was wird in höherm Gesichtspunkte zu nehmen."[293] Die „Skizze des ganzen, unvollendeten Gemähldes", so Müller, werde auch des „Trostes und der Ermahnung wegen" dargestellt.[294] Der ‚höhere Gesichtspunkt' ist für Müller gleichbedeutend mit der Geschichte der Erde, in welcher menschliche Kabalen ihre Bedeutung verlieren:

> Über diesen Ansichten und über der Frage, was ist der Mensch, was wird er sein, übersieht man die Neckereien des Tages. Ich lese beim Ankleiden eine sehr schöne Beschreibung des Resultates der Entdeckungen Herschels[295] und Schröters[296] von dem braunschweigischen Schullehrer Gelpke;[297] auch Du solltest sie, und manchmal mit Deiner Frau, lesen. Dieses vollends führt weit hinaus über die Bahn unserer Sonne [...]; was ist Rom, wenn man sich ins Universum verliert![298]

Allerdings bietet der hier evozierte transhumane Blick keine substantielle Sinnperspektive an und kann die geschichtspessimistische Grundeinstellung Müllers nicht wirkungsvoll ausblenden. Es hat den Anschein, als handele es sich um eine rein subjektive Haltung, welche die Hoffnungslosigkeit des menschlichen Lebens, eingekeilt zwischen Finsternissen, irgendwie ertragbar mache. Ihre ‚erhebende' Funktion liegt einzig in einer ästhetizistischen Zusammenschau, die nur von dem „verlorne[n], arbeitsvolle[n] oder öde[n], schnell vorbeifliegende[n] Leben" ablenke und es vergessen mache, so dass man „die Neckereien des Tages übersehe".[299] Die pessimistische Grundeinsicht Müllers konzentriert sich in einer Sentenz aus den *Geschichten Schweizerischer Eidgenossenschaft*, welche die Bedeutungslosigkeit des Menschlichen in der Erdgeschichte hervorhebt: „Das

293 Johannes von Müller an Johann Georg Müller, Kassel den 16. August 1808. In: *Howald*, Begegnungen, 338.

294 *Müller*, Vorrede, vi.

295 Friedrich Wilhelm Herschel (1738 – 1822), deutsch-englischer Astronom.

296 Johann Hieronymus Schroeter (1745 – 1816) ebenfalls einer der bekanntesten Astronomen seiner Zeit.

297 August Heinrich Christian Gelpke war ein zu der Zeit populärer Vertreter der Katastrophentheorie. Müller rekurriert hier auf die *Allgemeinfassliche Betrachtungen über das Weltgebäude* (1806).

298 Johannes von Müller an Johann Georg Müller, Kassel den 16. August 1808. In: *Howald*, Begegnungen, 339.

299 Es stellt sich zudem grundsätzlich die Frage, wie diese zutiefst pessimistische Sicht des zwischen „zwei undurchdringlichen Finsternissen" eingezwängten mühe- und kummervollen Lebens, die nicht nur in ihrer Sprachgewalt weit ins 19. Jahrhundert, etwa auf Schopenhauer und Nietzsche, vorausweist, sich mit dem von der Forschung so genannten ‚Religionserlebnis' vereinbaren lässt. Womöglich müsste diese Darstellung modifiziert werden. Den Forschungskonsens hinsichtlich Müllers ‚Bekehrung' bilanziert *Howald*, Begegnungen, 342; vgl. auch *Gottlob*, Geschichtsschreibung, 71; *Ernst*, Müller, 233.

menschliche Geschlecht ist von gestern, und öffnet kaum heute seine Augen zur Betrachtung des Laufs der Natur."[300] Die Suggestivität dieser Phrase, ihre Anschaulichkeit und Prägnanz, erhob sie zur geläufigen Wendung.[301] Insbesondere von Erdwissenschaftlern wurde sie aufgegriffen: So formuliert der Geologe Karl Ernst Adolf von Hoff (1771–1837) mit Müllers Worten, nachdem er den unermesslichen Zeitraum der geologischen Tiefenzeit umrissen hat, und „man keinen Zweifel an der Grösse der Zeiträume" mehr haben könne: „In dieser Beziehung sagt *Johannes Müller* schön und wahr: ‚Das menschliche Geschlecht ist von Gestern und öffnet kaum heute seine Augen der Betrachtung des Laufes der Natur.'"[302] Auch Peter Nikolaus Caspar Egen (1793–1849) bemerkt in einer Schrift über *Die Constitution des Erdkörpers und die Bildung seiner Rinde* (1840): „In Betracht aber des ungeheuern Zeitraums für eine solche Erkaltung im Verhältnis zur geschichtlichen Weltperiode müssen wir mit Johannes von Müller sagen: ‚Das menschliche Geschlecht ist von gestern, und öffnet kaum heute seine Augen für die Betrachtung des Laufs der Natur.'"[303]

4.7 Friedrich Christoph Schlossers geologische Geschichte

Friedrich Christoph Schlosser: Der letzte Aufklärungshistoriker

Friedrich Christoph Schlosser (1776–1861), „Haupt der Heidelberger Schule der politischen Geschichtsschreibung",[304] gehörte in der ersten Hälfte des 19. Jahrhunderts zweifellos zu den berühmtesten Historikern des deutschsprachigen Raums. Sein Kollege Heinrich Wuttke (1818–1876) bezeichnete ihn im Jahre 1844 als den „größte[n] lebende[n] Geschichtsschreiber Deutschlands",[305] seine

---

300 *Müller*, Geschichten. Erster Theil, 3.

301 Besonders in Stilblüten, auch im englischen und französischen Sprachraum, wird das rhetorische und ästhetische Potential dieser Formulierung bis ins 20. Jahrhundert aktualisiert; vgl. exemplarisch: *Pölitz*, Gesamtgebiet, 374; *Hülstett*, Sammlung, 232; *Hurtels*, Grundriß, 271; *Lechner*, German Passages 1885, 81; ebenso in den Ausgaben von 1885, 1887, 1890, 1901 und 1914; *Savoye*, Germania, 391.

302 *Hoff*, Geschichte, 4 f. [Hervorhebung im Original.] Hoff bezieht sich auch an anderen Stellen auf Johannes von Müller, insbesondere, wenn er auf katastrophale Ereignisse rekurriert. Das zeigt die Wirkung von Müllers Darstellungen auch in naturgeschichtlicher Hinsicht; vgl. ebd., 203.

303 *Egen*, Constitution, 53 f.; vgl. zudem *Ratzel*, Zeitforderung, 350; sowie *Mauthner*, Beiträge, 637.

304 *Gottlob*, Schlosser, 104; vgl. auch *Stegmüller*, Schlosser, 50 f.

305 *Wuttke*, Schlosser, 195.

Schriften galten als „Hausbücher des deutschen liberalen Bürgertums“[306] und sein publizistischer Erfolg übertraf denjenigen Leopold von Rankes – um nur einen heute ungleich bekannteren Zeitgenossen zu nennen – bei weitem.[307]

Allerdings geriet Schlosser bereits gegen Ende seines Lebens in Vergessenheit. Als überzeugter Anhänger der Aufklärungshistoriographie wurde er von der fachwissenschaftlichen Entwicklung überholt und ragte gleichsam als Anachronismus in eine neue historische Formation hinein.[308] Kurz vor seinem Tod resümierte er: „Diese ganze Zeit und ihre Bildung ist in den letzten Jahren von uns abgewichen und wir von ihr, so daß wir gewissermaßen aufgehört haben Zeitgenossen der Begebenheiten zu sein, die rund um uns vorgehen.“[309] Diese Einschätzung bestätigte sein Schüler Georg Weber sodann 15 Jahre nach Schlossers Tod: „Früher als es sonst bei bedeutenden Männern zu geschehen pflegt wurde mit der Leiche des einst so gefeierten Heidelberger Geschichtsschreibers und Geschichtslehrers auch sein Ruhm und seine Popularität ins Grab gesenkt.“[310] Dort verharren sie noch heute. In den Forschungsdiskursen fristet Schlosser ein Nischendasein.[311] Dabei wird er übereinstimmend als „der letzte markante Vertreter der Aufklärungsphilosophie“ bezeichnet.[312]

Auch die geologischen Bezugnahmen seiner historischen Schriften wurden von der Forschung bislang ignoriert. Gleichwohl sind sie ein konstitutives Element seiner Geschichtskonzeption: Seine naturalistische Geschichtskonzeption präzisierte und radikalisierte den methodischen Ansatz, den er u. a. bei Leibniz, Voltaire, Buffon, Schlözer und Herder vorfand und stellte gleichzeitig einen Höhe- und Endpunkt der Auseinandersetzung der Aufklärungshistoriographie mit der

306 *Srbik*, Geist, 160; zum Einfluss Schlossers auf das liberale Bürgertum vgl. *Schilfert*, Schlosser, 136–147.

307 *Jaeger/Rüsen*, Geschichte, 5; sowie *Berthold*, Sachverwalter, 76.

308 Die Übergänge zwischen Aufklärungshistoriographie und Historismus sind fließend. Hier soll mitnichten der Eindruck erweckt werden, es handele sich um unvereinbare Gegensätze.

309 Zit. n. *Jaeger/Rüsen*, Geschichte, 115.

310 *Weber*, Vorrede, ix.

311 Vgl. *Martirano*, Religion, 211; *Gottlob*, Geschichtsschreibung, 205, Fußn. 2; Zum Einstieg zu Schlosser vgl. *Wegele*, Schlosser; *Hofmann*, Schlosser, 2511 f.; *Gottlob*, Schlosser 2007; *Berthold*, Sachverwalter. Grundlegend sind zudem folgende Schriften: *Gölter*, Geschichtsauffassung; *Fuchs*, Todestag; *Schilfert*, Schlosser; *Haar*, Bibliothek; *Martirano*, Religion; *Stegmüller*, Popularisierungsstrategien; *Stegmüller*, Schlosser.

312 *Srbik*, Geist, 160; diese Einschätzung ist immer noch aktuell; vgl. *Blanke/Fleischer*, Artikulation, 32; *Hock*, Schlosser, 295 f.; *Wegele*, Schlosser, 539 f. *Hofmann*, Schlosser, 2511; *Fuchs*, Todestag, 155; *Jaeger/Rüsen*, Geschichte, 114 f. Im Gegensatz dazu plädiert *Gottlob*, Geschichtsschreibung, Schlosser eine Zwischenstellung zwischen Aufklärung und Historismus zuzuschreiben; allerdings wurde diese Konzeption kritisiert und konnte sich nicht durchsetzen, vgl. dazu die Rezension *Reill*, Gottlob.

Erdgeschichte dar. Die Erdgeschichte, die Entwicklungen über Jahrmillionen erfasste, diente Schlosser als Referenzmodell für den geschichtlichen Verlauf, den sie durch die empirisch bestätigte Evidenz ihrer Ergebnisse sowie durch ihren ungleich größeren zeitlichen Horizont verbürgte.

In der folgenden Untersuchung steht vor allem Schlossers *Universalhistorische Uebersicht der Geschichte der alten Welt und ihrer Cultur* (1826–1834) im Mittelpunkt. Sie ist eines von insgesamt drei mehrbändigen, weltgeschichtlichen Werken, die Schlosser veröffentlichte. Von diesen dreien ist sie, im Gegensatz zur *Weltgeschichte in zusammenhängender Erzählung* (1815–1841) und zur *Weltgeschichte für das deutsche Volk* (1844–1857) dasjenige, in welchem Schlosser seine Geschichtsmodelle in konsequenter Auseinandersetzung mit den Erdwissenschaften entwickelte. Ursächlich hierfür ist der zu Schlosser Zeiten immer noch virulente Konflikt von Genesis und Geologie.

Geschichte als Naturgeschichte: Schlossers Geschichtskonzeption

Schlossers methodischer Ansatz bestimmt die Erdgeschichte als integralen Bestandteil einer umfassenden geschichtlichen Entwicklung, welche Natur und Kultur verknüpft: „[D]ie Geschichte des Menschen [knüpft sich] nothwendig an die Kenntniß und Geschichte des Weltsystems, des Sonnensystems, der Planeten, und der Natur unserer Erde."[313] Da allerdings Naturwissenschaften wie Astronomie und Physik ‚ungeschichtlich' seien, werden sie von Schlosser aus dem Bereich des Historischen ausgegrenzt. Im Gegensatz dazu wird jedoch die Geologie explizit in denselben einbezogen, da die Erde eine ‚besondere' Geschichte habe:

> Wir setzen daher das Sonnensystem, die Sonne, die Gesetze der Bewegung der Weltkörper, den Ort, den die Erde im Weltraum einnimmt, das Gesetz ihrer Bewegung und des darauf beruhenden Wechsels der Jahreszeiten, als außer unserer Geschichte liegend, voraus, *fragen aber, ob die Erde, wie sie ihre Stelle als Planet schon einnahm, noch eine besondere Geschichte hatte?*[314]

Zum Arbeitsbereich des Historikers gehören damit sowohl Mensch als auch die Erde. Geschichte ist für Schlosser damit immer auch Naturgeschichte, denn der Mensch wird als Naturwesen (!) durch die Erdgeschichte beeinflusst:

---

313 *Schlosser*, Uebersicht 1826, 2. Die methodischen Schwierigkeiten dieses Vorhabens artikuliert Schlosser im ersten Abschnitt der *universalhistorischen Uebersicht* mit dem Titel ‚Vorweltliche Zeit' (1–57).

314 Ebd., 3. [Hervorhebung D.S.]

> Hat die Erde ihre besondere Geschichte, dann hängt damit die Entstehung der vegetabilischen und animalischen Schöpfung und ihre Dauer zusammen, mit dieser aber die Geschichte des Menschen, weil er der Letztern angehört. Alle Naturforscher erkennen jetzt, daß die Erde eine solche Geschichte habe, und sie nennen das, was sie von dieser Geschichte berichten, *Geologie*.[315]

Das grundlegende geschichtliche Struktur- und Entwicklungsmodell, welches Schlosser der *Universalhistorischen Uebersicht der Geschichte der alten Welt und ihrer Cultur* zu Grunde legt, ist der ‚Revolutionsbegriff', der Entwicklungen in Natur wie auch Kultur gleichermaßen erfasst:

> Wenn wir als den ersten Satz aller Geschichte, als Resultat aller Erfahrungen, durch Darstellung der Geschichte unseres Geschlechts zu beweisen versuchen, daß es unter steten Revolutionen nach und nach sich weiter und weiter entwickelte […], so ahnden wir schon, daß dieß der Gang der ganzen Natur sey, daß nicht bloß das menschliche Geschlecht, sondern die ganze irdische belebte und unbelebte Natur, ja die Erde selbst sich auf diese Weise zum Vollkommnern entwickelt habe.[316]

Die Erdgeschichte fungiert hier gleichsam als Referenzmodell für geschichtliche Entwicklung, deren Evidenz sie durch ihre empirische Methodik sowie durch ihren ungleich größeren zeitlichen Horizont verbürgt.[317] Das historische Methodenspektrum wird durch Disziplinen wie die Geologie angereichert und der Historiker wird zum Naturforscher. Schlosser argumentiert in weiten Teilen dieses ersten Abschnitts streng paläontologisch: „Eine neue Zeit deuten uns versteinerte Muscheln, Moose, verlorne Farrenkräuter, oder allgemeiner gesagt, untergegangene Acotyledonen als eine Zeit an, wo im Gewässer sich Leben regte, wo Moose und Farrenkräuter, die der Samenläppchen ermangeln, ehe Fläche und Dammerde war, den nackten Felsen und Steinen entsproßten."[318] In exakter Analogie zur Erdgeschichte versteht Schlosser auch den Fortgang der menschlichen Geschichte:

> Denn das Fortschreiten der menschlichen Cultur mag man sich etwa so denken, wie wir oben bey der Geschichte der Erdoberfläche die Trümmer der frühern Cultur stets den Grund bilden sahen, auf dem das Neugewordne, wenn es vollendet war, um eine Stufe höher stand, als das früher Geborne.[319]

---

315 Ebd. [Hervorhebung im Original.]
316 Ebd., 6.
317 Vgl. ebd., 10.
318 Ebd., 8.
319 Ebd., 59.

Schlosser im Kontext des Historismus

Schlosser radikalisierte den naturalistischen Ansatz der Spätaufklärung. Insbesondere daran wurde von der nächsten Historikergeneration Schlossers ‚Rückständigkeit' festgemacht. Der bedeutende Althistoriker Robert von Pöhlmann (1852–1914) verdeutlicht dies: Während Schlosser „sich in kosmogonische und geogonische Betrachtungen, [...] vertieft" habe, hätten Leopold von Ranke und mit diesem die gesamte Geschichtswissenschaft, diese Horizonte ausgeblendet.[320] Auch Heinrich Leo (1799–1878) moniert in einer Rezension der *Universalhistorischen Uebersicht der Geschichte* von 1827, dass Schlosser „kein äusseres Ende des Gegenstandes findet" und sich „bis zu den Anfängen alles Seyns fortlocken lässt, wenn auch nur [...] um die grossentheils widersprechenden Resultate der Forschungen anderer in trockener Kürze neben einander zu stellen." Sein Resümee fällt entsprechend nüchtern aus. Er verstehe

> von dieser naturwissenschaftlichen Partie, welche sich an die Geschichte anreihen, und derselben gewissermaassen als Rahmen vorsetzen lässt, ohngefähr eben so wenig als der Herr Verfasser, doch selbst wenn er Meister darin wäre, würde er bei der Beurtheilung eines historischen Werkes lieber diesen Theil ganz aus dem Spiele lassen, um von dem eigentlich historischen Inhalt des Buches zu reden.[321]

Ein anonym gebliebener Rezensent des Werks kritisiert die geologischen Passagen zudem inhaltlich:

> Die zwei ersten Abschnitte, die der Verf. etwas sonderbar, ‚Vorweltliche und urweltliche Zeit' überschrieben hat, umfassen [...] die Revolutionen der Erde und die Entstehung des Menschen [...]. Ein bekannter Geolog und großer Naturforscher ist, so viel wir wissen, manchen Behauptungen Schlosser's entgegen; wir wünschen sehr, daß er seine Einwendungen irgendwo niederlegen möchte.[322]

Ein weiteres, abschließendes Beispiel für die Kritik des Historismus an Schlossers Natur und Kultur umfassendem Geschichtskonzept stammt von Ottokar Lorenz. Ironisch lobt dieser Schlossers „naive[...] Zuversicht", wie er mit „gutem und bewunderungwürdigem Muthe" gleich „die Oberfläche unserer Erde vor unsern Augen" aufbaue und versuche „mit Zuhilfenahme Buffons" und Soemmerrings, „sich mit den Naturwissenschaften auf einen halbwegs freundschaftlichen Fuß zu

---

320 *Pöhlmann*, Ranke's Weltgeschichte, 33.
321 *Leo*, [Rez.] Uebersicht, 359.
322 *Z.Z.*: [Rez.] Uebersicht, 794. Um wen es sich bei dem ‚bekannten Geolog' handelt, konnte nicht abschließend ermittelt werden. Könnte es sich um eine Anspielung handeln auf Alexander von Humboldt in seinen Berliner Vorlesungen 1827/28?

stellen." Er kommt zu dem Schluss, dass der „universalhistorische[...] Begriff Schlossers [...] völlig verfehlt und unhaltbar" sei.[323]

Friedrich Christoph Schlossers naturgeschichtliche Prägung

Obwohl Schlosser als Zeitgenosse Leopold von Rankes, Gustav Droysens und Wilhelm Diltheys seine maßgeblichen historischen Schriften erst spät im 19. Jahrhundert publizierte, weist seine Geschichtskonzeption zurück auf die Historiographie der Spätaufklärung und dabei insbesondere auf die methodologischen Ansätze von August Ludwig Schlözer[324] und Johann Gottfried Herder.[325] Allerdings hat Schlosser ebenso die geologischen Diskurse seiner Zeit rezipiert.[326] Dabei las er vorzugsweise „das Neueste und Geprüfteste"[327] – insbesondere „Cüviers Einleitung zur neuesten Ausgabe seines *unsterblichen Werks* über fossile Knochen".[328] In der emphatischen Formulierung drückt sich die Wertschätzung gegenüber dem in Württemberg geborenen Pariser Naturforscher aus. Diese zeigt sich auch in der Übernahme von Cuviers durch periodische Totalkatastrophen strukturiertem Geschichtsmodell: „Eigenthümlich ist unserer Zeit, und besonders Cuvier, der durchgeführte Beweis, daß eine Reihe successiver unvollkommener Schöpfungen auf der Erde Statt [sic!] gefunden habe, ehe sich die jetzige, und mit ihr zugleich der Mensch, aus dem Schooße der Dammerde entwickelte."[329]

Auch über Cuvier hinaus zeigt sich Schlosser in der einschlägigen Literatur bewandert. Alexander von Humboldt, „der umfassende Forscher der Naturge-

---

323 *Lorenz*, Geschichtswissenschaft, 33 und 39.

324 Bekanntschaft mit August Ludwig Schlözer machte Schlosser während seiner Studienzeit in Göttingen (1794–1797). Obwohl der erste Eindruck alles andere als günstig war, wurde Schlosser dennoch von Schlözer geprägt. Das zeigt sich insbesondere an dem von Schlözer übernommenen ‚Revolutionsbegriff'; vgl. *Schlosser*, Geschichte, 236; zum Verhältnis von Schlosser und Schlözer vgl. *Martirano*, Religion, 220.

325 Von Herders *Ideen* insbesondere den naturwissenschaftlichen Abschnitten wurde Schlosser beeinflusst; vgl. *Gölter*, Geschichtsauffassung, 177, 178 und 115 f., Fußn. 31; sowie *Lorenz*, Geschichtswissenschaft, 33 Anm. 1.

326 Bereits als Hauslehrer in Frankfurt maß er dem Studium der Naturwissenschaften eine große Bedeutung zu; vgl. *Schlosser*, Selbstbiographie, 29; vgl. auch *Gölter*, Geschichtsauffassung, 114.

327 *Schlosser*, Uebersicht 1826, 25, Fußn. y.

328 Ebd., 6. [Hervorhebung D.S.] – Schlosser bezieht sich hier auf die neueste Ausgabe von Cuviers *Discours sur les Révolutions de la surface du Globe* (Paris 1826), welche sich in seiner Bibliothek befand; vgl. *Haar*, Bibliothek, 48. Leider führt Haar die naturwissenschaftlichen Schriften im Besitz Schlossers nur unvollständig auf. Cuvier ist neben Leopold Gmelins *Handbuch der theoretischen Chemie* das einzige Werk, das er erwähnt.

329 *Schlosser*, Uebersicht 1826, 7. Zu Schlossers Wertschätzung von Cuvier; vgl. ebd., 12 und 6 f. Fußn. b).

setze“,[330] mit dem Schlosser persönlich bekannt war und vor dem er aufgrund seines eigenen „Naturstudium[s] [...] solche Achtung“ empfand, wird häufig als Referenz herangezogen.[331] Zudem beruft er sich auf Leibniz’ *Protogaea*,[332] auf Buffons *Époques de la nature*,[333] auf Karl Ernst Adolf von Hoffs *Geschichte der durch Ueberlieferung nachgewiesenen natürlichen Veränderungen der Erdoberfläche* (1822, 1824)[334] sowie auf Heinrich Friedrich Links damals gerade erschienene Schrift *Die Urwelt und das Altertum, erläutert durch die Naturkunde* (Berlin 1821–1822).[335] Kursorisch verwiesen wird zudem auf weitere Geologen wie Abraham Gottlob Werner,[336] Jean-André Deluc[337] und auf William Buckland.[338]

Schlossers Verhältnis zur biblischen Genesis

Man könnte meinen, dass der im letzten Drittel des 18. Jahrhunderts noch so heftige Konflikt zwischen ‚Genesis und Geologie‘ um 1830 inzwischen beigelegt worden sei. Am Ende von Schlossers Leben (1861) war es immerhin schon mehr als 100 Jahre her, dass Buffon seine *Histoire naturelle* (1749) publiziert hatte und diese Darstellungen öffentlich widerrufen musste. Auch Buffons *Époques de la nature* (1778) und nicht zuletzt Herders *Ideen zur Philosophie der Geschichte der Menschheit* (zuerst 1784) hatten bereits öffentlichkeitswirksam für die Akzeptanz geologischer Darstellungen plädiert.

Wie virulent allerdings der Konflikt zwischen Genesis und Geologie noch bis zur Mitte des 19. Jahrhunderts war, verdeutlicht die Publikationsgeschichte von Friedrich Christoph Schlossers weltgeschichtlichen Schriften. Die hier analysierte *Universalhistorische Uebersicht der Geschichte der alten Welt* (1826–1834) ist erstaunlicherweise die Einzige unter Schlossers weltgeschichtlichen Schriften, in welchem er auf die Geologie rekurriert. Ursächlich hierfür ist der Konflikt zwischen Genesis und Geologie.

---

330 Ebd., 8.

331 *Schlosser*, Selbstbiographie, 49. Schlosser bezieht sich insbesondere auf Humboldts damals gerade erschienenes Werk *Geognostischer Versuch über die Lagerung der Gebirgsarten in beiden Erdhälften* (1823); vgl. *Schlosser*, Uebersicht 1826, 3, 7, 8, 9.

332 Vgl. *Schlosser*, Uebersicht 1826, 6 f.

333 Ebd., 6, Fußn. b); vgl. auch ebd., 2 und 9.

334 Ebd., 17.

335 Ebd., 6, 12. Heinrich Friedrich Link (1767–1851) war Professor für Naturgeschichte an der Universität Rostock, anschließend für Chemie und Botanik in Breslau und später wieder für Naturgeschichte an der Friedrich-Wilhelms-Universität Berlin.

336 Vgl. ebd., 9.

337 Vgl. ebd.

338 Ebd., 6 f., Fußn. b).

Die Beschäftigung mit der Weltgeschichte reicht zurück in Schlossers Frankfurter Zeit (1810 – 1819). Als Professor am dortigen Lyceum Carolinum konzipierte er eine *Weltgeschichte in zusammenhängender Erzählung* (1815 – 1841), deren erster Band noch ebendort erschien.[339] In diesem Werk bezeichnete Schlosser bei allen die Urgeschichte betreffenden Fragen die Bibel als maßgebliche Referenz und bezog sich maßgeblich auf deren Darstellungen: „Da die heiligen Schriften der Juden die einzigen vollständig erhaltenen Documente der ältesten Geschichte sind, so sollten wir mit der Geschichte des jüdischen Volks [...] unsere Erzählung anfangen".[340]

Im Jahre 1817 erhielt Schlosser einen Ruf nach Heidelberg. Hier konzipierte er die bereits oben ausführlich besprochene *Universalhistorische Uebersicht der Geschichte der alten Welt und ihrer Cultur* (1826 – 1834). Zwar verstand sich das Werk, wie Schlosser im Vorwort mitteilt, „eigentlich nur [als] eine verbesserte Auflage des ersten Theils der Weltgeschichte in zusammenhängender Erzählung".[341] Jedoch nahm Schlosser umfangreiche Änderungen vor und begründete sie durch die Ausrichtung auf eine neue Zielgruppe.[342] Die im Vorwort thematisierte methodische Neuausrichtung betraf ausschließlich den ersten Band und dort insbesondere die Abschnitte ‚Vorweltliche Zeit' und ‚Urweltliche Zeit' – also die ‚geologischen' Abschnitte.[343] Mit den Änderungen distanzierte sich Schlosser jedoch vehement von der biblischen Genesis. Er sei entschlossen, „die Fesseln", welche die Geschichte „lange genug beschränkt" hätten, abzulegen und plädierte für eine „freiere Weltsicht, ohne welche Geschichte unmöglich ist".[344]

Die Brisanz seines Vorhabens tritt in den mehrfachen Entschuldigungen Schlossers hervor. Beschwichtigend antizipierte er die Einwände seiner Kritiker und bat um Nachsicht: „Es ärgere sich aber Niemand, wenn wir auf den Gott, der eine verborgene Ursache seyn soll, keine Rücksicht nehmen."[345] Allerdings seien

339 *Schlosser*, Weltgeschichte 1815 – 1841. Der anfangs überblicksartige Entwurf entwickelte sich zu einer umfangreichen Darstellung, die Schlosser fast 30 Jahre lang beschäftigte. Die einzelnen Teile erschienen in den Jahren 1815, 1817, 1818, 1821, 1824, 1839 und 1841.

340 *Schlosser*, Weltgeschichte Bd. 1 1815, 1.

341 *Schlosser*, Uebersicht 1826, iii.

342 Vgl. ebd., iiif.

343 Ebd., 1–156.

344 Ebd., 5 f.

345 Ebd., 5; vgl. auch ebd., 4. Am Rande sei erwähnt, dass Schlosser abstritt, dass die ganze Menschheit von einem einzigen Paar abstamme. Hingegen nahm er unterschiedliche ‚Menschenstämme' an; vgl. ebd., 26; in diesem Zusammenhang spricht er auch von hybriden Lebewesen, „Thierpflanzen und Pflanzenthire[n]", welche die Vorgänger der heutigen Flora und Fauna seien; ebd., 11. Schlossers entwicklungsgeschichtliche Vorstellungen können aus Platzgründen nicht aufgearbeitet werden.

die biblischen Darstellungen nicht mehr akzeptabel. Das unhistorische Bild einer nach der Schöpfung unveränderten Erde stände im Gegensatz zu den neuesten Ergebnissen der geologischen Forschung. Da er überall „Fortgang und Geschichte" sehe, wage er nicht „willkürlich einer Gottheit Wort anzunehmen."[346]

Einige Jahre später distanzierte sich Schlosser allerdings wieder von den geologischen Passagen des ersten Bandes und beteuerte im Vorwort des IV. Bandes, er werde diese in einer Neuauflage des Werkes tilgen: „Uebrigens würde der Verf. bey einer neuen Auflage mit dem ersten Theil einige Veränderungen vornehmen, die um vieles bedeutender seyn werden. Er würde besonders die Geologie weglassen." Als Begründung führte Schlosser die theologische Brisanz der Geologie an: Er werde „hauptsächlich Alles austilgen, was religiösen Personen Anstoß gegeben hat".[347]

In seinem dritten weltgeschichtlichen Werk, der *Weltgeschichte für das deutsche Volk* (1844 – 1857), setzte Schlosser dieses Vorhaben schließlich in die Tat um und distanzierte sich von der Geologie. Inhaltlich basiert das Werk fast vollständig auf seinen bereits publizierten weltgeschichtlichen Schriften.[348] Nur die Bände 9 – 15 über das 15. bis 17. Jahrhundert wurden neu konzipiert. Die Bände 5 – 8 fußen auf der Frankfurter *Weltgeschichte*, die Bände 16 – 18 auf Schlossers *Geschichte des achtzehnten Jahrhunderts* und die ersten vier Bände auf der *Universalhistorischen Uebersicht* und ihren ausführlichen geologischen Diskursen.[349] Diese wurden jedoch der Vorankündigung entsprechend getilgt. Begründet wird dieser Ausschluss durch einen veränderten Adressatenbezug. Während „der universalhistorische Abriß aus den Heften seiner Vorlesungen für junge Gelehrte entstanden war",[350] sei die populärwissenschaftliche Weltgeschichte auf ein ganz anderes Publikum ausgerichtet, so Schlosser im Vorwort:

> Die gegenwärtige Weltgeschichte hat einen ganz andern Zweck. Es sollen nicht junge Gelehrte aufmerksam gemacht werden, wie eng die Geschichte des Menschen mit Naturgeschichte und Naturwissenschaft überhaupt zusammenhängt, sondern es sollen dem größern Publikum Thatsachen und Resultate kurz vorgetragen, alles Individuelle und Hypothetische

---

346 Ebd., 4.

347 *Schlosser*, Uebersicht Bd. 3,4 1834, iv. Allerdings scheint ihm der Ausschluss nicht sachlich gerechtfertigt zu sein, da aller Ärger nur auf Missverständnissen beruhe; vgl. ebd. In einem späteren Werk rechtfertigt Schlosser die geologischen Exkurse in der *Universalhistorischen Uebersicht* hingegen gewunden. Er vermittelt den Anschein, als wären sie ‚aus Versehen' hineingeraten; vgl. *Schlosser*, Weltgeschichte Bd. 1 1844, xi.

348 Das Werk wurde maßgeblich von Schlossers Schüler Georg Ludwig Kriegk (1805 – 1878) kompiliert. Zum Entstehungsprozess vgl. *Stegmüller*, Popularisierungsstrategien.

349 *Gottlob*, Schlosser, 574 f.

350 *Schlosser*, Weltgeschichte Bd. 1 1844, x.

> aber ausgeschlossen werden.
> Kosmogonische und geogonische Betrachtungen sind daher hier nicht angebracht [...].[351]

Die naturalistischen Exkurse seien zudem zu komplex und voraussetzungsreich, um sie einem fachfremden Publikum in Kürze zu erläutern:

> Die ersten Kapitel des universalhistorischen Abrisses, welche kosmogonische und geogonische Winke, zum Theil auch Anthropogonie enthalten, mußten daher schon aus dem einzigen Grunde hier weggelassen werden, weil der Inhalt derselben dem Publikum, für welches diese Weltgeschichte bestimmt ist, ohne sehr große Ausführlichkeit und Breite des Vortrags nicht würde klar und leicht haben vorgetragen werden können.[352]

Zudem verletzten die geologischen Passagen die religiösen Empfindungen der Rezipienten: „Frommen, mit Philosophie und Naturwissenschaft unbekannten Gemüthern hätte außerdem leicht Ärgerniß gegeben werden können, weil sie ohne Zweifel manches würden mißverstanden haben."[353] Ein weiteres Argument Schlossers ist, dass die geologischen Darstellungen in der *Universalhistorischen Uebersicht* inzwischen veraltet seien und komplett überarbeitet werden müssten.[354] Auch dieses Argument überzeugt nicht, denn auch andere Bereiche der Monographie wurden entsprechend modifiziert.

Die Tilgung der erdgeschichtlichen Bezugnahmen hinterließ in der *Weltgeschichte für das deutsche Volk* eine Lücke. Die Frage, „wo und wie man nach Weglassung der Kosmogonie und Geogonie und anderer im universalhistorischen Abriß enthaltenen Betrachtungen beginnen solle", stellte für Schlosser ein Problem dar.[355] Fast wäre er wieder in überkommene Muster verfallen. Er

> glaubte anfangs, es würde am besten sein, mit der Mosaischen Schöpfungsgeschichte zu beginnen. Diese gilt bei dem Publikum, für welches dieses Buch bestimmt ist, für die zuverlässigste Geschichte, hat seit Einführung des Christentums dafür gegolten, und muß in unsern christlichen Staaten in den Schulen gelehrt werden.[356]

---

351 Ebd. Die *Weltgeschichte für das deutsche Volk* richtete sich an ein breites Publikum ohne Fachkenntnisse und gehört zu Schlossers erfolgreichsten Werken. Die Auflagenhöhen sind schwierig zu ermitteln. Stegmüller schätzt, dass die *Weltgeschichte* insgesamt 14 Auflagen erlebte und etwa 100 000 Exemplare verkauft wurden; vgl. *Stegmüller*, Popularisierungsstrategien, 199. Haar spricht sogar von 24 Auflagen, die das Werk bis 1898 erlebte; vgl. *Haar*, Bibliothek, 18. Bibliographisch nachgewiesen ist auch eine (bearbeitete und ergänzte) 25. Jubiläumsausgabe Berlin/Stuttgart 1901–04.
352 Ebd., xi.
353 Ebd., x.
354 Ebd., xf.
355 Ebd., xiii.
356 Ebd.

Diese letzte Kehrtwende zurück zur Darstellung der Genesis wird von Schlosser nur angedeutet, aber nicht vollzogen. Dennoch verdeutlicht sie Schlossers ambivalentes Verhältnis zur Urgeschichte der Erde. Das mehrfache Lavieren zwischen verschiedenen Geschichtskonzeptionen belegt die schwer überbrückbare Diskrepanz, die zwischen ‚Genesis und Geologie' auch in der Mitte des 19. Jahrhunderts immer noch bestand. Schlossers Rechtfertigungen, seine mehrfachen Entschuldigungen und der Hinweis auf ‚fromme Gemüter' lassen die Brisanz des Konflikts von Genesis und Geologie erahnen. Dabei muss Schlossers ambivalente Haltung als ein Zugeständnis an die Rezipienten verstanden werden. Er selbst machte bereits in der Schule durch Religionskritik auf sich aufmerksam – wofür er „tüchtig maulschellirt[...]" wurde.[357] Auch später blieb er dieser Haltung treu und resümiert sein ambivalentes Verhältnis zur Bibel wie folgt:

> Nicht, als wäre ich im christlichen Sinne fromm gewesen, nein, den christlichen Glauben hatte ich eigentlich gar nicht, aber ich fühlte doch, daß der bloße Verstand nicht ausreiche im Leben; mein Hang und meine Phantasie waren zu warm, als daß ich nicht die Bibel hätte verehren sollen, während ich die Dogmatik der Gelehrten mit Füßen trat.[358]

Schlossers transhumane Geschichtsperspektive

In der *Universalhistorischen Uebersicht der Geschichte der alten Welt* macht Schlosser keinen Unterschied zwischen den Geschichtsverläufen in Natur und in Kultur. Das Spektrum der geschichtlichen Entwicklung umfasst die Erdgeschichte ebenso wie die Geschichte des Menschen. Diese ist als Teil der ‚animalischen Schöpfung' fest in der Naturgeschichte verankert. Das grundlegende Struktur- und Entwicklungsmodell, welches Schlosser der geschichtlichen Entwicklung zu Grunde legt, ist der Revolutionsbegriff, der Entwicklungen in Natur wie auch Kultur gleichermaßen erfasst: „[N]icht bloß das menschliche Geschlecht, sondern die ganze irdische belebte und unbelebte Natur" entwickele sich auf diese Weise.[359] Die von Schlosser evozierten periodisch eintretenden Totalrevolutionen stellen ein kontingentes Element in seinem Geschichtskonzept dar. Eine ‚Schöpfung' nach der anderen wird unter dem „Schutt von Sand, Thon, Mergel begraben".[360] Zwischen den verschiedenen Katastrophen ist z. T. nur ein Minimum von

357 Vgl. *Schlosser*, Selbstbiographie, 12.
358 Ebd., 13. Zwar studierte Schlosser in Göttingen Theologie. Allerdings geschah dies eher aus pragmatischen Interessen; vgl. *Wegele*, Schlosser, 533; sowie *Sellier-Bauer*, Schlosser 2004, 19.
359 *Schlosser*, Uebersicht 1826, 6. Den naturgesetzhaften Charakter dieses Geschichtsmodells markiert Schlosser eigens durch Kursivierung: „Auch diese erste Thierschöpfung *mußte* untergehen; die Revolutionen dauerten fort"; ebd., 16. [Hervorhebung im Original.]
360 Ebd., 14.

Kontinuität zu erkennen, oft handelt es sich um Aussterbeereignisse von globalem Maßstab.[361] Aufgrund der brutalen Zäsuren ist die weitere Entwicklung, zumindest mittelfristig, unabsehbar, eine ununterbrochene Höherentwicklung undenkbar.[362]

Mit diesem Geschichtsmodell weicht Schlosser vom oft beschriebenen ‚Fortschrittsoptimismus der Aufklärung' grundlegend ab.[363] Die zu Grunde gelegte Verlaufsvorstellung besitzt einen dialektischen Charakter, da „stets aus dem Tode das Leben, aus dem Verblühen des einen Theils das Aufblühen eines andern, aus jeder Verwesung eine Auferstehung" hervorgeht.[364] In der Grundeinsicht, dass auf jede Totalvernichtung eine Neuschöpfung gefolgt sei, „daß stets aus dem Tode das Leben [...], aus jeder Verwesung eine Auferstehung hervorging", zeige sich „ein ewiges Gesetz". Jeder, der diesem Gesetz vertraue, könne „sein eigenes Schicksal leichter ertragen, und wenn er, der Einzelne, seine Zeit im traurigen Zurückschreiten zu finden glaubt, mehr von diesem ewigen Gesetze, als von der Menschen Weisheit oder Thorheit fürchten oder hoffen."[365]

Obwohl Schlosser der Gesamtgeschichte eine Entwicklung „zum Vollkommnern"[366] zugesteht, und somit ein teleologisches und auch optimistisches Moment zu erkennen ist, ist dieses Geschichtsmodell – zumindest aus menschlicher Perspektive – gleichzeitig auch zutiefst pessimistisch, denn es ist dennoch nicht ausgeschlossen, dass die nächste große Revolution alles menschliche Leben auf der Erde vernichtet. Zudem konzipiert Schlosser einen Geschichtsentwurf, der den Menschen aus dem Zentrum der Geschichte verbannt und sein Augenmerk auf die ‚großen Revolutionen' richtet. Im Mittelpunkt des geschichtlichen Überblicks steht „die mit dem hervorbringenden Vermögen begabte Erde".[367] Die Menschheit, präsumtives Subjekt jeder geschichtlichen Erzählung, ist nur eine von vielen sukzessiven Neuschöpfungen. Von einem universalen Standpunkt gesehen ist die menschliche Geschichte, so Schlosser, nichts weiter als die Erzählung „eines kleinen Geschöpfs auf einer der kleinsten Kugeln unter den Weltkörpern in unserem Weltraum, deren Zahl die Quadrillionen und Trillionen des menschlichen Zählens nur lallend ausdrücken."[368]

361 Vgl. ebd., 12.
362 *Martirano*, Religion, 221.
363 Vgl. auch *Gottlob*, Geschichtsschreibung, 261 f.
364 *Schlosser*, Uebersicht 1826, 6.
365 Ebd.
366 Ebd.
367 Ebd., 18; vgl. dazu *Martirano*, Religion, 221.
368 *Schlosser*, Uebersicht 1826, 5.

Diese Marginalisierung bleibt jedoch ambivalent. In der Überschreitung des menschlichen Horizonts liege auch ein Trostpotential, denn angesichts der kosmischen Weiten schwinde ebenso die Bedeutung menschlichen Leidens: Indem sich der Mensch „in den unermeßlichen Raum des Weltalls“ versenke, vergesse er, „der Erde Leid.“[369] Allerdings ist in dieser Argumentation auch ein resignatives Element spürbar. Die Beschäftigung mit der transhumanen Perspektive bedeutet eher eine Ablenkung vom Leiden als eine Aufhebung desselben. Das Leid wird nicht gerechtfertigt, sondern es wird schlichtweg ‚vergessen‘. So schwingen in dieser radikalen Verkleinerung auch zynische Untertöne mit, die nicht vollständig ausgeblendet werden können. Sie klingen an, wenn Schlosser schreibt: „Sein [des Menschen; D.S.] Auge, bestimmt gen Himmel zu schauen, erkannte eine Menge von Welten, und lehrte ihn *die Erde verachten.*“[370] Hier klingt bereits als frühe Reflektionsstufe ein sich später bei Schopenhauer oder Nietzsche als fast abgrundtief erweisender Zynismus an. Im Vergleich mit kosmischen Maßstäben sei die Erde zu vernachlässigen, ihr käme, wenn überhaupt, eine völlig unbedeutende Stellung zu; und noch viel mehr dem menschlichen Geschlecht, das auf diesem Planeten seine Existenz fristet.[371] Diese Spannungen und Widersprüche werden nicht aufgelöst.

369 Ebd., 53; vgl. zu diesem Problemkomplex *Braungart*, Katastrophen 2007, 17–19; sowie *Braungart*, Poetik, 58–62.

370 Ebd. [Hervorhebung D.S.].

371 Gleichzeitig verweisen diese Passagen auf Vertreter der radikalen Aufklärung, wie z. B. auf Baron d'Holbach, mit dessen Schriften Schlosser „innig[...]“ vertraut war; vgl. *Schlosser*, Selbstbiographie, 37.

5 Die Enthistorisierung der Natur im Kontext des Historismus

5.1 Die Entzeitlichung der Natur im 19. Jahrhundert

Die produktive Diskurskonstellation zwischen geologischen Entwicklungskonzepten und historiographischen Modellen änderte sich im 19. Jahrhundert: Während im Jahrhundert zuvor die Geschichte durch den Einbezug geologischer Theorien naturalisiert wurde, emanzipierte sie sich im 19. Jahrhundert sehr energisch von der Naturgeschichte. Der geologischen Entgrenzung und Dynamisierung der Zeit im 18. Jahrhundert steht, so hat es den Anschein, eine statische, durchaus schematische Naturkonzeption bei wichtigen Vertretern des Historismus gegenüber. Die erkenntnisträchtige Symbiose zwischen Erdwissenschaften und Geschichtswissenschaften ging damit spätestens um die Mitte des 19. Jahrhunderts verloren. Mit der ‚Verzeitlichung' der Naturgeschichte im 18. Jahrhundert, so die untersuchungsleitende Hypothese, korrespondiert ihre ‚Entzeitlichung' im 19. Jahrhundert.

Die Vorstellung einer ‚Entzeitlichung' geht zurück auf eine Beobachtung von Wolf Lepenies. Dieser postulierte, dass der Übergang zu verzeitlichten Ordnungen am Beginn der Moderne „kein irreversibler Prozeß" gewesen sei. Lepenies' „noch weitgehend spekulative Vermutung" ist es, „daß die Epoche der Moderne, die an ihrem Beginn durch Verzeitlichungstendenzen in den Wissenschaften beschrieben werden kann, in eine Phase der Enthistorisierung mündet", denn „[i]m 19. und 20. Jahrhundert zeigen sich in den Einzeldisziplinen vielfältige Versuche, Verzeitlichungsvorgänge im Gegenstandsbereich wie in der Theorieform und Organisationsstruktur wieder rückgängig zu machen."[1]

Diese Hypothese wird im Folgenden geprüft: In diesem Kapitel wird erstmals systematisch das Verhältnis des Historismus[2] zur überaus populären Vorstellung

1 *Lepenies*, Naturgeschichte, 20. Auch in der Forschung wurden diese Überlegungen, soweit ich sehen konnte, noch nicht weitergeführt; vgl. auch *Seifert*, Verzeitlichung, 476: Dieser kritisiert den Verzeitlichungs-Begriff. Die Voraussetzung einer im späten 18. Jahrhundert stattfindenden ‚Verzeitlichung' sei ein Prozess der ‚Entzeitlichung' im späten 17. bzw. frühen 18. Jahrhundert gewesen.

2 Der Historismus-Begriff ist vieldeutig und umstritten. Holzschnittartig lässt sich eine ‚weite' und eine ‚enge' Begriffsverwendung unterscheiden. Dieser Arbeit wird ein ‚enges' Begriffsverständnis zu Grunde gelegt, um das gegenüber der Spätaufklärung veränderte Naturverständnis zu betonen: ‚Historismus' bezeichnet damit eine geschichtswissenschaftliche Methodik, die sich programmatisch von der Aufklärungshistoriographie abgrenzt, die aber dennoch viele Gemeinsamkeiten mit derselben aufweist. Sie wird zur Mitte des 19. Jahrhunderts in Deutschland u. a. mit

https://doi.org/10.1515/9783110650518-009

einer verzeitlichten Naturgeschichte untersucht. Exemplarisch wird dazu Johann Gustav Droysens *Historik* analysiert. Da diese Schrift *das* theoretische Fundament des Historismus im 19. Jahrhundert ist und für die Ausbildung und Entwicklung der Geschichtswissenschaft paradigmatische Bedeutung besitzt, kann sie die Positionen sowie die Tendenzen der Geschichtswissenschaft in der zweiten Hälfte des 19. Jahrhunderts exemplarisch verdeutlichen.[3] Ausgangspunkt ist dabei die Beobachtung, dass die bereits im 17. und 18. Jahrhundert verzeitlichte Naturgeschichte im Kontext des Historismus wieder ‚enthistorisiert' und als ‚uneigentliche' Geschichte depotenziert wurde. Angesichts der engen Verzahnung von Naturgeschichte und Menschengeschichte in der Spätaufklärung, die sich auch bei Friedrich Christoph Schlosser – und damit bei einem sehr populären Zeitgenossen Droysens[4] – noch prägnant zeigte, ist zu fragen, wie es bei Droysen zu einem Dualismus von ‚Natur' und ‚Geschichte' kommen konnte und wie dieser begründet wird. Die irritierend anachronistischen Züge im Naturbild eines der führenden Vertreter des Historismus wurden von der Forschung zwar registriert, jedoch nicht weiter auf ihre diskursiven Kontexte befragt.[5]

Während bislang die Konvergenzen von geologischen Entwicklungskonzepten und historiographischen Geschichtsmodellen im Mittelpunkt standen, wird mit dieser Fragestellung das Ende der produktiven Diskurskonstellation in den Blick genommen. Dabei ist die Grundannahme, dass auch die Geschichtskonzepte des Historismus durch die Entdeckung der geologischen Tiefenzeit beeinflusst wurden, allerdings auf eine andere Weise als jene der Historiographie der Spätaufklärung: Während sich der Einfluss geologischer Theorien auf die Aufklärungshistoriographie durch direkte Rezeptionszeugnisse zeigt, wird im Historismus historisch-genetisches Denken in erklärter Abgrenzung zur vermeintlich zyklischen Geschichtlichkeit der Natur definiert. Methodischer Bezugspunkt ist hierbei Michel Foucaults Metapher der ‚Grenze', welche dieser im Vorwort von *Wahnsinn und Gesellschaft* wie folgt charakterisiert:

---

den Namen Leopold von Ranke, Johann Gustav Droysen, Heinrich von Treitschke, Jacob Burckhardt verbunden; vgl. zu diesem Begriffsverständnis: *Reill*, Aufklärung; *Goertz*, Umgang, 41 f.; *Niefanger*, Historismus, 1410. Einen Überblick über die Vielzahl der Historismus-Begriffe gibt *Schlott*, Mythen; vgl. auch: *Jaeger/Rüsen*, Geschichte; *Oexle*, Geschichtswissenschaft; *Fulda/Jaeger*, Historismus.

3 Vgl. *Schnädelbach*, Geschichtsphilosophie, 89; vgl. auch *Rüsen*, Konfigurationen, 243.

4 Schlossers publizistischer Erfolg übertraf denjenigen Leopold von Rankes bei weitem; vgl. *Jaeger/Rüsen*, Geschichte, 5; sowie *Berthold*, Sachverwalter, 76. Zu Schlosser vgl. Kap. II.4.7 Friedrich Christoph Schlossers geologische Geschichte.

5 Meistens wird nur pauschal die bereits erläuterte Frontstellung gegen die empirischen Wissenschaften als Begründung angeführt; vgl. *Fellmann*, Natur, 75 und 82; *Kohlstrunk*, Logik, 145; *Conze*, Evolution, 18 f.; weitaus ausführlicher und differenzierter ist *Beiser*, Tradition, 315 f.

> Man könnte die Geschichte der *Grenzen* schreiben – dieser obskuren Gesten, die, sobald sie ausgeführt, notwendigerweise schon vergessen sind [...]; und während ihrer ganzen Geschichte sagt diese geschaffene Leere, dieser freie Raum, durch den sie sich isoliert, ganz genau soviel über sie aus wie über ihre Werte; [...]. Eine Kultur über ihre Grenzerfahrungen zu befragen, heißt, sie an den Grenzen der Geschichte über eine Absplitterung, die wie die Geburt ihrer Geschichte ist, zu befragen.[6]

Bezogen auf den Historismus bedeutet das: Methodisch wird der Historismus aus der Widersprüchlichkeit begriffen, dass ein dezidiert historisches Denken einen beträchtlichen Teil der Historie, die Naturgeschichte, ausklammert und ihr den Status der Geschichtlichkeit abspricht. Dieser Zugang über die ‚Peripherie', der die Antinomien des Historismus thematisiert, möchte denselben durch dasjenige verstehen, was er ausblendet und zurückweist. Der heuristische Ansatz dabei ist, dass sich die Geschichtsauffassung des Historismus besonders gut durch diese Momente der Abgrenzung charakterisieren lässt. Erst durch die rigorose Abkopplung von einer dynamisierten Naturgeschichte erhält der Historismus sein heuristisch eigentümliches Profil.[7]

Die Ursachen der anachronistischen Naturkonzeption des Historismus liegen, so die Hypothese, insbesondere in der Konturierung der eigenen geschichtstheoretischen Position: Die Entdeckung der Tiefenzeit vernichtet die Sonderstellung des Menschen auf der Erde. Diese Bedrohung des Anthropozentrismus wird – schematisch gesprochen – durch die Ausblendung der Erkenntnisse der Geologie kompensiert, mit der Folge, dass die Erde als Planet in den Status der Geschichtslosigkeit abgedrängt wird. Damit wurde jedoch nicht nur die ‚äußere' Natur entzeitlicht, sondern auch jene des Menschen. Als biologisches Wesen bzw. als Gattung ist der Mensch dem ewigen Lauf des Vergehens und Entstehens entzogen. Entwicklungsgeschichtliche Hypothesen über die Verwandtschaft von Mensch und Affe oder erdgeschichtliche Spekulationen über ein Aussterben des Menschen erscheinen damit als überholt.

Die Signifikanz dieses Problemszenarios verdeutlichen die bekannten Historismus-Kritiken Friedrich Nietzsches und Ernst Troeltschs sowie die geschichtsphilosophischen Reflexionen Karl Jaspers', welche eine verstärkte Berücksichtigung transhumaner Geschichtsperspektiven vehement einfordern. Allerdings wurden diese Zusammenhänge bislang weitgehend ignoriert. Das hat nicht zuletzt dazu geführt, dass Droysens „nicht nur mißverständnisträchtige,

6 *Foucault*, Wahnsinn, 9. [Hervorhebung im Original.]
7 Vgl. *Fellmann*, Natur, 75 und 82.

vielmehr schlicht falsche Entgegensetzung der Temporalstrukturen von Naturgeschichte und Kulturgeschichte bis heute wirkungsreich geblieben“ ist.[8]

5.2 Erdgeschichte als uneigentliche Geschichte: Johann Gustav Droysens *Historik*

Die ‚frühen‘ Vertreter des Historismus rekurrierten noch auf einen ‚weiten‘ Geschichtsbegriff, der auch die Geschichte der Natur umfasste: Mitte der 1830er Jahre notierte Leopold von Ranke in sein Tagebuch: „Auch die Natur wird Historie. Die jetzige Organisation ist aus der Revolution der Erdoberfläche entsprungen; sie hat einen geologischen Grund.“[9] Wilhelm von Humboldt postulierte sogar, dass Natur und Geschichte von denselben grundlegenden Gesetzen bestimmt seien: „Dennoch ist es unläugbar, dass die physische Natur nur Ein grosses Ganze mit der moralischen ausmacht, und die Erscheinungen in beiden nur einerlei Gesetzen gehorchen.“[10] Der konservative Historiker Friedrich von Raumer (1781–1873) fordert sogar: „Damit die Geschichte der Menschheit aufgehellt werde, mußte man die Geschichte der Erde erforschen“.[11]

Im Gegensatz dazu entwickelten die zentralen Protagonisten des Historismus in der Mitte des 19. Jahrhunderts eine Wissenschaftsmethodik, welche ‚Geschichte‘ ausschließlich im hermeneutischen Sinne konzipierte und sie zu einer Form des Verstehens durch schöpferische Einfühlung stilisierte. Geschichtswissenschaftliche Erkenntnis wurde als „methodisch kontrollierte Form eines historischen Reflexionsprozesses“ definiert, „in welchem die Geschichte als sinn-

---

8 *Lübbe*, Zug, 381.

9 *Ranke*, Tagebücher, 239; zudem rekurrierte Ranke metaphorisch auf Analogien zwischen Erdgeschichte und Menschengeschichte; vgl. *Ranke*, Französische Geschichte, 19. Allerdings plädierte Ranke aus methodischen Gründen dafür, die Natur aus der Geschichte auszuschließen; vgl. *Ranke*, Idee, 84. Im gleichen Text etwas später stellt Ranke jedoch klar, dass dieser Ausschluss nur pragmatische und nicht ontologische Ursachen habe: „Weltgeschichte im vollen Sinne des Wortes würde die Geschichte des allgemeinen Werdens der Dinge von Anfang an umfassen, eine Disziplin, wie die Fortschritte der Astronomie und Geologie, der Naturwissenschaften überhaupt sie wenigstens möglich erscheinen lassen.“ Ebd., 198. Der methodische und pragmatische Ausschluss der Erdgeschichte aus dem Forschungsbereich des Historikers hat nicht zur Folge, dass Ranke dieselbe vollständig ausblendet, in Gegenteil: In seinen *Vorlesungseinleitungen* finden sich ausführliche Passagen zur Geschichte der Erde; vgl. exemplarisch ebd., 340. Rankes Verhältnis zu den empirischen Wissenschaften ist noch weitestgehend unerforscht; vgl. zum Einstieg: *Liebel-Weckowicz*, Ranke; sowie *Reill*, History.

10 *Humboldt*, Geschlechtsunterschied, 314; zu Humboldt vgl. *Reill*, History; sowie *Reill*, Historisierung, 54 f.

11 *Raumer*, Vorlesungen Bd. 1. 1847, 3.

hafte Selbsthervorbringung und Objektivation des dem Menschen (gattungs-) spezifischen Geistes verstanden und gegenwärtige menschliche Handlungsentwürfe als sinnvoll [...] ausgewiesen werden."[12] Diese im emphatischen Sinn auf ‚Verstehen' gerichtete Definition von Geschichte wurde den ‚erklärenden', da vermeintlich ausschließlich mit Konstanten und Gesetzmäßigkeiten befaßten Naturwissenschaften diametral entgegengesetzt.

Exemplarisch zeigt sich die Tendenz in Johann Gustav Droysens *Historik*. Hervorgegangen ist die Schrift aus einer *Vorlesung über die Enzyklopädie und Methodologie der Geschichte*, welche Droysen zwischen 1857 und 1882/83 insgesamt 17 Mal hielt.[13] Sie diente einerseits der didaktischen und der propädeutischen Grundausbildung angehender Historiker; andererseits begründete sie die methodische Grundausrichtung bzw. das fachwissenschaftliche Profil der Geschichtswissenschaft. Es war eine

> Vorlesung über die Grundlagen der Geschichtswissenschaft, über die Ordnung des von ihr forschend produzierten historischen Wissens, über die methodischen Regeln dieser Forschung, über die Formen, in denen das historische Wissen historiographisch präsentiert wird und über die Zusammenhänge, in denen die Geschichte als Fachwissenschaft mit dem kulturellen und politischen Leben ihrer Zeit steht [...].[14]

Der Vorlesung wurde bereits im Jahre 1858 ein nicht über den Buchhandel erhältliches Vorlesungs-Skript mit dem Titel *Historik* beigegeben, welches 1862 neu aufgelegt wurde. „Häufige Nachfragen auch aus der Fremde"[15] führten dazu, dass die *Historik* schließlich 1868 erstmals publiziert wurde; 1875 und 1882 erschienen zudem zwei teilweise erheblich veränderte Neuauflagen.[16]

Im Mittelpunkt der folgenden Untersuchung steht ein Abschnitt der *Historik* mit dem Titel ‚Geschichte und Natur'. Dieser im Jahre 1866 entstandene Text[17]

12 *Leyh*, Vorwort, xf.
13 Ebd., ix.
14 *Jaeger/Rüsen*, Geschichte, 54.
15 *Droysen*, Grundriss, ohne Paginierung [V].
16 Im Folgenden wird vornehmlich die Ausgabe von Hübner zitiert, die auf die Manuskripte des Kollegs von 1882/83 und damit auf die ‚Ausgabe letzter Hand' rekurriert. Die vorhandenen, z. T. erheblichen editorischen Mängel berühren meine Fragestellung nicht. Die neuere Ausgabe von Peter Leyh bezieht sich maßgeblich auf die erste handschriftliche Fassung der *Historik*, das Vorlesungsmanuskript aus dem Sommersemester 1857, welches den Abschnitt ‚Natur und Geschichte', der erst 1866 entstanden ist, noch nicht enthält. Die hier relevanten und sehr prägnanten Ausführungen Droysens finden sich nur bei Hübner. Zu den unterschiedlichen editorischen Grundsätzen und zur Textgenese vgl. *Hübner*, Vorwort; sowie *Leyh*, Vorwort.
17 Vgl. die Einschätzung von Horst Walter *Blanke* in: *Droysen*, Historik. Supplement, 63 und 65.

thematisiert fast ausschließlich die in dieser Arbeit zentrale Frage.[18] Seine grundlegende Bedeutung im Kontext der *Historik* zeigt sich an seiner exponierten Stellung. Er ist in methodischer Hinsicht Teil von Droysens Geschichtsdefinition und in systematischer Hinsicht Teil der Einleitung und damit allen anderen Ausführungen, gleichsam als Programmtext, vorangestellt. Seine Bedeutung wird von Droysen im Vorwort der Historik von 1868, in welcher er erstmals erschien, gesondert hervorgehoben: „Der zweite [Aufsatz; D.S.]: ‚Natur und Geschichte' wurde auf Anlass einer Discussion geschrieben, in der alle Vortheile des metaphysischen Standpunktes auf der Seite meines Gegners waren."[19]

Gleich zu Beginn seines Kapitels ‚Natur und Geschichte' konstatiert Droysen die Verschiedenartigkeit von ‚Natur' und ‚Geschichte'. Der maßgebliche Unterschied sei die Zeit, welche in der Natur eine vernachlässigbare Bedeutung besitze, während sie das Alleinstellungsmerkmal der menschlichen Welt sei. Dies begründet Droysen erkenntnistheoretisch: „Unsere Auffassung wird die Erscheinungen in die eine oder andere Reihe stellen [Raum oder Zeit; D.S.], je nachdem der Moment der Zeit oder des Raumes ihr als das Überwiegende erscheint."[20] Im weiteren Verlauf wird aus dem vermeintlichen erkenntnistheoretischen Unterschied ein ontologischer Gegensatz, da in ‚Natur' und ‚Geschichte' qualitativ unterschiedliche Zeitformen maßgeblich seien. Im Hinblick auf die Natur geht Droysen dabei ausschließlich von einem zyklischen Zeitbegriff aus:

> Die Pflanze, das Tier hat wohl einen zeitlichen Verlauf, aber das Weizenkorn, in die Erde gelegt, wird durch Halm, Blüte, Ähre zu einer Wiederholung gleicher Körner. Und ähnlich das Tier, ähnlich das Gesamtleben der Erde, die ganze siderische Welt, deren Wesentliches uns ihr regelmäßiges Auf- und Niedergehen ist.[21]

Abweichend vom allgemeinen Kenntnisstand seiner Zeit begreift Droysen Veränderungen in der Natur als rein zyklisch und legt damit den Zeitbegriff der Natur auf Nicht-Linearität fest.[22] Die „Gesamtheit der sich uns so darstellenden Erscheinungen des Seins und des im Kreise sich drehenden Werdens fassen wir auf

---

18 Zu diesem Text vgl. *Hünermann*, Durchbruch, 69–74; *Kohlstrunk*, Logik, 145–150; *Schiemann*, Einheit, 123–134; *Beiser*, Tradition, 312–317; zum ‚Problem' von ‚Geschichte und Natur' im 19. Jahrhundert vgl. *Hübner/Menne*, Natur und Geschichte; *Großklaus/Oldemeyer*, Natur; *Markl*, Natur; *Bleker*, Wissenschaften; *Gall*, Natur; *Schiemann*, Geschichte.

19 *Droysen*, Grundriss 1868, [V].

20 *Droysen*, Historik 1960, 11.

21 Ebd.

22 Vgl. *Gould*, Time's Arrow. Gould zeigt, dass bereits in Burnets, Huttons und Lyells geologischen Entwürfen lineare und zyklische Zeitkonzepte simultan vorhanden waren.

als Natur."[23] Die Natur erscheint Droysen mehr oder weniger als unveränderliche Kulisse, denn „[d]as Moment der Zeit erscheint uns da [in der Natur; D.S.] sekundär, die unendliche Reihe Zeit zerlegt sich in diesen Gestaltungen in gleiche sich wiederholende Kreise oder Perioden, wie die Algebra es nennt."[24] Droysen implementiert damit einen zyklischen Zeitbegriff, welcher der Natur die Geschichtlichkeit abspricht und sie zur geschichtslosen Bühne für die Entwicklung der Menschheit macht. Die vermeintlichen Kreisbewegungen der Natur ermöglichen keine qualitative Veränderung, sondern vergegenwärtigen immer wieder aufs Neue einen früheren Zustand. Die ‚Verzeitlichung der Naturgeschichte' wird damit von Droysen revidiert. Mit Lepenies ist hier von einer „Renaturalisierung der Zeitvorstellungen" zu sprechen.[25]

Bei dieser ‚Enthistorisierung' der Natur geht er im Besonderen auf geologische Phänomene ein. Dabei blendet er alle Kenntnisse zur Genese der Gesteine, zur Auffaltung der Gebirge und zur Geschichte der Erde konsequent aus: „[A]ber für den Stein, wie er denn ist, hat die Zeit höchstens die Bedeutung, ihn verwittern zu machen."[26] Diese Einschätzung ist insbesondere vor dem Hintergrund der Ubiquität des geologischen Wissens zu Droysens Lebzeiten überraschend, denn im zweiten Drittel des 19. Jahrhunderts „nahm die Geologie [...] den Rang jenes Wissenschaftszweiges ein, der in der Öffentlichkeit den größten Bekanntheitsgrad genoß."[27]

In Opposition zur zyklisch-unveränderlichen Natur versteht Droysen die Entwicklungen der menschlichen Kultur. In diesem Bereich läge in der Wiederholung gleichzeitig auch eine Neuerung oder Steigerung, sodass menschliche Entwicklungen einen unverwechselbaren Charakter besäßen:

> Denn da sehen wir, daß in der Bewegung nicht immer wieder zu den gleichen Formen zurückgekehrt wird, sondern sich immer neue und entwickeltere Formen gestalten, so neue, daß das Stoffliche, an dem sie erscheinen, wie zu einem sekundären Moment wird. Wir sehen hier ein stetes Werden neuer individueller Bildungen. [...]. Es ist eine Kontinuität, in der jedes Frühere sich erweitert und ergänzt durch das Spätere [...], eine Kontinuität, in der die ganze Reihe durchlebter Gestaltungen sich zu fortschreitenden Ergebnissen summiert und jede der durchlebten Gestaltungen als ein Moment der werdenden Summe erscheint. In diesem rastlosen Nacheinander, in dieser sich in sich steigernden Kontinuität gewinnt die allgemeine Anschauung Zeit ihren diskreten Inhalt, den einer unendlichen Folgenreihe fort-

---

23 *Droysen*, Historik 1960, 11.

24 Ebd. Auf derselben Seite wiederholt Droysen nochmals bekräftigend, dass die Zeit in der Natur sekundär sei.

25 *Lepenies*, Naturgeschichte, 121; Lepenies bezieht sich nicht auf Droysen.

26 *Droysen*, Historik 1960, 11.

27 *Schwarz*, Schlüssel, 59.

> schreitenden Werdens. Die Gesamtheit der sich uns so darstellenden Erscheinungen des Werdens und Fortschreitens fassen wir auf als Geschichte.[28]

Der zyklischen Kontinuität der Naturgeschichte wird die lineare Veränderung der Menschengeschichte entgegengesetzt. Allerdings deutet Droysen an, dass auch im Bereich der Natur, etwa in der Erdgeschichte, gerichtete Entwicklungen möglich seien; allerdings, so argumentiert er wiederum erkenntnistheoretisch, sei die menschliche Wahrnehmungsfähigkeit nicht in der Lage, diese unglaublich langsamen Entwicklungen nachzuvollziehen; deswegen lasse sich die Frage, ob es *wirklich* geschichtliche Entwicklungen seien, nicht befriedigend klären.[29] Daraus folgert er, dass nur im Bereich des Menschlichen originäre geschichtliche Entwicklungen anzutreffen seien: „Soweit wir menschlicherweise sehen und beobachten können, hat nur die Menschenwelt diese Signatur der fortschreitenden Entwicklung der sich in sich steigernden Kontinuität."[30] ‚Geschichtlichkeit', das macht Droysen vehement deutlich, sei ausschließlich eine Qualität des menschlichen Geistes. Die vermeintliche ‚Geschichte der Natur' sei gar keine *wirkliche* Geschichte, so Droysen abschließend:

> Natürlich kann man, wie bemerkt, auch von Dingen, welche die dargelegte Auffassung als der Natur zugehörig bezeichnete, ihre Veränderlichkeit und die Reihenfolge ihrer Veränderungen ins Auge fassen, sie nach dem Moment der Zeit betrachten; und so wird von der Geschichte der Erde, von der Entwicklungsgeschichte etwa der Raupe, es wird von der Geschichte der Erdbeben, von Naturgeschichte gesprochen. *Aber man wird sagen dürfen, das ist nur vel quasi Geschichte; Geschichte im eminenten Sinn ist nur die des sittlichen Kosmos, die der Menschenwelt.*[31]

Die conclusio des letzten Passus' bleibt unbegründet. Worin genau der Unterschied zwischen ‚Natur' und ‚Geschichte' besteht, wird nicht deutlich. [32] Es erschließt sich nicht, warum zwar von einer ‚Geschichte der Erde' gesprochen wird, diese jedoch – in einem abwertenden Sinne – nur „vel quasi Geschichte" sein

---

28 *Droysen*, Historik 1960, 11 f.

29 Vgl. ebd., 12; sein erkenntnistheoretisches Argument führt Droysen noch weiter aus und rekurriert auf Vico, indem er darlegt, dass wir Menschen vor allem dasjenige gut beschreiben und begreifen könnten, was wir selbst geschaffen hätten; vgl. ebd., 14.

30 Ebd., 12.

31 Ebd., 13. [Hervorhebung D.S.].

32 Die mangelnde Konsistenz dieser Behauptungen Droysens beklagt auch *Spieler*, Untersuchungen, 14; vgl. auch folgende kritische Stimmen: *Beiser*, Tradition, 314; und *Lübbe*, Begriffsgeschichte, 38.

solle, da doch die Reihenfolge ihrer individuellen Veränderungen ins Auge gefasst werden könnte.[33]

Das Ziel der Argumentation Droysens ist umso klarer: ‚Natur' wird von Droysen als ein Bereich definiert, der in seiner Grundkonstitution der menschlichen Sphäre diametral entgegengesetzt ist. ‚Natur' sei das Gegenteil von Geist, Kultur, Kunst oder Technik und habe weder Freiheit noch eine individuelle Geschichte. Im Gegensatz dazu sei der menschliche Geist etwas ‚Über'-Natürliches. ‚Freiheit' und ‚Geschichtlichkeit' seien ausschließlich Attribute des Menschen und sein Distinktionsmerkmal: Von allen anderen Existenzformen auf der Erde unterscheide sich der Mensch nicht zuletzt durch das Charakteristikum der Geschichtlichkeit, so Droysen:

> Hiermit haben wir den Punkt, der unserer Wissenschaft ihre eigenste Bedeutung gibt. Wir sehen sie mit einer Aufgabe beschäftigt, die spezifisch der menschlichen Natur dem Sein des endlichen Geistes angehört. *Die Menschenwelt ist durch und durch geschichtlicher Natur, und das ist ihr spezifischer Unterschied von der natürlichen Welt.* Die geschichtliche Welt ist die wesentlich menschliche; sie ist zwischen der natürlichen und der übernatürlichen, wie der Mensch selbst seinem sinnlich-geistigen Wesen nach an beiden teilnimmt.[34]

5.3 Kontexte von Droysens Naturkonzeption

Droysens anachronistische Naturkonzeption wurde von der Forschung zwar registriert, jedoch nicht näher auf ihre Hintergründe befragt. Oft wurde als Begründung nur pauschal Droysens Frontstellung gegen die empirischen Wissenschaften angeführt.[35] Ohne Zweifel liegt diese auch Droysens Naturkonzeption zu Grunde – ebenso wie das Naturverständnis seines Lehrers Hegel; eine weitere wichtige Ursache, so meine Hypothese, liegt in der Konturierung der eigenen geschichtstheoretischen Position. Die Entdeckung der Tiefenzeit und die Dynamisierung der Naturgeschichte hatten die theologisch-religiösen sowie anthropologischen Ordnungsmuster, welche die Sonderstellung des Menschen auf der Erde rechtfertigten, bedroht. Diese Bedrohung kompensiert Droysen – schematisch gesprochen – durch die Ausblendung der Erkenntnisse der Geologie und bewirkt damit eine Restitution des Anthropozentrismus.[36]

---

33 In den Manuskripten der Vorlesung von 1857 wird deutlich, dass für Droysen das fehlende Bewusstsein der eigenen Geschichtlichkeit das Hauptkriterium dafür ist, der Natur die Geschichtsfähigkeit abzusprechen; vgl. *Droysen*, Historik 1977, 12 f.

34 *Droysen*, Historik 1960, 16. [Hervorhebung D.S.].

35 Vgl. *Fellmann*, Natur, 75 und 82; sowie *Kohlstrunk*, Logik, 145; *Conze*, Evolution, 18 f.

36 Zur Restitution des Anthropozentrismus vgl. *Lepenies*, Historisierung, 183 f.

Die *Historik* beinhaltet einen ausgeprägten anti-naturwissenschaftlichen Impuls. Ihr Ziel war es, den reüssierenden Naturwissenschaften eine tragfähige und konsistente Methodologie historischer Erkenntnis entgegenzusetzen.[37] In aller Deutlichkeit zeigt sich dieses in Droysens Korrespondenz. In einem Brief vom 1. Februar 1852 an den preußischen Staatsminister Theodor von Schön geißelt Droysen den Positivismus:

> Diese geflissentliche und rohe Abkehr von dem, was nach 1807 als ein wesentliches Moment der Rettung erkannt und bestätigt wurde, diese frechstolze Gedankenarmut, die bereits zum Stil der dominierenden Klique gehört, macht mir schwere Sorge. Der krasse Positivismus findet in dem Gang der deutschen Wissenschaften selbst leider große Unterstützung. Die glänzenden Resultate, welche die physikalische Methode, die der Wage [sic!] und des Mikroskopes, die mit ihrem Recht materialistische, in den ihr zukommenden Bereichen gewonnen hat, versuchten mit größtem Erfolg die anderen Disziplinen. Ich bin erstaunt und betroffen zu sehen, daß hier in Mitteldeutschland diese induktive Methode bereits den höheren Schulunterricht, nicht bloß den der polytechnischen Anstalten beherrscht, daß man das heranwachsende Geschlecht auch die alten Sprachen, womöglich auch die Geschichte, nach dieser Art ‚stets selbst suchend und beobachtend' lernen läßt.[38]

Die Konsequenzen der Ausbreitung dieser wissenschaftlichen Methodik seien gravierend. Man merke bereits, „wie daraus ein aberwitziges und altkluges, ein intellektuell überreiztes und an Willensstärke, Pflichtgefühl und höherer Geisteszucht verkommenes Geschlecht wird, voll Eitelkeit, Selbstsucht und Lüsternheit, ohne Strenge, ohne Idee und Ideal."[39] Leider, so Droysen, seien „die Wissenschaften, welche dem Unwesen rettend und helfend entgegentreten könnten, in völliger Ohnmacht. Die Philosophie sei durch Hegel und seine Schule für eine geraume Zeit nicht bloß diskreditiert, sondern in ihrem eigensten Leben zerrüttet."[40] Angesichts dieser Missstände resümiert Droysen erschüttert: „Diese tiefe, bis in die letzten Wurzeln zerstörende und vergiftende Umwandlung der Gedanken [...] raubt mir die Hoffnung, die ich lange festgehalten habe. Und ich sehe des Jammers kein Ende."[41]

In einem kurz darauf entstandenen Brief an den Historiker Heinrich von Sybel äußert sich Droysen hoffnungsvoller. Er beabsichtigte, dem Positivismus der Naturwissenschaften eine tragfähige historische Methode entgegenzusetzen:

> Um gegen diese hier überhandnehmende Richtung – unsere weisesten Männer in Jena lehren bereits, daß nur Mikroskop und Wage [sic!] Wissenschaft sei, daß ihre materialistische

37 Dies ist bereits Zeitgenossen Droysens aufgefallen vgl. *Aly*, Einbruch, 207.
38 *Droysen*, Briefwechsel, hier Brief 569, 47 f.
39 Ebd., 48.
40 Ebd.
41 Ebd.

> Methode die Methode überhaupt sei [...] – um hiegegen anzukommen, werde ich im Sommer ‚Methodologie und Enzyklopädie der historischen Wissenschaft' lesen.[42]

Dieser von Droysen hier artikulierte anti-naturwissenschaftliche Impuls ist für die Naturkonzeption in der *Historik* ohne Zweifel konstitutiv. Er ist hinlänglich erforscht. Bereits Friedrich Meinecke sah in der „Begründung und Abgrenzung einer besonderen Methode der Geschichtswissenschaften gegenüber den Herrschaftsansprüchen der Naturwissenschaften und des Positivismus" das „wichtigste Ergebnis der Vorlesung".[43]

Ein weiterer wichtiger Kontext für Droysens Entzeitlichung der Natur ist das Naturverständnis seines Lehrers Hegel (1770 – 1831).[44] Dieser grenzte sich ähnlich vehement von der Vorstellung einer ‚Geschichte der Natur' ab und vertrat eine theologisch motivierte „vorkopernikanisch-geozentrische Weltansicht".[45] Veränderung und Geschichte seien nur im Bereich des Menschlichen möglich, so Hegel bezugnehmend auf die Geologie, deren Geschichtsverständnis er verspottet:

> Warum ist der Kalkstein später? Weil hier ein Kalkstein auf Sandstein liegt. Das ist eine leichte Einsicht. Jene Verwandlung hat eigentlich kein vernünftiges Interesse. Der Prozeß hat keinen anderen Inhalt als das Product. [...]. Das allgemeine Gesetz dieser Folge von Formationen ist zu erkennen, ohne daß man dazu der Form der Geschichte bedürfte [...].[46]

Auch in dem *Bericht über eine Alpenwanderung* (1796) setzt sich Hegel mit der Geologie auseinander, ohne auch nur das geringste Interesse zu zeigen:

---

42 Ebd., hier Brief 573, 54 – 55. In einem weiteren Brief desselben Jahres (an Karl Francke, vom 20. Mai 1852) bekräftigt Droysen dieses Vorhaben nochmals; vgl. ebd., Brief 608, 105.

43 *Meinecke*, Droysen, 286; vgl. auch *Demandt*, Geschichtswissenschaft, 49; *Jaeger/Rüsen*, Geschichte, 62; *Reill*, Historisierung, 60; *Beiser*, Tradition, 312. Auf weitere Schriften Droysens, die ebenfalls den Unterschied zwischen Naturwissenschaften und dem Historismus thematisieren (u. a. *Zur Charakteristik der europäischen Krisis* [1854], *Die Erhebung der Geschichte zum Rang einer Wissenschaft* [1863]), wird nicht weiter eingegangen, weil dort die Frage nach einer Geschichtlichkeit der Natur bestenfalls am Rande berührt wird.

44 Zum Verhältnis von Hegel und Droysen vgl. *Fulda*, Droysen, 1194; *Kroll*, Droysen, 407; *Jaeger/Rüsen*, Geschichte, 34.

45 *Kaltenbrunner*, Hegel, 13; Hegel beschäftigte sich intensiv mit der Geologie. Davon zeugen etwa 20 geologische Fachbücher in seiner Bibliothek; zudem war er aktives Mitglied in der Mineralogischen Gesellschaft Jenas (deren Präsident Goethe zeitweise war). Zu Hegels Rezeption der Geologie vgl. *Levere*, Hegel; *Rühling*, Verzeitlichung; *Büttner*, Leben; *Büttner*, Rekonstruktion; *Fritscher*, Hegel; *Ferrini*, Nature; *Conze*, Evolution, 16 f. und 18 f.; *Geus*, Naturgeschichte, 742; *Rohbeck*, Aufklärung, 136 f.

46 *Hegel*, Enzyklopädie, 348.

> Der Mineralog allein findet Stoff, über die Revolutionen dieser Gebirge unzureichende Mutmaßungen zu wagen. Die Vernunft findet in dem Gedanken der Dauer dieser Berge oder in der Art von Erhabenheit, die man ihnen zuschreibt, nichts, das ihr imponiert, das ihr Staunen und Bewunderung abnötigte. Der Anblick dieser ewig toten Massen gab mir nichts als die einförmige und in die Länge langweilige Vorstellung: es ist so.[47]

Auch wenn in Droysens Argumentation Bezugnahmen auf Hegel erkennbar sind, ist eine Erklärung, die Droysens Naturbild alleinig als Exegese Hegels erklärt, wenig erschöpfend – zumal sich Droysen nach Hegels Tod 1831 z. T. sehr explizit von seinem Lehrer distanzierte.[48]

Die Wurzeln von Droysens Naturkonzeption, so die Hypothese, liegen *auch* in der Konturierung der eigenen geschichtstheoretischen Position. Die Entdeckung der Tiefenzeit hatte die Sonderstellung des Menschen auf der Erde bedroht.[49] Das ging mit schwerwiegenden Orientierungs- und Identitätsproblemen einher. Das gilt insbesondere auch für die Sinnentwürfe der Geschichtswissenschaft. Denn jeder „Zuwachs an [zeitlicher; D.S.] Ausdehnung“, so Blumenberg, zerstöre „die Illusion eng zentrierter Geschichtsbilder“ und dränge die Konzeption menschlicher Geschichte „in Annäherung an die Einheit der Naturgeschichte“. In diesem Sinne drohe ein „Anwachsen der Weltzeit [...] die Zeitmaße der Geschichtsschreibung zur Nichtigkeit und Sinnlosigkeit herabzudrücken“.[50]

Um an der Sonderstellung des Menschlichen auf der Erde festhalten zu können, werden die naturgeschichtlichen Horizonte von Droysen zu einem unbedeutenden Vorspiel marginalisiert. Die ‚Enthistorisierung‘ der Natur ermöglicht die mittelfristig sehr erfolgreiche Restitution des durch die Entdeckung der geologischen Tiefenzeit bedrohten Anthropozentrismus.[51]

Die Signifikanz dieses Problemszenarios verdeutlichen die bekannten Historismus-Kritiken Friedrich Nietzsches (1844–1900). In seiner zweiten *Unzeitgemäßen Betrachtung Vom Nutzen und Nachtheil der Historie für das Leben* (1874) kommt Nietzsche auf die Ursachen und die Konsequenzen der Ausblendung der

---

47 *Hegel*, Frühe Schriften I, 392.
48 Vgl. *Beiser*, Tradition, 296.
49 Vgl. *Lepenies*, Historisierung, 282; *Blumenberg*, Lebenszeit, 183 f.; sowie *Braungart*, Katastrophen 2007, 26.
50 *Blumenberg*, Lebenszeit, 228 und 239.
51 Vgl. *Beiser*, Tradition, 315 f.; dieser hat jüngst eine ähnliche Deutung vorgelegt: Die Ursache für Droysens ontologischem Dualismus von ‚Natur‘ und ‚Geschichte‘ sei die Angst, dass alle Handlungen und selbst das Denken des Menschen durch chemische und physikalische Prozesse erklärt werden könnten. Er versuche die Handlungsfreiheit des Menschen zu retten, indem die ‚Geschichte‘, d. h. der Bereich des Menschen, einen eigenen ontologischen Status bekommt und die Gesetze der ‚Natur‘ für sie nicht zwangsläufig gelten.

Naturgeschichte zu sprechen: Nietzsche bezeichnet das „Verschieben der Horizont-Perspektiven" als historische Krankheit, die zu einem „Uebermaass von Historie" führe. Der Mensch „zieht sich dann aus der Unendlichkeit des Horizonts auf sich selbst, in den kleinsten egoistischen Bezirk zurück und muss darin verdorren und trocken werden: wahrscheinlich bringt er es zur Klugheit: nie zur Weisheit."[52] Im Gegensatz zu der eingeschränkten, nur den Menschen betrachtenden Geschichtsperspektive des Historismus, fordert Nietzsche vehement die ‚überhistorische' bzw. ‚transhumane' Geschichtsperspektive einer verzeitlichten Naturgeschichte ein:

> Das Menschengeschlecht ist aber ein zähes und beharrliches Ding und will nicht nach Jahrtausenden, ja kaum nach Hunderttausenden von Jahren in seinen Schritten – vorwärts und rückwärts – betrachtet werden, das heisst, es will als Ganzes von dem unendlich kleinen Atompünktchen, dem einzelnen Menschen, *gar nicht* betrachtet werden. Was wollen denn ein Paar Jahrtausende besagen (oder anders ausgedrückt der Zeitraum von 34 aufeinanderfolgenden, zu 60 Jahren gerechneten Menschenleben) [...]![53]

Die transhumane Perspektive versteht Nietzsche als Medizin „an der *historischen Krankheit.*" Denn das „Uebermaass von Historie hat die plastische Kraft des Lebens angegriffen, es versteht nicht mehr, sich der Vergangenheit wie einer kräftigen Nahrung zu bedienen." Die „Wundsäfte und Arzneien gegen die historische Krankheit [...]: wie heissen sie doch? [...] – *das Unhistorische und das Ueberhistorische.*"[54]

Diese Bemerkungen Nietzsches müssen vor dem Hintergrund seines Interesses an der Geologie verstanden werden, wovon seine Bibliothek eindrucksvoll Zeugnis gibt.[55] Sie beschäftigte ihn bereits seit seiner Kindheit, wie er beschreibt: „Ich habe von der frühesten Kindheit an Steckenpferde gehabt. Das erste waren die Blumen u. Pflanzen, die Hülle der Erde. [...] Nun kommen noch spätere Neigungen zur Litteratur, zur Geologie [...] usw. hinzu [...]."[56] Nietzsches Beschäfti-

---

52 *Nietzsche*, Nutzen, 319.

53 Ebd., 299 f. [Hervorhebung im Original.]; vgl. auch ebd., 308 f.

54 Ebd., 325 f. [Hervorhebungen im Original.] Zum Trostpotential der transhumanen Perspektive vgl. *Braungart*, Katastrophen 2007, 17–19; *Braungart*, Poetik, 58–62.

55 In Nietzsches Bibliothek befanden sich etliche geologische Werke u. a. von Albert Heim, Albrecht Müller, Carl Vogt, Karl Fuchs und Sir Archibald Geikie; vgl. Campioni et al., Bibliothek; zu Nietzsches Interesse an der Geologie vgl. *Günzel*, Nietzsche, 13; *Heimsoeth*, Anthropologie; *Kaulbach*, Interpretation; *Thatcher*, Nietzsches Debt; *Treiber*, Ausland; *Parkes*, Earth; *Deleuze/Guattari*, Geology, 44–82; *Günzel*, Geophilosophie; *Günzel*, Radikalaufklärung; *Günzel*, Naturgeschichte.

56 *Nietzsche*, Nachgelassene Aufzeichnungen, 134 f.

gung mit der Geologie und sein kritisches Geschichtsdenken hängen zusammen:[57] Die geologisch-transhumane Perspektive konterkariert das Menschenbild des Historismus grundlegend und erteilt dem Anthropozentrismus Droysens eine Absage. Im Zusammenhang mit der unendlich langen Geschichte des Planeten erscheint der Mensch als irrelevant: „Der Mensch, eine kleine überspannte Thierart, die – glücklicherweise – ihre Zeit hat; das Leben auf der Erde überhaupt ein Augenblick, ein Zwischenfall, eine Ausnahme ohne Folge, Etwas, das für den Gesamt-Charakter der Erde belanglos bleibt".[58] Eine eindrucksvolle Evokation dieses Problemzusammenhangs findet sich auch am Anfang der Schrift *Über Wahrheit und Lüge im außermoralischen Sinne* (1872). Hier ist das ‚Überhistorische' eine dezidiert naturgeschichtliche Perspektive, welche den Horizont der Geschichtsentwürfe des 19. Jahrhunderts entschieden sprengt:

> In irgend einem abgelegenen Winkel des in zahllosen Sonnensystemen flimmernd ausgegossenen Weltalls gab es einmal ein Gestirn, auf dem kluge Thiere das Erkennen erfanden. Es war die hochmüthigste und verlogenste Minute der ‚Weltgeschichte': aber doch nur eine Minute. Nach wenigen Atemzügen der Natur erstarrte das Gestirn, und die klugen Thiere mußten sterben. – So könnte Jemand eine Fabel erfinden und würde doch nicht genügend illustriert haben, wie kläglich, wie schattenhaft und flüchtig, wie zwecklos und beliebig sich der menschliche Intellekt innerhalb der Natur ausnimmt; es gab Ewigkeiten, in denen er nicht war; wenn es wieder mit ihm vorbei ist, wird sich nichts begeben haben.[59]

Ein weiterer bekannter Kritiker des Historismus, Ernst Troeltsch (1865–1923), identifizierte – vermutlich von Nietzsche beeinflusst[60] – dieselbe Problemkonstellation.[61] In seinem Werk *Der Historismus und seine Probleme* nimmt Troeltsch bereits im Titel eines Kapitels ostentativ Bezug auf Droysens Aufsatz ‚Natur und Geschichte': Unter der Überschrift ‚Das reale Verhältnis von Natur und Geschichte'[62] analysiert Troeltsch die Pathologien des Historismus und diagnostiziert eine Naturphobie: Auch wenn Droysen, so Troeltsch, die empirischen Wissenschaften noch so entschieden ignoriere, könne er die Evidenz ihrer Ergebnisse nicht ausblenden. Das gilt insbesondere für die Marginalisierung des Menschlichen durch die geologische Tiefenzeit:

> Mit der bloßen logischen Abgrenzung der beiderseitigen Methoden gegeneinander ist doch die immer wieder von der gegenständlichen Wirklichkeit her sich aufdrängende Schwie-

57 Vgl. *Günzel*, Nietzsche Geologie, 13 f.
58 *Nietzsche*, Nachgelassene Fragmente, 284 f.
59 Ebd., 369; vgl. hierzu *Braungart*, Apokalypse, 108–110.
60 Vgl. *Graf*, Einleitung, 38.
61 Troeltsch hat das Schlagwort von der ‚Krise des Historismus' geprägt; vgl. *Oexle*, Krise, 11.
62 *Troeltsch*, Historismus. Erstes Buch, 259–281.

> rigkeit nicht überwunden: *sie liegt in der Winzigkeit und Flüchtigkeit der historischen Welt gegenüber der ungeheuren Raum- und Zeitausdehnung der Natur. Die Geschichte samt ihrer biologischen Vorgeschichte erscheint demgegenüber doch immer wieder wie eine völlig fremdartige, verschwindend kleine Enklave, flüchtig wie der Hauch des Atems auf einer gefrorenen Glasscheibe.* Und hat man diesen Größenunterschied vor sich samt der gewaltigen Festigkeit, Rationalität und Geschlossenheit der naturwissenschaftlichen Methode, dann scheint doch immer wieder die Methode des Ungeheuren die des Winzigen zu verschlingen, und man fragt sich von neuem, ob nicht die selbständige und mündige historische Methode doch eine Selbsttäuschung menschlicher Hoffart oder menschlichen Glaubensbedürfnisses sei.[63]

Troeltsch diagnostiziert beim Historismus eine Naturphobie[64] und bezeichnet die historistische Methodologie als Selbsttäuschung der menschlichen Eitelkeit, um das „quantitative Mißverhältnis zwischen Natur und Historie",[65] auszublenden:

> Wie klein und kurz ist die eigentliche Geschichte gegenüber der Prähistorie mit ihren anthropologisch so heiß umstrittenen Knochenresten und ihren monotonen und primitiven Geräten? Es ist ein Verhältnis wie das der Humusschicht zu der Erdrinde. Und sieht man sich etwa [...] die nach den besten Autoritäten zusammengestellte Geschichte der Entstehung des lebenden Erdüberzuges und der prähistorischen Perioden an, dann steigert sich noch dieser Eindruck. Jahrhunderttausende vergingen unter beständigem Wechsel des Erdklimas, der Tageslängen und der Jahreszeiten, seit die ersten Fische als Amphibien aus dem Wasser an das Land stiegen und schließlich eine jetzt erst eintretende Vegetation ihnen die Entwickelung zu Sauriern und Reptilen möglich machte.[66]

Ebenso wie Nietzsche fordert auch Troeltsch historische Langzeitperspektiven ein: Die „Beseitigung der Spannungen zwischen empirischer Historie und kulturphilosophischer Maßstabbildung" führe zur Unabhängigkeit „von allerhand Begriffsgespenstern, die uns bei der Bildung unserer Maßstäbe irrezuführen pflegen", so Troeltsch:

> Wir werden frei von der Zuschneidung aller kulturphilosophischen Maßstäbe auf den Begriff der Menschheit. Wa [sic!] wissen wir von der Menschheit? Wie lange ist sie schon anwesend auf diesem Planeten, wie lange wird er für sie bewohnbar bleiben oder die menschliche Lebenskraft dauern? Von Jahrhunderttausenden oder, wie andere wollen, von Jahrmillionen, die beim Kommen und Gehen der Eiszeiten der Mensch auf unserer Erde wohnt, kennen wir leidlich die letzten sechstausend Jahre und innerhalb dieser im wesentlichen nur unseren Kulturkreis und seine Voraussetzungen.[67]

---

63 Ebd., 259. [Kursivierung, D.S.; weitere Hervorhebungen im Original.]; vgl. auch ebd., 266.
64 Diese Begrifflichkeit stammt von *Fellmann*, Natur, 75; vgl. auch ebd., 88.
65 *Troeltsch*, Historismus. Erstes Buch, 279.
66 Ebd., 277 f.
67 *Troeltsch*, Maßstäbe, 43 f.

Im Gegensatz zu Droysen stellt sich Troeltsch den Konsequenzen der ‚Entdeckung der geologischen Tiefenzeit'. Er bezeichnet den „Zusammenstoß des historischen Denkens und der normativen Festsetzung von Wahrheiten und Werten" als „Hauptfrage aller Geschichtsphilosophie".[68] Die Auslöschung der Menschheit durch erdgeschichtliche Katastrophen thematisiert er verschiedentlich: „Geologie und Paläontologie mit ihrer Lehre von den kommenden und gehenden Eiszeiten, die möglicherweise auf Polschwankungen beruhen, lehren uns vollends furchtbare Schicksale und Lebendigkeiten der Vergangenheit, die wir mit dem heutigen Kulturbegriff der Menschheit gar nicht mehr verbinden können."[69] Emil du Bois-Reymonds (1818–1896) suggestiver Vorstellung vom ‚letzten Menschen' hält er in diesem Sinne trotzig entgegen: „Der letzte Mensch, der nach Du Bois-Reymond die letzte Kartoffel an der letzten Kohle rösten wird, kann uns nicht schrecken, wenn es diesen Menschen schon so unzählige Male vorher gegeben hat."[70] Dennoch kann Troeltsch den Gedanken an die Totalauslöschung der Menschheit kaum ertragen. Alle reflektierte Distanziertheit geht verloren und die Kontingenz des Daseins bricht über Troeltsch herein:

> [W]er einmal durch eine der großen, prähistorischen Sammlungen unserer Museen gegangen ist, wird angesichts der endlosen Reihen uralter Zeiten kaum die Frage vermeiden können, ob nicht auch wir einst unseren Geschichtstag erleben werden, wie so viele vor uns. Ob nicht mit irgendwelchen Polarschwankungen auch unsere ganze Kultur wieder einmal in die Nacht einer Eiszeit zurücksinken wird? *Ein ungeheurer Eindruck der Nichtigkeit alles geschichtlichen Seins überkommt uns bei solchen Möglichkeiten, denen nicht auszuweichen ist und die erschütternd wirken müssen, solange wir nichts als die Fakta haben* [...].[71]

Auch Karl Jaspers, ein exponierter, in der Tradition des Historismus stehender Philosoph, begreift das Verhältnis von Geschichte und Vor-Geschichte wie folgt:

> Angesichts der Erdgeschichte [...] – angesichts der viel kürzeren Geschichte des Lebens auf der Erde [...] – angesichts der Jahrhunderttausende, in denen, nachweisbar durch Knochenfunde, Menschen auf der Erde lebten, – ist die Geschichte des Menschen, von der wir wissen, und in der der Mensch sich als Geschichte bewußt war – wir wiederholen es – von

---

68 Zit. n. *Graf*, Einleitung, 2.

69 *Troeltsch*, Historismus Teilband 2, 1011; vgl. auch ähnliche Passagen in Ernst *Troeltsch*, Absolutheit, 172 und 199; sowie *Troeltsch* Glaube, 1452 und 1455.

70 *Troeltsch*, Maßstäbe, 45 f.; vgl. auch *Troeltsch*, Aufbau, 3 f.; dieses Zitat zeigt große Übereinstimmungen mit Passagen aus *Der Historismus und seine Probleme*; vgl. hierzu *Troeltsch*, Historismus Teilband 2, 1011.

71 *Troeltsch*, Glaubenslehre, 94. [Hervorhebungen D.S.] Troeltsch äußerte sich auch über theologische Probleme im Zusammenhang mit der geologischen Tiefenzeit und damit zum Thema ‚Genesis und Geologie'; vgl. exemplarisch ebd., 89 f.; sowie *Troeltsch*, Selbständigkeit, 486.

> verschwindender Dauer. Zeitlich ist diese Geschichte wie die erste Minute eines neuen Geschehens. Es hat gerade eben begonnen. Dieses Grundfaktum kann nicht eindringlich genug vergegenwärtigt werden. In diesem Horizont wird die ganze Geschichte zu einer kleinen, noch keimhaften Welt innerhalb des Lebens der Menschheit, fast verschwindend innerhalb des unermeßlichen Raumes und der endlosen Zeit. Wir fragen: Was bedeutet dieser Anfang? [...] Ist es ein bloßer Zwischenaugenblick, bestimmt zu restlosem Verschwinden und Vergessenwerden?[72]

Das Verhältnis von Erdgeschichte und Menschengeschichte beschreibt er plastisch:

> Die geschichtlich bewußte Überlieferung und Hinaufbildung des Menschen [...] ist wie eine dünne Haut über dem Grunde des Vulkans, der der Mensch ist. Es kann möglich scheinen, daß diese Haut abzuwerfen sei, während der Grundstock der Artung des Menschen aus vorgeschichtlicher Zeit unabwerfbar ist.[73]

Der anthropozentrischen Wissenschaftskonzeption des Historismus stellt Jaspers existenzphilosophische Überlegungen entgegen und fragt kritisch, „ob nicht die ganze Menschheitsgeschichte nur eine vorübergehende Episode der Erdgeschichte sei; der Mensch könnte zugrunde gehen und wieder einer unermeßlichen Zeitdauer der bloßen Erdgeschichte das Feld räumen."[74] Die Konsequenz, die er aus der Marginalisierung des Menschlichen und der Möglichkeit der Totalauslöschung zieht, liegt für Jaspers in einer Neukonzeption des Menschen als unbestimmbares, endliches und rätselhaftes Wesen. Damit verbindet er die „Forderung nach eine [sic!] Bewusstmachung der wesensmäßigen Freiheit des Menschen, die aus der Erkenntnis seiner historischen und biologischen Unbestimmbarkeit folgt."[75]

Den kritischen Ausführungen von Nietzsche, Troeltsch und Jaspers ist nicht nur gemeinsam, dass sie das Naturbild des Historismus vor dem Hintergrund einer verzeitlichten Naturgeschichte negieren und vehement die verstärkte Berücksichtigung transhumaner Geschichtsperspektiven einfordern, sondern auch, dass sie alle gleichermaßen vergessen wurden.

---

72 *Jaspers*, Ursprung, 52; vgl. auch *Jaspers*, Situation, 185; sowie *Jaspers*, Psychologie, 156 f.

73 *Jaspers*, Ursprung, 49 f.

74 *Jaspers*, Situation, 185; vgl. hierzu *Cesana*, Historismus.

75 *Streim*, Ende, 79; vgl. auch ebd., 20 f.

5.4 Historismus als Restitution des Anthropozentrismus

Droysens anachronistische Naturkonzeption, die den Unterschied zwischen Natur und Geschichte ontologisch begründet, lässt sich sowohl aufgrund des anti-naturwissenschaftlichen Impetus der *Historik* als auch vor dem Hintergrund von Hegels Naturkonzept verstehen. Ein weiterer maßgeblicher Impuls liegt in der Konturierung der eigenen geschichtstheoretischen Position.[76] Letztlich soll an einem anthropozentrischen Bezugs- und Handlungsrahmen festgehalten werden. Ernst Troeltschs Frage, „ob nicht die selbständige und mündige historische Methode doch eine Selbsttäuschung menschlicher Hoffart oder menschlichen Glaubensbedürfnisses sei",[77] muss bejaht werden. Die Entdeckung der geologischen Tiefenzeit hatte die raum-zeitlichen Verankerungen der Menschheit und ihre theologisch-religiösen sowie anthropologischen Ordnungsmuster erschüttert. Diese Bedrohung kompensierte Droysen durch die Ausblendung der Erkenntnisse der Geologie, mit der Folge, dass die Erde in den Status der Geschichtslosigkeit abgedrängt wurde. Durch die Dichotomie von ‚Natur' und ‚Geschichte' sollte der Bereich der Geschichtlichkeit ausschließlich als menschliche Sphäre gekennzeichnet werden, um damit die Sonderstellung des Menschen auf der Erde zu belegen.[78]

Diese Deutung des Historismus als Kompensat der Marginalisierung des Menschlichen lässt sich im Kontext der ‚Kompensationstheorien' von Joachim Ritter, Hermann Lübbe und Odo Marquard verstehen.[79] Diese erklären die „spezifisch moderne Genese der Geisteswissenschaften [...] als Antwort auf die spe-

---

76 Es versteht sich, dass die hier vorgelegte Deutung nicht den Anspruch auf erschöpfende Erklärung erhebt. Selbstverständlich sind bei komplexen historischen Phänomenen zahlreiche Dynamiken zu berücksichtigen. Dennoch erhebt die Deutung den Anspruch, wesentliche Faktoren der Ausbildung des Historismus zu benennen.

77 *Troeltsch*, Historismus. Erstes Buch, 259.

78 Vgl. auch *Laak*, Anfang, 300; sowie *Kohlstrunk*, Logik, 145.

79 Vgl. exemplarisch *Ritter*, Aufgabe. Lübbe und Marquard haben die ‚Kompensationstheorie' aufgegriffen und modifiziert; vgl. *Lübbe*, Gegenwartsschrumpfung, 42; *Marquard*, Kompensation; *Marquard*, Glück; *Marquard*, Mensch. Kritisch diskutiert wird die ‚Kompensationstheorie' von *Ottmann*, Geist; und *Groh/Groh*, Vize-Glück.

Letztlich lässt sich auch Kosellecks Theorie historischer Zeiten als ‚Kompensationstheorie' verstehen. Das Bedürfnis nach Geschichte entstand als Reaktion auf die Empfindung der Differenz von ‚Erfahrungsraum' und ‚Erwartungshorizont'. Auf die Erfahrung der ‚Beschleunigung' erfolgt als Reaktion das Erinnern bzw. das ‚Festhalten' vergangener Zeiten. Geschichtliches Denken hätte damit folglich als Vergegenwärtigung vergangener Gegenwarten (auch) einen kompensatorischen Charakter.

zifisch moderne Genese der exakten Naturwissenschaften".[80] Dabei rekurrieren sie auf folgende Problemstellung, so Marquard:

> Die Geisteswissenschaften helfen, als erzählende Wissenschaften, jene lebensweltlichen Verluste zu kompensieren, die die durch die experimentierenden Naturwissenschaften angetriebenen Modernisierungen herbeiführen. Modernisierungen sind Entzauberungen: die Geisteswissenschaften helfen der kompensatorischen Genese einer Dennoch-Verzauberung durch den ästhetischen Sinn, indem sie Sensibilisierungsgeschichten erzählen. Modernisierungen sind – als veraltungsbeschleunigende Innovationen – Entgeschichtlichungen: Die Geisteswissenschaften helfen der Kompensation durch Kontinuität- und Traditionsbewahrung, indem sie Bewahrungsgeschichten erzählen. Modernisierungen sind schließlich Komplexitätssteigerungen mit Desorientierungsfolgen: Die Geisteswissenschaften versuchen – kompensatorisch – Orientierungsgeschichten zu erzählen.[81]

In diesem Kontext lässt sich die ‚Naturphobie' des Historismus als ein Impuls verstehen, der die durch die Entdeckung der geologischen Tiefenzeit bedrohte menschliche Sonderstellung auf der Erde durch ein ahistorisches Naturbild kompensiert.[82] Der Historismus erscheint als Versuch einer Identitätssicherung, welche die durch die Verzeitlichung bedrohte Ordnung wieder konsolidiert. Wolf Lepenies hebt die Signifikanz dieses Problemszenarios hervor: „[D]ie Historisierung der Natur schmälert die Sonderstellung des Menschen, sie raubt ihm endgültig jene weltfreundliche Orientierung, die die Physikotheologie über eine so lange Zeit zur Verfügung gestellt hatte."[83] Droysens Historismuskonzeption versteht er vor diesem Problemhorizont:

> Die Historiographie versucht ihre Identität [...] dadurch zu wahren, daß der Natur jede Entwicklung abgesprochen wird [...]. Droysen reserviert in der *Historik* das ‚Werden und Fortschreiten' für die Geschichte, was zur Folge hat, daß er – ganz in der Tradition der Naturhistorie – Termini wie Geschichte der Erde, Entwicklungsgeschichte der Raupe, Geschichte der Erdbeben und Naturgeschichte undifferenziert verwenden kann.[84]

---

80 *Marquard*, Moralistik, 108.
81 Ebd., 108 f.
82 Vgl. zu diesem Ergebnis die treffende Beobachtung von Wolf *Lepenies*, Historisierung, 283, welche die hier ausgeführte Argumentation stützt: „Man muß auch die Entstehung der Sozial- und Humanwissenschaften [...] und ihre spätere Wirkungsgeschichte vor dem Hintergrund jener Entwicklung sehen, die mit der Historisierung der Natur und mit dem Ausblenden normativer Fragestellungen aus den Naturwissenschaften das Orientierungsdefizit der Moderne verursacht."
83 Ebd., 282; vgl. auch *Blumenberg*, Lebenszeit, 183 f.
84 Vgl. *Lepenies*, Naturgeschichte, 118; vgl. auch Werner Conzes Einschätzung, eine dynamisierte Naturgeschichte ginge mit einem „Verzicht auf menschheitsgeschichtliche Selbstherrlichkeit" einher; *Conze*, Evolution, 30.

Die schiere Länge der Naturgeschichte allein überforderte die Sinnstruktur, welche der Historismus zu stiften suchte, denn vor dem Hintergrund der unendlich langen Geschichte der Erde war die Bedeutung einzelner ‚geschichtsmächtiger' Individuen mehr als insignifikant. Dem drohenden Sinn- und Orientierungsverlust setzte der Historismus eine Konzeption des Menschen entgegen, welche denselben als eine übernatürliche und damit, durchaus im theologischen Sinne, metaphysische Macht konzipierte:[85] Da im Bereich der Natur Veränderungen nur zirkulär sind, und keine gerichtete, irreversible Veränderung stattfindet, ist auch die menschliche Natur dem historischen Wandel entzogen. Sie ist und war immer und überall dieselbe. Allein die Denkmöglichkeit einer Verwandtschaft zum Affen oder des Aussterbens der Menschheit, über das Nietzsche und Troeltsch reflektieren, ist damit ausgeschlossen. Damit ist der menschliche Geist ‚übernatürlich'. Er ist den Naturprozessen, dem ewigen Kreislauf von Werden und Vergehen, entzogen und stellt diejenige Sphäre bereit, in der Geschichte, Entwicklung und Veränderung möglich sind.

Der Historismus strukturiert damit ein historisches Weltbild, welches seinen Urheber aus dem geschichtlichen Verlauf ausnimmt und ihn gewissermaßen als ungeschichtlich zu begreifen versucht. Die Historisierungsleistung des Historismus endet damit an der Stelle, an der sie selbstbezüglich, d. h. auf ihren eigenen Urheber angewendet werden müsste. Der Mensch ist also – hier zeigen sich die Brüche und Antinomien des Historismus – gleichzeitig eine ungeschichtliche und übernatürliche Macht; als biologisches Wesen ist er ungeschichtlich; als geistiges Wesen erhebt er sich über die Natur, ihre Gesetze und Gesetzmäßigkeiten und verfügt als einzige Entität über die Qualität der Geschichtlichkeit.

5.5 ‚Natur' und ‚Geschichte' – eine folgenschwere Dichotomie

Die ‚Entdeckung der geologischen Tiefenzeit', so das Ergebnis der Analyse, beeinflusste die Historiographie der Spätaufklärung und des Historismus gleichermaßen – jedoch auf unterschiedliche Weise: Während sich der Einfluss geologischer Theorien auf die Aufklärungshistoriographie durch direkte Rezeptionszeugnisse zeigt, offenbart er sich in der Epistemologie des Historismus als Negativfolie, als dasjenige, was der Historismus vehement von sich weist. Doch auch in Ablehnung übt die dynamische Naturgeschichte einen maßgebli-

---

85 Vgl. *Hardtwig*, Geschichtsreligion, 5f.; sowie *Hübinger*, Geschichte; insofern sind Droysens Äußerungen durchaus im Kontext des Konflikts zwischen ‚Genesis und Geologie' relevant, denn auch in der zweiten Hälfte des 19. Jahrhunderts bot der Schöpfungsbericht der Bibel vielen Historikern noch Orientierung; vgl. *Cartier*, Licht, 76.

chen Einfluss auf den Historismus aus. Der Historismus, wie ihn Droysen konzipiert hat, beinhaltet den Widerspruch, dass ein dezidiert historisches Denken einen großen Bereich historischer Entwicklung, die Naturgeschichte, ausblendet und ihr die Geschichtlichkeit abspricht. Die Geschichtsvorstellung Droysens bekommt ihre Kontur insbesondere durch eine erklärte Opposition zur vermeintlich zyklischen Geschichtlichkeit der Natur, und die methodologische Ausrichtung der *Historik* ist von der entschiedenen Abgrenzung zur dynamisierten Natur bestimmt. Mit der Entgegensetzung von Geschichte und Natur wurde historisch-genetisches Denken im Zuge der Ausgrenzung der Natur definiert.

Auf die ‚Verzeitlichung' und die ‚Denaturalisierung' von Zeitvorstellungen im späten 18. und frühen 19. Jahrhundert reagiert der Historismus mit einer ‚Entzeitlichung' und einer ‚Renaturalisierung' von Zeitvorstellungen. Dieses ‚Rückgängigmachen von Vergeschichtlichungsprozessen' ist wissensgeschichtlich relevant, denn die Vorstellung einer ‚Verzeitlichung' im Sinne eines einmaligen und irreversiblen historischen Vorgangs wird hinterfragt. Damit problematisieren die Befunde dieser Arbeit die implizite Teleologie von ‚Großtheorien' wie Kosellecks ‚Sattelzeit', Lovejoys ‚Verzeitlichung' oder Kuhns ‚Wissenschaftlicher Revolution'. Die ‚Entzeitlichung' bzw. die ‚Renaturalisierung der Zeit' ist ein wissenshistorisch eminent wichtiger Vorgang, der als Komplementärentwicklung zur bereits gut untersuchten ‚Verzeitlichung' zu begreifen ist.[86]

Auch wenn Droysens kategorische Ausführungen nicht gänzlich unwidersprochen blieben,[87] so etablierte er mit dem Dualismus von ‚Natur' und ‚Ge-

86 Abgesehen von den bereits angeführten Hinweisen von Wolf Lepenies, der diese Terminologie geprägt hat, ist das Thema noch weitgehend Forschungsdesiderat. Auch Luhmann und Foucault vertreten die Vorstellung, die ‚Verzeitlichung' sei ein einmaliger und irreversibler Vorgang.

87 Diese Debatte führt vom eigentlichen Thema weg und kann deswegen nicht vertieft werden. Es sei jedoch auf den Bonner Philosophieprofessor Jürgen Bona Meyer (1829–1897) verwiesen, der sich kritisch mit Droysen auseinandersetzte und bemerkte, es gebe „doch namhafte Männer, die noch bestreiten, daß man überall ein Recht dazu habe, den Namen der Geschichte auf die Natur anzuwenden". Dabei gebe es auch in der Natur „eine stetig zusammenhängende, schwerlich zweck- und ziellose Fortentwicklung [...], auf welche der Name Geschichte nicht weniger paßt, als auf die Entwicklung der Menschheit". Beispielhaft erforscht sei diese Naturgeschichte von der Wissenschaft der Geologie, deren Ergebnisse allerdings auch beunruhigend wären: „Die Geologie indeß hat uns für die irdische Vorzeit schon zu einer anderen Auffassung gezwungen, eine Zeit lang selbst unsere Phantasie mit Bildern zu gewaltsamer Unruhe erfüllt." Vgl. *Meyer* Darwinismus, 415; den Hinweis auf Meyer verdanke ich *Cartier*, Licht, 163, Fußn. 905. Zudem sei darauf hingewiesen, dass auch etliche Geschichtsvereine die strikte Trennung zwischen ‚Natur' und ‚Geschichte' nicht mittrugen. Die 1805 gegründete ‚Hochfürstlich Fürstenbergische Gesellschaft der Freunde vaterländischer Geschichte und Naturgeschichte an den Quellen der Donau' weist noch in ihrem heutigen Namen die Symbiose von Geschichte und Naturgeschichte auf; ebenso der ‚Verein für Geschichte und Naturgeschichte der Baar'; vgl. *Heimpel*,

schichte‘ eine folgenschwere Dichotomie mit einer erheblichen kulturgeschichtlichen Langzeitwirkung.[88] Insbesondere im Zusammenhang mit der disziplinären Entwicklung der ‚Geistes-‘ und ‚Naturwissenschaften‘ ist dies von Relevanz. Droysens Dichotomie von ‚Natur‘ und ‚Geschichte‘ wurde u. a. von Wilhelm Dilthey,[89] Heinrich Rickert[90] und Wilhelm Windelband[91] vertieft[92] und äußerte sich zugespitzt in C.P. Snows These von den ‚Two Cultures‘.[93] Hermann Lübbe bemerkt:

> Nichtsdestoweniger ist Droysens nicht nur mißverständnisträchtige, vielmehr schlicht falsche Entgegensetzung der Temporalstrukturen von Naturgeschichte und Kulturgeschichte bis heute wirkungsreich geblieben, und nicht zuletzt haben diese Wirkungen den Graben vertieft, der zwischen den sogenannten ‚zwei Kulturen‘ verläuft.[94]

Geschichtsvereine.

Vgl. zudem das in neuerer Zeit ganz besonders ins Blickfeld der Forschung gerückte große Interesse an der Geologie von Karl Marx in seinen letzten Lebensjahren, das durch den Fortgang der Arbeiten an der Marx-Engels-Gesamtausgabe teilweise erstmals konkret durch Quellen belegt werden kann. Dieses ist sicher auch im Kontext seines generellen Methodenideals von exakter Gesellschaftsanalyse zu sehen und insofern eher der Versuch einer Brückenbildung zwischen den zwei Kulturen. Hier werden auf Hunderten von Seiten Marx' umfangreiche Exzerpte aus geologischen Handbüchern dokumentiert, denen bisher keine aufschließenden biographischen Zeugnisse (wie etwa Briefe) zur Seite gestellt werden konnten; vgl. *Marx*, Exzerpte.

88 Es wurde bereits darauf hingewiesen, dass Droysen auf Hegel aufbaut; insofern ist Droysen zwar nicht der ‚Urheber‘, jedoch maßgeblich daran beteiligt, den Dualismus von ‚Natur‘ und ‚Geschichte‘ im Kontext der Geschichtswissenschaft zu konstituieren; vgl. auch *Jaeger/Rüsen*, Geschichte, 63; sowie *Beiser*, Tradition, 291.

89 Auch Dilthey legt den Ablauf der Natur auf Zyklizität fest. Diese zeige sich im „mechanischen Ablauf der Naturveränderungen, welcher im Ansatz alles, was in ihm erfolgt, schon enthält“ und sei eine „leere und öde Wiederholung“. Auch der methodische Dualismus von ‚erklären‘ und ‚verstehen‘ wurde durch Dilthey vertieft; vgl. *Dilthey*, Einleitung, 6.

90 Vgl. *Rickert*, Kulturwissenschaft.

91 Vgl. insbesondere *Windelband*, Geschichte.

92 Vgl. *Conze*, Evolution, 24 f.; *Kroll*, Droysen, 408; *Schiemann*, Geschichte, 154; *Fellmann*, Natur, 75.

93 Als Haupthindernis bei der Lösung der großen Probleme der Welt – Armut, Bevölkerungsexplosion, Wettrüsten – identifizierte der englische Physiker und Romancier C.P. Snow ein Kommunikationsproblem zwischen Natur- und Geisteswissenschaften. Dieses habe zur Erschwerung des intellektuellen Austauschs und zur Ausbildung zweier Kulturen geführt, die sich fortan immer weiter voneinander entfernten; vgl. *Snow*, Two Cultures.

94 *Lübbe*, Zug, 381; vgl. auch *Rohbeck*, Aufklärung, 123 f. und 139 f.; sowie *Bleker*, Wissenschaften, 68.

In diesem Sinne kann Droysens Dichotomie durchaus auch im Zusammenhang mit den rezenten Umweltdebatten diskutiert werden.[95] Die derzeitig diskutierte Umweltkrise ist auch ein epistemologisches Problem, da dem problematischen Umgang mit der Natur inadäquate Naturkonzepte zu Grunde liegen. Das im skizzierten Sinne problematische Naturkonzept des Historismus kann auch im Kontext des nicht selten verhängnisvollen Umgangs mit der Natur im späten 19. und im 20./21. Jahrhundert gesehen werden, denn ein statisches Konzept des Natürlichen verführt dazu, die Komplexität, Vernetztheit und zeitliche Dynamik von Naturprozessen zu unterschätzen. Zudem sind mit der von Droysen etablierten Dichotomie auch moralische Werturteile verbunden. Die Natur erscheint in der Wissenschaftskonzeption des Historismus als passives Objekt menschlicher Selbstgestaltung – ihrer Instrumentalisierung und Ausbeutung sind keine Grenzen gesetzt.[96] Großklaus weist zudem darauf hin, dass ein Naturbild, welches dieselbe als einen „geringerwertige[n], rangmindere[n] Seinsbereich" konzipiert, gleichzeitig der „Beherrschung und Ausnutzung durch die Instanzen jener übergeordneten Sphäre" Tür und Tor öffnet.[97]

Ein exponiertes Beispiel für die Persistenz von Droysens Dualismus stammt von einem der einflussreichsten Philosophen deutscher Sprache, Hans Georg Gadamer. Dieser berief sich noch vor gut 25 Jahren auf Droysen und bemerkte, dass der Begriff ‚Geschichte' für ihn eine „gefährliche Äquivokation"[98] enthalte, da dieser nicht zwischen ‚Naturgeschichte' und ‚Menschengeschichte' unterscheide: „Die ‚Weltgeschichte' ist nicht eine Phase in der Geschichte des Universums, sondern meint ein eigenes Ganzes."[99] Im Verhältnis zur Erdgeschichte wirke das menschliche Leben ungewöhnlich disproportional, wie ein Fremdkörper: „Man braucht sich nur klar zu machen, wie wenig von der von der Wissen-

95 Vgl. insbesondere den Vorschlag von Paul Crutzen, die gegenwärtige erdgeschichtliche Epoche ‚Anthropozän' zu nennen, um den grundlegenden Einfluss des Menschen auf die Erde auszudrücken. In diesem Konzept werden Erdgeschichte und Menschengeschichte direkt aufeinander bezogen und die noch von Droysen so nachhaltig gezogene Grenze zwischen Kultur und Natur wird aufgelöst; vgl. *Crutzen*, Geology, 23; sowie *Chakrabarty*, Klimawandel.

96 Vgl. *Maurer*, Natur, 127.

97 *Großklaus*, Einleitung, 8.

98 *Gadamer*, Geschichte, 268. Gadamer ist ein besonders exponiertes Beispiel für die Bedeutung von Droysens Naturkonzeption. Weitere sind, auch außerhalb der Fachhistorie, sind leicht bei der Hand; vgl. auch Egon Friedell (1878–1938), der fast im selben Wortlaut wie Droysen formulierte: „Die Geschichte der Natur wiederholt sich immer; sie arbeitet mit ein paar Refrains, die sie nicht müde wird zu repetieren; die Geschichte der Menschheit wiederholt sich nie; sie verfügt über einen unerschöpflichen Reichtum von Einfällen, der stets neue Melodien zum Vorschein bringt." Zit. n. *Schäfer*, Erdgeschichte, 141.

99 *Gadamer*, Geschichte, 272.

schaft erschlossenen riesigen Geschichte des Universums mit der überschaubaren Geschichte zusammenfällt, seit die Spezies Mensch auf unserem Planeten existiert."[100] Wenn vor diesem Hintergrund nach einem Zusammenhang von Menschen- und Erdgeschichte gefragt wird, „da wird einem geradezu schwindlig, was dann dieser Zusammenhang heißen soll."[101] Gadamer teilt auch Droysens Naturphobie: Nur über eine Verdrängung der geologischen Tiefenzeit, so seine These, ließen sich menschliche Sinnbezüge erhalten, denn, so Gadamer:

> Was soll es für einen Sinn haben, diesen winzigen Abschnitt einer durch Überlieferungshelle erleuchteten Zeitspanne in das Ganze des Evolutionsgeschehens des Universums einzufügen? Hier drängt sich doch für uns auf, wenn es um Erweiterung der geschichtlichen Horizonte geht, überhaupt nicht an jenen riesigen Rahmen zu denken, in dem das bißchen menschlicher Geschicke, das wir die Weltgeschichte nennen, fast verschwindet.[102]

Bereits zum Zeitpunkt ihrer Äußerung waren Gadamers Ansichten allerdings von der methodologischen Entwicklung der Geschichtswissenschaft überholt worden. Seit den 1960er-Jahren gibt es ernsthafte Bestrebungen, Natur und Geschichte wieder neu aufeinander zu beziehen. Der wichtigste Impuls stammt dabei von Fernand Braudel, dem Begründer der Annales-Schule, dem, so Ulrich Raulff, die Befreiung der Geschichtswissenschaft „aus der babylonischen Gefangenschaft der kurzatmigen Ereignisgeschichte [...] zu verdanken" sei.[103] Vor dem hier entwickelten Problemszenario ist es nicht überraschend, dass Braudel die ‚longue durée' ursprünglich als Trostperspektive empfunden hat. Als „direkte existentielle Reaktion" auf die kaum erträgliche Gegenwart und die schrecklichen Zustände im Kriegsgefangenenlager habe Braudel eine transhumane Geschichtsperspektive eingenommen, eine ‚Geohistoire', welche das individuelle Leiden im Kontext von weit größeren Zeitmaßen relativierte:[104]

100 Ebd., 269.
101 Ebd.
102 Ebd.
103 *Raulff*, Augenblick, 15; vgl. *Braudel*, Mittelmeer; sowie *Braudel*, Geschichte; neben Braudel ist auch Foucault in diesem Kontext zu nennen. Sarasin hebt hervor, dass „[d]ie alles entscheidende Pointe von *Les mots et les choses*" in der Erkenntnis liege, „dass sich die Humanwissenschaften bis in die Gegenwart [...] den Konsequenzen verweigern" welche die Erkenntnisse der Naturwissenschaften „für das Bild des Menschen haben". Die Humanwissenschaften, (Anthropologie, Geschichte, Literatur- und Kunstwissenschaft, Soziologie, Psychologie u. a.) nähmen diese Kenntnisse, welche „die Endlichkeit des Menschen" betonen, „nicht zur Kenntnis"; sie verfielen stattdessen „in den ‚anthropologischen Schlaf' [und] träumten von der Autonomie und Gegebenheit, ja Ursprünglichkeit des ‚Menschen.'" Vgl. *Sarasin*, Foucault, 88.
104 *Raulff*, Augenblick, 44.

> All die Ereignisse, die aus dem Rundfunk und der Presse unserer Feinde auf uns niederprasselten [...], sie alle mußte ich von mir fernhalten, verdrängen, verleugnen. Nieder mit den Ereignissen, besonders mit den quälenden! Mir blieb nur der Glaube, daß Schicksal und Geschichte in viel tieferen Schichten geschrieben wurden. Die Wahl einer langen Zeitspanne als Skala der Betrachtung bedeutete, als Fluchtpunkt die Stelle Gottvaters zu wählen. Die Geschichte wurde weit weg von uns und unserem täglichen Elend geschrieben, und sie veränderte sich nur mählich, so mählich wie das altüberkommene Leben im mediterranen Raum, dessen Beharrungsvermögen und majestätische Unbeweglichkeit mich so oft berührt hatten.[105]

Die methodologischen Impulse der Annales-Schule werden u. a. in der Umweltgeschichte,[106] und der ‚Big-History'[107] vertieft. Spätestens mit dem Konzept des ‚Anthropozäns' wird die Trennung von Natur und Geschichte wieder revidiert. Indem menschheitsgeschichtliche Ereignisse als naturgeschichtliche Zäsuren diskutiert werden, rücken Historie und Naturhistorie wieder zusammen, so dass die Dichotomie von ‚Natur' und ‚Geschichte' heute weitgehend überwunden ist.[108]

Allerdings zeigt sie sich – mit explizitem Bezug auf Droysen – noch in den neuesten Einführungswerken in das Fach Geschichte:

> Man spricht zwar auch von Erdgeschichte oder Naturgeschichte, aber schon Johann Gustav Droysen (1808–1884) formulierte in seinem *Grundriss der Historik*, dass es sich in diesem Fall lediglich um einen übertragenen Gebrauch des Wortes handele und letztlich der Mensch, das Subjekt also, Träger der Geschichte sei.[109]

---

105 Zit. n. ebd., 30 f. Mit dieser Inanspruchnahme des Trostpotentials der transhumanen Perspektive verdeutlicht Braudel den Konnex zwischen geologischer Tiefenzeit und Trost; vgl. hierzu *Braungart*, Poetik, 60 und 70; *Braungart*, Apokalypse, 108–110; *Braungart*, Katastrophen 2007, 26, 30, 35.

106 Zur Umweltgeschichte, die als geologische Erdgeschichte mit Jahrmillionen rechnet vgl. exemplarisch *Osterhammel*, Periodisierung, 50; *Radkau*, Natur, 15; sowie *Lehmkuhl*, Historicizing Nature.

107 Zur ‚Big-History' vgl. exemplarisch *Christian*, Maps.

108 Zum Anthropozän vgl. *Chakrabarty*, Four Theses; *Mauelshagen*, Anthropozän; *Rüsen*, Universalgeschichte.

109 *Opgenoorth/Schulz*, Einführung, 11.

III Sind Steine die besseren Historiker?
Die Geologie als Quelle moderner Zeitkonzepte

1 Die Entdeckung der Erd*geschichte*

Ausgangspunkt meiner Arbeit war Sigmund Freuds Diktum, dass große wissenschaftliche Revolutionen bislang immer mit einer fundamentalen Kränkung des menschlichen Narzissmus einhergegangen seien. Drei habe es bislang gegeben: Die erste durch Kopernikus habe die Erde aus dem Zentrum des Universums gerissen und sie zu einem unbedeutenden Planeten unter Millionen von Sonnen gemacht; die zweite durch Darwin habe den Menschen ins Tierreich verwiesen und das ‚Ebenbild Gottes' zu einem nackten Affen degradiert; die dritte Revolution – deren nicht ganz unbescheidener Urheber Freud selbst gewesen sei – habe auf die Herrschaft des Unbewussten hingewiesen und das rationale Denken als Trugschluss entlarvt.[1] Allerdings, so beginnt der Paläontologe Stephen Jay Gould seine Studie über geologische Zeitmodelle, habe Freud eine vierte, ebenso entscheidende wissenschaftliche Revolution vergessen: die Entdeckung der Tiefenzeit durch die Geologie, welche die zeitliche Kongruenz zwischen Erdgeschichte und Menschengeschichte zerstört und den Menschen in zeitlicher Hinsicht marginalisiert habe.[2]

Martin Rudwick wiederum greift diesen von Freud und Gould evozierten Problemhorizont auf und führt ihn fort: Eine noch radikalere Konsequenz der ‚Entdeckung der Tiefenzeit' als die ‚Marginalisierung des Menschlichen' sei gewesen, dass die Natur eine Geschichte bekommen habe und die Erdgeschichte als eine genuin historische Entwicklung konzipiert worden sei. Dieses sei bislang durch die suggestive Kraft der ‚Marginalisierung des Menschlichen' verdeckt worden:

> At the same time, the distinction between a relatively brief human period and a far more lengthy pre-human one was a sign of a second and even more radical consequence of this great revolution in our conception of nature. The simple sequence of a non-human period followed by a human period was enough in itself to give our planet a basically *historical* character; and the vast expanses of pre-human deep time, even on their own, turned out to have been filled with a history just as eventful and dramatic in its own way as human history. In short, it turned out that *nature has had a history of its own.*[3]

---

1 Vgl. *Freud*, Schwierigkeit, 1–7; sowie *Rudwick*, Deep History, 1.

2 Vgl. *Gould*, Time's Arrow, 1. Gould ist weder der Einzige noch der Erste, der dies feststellt. Bereits 1965 haben Stephen Toulmin und June Goodfield auf die außergewöhnlich große Bedeutung der Entdeckung der Tiefenzeit hingewiesen; vgl. *Toulmin/Goodfield*, Discovery, 17; vgl. außerdem *Rossi*, Abyss, ix; *Engelhardt*, Wandlungen, 45; *Rudwick*, Bursting, 1; *Rudwick*, Deep History, 1; *Braungart*, Apokalypse, 107; *Braungart*, Geologie, 157.

3 *Rudwick*, Deep History, 2. [Hervorhebung im Original.]

https://doi.org/10.1515/9783110650518-010

Diese Beobachtung Rudwicks ist der Ausgangspunkt seiner Analyse der ‚Verzeitlichung der Natur'. Er kommt zu dem Ergebnis, dass die Entstehung des historischen Denkens in der Geologie durch die Historiographie grundlegend beeinflusst worden sei. Nur mithilfe eines Methodentransfers, bei welchem Begriffe, Konventionen und Praktiken aus den Humanwissenschaften in die Erdwissenschaften transformiert worden seien, habe ein kontingentes Geschichtsverständnis in den Erdwissenschaften entwickelt werden können.[4]

In dieser Arbeit wurde das Spannungsverhältnis von ‚Geschichte' und ‚Natur' von der ‚anderen Seite' betrachtet. Sie versteht sich damit als ein Pendant zu Rudwicks Ansatz: Komplementär zu Rudwicks Untersuchung der ‚Historisierung der Natur' wurde die ‚Naturalisierung der Geschichte' untersucht. Ich ging aus von der Frage, ob und inwiefern die Aufklärungshistorie und die Geschichtsphilosophie im Prozess ihrer Paradigmenbildung auf Konzepte, Modelle und Methoden der Erdwissenschaften zurückgegriffen haben und meine zentrale Hypothese war, dass die Entdeckung der Tiefenzeit und die Verzeitlichung der Natur nicht nur das Selbstbewusstsein des Menschen, sondern auch sein Geschichtsverständnis verändert haben.

4 Vgl. *Rudwick*, Bursting, 6. Allerdings weist Rudwick darauf hin, dass sich die Erdwissenschaftler an der antiquarischen Geschichte, der Numismatik und der Annalistik und nicht an der Universalgeschichte oder Geschichtsphilosophie orientiert hätten; vgl. zu dieser These insbesondere ebd., Kap. 4. ‚Transposing History into the Earth', 181–237; vgl. auch *Rudwick*, Worlds.

2 Die Bedeutung der Geologie im Kontext der Zeitkonzepte der Moderne

Im Folgenden werden die Ergebnisse dieser Analyse summarisch aufgeführt. Dabei ist die Darstellung einerseits *enger* als die bisherige Analyse, da die verschiedenen Detailergebnisse der einzelnen Kapitel nicht noch einmal aufgeführt, sondern vielmehr typologisch rekapituliert werden. Andererseits ist diese Schlussbetrachtung aber auch *umfassender*, da die Bedeutung der Geologie im Kontext der Zeitkonzepte der Moderne gleichzeitig synthesehaft und thesenhaft bilanziert wird.

Als Ergebnis ist festzuhalten: Die Entstehung des modernen historischen Denkens in der Spätaufklärung lässt sich nicht losgelöst von der Entwicklung der historischen Erdwissenschaften beschreiben. Zu dessen bedeutsamsten Prämissen gehört die Konzeption einer genuin historischen Erdgeschichte durch die Geologie. Die quantitativen Dimensionen der geologischen Tiefenzeit erweiterten nicht nur den Geschichtshorizont, sondern erhöhten auch das Zeitbewusstsein entscheidend.

Mit diesem Ergebnis wird der ‚heroische' Gründungsimpuls der Moderne, der in den Darstellungen von Meinecke, Foucault und Lepenies evoziert wird, grundlegend modifiziert: Die ‚Verzeitlichung' ebenso wie die ‚Entdeckung' der Geschichte lassen sich nicht als plötzliche und gewaltige Ereignisse im Sinne einer wissenschaftlichen Revolution beschreiben. Insbesondere die Zeit- und Entwicklungsmodelle der Erdwissenschaften, ihre Begriffe und Methoden sind zentrale Voraussetzungen für das Geschichtsdenken der Spätaufklärung. Die Metapher der ‚Neuzeit' ist sprichwörtlich zu verstehen, denn sie fußt auf neuen Zeitvorstellungen – erdhistorischen Zeitkonzepten und Zeitmodellen.[1]

Die Bedeutung der Geologie für die Herausbildung der Zeitkonzepte der Moderne lässt sich anhand der folgenden Gesichtspunkte darstellen.

1 Damit bestätigt diese Arbeit Dietrich von Engelhardts Vermutung. Dieser hat bereits früh auf grundlegende Zusammenhänge zwischen ‚Geistes- und Naturwissenschaftlern' hingewiesen und postuliert, dass die „Geisteswissenschaften […] in ihren Geschichtsentwürfen Vorstellungen von Naturwissenschaftlern aufgegriffen" haben. Zudem seien sie „in ihren Grundbegriffen der geschichtlichen Welt und Methodologie der Historie von neuen Naturerkenntnissen und neuen naturwissenschaftlichen Prinzipien abhängig gewesen." Vgl. *Engelhardt*, Bewusstsein, 12. Auch Johannes Rohbeck kommt in seiner Untersuchung der französischen und englischen Geschichtsphilosophie zu einem ähnlichen Ergebnis; vgl. *Rohbeck*, Fortschrittstheorie, 46 f.; sowie *Rohbeck*, Aufklärung, 138.

https://doi.org/10.1515/9783110650518-011

2.1 Methodische Innovationen der Geologie

Naturalisierung und Materialisierung der Zeit

Die Bedeutung der Erdwissenschaften im Kontext des Zeitverständnisses der Moderne liegt in ihren revolutionären Zeit-Konzeptionen, die in der Geschichte der Neuzeit ohne Beispiel sind. Martin Rudwick hebt hervor: „[G]eology was the first of the natural sciences to develop a sense that nature itself has had a *history;* this perspective, which has since spread more widely among the sciences, turned it into one that was (and remains) substantially ideographic rather than purely nomothetic."[2] Innerhalb von 100 Jahren alterte die Welt rascher als jemals zuvor und später danach wieder: In den *Annals of the World* (1658) berechnete der anglikanische Bischof James Ussher (1581–1656) das Alter der Welt. Er legte die Lebensdaten der biblischen Patriarchen zu Grunde und taxierte damit das Erdalter auf etwas geringer als 6 000 Jahre. Der erste Tag der Welt „fell upon the entrance of the night preceding the twenty third day of October in the year of the Julian calendar 710 [= 4004 v.Chr.]".[3] Weit weniger exakt, aber dramatisch höher veranschlagte Immanuel Kant in seiner *Allgemeinen Naturgeschichte und Theorie des Himmels* im Jahre 1755 das Alter der Welt: „Es ist vielleicht eine Reihe von Millionen Jahren und Jahrhunderten verflossen, ehe die Sphäre der gebildeten Natur, darin wir uns befinden, zu der Vollkommenheit gediehen ist, die ihr jetzt beiwohnt;" kurz darauf verweist er auf „Millionen und ganze Gebürge von Millionen Jahrhunderten",[4] die noch verfließen werden. Mit der Berg-Metapher gibt Kant Auskunft über die wissenshistorischen Ursprünge dieser Zeitexplosion, denn sie verweist auf die Untersuchungsobjekte, an denen die verflossene und versteinerte Zeit methodisch nachgewiesen werden konnte. Der Zeitbedarf, den die Erdwissenschaften bereits am Anfang des 18. Jahrhunderts formulieren konnten, war immens: „Die Zeit, bis dahin nur das Medium für den Auftritt von Ereignissen und Akteuren, für das Anwachsen unterschwelliger empirischer Größen zu meßbaren Werten, wird selbst zu einer Macht, der durch ihre bloße Quantität alles zugetraut werden kann".[5] Das Konzept einer geradezu unendlichen und dynamischen Zeit ließ einige Gelehrte wie den Hydrologen Pieter Harting regelrecht in einen Zeitrausch verfallen. Anhand des Aufbaus der Korallenriffe führt er die Weitläufigkeit der geologischen Perspektive vor und verdeutlicht damit *Die Macht des Kleinen* (1851):

---

2 *Rudwick*, Symposion, 387.
3 *Ussher*, Annals, 1.
4 *Kant*, Naturgeschichte, 313 und 314.
5 *Blumenberg*, Lebenszeit, 223.

> Gleichwie Archimedes sagte: „zeige mir einen Punkt, wo ich einen Hebel anbringen kann und ich werde die Erde emporheben,“ so sagt auch der Geolog: „gib mir nur Zeit und Stoff und ich werde durch einen einzigen Polyp die Erde bauen lassen.“[6]

In einem ähnlich gelagerten Textstück hebt Charles Darwin die Bedeutung hervor, „welche Regenwürmer in der Geschichte der Erde gespielt haben“. Insbesondere begeistert er sich für ihre Ausscheidungen. Viele antike Gegenstände und ganze Ruinen seien heute noch so gut erhalten, weil sie durch den Kot der Regenwürmer konserviert worden seien:

> Die Archäologen sollten den Regenwürmern dankbar sein, da sie für eine ganz unbestimmt lange Zeit jeden, nicht der Zersetzung unterliegenden Gegenstand, welcher auf die Erdoberfläche gefallen ist, durch das Eingraben desselben unter ihre Excrementmassen schützen und bewahren.[7]

In dieser unfreiwillig komischen Darstellung werden vor dem Hintergrund der Tiefenzeit die Hierarchien verkehrt. Die Erweiterung des Geschichtshorizonts durch die Entdeckung der geologischen Tiefenzeit ist ein Prozess, der in sehr grundsätzlicher Weise menschliche Zeitmaße relativiert und zugleich mit einer immensen Steigerung des Bewusstseins für die eigene Geschichtlichkeit einhergeht.[8] Für die Innovationen des Welt- und Geschichtsbildes im späten 18. Jahrhundert ist dies ohne Zweifel zentral. Angesichts der unglaublichen Zeit-Räume schrumpften die menschliche Geschichte und alle kulturellen Errungenschaften auf einen fast bedeutungslosen Punkt zusammen. Die Menschheit geriet vom Mittelpunkt der Erdgeschichte an ihre absolute Peripherie und wurde im wörtlichen sowie im übertragenen Sinne marginalisiert. Der Verlust der menschlichen Zentralstellung sowie die Dynamisierung der sicher geglaubten Dimensionen von Raum und Zeit bewirkten eine Neu-Ordnung der Vergangenheit und zerstörten gleichzeitig überlieferte Geschichtsbilder.[9] Das führte in historischer Perspektive zu einem Orientierungsverlust, denn das „Anwachsen der Weltzeit“ drohte „die Zeitmaße der Geschichtsschreibung zur Nichtigkeit und Sinnlosigkeit herabzudrücken“.[10] Das Bewusstsein für die eigene Geschichtlichkeit wurde in radikaler

---

6 *Harting*, Macht, 71.
7 *Darwin*, Bildung der Ackererde, 175.
8 Vgl. *Wendorff*, Zeit, 224.
9 Blumenberg weist darauf hin, „daß jeder Zuwachs an Ausdehnung, [...] die Illusion eng zentrierter Geschichtsbilder zerstört und dafür auf ein Konzept menschlicher Universalgeschichte in Annäherung an die Einheit der Naturgeschichte drängt“. Vgl. *Blumenberg*, Lebenszeit, 239.
10 Ebd., 228.

Weise gesteigert, denn die Schere zwischen *Lebenszeit und Weltzeit*, so Blumenberg, wurde erstmals geöffnet:

> Die Verlorenheit des Menschen in der Zeit hatte ganz andere Bewußtseinsvirulenz als die vorhergehende im Raum: Diese war nur ein metaphorisches Indiz, das einer zuvor versicherten oder vermeinten Zentralstellung widersprach, während jene Ausdruck eines Sinnverlustes war, der die Geschichte im ganzen betraf, die Bedeutung weniger der Welt für den Menschen, als des Menschen für die Welt zu minimieren drohte.[11]

Allerdings waren nicht nur die quantitativen Dimensionen der ‚geologischen Tiefenzeit' für die Zeitkonzepte der Moderne grundlegend. Viel entscheidender war, dass die Erdwissenschaften die chronologische Matrix, auf die sich alle historisch arbeitenden Disziplinen bezogen, veränderten, indem sie das Medium allen geschichtlichen Wandels, die Zeit, auf eine vollkommen neue Weise methodisch konzipierten. Die einprägsame und ubiquitäre Metapher von der ‚Entdeckung der Tiefenzeit' ist durchaus im wörtlichen Sinne als das ‚Aufspüren von etwas Unbekanntem' zu verstehen, denn im Kontext geohistorischer Theoriebildung wurde ‚Zeit' in völlig neuer Weise ‚entdeckt': Der dänische Naturforscher Nicolaus Steno formulierte 1669 das stratigraphische Grundgesetz und etablierte damit ein die Zeitkonzeptionen der Moderne grundlegend prägendes wissenschaftliches Dispositiv. Ausgehend von der Frage, wie das Feste ins Feste komme, d. h., wie es sein könne, dass ein hartes Fossil von festem Stein umschlossen sei, artikuliert er das stratigraphische Prinzip, welches bis heute Gültigkeit besitzt und im Wesentlichen besagt, dass jüngere Sedimente sich auf älteren Schichten horizontal ablagern.[12] Das große Verdienst der Erdwissenschaften besteht darin, Zeit durch Materie zu dokumentieren. Schichtungen im Raum werden als Manifestationen von Zeit erkannt. Die als verrinnend wahrgenommene Zeit erschien im Raum erstarrt, während dem statischen Raum eine zeitliche Dynamik gegeben wurde. Für die Begründung der Geologie als Wissenschaft ist dieser methodische Zugang der Stratigraphie konstitutiv, denn mit diesem Ansatz wird die Rekonstruktion der Erdgeschichte empirisch möglich. Damit wurde der Zeit eine Form gegeben, ihre Wirkungen wurden visualisiert und materialisiert und damit empirisch fassbar und beschreibbar gemacht.[13]

---

11 Ebd., 183 f.

12 Vgl. *Lenz*, Universalgeschichte, 78 f. Zur Biographie Stenos vgl. *Cutler*, Seashell; einen guten Einstieg zu Stenos wissenschaftlichem Werk bieten: *Schmeisser*, Erdgeschichte; sowie *Rappaport*, Geologists, 202–204.

13 Vgl. *Fritscher*, Archive, 206 Auch das Konzept der Tiefenzeit baut grundlegend auf Stenos Beobachtungen auf; vgl. *Cutler*, Steno, 143.

Die Stratigraphie lässt sich als eine spezifisch geohistorische Materialisierungstechnik und ein höchst einflussreiches Repräsentationsmodell von Zeit verstehen. Sie ist ein genuin erdwissenschaftliches Strukturierungsmodell von Zeit, auf dem alle späteren erdwissenschaftlichen Zeit-Vorstellungen aufbauen und das bis heute Gültigkeit hat.[14] Dieses Zeitmodell ist als eine Zäsur der Zeiterfahrung sowie der Methodik der Zeitbeschreibung anzusehen. Wolfert von Rahden spricht von einem geologisch induzierten ‚historical' bzw. ‚temporal turn', dessen Bedeutung darin liege, dass plötzlich ‚hinter' den vermeintlich bekannten Phänomenen gänzlich neue Strukturen und Ordnungen erkannt würden, die einen völlig neuen Interpretationsrahmen eröffneten.[15] Augustinus' oft zitiertem Ausspruch über die radikale Unverfügbarkeit der Zeit –

> Was also ist die Zeit? Wenn niemand mich danach fragt, weiß ich's, will ich's aber einem Fragenden erklären, weiß ich's nicht. Doch sage ich getrost: Das weiß ich, wenn nichts verginge, gäbe es keine vergangene Zeit, und wenn nichts käme, keine zukünftige, und wenn nichts wäre, keine gegenwärtige Zeit.[16]

– setzt die Stratigraphie eine Konkretisierung, Visualisierung und Materialisierung derselben entgegen. Sie ermöglicht es, vergangene Zeit wieder sichtbar zu machen,[17] denn sie stellt einen Zusammenhang zwischen Gesteinsschichten und geschichtlichen Ereignissen her. Ablagerungsprozesse werden als Zeitindikatoren verstanden und Erdformationen als Manifestationen von Zeit erkannt. Dadurch wurde ‚Zeit', die vormals dem „Unbegreifbaren und Unbegrifflichen [...] theologischer und philosophischer Reflexion vorbehalten schien [und] [...] eine höchst abstrakte, unanschaulich reduzierte Schwundstufenexistenz fristete", empirisch zugänglich.[18] Helga Nowotny fasst die Innovationskraft treffend zusammen: „Zeit wird zu geflossener, langsam in Stein erstarrter, in Sedimente und Ablagerungen eingeschriebenen [sic!] Zeit, und sie setzt einen für die Geschichte der Erde und der Menschen datierbaren Anfang."[19] Diese ‚Materialisierung' von Zeit bedeutet

---

14 *Simon*, Zeit, 753.

15 *Rahden*, Blick, 34. Die Ideengeschichte der Stratigraphie ist noch nicht geschrieben. Der Grundgedanke der Stratigraphie wurde von Steno geprägt; anschließend wurde das raum-zeitliche Ordnungsmodell von unterschiedlichsten Disziplinen übernommen. Dazu gehören zumindest die Archäologie, die Psychologie Freuds und in Rothackers *Schichten der Persönlichkeit* (1938) sowie die Literatur wie beispielsweise in Gottfried Benns *Aufbau der Persönlichkeit. Grundriß einer Geologie des Ich* (1928).

16 *Augustinus*, Bekenntnisse, Abschnitt XI, 17.

17 *Rahden*, Blick, 45.

18 Ebd.

19 *Nowotny*, Eigenzeit, 85.

zugleich eine Sichtbarmachung des bisher Unsichtbaren, eine Konkretisierung des Unkonkreten und eine Verfestigung des Flüchtigen. Die vermeintlich so ungreifbare Zeit wurde – im wörtlichen Sinne verstanden – anschaulich, (er)fassbar und (be)greifbar.[20] Die große Evidenz und Akzeptanz der geologischen Zeithorizonte und ihre schnelle Durchsetzung gegenüber theologischen Zeitmustern gründen nicht zuletzt auf der Plausibilität und der Gegenständlichkeit dieses Konzeptes. Vergangene Zeit wird über ihre abgelagerten Wirkungen sichtbar gemacht; die Erdgeschichte wird dadurch „*im Prinzip* empirisch zugänglich".[21]

Damit knüpft diese Arbeit an die aktuellen Debatten um den ‚spatial turn' an, denn die Geologie erscheint vor diesem Hintergrund als genuine Raumwissenschaft: Die ‚Verräumlichung der Zeit' sowie die darauf bezogene ‚Verzeitlichung des Raumes' bedeuten die Verschmelzung zweier zuvor unabhängiger Ordnungsstrukturen,[22] mit Kant gesprochen: Die beiden Anschauungsformen der *transzendentalen Ästhetik* werden direkt ineinander geblendet. ‚Raum' und ‚Zeit' sind nicht mehr ausschließlich ‚Formen der Anschauung', die der Wahrnehmung vorgeschaltet und damit entzogen sind, sondern sie werden selber anschaulich, wahrnehmbar, sichtbar und – auch im haptischen Sinne – begreifbar.[23]

Neben der ‚Verräumlichung der Zeit' ermöglicht es die Geologie, auch eine ‚Pluralisierung des Raumes' methodisch erschließbar zu machen.[24] In den Schichtungen von Zeit, d. h. durch die Verbindung von zeitlicher Distanz und räumlicher Nähe, wird die Gegenwart durch eine zugleich ferne und doch präsente Vergangenheit ‚angereichert' und gewinnt dadurch eine raum-zeitliche Tiefendimension. Die Formierung von Zeit in Schichten bedeutet zudem eine zum linearen Charakter der Zeit komplementäre Repräsentation: Was in der Zeit nacheinander stattgefunden hat, liegt im Raum, als ‚Gleichzeitigkeit des Ungleichzeitigen', übereinander. Das bis dahin als einheitlich erfahrene Zeitspektrum der Frühen Neuzeit wurde aufgebrochen und der sich vollziehende Fortschritt wurde fortan als ‚Hiatus' zwischen alter Zeit und neuer Zeit erfahrbar; damit wurde durch geohistorische Theoriebildung ein zentraler, von Koselleck

---

20 Aufgrund ihrer ungeheuren Erstreckung ist die geologische Zeit der menschlichen Fassbarkeit jedoch gleichzeitig wieder entzogen. Sie wird durch geologische Theoriebildung zugleich anschaulich und unanschaulich, bzw. aufgrund ihrer Anschaulichkeit wird sie unanschaulich; vgl. zu diesen Aporien *Rahden*, Blick, 46.

21 Ebd., 45. [Hervorhebung im Original.]

22 Damit einher geht die ‚Verräumlichung der Geschichte' und ebenso die ‚Vergeschichtlichung des Raumes'.

23 Ebd., 45.

24 Vgl. ebd., 33.

beschriebener Topos eines modernen Zeitbewusstseins erschlossen.[25] Nicht zufällig, allerdings ohne die wissenshistorischen Zusammenhänge zu erörtern, greifen Koselleck, aber auch Michel Foucault die geologische Schichtenmetapher zur Bezeichnung ihrer Theorien historischer Zeiten auf.[26] Das Potential der ‚Zeitschichten' besteht darin, Relativität zu erzeugen und Fremdheitserfahrungen zu generieren. Das Gegenwärtige verliert seine aus der ‚naiven' Wahrnehmung gewonnene Evidenz und wird zum Repräsentanten des schon seit prähistorischen Zeitdimensionen Gewordenen.

Für die Innovationen des Welt- und Geschichtsbildes im späten 18. Jahrhundert ist diese ‚Materialisierung' der Zeit ohne Zweifel zentral. Die Vergangenheit war nicht mehr ein Prozess, der aufgrund von schriftlichen Quellen rekonstruiert wurde, sondern eine Entwicklung, für welche die Anordnung von Steinen und Schichten maßgeblich war.

---

25 Vgl. *Nolte*, Gleichzeitigkeit, 134–137; zur Unverfügbarkeit der Zeit vgl. *Assmann*, Zeit, 8; *Koselleck*, Fortschritt, 391 sowie 392 f. und 395; vgl. auch *Schnyder*, Geologie, 78 f.

26 Koselleck rekurriert im Titel seines im Jahre 2000 erschienenen Sammelbandes auf geologische ‚Zeitschichten'; auch das Umschlagbild der Studie stellt diesen Bezug her; vgl. *Koselleck*, Einleitung Zeitschichten, 9. Auch an anderer Stelle kommt Koselleck auf diesen Zusammenhang zu sprechen; vgl. *Koselleck*: Zeitschichten. In: *Ders.*, Zeitschichten, 19–26, hier 19: „‚Zeitschichten' verweisen auf geologische Formationen, die verschieden weit und verschieden tief zurückreichen und die sich im Laufe der sogenannten Erdgeschichte mit verschiedenen Geschwindigkeiten verändert und voneinander abgehoben haben. Wir verwenden also eine Metapher, die erst seit dem achtzehnten Jahrhundert sagbar geworden ist, nachdem die alte statische Naturkunde, die ‚historia naturalis', verzeitlicht und damit historisiert worden war. Die Rückübertragung in die menschliche, die politische oder soziale Geschichte und in die Strukturgeschichte erlaubt es, verschiedene zeitliche Ebenen analytisch zu trennen, auf denen sich die Personen bewegen, Ereignisse abwickeln oder deren längerwährende Voraussetzungen erfragt werden." Diese hier zitierte Passage ist aufschlussreich, weil die von Koselleck verwendete Schichten-Metapher auf ihren Ursprungskontext zurückweist, in welchem die Ungleichzeitigkeit des Gleichzeitigen besonders früh und verdichtet erfahren wurde. Allerdings reflektiert Koselleck diese Zusammenhänge nicht. Das zeigt der Einleitungssatz desselben Sammelwerks: „Wer über Zeit spricht, ist auf Metaphern angewiesen." *Koselleck*, Einleitung Zeitschichten, 9. Koselleck greift damit das schon in der Antike reflektierte Problem der Unanschaulichkeit der Zeit auf. Er blendet dabei aus, dass die Geologie die Zeit ‚materialisiert' hat, und diese damit gewissermaßen eine Konkretion erfahren hat.

Auch Foucault verwendet geologische Metaphern; er spricht von heterogenen ‚Schichten der Historie', die nicht in ihrer zeitlichen Abfolge angeordnet sind; ebenso von ‚Brüchen' und ‚Spalten'; vgl. zu dieser Beobachtung *Rohbeck*, Geschichtsphilosophie Einführung, 142.

Säkularisierung und Entfristung der Zeit

Ein weiterer entscheidender Impuls der Geologie im Kontext der Zeitkonzepte der Moderne besteht in der Emanzipation von theologischen Zeitkonzeptionen.[27] Die Erdwissenschaften entwickelten bereits im 17. Jahrhundert eine spezifisch historische Methodik und etablierten säkulare Diskurse über Zeit und Entwicklung, die ein ungeheuer provokatives Potential besaßen, da sie die dominant-anthropozentrische Perspektive des christlichen Zeitrahmens sprengten und die Kohärenz überlieferter Geschichtsbilder zerstörten. Sie revolutionierten die Vorstellung von der Welt und ihrer Geschichte und erschlossen eine Vergangenheit, die nicht aus mündlich tradierten oder schriftlich fixierten Überlieferungen bestand, sondern die in Gesteinsschichten und Fossilien empirisch zugänglich war. Das betraf vornehmlich drei Bereiche der *historia sacra:* erstens die biblischen Angaben zur Dauer der Welt, sodann den Bericht ihrer Entstehung und schließlich die Darstellung ihrer Vernichtung: Während die ‚Mitte der Geschichte' auch durch Profan-Historien erschlossen werden konnte, beanspruchte die revelatorische Geschichtserkenntnis der Bibel insbesondere für den Anfang der Geschichte und für ihr nur durch Prophezeiungen zu erschließendes Ende die exklusive Quelle zu sein. Da diese Abschnitte nicht durch menschliche Überlieferung erschlossen werden konnten, war die heilige Geschichte für diese Zeiträume auch die einzige Darstellung, auf die zurückgegriffen werden konnte.

Für das moderne Geschichtsverständnis ist die Aufhebung der zeitlichen Begrenzungen von Vergangenheit und Zukunft von grundlegender Bedeutung.[28] Die Erweiterung des zeitlichen Horizonts durch die Erdwissenschaften ist in diesem Kontext vielleicht der wichtigste Impuls: Die Infragestellung der göttlich-präfigurierten, statischen Zeit der *historia sacra* und ihre Ersetzung durch offene und dynamische Zeitmodelle, die einen Zugriff aufs Unendliche herstellten, ist zentrale Prämisse eines kontingenten Geschichtsverständnisses mit einer offenen Zukunft.

Allerdings wurde durch die geologischen Zeitkonzepte nicht nur die Zeitdauer der Erdentwicklung quantitativ vergrößert sowie Anfang und Ende neu beschrieben. Vielmehr wurde ‚Zeit' in ihrer Qualität grundlegend neu bestimmt. In

---

27 Vgl. hierzu Kap. II.2.2 dieser Arbeit: ‚Genesis und Geologie: Konturen einer Debatte'. Allerdings nimmt diese Arbeit Abstand von dem zwar einprägsamen, aber letztlich simplifizierenden Antagonismus von ‚Genesis und Geologie'. Das Kampfmotiv, ein vernünftiges und empirisch-beschreibendes naturwissenschaftliches Denken habe die metaphysischen Spekulationen der Religion entkräftet, ist nicht zutreffend. Vielmehr wird vom Ergebnis eines langen und komplexen Prozesses in unzulässiger Weise auf seinen Verlauf geschlossen.

28 Vgl. hierzu Kap. II.2 dieser Arbeit: Die Delegitimierung der *historia sacra* durch die geologische Tiefenzeit.

erdhistorischen Entwürfen war Zeit nicht länger den (willkürlichen) Entscheidungen eines höchsten Wesens unterworfen. Durch Zeitmodelle, die einen Zugriff aufs Unendliche herstellten und durch persönliches Erleben nicht mehr einholbar waren, konnte ‚Zeit' als ein ewiger und unvorhersehbarer Prozess begriffen werden, der keinen Anfang und kein Ende hatte. Buffon dokumentiert bereits im Jahre 1756 dieses genuin naturgeschichtliche Verständnis von Zeit: „[L]e grand ouvrier de la nature est le temps".[29] Zeit wurde damit als Bewegungsbegriff erfahrbar. Sie war nicht mehr die Bühne, auf der sich die Ereignisse der Geschichte abspielen, sondern sie wurde selbst zum Akteur, welcher geschichtlichen Wandel in die Wege leitete.[30] Die Vorstellung eines universellen, linearen, gleichförmigen und gerichteten Zeitkontinuums, welches natürliche wie kulturelle Prozesse gleichermaßen umfasste, war für die Strukturierung von Ereignissen von großer Bedeutung und ist eine zentrale Prämisse dafür, dass sich die neuzeitliche Vorstellung eines singulären, unbegrenzten und irreversiblen Fortschrittsprozesses etablieren konnte.[31]

Die Zeitkonzepte der Geologie bewirkten jedoch nicht nur eine ‚Homogenisierung der Zeit'. Gleichzeitig trugen sie maßgeblich zu ihrer sattelzeitlichen Pluralisierung bei: Die geologische Tiefenzeit akzentuierte die Unterschiedlichkeit der Zeitkonzepte. Insbesondere die Langsamkeit der erdgeschichtlichen Prozesse beförderte ein Bewusstsein für die Eigenzeitlichkeit von Systemen.[32]

2.2 Die Erdgeschichte als Präfiguration des Kollektivsingulars ‚Geschichte'

Ein weiterer entscheidender Impuls der Erdwissenschaften im Kontext der Geschichtskonzepte der Moderne bestand in der Konturierung eines übergeordneten chronologischen Referenzrahmens: Die Erdgeschichte war ein Prozess mit einer

---

29 *Buffon*, Animaux, 59 f.; vgl. auch die auffallend ähnliche Formulierung von *Blumenberg*, Lebenszeit, 223: „Die Zeit, die bis dahin nur das Medium für den Auftritt von Ereignissen und Akteuren [war] [...], wird selbst zu einer Macht, der durch ihre bloße Quantität alles zugetraut werden kann".

30 Vgl. hierzu *Blumenberg*, Lebenszeit, 46; Fichte formuliert diese Erkenntnis vgl. *Fichte*, Bestimmung, 307.

31 Auch das sattelzeitliche Fortschrittsdenken fußt auf geologischen Zeitmodellen; Vgl. *Nowotny*, Eigenzeit, 84; sowie *Wendorff*, Zeit, 310.

32 Insofern handelt es sich bei der vorliegenden Arbeit auch um einen Beitrag zur Pluralisierung der Zeit; vgl. hierzu das DFG-Schwerpunktprogramm *Ästhetische Eigenzeiten. Zeit und Darstellung in der polychronen Moderne*, welches 2013 eingerichtet wurde und seit 2016 in seiner zweiten Förderperiode läuft.

derart großen zeitlichen Ausdehnung, dass er alle unterschiedlichen, unverbundenen und unabgeschlossenen Geschichtsbilder verband. In Koselleckscher Diktion ist durchaus von einem ‚Kollektivsingular' zu sprechen, „der die Summe der Einzelgeschichten in einem gemeinsamen Begriff bündelt."[33]

Die Bedeutung dieses Referenzrahmens zeigte sich daran, dass er allen anderen Geschichten übergeordnet war und infolgedessen die Bewegungsdynamik und die Entwicklungsgesetze vorgab. Die Geschichte des Menschen erschien als Ausschnitt einer umfassenderen Geschichte der Natur und wurde durch dieselben Prozesshaftigkeiten, die bereits seit Millionen von Jahren die Erde geformt hatten, bestimmt. Bereits Voltaire hatte diesen Grundgedanken formuliert:

> Mille révolutions locales ont certainement changé une partie du globe, dans le physique et dans le moral; mais nous ne les connaissons pas; et les hommes se sont avisés si tard d'écrire l'histoire, que le genre humain, tout ancien qu'il est, parait nouveau pour nous.[34]

Auch Christoph Daniel Schlosser definiert mit dem Revolutionsbegriff ein grundlegendes, Natur und Kultur gleichermaßen erfassendes ‚Geschichtsgesetz':

> Wenn wir als den ersten Satz aller Geschichte, als Resultat aller Erfahrungen, durch Darstellung der Geschichte unseres Geschlechts zu beweisen versuchen, daß es unter steten Revolutionen nach und nach sich weiter und weiter entwickelte [...], so ahnden wir schon, daß dieß der Gang der ganzen Natur sey, daß nicht bloß das menschliche Geschlecht, sondern die ganze irdische belebte und unbelebte Natur, ja die Erde selbst sich auf diese Weise zum Vollkommnern entwickelt habe.[35]

Prägnant zeigt sich diese Grundkonzeption auch bei Herder. Dieser postuliert, dass auch im menschlichen Bereich Naturgesetze wirksam seien: „Die ganze Menschengeschichte ist eine reine Naturgeschichte menschlicher Kräfte, Handlungen und Triebe nach Ort und Zeit."[36] Insofern ließe sich die Geschichte der Staaten und Nationen analog zu derjenigen der Tiere und Pflanzen verstehen und erklären: „Die Kraft, die in mir denkt und wirkt, ist ihrer Natur nach eine so ewige Kraft als jene, die Sonne und Sterne zusammenhält [...]. Denn alles Dasein ist sich gleich, ein unteilbarer Begriff, im Größten sowohl im Kleinsten auf einerlei Ge-

---

33 *Koselleck*, Geschichte, 648.

34 *Voltaire*, Essai, 16 ; vgl. auch *Voltaire*, Philosophie 1969, 91.

35 *Schlosser*, Uebersicht 1826, 6.

36 *Herder*, Ideen III,1, 522. Zu Herders Verhältnis nur Naturgeschichte vgl. auch Nisbet, Naturgeschichte, 34; sowie *Arnold*, Wandlungen, 164.

setze gegründet."[37] Die erdwissenschaftlichen Konzepte besitzen für Herder in diesem Kontext eine exponierte Bedeutung. Sie formulierten die Basistheorien und seien Garant für die Kontinuität zwischen Natur und Geschichte:

> Was indes jeder Stein- und Erdart verliehen ist: ist gewiß ein allgemeines Gesetz aller Geschöpfe unsrer Erde; dieses ist *Bildung*, bestimmte *Gestalt*, eignes *Dasein*. Keinem Wesen kann dies genommen werden: denn alle seine Eigenschaften und Wirkungen sind darauf gegründet. Die unermeßliche Kette reicht vom Schöpfer hinab bis zum Keim eines Sandkörnchens, da auch dieses seine bestimmte Gestalt hat, in der es sich oft der schönsten Krystallisation nähert. [...]. Von einfachen Gesetzen, so wie von groben Gestalten schreitet sie [die Natur; D.S.] ins Zusammengesetztere, Künstliche, Feine; und hätten wir einen Sinn, die Urgestalten und ersten Keime der Dinge zu sehen, so würden wir vielleicht im kleinsten Punkt die Progression der ganzen Schöpfung gewahr werden.[38]

Diese hier exemplarisch vorgeführte ‚Naturalisierung der Geschichte' bedeutete allerdings nicht, bzw. nicht zwangsläufig, dass die menschliche Geschichte als durch kausale Naturgesetze determiniert und damit im Kern als ungeschichtlich verstanden worden wäre. Im Gegenteil: Die Einbettung der Menschengeschichte in die Naturgeschichte der Erde bedeutete vielmehr, dass das Geschichtskontinuum der Vormoderne, in welchem ‚Erfahrungsraum' und ‚Erwartungshorizont' noch weitgehend deckungsgleich waren,[39] aufgebrochen wurde: Die geologischen Zeitmodelle machten es möglich, „Geschichte zu ‚naturalisieren', ohne dabei auf Konzepte wie Kontingenz und Indeterminiertheit oder Vorstellungen wie die der zielgerichteten Entwicklung und der wechselseitigen Beeinflussung verzichten zu müssen."[40]

Damit akzentuierten die Erdwissenschaften die Eigengesetzlichkeit geschichtlicher Entwicklung: Die Erdgeschichte konnte nicht als moralische ‚Exempelsammlung' im Sinne der ‚historia magistra vitae'[41] verstanden werden, denn sie verlief vollkommen losgelöst von menschlicher Teilhabe und menschlicher Erfahrung. Sie bot keinerlei Lehren, Anweisungen oder Orientierungshilfen für menschliches Handeln. Stattdessen konturierte sie ein allgemeines Modell historischer Entwicklung und konzipierte ‚Geschichte' als singulären, kontinuierlichen und irreversiblen Verlauf.

---

37 *Herder*, Ideen III,1, 19 f. Der Bedeutungsgehalt von Herders Gesetzesbegriff ist allerdings nicht einfach erkennbar; vgl. *Nisbet*, Naturgeschichte, 35.

38 *Herder*, Ideen III,1, 49 f.

39 Vgl. *Koselleck*, Erfahrungsraum.

40 *Reill*, Historisierung, 55.

41 Vgl. zu diesem Problemzusammenhang *Koselleck*, Historia.

2.3 Topik der ‚transhumanen Perspektive': Die Erdgeschichte als Projektionsfläche für den Geschichtspessimismus der Aufklärung

Auch im Kontext der Geschichtsphilosophie ist die Geologie als Quelle moderner Zeitkonzepte bedeutsam, denn die Beschäftigung mit der Erdgeschichte hatte in der Spätaufklärung fast zwangsläufig geschichtsphilosophische Relevanz. In ihrem Bestreben, den Gesamtverlauf der Geschichte zu konzipieren und dabei nicht auf einen göttlichen Plan zur rekurrieren, konnte die Geschichtsphilosophie die Ergebnisse der Geologie nicht ignorieren.[42] Dies gilt insbesondere bei Fragen nach dem Verlauf, der Richtung und dem Ziel der Geschichte. Die Beschäftigung mit der Geschichte der Erde bedeutete gleichzeitig auch eine Beschäftigung mit Fragen zur Stellung der Menschheit in der Erdgeschichte und damit nach den Ursprüngen der Menschheit und ihrer weiteren Entwicklung. Damit verbinden sich die Grundfragen allen existentiellen Suchens, wie: „Woher kommen wir? Wer sind wir? Wohin gehen wir?"[43] Noch eindringlicher stellen sich diese Fragen, weil die Geologie den bis dahin maßgeblichen Referenztext für diese Fragen, die Bibel, außer Kraft gesetzt hatte. Dabei erforscht die Geologie nicht nur die Vergangenheit, auch die (erdgeschichtliche) Zukunft wird in den Texten der Erdwissenschaftler thematisiert. Nach Burnets *Telluris theoria sacra* wird die Menschheit, in Übereinstimmung mit der christlichen Heilsgeschichte, in einem Feuerregen, dem Armageddon, untergehen. In Buffons *Époques de la nature* führt die sukzessive Abkühlung der Erde zum Kältetod der Menschheit auf der Erde – und zwar in genau 93 000 Jahren. Die geologisch-säkularisierte Erdgeschichte thematisiert zu gleichen Teilen den Vergangenheits- wie den Zukunftshorizont; sie verhandelt, wie es Hofbauer treffend ausgedrückt hat, das „Schicksal des Menschengeschlechts auf der materiellen Ebene."[44]

Ein wichtiger Aspekt, der bislang noch nicht angesprochen wurde, soll im Folgenden diskutiert werden: Im Kontext der Geschichtsphilosophie der Spätaufklärung sowie des 19. Jahrhunderts waren die erdgeschichtlichen Diskurse überraschenderweise Ausgangspunkt von geschichts*pessimistischen* Reflexionen. Sie sind damit ein bedeutender Gegenimpuls zum oft postulierten Fortschritts-

---

42 Andreas Urs Sommer vertritt die These, dass nicht zuletzt die Marginalisierung des Menschlichen durch die geologische Tiefenzeit für die Entstehung der Geschichtsphilosophie in der Spätaufklärung ausschlaggebend war; vgl. *Sommer*, Sinnstiftung, 485.

43 Vgl. *Hofbauer*, Funktion, 533 f.; vgl. auch *Rohbeck*, Historisierung, 124 f. und 126; sowie *Rupke*, Study, 407.

44 *Hofbauer*, Funktion, 534.

optimismus der Spätaufklärung. Dies belegen die Reflexionen Christoph Meiners', welcher die „Oberfläche der Erde" im Anbetracht der geologischen Tiefenzeit „als eine ungeheure Grabstätte" ansieht, „in welche die Zeit unter der Leitung der Vorsehung unzählige Geschlechter von Menschen und Thieren [...] begraben hat".[45] Insbesondere die spezifische Topik der ‚transhumanen Perspektive' verdeutlicht, dass das disproportionale Verhältnis zwischen Erdgeschichte und Menschengeschichte nicht wirkungsvoll ausgeblendet werden konnte: Wenn auf die Stellung des Menschen in der Geschichte der Erde rekurriert wurde, finden sich häufig eingängige Allgemeinplätze, die immer wieder aktualisiert werden. Dazu gehören Beschreibungen des Menschen als ‚Ephemere', als ‚Parasit' oder als ‚Schimmel'. Diese Topoi heben die zeitliche Bedeutungslosigkeit menschlichen Lebens im Kontext der Erdgeschichte hervor. Sie bilden einen bislang kaum wahrgenommenen, jedoch eminent wichtigen Gegenimpuls zum Optimismus der Aufklärung. Zudem bestimmen sie die weitere Konzeption des Verhältnisses des Menschen zur Erde erheblich, denn sie werden auch von Philosophen und Historikern des 19. Jahrhunderts aufgegriffen.

Insbesondere der Topos des Menschen als ‚Ephemere' ist populär. Er wurde von dem ‚bösen' Philosophen[46] Paul Henri Thiry d'Holbach (1723 – 1789) in dessen umstrittener Schrift *Système de la nature* (1770) zum ersten Mal formuliert. In einem Passus, in welchem d'Holbach ein zeitliches Panorama entfaltet, in welchem Sonnen verlöschen und Planeten zu Staub zerfallen, kritisiert dieser die Hybris des Menschen, sich als Mittelpunkt des Universums zu empfinden, obwohl er doch eigentlich nichts weiter als eine ‚Ephemere' sei:

> Sonnen erlöschen und verkrusten, Planeten werden zerstört und zerstreuen sich in dem weiten Weltraum; andere Sonnen entzünden sich, neue Planeten bilden sich, um ihre Umdrehungen auszuführen oder um neue Bahnen zu beschreiben, und der Mensch, ein unendlich kleiner Teil des Erdballs, der in der unermeßlichen Weite nur ein unmerklicher Punkt ist, glaubt, daß das Universum für ihn gemacht sei, bildet sich ein, daß er der Vertraute der Natur sein müsse, schmeichelt sich, ewig zu sein, und nennt sich König des Universums! O Mensch! Wirst du niemals begreifen, daß du nur ein Eintagswesen bist?[47]

Herder greift diesen Topos auf. Die vermeintliche Sonderstellung des Menschen sei nichts weiter als eine Ausgeburt der eigenen Eitelkeit, so Herder mit Pathos:

> Nicht auf dem Boden deiner Erde wandelst du, armer Mensch, sondern auf einem Dach deines Hauses, das durch viel Überschwemmungen erst zu dem werden konnte, was es dir

45 *Meiners*, Beschreibung, 7.
46 Vgl. *Blom*, Böse Philosophen.
47 *Holbach*, System der Natur, 80 f.

> jetzt ist. Da wächst für dich einiges Gras, einige Bäume, deren Mutter dir gleichsam der Zufall heranschwemmte und von denen du als eine Ephemere lebest.[48]

Im 19. Jahrhundert wird der Topos populär: Der englische Geologe Gideon Mantell (1790 – 1852) postuliert, „dass man wohl die Frage aufwerfen darf, ob denn der Mensch, dieses ephemere Wesen der materiellen Schöpfung, den ungeheuren Zeitraum zu erfassen vermöge, der zur progressiven Entwicklung von Sonnen und ihrer Systeme erforderlich ist?“[49] Und der Schriftsteller Wolfgang Menzel (1798 – 1873) bemerkt, dass die unermesslichen Zeiträume der Erdgeschichte „dem menschlichen Stolze [...] zur Demüthigung dienen“, denn vor dem Horizont der Erdgeschichte

> würde das ganze menschliche Geschlecht (nicht bloß etwa ein Individuum) noch weniger als eine Ephemere seyn; das Leben eines menschlichen Individuums aber würde [...] fast unberechenbar kurz, nur ein einziger Augenaufschlag seyn. Solche Rechnungen sollten die Eitelkeit auf unserer kleinen Erde ein wenig dämpfen.[50]

Auch der Theologe Johann Georg Justus Ballenstedt nutzt den Topos, um die zeitliche Insignifikanz des Menschen zu illustrieren:

> Wie können wir, so kurze Zeit lebende Menschen, deren Jahre und Lebenszeit gegen die Jahre und Lebensdauer anderer Planetenbewohner kaum Wochen und Monate ausmachen, uns mit unserer Zeitrechnung so hoch versteigen, daß wir es wagen wollen, den Anfang der Dinge, oder auch nur den Anfang unsers Erdkörpers zu bestimmen? Dies wäre eben so thöricht, als wenn die Ephemer (Ephemera), welche kaum 12 Stunden lebt, das Alter einer tausendjährigen Ceder oder nur eines hundertjährigen Greises berechnen wollte.[51]

In diesen Formulierungen offenbart sich ein Geschichtsverständnis und ein Menschenbild, welches dem Optimismus und dem Anthropozentrismus der Aufklärung entgegengesetzt ist. Insbesondere August Ludwig Schlözer, der sowohl die Erde als auch den Menschen als geschichtliche Kategorien begriff, reflektiert die Signifikanz dieses Problemszenarios: Er thematisiert den naiven Anthropozentrismus des „gemeine[n] Mann[es]“, der allzugern glaube, „daß die Sterngen, die bei heller Nacht da oben am Firmamente flinkern, blos für ihn da wären, wie die Pracht des Dianentempels für Gellerts Fliege.“ Ebenso beschreibt er den Schock, der durch die Entdeckung des ‚dunklen Abgrunds der Zeit‘ ausgelöst

48 *Herder*, Ideen III,1, 52; vgl. dazu *Braungart*, Herder, 22.
49 *Mantell*, Phänomene, 18.
50 *Menzel*, Naturkunde, 18 f.
51 *Ballenstedt*, Urwelt Bd. 2 1818, 27 f.

wird: „Auch zittert er [der gemeine Mann; D.S.] zurück, so bald er von Myriaden Jahren hört; und meint, beim ersten Schritte jenseits der 6000 Jahre trete man in die Ewigkeit ein ......“[52] Vor dem Hintergrund einer transhumanen Perspektive, so Schlözer programmatisch, werde „jeder Schüler der WeltGeschichte“ einen Umbruch im Denken erleben:

> Von nun an werden ihm [dem Schüler der Weltgeschichte; D.S.] WeltStürmer, die Reiche stifteten und zerstörten, wie Knaben vorkommen, die Kartenhäuser bauen und umweben. Der ganze ErdBall wird ihm ein Stäubchen, das ganze MenschenGeschlecht eine Bagatelle, seyn.[53]

Für das Verständnis dieser Passage sind insbesondere die hier verwendeten Topoi aufschlussreich. Schlözers Metapher der ‚Knaben, die Kartenhäuser bauen' findet sich ebenso in einem bereits 1780 verfassten Brief Wilhelm Heinses, der vor dem Hintergrund der geologischen Tiefenzeit die zeitliche Insignifikanz der Hochkulturen von Griechenland und Rom, für welche besonders die Deutsche Klassik eine Vorliebe entwickelt hatte, aufzeigt und sie als „zerstörte Kartenhäuserchen kleiner Kinder“[54] bezeichnet. Ebenso greift Schlözer den bereits bei Leibniz, Kant und später von Lichtenberg verwendeten Topos der unbekannten Tiefe des Erdbodens auf.[55] Dabei bezieht er sich, so hat es den Anschein, fast wörtlich auf Kant:

> Noch zur Zeit aber sind wir nicht tief gekommen. Das tiefste Bergwerk ist von 500 Lachtern, ist folglich noch nicht 1/6000 bis zum MittelPuncte der Erde. Also kennen wir so wenig vom Innern unsrer Erde, als ein GallInsect von der Eiche, auf deren Rinde es sitzt.[56]

Schlözers Vergleich des Menschen mit einem „GallInsect“, einer parasitenhaften Existenz, die auf der Oberfläche eines Wirts ihr unbedeutendes Leben fristet, thematisiert einen mit der ‚Ephemere' verwandten aber noch etwas drastischeren Topos, welcher den Menschen als ‚Parasiten', d. h. als Störung oder als Krankheit,

---

52 *Schlözer*, Vorstellung 1773, 350 f.

53 *Schlözer*, WeltGeschichte 1785, 13.

54 *Heinse*, Brief an Gleim, 35.

55 Diese sind sich der Beschränktheit menschlicher Einsichten und der Geringfügigkeit menschlicher Maße deutlich bewusst; vgl. *Leibniz*, Theodizee, 289; sowie *Lichtenberg*, Betrachtungen, 82; vgl. hierzu *Braungart*, Apokalypse, 108 – 110; *Braungart*, Poetik, 58 – 62.

56 *Schlözer*, WeltGeschichte 1785, 19, Fußn. 16; vgl. die Formulierungen von *Kant*, Geschichte, 431 f.: „Wir kennen die Oberfläche des Erdbodens, wenn es auf die Weitläuftigkeit [sic!] ankommt, ziemlich vollständig. Allein wir haben noch eine Welt unter unsern Füßen, mit der wir zur Zeit nur sehr wenig bekannt sind. [...]. Die größte Tiefe, zu der Menschen von der obersten Fläche des festen Landes hinabgekommen sind, beträgt noch nicht 500 Klafter, d. i. noch nicht den sechstausendsten Theil von der Entfernung bis zum Mittelpunkte der Erde“.

beschreibt. Dieser Topos weist weit ins 19. Jahrhundert und wird in ähnlicher Weise von Hermann Hauff (1800 – 1865) aktualisiert:

> Der Geolog dagegen hat definitiv keine Phantasie von den unsern Sinnen unzugänglichen Tiefen der Erde abgerufen, und hält sich unmittelbar an das Studium der Veränderungen, welche im Leben der Erde mit ihrer Haut vorgegangen, in deren Falten und Ritzen wir mit der ganzen organischen Schöpfung als Parasiten hängen.[57]

Und ebenfalls, nochmals zynischer und expliziter, von Friedrich Nietzsche, der den Menschen als Hautkrankheit bezeichnet: „Die Erde [...] hat eine Haut; und diese Haut hat Krankheiten. Eine dieser Krankheiten heisst zum Beispiel: ‚Mensch'."[58]

Eine hier als letzte in den Blick genommene aussagekräftige topische Tradition, welche die Insignifikanz des Menschen im Kontext der geologischen Tiefenzeit hervorhebt, beschreibt die menschliche Zivilisation als ‚Schimmel'. Dies verdeutlicht, dass vor dem Hintergrund der geologischen Tiefenzeit nicht nur der Mensch, sondern alles Leben auf der Erde zum Sonderfall wird: Der Normalzustand ist die Nicht-Existenz allen Lebens. Georg Christoph Lichtenberg hat dies zuerst prägnant formuliert:

> Von diesen Meeren also theils überschwemmt, theils durchdrungen, schwebt nun diese ächt antike Steinmasse zwischen dem Mars und der Venus um die Sonne, und nährt in dem Schimmel [...], womit sie überzogen ist, ein Thiergeschlecht, das sich von allen andern sehr auszeichnet, den Menschen.[59]

Dieser ‚Schimmel-Topos' wird von Arthur Schopenhauer aufgegriffen, der ein großer Bewunderer Lichtenbergs war[60] und sich zeitlebens mit der Geologie beschäftigte.[61] Der zweite Band seiner Schrift *Die Welt als Wille und Vorstellung* beginnt wie folgt:

---

57 *Hauff*, Geologische Briefe, 424 f.; vgl. dazu *Braungart*, Hauff.

58 *Nietzsche*, Zarathustra, 164; vgl. auch Oswald Spengler, der in *Der Untergang des Abendlandes* Nietzsches transhumane Perspektive aufgreift: „Aber das Urphänomen der großen Kultur überhaupt wird einmal wieder verschwunden sein, und mit ihm das Schauspiel der Weltgeschichte, und endlich der Mensch selbst und darüber hinaus die Erscheinung des pflanzlichen und tierischen Lebens an der Erdoberfläche, die Erde, die Sonne und die ganze Welt der Sonnensysteme." *Spengler*, Untergang, 217.

59 *Lichtenberg*, Betrachtungen, 104 f.; vgl. hierzu *Braungart*, Apokalypse, 108 – 110.

60 Vgl. *Achenbach*, Lichtenbergianer, 17 – 29.

61 Dr. Otto Volger, besser bekannt unter dem Namen ‚Senckenberg', überliefert das große Interesse Schopenhauers für die Geologie, seine Abneigung gegen den Plutonismus und seine Favorisierung des Neptunismus; vgl. *Hübscher*, Schopenhauers Farbenlehre, 88.

> Im unendlichen Raum zahllose leuchtende Kugeln, um jede von welchen etwa ein Dutzend kleinerer, beleuchteter sich wälzt, die inwendig heiß, mit erstarrter, kalter Rinde überzogen sind, auf der ein Schimmelüberzug lebende und erkennende Wesen erzeugt hat: – dies ist die empirische Wahrheit, das Reale, die Welt. Jedoch ist es für ein denkendes Wesen eine mißliche Lage, auf einer jener zahllosen im gränzenlosen Raum frei schwebenden Kugeln zu stehn, ohne zu wissen woher noch wohin, und nur Eines zu seyn von unzähbaren ähnlichen Wesen, die sich drängen, treiben, quälen, rastlos und schnell entstehend und vergehend, in anfangs- und endloser Zeit [...].[62]

Noch radikaler sind die Formulierungen, mit denen Friedrich Nietzsche – wohl von Schopenhauer und Lichtenberg beeinflusst – in der einleitenden Passage zu *Über Wahrheit und Lüge* die zeitliche Insignifikanz des Menschen thematisiert:

> In irgend einem abgelegenen Winkel des in zahllosen Sonnensystemen flimmernd ausgegossenen Weltalls gab es einmal ein Gestirn, auf dem kluge Thiere das Erkennen erfanden. Es war die hochmüthigste und verlogenste Minute der ‚Weltgeschichte': aber doch nur eine Minute. Nach wenigen Atemzügen der Natur erstarrte das Gestirn, und die klugen Thiere mußten sterben. – So könnte Jemand eine Fabel erfinden und würde doch nicht genügend illustriert haben, wie kläglich, wie schattenhaft und flüchtig, wie zwecklos und beliebig sich der menschliche Intellekt innerhalb der Natur ausnimmt; es gab Ewigkeiten, in denen er nicht war; wenn es wieder mit ihm vorbei ist, wird sich nichts begeben haben.[63]

Nietzsches drastische Formulierungen enthalten ein deutlich resignatives Moment. Sie erteilen optimistisch-teleologischen Vorstellungen eine Absage. Damit verdeutlicht er exemplarisch ein Ergebnis dieser Analyse: Die Topik der transhumanen Perspektive zeigt, dass sich die geologische Tiefenzeit in der Spätaufklärung nicht einfach ‚re-anthropologisieren' ließ. Unter der Last des dunklen Abgrundes der Zeit kollabierten die optimistischen Fortschrittsvorstellungen. Der ‚dunkle Abgrund der Zeit' blieb den geschichtsphilosophischen Entwürfen als virulenter Untergrund erhalten. Es erscheint eine pessimistische Zerfallsgeschichte mit Zügen einer fast barock anmutenden Vision der *vanitas mundi*. Es zeigen sich die von Blumenberg postulierten „Bewußtseinsprobleme [...] angesichts eines Geschichtsbildes von solcher Großräumigkeit, daß das einzelne Leben darin nichts mehr zu bedeuten schien."[64] Die Erdgeschichte wird in der Spätaufklärung zur Projektionsfläche eines tiefgreifenden Pessimismus, der ihrem vermeintlichen ‚Fortschrittsoptimismus' unterläuft. Hier zeigt sich eine Geschichtsauffassung, die in zentralen Aspekten zu derjenigen der transzendenta-

---

62 *Schopenhauer*, Welt, 3.

63 *Nietzsche*, Wahrheit, 369; Braungart hat auf Bezüge zwischen Lichtenberg und Nietzsche hingewiesen; vgl. *Braungart*, Poetik, 61; sowie *Braungart*, Apokalypse, 108 – 110.

64 *Blumenberg*, Lebenszeit, 225.

len Philosophie diametral entgegengesetzt war.[65] Dieses Ergebnis modifiziert die Darstellung der Geschichtsphilosophie als derjenigen Disziplin, die, so Odo Marquard, „den Menschen zum absoluten Chef der totalen Geschichte ernennt“[66] und die, so Sommer und Koschorke, den durch die modernen Naturwissenschaften bedrohten Anthropozentrismus restituiere, indem sie „ein wirksames Heilmittel“ gegen „diese ‚geologische Kränkung‘ des Menschen“ bereitstelle.[67] Damit bekräftigt diese Untersuchung folgende Beobachtung Gabriel Gohaus: „La géologie du XVIIIe siècle ne suit qu'imparfaitement la vision optimiste de la nature qu'offre l'idéologie des Lumières.“[68] Zugleich akzentuiert es die Relevanz der Erdwissenschaften als bedeutendem Gegendiskurs der Aufklärung – insbesondere mit großer anthropologischer und religiöser Relevanz.

65 Vgl. *Peters*, Reich, 177 f.

66 *Marquard*, Skepsis, 16.

67 *Koschorke*, Hegel, 59 f.; vgl. auch *Sommer*, Sinnstiftung, 468 und 483.

68 *Gohau*, sciences, 347.

3 Die Entstehung des modernen historischen Denkens als transdisziplinärer Prozess

Die Ergebnisse dieser Arbeit machen es erforderlich, die Darstellung der Entstehung des modernen historischen Denkens zu modifizieren. Die Geschichtswissenschaft hat bei der Darstellung ihrer eigenen Wurzeln lange auf das zwar einprägsame, jedoch simplifizierende Narrativ einer ‚wissenschaftlichen Revolution' zurückgegriffen. Bereits Friedrich Meinecke sprach im Hinblick der Genese seiner Disziplin von einer „der größten geistigen Revolutionen, die das Abendland erlebt hat."[1] Michel Foucault bezeichnete sie entsprechend als ein „événement fondamental" und in diesem Kontext als „un des plus radicaux sans doute qui soit arrivé à la culture occidentale".[2] Reinhard Koselleck beschreibt die Entdeckung der Zeitlichkeit als eine souveräne Erkenntnisleistung des Subjekts. Sie bestehe darin, Vergangenheit, Gegenwart und Zukunft als qualitativ unterschiedene Zeiträume zu erfahren und über den Unterschied zwischen ‚Erfahrung' und ‚Erwartung' die Vorstellung einer linearen Entwicklung in der Zeit zu generieren.[3] Auch in den Theorien des Soziologen Wolf Lepenies, des Philosophen Hans Blumenberg und des Systemtheoretikers Niklas Luhmann nimmt die Theorie der Vergeschichtlichung eine zentrale Stellung ein.[4]

Die Gemeinsamkeit der verschiedenen Ansätze liegt darin, dass die Veränderung der Zeitordnung im letzten Drittel des 18. Jahrhunderts lokalisiert und als später, plötzlicher und einschneidender Umbruch beschrieben wird; der eminente Beitrag der Geologie wird ignoriert: Hingegen wird die Vorstellung evoziert, die

---

1 *Meinecke*, Staatsräson, 425.

2 *Foucault*, mots, 232.

3 Von Koselleck stammt die wohl profilierteste, differenzierteste und im deutschsprachigen Raum am meisten rezipierte historische Zeittheorie. Der Beginn der Neuzeit, so Koselleck, lasse sich weder mit einem Ereignis noch mit einer wissenschaftlichen Erfindung, einer technologischen Neuerung oder einer politischen Entwicklung adäquat beschreiben. Kennzeichnend für das Anbrechen der Moderne sei vielmehr ein grundlegender Wandel im Bewusstsein der Menschen bezüglich der Zeit. Zu den bemerkenswertesten methodischen Ansätzen Kosellecks gehört der Vorschlag, die impliziten Zeitvorstellungen von Quellenbefunden mit Hilfe zweier anthropologischer Kategorien ‚Erfahrung' und ‚Erwartung' zu analysieren; vgl. *Koselleck*, Erfahrungsraum.

4 Vgl. *Luhmann*, Temporalisierung, 292; Lepenies macht materielle Ursachen für die Historisierung der Denkordnungen verantwortlich. In seiner Darstellung ist es der ‚Erfahrungsdruck' der empirischen Tatsachen, der eine neue Form von Ordnung erzwinge. Der quantitative Wissenszuwachs in den verschiedenen wissenschaftlichen Disziplinen um 1800 überfordere die räumlichstarren Systematiken des Wissens. Dadurch entstehe die Notwendigkeit, räumliche Ordnungsmodelle in zeitliche umzuwandeln; vgl. *Lepenies*, Ende; *Blumenberg*, Lebenszeit; sowie *Bauman*, Liquid modernity, 110.

https://doi.org/10.1515/9783110650518-012

Entdeckung der modernen Geschichte sei in expliziter Abwendung von der Naturkunde und von naturgeschichtlichen Zeitmodellen erfolgt und ließe sich demzufolge als eine ‚Denaturalisierung' begreifen. Wolf Lepenies bezeichnet die im Kontext der ‚Verzeitlichung' hervorgebrachten Zeitvorstellungen als „antinaturale Zeitvorstellungen."[5] Auch Reinhard Koselleck betont, dass die „Denaturalisierung [...] Indikator einer spezifisch neuzeitlichen Geschichte" sei.[6] Dabei wird die im Historismus erfolgte radikale Trennung von Natur- und Geisteswissenschaften in unzulässiger Weise auf die Geschichtsschreibung der Spätaufklärung zurückprojiziert.[7] Es hat den Anschein, als wollten derartige Ansätze der Geschichtswissenschaft eine eigene, von der Naturwissenschaft unabhängige Tradition verschaffen.

Durch die Ergebnisse dieser Arbeit wird diese Darstellung hinterfragt. Diese belegen, dass insbesondere der Austausch zwischen den vermeintlichen ‚two cultures' entscheidend zur Ausbildung des modernen historischen Denkens beigetragen habe. Die ‚Gründerväter' der Aufklärungshistoriographie haben geologische Schriften rezipiert und deren Modelle ihren eigenen Entwicklungskonzepten zu Grunde gelegt. Auch wenn in dieser Arbeit vehement auf die frühe Genese der erdwissenschaftlichen Zeitmodelle hingewiesen wurde, soll nicht behauptet werden, das historische Denken habe sich zuerst im Bereich der Erdwissenschaften ausgebildet und wäre von dort auf die menschliche Geschichte übertragen worden.[8] Die Entstehung und Entwicklung des modernen historischen Denkens lässt sich nicht als isolierte Entwicklung oder spontane Entdeckung beschreiben. Vielmehr ist es, so mein Ergebnis, als das Produkt eines epistemischen Raumes zu betrachten, der unterschiedliche historisch arbeitende Disziplinen vereinigte und zu welchem insbesondere auch die Geologie gehörte.[9] Die ‚Geburt der Geschichte' ist die Folge eines komplexen und multilateralen Wech-

---

5 *Lepenies*, Naturgeschichte, 13; vgl. auch ebd., 14 und 16.

6 *Koselleck*, Beschleunigung, 153; vgl. auch *Koselleck*, Theoriebedürftigkeit, 303; *Koselleck*, Sozialgeschichte, 178 f.; *Koselleck*, Historia, 57 f.; auch in jüngeren Publikationen wird auf die ‚Denaturalisierungsthese' rekurriert; vgl. exemplarisch *Stockhorst*, Novus, 360.

7 Vgl. *Rohbeck*, Aufklärung, 123 f.; *Rohbeck*, Fortschrittstheorie, 34 und 37; sowie *Reill*, Buffon, 668.

8 Diese Meinung vertritt Peter Hanns Reill; vgl. *Reill*, Science, 434; Rohbeck geht im Gegensatz davon aus, dass es nicht eindeutig zu entscheiden sei, „ob die Historisierung zuerst in der Natur- oder Geschichtstheorie entstanden sein könnte." Vgl. *Rohbeck*, Aufklärung, 136.

9 Mit dem Begriff des ‚epistemischen Raumes' wird auf Bernhard Fritscher rekurriert; vgl. *Fritscher*, Archive, 202.

selwirkungsprozesses mit vielfältigen, rückbezüglichen Übertragungen, Entlehnungen und Bezugnahmen.[10]

Durch dieses Ergebnis werden die disziplinären Grenzen dieser Epoche hinterfragt. Das gilt insbesondere für die Historiographie der Spätaufklärung. Ihre Bedeutung liegt darin, dass sie die Ergebnisse der anderen historisch arbeitenden Disziplinen integrierte und so die ‚kaleidoskopische' Geschichtsbetrachtung der unterschiedlichen Wissenschaften vereinigte.[11] Damit kommt ihr das Verdienst zu, das geologischen Wissen zu popularisieren: Jeder der Geschichtsentwürfe von Voltaire, Herder, Karl Franz von Irwing, Christoph Meiners, Franz Michael Vierthaler, Leibniz, Schlözer, Franz Joseph von Mumelter, Christian Daniel Beck, Johannes von Müller oder Friedrich Christoph Schlosser ist eine Verortung menschlichen Lebens im Kontext der so groß und fremd erscheinenden Zeitskalen der Naturgeschichte und eine Stellungnahme zur Frage, wie sich die menschliche Kultur in die Erdgeschichte einfügt.

10 Rohbeck kommt zu einem ähnlichen Ergebnis und spricht von ‚wechselseitiger Modellübertragung' sowie von „Serien von Übertragungen und Rückübertragungen". Vgl. *Rohbeck*, Aufklärung, 134 und 136.

11 Insbesondere wegen ihrer disziplinären Offenheit erhielt die Historie den Status einer Leitwissenschaft; vgl. *Peters*, Reich, 181.

Dank

Das vorliegende Buch thematisiert nicht nur die geologische Tiefenzeit, seine Abfassung hat selbst tiefenzeitliche Dimensionen in Anspruch genommen. Dass ich mich im ‚dunklen Abgrund der Zeit' nicht verloren habe, sondern mit einem Buch im Gepäck wieder ans Tageslicht gekommen bin, habe ich folgenden ‚Leuchttürmen' zu verdanken:

An erster Stelle möchte ich meinem Betreuer Georg Braungart danken, der mich an das Thema herangeführt hat. Ihm verdanke ich wichtige Grundeinsichten, Ideen und Gedanken. Er hat mich stets ermutigt, meine eigenen Wege zu gehen und hat mir bei der Ausarbeitung alle nur erdenklichen Freiheiten gegeben. Zudem war es ein unerwartetes Glück und großes Privileg, dass ich insgesamt sechs Jahre – unterbrochen von drei Elternzeiten – bei ihm am Lehrstuhl arbeiten durfte. Sodann gilt mein Dank Eckart Goebel, der auf den letzten Metern als Zweitbetreuer eingesprungen ist. Ich bin beeindruckt und dankbar, mit welchem Engagement er sich in kürzester Zeit in die Materie eingearbeitet und mir den Eindruck vermittelt hat, dass ich etwas mitzuteilen habe, das andere mit Gewinn lesen. Klaus Gestwa danke ich für seine klugen und hilfreichen Ratschläge und für seine fortwährende, auch emotionale Unterstützung im Studium, während der Promotion und auch beim Promotionsverfahren.

Besonders bereichernd waren für mich die Hinweise, Anregungen, Rückmeldungen und Ratschläge, die ich von Dietrich Beyrau, Reinhard Blänkner, Dieter Langewiesche, Zusanna Krizova und Volker Kruse erhalten habe. Robert Frodeman war so freundlich, mir ein Manuskript vor der Drucklegung zukommen zu lassen. Geholfen haben mir zudem die Diskussionen und Kommentare auf der Konferenz ‚Biologische Zeit, historische Zeit' in Tübingen, auf die mich Niklas Bender freundlicherweise eingeladen hat, insbesondere von Simona Gîrleanu, Nicolas Wanlin, Claude Blanckaert und Georges Felten. Ebenso hilfreich war der Austausch auf dem ‚Tiefenzeit-Workshop' in Wien, zu dem ich von Anke Kramer und Eva Horn eingeladen wurde. Bedanken möchte ich mich zudem für die informationsreichen Kommentare, welche ich im Doktorandenclub des Forum Scientiarums in Tübingen sowie von den Teilnehmern des Oberseminars für Neue deutsche Literatur und des Oberseminars für Osteuropäische Geschichte an der Universität Tübingen erhalten habe.

Dass ich in den geologischen Zeitschichten nicht die Orientierung verloren habe, verdanke ich auch meinen Kollegen am Deutschen Seminar der Universität Tübingen, die zu Freunden geworden sind. Ich habe von Mario Gotterbarm, Frederik Schneeweiss, Simone Oechslen, Elisabeth Häge und Stefan Knödler fachlich wie menschlich viel gelernt.

https://doi.org/10.1515/9783110650518-013

Ganz besonders danken möchte ich Peter-Michael Berger für das Korrekturlesen des Manuskripts und der Bibliographie und insbesondere für seine umsichtigen Ratschläge und Kommentare; seiner uneingeschränkten Hilfsbereitschaft bin ich persönlich zu tiefem Dank verpflichtet. Ebenso herzlich danke ich Irene Kosel für die genaue Lektüre der Erstfassung, welche die Lesbarkeit sehr verbesserte.

Dafür, dass diese Arbeit aus den geologischen Zeittiefen jetzt ans Licht der Öffentlichkeit treten kann, danke ich den Herausgebern der ‚Ordnungssysteme' Jörg Baberowski, Lutz Raphael und allen voran Anselm Doering-Manteuffel sowie Jana Fritsche, Silvio Patzner und Rabea Rittgerodt vom De Gruyter-Verlag und ebenso der VG-Wort, welche großzügig die Druckkosten übernommen hat.

Meine abwechselnd euphorische und hoffnungslose Beschäftigung mit der geologischen Tiefenzeit verlangte meiner Frau Johanna eine große, engelhafte Geduld ab. Ich möchte mich mit Nachdruck bei ihr bedanken, denn sie teilte immer die Last und selten die Freuden meiner Arbeit. Ich bewundere sie dafür, mit welcher Ausdauer sie unser anstrengendes Leben zwischen Familie und Universität meisterte. In Situationen, in denen ich vor Erschöpfung resignierte, behielt sie den Überblick und traf die richtigen Entscheidungen. Dieses Buch wäre nicht möglich gewesen ohne ihre Kraft und Ausdauer. Ihr sei es deswegen in Liebe gewidmet.

Meine drei Kinder, Frida, Martin und Rosa, mussten ihren Vater in ihren ersten Lebensjahren mit einem ‚Stiefgeschwisterkind' mit dem seltenen Namen ‚Die Natur der Geschichte' teilen. Sie werden froh sein, dass das ‚Stiefkind' jetzt mit einem Umschlag bekleidet im Regal steht und sie ihren Vater wieder öfter zur Verfügung haben. Und vielleicht werden sie irgendwann aufhören, wenn sie Familie spielen, zu sagen: „Papa ist in der Uni."

Tübingen im September 2019

Literaturverzeichnis

I Quellen

A[lker], E[mmerich]: Die Chronologie der Genesis (I. Mosis) im Einklang mit der profanen. Nach Quellen dargestellt. Regensburg 1881.

Arndt, Ernst Moritz: Geist der Zeit II [1809]. In: Arndts Werke. Auswahl in zwölf Teilen. Hg. von August *Leffson* und Wilhelm *Steffens*. Siebenter Teil. Berlin [u. a.] o. J. [vermutlich 1912].

Ballenstedt, Johann Georg Justus: Die Urwelt oder Beweis von dem Daseyn und Untergange von mehr als einer Vorwelt 3. Th. Quedlinburg 1818.

Ballenstedt, Johann Georg Justus: Die neue, oder die jetzige Welt. Ein Gegenstück zur Urwelt. Erster und zweiter Theil. Hannover 1821.

Ballenstedt, Johann Georg Justus: Die Vorwelt und die Mitwelt wie auch Nachträge zur alten und neuen Welt. Zwei Theile. Braunschweig 1824.

Ballenstedt, Johann Georg Justus: Bemerkungen über die großen Fortschritte, welche die Entdeckung der Urwelt in unsern Zeiten gemacht hat, wie auch über ihren Einfluß auf die jetzige Welt. In: *Ders.*: Kleine Schriften, geologisch-, historisch-, topographisch-, antiquarisch-, etymologischen Inhalts. Zweyter Theil. Nordhausen 1826, 250 – 283.

Baumgarten, Siegmund Jacob: Untersuchung Theologischer Streitigkeiten. Erster Band. Mit einigen Anmerkungen, Vorrede und fortgesetzte Geschichte der christlichen Glaubenslehre hg. von Johann Salomo *Semler*. Halle 1762.

Beck, Christian Daniel: Anleitung zur Kenntniß der allgemeinen Welt- und Völker-Geschichte für Studirende. Vier Bde. Leipzig 1787 – 1807.

Beck, Christian Daniel: Kurzgefaßte Anleitung zur Kenntniß der allgemeinen Welt- und Völker-Geschichte. Ein Auszug aus dem größern Werke zum Gebrauch der Vorlesungen. 2 Bde. Leipzig 1789 – 1790.

Beck, Christian Daniel: Anleitung zur genauern Kenntniß der allgemeinen Welt- und Völker-Geschichte vorzüglich für Studierende. Erster Theil. Einleitung. Urgeschichte. Alte Völkergeschichte bis zu der Regierung Alexanders des Maced. Zweyte, gänzlich umgearbeitete und stark vermehrte Ausgabe. Leipzig 1813.

[*Bergk*, Johann Adam] Hermes Trismegistus [Pseud.]: Unumstößlicher Beweis daß die Erde drei- und mehrmal älter ist, als man gewöhnlich annimmt. Leipzig [1803].

Blumenbach, Johann Friedrich: Handbuch der Naturgeschichte. Mit Kupfern. Dritte sehr verbesserte Ausgabe. Göttingen 1788.

Bosizio, Athanasius: Das Hexameron und die Geologie. Briefe über die Anwendung der geologischen Forschungen bei der Auslegung der heiligen Schöpfungsgeschichte. Mainz 1865.

Bosizio, Athanasius: Die Geologie und die Sündfluth. Eine Studie über die Urgeschichte der Erde. Mainz 1877.

Bretschneider, Karl Gottlieb: Handbuch der Dogmatik der evangelisch-lutherischen Kirche oder Versuch einer beurtheilenden Darstellung der Grundsätze, welche diese Kirche in ihren symbolischen Schriften über die christliche Glaubenslehre ausgesprochen hat. Erster Bd. 3. verb. u. verm. Aufl. Leipzig 1828.

Breyer, Carl Wilhelm Friedrich: Grundriss der Universalgeschichte. Zum Behuf seiner Vorlesungen. Erster Theil. Von x [sic!] bis 476 n. C. Jena 1802.

Breyer, Carl Wilhelm Friedrich: Ueber den Begriff der Universalgeschichte. Landshut 1805.

https://doi.org/10.1515/9783110650518-014

Buch, Leopold von: Aus einem Briefe [1800]. In: Leopold von *Buch:* Gesammelte Schriften. Hg. von J. Ewald, J. *Roth* und H. *Eck*. Erster Band. Berlin 1867, 130–131.

Büchner, Georg: Danton's Tod. Marburger Ausgabe. Bd. 3.1: Text. Bearbeitet von Thomas Michael *Mayer*. In: *Ders.:* Sämtliche Werke und Schriften. Historisch-kritische Ausgabe mit Quellendokumentation und Kommentar. Hg. von Burghard *Dedner*/Thomas Michael *Mayer*. Darmstadt 2000.

Büchner, Georg: Danton's Tod. Marburger Ausgabe. Bd. 3.3: Historische Quellen. Bearbeitet von Burghard Dedner/Thomas Michael Mayer/Eva-Maria Vering. In: Ders.: Sämtliche Werke und Schriften. Historisch-kritische Ausgabe mit Quellendokumentation und Kommentar. Hg. von Burghard *Dedner*/Thomas Michael *Mayer*. Darmstadt 2000.

Büchner, Georg: Danton's Tod. Marburger Ausgabe. Bd. 3.4: Erläuterungen. Bearbeitet von Burghard Dedner unter Mitarbeit von Eva-Maria Vering und Werner *Weiland*. In: *Ders.:* Sämtliche Werke und Schriften. Historisch-kritische Ausgabe mit Quellendokumentation und Kommentar. Hg. von Burghard *Dedner*/Thomas Michael *Mayer*. Darmstadt 2000.

Buffon, Georges Louis Leclerc de: Histoire naturelle, générale et particulière, avec la description du cabinet du Roy. Paris 1749.

Buffon, Georges Louis Leclerc de: Allgemeine Historie der Natur nach ihren besondern Theilen abgehandelt; nebst einer Beschreibung der Naturalienkammer Sr. Majestät des Königes von Frankreich. Mit einer Vorrede Herrn Doctor Albrecht von Haller [...]. Erster Theil. Hamburg/Leipzig 1750.

Buffon, Georges Louis Leclerc de: L'Histoire naturelle, Bd. 6. Des Animaux Sauvages. Paris 1765.

Buffon, Georges Louis Leclerc de: Histoire naturelle des Époques de la Nature. In: *Ders.:* Histoire naturelle générale et particulière. Suppléments Tome V. Paris 1778.

Buffon, Georges Louis Leclerc de: Epochen der Natur. Übersetzt aus dem Französischen des Herrn Grafen von Buffon. 2 Bde. St. Petersburg 1781.

Buffon, Georges Louis Leclerc de: Œuvres complètes I. Histoire naturelle, générale et particulière, avec la description du Cabinet du Roy. Tome I (1749). Texte établi, introduit et annoté par Stéphane *Schmitt* avec la collaboration de Cédric *Crémière*. Paris 2007.

Burnet, Thomas: The Theory of the Earth: Containing an Account of the Original of the Earth, and of all the General Changes Which it Hath Already Undergone, or is to Undergo, Till the Consummation of all Things. [...]. 2 Bde. London 1684–1690.

Cantor, Johann Chrysostomus: Geschichte der merkwürdigsten Naturbegebenheiten auf unserer Erde von Christi Geburt bis auf gegenwärtige Zeiten. Bd. 1. Koburg/Leipzig 1804.

Carion, Johann: Chronica durch Magistrum Johan Carion, vleissig zusamen gezogen, meniglich nützlich zu lesen. Sampt einem Register [...]. Marpurg 1532.

Curtius, Michael Conrad: Grundriß der Universal-Historie. Marburg 1790.

Cuvier, Georges: Recherches sur les ossemens fossiles de quadrupèdes, où l'on rétablit les caractères de plusieurs animaux dont les révolutions du globe ont détruit les espèces. Tome premier. Paris 1812.

Cuvier, Georges: Discours sur les Révolutions de la surface du Globe, et sur les changemens qu'elles ont produits dans le règne animal. Troisième édition française. Paris 1825.

Deluc, Jean-André: Lettres physiques et morales sur les montagnes, et sur l'histoire de la terre et de l'homme. 6 Bde. Den Haag 1778–1780.

Dilthey, Wilhelm: Einleitung in die Geisteswissenschaften. Versuch einer Grundlegung für das Studium der Gesellschaft und der Geschichte. Bd. 1 [1883]. In: *Ders.*: Gesammelte Schriften Hg. von Bernhard *Groethuysen*. Bd. 1. Stuttgart/Göttingen 1959.

Dilthey, Wilhelm: Ideen über eine beschreibende und zergliedernde Psychologie [1894]. In: *Ders.*: Gesammelte Schriften, Bd. 5: Die geistige Welt. Einleitung in die Philosophie des Lebens. Erste Hälfte. Abhandlungen zur Grundlegung der Geisteswissenschaften. 8., unveränderte Auflage. Stuttgart/Göttingen 1990, 139–240.

Droysen, Johann Gustav: Grundriss der Historik. Leipzig 1868.

Droysen, Johann Gustav: Briefwechsel. Bd. 2: 1851–1884. Hg. von Rudolf *Hübner*. Stuttgart/Berlin/Leipzig 1929.

Droysen, Johann Gustav: Historik. Vorlesungen über Enzyklopädie und Methodologie der Geschichte. Hg. von Rudolf *Hübner*. 4., unveränd. Aufl. Darmstadt 1960.

Droysen, Johann Gustav: Historik. Bd. 1. Rekonstruktion der ersten vollständigen Fassung der Vorlesungen (1857). Grundriß der Historik in der ersten handschriftlichen (1857/1858) und in der letzten gedruckten Fassung (1882). Textausgabe von Peter *Leyh*. Stuttgart-Bad Cannstatt 1977.

Droysen, Johann Gustav: Historik. Supplement: Droysen-Bibliographie. Hg. von Horst Walther *Blanke*. In: Johann Gustav Droysen. Historik. Historisch-kritische Ausgabe von Peter *Leyh* und Horst Walter *Blanke*. Stuttgart-Bad Cannstatt 2008.

Düntzer, Heinrich (Hg.): Ungedruckte Briefe aus Knebels Nachlaß. Erstes Bändchen. Nürnberg 1858.

Düntzer, Heinrich/Ferdinand Gottfried von *Herder* (Hg.): Von und an Herder. Ungedruckte Briefe aus Herders Nachlaß. Erster Band. Herders Briefwechsel mit Gleim und Nicolai. Leipzig 1861.

Egen, Peter Nikolaus Caspar: Die Constitution des Erdkörpers und die Bildung seiner Rinde. Elberfeld 1840.

[*Fontenelle*, Bernhard le Bovier de]: Sur les pétrifications trouvées en France. In: Histoire de l'Académie royale des sciences, 1721 (1723), 1–4.

[*Fontenelle*, Bernhard le Bovier de]: Sur les cornes d'Ammon. In: Histoire de l'Académie royale des sciences, 1722 (1724), 1–4.

[*Fontenelle*, Bernhard le Bovier de]: Sur des empreintes de plantes dans des pierres. In: Histoire de L'Académie Royale de Sciences, 1718 (1741), 3–6.

Füchsel, Georg Christian: Historia terrae et maris, ex Historia Thuringiae, per montium descriptionem. In: Acta Academiae electoralis Moguntiae scientiarum utilium, quae Erfordiae est 2 (1761), 46–208.

[*Füchsel*, Georg Christian]: Entwurf zu der ältesten Erd- und Menschengeschichte, nebst einem Versuch, den Ursprung der Sprache zu finden. Frankfurt/Leipzig 1773.

Gatterer, Johann Christoph: Einleitung in die synchronistische Universalhistorie zur Erläuterung seiner synchronistischen Tabellen. Göttingen 1771.

Gatterer, Johann Christoph: Abriß der Universalhistorie in ihrem ganzen Umfange. 2. Aufl. Göttingen 1773.

Gatterer, Johann Christoph: Versuch einer allgemeinen Weltgeschichte bis zur Entdeckung Amerikens. Göttingen 1792.

Geddes, Alexander: The Holy Bible, or the Books Accounted Sacred by Jews and Christians; otherwise Called the Books of the Old and New Covenants: Faithfully Translated from

Corrected Texts of the Originals. With Various Readings, Explanatory Notes and Critical Remarks. Vol. 1. London 1792.

Gelpke, August Heinrich Christian: Allgemeinfassliche Betrachtungen über das Weltgebäude und die neuesten Entdeckungen, welche vom Herrn Doktor Herschel und Herrn Justizrath Doktor Schröter darin gemacht worden sind. Hannover 1806.

[*Anonym*]: Geologie und Sündfluth. In: Der Katholik. Zeitschrift für katholische Wissenschaft und kirchliches Leben 38 (1877), 90–104.

Gotsch, Marcus Anton: Geordnete Materien zum philosophischen Studium einer neuen allgemeinen Erd-, Menschen-, und Culturgeschichte mit einer stets begleitenden beurtheilten Literatur. Wien 1799.

Gotsch, Marcus Anton: Annalen des Erdballs und des Menschengeschlechts. 2 Bde. Wien 1802.

Gruber, Johann Gottfried: Geschichte des menschlichen Geschlechts aus dem Gesichtspunkt der Humanität. Erster Band. Leipzig 1806.

Güssmann, Franz: Beyträge zur Bestimmung des Alters unserer Erde, und ihrer Bewohner der Menschen. Erster Theil. Wien 1782.

Güssmann, Franz: Beyträge zur Bestimmung des Alters unserer Erde, und ihrer Bewohner der Menschen. Zweyter Theil. Wien 1783.

Güssmann, Franz: Versuch einer Erklärung der mosaischen Schöpfungsgeschichte nach Naturgesetzen. Hildburghausen 1788.

[*Anonym*]: [Rez.] Versuch einer Erklärung der mosaischen Schöpfungsgeschichte nach Naturgesetzen. In: Allgemeine deutsche Bibliothek 89 (1789), 142.

Harder, Johann Jakob: Vorbericht des Uebersetzers. In: [François Marie Arouet de *Voltaire*]: Die Philosophie der Geschichte des verstorbenen Herrn Abtes Bazin, übersetzt und mit Anmerkungen begleitet von Johann Jakob Harder. Leipzig 1768, [iv-vi].

Hegewisch, Dietrich Hermann: Kleine Schriften. Flensburg/Leipzig 1786.

Herder, Johann Gottfried: An Palämon, Eusebius, Agathokles. In: Herders Sämmtliche Werke. Hg. von Bernhard *Suphan*. Bd. 6. Berlin 1883, 180–187.

Herder, Johann Gottfried: [Rez.] A. L. Schlözers Vorstellung seiner Universal-Historie [...] [1772]. In: Herders Sämmtliche Werke. Hg. von Bernhard *Suphan*. Bd. 5. Berlin 1891, 436–440.

Herder, Johann Gottfried: Zur Geschichte der Wissenschaften aus Boulanger. In: Herders Sämmtliche Werke. Hg. von Bernhard *Suphan*. Bd. 32: Aus Herders Frühzeit. Abhandlungen, Entwürfe, Pläne. Königsberg. Riga. Nantes. Paris. Bückeburg. Berlin 1899, 153–156.

Herder, Johann Gottfried: Einzelne Blätter zum ‚Journal der Reise'. In: *Ders.*: Werke. Bd. 1. Herder und der Sturm und Drang 1764–1774. Hg. von Wolfgang *Proß*. München/Wien 1984, 466–473.

Herder, Johann Gottfried: Journal meiner Reise im Jahre 1769. In: *Ders.*: Werke. Bd. 1: Herder und der Sturm und Drang 1764–1774. Hg. von Wolfgang *Proß*. München/Wien 1984, 355–473.

Herder, Johann Gottfried: Briefe zu Beförderung der Humanität. In: *Ders.*: Werke in zehn Bänden. Hg. von Martin *Bollacher* [et al.]. Bd. 7. Hg. von Hans Dietrich *Irmscher*. Frankfurt a.M. 1991.

Herder, Johann Gottfried: Älteste Urkunde des Menschengeschlechts. In: *Ders.*: Werke in zehn Bänden. Bd. 5: Schriften zum Alten Testament. Hg. von Rudolf *Smend*. Frankfurt a.M. 1993, 179–660.

Herder, Johann Gottfried: Über die ersten Urkunden des Menschlichen Geschlechts. Einige Anmerkungen. In: *Ders.*: Werke in zehn Bänden. Band 5: Schriften zum Alten Testament. Hg. von Rudolf *Smend*. Frankfurt a.M. 1993, 9–178.

Herder, Johann Gottfried: Vom Geist der Ebräischen Poesie. In: *Ders.*: Werke in zehn Bänden. Bd. 5. Schriften zum Alten Testament. Hg. von Rudolf *Smend*. Frankfurt a.M. 1993, 661–1308.

Herder, Johann Gottfried: Ideen zur Philosophie der Geschichte der Menschheit. In: *Ders.*: Werke. Hg. von Wolfgang *Proß*. Bd. III,1. Text. München/Wien 2002.

Herder, Johann Gottfried: Ideen zur Philosophie der Geschichte der Menschheit. In: *Ders.*: Werke. Hg. von Wolfgang *Proß*. Bd. III,2. Kommentar. München/Wien 2002.

Herder, Johann Gottfried: Revolutionen der Welt nach den ältesten Traditionen (Paralipomenon zu Ideen X/VII, 1784/85). In: *Ders.*: Werke. Hg. von Wolfgang *Proß*. Bd. III/1: Ideen zur Philosophie der Geschichte der Menschheit. München/Wien 2002, 1140–1154.

Herder, Maria Carolina von: Erinnerungen aus dem Leben Joh. Gottfrieds von Herder. Dritter Theil. Hg. von Johann Georg *Müller*. Stuttgart/Tübingen 1830.

[*Hochmuth*, Johann-Jacob]: Biographisches Denkmahl, dem Franz Michael Vierthaler errichtet von einem seiner Verehrer. Salzburg 1830.

Irwing, Karl Franz von: Erfahrungen und Untersuchungen über den Menschen. 4 Bde. Zweyte, vermehrte und verbesserte Ausgabe. Berlin 1777–1785.

Irwing, Karl Franz von: Versuch über den Ursprung der Erkenntnis der Wahrheit und der Wissenschaften. Ein Beytrag zur philosophischen Geschichte der Menschheit. Berlin 1781.

Jaspers, Karl: Vom Ursprung und Ziel der Geschichte. München 1949.

Jaspers, Karl: Psychologie der Weltanschauungen. 6. Aufl. Berlin/Heidelberg/New York 1971.

Jaspers, Karl: Die geistige Situation der Zeit. 5. Aufl. Berlin/New York 1979.

Jenisch, Daniel: Universalhistorischer Ueberblick der Entwickelung des Menschengeschlechts, als eines sich fortbildenden Ganzen. Eine Philosophie der Culturgeschichte: in zwey Bänden. Erster Band. Berlin 1801.

Jerusalem, Johann Friedrich Wilhelm: Betrachtungen über die vornehmsten Wahrheiten der Religion. Zweyten Theils zweyter Band. Braunschweig 1791.

Jussieu, Antoine de: De l'origine des pierres appellées Yeux de serpents et crapaudines. In: Histoire de l'Académie royale des sciences 1723 (1753), 205–21.

Justi, Johann Heinrich Gottlob von: Grundriss des gesamten Mineralreiches worinnen alle Foßilien in einem, ihren wesentlichen Beschaffenheiten gemäßen, Zusammenhange vorgestellet und beschrieben werden. Göttingen 1757.

Justi, Johann Heinrich Gottlob von: Geschichte des Erd-Cörpers aus seinen äusserlichen und unterirdischen Beschaffenheiten hergeleitet und erwiesen. Berlin 1771.

Kirwan, Richard: Geological Essays. London 1799.

Köhler, Johann David: Sculptura Historiarum et Temporum Memoratrix. Das ist: Gedächtnüß-Hülfliche Bilder-Lust Der Merckwürdigsten Welt-Geschichten Aller Zeiten, Von Erschaffung der Welt biß auf Gegenwärtige [...]. Nürnberg 1726.

[*Köster*, Heinrich Martin Gottfried]: [Art.] Historie. In: Deutsche Encyclopädie oder Allgemeines Real-Wörterbuch aller Künste und Wissenschaften. Bd. 15. Hg. von Ludwig Julius Friedrich *Höpfner*. Frankfurt am Mayn 1790, 648–657.

[*Anonym*]: Korrespondenz-Nachrichten. Aus Italien. In: Morgenblatt für gebildete Stände 16 (1822), 512.

Leibniz, Gottfried Wilhelm: Entwurf der Welfischen Geschichte. In: Leibnizens Gesammelte Werke [...]. Hg. von Georg Heinrich *Pertz*. Erste Folge. Geschichte. Vierter Band: Leibnizens Geschichtliche Aufsätze und Gedichte. Hannover 1847, 240–255.

Leibniz, Gottfried Wilhelm: Protogaea. Übersetzt von Wolf von Engelhardt. In: Leibniz Werke. Hg. von Will-Erich *Peuckert*. Erster Band. Stuttgart 1949.

Leibniz, Gottfried Wilhelm: Die Theodizee. Übersetzung von Artur Buchenau. Einführender Essay von Morris Stockhammer. Hamburg 1968.

Leibniz, Gottfried Wilhelm: Protogaea. Translated and Edited by Claudine *Cohen* and Andre *Wakefield*. Chicago/London 2008.

Leibniz, Gottfried Wilhelm: Protogaea. Mit einer Einführung hg. von Friedrich-W. *Wellmer*. Hildesheim/Zürich/New York 2014.

Less, Gottfried: Christliche Religions-Theorie fürs gemeine Leben, oder Versuch einer praktischen Dogmatik. [1779]. 2. gebesserte und vermehrte Ausgabe. Göttingen 1780.

Link, Heinrich Friedrich: Die Urwelt und das Altertum, erläutert durch die Naturkunde. 2 Bde. Berlin 1821–1822.

Loebell, Johann Wilhelm (Hg.): Karl Friedrich Becker's Weltgeschichte. Siebente, verbesserte und vermehrte Ausgabe (Zweiter Abdruck). Erster Theil. Berlin 1836.

M., Madame D.: Précis Historique Sur la Vie de M. de Justi, Minéralogiste Allemand, Conseiller aux Mines. In: Observations sur la physique, sur l'histoire naturelle et sur les arts 9 (1777), 323–329.

Maier, Georg Wilhelm: Versuch über die erste Bildung der Erde nach Moses Bericht in physikalisch-chemischer Rücksicht. Basel 1795.

[*Anonym*]: [Rez.] Versuch über die erste Bildung der Erde nach Moses Bericht in physikalisch-chemischer Rücksicht, von Ge. Wilh. Maier [...]. In: Allgemeine Literatur-Zeitung 20 (1798), 158–159.

Maier, Georg Wilhelm: Stimmt die Erzählung Mosis von der Schöpfung der Erde mit der Naturlehre überein? Basel 1790.

Meiners, Christoph: Grundriß der Geschichte der Menschheit. Lemgo 1785.

Meiners, Christoph: Beschreibung alter Denkmäler in allen Theilen der Erde, deren Urheber und Errichtung unbekannt, oder ungewiß sind. Nürnberg 1786.

Meiners, Christoph: Ueber die Rechtmässigkeit des Negern-Handels. In: Göttingisches historisches Magazin 2 (1788), 398–416.

Meiners, Christoph: Ueber die Natur der Afrikanischen Neger, und die davon abhängende Befreyung, oder Einschränkung der Schwarzen. In: Göttingisches historisches Magazin 6 (1790), 385–456.

Meiners, Christoph: Untersuchungen über die Verschiedenheiten der Menschennaturen (die verschiedenen Menschenarten) in Asien und den Südländern, in den Ostindischen und Südseeinseln, nebst einer historischen Vergleichung der vormahligen und gegenwärtigen Bewohner dieser Continente und Eylande. Tübingen 1811.

Meyer, Jürgen Bona: Der Darwinismus. In: Preußische Jahrbücher 17 (1866), 272–302 sowie 404–453.

Müller, Johann Daniel: Ist es wahr, daß die Erde ein unermeßlich hohes Alter habe? Verneinet von Johann Daniel Müllern. Rinteln 1774.

[*Anonym*]: [Rez.] Ist es wahr, daß die Erde ein unermeßlich hohes Alter habe? Verneinet von Joh. Dan. Müllern der Weltw. und Gottesgelahrth. Doctor und Professor auf der hohen

Schule in Rinteln. In: Kritische Sammlungen zur neuesten Geschichte der Gelehrsamkeit. Des zweiten Bandes zweytes Stück. Bützow/Wismar 1775, 53–57.

[*Anonym*]: [Rez.] Ist es wahr, daß die Erde ein unermeßlich hohes Alter habe? Verneinet von Joh. Dan. Müllern der Weltw. und Gottesgelahrth. Doctor und Professor auf der hohen Schule in Rinteln. In: Gothaische gelehrte Zeitungen 86tes Stück, den 29. October 1774, 683–685.

Müller, Johann Georg: Vorbericht des Herausgebers. In: Johannes von *Müller:* Sämmtliche Werke. Bd. 1. Hg. von Johann Georg *Müller.* Tübingen 1810, ix-xviii.

Müller, Johannes von: Vorrede des Herausgebers. In: Johann Gottfried von Herder's sämmliche Werke. Zur Philosophie und Geschichte. Zweiter Theil. Hg. von *dems.* Tübingen 1806, v-vii.

Müller, Johannes von: Sämmtliche Werke. Hrsg. v. Johann Georg *Müller.* 27 Bände. Stuttgart 1810–19, 1831–35.

Müller, Johannes von: Vier und zwanzig Bücher Allgemeiner Geschichten besonders der Europäischen Menschheit. Bd. 1–3. In: *Ders.:* Sämmtliche Werke. Bd. 1–3. Hg. von Johann Georg *Müller.* Tübingen 1810.

Müller, Johannes von: [Rez.] Karl Ludwig Woltmann: Grundriß der ältern Menschengeschichte [...]. Erster Theil. 1796. In: *Ders.:* Sämmtliche Werke. Bd. 10. Historische Kritik. Hg. von Johann Georg *Müller.* Tübingen 1811, 318–351.

Müller, Johannes von: Der Geschichten Schweizerischer Eidgenossenschaft. Erster Theil. Von des Volks Ursprung. In: *Ders.:* Sämmtliche Werke. Bd. 19. Hg. von Johann Georg *Müller.* Tübingen 1815.

Müller, Johannes von: Der Geschichten Schweizerischer Eidgenossenschaft. Siebenter Theil. Enthält die Anmerkungen zum ersten und zweyten Buch. In: *Ders.:* Sämmtliche Werke. Bd. 25. Hg. von Johann Georg *Müller.* Tübingen 1817.

Müller, Johannes von: Der Geschichten Schweizerischer Eidgenossenschaft. Achter Theil. Enthält die Anmerkungen zum dritten, vierten und fünften Buch. In: *Ders.:* Sämmtliche Werke. Bd. 26. Hg. von Johann Georg *Müller.* Tübingen 1817.

Müller, Johannes von: Biographische Denkwürdigkeiten. In: *Ders.:* Sämmtliche Werke. Bd. 29. Hg. von Johann Georg *Müller.* Stuttgart/Tübingen 1834.

Müller, Johannes von: Briefwechsel mit Johann Gottfried Herder und Caroline v. Herder geb. Flachsland 1782–1808. Mit ungedruckten Briefen Caroline von Herders, Johannes von Müllers und anderer an Joh. Georg Müller in Schaffhausen. Hg. von Karl Emil *Hoffmann.* Schaffhausen 1952.

Müller, Johannes von: Allgemeine Aussicht über die Bundesrepublik im Schweizerland. Nach den Handschriften hg. u. eingel. von Doris und Peter *Walser-Wilhelm.* Zürich 1991.

Müller, Johannes von/Johann Georg *Müller:* Briefwechsel und Familienbriefe 1766–1789. Hg. von André *Weibel.* Göttingen 2009–2011.

Mumelter, Franz Joseph von: Neuer Versuch über die allgemeine Geschichte. I. Band. Wien 1794.

[*Anonym*]: [Rez.] Franz Josephs von Mumelter neuer Versuch über die allgemeine Geschichte. 1. Band. Wien 1794 [...]. In: Neue allgemeine deutsche Bibliothek 28. Bd., 1. St. (1797), 170–171.

[*Anonym*]: [Rez.] Franz Josephs von Mumelter neuer Versuch über die allgemeine Geschichte. Erster Band (zweytes Stück.). Wien 1795 [...]. In: Neue allgemeine deutsche Bibliothek. Anhang zum 1.–28. Bd. [...]. Fünfte Abtheilung (1801), 39–41.

Mumelter, Franz Joseph von: Neuer Versuch über die allgemeine Geschichte. I. Band. II. Abtheilung. I. Epoche [...]. Geschichte der Hindostaner, Babylonier und Assyrer, Ägyptier, Phönizier, und Hebräer. Wien 1795.

Nietzsche, Friedrich: Also sprach Zarathustra. Ein Buch für Alle und Keinen (1883–1885). In: *Ders.*: Werke. Kritische Gesamtausgabe. Abt. 6, Bd. 1 Hg. von Giorgio *Colli* und Mazzino *Montinari*. Berlin/New York 1968.

Nietzsche, Friedrich: Nachgelassene Fragmente. Anfang 1888 bis Anfang Januar 1889. In: *Ders.*: Werke. Kritische Gesamtausgabe. Abt. 8, Bd. 3. Hg. von Giorgio *Colli* und Mazzino *Montinari*. Berlin/New York 1972.

Nietzsche, Friedrich: Unzeitgemässe Betrachtungen II: Vom Nutzen und Nachtheil der Historie für das Leben [1874]. In: *Ders.*: Werke. Kritische Gesamtausgabe. Abt. 3, Bd. 1. Hg. von Giorgio *Colli* und Mazzino *Montinari*. Berlin/New York 1972, 239–330.

Nietzsche, Friedrich: Ueber Wahrheit und Lüge im aussermoralischen Sinne. In: *Ders.*: Werke. Kritische Gesamtausgabe. Abt. 3. Bd. 2: Nachgelassene Schriften 1870–1873. Hg. von Giorgio *Colli* und Mazzino *Montinari*. Berlin/New York 1973, 367–384.

Nietzsche, Friedrich: Nachgelassene Aufzeichnungen. Herbst 1858–Herbst 1862. Hg. von Johann *Figl*. Bearb. von Hans Gerold Hödl. Unter Mitarb. von Ingo Rath. In: Ders.: Werke. Kritische Gesamtausgabe. Abt. 1, Bd. 2. Begr. von Georgio *Colli* und Mazzino *Montinari*. Weitergef. von Wolfgang *Müller-Lauter* und Karl *Pestalozzi*. Berlin/New York 2000.

Nösselt, Friedrich: Lehrbuch der Weltgeschichte für Bürgerschulen und die mittleren Klassen der Gymnasien. Mit besonderer Berücksichtigung der deutschen Geschichte. Erster Theil. Leipzig 1827.

Nösselt, Friedrich: Kleine Weltgeschichte für Bürger- und Gelehrtenschulen. 5. Aufl. Leipzig 1853.

[*Pallas*, Peter Simon]: De Pétersbourg, le 20 Novembre. In: Journal de politique et de littérature 1 (1776), 1–2.

Pallas, Peter Simon: Betrachtungen über die Beschaffenheit der Gebürge und die Veränderungen der Erdkugel, besonders in Beziehung auf das Rußische Reich. St. Petersburg 1777.

Pallas, Peter Simon: Observations sur la formation des montagnes et sur les changements arrivés au globe, particulièrement à l'égard de l'Empire russe, lues à l'Assemblée publique de l'Académie impériale des sciences de Russie du 23 juin 1777. St. Petersburg 1777.

Paulus, Heinrich Eberhard Gottlob: Das Chaos. Eine Dichtung, nicht ein Gesetz für physische Kosmologie. In: *Ders.* (Hg.): Memorabilien. Eine philosophisch-theologische Zeitschrift. Viertes Stück. Leipzig 1793, 27–35.

Pischon, Friedrich August: Leitfaden zur allgemeinen Geschichte der Völker und Staaten. Erster Theil. Geschichte des Alterthums. Berlin 1832.

Pölitz, Karl Heinrich Ludwig: Geschichte der Kultur der Menschheit nach kritischen Principien. Erster Theil. Leipzig 1795.

Pölitz, Karl Heinrich Ludwig: Das Gesamtgebiet der teutschen Sprache, nach Prosa, Dichtkunst und Beredsamkeit theoretisch und praktisch dargestellt. Erster Band. Philosophie der Sprache. Leipzig 1825.

Pott, David Julius: Moses und David keine Geologen. Ein Gegenstück zu Hrn. Kirwan's Esq. geologischen Versuchen. In Briefen an Hrn. Bergrath v. Crell. Berlin/Stettin 1799.

Pott, David Julius: Versuch über den Schöpfungshymnus Gen. I. seinen Nachhall Ps. CIV. und die Noachische Fluth. Veranlaßt durch Hrn Kirwan's Esq. geologische Versuche. In Briefen an Hrn. Bergrath v. Crell. Berlin/Stettin 1799.

[Art.] *Präadamiten.* In: Johann Georg Krünitz's oekonomisch-technologische Encyklopädie [...]. Zuerst fortgesetzt von Friedrich Jakob Floerken, nunmehr von Heinrich Gustav Flörke [...]. Bd. 116. Berlin 1810, 620–622.

Preußisch-Sächsischer Landprediger [Pseud.]: Ueber Ballenstedts Urwelt. Ein Wort freimüthiger Prüfung und versuchter Ehrenrettung der ältesten biblischen Urkunden. Nordhausen 1825.

Ranke, Leopold von: Französische Geschichte vornehmlich im sechzehnten und siebzehnten Jahrhundert. Stuttgart/Tübingen 1852.

Ranke, Leopold von: Tagebücher. In: *Ders.:* Aus Werk und Nachlass. Hg. von Walther Peter *Fuchs* und Theodor *Schieder.* Bd. I: Tagebücher. Hg. von Walther Peter *Fuchs.* München/Wien 1964.

Ranke, Leopold von: Idee der Universalhistorie [1831/32] In: *Ders.:* Aus Werk und Nachlass. Hg. von Walther Peter *Fuchs* und Theodor *Schieder.* Bd. IV. Vorlesungseinleitungen. Hg. von Volker *Dotterweich* und Walther Peter *Fuchs.* München 1975, 72–89.

Rebmann, Andreas Georg Friedrich: Hans Kiekindiewelts Reisen in alle vier Weltteile [1796]. In: *Ders.:* Werke und Briefe in drei Bänden. Hg. von Hedwig *Voegt*/Werner *Greiling*/Wolfgang *Ritschel.* Bd. 1. Berlin 1990, 337–503.

Reß, Johann Heinrich: Ueber das Alter der Welt aus der Lava des Aetna. In: Johann Heinrich *Reß* (Hg.): Sammlung einiger kleinen, größtentheils Landwirthschaftlichen Aufsätze. Leipzig 1780, 254–274.

[Art.] *Revolutio Planetae.* In: Johann Heinrich *Zedler* (Hg.): Grosses Vollständiges Universal-Lexikon aller Wissenschaften und Künste [...]. Bd. 31. Leipzig und Halle 1742, 954.

[Art.] *Revolution.* In: Reales Staats- Zeitungs- und Conversations-Lexicon [...]. 3. Aufl. [...]. Hg. von Johann *Hübner.* Leipzig 1708, 1158.

[Art.] *Revolution.* In: Johann Hübner's Zeitungs- und Conversations-Lexicon. 31. Aufl. [...]. Hg. von Friedrich August *Rüder.* Dritter Theil. M bis R. Leipzig 1826, 792f.

[Art.] *Revolution.* In: Johannis Theodori Jablonski Allgemeines Lexicon der Künste und Wissenschaften [...]. 2. Aufl. Königsberg/Leipzig 1748, 917.

[Art.] *Revolution:* In: Johann Theodor Jablonskies [...] Allgemeines Lexicon der Künste und Wissenschaften [...]. 3. Aufl. Hg. von Johann Joachim *Schwaben.* Bd. 2. Königsberg/Leipzig 1767, 1193.

[Art.] *Révolution.* In: Encyclopédie, ou Dictionnaire raisonné des sciences, des arts et des métiers. Vol. 14. Neufchastel 1765, 237–238.

[Art.] Die *Revolution.* In: Grammatisch-kritisches Wörterbuch der Hochdeutschen Mundart [...]. Hg. von Johann Christoph *Adelung.* 2. Aufl. Bd. 3. Leipzig 1798, 1096–1097.

[Art.] *Revolution* von ... In: Conversations-Lexikon oder kurzgefaßtes Handwörterbuch [...]. In sechs Bänden. Hg. von Friedrich Arnold *Brockhaus.* 1. Aufl. Bd. 4. Amsterdam 1809, 199–252.

[Art.] *Revolution.* In: Conversations-Lexikon oder encyclopädisches Handwörterbuch für gebildete Stände. Hg. von Friedrich Arnold *Brockhaus* 2. Aufl. Bd. 8. Leipzig/Altenburg 1817, 227.

[Art.] *Revolution.* In: Allgemeine deutsche Real-Encyclopädie für die gebildeten Stände. (Conversations-Lexikon.) In zehn Bänden. 5. Aufl. Bd. 8. Leipzig 1819, 238–241.

[Art.] *Revolution.* In: Allgemeine deutsche Real-Encyclopädie für die gebildeten Stände. (Conversations-Lexikon.) In zehn Bänden. 6. Aufl. Bd. 8. Leipzig 1824, 221–223.

[Art.] *Revolution.* In: Allgemeine deutsche Real-Encyclopädie für die gebildeten Stände. (Conversations-Lexikon.) In zwölf Bänden. 7. Aufl. Bd. 9. Leipzig 1827, 234–236.

[Art.] *Revolution.* In: Allgemeine deutsche Real-Encyclopädie für die gebildeten Stände. (Conversations-Lexikon.) In zwölf Bänden. 8. Aufl. Bd. 9. Leipzig 1836, 252–253.

[Art.] *Revolution.* In: Allgemeine deutsche Real-Encyclopädie für die gebildeten Stände. (Conversations-Lexikon.) In fünfzehn Bänden. 9. Aufl. Bd. 12. Leipzig 1847, 97–98.

[Art.] *Revolution.* In: Johann Georg Krünitz's oekonomisch-technologische Encyklopädie [...]. Zuerst fortgesetzt von Friedrich Jakob *Floerken*, nunmehr von Heinrich Gustav *Flörke* [...]. Bd. 123. Berlin 1819, 186–187.

[Art.] *Revolution.* In: Encyclopädisches Wörterbuch der Wissenschaften, Künste und Gewerbe [...]. Hg. von Heinrich August *Pierer.* 1. Aufl. Bd. 18. Altenburg 1833, 4–37.

[Art.] *Revolution.* In: Universal-Lexikon der Gegenwart und Vergangenheit oder neuestes encyclopädisches Wörterbuch der Wissenschaften, Künste und Gewerbe [...]. Hg. von Heinrich August *Pierer.* 2. Aufl. Bd. 25. Altenburg 1844, 52.

[Art.] *Revolution.* In: Pierer's Universal-Lexikon der Vergangenheit und Gegenwart oder Neuestes encyclopädisches Wörterbuch der Wissenschaften, Künste und Gewerbe. 4. Aufl. Bd. 14. New York/Altenburg 1862, 89–90.

[Art.] *Revolution.* In: Allgemeines deutsches Volks-Conversations-Lexikon und Fremdwörterbuch. Ein unentbehrliches Handbuch für Jedermann. Herausgegeben von mehreren Gelehrten. Bd. 7. Hamburg 1849, 520–521.

[Art.] *Revolution und Reform.* In: Das große Conversations-Lexicon für die gebildeten Stände [...]. Zweite Abtheilung: O bis Z. Bd. 5. Hg. von Joseph *Meyer.* Hildburghausen [u. a.] 1850, 1003–1008.

[Art.] *Revolution* In: Herders Conversations-Lexikon. [...]. Bd. 4. Hg. von Bartholomä *Herder.* Freiburg im Breisgau 1856, 716.

[Art.] *Revolution.* In: Neues Konversations-Lexikon für alle Stände. [...]. Bd. 13. Hg. von Joseph *Meyer.* Hildburghausen/New-York 1860, 242–243.

Rhode, Johann Gottlieb: Ueber den Anfang unserer Geschichte und die letzte Revolution der Erde, als wahrscheinliche Wirkung eines Kometen. Breslau 1819.

Robespierre, Maximilien: Séance du 18 floréal an II (7 Mai 1794). Sur les rapports des idées religieuses et morales avec les principes républicains, et sur les fêtes nationales. In: Œuvres de Maximilien Robespierre. Bd. X. Hg. von Marc *Bouloiseau* und Albert *Soboul.* Paris 1967, 442–465.

Rosenmüller, Johann Georg: Abhandlung über die älteste Geschichte der Erde. Übersetzt und mit einem Anhange vermehrt. Nürnberg 1782.

Rotteck, Karl von: Allgemeine Geschichte vom Anfang der historischen Kenntniß bis auf unsere Zeiten, für akademische Vorlesungen und zum Selbstunterricht für denkende Geschichtsfreunde. Erster Theil. Alte Welt. Erster Band. Freyburg/Konstanz 1812.

Sack, Johann Friedrich Wilhelm: Geologie oder Betrachtung der Erde. Breslau 1785.

Schlözer, August Ludwig: Vorstellung seiner Universal-Historie. Göttingen/Gotha 1772.

Schlözer, August Ludwig: Vorstellung seiner Universal-Historie. Zweeter Teil. Göttingen/Gotha 1773.

Schlözer, August Ludwig: Vorstellung der Universal-Historie. Zwote, veränderte Auflage. Göttingen 1775.

Schlözer, August Ludwig: WeltGeschichte nach ihren HauptTheilen im Auszug und Zusammenhange [...]. Erster Theil. Göttingen 1785.

[*Anonym*]: [Rez.] WeltGeschichte [...] von A. L. Schlözer. In: Allgemeine Literatur-Zeitung 3.175 (1785), 102–103. Abgerufen von: http://zs.thulb.uni-jena.de/receive/jportal_jparticle_00024980. Letzter Abruf: 23.02.2017.

Schlözer, August Ludwig: WeltGeschichte nach ihren HauptTheilen im Auszug und Zusammenhange. Erster Theil. Zwote, verbesserte, Auflage. Göttingen 1792.

Schlözer, August Ludwig: Vorbereitung zur WeltGeschichte für Kinder. Ein Buch für Kinderlehrer [1806]. Hg. von Marko *Demantowsky* und Susanne *Popp*. Göttingen 2011.

Schlözer, Christian von: August Ludwig von Schlözers öffentliches und Privatleben aus Originalurkunden und, mit wörtlicher Beifügung mehrerer dieser letzteren, vollständig beschrieben von dessen ältestem Sohne Christian von Schlözer. Erster Band. Leipzig 1828.

Schlosser, Friedrich Christoph: Weltgeschichte in zusammenhängender Erzählung. 4 Bde. Frankfurt a.M. 1815–1841.

Schlosser, Friedrich Christoph: Universalhistorische Uebersicht der Geschichte der alten Welt und ihrer Cultur. 3 Bde. Frankfurt a.M. 1826–1834.

Z.Z.: [Rez.] Universalhistorische Uebersicht der Geschichte der alten Welt und ihrer Cultur. Von Friedrich Christoph Schlosser. Ersten Theils erste und zweite Abtheilung [...]. In: Blätter für literarische Unterhaltung 2 (1827), 793–795 und 797–799.

Schlosser, Friedrich Christoph: Geschichte des achtzehnten Jahrhunderts und des neunzehnten bis zum Sturz des französischen Kaiserreichs. Mit besonderer Rücksicht auf die geistige Bildung. 7 Bde. Heidelberg 1836–1848.

Schlosser, Friedrich Christoph: Weltgeschichte für das deutsche Volk. Unter Mitwirkung des Verfassers bearbeitet von Dr. G. L. Kriegk. 19 Bde. Frankfurt a.M. 1844–1857.

Schlosser, Friedrich Christoph: Schlossers Selbstbiographie. In: Georg *Weber* (Hg.): Friedrich Christoph Schlosser der Historiker. Erinnerungsblätter aus seinem Leben und Wirken. Eine Festschrift zu seiner hundertjährigen Geburtstagsfeier am 17. November 1876. Leipzig 1876, 1–50.

Schneller, Julius Franz: Weltgeschichte zur gründlichen Erkenntniß der Schicksale und Kräfte des Menschengeschlechts. Erster Theil. Vorwelt. Grätz 1808.

Silberschlag, Georg Christoph: Neue Theorie der Erde oder ausführliche Untersuchung der ursprünglichen Bildung der Erde. Nach den Berichten der heiligen Schrift und den Grund-Sätzen der Natur-Lehre und Mathematik. Berlin 1764.

Silberschlag, Johannes Esaias: Geogonie oder Erklärung der mosaischen Erderschaffung nach physikalischen und mathematischen Grundsätzen. Berlin 1780.

Silberschlag, Johannes Esaias: Chronologie der Welt berichtigt durch die heilige Schrift. Besonders zum Gebrauche der königlichen Realschule. Berlin 1783.

Soemmerring, Samuel Thomas: Einfluß der Bestimmung der Zoolithen auf die Geschichte der Menschheit. In: C. *Grosse* (Hg.): Magazin für die Naturgeschichte des Menschen. Dritten Bandes Erstes Stück. Zittau/Leipzig 1790, 75–79.

Soemmerring, Samuel Thomas: Schriften zur Paläontologie. In: *Ders.*: Werke. Bd. 14. Bearbeitet und herausgegeben von Manfred *Wenzel*. Stuttgart/New York 1990.

Soemmerring, Samuel Thomas: Werke. 20. Bde. Begründet von Gunter Mann. Herausgegeben von Jost *Benedum* und Werner Friedrich *Kümmel*. Stuttgart [u. a.] 1990–2001.

Steno, Nicolaus: Das Feste im Festen. Vorläufer einer Abhandlung über Festes, das in der Natur in einem anderen Festen eingeschlossen ist. Florenz 1669. Übers. von Karl Mieleitner. Rev., eingel. und erl. von Gustav Scherz. Frankfurt a.M. 1967.

Steno, Nicolaus: De solido intra solidum naturaliter contento dissertationis prodromus. Faksimiledruck der Ausgabe von 1669. Berlin 1988.

[Anonym]: *Theologie* und Geologie. In: Der Katholik; eine religiöse Zeitschrift zur Belehrung und Warnung 80 (1841), 154–158.

Troeltsch, Ernst: [Art.] Glaube: IV. Glaube und Geschichte. In: Die Religion in Geschichte und Gegenwart. Hg. von Friedrich Michael *Schiele* und Leopold *Ischarnack*. Bd. 2. Tübingen 1910, 1447–1456.

Troeltsch, Ernst: Über Maßstäbe zur Beurteilung historischer Dinge. Rede zur Feier des Geburtstages Seiner Majestät des Kaisers und Königs, gehalten in der Aula der Königlichen Friedrich-Wilhelms-Universität zu Berlin am 27. Januar 1916. Berlin 1916.

Troeltsch, Ernst: Der Aufbau der europäischen Kulturgeschichte. In: Schmollers Jahrbuch für Gesetzgebung, Verwaltung und Volkswirtschaft im Deutschen Reiche 44 (1920), 1–48.

Troeltsch, Ernst: Glaubenslehre. Nach Heidelberger Vorlesungen aus den Jahren 1911 und 1912. Mit einem Vorwort von Marta Troeltsch. München/Leipzig 1925.

Troeltsch, Ernst: Die Absolutheit des Christentums und die Religionsgeschichte (1902/1912) mit den Thesen von 1901 und den handschriftlichen Zusätzen. Hg. von Trutz *Rendtorff* in Zusammenarbeit mit Stefan *Pautler*. In: *Ders.:* Kritische Gesamtausgabe. Hg. von Friedrich Wilhelm *Graf* [et al.]. Bd. 5. Berlin/New York 1998.

Troeltsch, Ernst: Der Historismus und seine Probleme. Erstes Buch: Das logische Problem der Geschichtsphilosophie (1922). Teilband 1 und 2. Hg. von Friedrich Wilhelm *Graf* in Zusammenarbeit mit Matthias *Schloßberger*. In: *Ders.:* Kritische Gesamtausgabe. Hg. von Friedrich Wilhelm *Graf* [et al.]. Bd. 16.1 und 16.2. Berlin/New York 2008.

Troeltsch, Ernst: Die Selbständigkeit der Religion. In: *Ders.:* Schriften zur Theologie und Religionsphilosophie (1888–1902). Hg. von Christian *Albrecht*. Kritische Gesamtausgabe. Hg. von Friedrich Wilhelm *Graf* [et al.]. Bd. 1. Berlin/New York 2009, 359–535.

Ussher, James: The Annals of the World. London 1658.

Vierthaler, Franz Michael: Philosophische Geschichte der Menschen und Völker. Erster Band. Salzburg 1787.

[*Anonym*]: [Rez.] Philosophische Geschichte der Menschen und Völker von Fr. Mich. Vierthaler [...]. In: Oberdeutsche allgemeine Litteraturzeitung XVI (1788), 121–127.

[*Anonym*]: [Rez.] Philosophische Geschichte der Menschen und Völker, von Friedrich [sic!] Mich. Vierthaler [...]. In: Allgemeine Literatur-Zeitung vom Jahre 1789. Erster Band. Numero 80, 635–638.

[*Anonym*]: [Rez.] Philosophische Geschichte der Menschen und Völker, von Fr. Michael Vierthaler [...]. In: Gothaische gelehrte Zeitungen auf das Jahr 1789. Sechs und dreysigstes Stück, den 6ten May 1789, 313–315.

Vierthaler, Franz Michael: Rechtfertigung gegen einen oberdeutschen Recensenten. Salzburg 1788.

Vierthaler, Franz Michael: Philosophische Geschichte der Menschen und Völker. Dritter Band. Salzburg 1789.

Vierthaler, Franz Michael: Philosophische Geschichte der Menschen und Völker. Fünfter Band, welcher die Geschichte der Perser von Cyrus bis Alexander enthält. Salzburg 1794.

Vierthaler, Franz Michael: Reisen durch Salzburg. Salzburg 1799.

Vierthaler, Franz Michael: Meine Wanderungen durch Salzburg, Berchtesgaden und Österreich. Erster Theil. Wien 1816.

Vierthaler, Franz Michael: Geschichte der Griechen. Erster Band. Wien 1818.

[*Voltaire*, François Marie Arouet de]: Die Philosophie der Geschichte des verstorbenen Herrn Abtes Bazin, übersetzt und mit Anmerkungen begleitet von Johann Jakob Harder. Leipzig 1768.

Voltaire, François Marie Arouet de: La Philosophie de l'histoire. In: Les Œuvres complètes de Voltaire. Bd. 59. Hg. von J. H. *Brumfitt*. 2. überarb. Aufl. Geneve/Toronto 1969.

Voltaire, François Marie Arouet de: Les Singularités de la nature. Dresden 1769.

Voltaire, François Marie Arouet de: La Défense de mon oncle. Édition critique par José-Michel *Moureaux*. In: Les Œuvres complètes de Voltaire. Bd. 64. Hg. von William Henry *Barber* und Ulla *Kölving*. Oxford 1984, 1–450.

Voltaire, François Marie Arouet de: Eléments de la philosophie de Newton. In: Les Œuvres complètes de Voltaire. Bd. 15. Hg. von Robert L. *Walters* und William Henry *Barber*. Oxford 1992.

Voltaire, François Marie Arouet de: L'Homme aux quarante écus. Critical edition by Brenda M. *Bloesch*. In: Les Œuvres complètes de Voltaire. Bd. 66: Œuvres de 1768 (II). Hg. von Haydn *Mason*. Oxford 1999, 211–409.

Voltaire, François Marie Arouet de: Saggio intorno ai cambiamenti avvenuti su'l globo della terra / Dissertation sur les changements arrivés dans notre globe et sur les pétrifications qu'on prétend en être encore les témoignages. Edition critique par Jean *Mayer*. In: Les Œuvres complètes de Voltaire. Hg. von Nicholas *Cronk*. Bd. 30c: Œuvres de 1746–1748 (III). Oxford 2004, 1–51.

Voltaire, François Marie Arouet de: Essai sur les mœurs et l'esprit des nations. In: Les Œuvres complètes de Voltaire. Bd. 22: Essai sur les mœurs et l'esprit des nations (II). Avant-Propos, Chapitres 1–37. Hg. von Bruno *Bernhard*/John *Renwick*/Olivier *Ferret*/Catherine *Volpilhac-Auger*. Oxford 2009.

Wagner, Johann Andreas: Abweisung der von Herrn Professor H. Burmeister zu Gunsten des geologisch-vulkanistischen Fortschrittes und zu Ungunsten der mosaischen Schöpfungsurkunden vorgebrachten Behauptungen. Leipzig 1845.

Wagner, Johann Andreas: Geschichte der Urwelt mit besonderer Berücksichtigung der Menschenrassen und des mosaischen Schöpfungsberichtes. Leipzig 1845.

Wagner, Johann Andreas: Naturwissenschaft und Bibel im Gegensatze zu dem Köhlerglauben des Herrn Carl Vogt, als des wiedererstandenen und aus dem Französischen ins Deutsche übersetzten Bory. Stuttgart 1855.

Wallerius, Johan Gottschalk: Meditationes physico-chemicae de origine mundi, imprimis geocosmi, ejusdemque metamorphosi. Stockholmiae et Upsaliae 1779.

Werner, Abraham Gottlob: Von den äußerlichen Kennzeichen der Fossilien. Leipzig 1774.

Wiedeburg, Johann Ernst Basilius: Neue Muthmasungen über die SonnenFlecken Kometen und die erste Geschichte der Erde. Gotha 1776.

Wille, Bruno: Der Glasberg. Roman einer Jugend, die hinauf wollte. Berlin 1920.

Woodward, John: An Essay Towards a Natural History of the Earth and Terrestrial Bodies, Especially Minerals. As also of the Sea, Rivers, *and* Springs. With an Account of the Universal Deluge. And of the Effects that it had upon the Earth. London 1695.

Woodward, John: An Attempt Towards a Natural History of the Fossils of England [...]. Part I. London 1729.

Zamboni, Giovanni Fortunato: Rede des Herrn Grafen Johann Fortunatus Zamboni [...] von der Nothwendigkeit die Leichtgläubigen vor den Kunstgriffen einiger neueren Geologen zu warnen, die unter dem Schatten ihrer physischen Beobachtungen die mosaische Geschichte der Schöpfung und der Sündfluth zu läugnen sich erkühnen. Aus dem italienischen Manuscripte übersetzt von J.B.v.F. Wien 1823.
[*Anonym*]: [Rez.] Rede des Hrn. Grafen Johann Fortunatus Zamboni [...]: von der Nothwendigkeit, die Leichtgläubigen vor den Kunstgriffen einiger neueren Geologen zu warnen [...]. In: Der Katholik; eine religiöse Zeitschrift zur Belehrung und Warnung 14 (1824), 227–232.

II Literatur

Achenbach, Bernd: Ein prominenter Lichtenbergianer: Arthur Schopenhauer. In: Otto *Weber* (Hg.): Das 2. Lichtenberg-Gespräch in Ober-Ramstadt 1977. Ober-Ramstadt 1982, 17–29.
Adam, Ulrich: The Political Economy of J. H. G. Justi. Oxford [u. a.] 2006.
Albrecht, Christoph V.: Geopolitik und Geschichtsphilosophie 1748–1798. Berlin 1998.
Albritton, Claude C. Jr.: The Abyss of Time. Changing Conceptions of the Earth's Antiquity after the Sixteenth Century. San Francisco, Cal. 1980.
Albury, W. Randall/David R. *Oldroyd:* From Renaissance Mineral Studies to Historical Geology, in the Light of Michel Foucault's The Order of Things. In: The British Journal for the History of Science 10 (1977), 187–215.
Aly, Friedrich: Der Einbruch des Materialismus in die historischen Wissenschaften. In: Preußische Jahrbücher 81 (1895), 201–214.
Araújo, André de Melo: Weltgeschichte in Göttingen. Eine Studie über das spätaufklärerische universalhistorische Denken, 1756–1815. Bielefeld 2012.
Arendt, Hannah: Über die Revolution. München 1963.
Ariew, Roger: Leibniz's Protogaea. In: Leibniz. Tradition und Aktualität. V. Internationaler Leibniz-Kongreß [...]. Bd. 1. Hannover 1988, 11–18.
Arnold, Günter: Wandlungen von Herders Revolutionsbegriff. In: Herder-Kolloquium 1978. Referate und Diskussionsbeiträge. Hg. von Walter *Dietze* in Zusammenarbeit mit Hans-Dietrich *Dahnke* [et al.]. Weimar 1980, 164–172.
Asal, Sonja: Eine neue Art, die Menschengeschichte zu schreiben. Nicolas-Antoine Boulangers Theorie der Sintflut zwischen Mythos und Naturgeschichte. In: Walter *Schmitz*/Carsten *Zelle* (Hg.): Innovation und Transfer. Naturwissenschaften, Anthropologie und Literatur im 18. Jahrhundert. Dresden 2004, 97–119.
Assmann, Aleida: Abendländische Zeit-Konstruktionen. Versuch einer Übersicht. In: Kodikas/Code. Ars Semiotica 20 (1997), 5–23.
Assmann, Aleida: Zeit und Tradition. Kulturelle Strategien der Dauer. Köln 1999.
Assmann, Jan: Das kulturelle Gedächtnis. Schrift, Erinnerung und politische Identität in frühen Hochkulturen. 7. Aufl. München 2013.
Augustinus, Aurelius: Bekenntnisse. Übersetzt von Wilhelm Thimme. Mit einer Einführung von Norbert Fischer. Düsseldorf 2007.
Augustinus, Aurelius: Vom Gottesstaat. (De civitate Dei). Vollständige Ausgabe in einem Band, Buch 1 bis 10, Buch 11 bis 22. Aus dem Lateinischen übertragen von Wilhelm Thimme. Eingeleitet und kommentiert von Carl Andresen. München 2007.

Babin, Malte-Ludolf/Gerd van den Heuvel: Einleitung. In: Gottfried Wilhelm Leibniz. Schriften und Briefe zur Geschichte. Bearbeitet, kommentiert und hg. von *dens.* Hannover 2004, 13–50.

Bach, Thomas/Mario *Marino* (Hg.): Naturforschung und menschliche Geschichte. Heidelberg 2011.

Backhaus, Jürgen (Hg.): The Beginnings of Political Economy. Johann Friedrich [sic!] Gottlob von Justi. New York 2009.

Backhaus, Jürgen: From Wolff to Justi. In: *Ders.* (Hg.): The Beginnings of Political Economy. Johann Friedrich [sic!] Gottlob von Justi. New York 2009, 1–18.

Bankwitz, Peter: Was heißt und zu welchem Ende studiert man Erdgeschichte? In: Hallesches Jahrbuch für Geowissenschaften 19 (1997), 43–49.

Barber, William: Voltaire and Natural Science: From Apples to Fossils. In: Michel *Delon*/ Catriona *Seth* (Hg.): Voltaire en Europe. Hommage à Christiane Mervaud. Oxford 2000, 243–254.

Barnes, Robin: [Art.] Images of Hope and Despair. Western Apokalypticism, ca. 1500–1800. In: The Encyclopaedia of Apocalypticism. Vol. 2: Apocalypticism in Western History and Culture. Hg. von Bernard *McGinn*. New York 1998, 143–184.

Baron, Walter/Bernhard *Sticker:* Ansätze zur historischen Denkweise in der Naturforschung an der Wende vom 18. zum 19. Jahrhundert. In: Sudhoffs Archiv für Geschichte der Medizin und der Naturwissenschaften 47 (1963), 19–35.

Barraclough, Geoffrey: Scientific Method and the Work of the Historian. In: Ernest *Nagel*/ Patrick *Suppes*/Alfred *Tarski* (Hg.): Logic, Methodology and Philosophy of Science. Proceedings of the 1960 International Congress. Stanford, Calif. 1962, 584–594.

Bauman, Zygmunt: Liquid modernity. Cambridge 2001.

Beaune, Jean-Claude [et al.] (Hg.): Buffon 88. Actes du Colloque international pour le bicentenaire de la mort de Buffon (Paris, Montbard, Dijon, 14–22 juin 1988). Paris 1992.

Becher, Ursula: August Ludwig v. Schlözer. In: Hans-Ulrich *Wehler* (Hg.): Deutsche Historiker. Bd. VII. Göttingen 1980, 7–23.

[Art.] *Beck*, Christian Daniel. In: Deutsche Biographische Enzyklopädie. Bd. 1. Hg. von Walther *Killy*. München [u. a.] 1995, 369.

[Art.] *Beck*, (Christian Daniel). In: Das gelehrte Teutschland oder Lexikon der jetzt lebenden teutschen Schriftsteller, angefangen von Georg Christoph Hamberger, fortgeführt von Johann Georg Meusel. Bd. 1. Reprogr. Nachdruck der 5. Auflage Lemgo 1796. Hildesheim 1965, 186–190.

Becker, Ernst Wolfgang: Zeit der Revolution! – Revolution der Zeit? Zeiterfahrungen in Deutschland in der Ära der Revolutionen 1789–1848/49. Göttingen 1999.

Becksmann, Ernst: Gang, Struktur und Sinn der Erdgeschichte. In: Forschungen und Fortschritte 16 (1940), 147–149.

Beiser, Frederick: Enlightenment, Revolution, and Romanticism. The Genesis of Modern German Political Thought, 1790–1800. Cambridge Mass./London 1992.

Beiser, Frederick: The German Historicist Tradition. Oxford [u. a.] 2011.

Bender, Karl-Heinz: Revolutionen. Die Entstehung des politischen Revolutionsbegriffes in Frankreich zwischen Mittelalter und Aufklärung. München 1977.

Bender, Karl-Heinz: Der politische Revolutionsbegriff in Frankreich zwischen Mittelalter und Glorreicher Revolution. In: Helmut *Reinalter* (Hg.): Revolution und Gesellschaft. Zur Entwicklung des neuzeitlichen Revolutionsbegriffs. Innsbruck 1980, 35–52.

Benjamin, Walter: Über den Begriff der Geschichte. In: Walter *Benjamin:* Gesammelte Schriften. Bd. I, 2. Hg. von Rolf *Tiedemann* und Hermann *Schweppenhäuser.* Frankfurt a.M. 1974, 691–703.
Benn, Gottfried: Der Aufbau der Persönlichkeit. Grundriß einer Geologie des Ich. (1928). In: *Ders.:* Essays und Reden. Hg. von Bruno *Hillebrand.* Frankfurt a.M. 1989, 11–124.
Bergenthum, Hartmut: Weltgeschichten im Zeitalter der Weltpolitik. Zur populären Geschichtsschreibung im wilhelminischen Deutschland. München 2004.
Beringer, Carl Christoph: Geschichte der Geologie und des geologischen Weltbildes. Stuttgart 1954.
Berthold, Werner: Ein ‚Sachverwalter der Schwachen'. Friedrich Christoph Schlosser (1776–1861). In: *Ders.*/Mario *Keßler* (Hg): Klios Jünger. 100 Historiker-Porträts von Homer bis Hobsbawm. Berlin 2011, 76–77.
Bialas, Volker: Allgemeine Wissenschaftsgeschichte. Philosophische Orientierungen. Wien/ Köln 1990.
Bieber, Hans-Joachim (Hg.): Die Zeit im Wandel der Zeit. Kassel 2002.
Biesterfeld, Wolfgang: Vergessene Fabeldichter: Johann Heinrich Gottlob von Justi (1720–1771). In: *Ders.* (Hg.): Von Fabel bis Fantasy. Gesammelte Aufsätze und Vorträge zur Erzählforschung, Jugendliteratur und Literaturdidaktik. Hamburg 1994, 12–17.
Blanke, Horst Walter: Einleitung. In: August Ludwig *Schlözer:* Vorstellung seiner Universalhistorie (1772/73). Mit Beilagen. Neu hg., eingeleitet und kommentiert von Horst Walter *Blanke.* Waltrop 1997, ix-xliv.
Blanke, Horst Walter/Dirk *Fleischer:* Artikulation bürgerlichen Emanzipationsstrebens und der Verwissenschaftlichungsprozeß der Historie. Grundzüge der deutschen Aufklärungshistorie und die Aufklärungshistorik. In: *Dies.* (Hg.): Theoretiker der deutschen Aufklärungshistorie. Bd. 1. Die theoretische Begründung der Geschichte als Fachwissenschaft. Stuttgart-Bad Cannstatt 1990, 19–102.
Blanke, Horst Walter: Zusammenfassung. In: *Dies.* (Hg.): Theoretiker der deutschen Aufklärungshistorie. Bd. 1. Die theoretische Begründung der Geschichte als Fachwissenschaft. Stuttgart-Bad Cannstatt 1990, 7–8.
Blanke, Horst Walter (Hg.): Aufklärung und Historik. Aufsätze zur Entwicklung der Geschichtswissenschaft, Kirchengeschichte und Geschichtstheorie in der deutschen Aufklärung. Mit Beilage. Waltrop 1991.
Blei, Wolfgang: Erkenntniswege zur Erd- und Lebensgeschichte. Ein Abriß. Berlin 1981.
Bleker, Johanna: Die Wissenschaften bei der Entdeckung der Geschichtlichkeit ihrer Gegenstände im 18. und frühen 19. Jahrhundert. [Symposium der Gesellschaft für Wissenschaftsgeschichte, 31.5.–2.6. 1984 in Göttingen]. In: Berichte zur Wissenschaftsgeschichte 8 (1985), 67–69.
Blom, Philipp: Böse Philosophen. Ein Salon in Paris und das vergessene Erbe der Aufklärung. München 2011.
Blumenberg, Hans: Die Legitimität der Neuzeit. Frankfurt a.M. 1966.
Blumenberg, Hans: Lebenszeit und Weltzeit. Frankfurt a.M. 1986.
Bödeker, Hans Erich: Die Entstehung des modernen historischen Denkens als sozialhistorischer Prozeß. Ein Essay. In: Wolfgang *Küttler*/Jörn *Rüsen*/Ernst *Schulin* (Hg.): Geschichtsdiskurs. Bd. 2. Anfänge modernen historischen Denkens. Frankfurt a.M. 1994, 295–319.

Böhme, Hartmut: Goethes Erde zwischen Natur und Geschichte. Erfahrungen von Zeit in der ‚Italienischen Reise'. In: Goethe-Jahrbuch 110 (1993), 209–227.

Böhme, Hartmut/Peter *Matussek*/Lothar *Müller:* Kulturgeschichte der Natur. In: *Dies.* (Hg.): Orientierung Kulturwissenschaft. Was sie kann, was sie will. Reinbek bei Hamburg 2000, 118–131.

Böning, Holger: [Art.] Justi, Johann Heinrich Gottlob von. In: Heiner F. *Klemme*/Manfred *Kuehn* (Hg.): The Dictionary of Eighteenth-Century German Philosophers. Vol. 2. London/New York 2010, 605–608.

Bösch, Frank/Jürgen *Danyel* (Hg.): Zeitgeschichte. Konzepte und Methoden. Göttingen 2012.

Bonjour, Edgar: Bernische Korrespondenten des jungen Johannes von Müller. In: Berner Zeitschrift für Geschichte und Heimatkunde 16 (1954), 90–98.

Bonjour, Edgar: Studien zu Johannes von Müller. Basel/Stuttgart 1957.

[Art.] *Bonnet*, Charles. The New Encyclopædia Britannica. 15th ed. Vol. 2. Chicago [u. a.] 2002, 365.

Borst, Arno: Computus. Zeit und Zahl in der Geschichte Europas. Berlin 1990.

Bowker, Geof: Die Ursprünge von Lyells Uniformitarismus: Für eine neue Geologie. In: Michel *Serres* (Hg.): Elemente einer Geschichte der Wissenschaften. 2. Aufl. Frankfurt a.M. 1995, 687–721.

Bowler, Peter J.: Evolution. The History of an Idea. Revised edition. Berkeley/Los Angeles/London 1989.

Brague, Rémi: Geozentrismus als Demütigung des Menschen. In: Internationale Zeitschrift für Philosophie 1 (1994), 2–25.

Brague, Rémi: Die Weisheit der Welt. Kosmos und Welterfahrung im westlichen Denken. München 2006.

Braudel, Fernand: Das Mittelmeer und die mediterrane Welt in der Epoche Philipps II. 3 Bde. Frankfurt a.M. 1990.

Braudel, Fernand: Geschichte und Sozialwissenschaften. Die lange Dauer. In: *Ders.:* Schriften zur Geschichte 1. Gesellschaften und Zeitstrukturen. Aus dem Französischen übersetzt von Gerda Kurz/Siglinde Summerer. Stuttgart 1992, 49–87.

Braungart, Georg: Apokalypse in der Urzeit. Die Entdeckung der Tiefenzeit in der Geologie um 1800 und ihre literarischen Nachbeben. In: Ulrich G. *Leinsle*/Jochen *Mecke* (Hg.): Zeit – Zeitenwechsel – Endzeit. Zeit im Wandel der Zeiten, Kulturen, Techniken und Disziplinen. Regensburg 2000, 107–120.

Braungart, Georg: Herder und das Alter der Erde. (Ringvorlesung Tübingen, 20.11.2003). Unveröffentlichtes Manuskript. Tübingen 2003.

Braungart, Georg: Der Hauslehrer, Landschaftsmaler und Schriftsteller Adalbert Stifter besucht den Gletscherforscher Friedrich Simony. Hallstatt, im Sommer 1845. In: *Ders.*/Friedmann *Harzer*/Hans Peter *Neureuter*/Gertrud M. *Rösch* (Hg.): Bespiegelungskunst. Begegnungen auf den Seitenwegen der Literaturgeschichte. Tübingen 2004, 101–118.

Braungart, Georg: Der Petrefaktensammler. An zwei Freundinnen. In: Inge *Wild*/Reiner *Wild* (Hg.): Mörike Handbuch. Leben – Werk – Wirkung. Stuttgart/Weimar 2004, 141–142.

Braungart, Georg: Die Geologie und das Erhabene. In: *Ders.*/Bernhard *Greiner* (Hg.): Schillers Natur. Leben, Denken und literarisches Schaffen. Hamburg 2005, 157–176.

Braungart, Georg: ‚Katastrophen kennt allein der Mensch, sofern er sie überlebt': Max Frisch, Peter Handke und die Geologie. In: Carsten *Dutt*/Roman *Luckscheiter* (Hg.): Figurationen der literarischen Moderne. Helmuth Kiesel zum 60. Geburtstag. Heidelberg 2007, 23–41.

Braungart, Georg: ‚Katastrophen kennt allein der Mensch'. Die transhumane Perspektive in der Kulturgeschichte der Geologie. In: Recherche. Zeitung für Wissenschaft 2 (2008), 17–29.

Braungart, Georg: Poetik der Natur. Literatur und Geologie. In: Thomas *Anz* (Hg.): Natur – Kultur. Zur Anthropologie von Sprache und Literatur. Paderborn 2009, 55–77.

Braungart, Georg: The Poetics of Nature. Literature and Constructive Imagination in the History of Geology. In: Richard T. *Gray* [et al.] (Hg.): Inventions of the Imagination. Romanticism and Beyond. Seattle/London 2011, 26–35.

Braungart, Georg: „Katastrophen kennt allein der Mensch, sofern er sie überlebt; die Natur kennt keine Katastrophen." Anthropozän, Kulturgeschichte der geologischen Kränkung und Globale Umweltethik. In: Regina *Ammicht Quinn*/Thomas *Potthast* (Hg.): Ethik in den Wissenschaften. 1 Konzept, 25 Jahre, 50 Perspektiven. Tübingen 2015, 321–328.

Braungart, Georg: „Convulsionen der Natur" – Hermann Hauff und die Naturwissenschaften bei Cotta. In: Helmuth *Mojem*/Barbara *Potthast* (Hg.): Johann Friedrich Cotta. Verleger – Unternehmer – Technikpionier. Heidelberg 2017, 297–312.

Braungart, Georg/Dietmar *Till:* [Art.] Wissenschaft. In: Thomas *Anz* (Hg.): Handbuch Literaturwissenschaft. Gegenstände – Konzepte – Intentionen. Bd. 1: Gegenstände und Grundbegriffe. Stuttgart/Weimar 2007, 407–419.

Bredekamp, Horst: Die Fenster der Monade. Gottfried Wilhelm Leibniz' Theater der Natur und Kunst. Berlin 2004.

Brendecke, Arndt/Ralf-Peter *Fuchs*/Edith *Koller* (Hg.): Die Autorität der Zeit in der Frühen Neuzeit. Berlin 2007.

Briese, Olaf: ‚Genommen auß den Comoedien'. Katastrophenbegriffe der neuzeitlichen Geologie. In: Michael *Eggers*/Matthias *Rothe* (Hg.): Wissenschaftsgeschichte als Begriffsgeschichte. Terminologische Umbrüche im Entstehungsprozess der modernen Wissenschaften. Bielefeld 2009, 23–50.

Briese, Olaf/Timo *Günther:* Katastrophe. Terminologische Vergangenheit, Gegenwart und Zukunft. In: Archiv für Begriffsgeschichte 51 (2009), 155–196.

Brooke, John Hedley: Science and Religion. Some Historical Perspectives. Cambridge 2014.

Bruckmüller, Ernst (Hg.): Umweltgeschichte. Zum historischen Verhältnis von Gesellschaft und Natur. Wien 2000.

Brumfitt, John Henry: Die Geschichtsphilosophie Voltaires. In: Horst *Baader* (Hg.): Voltaire. Darmstadt 1980, 86–118.

Brunner, Karl (Hg.): Umgang mit Geschichte. Gesammelte Aufsätze zu Wissenschaftstheorie, Kultur- und Umweltgeschichte. Wien 2009.

Brush, Stephen: History and Geology as Ways of Studying the Past. In: Mark *Amsler* (Hg.): Creativity and the Imagination: Case Studies from the Classical Age to the Twentieth Century. Newark 1987, 105–133.

Brush, Stephen: Transmuted Past. The Age of the Earth and the Evolution of the Elements from Lyell to Patterson. Cambridge 1996.

Büchner, Louis [sic! Ludwig]: Kraft und Stoff. Empirisch-naturphilosophische Studien. In allgemein-verständlicher Darstellung. 4. verm. Aufl. Frankfurt a.M. 1856.

Buckland, Adelene: Collectors of Worlds: Writing the History of Geohistory. In: History of Science 47 (2009), 485–492.

Buhr, Manfred/Steffen *Dietzsch:* Die Natur der Geschichte. Zum Theorienwandel des Geschichtlichen zwischen Aufklärung und Kantscher Transzendentalphilosophie. In: *Dies.*

(Hg.): Aufklärung – Geschichte – Revolution. Studien zur Philosophie der Aufklärung (II). Berlin (Ost) 1986, 9–39.

Bulst, Neithard/Jörg *Fisch*/Reinhart *Koselleck*/Christian *Meier:* [Art.] Revolution, Rebellion, Aufruhr, Bürgerkrieg. In: Otto *Brunner*/Werner *Conze*/Reinhart *Koselleck* (Hg.): Geschichtliche Grundbegriffe. Historisches Lexikon zur politisch-sozialen Sprache in Deutschland. Bd. 5. Stuttgart 1984, 653–788.

Bultmann, Christoph: Die biblische Urgeschichte in der Aufklärung. Tübingen 1999.

Bultmann, Christoph: Die Urgeschichte in Herders Geschichtsphilosophie. Anmerkungen zur Suche nach den Ursprüngen des Nationalismus. In: *Ders.* (Hg.): Bibelrezeption in der Aufklärung. Tübingen 2012, 175–184.

Bultmann, Christoph: Was heißt Bibelkritik der (Spät)aufklärung? Zum Werk von Alexander Geddes (1737–1802). In: *Ders.* (Hg.): Bibelrezeption in der Aufklärung. Tübingen 2012, 185–207.

Burgdorf, Wolfgang: Johann Heinrich Gottlob (von) Justi (1720–1771) In: Heinz *Duchhardt*/ Malgorzata *Morawiec*/Wolfgang *Schmale*/Winfried *Schulze* (Hg.): Europa-Historiker. Ein biographisches Handbuch. Band 1. Göttingen 2006, 51–78.

Büttner, Stefan: Hegels naturphilosophische Rekonstruktion des Werner'schen Systems. In: Helmuth *Albrecht*/Roland *Ladwig* (Hg.): Abraham Gottlob Werner und die Begründung der Geowissenschaften. Ausgewählte Vorträge des Internationalen Werner-Symposiums vom 19. bis 24. September 1999 in Freiberg. Freiberg 2002, 13–19.

Büttner, Stefan: Leben in der Form des Nicht-Lebens. Die Erde als ‚geologischer Organismus' in Hegels apriorisch-genetischer Naturphilosophie. In: Olaf *Breidbach*/Dietrich von *Engelhardt* (Hg.): Hegel und die Lebenswissenschaften. Berlin 2002, 75–94.

Campioni, Giuliano/Paolo *D'Iorio*/Maria Christina *Fornari*/Francesco *Fronterotta*/Andrea *Orsucci* (Hg.): Nietzsches persönliche Bibliothek. Berlin/New York 2003.

Carozzi, Marguerite: Voltaire's Attitude Toward Geology. In: Archives Des Sciences 36 (1983), 1–145.

Cartier, Stephan: Licht ins Dunkel des Anfangs. Studien zur Rezeption der Prähistorik in der deutschen Welt- und Kulturgeschichtsschreibung des 19. Jahrhunderts. Herdecke 2000.

Cartier, Stephan: Das Wissen der Wörter. Wissenschaftsgeschichte als semiotisches Projekt. In: Jörg *Martin*/Jörg *Hardy*/Stephan *Cartier* (Hg.): Welt im Fluss. Fallstudien zum Modell der Homöostase. Stuttgart 2008, 57–70.

Cartier, Stephan: Wie die Zeit vergeht. Archäologie und Prähistorik im Spannungsfeld naturwissenschaftlicher und historiographischer Zeithorizonte des 17. und 18. Jahrhunderts. In: Dietrich *Hakelberg*/Ingo *Wiwjorra* (Hg.): Vorwelten und Vorzeiten. Archäologie als Spiegel historischen Bewußtseins in der Frühen Neuzeit. Wiesbaden 2010, 105–121.

Carus, Friedrich August: Ideen zur Geschichte der Menschheit. In: Nachgelassene Werke. Bd. 6. Hg. von Ferdinand *Hand*. Leipzig 1809.

Carus, Friedrich August: Neun Briefe über Landschaftsmalerei, geschrieben in den Jahren 1815–1824. Zuvor ein Brief von Goethe als Einleitung. Leipzig 1831.

Cassirer, Ernst: Die Philosophie der Aufklärung. Grundriß der philosophischen Wissenschaften. Text und Anmerkungen bearbeitet von Claus Rosenkranz. Mit einer Einleitung von Gerald Hartung [...]. Hamburg 2007.

Cepl-Kaufmann, Gertrude: [Art.] Wille, Bruno. In: Magdeburger Biographisches Lexikon 19. und 20. Jahrhundert. [...]. Hg. von Guido *Heinrich*/Gunter *Schandera*. Magdeburg 2002, 804–805.

Cervato, Cinzia/Robert *Frodeman:* The Significance of Geologic Time: Cultural, Educational, and Economic Frameworks. In: Kim A. *Karstens* (Hg.): Earth and Mind II: A Synthesis of Research on Thinking and Learning in the Geosciences. Boulder, Colo. 2012, 19–28.

Cesana, Andreas: Historismus und Existenzphilosophie, Kulturalismus und Weltphilosophie. Zur Vernunftsphilosophie von Karl Jaspers. In: Konstantin *Broese* [et al.] (Hg.): Vernunft der Aufklärung – Aufklärung der Vernunft. Berlin 2006, 293–301.

Chakrabarty, Dipesh: Provincializing Europe. Postcolonial Thought and Historical Difference. With a New Preface by the Author. Princeton, NJ [u.a.] 2008.

Chakrabarty, Dipesh: The Climate of History. Four Theses. In: Critical Inquiry 35 (2009), 197–222.

Chakrabarty, Dipesh: Verändert der Klimawandel die Geschichtsschreibung? In: Transit 41 (2011), 143–163.

[Art.] *Christian Daniel Beck*. In: Neuer Nekrolog der Deutschen. Zehnter Jahrgang, 1834. Zweiter Theil. Ilmenau 1834, 810–819.

Christian, David: Maps of Time. An Introduction to Big History. With a New Preface. Berkeley/Los Angeles/London 2011.

Chvojka, Erhard/Andreas *Schwarcz*/Klaus *Thien* (Hg.): Zeit und Geschichte. Kulturgeschichtliche Perspektiven. Wien/München 2002.

Cleland, Carol E.: Methodological and Epistemic Differences Between Historical Science and Experimental Science. In: Philosophy of Science 69 (2002), 447–451.

Clive, Peter: Schubert and His World. A Biographical Dictionary. New York 1997.

Cohen, Bernhard: Revolutionen in der Naturwissenschaft. Übersetzt von Werner Kutschmann. Frankfurt a.M. 1994.

Cohen, Claudine: Leibniz's Protogaea: Patronage, Mining and Evidence for a History of the Earth. In: Suzanne L. *Marchand*/Elizabeth *Lunbeck* (Hg.): Proof and Persuasion: Essays on Authority, Objectivity, and Evidence. Brepols 1996, 124–143.

Cohen, Claudine/Andre *Wakefield:* Introduction. In: Gottfried Wilhelm *Leibniz:* Protogaea. Translated and Edited by Claudine *Cohen* and André *Wakefield*. Chicago/London 2008, xiii-xlii.

Collingwood, Robin G.: The Idea of History. Oxford 1949.

Collison, Robert: Encyclopaedias: Their History Throughout the Ages [...]. New York/London 1964.

Conrad, Sebastian: Enlightenment in Global History: A Historiographical Critique. In: American Historical Review 117 (2012), 999–1027.

Conrad, Sebastian: Globalgeschichte. Eine Einführung. München 2013.

Conrad, Sebastian/Andreas *Eckert:* Globalgeschichte, Globalisierung, multiple Modernen: Zur Geschichtsschreibung der modernen Welt. In: *Dies.*/Ulrike *Freitag* (Hg.): Globalgeschichte. Theorien, Ansätze, Themen. Frankfurt/New York 2007, 7–49.

Conze, Werner: Leibniz als Historiker. Berlin 1951.

Conze, Werner: Evolution und Geschichte. Die doppelte Verzeitlichung des Menschen. In: Historische Zeitschrift 242 (1986), 1–30.

Cotner, Sehoya/D. Christopher *Brooks*/Randy *Moore:* Is the Age of the Earth one of our ‚Sorest Troubles?' Students' Perceptions about Deep Time Affect Their Acceptance of Evolutionary Theory. In: Evolution 64 (2010), 858 – 864.

Crutzen, Paul J.: Geology of Mankind. In: Nature 415 (2002), 23.

Crutzen, Paul J./Jacques *Grinevald*/John *McNeill*/Will *Steffen:* The Anthropocene: Conceptual and Historical Perspectives. In: Philosophical Transactions of the Royal Society 369 (2011), 842 – 867,

Cutler, Alan H.: The Seashell on the Mountaintop. A Story of Science, Sainthood, and the Humble Genius Who Discovered a New History of the Earth. New York 2003.

Cutler, Alan H.: Nicolaus Steno and the Problem of Deep Time. In: Gary D. *Rosenberg* (Hg.): The Revolution in Geology from the Renaissance to the Enlightenment. Boulder, CO 2009, 143 – 148.

Darwin, Charles: Die Bildung der Ackererde durch die Thätigkeit der Würmer [...]. Aus dem Englischen von J. Victor Carus. Berlin 1882.

Daston, Lorraine/Peter *Galison:* Objektivität. Frankfurt a.M. 2007.

Dean, Dennis R.: The Age of the Earth Controversy: Beginnings to Hutton. In: Annals of Science 38 (1981), 435 – 456.

[Art.] *deep time.* In: Oxford English Dictionary. Abgerufen von: http://www.oed.com/view/Entry/264316?redirectedFrom=deep+time&; Abgerufen am 17. 02. 2016.

Deleuze, Gilles/Félix *Guattari:* 10,000 B.C.: The Geology of Morals (Who Does the Earth Think It Is?). In: *Dies.:* A Thousand Plateaus. Capitalism and Schizophrenia. London/New York 2004, 44 – 82.

Demandt, Alexander: Natur- und Geschichtswissenschaft im 19. Jahrhundert. In: Historische Zeitschrift 237 (1983), 37 – 66.

Demandt, Alexander: Philosophie der Geschichte. Von der Antike zur Gegenwart. Köln 2011.

Dessoir, Max: Geschichte der neueren deutschen Psychologie. Zweite, völlig umgearbeitete Auflage. Erster Band. Berlin 1902.

Dierse, Ulrich/Gunter *Scholtz:* [Art.] Geschichtsphilosophie. In: Historisches Wörterbuch der Philosophie. Bd. 3. Basel 1974, 416 – 439.

Dietz, Bettina: Naturgeschichte, Epistemologie und *Material Culture.* In: Ulrich Johannes *Schneider* (Hg.): Kulturen des Wissens im 18. Jahrhundert. Berlin/New York 2008, 595 – 597.

Dietz, Bettina/Thomas *Nutz:* Naturgeschichte des Menschen als Wissensformation des späten 18. Jahrhunderts. Orte, Objekte, Verfahren. In: Zeitschrift für historische Forschung 32 (2005), 45 – 70.

Dietzsch, Steffen: Ist Geschichte als Naturgeschichte möglich? Immanuel Kant und August Ludwig Schlözer als Kritiker Herders. In: Walter *Dietze* (Hg.): Herder-Kolloquium 1978. Weimar 1980, 145 – 151.

Dietzsch, Steffen/Giuseppe *Cacciatore*/Lars *Lambrecht:* [Art.] Philosophie V: Geschichtsphilosophie/Geschichte. In: Enzyklopädie Philosophie. Hg. von Hans Jörg *Sandkühler.* Bd. 2: O-Z. Hamburg 1999, 1070 – 1092.

Domanska, Ewa: Beyond Anthropocentrism in Historical Studies. In: Historein 10 (2010), 118 – 130.

Dott, Robert H.: What Is Unique About Geological Reasoning? In: GSA Today 8 (1998), 15 – 18.

Dougherty, Frank: Buffons Bedeutung für die Entwicklung des anthropologischen Denkens im Deutschland der zweiten Hälfte des 18. Jahrhunderts. In: Gunter *Mann*/Franz *Dumont*

(Hg.): Die Natur des Menschen. Probleme der physischen Anthropologie und Rassenkunde (1750 – 1850). Stuttgart/New York 1990, 221 – 279.

Dougherty, Frank: Christoph Meiners und Johann Friedrich Blumenbach im Streit um den Begriff der Menschenrasse. In: Gunter *Mann*/Franz *Dumont* (Hg.): Die Natur des Menschen: Probleme der physischen Anthropologie und Rassenkunde (1750 – 1850). Stuttgart/New York 1990, 89 – 111.

Düsing, Wolfgang: Anthropozentrische Elemente in Herders Naturbegriff. In: Wilhelm-Ludwig *Federlin* (Hg.): Sein ist im Werden. Essays zur Wirklichkeitsstruktur bei Johann Gottfried Herder anlässlich seines 250. Geburtstages. Frankfurt a.M. [u. a.] 1995, 49 – 58.

Dux, Günter: Die Zeit in der Geschichte. Ihre Entwicklungslogik vom Mythos zur Weltzeit. 2. Aufl. Frankfurt a.M. 1998.

Eckstein, Friedrich August: [Art.] Beck, Christian Daniel. In: Allgemeine Deutsche Biographie. Zweiter Band. Leipzig 1875, 210 – 212.

Ehlert, Trude (Hg.): Zeitkonzeptionen, Zeiterfahrung, Zeitmessung. Stationen ihres Wandels vom Mittelalter bis zur Moderne. Paderborn [u. a.] 1997.

Engelhardt, Dietrich von: Historisches Bewusstsein in der Naturwissenschaft. Von der Aufklärung bis zum Positivismus. Freiburg/München 1979.

Engelhardt, Wolf von: Wandlungen des Naturbildes der Geologie von der Goethezeit bis zur Gegenwart. In: Jörg *Zimmermann* (Hg.): Das Naturbild des Menschen. München 1982, 45 – 73.

Engelhardt, Wolf von: Goethe im Gespräch mit der Erde. Landschaft, Gesteine, Mineralien und Erdgeschichte in seinem Leben und Werk. Weimar 2003.

Engelhardt, Wolf von/Jörg *Zimmermann:* Theorie der Geowissenschaft. Paderborn [u. a.] 1982.

Ernst, Fritz: Johannes von Müller. In: Erwin *Jaeckle*/Eduard *Stäuble* (Hg.): Große Schweizer und Schweizerinnen. Erbe als Auftrag. Hundert Porträts. Stäfa 1990, 233 – 237.

Fabian, Johannes: Time and the Other. How Anthropology Makes Its Object. With a new foreword by Matti Bunzl. New York 2002.

Federlin, Wilhelm-Ludwig: Johannes von Müller und Herder. In: Christoph *Jamme*/Otto *Pöggeler* (Hg.): Johannes von Müller – Geschichtsschreiber der Goethezeit. Schaffhausen 1986, 235 – 263.

Fellmann, Ferdinand: Natur als Grenzbegriff der Geschichte. In: Oswald *Schwemmer* (Hg.): Über Natur. Philosophische Beiträge zum Naturverständnis. Frankfurt a.M. 1987, 75 – 89.

Ferrini, Cinzia: From Geological to Animal Nature in Hegel's Idea of Life. In: Hegel-Studien 44 (2009), 45 – 93.

Fettweis, Günter B. L.: Leibniz und der Bergbau. In: *Ders.* (Hg.): Zur Geschichte und Bedeutung von Bergbau und Bergbauwissenschaften. 21 Texte eines Professors für Bergbaukunde zur Entwicklung des Montanwesens in Europa und speziell in Österreich. Wien 2004, 194 – 243.

Fichte, Johann Gottlieb: Über die Bestimmung des Menschen. In: J.G. Fichte-Gesamtausgabe der bayrischen Akademie der Wissenschaften. Abt. I, Bd. 6: Werke 1799 – 1800. Herausgegeben von Reinhard *Lauth* und Hans *Gliwitzky* [...]. Stuttgart-Bad Cannstatt 1981, 145 – 311.

Finzsch, Norbert (Hg.): Clios Natur. Vergleichende Aspekte der Umweltgeschichte. Berlin/ Münster 2008.

Fischer-Kattner, Anke: Schleifspuren der Erdgeschichte In: *Dies.* [et al.] (Hg.): Schleifspuren. Lesarten des 18. Jahrhunderts. Festschrift für Eckhart Helmuth. München 2011, 156 – 176.

Fleischer, Dirk: Kirchenverständnis aus polizeiwissenschaftlicher Sicht. Johann Heinrich Gottlob von Justis Verständnis der Kirche. In: Albrecht *Beutel*/Volker *Leppin*/Udo *Sträter* (Hg.): Christentum im Übergang. Neue Studien zu Kirche und Religion in der Aufklärungszeit. Leipzig 2006, 71–83.

Flourens, Pierre: Des Manuscrits de Buffon. Avec des Fac-Simile de Buffon et de ses Collaborateurs. Paris 1860.

Förster, Horst (Hg.): Umweltgeschichte(n). Ostmitteleuropa von der Industrialisierung bis zum Postsozialismus. Vorträge der Tagung des Collegium Carolinum in Bad Wiessee vom 4. bis 7. November 2010. Göttingen 2013.

Förster, Wolfgang: Johann Gottfried Herder. Weltgeschichte und Humanität. In: Hans Erich *Bödeker*/Georg G. *Iggers*/Jonathan B. *Knudsen*/Hanns Peter *Reill* (Hg.): Aufklärung und Geschichte. Studien zur deutschen Geschichtswissenschaft im 18. Jahrhundert. Göttingen 1986, 363–387.

Foltz, Richard C.: Does Nature Have Historical Agency? World History, Environmental History, and How Historians Can Help Save the Planet. In: The History Teacher 37 (2003), 9–28.

Forster, Georg: Ein Blick in das Ganze der Natur. In: *Ders.*: Sämmtliche Schriften. Hg. von dessen Tochter und Georg Gottfried *Gervinus*. Vierter Band. Kleine Schriften. Erster Theil. Leipzig 1843, 307–327.

Foucault, Michel: Les mots et les choses. Une archéologie des sciences humaines. [Paris 1967].

Foucault, Michel: Wahnsinn und Gesellschaft. Eine Geschichte des Wahns im Zeitalter der Vernunft. Frankfurt a.M. [2007].

Frensdorff, Ferdinand: [Art.] Schlözer, August Ludwig. In: Allgemeine Deutsche Biographie. Bd. 31. Leipzig 1890, 567–600.

Frensdorff, Ferdinand: Über das Leben und die Schriften des Nationalökonomen J.H.G. von Justi. In: Nachrichten von der Königlichen Gesellschaft der Wissenschaften zu Göttingen 4 (1903), 355–503.

Freud, Sigmund: Eine Schwierigkeit der Psychoanalyse. In: Imago. Zeitschrift für Anwendung der Psychologie auf die Geisteswissenschaften. Bd. 5 (1917), 1–7.

Freytag, Nils: Deutsche Umweltgeschichte – Umweltgeschichte in Deutschland. Erträge und Perspektiven. In: Historische Zeitschrift 283 (2006), 383–407.

Frisch, Max: Der Mensch erscheint im Holozän. Eine Erzählung. Frankfurt a.M. 1981.

Fritscher, Bernhard: Kant und Werner. Zum Problem einer Geschichte der Natur und zum Verhältnis von Philosophie und Geologie um 1800. In: Kant-Studien 83 (1992), 417–435.

Fritscher, Bernhard: Die Entmoralisierung der Naturgewalten: Vulkane und politische Revolutionen im System der Natur. In: Franz *Eybl*/Harald *Heppner*/Alois *Kernbauer* (Hg.): Elementare Gewalt. Kulturelle Bewältigung. Aspekte der Naturkatastrophe im 18. Jahrhundert. Wien 2000, 217–237.

Fritscher, Bernhard: ‚Kritik der naturhistorischen Vernunft': Umrisse einer historischen Epistemologie der kantischen ‚Archäologie der Natur'. In: Volker *Gerhardt*/Rolf-Peter *Horstmann*/Ralph *Schumacher* (Hg.): Kant und die Berliner Aufklärung. Akten des IX. Internationalen Kant-Kongresses. Band IV: Sektionen XI-XIV. Berlin/New York 2001, 513–520.

Fritscher, Bernhard: Hegel und die Geologie um 1800. In: Olaf *Breidbach*/Dietrich von *Engelhardt* (Hg.): Hegel und die Lebenswissenschaften. Berlin 2002, 55–74.

Fritscher, Bernhard: Ein Blick ins Innere der Erde: Georg Forster als Mineraloge und Geologe. In: Georg-Forster-Studien 11 (2006), 277–299.

Fritscher, Bernhard: [Art.] Geologie. In: Enzyklopädie der Neuzeit, Bd. 4. Friede – Gutsherrschaft. Hg. von Friedrich *Jaeger*. Darmstadt 2006, 484–491.

Fritscher, Bernhard: ‚Archive der Erde'. Zur Codierung von Erdgeschichte um 1900. In: Knut *Ebeling*/Stephan *Günzel* (Hg.): Archivologie. Theorien des Archivs in Wissenschaft, Medien und Künsten. Berlin 2009, 201–219.

Frodeman, Robert: Geological Reasoning: Geology as an Interpretive and Historical Science. In: Geological Society of America Bulletin 107.8 (1995), 960–968.

Frodeman, Robert: Geo-logic. Breaking Ground between Philosophy and the Earth Sciences. Albany, NY 2003.

Frodeman, Robert/Thomas *Raab:* What is it like to be a geologist? A phenomenology of geology and its epistemological implications. In: Philosophy & Geography 5 (2002), 69–81.

Fuchs, Walther Peter: Zum hundertsten Todestag von Friedrich Christoph Schlosser. In: Ruperto-Carola. Mitteilungen der Vereinigung der Freunde der Studentenschaft der Universität Heidelberg e.V. 29 (1961), 152–155.

Fuchsloch, Norman: Die Entstehung der Geologie im 18. Jahrhundert und ihr Beitrag zur europäischen Modernisierung. In: Gisela *Engel* (Hg.): Zeitsprünge. Forschungen zur Frühen Neuzeit. Technik in der Frühen Neuzeit – Schrittmacher der europäischen Moderne. Frankfurt a.M. 2004, 467–479.

Fulda, Daniel: Wissenschaft aus Kunst. Die Entstehung der modernen deutschen Geschichtsschreibung 1760–1860. Berlin/New York 1996.

Fulda, Daniel: [Art.] Droysen, Johann Gustav. In: Helmut *Reinalter*/Peter J. *Brenner* (Hg.): Lexikon der Geisteswissenschaften. Sachbegriffe – Disziplinen – Personen. Wien/Köln/Weimar 2011, 1194–1197.

Fulda, Daniel/Friedrich *Jaeger:* [Art.] Historismus. In: Helmut *Reinalter*/Peter J. *Brenner* (Hg.): Lexikon der Geisteswissenschaften. Sachbegriffe – Disziplinen – Personen. Wien/Köln/Weimar 2011, 328–336.

Gadamer, Hans-Georg: Geschichte des Universums und Geschichtlichkeit des Menschen. In: Hans-Henrik *Krummacher* (Hg.): Geisteswissenschaften – wozu? Beispiele ihrer Gegenstände und ihrer Fragen. Eine Vortragsreihe der Johannes Gutenberg-Universität Mainz im Wintersemester 1987/88. Stuttgart/Wiesbaden 1988, 267–281.

Gärtner, Rainer W.: [Art.] Pallas, Peter Simon. In: Neue Deutsche Biographie. Bd. 20. Berlin 2001, 14–16.

Gall, Lothar: Natur und Geschichte – eine spezifische Antinomie des 20. Jahrhunderts? Heidelberger Universitätsreden Bd. 11. Ruprecht-Karls-Universität. Heidelberg 1996.

Garber, Jörn: Selbstreferenz und Objektivität: Organisationsmodelle von Menschheits- und Weltgeschichte in der deutschen Spätaufklärung. In: Hans Erich *Bödeker*/Peter Hanns *Reill*/Jürgen *Schlumbohm* (Hg.): Wissenschaft als kulturelle Praxis, 1750–1900. Göttingen 1999, 137–186.

Garber, Jörn: ‚So sind also die Hauptbestimmungen des Menschen […]': Anmerkungen zum Verhältnis von Geographie und Menschheitsgeschichte bei Georg Forster. In: *Ders.* (Hg.): Wahrnehmung, Konstruktion, Text: Bilder des Wirklichen im Werk Georg Forsters. Tübingen 2000, 193–220.

Garber, Jörn: Von der naturalistischen Menschheitsgeschichte (Georg Forster) zum gesellschaftswissenschaftlichen Positivismus (Friedrich Buchholz). In: *Ders.*/Tanja van *Hoorn* (Hg.): Natur – Mensch – Kultur. Georg Forster im Wissenschaftsfeld seiner Zeit. Hannover-Laatzen 2006, 53–78.

Gee, Henry: In Search of Deep Time. Beyond the Fossil Record to a New History of Life. New York [u. a.] 1999.

Genske, Dieter/Ernest *Hess-Lüttich:* Zeit-Zeichen in der Geologie. Über die Vorgeschichte der Geosemiotik. In: Ernest W.B. *Hess-Lüttich*/Brigitte *Schlieben-Lange* (Hg.): Signs & Time. Zeit & Zeichen. An International Conference on the Semiotics of Time in Tübingen. Tübingen 1998, 133–151.

Gerber, Doris: Was heißt ‚vergangene Zukunft'? Über die zeitliche Dimension der Geschichte und die geschichtliche Dimension der Zeit. In: Geschichte und Gesellschaft. Zeitschrift für historische Sozialwissenschaft 32 (2006), 176–2000.

[Art.] *Geschichtsphilosophie.* In: Philosophisches Wörterbuch. Begründet von Heinrich Schmidt. Neu herausgegeben von Martin *Gessmann.* Stuttgart 2009, 263–264.

Geus, Armin: Von der Naturgeschichte zur Geschichtlichkeit der Natur. In: Andreas *Grote* (Hg.): Macrocosmos in Microcosmo. Die Welt in der Stube. Zur Geschichte des Sammelns 1450 bis 1800. Opladen 1994, 733–746.

Gierl, Martin: Christoph Meiners, Geschichte der Menschheit und Göttinger Universalgeschichte. Rasse und Nation als Politisierung der deutschen Aufklärung. In: Hans Erich *Bödeker*/ Philippe *Büttgen*/Michel *Espagne* (Hg.): Die Wissenschaft vom Menschen in Göttingen um 1800. Wissenschaftliche Praktiken, institutionelle Geographie, europäische Netzwerke. Göttingen 2008, 419–433.

Gillispie, Charles Coulston: Genesis and Geology. A Study in the Relations of Scientific Thought, Natural Theology, and Social Opinion in Great Britain, 1790–1850. Cambridge 1951.

Gisi, Lucas Marco: [Rez.] Helmut Zedelmaier: Der Anfang der Geschichte. Studien zur Ursprungsdebatte im 18. Jahrhundert. Hamburg 2003. In: Cardanus. Jahrbuch für Wissenschaftsgeschichte 5 (2006), 108–113.

Gisi, Lucas Marco: Einbildungskraft und Mythologie. Die Verschränkung von Anthropologie und Geschichte im 18. Jahrhundert. Berlin/New York 2007.

Gisi, Lucas Marco: Die Parallelisierung von Ontogenese und Phylogenese als Basis einer ‚anthropologischen Historie' im 18. Jahrhundert. In: Thomas *Bach*/Mario *Marino* (Hg.): Naturforschung und menschliche Geschichte. Heidelberg 2011, 41–59.

Gisi, Lucas Marco: [Rez.] Sommer, Andreas Urs: Sinnstiftung durch Geschichte? Zur Entstehung spekulativ-universalistischer Geschichtsphilosophie zwischen Bayle und Kant. In: Cardanus 8 (2012), 96–100.

Gloy, Karen: Zeit. Eine Morphologie. Freiburg im Breisgau/München 2006.

Gölter, Georg: Die Geschichtsauffassung Friedrich Christoph Schlossers. München 1966.

Görres, Joseph von: Resultate meiner Sendung nach Paris im Brumaire des achten Jahres. Koblenz 1800. In: *Ders.:* Gesammelte Schriften. Herausgegeben von Marie *Görres.* Erste Abtheilung. Politische Schriften. Erster Band. München 1854, 25–112.

Goertz, Hans-Jürgen: Umgang mit Geschichte. Eine Einführung in die Geschichtstheorie. Reinbek bei Hamburg 1995.

Goethe, Johann Wolfgang: Schriften zur Morphologie. In: Johann Wolfgang von *Goethe:* Sämtliche Werke. Briefe, Tagebücher und Gespräche. 40. Bde. Bd. 24. Hg. von Hendrik *Birus* [et al.]. I. Abt. Hg. von Dorothea *Kuhn*. Frankfurt a.M. 1987.

Goethe, Johann Wolfgang: Die letzten Jahre. Briefe, Tagebücher und Gespräche von 1823 bis zu Goethes Tod. Teil II: Vom Dornburger Aufenthalt 1828 bis zum Tode. Hg. von Horst *Fleig*. In: Johann Wolfgang *Goethe:* Sämtliche Werke. Briefe, Tagebücher und Gespräche. 40 Bde. Bd. 38: II. Abt. Briefe, Tagebücher und Gespräche. Hg. von Karl *Eibl* [et al.]. Bd. 11. Frankfurt a.M. 1993.

Goethe, Johann Wolfgang: Sämtliche Werke. Briefe, Tagebücher und Gespräche. 40 Bände. Bd. 29: II. Abteilung. Bd. 2. Das erste Weimarer Jahrzehnt. Briefe, Tagebücher und Gespräche vom 7. Nov. 1775 bis 2. Sept. 1786. Hg. von Hartmut *Reinhardt*. Frankfurt a.M. 1997.

Gohau, Gabriel: A History of Geology. Revised and translated from the French by Albert V. Carozzi and Marguerite Carozzi. New Brunswick/London 1990.

Gohau, Gabriel: Les sciences de la terre aux XVIIe et XVIIIe siècles. Naissance de la géologie. Paris 1990.

Gohau, Gabriel: Naissance de la géologie historique. La terre, des ‚théories' à l'histoire. Paris 2003.

Gohau, Gabriel/Martin *Rudwick*/Simon *Schaffer*/James *Secord:* Review Symposium. The Geohistorical Revolution. In: Metascience 16 (2007), 359–395.

Golinski, Jan: Making Natural Knowledge. Constructivism and the History of Science. Cambridge 1998.

Goodbody, Axel: Nature, Technology and Cultural Change in Twentieth-Century German Literature. The Challenge of Ecocriticism. Basingstoke [u. a.] 2007.

Gottlob, Michael: Geschichtsschreibung zwischen Aufklärung und Historismus. Johannes von Müller und Friedrich Christoph Schlosser. Frankfurt a.M. [u. a.] 1989.

Gottlob, Michael: Friedrich Christoph Schlosser (1776–1861). Weltgeschichte für das deutsche Volk. In: Volker *Reinhardt* (Hg.): Hauptwerke der Geschichtsschreibung. Stuttgart 1997, 574–577.

Gottlob, Michael: [Art.] *Schlosser*, Friedrich Christoph. In: Neue deutsche Biographie. Bd. 23. Berlin 2007, 104.

Gottschalk, Jürgen: Leibniz und Friedrich Heyn: Bergbautechnologische Überlegungen im Jahre 1687 – Teil B: Die technischen Einzelheiten. In: Leibniz. Tradition und Aktualität. V. Internationaler Leibniz-Kongreß [...]. Bd. 1. Hannover 1988, 652–660.

Gottschalk, Jürgen: Der Oberharzer Bergbau und Leibniz' Tätigkeit für Verbesserungen. In: Herbert *Breger*/Friedrich *Niewöhner* (Hg.): Leibniz und Niedersachsen. Tagung anlässlich des 350. Geburtstages von G.W. Leibniz Wolfenbüttel 1996. Stuttgart 1999, 173–186.

Gottschalk, Jürgen: Leibniz' bergbautechnische Verbesserungsvorschläge. Zweite Tätigkeitsperiode für den Oberharzer Bergbau 1693 bis 1696. In: Hans *Poser* (Hg.): Nihil Sine Ratione. VII. Internationaler Leibniz-Kongreß. Mensch, Natur und Technik im Wirken von G.W. Leibniz. Vorträge 1. Teil. Berlin-Mitte [2001], 418–425.

Gould, Stephen Jay: Time's Arrow Time's Cycle. Myth and Metaphor in the Discovery of Geological Time. Cambridge, Mass./London 1987.

Gould, Stephen Jay: Die Entdeckung der Tiefenzeit. Zeitpfeil oder Zeitzyklus in der Geschichte unserer Erde. München 1992.

Graf, Friedrich Wilhelm: Einleitung. In: Ernst *Troeltsch:* Der Historismus und seine Probleme. Erstes Buch: Das logische Problem der Geschichtsphilosophie (1922). Bd.1. Hg. von Friedrich Wilhelm *Graf* in Zusammenarbeit mit Matthias *Schloßberger.* In: Ernst *Troeltsch:* Kritische Gesamtausgabe. Bd. 16.1. Hg. von Friedrich Wilhelm *Graf* [et al.]. Berlin/New York 2008, 1–82.

Graf, Friedrich Wilhelm: Vorwort. In: Ernst *Troeltsch:* Der Historismus und seine Probleme. Erstes Buch: Das logische Problem der Geschichtsphilosophie (1922). Bd.1. Hg. von Friedrich Wilhelm *Graf* in Zusammenarbeit mit Matthias *Schloßberger.* In: Ernst *Troeltsch:* Kritische Gesamtausgabe. Bd. 16.1. Hg. von Friedrich Wilhelm *Graf* [et al.]. Berlin/New York 2008, v-viii.

Graf, Rüdiger: Zeit und Zeitkonzeption. In: Frank *Bösch*/Jürgen *Danyel* (Hg.): Zeitgeschichte. Konzepte und Methoden. Göttingen 2012.

Greene, Mott T.: Genesis and Geology Revisited: The Order of Nature and the Nature of Order in Nineteenth-Century Britain. In: David C. *Lindberg*/Ronald L. *Numbers* (Hg.): When Science and Christianity Meet. Chicago/London 2003, 139–150 und 302–304.

Greene, Mott T.: [Rez.] Martin J. Rudwick, Bursting the Limits of Time. The Reconstruction of Geohistory in the Age of Revolution, 2005. In: Journal of the History of Biology 41 (2008), 391–394.

Greene, Mott T.: [Art.] Geology. In: Peter J. *Bowler*/John V. *Pickstone* (Hg.): The Cambridge History of Science. Vol. 6: The Modern Biological and Earth Sciences. Cambridge [u. a.] 2009, 167–184.

Gribbin, John: The Birth of Time. How We Measured the Age of the Universe. London 1999.

Griewank, Karl: Der neuzeitliche Revolutionsbegriff. Entstehung und Entwicklung. Aus dem Nachlaß herausgegeben von Ingeborg *Horn-Staiger.* Mit einem Nachwort von Hermann Heimpel. 2. erw. Aufl. Frankfurt a.M. 1969.

Groh, Dieter/Ruth *Groh:* Vize-Glück im Unglück? Zur Entstehung und Funktion der Kompensationstheorie. In: Merkur. Deutsche Zeitschrift für europäisches Denken 44 (1990), 1054–1066.

Groh, Dieter/Ruth *Groh:* Zum Wandel der Denkmuster im geologischen Diskurs des 18. Jahrhunderts. In: Zeitschrift für historische Forschung 24 (1997), 575–605.

Groh, Dieter/Michael *Kempe*/Franz *Mauelshagen:* Einleitung. Naturkatastrophen – wahrgenommen, gedeutet, dargestellt. In: *Dies.* (Hg.): Naturkatastrophen. Beiträge zu ihrer Deutung, Wahrnehmung und Darstellung in Text und Bild von der Antike bis ins 20. Jahrhundert. Tübingen 2003, 11–33.

Großklaus, Götz: Einleitung. In: *Ders.*/Ernst *Oldemeyer* (Hg.): Natur als Gegenwelt. Beiträge zur Kulturgeschichte der Natur. Karlsruhe 1983, 8–12.

Großklaus, Götz/Ernst *Oldemeyer* (Hg.): Natur als Gegenwelt. Beiträge zur Kulturgeschichte der Natur. Karlsruhe 1983.

Gümbel, Wilhelm von: [Art.] Ballenstedt, Johann Georg Justus. In: Allgemeine Deutsche Biographie. Bd. 2. Leipzig 1875, 22.

Gümbel, Wilhelm von: [Art.] Füchsel, Georg Christian. In: Allgemeine deutsche Biographie. Bd. 8. Leipzig 1878, 175.

Gümbel, Wilhelm von: [Art.] Herder, Siegmund August Wolfgang Freiherr von. In: Allgemeine Deutsche Biographie. Bd. 12. Leipzig 1880, 100–101.

Günther, Felix: Die Wissenschaft vom Menschen. Ein Beitrag zum deutschen Geistesleben im Zeitalter des Rationalismus mit besonderer Rücksicht auf die Entwickelung der deutschen Geschichtsphilosophie im 18. Jahrhundert. Gotha 1907.

Günzel, Stephan: Nietzsches Geophilosophie und die ‚gemäßigte Zone' im Denken des Abendlandes. In: Dialektik 2000/1, 17 – 34.

Günzel, Stephan: Geographie bei Herder und Nietzsche. Eine geophilosophische Detailstudie. In: Benno *Werlen*/Roland *Lippuner* (Hg.): Texte zur Theorie der Sozialgeographie 1. Jena 2002, 24 – 44.

Günzel, Stephan: ‚Unterirdische' Radikalaufklärung von Kant zu Nietzsche. Ein Beitrag zur philosophischen Archäologie und ihrer Epistemologie. In: Renate *Reschke* (Hg.): Nietzsche. Radikalaufklärer oder radikaler Gegenaufklärer? Internationale Tagung der Nietzsche-Gesellschaft in Zusammenarbeit mit der Kant-Forschungsstelle Mainz und der Stiftung Weimarer Klassik und Kunstsammlungen vom 15.–17. Mai 2003 in Weimar. Berlin 2004, 287 – 296.

Günzel, Stephan: Naturgeschichte als Vorbild und Herausforderung. Grundlagen historiographischer Modellbildung bei Kant und Nietzsche. In: Beatrix *Himmelmann* (Hg.): Kant und Nietzsche im Widerstreit. Internationale Konferenz der Nietzsche-Gesellschaft in Zusammenarbeit mit der Kant-Gesellschaft. Naumburg an der Saale, 26.–29. August 2004. Berlin/New York 2005, 260 – 274.

Günzel, Stephan: Nietzsche und die Geologie. In: Nikolaus *Gerdes*/Beatrix *Vogel* (Hg.): Grenzen der Rationalität: Vorträge 2006 – 2009 des Nietzsche Forums München. Regensburg 2010, 13 – 39.

Gugitz, Gustav: [Art.] Born, Ignaz Edler von. In: Neue Deutsche Biographie. Bd. 2. Berlin 1955, 466 – 467.

Guntau, Martin: Die Genesis der Geologie als Wissenschaft. Studie zu den kognitiven Prozessen und gesellschaftlichen Bedingungen bei der Herausbildung der Geologie als naturwissenschaftliche Disziplin an der Wende vom 18. zum 19. Jahrhundert. Berlin 1984.

Guntau, Martin: Die Geologie im geistig-kulturellen Leben der bürgerlichen Gesellschaft in Deutschland an der Wende vom 18. zum 19. Jahrhundert. In: Peter *Richter* (Hg.): Die Wissenschaft in der bürgerlichen Kultur Deutschlands an der Wende vom 18. zum 19. Jahrhundert: 1. Greifswalder Wissenschaftshistorisches Symposium, 27.–29. Oktober 1987. Greifswald 1990, 110 – 117.

Guntau, Martin: Vom Wert der Geologiegeschichte und ihren Quellen in der Gegenwart. In: Berichte der Geologischen Bundesanstalt 35 (1996), 151 – 156.

Guntau, Martin: Zu den Beziehungen von Naturgesetz und Historizität in der Geschichte des geologischen Denkens. In: Gerhard *Banse*/Siegfried *Wollgast* (Hg.): Philosophie und Wissenschaft in Vergangenheit und Gegenwart. Berlin 2003, 153 – 162.

Haar, Karl-Heinz: Die Bibliothek des Heidelberger Historikers Friedrich Christoph Schlosser (1778 – 1861). Entstehung, Inhalt und Geschichte einer Gelehrtenbibliothek. In: Bibliothek und Wissenschaft 8 (1972), 1 – 92.

Haberkorn, Michaela: Die Geologie und die Entdeckung der Tiefenzeit in der schönen Literatur um 1800. In: Helmuth *Albrecht*/Roland *Ladwig* (Hg.): Abraham Gottlob Werner und die Begründung der Geowissenschaften. Ausgewählte Vorträge des Internationalen Werner-Symposiums vom 19. bis 24. September 1999 in Freiberg. Freiberg 2002, 87 – 96.

Haberkorn, Michaela: Naturhistoriker und Zeitenseher. Geologie und Poesie um 1800. Der Kreis um Abraham Gottlob Werner (Goethe, A. v. Humboldt, Novalis, Steffens, G. H. Schubert). Frankfurt [u. a.] 2004.

Haberkorn, Michaela: [Art.] Geologie. In: Stephan *Günzel* (Hg.): Raum. Ein interdisziplinäres Handbuch. Stuttgart/Weimar 2010, 34 – 44.

Haberkorn, Michaela: [Art.] Tiefenzeit. In: Stephan *Günzel* (Hg.): Lexikon der Raumphilosophie. Darmstadt 2012, 409 – 410.

Haeusler, Martin: Das Ende der Geschichte in der mittelalterlichen Weltchronistik. Köln/Wien 1980.

Häusler, Wolfgang: Die geognostische Landesaufnahme Niederösterreichs durch Paul Maria Partsch (1791 – 1856) und ihre Bedeutung für die Entwicklung der Erdwissenschaften. In: Jahrbuch für Landeskunde von Niederösterreich. Neue Folge 62 (1996), 465 – 506.

Hameter, Wolfgang/Meta *Niederkorn-Bruck*/Martin *Scheutz* (Hg.): Ideologisierte Zeit. Kalender und Zeitvorstellungen im Abendland von der Antike bis zur Neuzeit. Innsbruck [u. a.] 2005.

Hammermayer, Ludwig: Das Erzstift Salzburg, ein Zentrum der Spätaufklärung im katholischen Deutschland (ca. 1780 – 1803). In: Harm *Klueting* (Hg.): Katholische Aufklärung – Aufklärung im katholischen Deutschland. Hamburg 1993, 346 – 368.

Harbsmeier, Michael: World Histories Before Domestication. The Writing of Universal Histories, Histories of Mankind and World Histories in Late Eighteenth Century Germany. In: Culture and History 5 (1989), 93 – 131.

Hardtwig, Wolfgang: Die Verwissenschaftlichung der Geschichtsschreibung zwischen Aufklärung und Historismus. In: *Ders.* (Hg.): Geschichtskultur und Wissenschaft. München 1990, 58 – 91.

Hardtwig, Wolfgang: Geschichtsreligion – Wissenschaft als Arbeit – Objektivität. Der Historismus in neuer Sicht. In: Historische Zeitschrift 252 (1991), 1 – 32.

Hardtwig, Wolfgang/Philipp *Müller:* Einleitung. Universalgeschichtliches Denken am Wissenschaftsstandort Berlin 1800 – 1933. In: *Dies.* (Hg.): Die Vergangenheit der Weltgeschichte. Universalhistorisches Denken in Berlin 1800 – 1933. Göttingen 2010, 9 – 28.

Hardtwig, Wolfgang/ Philipp *Müller* (Hg.): Die Vergangenheit der Weltgeschichte. Universalhistorisches Denken in Berlin 1800 – 1933. Göttingen 2010.

Harting, Pieter: Die Macht des Kleinen sichtbar in der Bildung der Rinde unseres Erdballs oder Übersicht der Gestaltung, der geographischen und geologischen Verbreitung der Polypen, Foraminiferen und kieselschaligen Bacillarien. Aus dem Holländischen übersetzt von Dr. A. Schwarzkopf, mit einem Vorworte von M.J. Schleiden. Leipzig 1851.

Hauff, Hermann: Geologische Briefe. In: *Ders.* (Hg.): Vermischte Schriften. Bd. 2. Skizzen aus dem Leben und der Natur. Stuttgart/Tübingen 1840, 405 – 499.

Heberer, Gerhard: Die Herkunft der Menschheit. In: Alfred *Heuß*/Golo *Mann* (Hg.): Propyläen Weltgeschichte. Eine Universalgeschichte. Bd. 1. Berlin/Frankfurt/Wien 1961, 87 – 153.

Hegel, Georg Wilhelm Friedrich: Enzyklopädie der philosophischen Wissenschaften im Grundrisse: 1830. Zweiter Teil. Die Naturphilosophie. Mit den mündlichen Zusätzen. In: *Ders.:* Werke in 20 Bänden. Bd. 9. Auf der Grundlage der Werke von 1832 – 1845 neu ed. von Eva *Moldenhauer* und Karl Markus *Michl.* Frankfurt a.M. 1986.

Hegel, Georg Wilhelm Friedrich: Frühe Schriften I. In: *Ders.:* Gesammelte Werke. In Verbindung mit der Deutschen Forschungsgemeinschaft hg. von der rheinisch-westfälischen

Akademie der Wissenschaften. Bd. 1. Hg. von Friedhelm *Nicolin* und Gisela *Schüler*. Hamburg 1989.

Heimpel, Hermann: Geschichtsvereine einst und jetzt. Vortrag gehalten am Tag der 70. Wiederkehr der Gründung des Geschichtsvereins für Göttingen und Umgebung (19. November 1962). Göttingen 1963.

Heimsoeth, Heinz: Zur Anthropologie Friedrich Nietzsches. In: Blätter für Deutsche Philosophie 17 (1943/44), 205–239.

Heinse, Wilhelm: Brief an Gleim vom 1. September 1780. In: *Ders.*: Sämmtliche Werke. Bd. 10: Briefe. Zweiter Band. Von der italiänischen Reise bis zum Tode. Hg. von Karl *Schüddekopf*. Leipzig 1910.

Heinz, Jutta: Wissen vom Menschen und Erzählen vom Einzelfall. Untersuchungen zum anthropologischen Roman der Spätaufklärung. Berlin/New York 1996.

Herneck, Friedrich: Der Beitrag der geologisch-paläontologischen Wissenschaften zum Weltbild des 19. Jahrhunderts. In: Berichte der Geologischen Gesellschaft in der Deutschen Demokratischen Republik für das Gesamtgebiet der geologischen Wissenschaften 9 (1964), 57–73.

Herwig, Wolfgang (Hg.): Goethes Gespräche. Eine Sammlung zeitgenössischer Berichte aus seinem Umgang [...]. Bd. 2: 1815–1817. Zürich und Stuttgart 1969.

Herzog, Markwart (Hg.): Der Streit um die Zeit. Zeitmessung, Kalenderreform, Gegenzeit, Endzeit. Stuttgart 2002.

Heuvel, Gerd van den: Landesgeschichte als ‚Big History'. Zum Geschichtsbegriff vom Gottfried Wilhelm Leibniz. In: *Präsident des Niedersächsischen Landtages* (Hg.): Landesgeschichte im Landtag. Hannover 2007, 317–321.

Heuß, Alfred: Einleitung. In: Alfred *Heuß*/Golo *Mann* (Hg.): Propyläen Weltgeschichte. Eine Universalgeschichte. Bd. 1. Berlin/Frankfurt/Wien 1961, 11–32.

Heuß, Alfred: Zur Theorie der Weltgeschichte. Berlin 1968.

Hock, Sabine: [Art.] Schlosser, Friedrich Christoph. In: Frankfurter Biographie. Personengeschichtliches Lexikon. Hg. von Wolfgang *Klötzer*. Bearb. von Reinhard *Frost* und Sabine *Hock*. Bd. 2. Frankfurt a.M. 1996, 295–296.

Hölder, Helmut: Kurze Geschichte der Geologie und Paläontologie. Ein Lesebuch. Berlin [u.a.] 1989.

Hölder, Helmut: Naturwissenschaft und Gottesglaube. In: Freies Christentum 47 (1995), 72–79.

Hölscher, Lucian: Die Entdeckung der Zukunft. 2. Aufl. Göttingen [2016].

Hörburger, Franz: Vierthaler, der Reformator der Lehrerbildung in der Pädagogik seiner Zeit. In: Matthias *Laireiter* (Hg.): Franz Michael Vierthaler. Festschrift zum 200. Geburtstag am 25. September 1958. Salzburg 1985, 36–43.

Hörz, Herbert: Philosophische Aspekte der Geowissenschaften. In: Fabian *Eginhard*/Martin *Guntau*/Manfred *Störr* (Hg.): Philosophie und Geologie. Beiträge zum III. DDR-UdSSR-Symposium zur Geschichte der Geologischen Wissenschaften ‚Entwicklungsgeschichte von philosophisch-methodologischen Ideen in den Geowissenschaften', 25.–27. Oktober 1983 in Greifswald. Berlin 1985, 33–44.

Hörz, Herbert: [Art.] Zeit. In: Enzyklopädie Philosophie. Bd. 2: O – Z. Hg. von Hans Jörg *Sandkühler*. Hamburg 1999, 1803–1806.

Hörz, Herbert: Zeit in Philosophie und Geologie. In: Zeitschrift für geologische Wissenschaften 27 (1999), 25–31.

Hofbauer, Gottfried: Die Funktion geowissenschaftlicher Themen in der deutschen Aufklärung. In: Zeitschrift für geologische Wissenschaften 21 (1993), 531–544.

Hofbauer, Gottfried: Geognosie: Von Füchsels reflektierter Spekulation zu Werners voreingenommener Wahrnehmung. In: Freiberger Forschungshefte. D [Kultur u. Technik] 207 (2003), 164–176.

Hoff, Karl Ernst Adolf von: Geschichte der durch Überlieferung nachgewiesenen natürlichen Veränderungen der Erdoberfläche [...]. 1. Theil [...]. Gotha 1822.

Hoffmann, Arnd: Zufall und Kontingenz in der Geschichtstheorie. Mit zwei Studien zu Theorie und Praxis der Sozialgeschichte. Frankfurt a.M. 2005.

Hofmann, Hanns Hubert: [Art.] Schlosser, Friedrich Christoph. In: Biographisches Wörterbuch zur deutschen Geschichte. Begründet von Hellmuth Rössler und Günther Franz. 2. neubearb. und erw. Aufl. Bearbeitet von Karl *Bosl*, Günther *Franz* und Hanns Hubert *Hofmann*. Bd. 3. München 1975, 2511–2512.

Holbach, Paul Henri Thiry d': Système de la nature: Ou des loix du monde physique & du monde moral. Réimpr. de l'éd. de Londres, 1770. Genève 1973.

Holbach, Paul Henri Thiry d': System der Natur oder von den Gesetzen der physischen und der moralischen Welt. Frankfurt a.M. 1978.

Holz, Hans Heinz: Leibniz. Stuttgart 1958.

Hoorn, Tanja van: Dem Leibe abgelesen. Georg Forster im Kontext der physischen Anthropologie des 18. Jahrhunderts. Tübingen 2004.

Hooykaas, Reijer: Der Aktualismus in Natur und Geschichte. In: Gesnerus 22 (1965), 1–16.

Hooykaas, Reijer: Natuur en Geschiedenis. In: Medelingen der Koninklijke Nederlandse Akademie van Wetenschappen, AFD. Letterkunde 29 (1966), 377–447.

Horatius Flaccus, Q.: Oden und Epoden. Lateinisch und deutsch. Übersetzt von Christian Friedrich Karl Herzlieb und Johann Peter Uz. Eingeleitet und bearbeitet von Walther Killy und Ernst A. Schmidt. Zürich/München 1981.

Horn, Eva/Peter *Schnyder* (Hg.): Romantische Klimatologie: Zeitschrift für Kulturwissenschaften, Heft 1/2016 (2016).

Horstmann, Ulrich: Das Untier. Konturen einer Philosophie der Menschenflucht. Wien/Berlin 1983.

Howald, Stefan (Hg.): „In kleinen Staaten ersterben große Gedanken aus Mangel großer Leidenschaften". Begegnungen mit Johannes von Müller. Ein Lesebuch. Göttingen 2003.

Huber, Kurt: Leibniz. Der Philosoph der universalen Harmonie. Hamburg 2014.

Hübinger, Gangolf: Geschichte als leitende Orientierungswissenschaft im 19. Jahrhundert. In: Berichte zur Wissenschaftsgeschichte 11 (1988), 149–158.

Hübner, Kurt/Albert *Menne* (Hg.): Natur und Geschichte. X. Deutscher Kongress für Philosophie. Kiel 8.–12. Oktober 1972. Hamburg 1973.

Hübner, Rudolf: Vorwort des Herausgebers. In: Johann Gustav *Droysen:* Historik. Vorlesungen über Enzyklopädie und Methodologie der Geschichte. Hg. von Rudolf *Hübner.* 4., unveränd. Aufl. Darmstadt 1960, ix-xxi.

Hübscher, Arthur: Um Schopenhauers Farbenlehre. Ein Brief und ein Bericht. In: Jahrbuch der Schopenhauer Gesellschaft 31 (1944), 83–90.

Hülstett, Karl Anton (Hg.): Sammlung ausgewählter Stücke aus den Werken deutscher Prosaiker und Dichter, zum Erklären und mündlichen Vortragen für die unteren und mittleren Klassen von Gymnasien. Zweiter Theil, zweite Abtheilung. Düsseldorf 1831.

Hünermann, Peter: Der Durchbruch geschichtlichen Denkens im 19. Jahrhundert. Johann Gustav Droysen, Wilhelm Dilthey, Graf Paul Yorck von Wartenburg. Ihr Weg und ihre Weisung für die Theologie. Freiburg/Basel/Wien 1967.

Hull, Isabel: [Art.] Justi, Johann Heinrich Gottlob (1717–1771). In: Alan Charles *Kors* (Hg.): Encyclopedia of the Enlightenment. Vol. 2: Enthusiasm – Lyceums and Museums. Oxford 2003, 324–324.

Humboldt, Alexander von: Kosmos. Entwurf einer physischen Weltbeschreibung. Teilbd. 2. Hg. und kommentiert von Hanno *Beck*. In: Darmstädter Ausgabe. 7 Bde. Hg. von Hanno *Beck*. Bd. VII,2. 2., durchges. Aufl. Darmstadt 2008.

Humboldt, Wilhelm von: Über den Geschlechtsunterschied und dessen Einfluss auf die organische Natur. In: Wilhelm von Humboldts Gesammelte Schriften. Hg. von der Königlich Preussischen Akademie der Wissenschaften. Bd. I: 1785–1795. Hg. von Albert *Leitzmann*. Berlin 1903, 311–334.

Hurtel, Johann Michael: Grundriß der Auffsatzlehre. Ein theoretisch-praktisches Handbuch zum öffentlichen und zum Privat-Unterrichte. Zweite, verbesserte Auflage. Wien 1841.

Huttner, Markus: Disziplinentwicklung und Professorenberufung. Das Fach Geschichte an der Universität Leipzig im 19. Jahrhundert. In: Neues Archiv für sächsische Geschichte 71 (2000), 171–238.

Hutton, James: Theory of the earth; or an investigation of the laws observable in the composition, dissolution, and restoration of land upon the globe. In: Transactions of the Royal Society of Edinburg 1 (1788), 209–304.

Inama-Sternegg, Karl Theodor von: [Art.] Justi, Johann Heinrich Gottlob von. In: Allgemeine Deutsche Biographie. Bd. 14. Leipzig 1881, 747–753.

Inkpen, Rob: The Philosophy of Geology. In: Aviezer *Tucker* (Hg.): A Companion to the Philosophy of History and Historiography. Oxford [u. a.] 2009, 318–329.

Jackelén, Antje: Cosmology and Theology. A History of Interaction. In: James W. *Haag*/Gregory R. *Peterson*/Michael *Spezio* (Hg.): The Routledge Companion to Religion and Science. London/New York 2014, 135–144.

Jaeger, Friedrich/Jörn *Rüsen:* Geschichte des Historismus. Eine Einführung. München 1992.

Jännicke, Friedrich: [Art.] Sömmerring, Samuel Thomas. In: Allgemeine Deutsche Biographie. Bd. 34. Leipzig 1892, 610–615.

Jakubowski-Tiessen, Manfred/Hartmut *Lehmann*/Johannes *Schilling*/Reinhart *Staats:* Jahrhundertwenden. Endzeit- und Zukunftsvorstellungen vom 15. bis zum 20. Jahrhundert. Göttingen 1999.

Jamme, Christoph/Otto *Pöggeler* (Hg.): Johannes von Müller – Geschichtsschreiber der Goethezeit. Schaffhausen 1986.

Jordan, Stefan: Geschichtstheorie in der ersten Hälfte des 19. Jahrhunderts. Die Schwellenzeit zwischen Pragmatismus und Klassischem Historismus. Frankfurt/New York 1998.

Kablitz, Andreas/Wulf *Oesterreicher*/Rainer *Warning* (Hg.): Zeit und Text. Philosophische, kulturanthropologische, literarhistorische und linguistische Beiträge. München 2003.

Kaltenbrunner, Gerd-Klaus: Hegel heute. In: *Ders.* (Hg.): Hegel und die Folgen. Freiburg i.Br. 1970, 9–15.

Kant, Immanuel: Allgemeine Naturgeschichte und Theorie des Himmels [...]. In: Kant's gesammelte Schriften. Hg. von der Königlich Preußischen Akademie der Wissenschaften. Abt. I, Bd. 1. Berlin 1910, 215–368.

Kant, Immanuel: Fortgesetzte Betrachtung der seit einiger Zeit wahrgenommenen Erderschütterungen. In: Kant's gesammelte Schriften. Hg. von der Königlich Preußischen Akademie der Wissenschaften. Abt. I, Bd. 1. Berlin 1910, 463–472.

Kant, Immanuel: Geschichte und Naturbeschreibung der merkwürdigen Vorfälle des Erdbebens, welches an dem Ende des 1755sten Jahres einen großen Teil der Erde erschüttert hat. In: Kant's gesammelte Schriften. Hg. von der Königlich Preußischen Akademie der Wissenschaften. Abt. I, Bd. 1. Berlin 1910, 429–461.

Kant, Immanuel: Von den Ursachen der Erderschütterungen bei Gelegenheit des Unglücks, welches die westliche [sic!] Länder von Europa gegen das Ende des vorigen Jahres betroffen hat. In: Kant's gesammelte Schriften. Hg. von der Königlich Preußischen Akademie der Wissenschaften. Abt. I, Bd. 1. Berlin 1910, 417–427.

Kant, Immanuel: Recensionen von J.G. Herders Ideen zur Philosophie der Geschichte der Menschheit. Theil 1. 2. In: Kant's gesammelte Schriften. Hg. von der Königlich Preußischen Akademie der Wissenschaften. Abt. I, Bd. 8. Berlin 1912, 43–66.

Kaschuba, Wolfgang: Die Überwindung der Distanz. Zeit und Raum in der europäischen Moderne. Frankfurt a.M. 2004.

Kaulbach, Friedrich: Nietzsches Interpretation der Natur. In: Nietzsche-Studien 10/11 (1982), 442–481.

Keményfi, Róbert: Die geologische Karte als politisches Instrument im Dienst der Nation. In: Peter *Haslinger*/Vadim *Oswalt* (Hg.): Kampf der Karten. Propaganda- und Geschichtskarten als politische Instrumente und Identitätstexte. Marburg 2012, 216–227.

Kempe, Michael: Wissenschaft, Theologie, Aufklärung. Johann Jakob Scheuchzer (1672–1733) und die Sintfluttheorie. Epfendorf 2003.

Kempe, Michael: [Art.] Erdgeschichte. In: Enzyklopädie der Neuzeit Bd. 3: Dynastie-Freundschaftslinien. Hg. von Friedrich *Jaeger*. Stuttgart 2006, 428–431.

Kempe, Michael: [Rez.] Gottfried Wilhelm Leibniz, Protogaea. Translated & Edited by Claudine Cohen & Andre Wakefield. Chicago, London [...] 2008 [...]. In: Berichte zur Wissenschaftsgeschichte 31 (2008), 407–408.

Kempe, Michael: In 80 Texten um die Welt. Globale Geopolitik bei G. W. Leibniz. In: Friedrich *Beiderbeck*/Irene *Dingel*/Wenchao *Li* (Hg.): Umwelt und Weltgestaltung. Leibniz' politisches Denken in seiner Zeit. Göttingen 2015, 255–273.

Keppler, Erhard: Zeitliches. Vom Umgang mit Zeit seit der Antike. Eine Kulturgeschichte des Zeitbegriffs. 3. Aufl. Halle 2008.

Kern, Stephen: The Culture of Time and Space 1880–1918. London 1983.

Kinnebrock, Werner: Was macht die Zeit, wenn sie vergeht? Wie die Wissenschaft die Zeit erklärt. München 2012.

Kirov, Jani: Eine andere Geschichte der Zeit. In: Rechtsgeschichte 11 (2007), 12–15.

Kittsteiner, Heinz D.: Über das Verhältnis von Lebenszeit und Geschichtszeit. In: Dietmar *Kamper*/Christoph *Wulf* (Hg.): Die sterbende Zeit. Zwanzig Diagnosen. Darmstadt/Neuwied 1987, 72–82.

Kittsteiner, Heinz D.: Geschichtsphilosophie und politische Ökonomie. Zur Konstruktion der historischen Zeit bei Karl Marx. In: *Ders.* (Hg.): Listen der Vernunft. Motive geschichtsphilosophischen Denkens. Frankfurt a.M. 1998, 110–131.

Kittsteiner, Heinz D.: Einheit im Pluralismus: Wie kann Geschichtstheorie widersprüchliche Zeitvorstellungen verbinden? In: Evelyn *Schulz*/Wolfgang *Sonne* (Hg.): Kontinuität und Wandel. Geschichtsbilder in verschiedenen Fächern und Kulturen. Zürich 1999, 41–87.

Kittsteiner, Heinz D.: [Art.] Geschichtsphilosophie. In: Lexikon Geschichtswissenschaft. Hundert Grundbegriffe. Hg. von Stefan *Jordan*. Stuttgart 2002, 116–120.

Klempt, Adalbert: Die Säkularisierung der universalhistorischen Auffassung. Zum Wandel des Geschichtsdenkens im 16. und 17. Jahrhundert. Göttingen 1960.

Knape, Joachim: Die Problematik unseres Geschichtsbegriffs fürs Mittelalter. In: Germanisch-romanische Monatsschrift. N.F. 38 (1988), 15–34.

Koch, Rolf Albert: Der humanistisch-fortschrittliche Ideengehalt im Lebenswerk des Kameralisten und Berghauptmanns Johann Heinrich Gottlob von Justi. In: Zeitschrift für geologische Wissenschaften 8 (1980), 181–188.

Köchl, Karl: Franz Michael Vierthaler. Ein Lebensbild. In: Matthias *Laireiter* (Hg.): Franz Michael Vierthaler. Festschrift zum 200. Geburtstag am 25. September 1958. Salzburg 1958, 11–18.

Kölbl-Ebert, Martina: Geology and Religion: A Historical Perspective on Current Problems. In: *Dies.* (Hg.): Geology and Religion: A History of Harmony and Hostility. London 2009, 1–6.

Kölbl-Ebert, Martina (Hg.): Geology and Religion. A History of Harmony and Hostility. London 2009.

Kohlstrunk, Irene: Logik und Historie in Droysens Geschichtstheorie. Eine Analyse von Genese und Konstitutionsprinzipien seiner Historik. Wiesbaden 1980.

Koschorke, Albrecht: Hegel und wir. Frankfurter Adorno-Vorlesungen 2013. Berlin 2015.

Koselleck, Reinhart: [Art.] Fortschritt. In: Otto *Brunner*/Werner *Conze*/Reinhart *Koselleck* (Hg.): Geschichtliche Grundbegriffe. Historisches Lexikon zur politisch-sozialen Sprache in Deutschland. Bd. 2. Stuttgart 1975, 351–423.

Koselleck, Reinhart: ‚Erfahrungsraum' und ‚Erwartungshorizont' – zwei historische Kategorien. In: *Ders.* (Hg.): Vergangene Zukunft. Zur Semantik geschichtlicher Zeiten. Frankfurt a.M. 1979, 349–375.

Koselleck, Reinhart: Historia Magistra Vitae. Über die Auflösung des Topos im Horizont neuzeitlich bewegter Geschichte. In: *Ders.* (Hg.): Vergangene Zukunft. Zur Semantik geschichtlicher Zeiten. Frankfurt a.M. 1979, 38–66.

Koselleck, Reinhart: Vergangene Zukunft der frühen Neuzeit. In: *Ders.* (Hg.): Vergangene Zukunft. Zur Semantik geschichtlicher Zeiten. Frankfurt a.M. 1979, 17–37.

Koselleck, Reinhart: Der neuzeitliche Revolutionsbegriff als geschichtliche Kategorie. In: Helmut *Reinalter* (Hg.): Revolution und Gesellschaft. Zur Entwicklung des neuzeitlichen Revolutionsbegriffs. Innsbruck 1980, 23–33.

Koselleck, Reinhart: Moderne Sozialgeschichte und historische Zeiten. In: Pietro *Rossi* (Hg.): Theorie der modernen Geschichtsschreibung. Frankfurt a.M. 1987, 173–190.

Koselleck, Reinhart: Einleitung. In: *Ders.* (Hg.): Zeitschichten. Studien zur Historik. Frankfurt a.M. 2000, 9–18.

Koselleck, Reinhart: Erfahrungswandel und Methodenwechsel. Eine historisch-anthropologische Skizze. In: *Ders.* (Hg.): Zeitschichten. Studien zur Historik. Frankfurt a.M. 2000, 27–77.

Koselleck, Reinhart: Gibt es eine Beschleunigung in der Geschichte? In: *Ders.* (Hg.): Zeitschichten. Studien zur Historik. Frankfurt a.M. 2000, 150–176.

Koselleck, Reinhart: Über die Theoriebedürftigkeit der Geschichtswissenschaft. In: *Ders.* (Hg.): Zeitschichten. Studien zur Historik. Frankfurt a.M. 2000, 298–316.

Koselleck, Reinhart: Die Zeiten der Geschichtsschreibung. In: *Ders.* (Hg.): Zeitschichten. Studien zur Historik. Frankfurt a.M. 2000, 287–297.

Koselleck, Reinhart: Zeitschichten. In: *Ders.* (Hg.): Zeitschichten. Studien zur Historik. Frankfurt a.M. 2000, 19–26.
Koselleck, Reinhart: [Art.] Zeit. In: Lexikon Geschichtswissenschaft. Hundert Grundbegriffe. Hg. von Stefan *Jordan*. Stuttgart 2002, 331–336.
Koselleck, Reinhart: Revolution als Begriff und als Metapher. Zur Semantik eines einst emphatischen Worts. In: *Ders.* (Hg.): Begriffsgeschichten. Studien zur Semantik und Pragmatik der politischen und sozialen Sprache. Frankfurt a.M. 2006, 140–151.
Koselleck, Reinhart/Christian *Meier*/Odilo *Engels*/Horst *Günther:* [Art.] Geschichte, Historie. In: Otto *Brunner*/Werner *Conze*/Reinhart *Koselleck* (Hg.): Geschichtliche Grundbegriffe. Historisches Lexikon zur politisch-sozialen Sprache in Deutschland. Bd. 2. Stuttgart 1975, 593–717.
Krauss, Werner: Zur Bedeutungsentwicklung von ‚révolution'. In: Wissenschaftliche Zeitschrift. Martin-Luther-Universität Halle-Wittenberg. Gesellschafts-und sprachwissenschaftliche Reihe 19 (1970), 87–90.
Kroll, Frank-Lothar: [Art.] Johann Gustav Droysen. In: Großes Werklexikon der Philosophie. Bd. 1: A-K. Hg. von Franco *Volpi*. Stuttgart 1999, 407–408.
Küttler, Wolfgang/Matthias *Middell* (Hg.): Nation und Revolution. Beiträge eines wissenschaftlichen Kolloquiums der Leibniz-Sozietät der Wissenschaften zu Berlin aus Anlass des 100. Geburtstags von Ernst Engelberg und Walter Markov. Leipzig 2011.
Kuhn, Thomas: The Structure of Scientific Revolutions. Chicago/London 1962.
Kumar, Krishan: [Art.] Revolution. In: New Dictionary of the History of Ideas. Vol. 5. Hg. von Maryanne *Cline Horowitz*. Detroit [u. a.] 2005, 2112–2121.
Laak, Dirk van: ‚Am Anfang war das Wort ...' Über die Theorien zum Beginn von Geschichte. In: Saeculum. Jahrbuch für Universalgeschichte 40 (1989), 296–312.
Laireiter, Matthias (Hg.): Franz Michael Vierthaler. Festschrift zum 200. Geburtstag am 25. September 1958. Salzburg 1958.
Laitko, Hubert: Historizität und Globalität: Der Beitrag der Geowissenschaften zum wissenschaftlichen Weltbild des 19. Jahrhunderts. In: Zeitschrift für geologische Wissenschaften 27 (1999), 37–59.
Landwehr, Achim: Alte Zeiten, Neue Zeiten. Aussichten auf die Zeit-Geschichte. In: Achim *Landwehr* (Hg.): Frühe Neue Zeiten. Zeitwissen zwischen Reformation und Revolution. Bielefeld 2012, 9–40.
Landwehr, Achim (Hg.): Frühe neue Zeiten. Zeitwissen zwischen Reformation und Revolution. Bielefeld 2012.
Landwehr, Achim: Geburt der Gegenwart. Eine Geschichte der Zeit im 17. Jahrhundert. Frankfurt a.M. 2014.
Lange, Friedrich Albert: Geschichte des Materialismus und Kritik seiner Bedeutung in der Gegenwart. Bände eins und zwei. Zweite, verb. und verm. Auflage. Iserlohn 1873.
Langer, Wolfhart: Verzeitlichungs- und Historisierungstendenzen in der frühen Geologie und Paläontologie. In: Berichte zur Wissenschaftsgeschichte 8 (1985), 87–97.
Laudan, Rachel: [Art.] The History of Geology, 1780–1840. In: Robert C. *Olby*/Geoffrey N. *Cantor*/John R. *Christie*/Margareth J. *Hodge* (Hg.): Companion to the History of Modern Science. London/New York 1990, 314–325.
Lechner, Alfred R. (Hg.): German Passages for Practice in Unseen Translation. London 1885.

Leclaire, Lucien: L'Histoire naturelle des Minéraux ou Buffon Géologue universaliste. In: Jean-Claude *Beaune* [et al.] (Hg.): Buffon 88. Actes du Colloque international pour le bicentenaire de la mort de Buffon. Paris 1992, 353–369.

Lee, Eun-Jeung: Kulturtransfer auf ‚eurasisch'. Das Chinabild von Johann Heinrich Gottlob von Justi und die Rezeption des Kameralismus im Japan der Meiji-Zeit. In: Axel *Rüdiger*/Eva-Maria *Seng* (Hg.): Dimensionen der Politik: Aufklärung – Utopie – Demokratie. Festschrift für Richard Saage zum 65. Geburtstag. Berlin 2006, 79–100.

Lehmann-Brauns, Sicco: Zur Neuvermessung der Geschichte in der Aufklärung. Philosophische Retrodiktionsversuche nach der Entkräftung der ‚historia sacra'. In: Das achtzehnte Jahrhundert. Zeitschrift der Deutschen Gesellschaft für die Erforschung des Achtzehnten Jahrhunderts (2006), 165–178.

Lehmann, Friedrich Wilhelm Paul: Herder in seiner Bedeutung für die Geographie. Berlin 1883.

Lehmkuhl, Ursula: Historicizing Nature: Time and Space in German and American Environmental History. In: *Dies.*/Hermann *Wellenreuther* (Hg.): Historians and Nature: Comparative Approaches to Environmental History. Oxford [u. a.] 2007, 17–44.

Lenz, Hans: Universalgeschichte der Zeit. Wiesbaden 2005.

Leo, Heinrich: [Rez.] Universalhistorische Uebersicht der Geschichte der alten Welt und ihrer Kultur; von Friedrich Christoph Schlosser. Ersten Theils erste Abtheilung [...]. In: Jahrbücher für wissenschaftliche Kritik (1827), 354–383.

Leopold, Joan: The Origins of Culture and Society within Universal History Writing at the End of the 18th century. In: Britta *Rupp-Eisenreich*/Justin *Stagl* (Hg.): Kulturwissenschaften im Vielvölkerstaat. Zur Geschichte der Ethnologie und verwandter Gebiete in Österreich ca. 1780 bis 1918 [...]. Wien/Köln/Weimar 1995, 64–72.

Lepenies, Wolf: Das Ende der Naturgeschichte. Wandel kultureller Selbstverständlichkeiten in den Wissenschaften des 18. und 19. Jahrhunderts. München/Wien 1976.

Lepenies, Wolf: Historisierung der Natur und Entmoralisierung der Wissenschaften seit dem achtzehnten Jahrhundert. In: Hubert *Markl* (Hg.): Natur und Geschichte. München 1983, 263–288.

Lepenies, Wolf: Die Speicherung wissenschaftlicher Traditionen in der Literatur: Buffons Nachruhm. In: *Ders.* (Hg.): Autoren und Wissenschaftler im 18. Jahrhundert. Linné – Buffon – Winckelmann – Georg Forster – Erasmus Darwin. München 1988, 61–89.

Leventhal, Robert: Progression and Particularity: Herder's Critique of Schlözer's Universal History in the Context of the Early Writings. In: Wulf *Koepke* (Hg.): Johann Gottfried Herder. Language, History, and the Enlightenment. Columbia, South Carolina 1990, 25–46.

Levere, Trevor H.: Hegel and the Earth Sciences. In: Rolf-Peter *Horstmann*/Michael John *Petry* (Hg.): Hegels Philosophie der Natur. Beziehungen zwischen empirischer und spekulativer Naturerkenntnis. Stuttgart 1986, 103–120.

Leyh, Peter: Vorwort des Herausgebers. In: Johann Gustav *Droysen:* Historik. Bd. 1. Rekonstruktion der ersten vollständigen Fassung der Vorlesungen (1857). Grundriß der Historik in der ersten handschriftlichen (1857/1858) und in der letzten gedruckten Fassung (1882). Textausgabe von Peter *Leyh.* Stuttgart-Bad Cannstatt. 1977, ix-xxix.

Lichtenberg, Georg Christoph: Einige Betrachtungen über die physischen Revolutionen auf unsrer Erde. In: Göttinger Taschen Calender Für das Jahr 1794, 79–112.

Lichtenberg, Georg Christoph: Geologische Phantasien. (Franklins Geogonie). In: Göttinger Taschen Calender Für das Jahr 1795, 79–109.

Liebel-Weckowicz, Helen: Herder's Place in the Development of Ideas on Human Genesis and Evolution. In: Eighteenth Century Life 9 (1984), 62–82.
Liebel-Weckowicz, Helen: Ranke und Darwin– Evolution und Weltgeschichte. In: Wolfgang J. *Mommsen* (Hg.): Leopold von Ranke und die moderne Geschichtswissenschaft. Stuttgart 1988, 91–114.
Lobitzer, Harald: Bohadsch, Hauer & CO. – Das innere Salzkammergut im Spiegel von 240 Jahren geologischer Forschung. In: Gmundner Geo-Studien 3 (2005), 95–108.
Löther, Rolf: Aktualismus und historische Methode in philosophischer Sicht. In: Schriftenreihe für geologische Wissenschaft 24 (1985), 139–143.
Löther, Rolf: Wie die Vergangenheit erkannt wird. Die historische Methode in der Naturforschung. In: Gerhard *Banse*/Siegfried *Wollgast* (Hg.): Philosophie und Wissenschaft in Vergangenheit und Gegenwart. Berlin 2003, 283–295.
Löwith, Karl: Weltgeschichte und Heilsgeschehen. Die theologischen Voraussetzungen der Geschichtsphilosophie. Stuttgart 1953.
Lohff, Wenzel: [Art.] Heil, Heilsgeschichte, Heilstatsache. In: Historisches Wörterbuch der Philosophie. Bd. 3. Hg. von Joachim *Ritter*. Basel/Stuttgart 1974, 1031–1033.
Lommatzsch, Siegfried: [Art.] Sack, August Friedrich Wilhelm. In: Allgemeine Deutsche Biographie. Bd. 37 Leipzig 1894, 295–307.
Lorenz, Ottokar: Die Geschichtswissenschaft in Hauptrichtungen und Aufgaben. Berlin 1886.
Lotter, Friedrich: Christoph Meiners und die Lehre von den unterschiedlichen Wertigkeiten der Menschenrassen. In: Hartmut *Boockmann*/Hermann *Wellenreuther* (Hg.): Geschichtswissenschaft in Göttingen: Eine Vorlesungsreihe. Göttingen 1987, 30–75.
Lottes, Günther: [Art.] Schlosser, Friedrich Christoph. In: Literatur Lexikon. Autoren und Werke deutscher Sprache. Hg. von Walther *Killy*. Bd. 10. Gütersloh/München 1991, 292–293.
Lovejoy, Arthur O.: The Great Chain of Being. A Study of the History of an Idea. Cambridge, Mass. 1948.
Lovejoy, Arthur O.: Buffon and the Problem of Species. In: Bentley *Glass*/Owsei *Temkin*/William L. *Strauss* (Hg.): Forerunners of Darwin: 1745–1859. Baltimore 1959, 84–113.
Lovejoy, Arthur O.: Herder: Progressionism without Transformism. In: Bentley *Glass*/Owsei *Temkin*/William L. *Straus* (Hg.): Forerunners of Darwin: 1745–1859. Baltimore 1959, 207–221.
Lübbe, Hermann: Geschichtsbegriff und Geschichtsinteresse. Analytik und Pragmatik der Historie. Basel 1977.
Lübbe, Hermann: Die Einheit von Naturgeschichte und Kulturgeschichte. Bemerkungen zum Geschichtsbegriff. [Vortrag, gehalten in der gemeinsamen Sitzung der Mathematisch-Naturwissenschaftlichen und Geistes- und Sozialwissenschaftlichen Klasse am 13. Februar 1981]. Mainz/Wiesbaden 1981.
Lübbe, Hermann: Im Zug der Zeit. Verkürzter Aufenthalt in der Gegenwart. Berlin [u. a.] 1992.
Lübbe, Hermann: Gegenwartsschrumpfung und zivilisatorische Selbsthistorisierung. In: Helmut *Reinalter*/Roland *Benedikter* (Hg.): Geisteswissenschaften wozu? Studien zur Situation der Geisteswissenschaften. Thaur 1997, 39–44.
Lübbe, Hermann: Begriffsgeschichte und Begriffsnormierung. In: Gunter *Scholtz* (Hg.): Die Interdisziplinarität der Begriffsgeschichte. Hamburg 2000, 31–41.
Lucier, Paul: Geological Industries. In: Peter J. *Bowler*/John V. *Pickstone* (Hg.): The Cambridge History of Science. Vol. 6: The Modern Biological and Earth Sciences. Cambridge [u. a.] 2009, 108–125.

Luebken, Uwe: Undiszipliniert: Ein Forschungsbericht zur Umweltgeschichte, in: H-Soz-Kult 14. 07. 2010. Abgerufen von: http://hsozkult.geschichte.hu-berlin.de/forum/2010-07-001. Abgerufen am 18. Februar 2017.
Luhmann, Niklas: Weltzeit und Systemgeschichte. Über Beziehungen zwischen Zeithorizonten und sozialen Strukturen gesellschaftlicher Systeme. In: *Ders.* (Hg.): Soziologische Aufklärung 2. Aufsätze zur Theorie der Gesellschaft. Opladen 1975, 103–133.
Luhmann, Niklas: Temporalisierung von Komplexität: Zur Semantik neuzeitlicher Zeitbegriffe. In: *Ders.* (Hg.): Gesellschaftsstruktur und Semantik. Studien zur Wissenssoziologie der modernen Gesellschaft. Bd. 1. Frankfurt a.M. 1980, 235–300.
Lyell, Charles: Principles of Geology. First Edition. Vol. 1. With a New Introduction by Martin J. S. Rudwick. Chicago/London 1990.
Macdougall, John Doug: Why Geology Matters. Decoding the Past, Anticipating the Future. Berkeley/Los Angeles/London 2011.
Mainzer, Klaus: Zeit. Von der Urzeit zur Computerzeit. 3., durchges. Aufl. München 1999.
Manning, Patrick: Navigating World History. Historians Create a Global Past. New York [u. a.] 2005.
Mantell, Gideon: Die Phänomene der Geologie leichtfasslich in Vorlesungen entwickelt [...]. Deutsch herausgegeben von Dr. Joseph *Burkart* [...]. Bd. 1. Bonn 1839.
Markl, Hubert (Hg.): Natur und Geschichte. München/Wien 1983.
Marquard, Odo: Schwierigkeiten mit der Geschichtsphilosophie. Frankfurt a.M. 1973.
Marquard, Odo: [Art.] Kompensation. In: Historisches Wörterbuch der Philosophie. Bd. 4. Hg. von Joachim *Ritter*. Darmstadt 1976, 912–918.
Marquard, Odo: Der angeklagte und der entlastete Mensch in der Philosophie des 18. Jahrhunderts. In: *Ders.* (Hg.): Abschied vom Prinzipiellen. Philosophische Studien. Stuttgart 1984, 39–66.
Marquard, Odo: Glück im Unglück. Zur Theorie des indirekten Glücks zwischen Theodizee und Geschichtsphilosophie. In: *Ders.* (Hg.): Glück im Unglück. Philosophische Überlegungen. München 1995, 11–38.
Marquard, Odo: Verspätete Moralistik. Bemerkungen zur Unvermeidlichkeit der Geisteswissenschaften. In: *Ders.* (Hg.): Glück im Unglück. Philosophische Überlegungen. München 1995, 108–114.
Marquard, Odo: Zeit und Endlichkeit. In: Hans Michael *Baumgartner* (Hg.): Das Rätsel der Zeit. Philosophische Analysen. 2., unveränd. Aufl. Freiburg/München 1996, 363–377.
Marquard, Odo: Skepsis als Philosophie der Endlichkeit. In: *Ders.* (Hg.): Individuum und Gewaltenteilung. Philosophische Studien. Stuttgart 2004, 13–22.
Martens, Helge: Goethe und der Basaltstreit. Sitzung der Humboldt-Gesellschaft am 13. 06. 1995. Abgerufen von: http://www.humboldtgesellschaft.de/inhalt.php?name=goethe Abgerufen am 22. 02. 2017.
Martirano, Maurizio: Religion, Kulturgeschichte und moralisches Urteil in der Geschichtsauffassung Friedrich Christoph Schlossers. In: Geschichte und Gegenwart 16 (1997), 211–229.
Marx, Karl: Exzerpte und Notizen zur Geologie, Mineralogie und Agrikulturchemie März bis September 1878. In: Karl Marx Friedrich Engels Gesamtausgabe (MEGA). 4. Abt. Bd. 26, 1 und 2. Hg. von der internationalen Marx-Engels-Stiftung Amsterdam, bearb. von Anneliese *Griese*/Peter *Krüger*/Richard *Sperl*. Berlin 2011.
Matussek, Peter (Hg.): Goethe und die Verzeitlichung der Natur. München 1998.

Mauelshagen, Franz: ‚Anthropozän'. Plädoyer für eine Klimageschichte des 19. und 20. Jahrhunderts. In: Zeithistorische Forschungen/Studies in Contemporary History, Online-Ausgabe. Abgerufen von: http://www.zeithistorische-forschungen.de/16126041-Mauelshagen-1–2012 Abgerufen am: 06. 02. 2017.

Mauelshagen, Franz: Defining Catastrophes. In: Katharina *Gerstenberger*/Tanja *Nusser* (Hg.): Catastrophe and Catharsis. Perspectives on Disaster and Redemption in German Culture and Beyond. Rochester, NY 2015, 172–189.

Maurer, Michael: Johann Gottfried Herder. Leben und Werk. Köln/Weimar/Wien 2014.

Maurer, Reinhart: Natur als Problem der Geschichte. In: Kurt *Hübner*/Albert *Menne* (Hg.): Natur und Geschichte. X. Deutscher Kongress für Philosophie. Kiel 8.–12. Oktober 1972. Hamburg 1973, 125–142.

Mauthner, Fritz: Beiträge zu einer Kritik der Sprache. Bd. II. Zur Sprachwissenschaft. Hildesheim 1967.

Mayer, Helmut: Kommt das Anthropozän? Wissenschaftler erklären sich für neues Erdzeitalter. In: Frankfurter Allgemeine Zeitung. Nr. 203 vom 31. August 2016, 9.

Mayer, Jean: Introduction [Dissertation sur les changements arrivés dans notre globe]. In: Les Œuvres complètes de Voltaire. Hg. von Nicholas *Cronk*. Bd. 30c: Œuvres de 1746–1748 (III). Oxford 2004, 3–23.

McPhee, John A.: Basin and Range. New York 1982.

Mehr, Christian: Kultur als Naturgeschichte. Opposition oder Komplementarität zur politischen Geschichtsschreibung 1850–1890? Frankfurt a.M. 2009.

Meier, Heinrich: Anhang zur Zensur. In: Jean-Jacques *Rousseau:* Diskurs über die Ungleichheit. Discours sur l'inégalité. Kritische Ausgabe des integralen Textes. Mit sämtlichen Fragmenten und ergänzenden Materialien nach den Originalausgaben und den Handschriften neu ediert, übersetzt und kommentiert von Heinrich *Meier*. Paderborn [u. a.] 1984, lxxviii-lxxxv.

Meinecke, Friedrich: Johann Gustav Droysen. Sein Briefwechsel und seine Geschichtsschreibung. In: Historische Zeitschrift 141 (1930), 249–287.

Meinecke, Friedrich: Die Entstehung des Historismus [1936]. In: Friedrich *Meinecke:* Werke. Bd. 3. Hg. von Hans *Herzfeld*/Carl *Hinrichs*/Walther *Hofer*. München 1959.

Meinecke, Friedrich: Die Idee der Staatsräson in der neueren Geschichte. Hg. von Walther *Hofer*. München 1963.

Menk, Andreas: Johann Heinrich Schulz – ‚Meteor an dem Kirchenhimmel der Mark von Deutschland'. Über eine personelle Konstellation der Ermöglichung radikaler Religionskritik im spätfriderizianischen Preußen. In: Martin *Mulsow*/Guido *Naschert* (Hg.): Aufklärung. Interdisziplinäres Jahrbuch zur Erforschung des 18. Jahrhunderts und seiner Wirkungsgeschichte. Bd. 24. Thema: Radikale Spätaufklärung in Deutschland. Einzelschicksale – Konstellationen – Netzwerke. Hamburg 2012, 135–171.

Menzel, Wolfgang: Die Naturkunde im christlichen Geiste aufgefaßt. In drei Bänden. Bd. 1 Stuttgart 1856.

Meyer, Annette: Von der Wahrheit zur Wahrscheinlichkeit. Die Wissenschaft vom Menschen in der schottischen und deutschen Aufklärung. Tübingen 2008.

[Art.] *Michael Vierthaler*. In: Neuer Nekrolog der Deutschen. Fünfter Jahrgang, 1827. Zweiter Theil. Ilmenau 1829, 875–877.

Michaelis, Johann David: I.D. Michaelis Schreiben an Herrn Prof. Schlötzer die Zeitrechnung von der Sündflut bis auf Salomo betreffend [1790]. In: *Ders.*: Zerstreute kleine Schriften gesammelt. Zweyte Lieferung. Jena 1794, 219–268.
Middell, Matthias: Weltgeschichtsschreibung im Zeitalter der Verfachlichung und Professionalisierung. Das Leipziger Institut für Kultur- und Universalgeschichte 1890–1990. Leipzig 2005.
Mittelstraß, Jürgen: Neuzeit und Aufklärung. Studien zur Entstehung der neuzeitlichen Wissenschaft und Philosophie. Berlin/New York 1970.
Möller, Horst: Friedrich der Große und der Geist seiner Zeit. In: Horst *Möller* (Hg.): Analecta Fridericiana. Berlin 1987, 55–74.
Möller, Rudolf: [Art.] Füchsel, Georg Christian. In: Neue Deutsche Biographie. Bd. 5. Berlin 1961, 684–685.
Mommsen, Wolfgang J.: Geschichte und Geschichten. Über die Möglichkeiten und Grenzen der Universalgeschichtsschreibung. In: Saeculum. Jahrbuch für Universalgeschichte 43 (1992), 124–135.
Morris, Henry: Biblical Creationism. What Each Book of the Bible Teaches About Creation and the Flood. 5th print. Green Forrest, Ar. 2012.
Moser, Peter: Geschichtsphilosophie. Die Entstehung der spekulativ-universalistischen Geschichtsphilosophie. Das Aufkommen des Nachdenkens über Geschichte im 18. Jahrhundert. In: Information Philosophie 3 (2008), 108–112.
Muhlack, Ulrich: Geschichtswissenschaft im Humanismus und in der Aufklärung. Die Vorgeschichte des Historismus. München 1991.
Muhlack, Ulrich (Hg.): Historisierung und gesellschaftlicher Wandel in Deutschland im 19. Jahrhundert. Berlin 2003.
Muhlack, Ulrich: Das Problem der Weltgeschichte bei Leopold von Ranke. In: Wolfgang *Hardtwig*/Philipp *Müller* (Hg.): Die Vergangenheit der Weltgeschichte. Universalhistorisches Denken in Berlin 1800–1933. Göttingen 2010, 143–171.
[Art.] *Mumelter v. Sebernthal*, Franz Jos. In: Oesterreichische National-Encyklopädie [...]. Bd. 3. Hg. von Franz *Gräffer* und Johann Jakob *Czikann*. Wien 1835, 736 f.
Nagel, Ivan: Verheißungen des Terrors. Vom Ursprung der Rede des Saint-Just in ‚Dantons Tod'. In: *Ders.* (Hg.): Gedankengänge als Lebensläufe. Versuche über das 18. Jahrhundert. München/Wien 1987, 107–133.
Nebel, Nora: Ideen von der Zeit. Zeitvorstellungen aus kulturphilosophischer Perspektive. Marburg 2011.
Nebelin, Marian: Zeit und Geschichte. Historische Zeit in geschichtswissenschaftlichen Theorien. In: *Ders.*/Andreas *Deußer* (Hg.): Was ist Zeit? Philosophische und geschichtstheoretische Ansätze. Berlin 2009, 51–93.
Newport, Frank: In U.S., 46 % Hold Creationist View of Human Origins. Gallup Poll June 1, 2012 Abgerufen von: http://www.gallup.com/poll/155003/Hold-Creationist-View-Human-Origins.aspx. Abgerufen am 15. Januar 2015.
Niefanger, Dirk: [Art.] Historismus. In: Historisches Wörterbuch der Rhetorik. Bd. 3. Hg. von Gert *Ueding*. Tübingen 1996, 1410–1420.
Nipperdey, Thomas: Deutsche Geschichte: 1800–1866. Bürgerwelt und starker Staat. München 1983.
Nisbet, Hugh Barr: Herder and Scientific Thought. Cambridge 1970.
Nisbet, Hugh Barr: Herder and the Philosophy and History of Science. Cambridge 1970.

Nisbet, Hugh Barr: Die naturphilosophische Bedeutung von Herders Aeltester Urkunde des Menschengeschlechts. In: Brigitte *Poschmann* (Hg.): Bückeburger Gespräche über Johann Gottfried Herder 1988: Älteste Urkunde des Menschengeschlechts. Rinteln 1989, 210 – 226.

Nisbet, Hugh Barr: Goethes und Herders Geschichtsdenken. In: Goethe-Jahrbuch 110 (1993), 115 – 133.

Nisbet, Hugh Barr: Naturgeschichte und Humangeschichte bei Goethe, Herder und Kant. In: Peter *Matussek* (Hg.): Goethe und die Verzeitlichung der Natur. München 1998, 15 – 44.

Nokkala, Ere P.: Triebfeder und Maschine in der politischen Theorie Johann Heinrich Gottlob von Justis (1717 – 1771). In: Michael *Eggers*/Mathias *Rothe* (Hg.): Wissenschaftsgeschichte als Begriffsgeschichte. Terminologische Umbrüche im Entstehungsprozess der modernen Wissenschaften. Bielefeld 2009, 157 – 174.

Nolte, Paul: [Art.] Gleichzeitigkeit des Ungleichzeitigen. In: Lexikon Geschichtswissenschaft. Hundert Grundbegriffe. Hg. von Stefan *Jordan*. Stuttgart 2002, 134 – 137.

Nowotny, Helga: Eigenzeit. Entstehung und Strukturierung eines Zeitgefühls. Frankfurt a.M. 1989.

Nutz, Thomas: ‚Varietäten des Menschengeschlechts'. Die Wissenschaften vom Menschen in der Zeit der Aufklärung. Köln 2009.

O'Briant, Walter H.: A Philosopher With Rocks in His Head: Leibniz's Protogaea. In: Leibniz. Tradition und Aktualität. V. Internationaler Leibniz-Kongreß [...]. Bd. 1. Hannover 1988, 639 – 643.

O'Hara, James G.: Leibniz und Friedrich Heyn: Bergbautechnologische Überlegungen im Jahre 1687 – Teil A: Die Berichte. In: Leibniz. Tradition und Aktualität. V. Internationaler Leibniz-Kongreß [...]. Bd. 1. Hannover 1988, 644 – 651.

Oeser, Erhard: Zeitpfeil und Zeithorizonte. In: Martin *Bergelt*/Hortensia *Völckers* (Hg.): Zeit-Räume. Zeiträume – Raumzeiten – Zeitträume. München, Wien 1991, 151 – 190.

Oexle, Otto Gerhard: Geschichtswissenschaft im Zeichen des Historismus. Studien zu Problemgeschichten der Moderne. Göttingen 1996.

Oexle, Otto Gerhard: Naturwissenschaft und Geschichtswissenschaft. Momente einer Problemgeschichte. In: *Ders.* (Hg.): Naturwissenschaft, Geisteswissenschaft, Kulturwissenschaft: Einheit – Gegensatz – Komplementarität? Göttingen 1998, 99 – 151.

Oexle, Otto Gerhard: Krise des Historismus – Krise der Wirklichkeit. Eine Problemgeschichte der Moderne. In: *Ders.* (Hg.): Krise des Historismus – Krise der Wirklichkeit. Wissenschaft, Kunst und Literatur 1880 – 1932. Göttingen 2007, 11 – 116.

Oldroyd, David R.: Historicism and the Rise of Historical Geology, Part I. In: History of Science 17 (1979), 191 – 213.

Oldroyd, David R.: Historicism and the Rise of Historical Geology, Part II. In: History of Science 17 (1979), 227 – 257.

Oldroyd, David R.: Thinking about the Earth. A History of Ideas in Geology. London 1996.

Oldroyd, David R.: The Earth Sciences. In: David *Cahan* (Hg.): From Natural Philosophy to the Sciences. Writing the History of Nineteenth-Century Science. Chicago/London 2003, 88 – 129.

Opgenoorth, Ernst/Günther *Schulz:* Einführung in das Studium der Neueren Geschichte. 7., vollst. neu bearb. Aufl. Paderborn [u. a.] 2010.

Oppenheim, Alphons: [Art.] Crell, Lorenz (Florenz Friedrich) von. In: Allgemeine Deutsche Biographie. Bd. 4. Leipzig 1876, 587 – 588.

Osterhammel, Jürgen: Neue Welten in der europäischen Geschichtsschreibung (ca. 1500–1800). In: Wolfgang *Kütteler*/Jörn *Rüsen*/Ernst *Schulin* (Hg.): Geschichtsdiskurs. Bd. 2: Anfänge modernen historischen Denkens. Frankfurt a.M. 1994, 202–215.

Osterhammel, Jürgen: Geschichte, Geographie, Geohistorie. In: Wolfgang *Kütteler*/Jörn *Rüsen*/ Ernst *Schulin* (Hg.): Geschichtsdiskurs. Bd. 3: Die Epoche der Historisierung. Frankfurt a.M. 1997, 257–271.

Osterhammel, Jürgen: Die Wiederkehr des Raumes: Geopolitik, Geohistorie und historische Geographie. In: Neue politische Literatur 43 (1998), 374–397.

Osterhammel, Jürgen: ‚Höherer Wahnsinn'. Universalhistorische Denkstile im 20. Jahrhundert. In: *Ders.* (Hg.): Geschichtswissenschaft jenseits des Nationalstaats. Studien zu Beziehungsgeschichte und Zivilisationsvergleich. Göttingen 2001, 170–182.

Osterhammel, Jürgen: [Art.] Weltgeschichte. In: Lexikon Geschichtswissenschaft. Hundert Grundbegriffe. Hg. von Stefan *Jordan*. Stuttgart 2002, 320–325.

Osterhammel, Jürgen: ‚Weltgeschichte': Ein Propädeutikum. In: Geschichte in Wissenschaft und Unterricht 56 (2005), 452–479.

Osterhammel, Jürgen: Über die Periodisierung der neueren Geschichte. In: Berichte und Abhandlungen 10 (2006), 47–64.

Osterhammel, Jürgen: Alte und neue Zugänge zur Weltgeschichte. In: *Ders.* (Hg.): Weltgeschichte. Stuttgart 2008, 9–32.

Osterhammel, Jürgen (Hg.): Weltgeschichte. Stuttgart 2008.

Osterhammel, Jürgen: Die Verwandlung der Welt. Eine Geschichte des 19. Jahrhunderts. München 2011.

Osterhammel, Jürgen: Geschichtskolumne Zeit. In: Merkur. Deutsche Zeitschrift für europäisches Denken 66 (2012), 618–624.

Ott, Norbert: [Art.] Heilsgeschichte. In: Lexikon Geschichtswissenschaft. Hundert Grundbegriffe. Hg. von Stefan *Jordan*. Stuttgart 2002, 137–139.

Ottmann, Henning: Der Geist der Geisteswissenschaften. In: Synthesis Philosophica 49 (2010), 101–107.

Palmer, Trevor: Perilous Planet Earth. Catastrophes and Catastrophism through the Ages. Cambridge 2003.

Pandel, Hans-Jürgen: [Art.] Zeit. In: Klaus *Bergmann* [et al.] (Hg.): Handbuch der Geschichtsdidaktik. 5. überarb. Aufl. Seelze-Velber 1997, 10–15.

Pannenberg, Wolfhart: Anthropologie in theologischer Perspektive. Göttingen 2011.

Pape, Matthias: Johannes von Müller. Seine geistige und politische Umwelt in Wien und Berlin 1793–1806. Bern/Stuttgart 1989.

Pape, Matthias: [Art.] Müller, Johannes v. In: Neue Deutsche Biographie. Bd. 18. Berlin 1997, 315–318.

Parkes, Graham: Staying Loyal to the Earth. Nietzsche as an Ecological Thinker. In: John *Lippitt* (Hg.): Nietzsche's Futures. New York 1999, 167–188.

Peters, Anneliese/Arno *Peters:* Synchronoptische Weltgeschichte. Frankfurt 1952.

Peters, Martin: Altes Reich und Europa. Der Historiker, Statistiker und Publizist August Ludwig (v.) Schlözer (1735 – 1809). Münster/Hamburg/London 2003.

Peterson, Michael L./Michael *Ruse:* Science, Evolution, and Religion. A Debate about Atheism and Theism. New York/Oxford 2017.

The Pew Research Center: Religion A Strength and Weakness for both Parties. Abgerufen von: http://www.pewforum.org/files/2005/08/religion-politics-05.pdf; Abgerufen am 20.02.2017.

Pigulla, Andreas: China in der deutschen Weltgeschichtsschreibung vom 18. bis zum 20. Jahrhundert. Wiesbaden 1996.

Pöggeler, Otto: Vorwort. In: *Ders.*/Christoph *Jamme* (Hg.): Johannes von Müller – Geschichtsschreiber der Goethezeit. Schaffhausen 1986, 7–10.

Pöhlmann, Robert von: Ranke's Weltgeschichte. In: Historische Zeitschrift 51 (1883), 31–53.

Pohlig, Matthias: ‚The greatest of all Events': Zur Säkularisierung des Weltendes um 1700. In: *Ders.* [et al.] (Hg.): Säkularisierungen in der Frühen Neuzeit. Methodische Probleme und empirische Fallstudien. Berlin 2008, 331–370.

Prantl, Carl von: [Art.] Meiners, Christoph. Allgemeine Deutsche Biographie. Bd. 21. Leipzig 1885, 224–226.

Price, George McCready: Feet of Clay: The Unscientific Nonsense of Historical Geology. Malverne, NY 1949.

Proß, Wolfgang: Die Begründung der Geschichte aus der Natur: Herders Konzept von ‚Gesetzen' in der Geschichte. In: Hans Erich *Bödeker*/Peter Hanns *Reill*/Jürgen *Schlumbohm* (Hg.): Wissenschaft als kulturelle Praxis, 1750–1900. Göttingen 1999, 187–225.

Proß, Wolfgang: Die Idee der Evolution im 18. Jahrhundert und die Stellung des Menschen in der Natur bei Goethe und Herder. In: Peter *Heusser* (Hg.): Goethes Beitrag zur Erneuerung der Naturwissenschaften. Das Buch zur gleichnamigen Ringvorlesung an der Universität Bern zum 250. Geburtsjahr Goethes. Bern/Stuttgart/Wien 2000, 271–311.

Proß, Wolfgang: Nachwort. In: Johann Gottfried *Herder:* Werke. Bd. III,1. Ideen zur Philosophie der Geschichte der Menschheit. Hg. von Wolfgang *Proß*. München/Wien 2002, 837–1041.

Prüfer, Thomas: Die Bildung der Geschichte. Friedrich Schiller und die Anfänge der modernen Geschichtswissenschaft. Köln 2002.

Quenstedt, Werner: [Art.] Ballenstedt, Johann Georg Justus. In: Neue Deutsche Biographie. Bd. 1. Berlin 1953, 560–561.

Radkau, Joachim: Natur und Macht. Eine Weltgeschichte der Umwelt. München 2002.

Rahden, Wolfert von: Ein fast vergessener Aktualist: Georg Christian Füchsel zu Ursprung und Entwicklung der Erde und der Sprache. In: Bernd *Naumann*/Frans *Plank*/Gottfried *Hofbauer* (Hg.): Language and Earth. Elective Affinities between the emerging Sciences of Linguistics and Geology. Amsterdam 1992, 289–322.

Rahden, Wolfert von: Der anamorphotische Blick. Die Konstitutionsphase neuer Wissenskulturen gegen Ende des 18. Jahrhunderts im epistemologischen Perspektivenwechsel mit besonderem Augenmerk *sub specie evolutionis* auf die Geologie und Johann Gottfried Herder. In: Iwan-Michelangelo *D'Aprile*/Ricardo K. S. *Mak* (Hg.): Aufklärung – Evolution – Globalgeschichte. Hannover 2010, 31–75.

Rahden, Wolfert von: Revolution und Evolution. In: Forum Interdisziplinäre Begriffsgeschichte 1 (2012), 1–20.

Randa, Alexander (Hg.): Mensch und Weltgeschichte. Zur Geschichte der Universalgeschichtsschreibung. Salzburg/München 1969.

Rappaport, Rhoda: Borrowed Words. Problems of Vocabulary in Eighteenth-Century Geology. In: The British Journal for the History of Science 15 (1982), 27–44.

Rappaport, Rhoda: When Geologists were Historians, 1665–1750. Ithaca, NY [u.a.] 1997.

Rappaport, Rhoda: [Art.] The Earth Sciences. In: Roy *Porter* (Hg.): The Cambridge History of Science. Bd. 4: Eighteenth-Century Science. Cambridge 2003, 417–435.

Rappaport, Rhoda: [Rez.] Martin Rudwick, Bursting the Limits of Time, 2005. In: Isis 97 (2006), 755–757.

Ratzel, Friedrich: Die Zeitforderung in den Entwicklungswissenschaften. In: Annalen der Naturphilosophie 1 (1902), 310–363.

Ratzel, Friedrich: Raum und Zeit in Geographie und Geologie. Naturphilosophische Betrachtungen. Leipzig 1907.

Raulff, Ulrich: Der unsichtbare Augenblick. Zeitkonzepte in der Geschichte. Göttingen 1999.

Raumer, Friedrich von: Vorlesungen über die alte Geschichte. In zwei Bänden. 2. umgearb. Auflage. Bd. 1. Leipzig 1847.

Raumer, Friedrich von: Vorlesungen über die alte Geschichte. In zwei Bänden. Dritte verb. u. verm. Auflage. Bd. 1. Leipzig 1861.

Raumer, Friedrich von: Litterarischer Nachlaß. Zweiter Band. Berlin 1869.

Reill, Peter Hanns: The German Enlightenment and the Rise of Historicism. Berkeley/Los Angeles/London 1975.

Reill, Peter Hanns: Science and the Science of History in the Spätaufklärung. In: Hans Erich *Bödeker*/Georg G. *Iggers*/Jonathan B. *Knudsen*/Peter H. *Reill* (Hg.): Aufklärung und Geschichte. Studien zur deutschen Geschichtswissenschaft im 18. Jahrhundert. Göttingen 1986, 430–451.

Reill, Peter Hanns: History and the Life Sciences in the Early Nineteenth Century. Wilhelm von Humboldt and Leopold von Ranke. In: Georg G. *Iggers* (Hg.): Leopold von Ranke and the Shaping of the Historical Discipline. Syracuse, NY 1990, 21–35.

Reill, Peter Hanns: [Rez.] Michael Gottlob: Geschichtsschreibung zwischen Aufklärung und Historismus. Johannes von Müller und Christoph Schlosser. Frankfurt a.M. 1989. In: History and Theory 30 (1991), 232–246.

Reill, Peter Hanns: Naturwissenschaften und Geschichtswissenschaft in der Spätaufklärung. Der Prozeß der Verwissenschaftlichung der Geschichte. In: Herbert *Hörz* (Hg.): Historiographiegeschichte als Methodologiegeschichte: zum 80. Geburtstag von Ernst Engelberg. Berlin 1991, 102–105.

Reill, Peter Hanns: Between Mechanism and Hermeticism: Nature and Science in the Late Enlightenment. In: Rudolf *Vierhaus* (Hg.): Frühe Neuzeit – frühe Moderne? Forschungen zur Vielschichtigkeit von Übergangsprozessen. Göttingen 1992, 393–421.

Reill, Peter Hanns: Buffon and Historical Thought in Germany and Great Britain. In: Jean-Claude *Beaune* [et al.] (Hg.): Buffon 88. Actes du Colloque international pour le bicentenaire de la mort de Buffon. Paris 1992, 667–679.

Reill, Peter Hanns: Die Historisierung von Natur und Mensch. Der Zusammenhang von Naturwissenschaften und historischem Denken im Entstehungsprozeß der modernen Naturwissenschaften. In: Wolfgang *Küttler*/Jörn *Rüsen*/Ernst *Schulin* (Hg.): Geschichtsdiskurs. Bd. 2: Anfänge modernen historischen Denkens. Frankfurt a.M. 1994, 48–61.

Reill, Peter Hanns: Aufklärung und Historismus: Bruch oder Kontinuität? In: Otto Gerhard *Oexle*/Jörn *Rüsen* (Hg.): Historismus in den Kulturwissenschaften. Geschichtskonzepte, historische Einschätzungen, Grundlagenprobleme. Köln [u. a.] 1996, 45–68.

Reill, Peter Hanns: Vitalizing Nature in the Enlightenment. Berkeley, Calif. [u. a.] 2005.

Rein, Siegfried: Georg Christian Füchsel (1722–1773) – ein Aktualist entdeckt die Tiefenzeit der Erdgeschichte. In: Vernate 28 (2009), 11–30.
Reinalter, Helmut: Der Revolutionsbegriff der französischen Aufklärung. In: *Ders.* (Hg.): Revolution und Gesellschaft. Zur Entwicklung des neuzeitlichen Revolutionsbegriffs. Innsbruck 1980, 53–65.
Reinert, Eric S./Hugo *Reinert:* A Bibliography of J.H.G von Justi. In: Jürgen G. *Backhaus* (Hg.): The Beginnings of Political Economy. Johann Friedrich [sic!] Gottlob von Justi. New York 2009, 19–31.
Repcheck, Jack: The Man Who Found Time. James Hutton and the Discovery of the Earth's Antiquity. Cambridge, MA 2003.
Rheinberger, Hans-Jörg: Zur Herausbildung und Problematik des wissenschaftlichen Begriffs der Entwicklung in Natur- und Menschengeschichte. In: Peter *Furth* (Hg.): Arbeit und Reflexion. Zur materialistischen Theorie der Dialektik – Perspektiven der Hegelschen *Logik.* Köln 1980, 144–158.
Rheinberger, Hans-Jörg: Buffon. Zeit, Veränderung und Geschichte. In: History and Philosophy of the Life Sciences 12 (1990), 203–223.
Rheinberger, Hans-Jörg: Zeit und Biologie. In: Georg Christoph *Tholen*/Michael O. *Scholl* (Hg.): Zeit-Zeichen. Aufschübe und Interferenzen zwischen Endzeit und Echtzeit. Weinheim 1990, 127–136.
Rheinberger, Hans-Jörg: Historische Epistemologie zur Einführung. Hamburg 2007.
Rickert, Heinrich: Kulturwissenschaft und Naturwissenschaft [1899]. Hg. von Friedrich *Vollhardt.* Stuttgart 1986.
Rinderspacher, Jürgen P.: Gesellschaft ohne Zeit. Individuelle Zeitverwendung und soziale Organisation der Arbeit. Frankfurt/New York 1985.
Ritter, Joachim: Die Aufgabe der Geisteswissenschaften in der modernen Gesellschaft. In: *Ders.* (Hg.): Subjektivität. Sechs Aufsätze. Frankfurt a.M. 1974, 105–140.
Roberts, Michael B.: Geology and Genesis Unearthed. In: Churchman 12 (1998), 225–255.
Rösch-Wanner, Beatrice: J. H. G. von Justi als Literat. Frankfurt a.M. [u. a.] 1993.
Roger, Jaques: Buffon et l'introduction de l'histoire dans l'histoire naturelle. In: Jean-Claude *Beaune* [et al.] (Hg.): Buffon 88. Actes du Colloque international pour le bicentenaire de la mort de Buffon. Paris 1992, 193–205.
Roger, Jaques: Buffon. A Life in Natural History. Übers. von Sarah Lucille Bonnefoi. Ithaca/ London 1997.
Rohbeck, Johannes: Zum Verhältnis von Menschheits- und Naturgeschichte in der Fortschrittstheorie des ausgehenden 18. Jahrhunderts. In: Helmut *Bien* [et al.] (Hg.): Materialistische Wissenschaftsgeschichte. Naturtheorie und Entwicklungsdenken. Berlin 1981, 47–65.
Rohbeck, Johannes: Die Fortschrittstheorie der Aufklärung. Französische und englische Geschichtsphilosophie in der zweiten Hälfte des 18. Jahrhunderts. Frankfurt a.M./New York 1987.
Rohbeck, Johannes: [Art.] Verzeitlichung. In: Historisches Wörterbuch der Philosophie. Bd. 11. Hg. von Joachim *Ritter*/Karlfried *Gründer.* Darmstadt 2001, 1026–1028.
Rohbeck, Johannes: [Art.] Geschichtsphilosophie. In: Handwörterbuch Philosophie. Hg. von Wulff D. *Rehfus.* Göttingen 2003, 367–370.
Rohbeck, Johannes: Geschichtsphilosophie zur Einführung. Hamburg 2004.

Rohbeck, Johannes: Historisierung des Menschen. Zum Verhältnis von Naturgeschichte und Geschichtsphilosophie. In: Walter *Schmitz*/Carsten *Zelle* (Hg.): Innovation und Transfer. Naturwissenschaften, Anthropologie und Literatur im 18. Jahrhundert. Dresden 2004, 121–130.
Rohbeck, Johannes: [Art.] Weltgeschichte. In: Historisches Wörterbuch der Philosophie. Bd. 12. Hg. von Joachim *Ritter*/Karlfried *Gründer*. Basel 2005, 479–486.
Rohbeck, Johannes: Naturgeschichte und Geschichte der Menschheit. Georg Forsters Geschichtsphilosophie im Kontext der europäischen Aufklärung. In: Jörn *Garber*/Tanja van *Hoorn* (Hg.): Natur – Mensch – Kultur. Georg Forster im Wissenschaftsfeld seiner Zeit. Hannover-Laatzen 2006, 13–28.
Rohbeck, Johannes: Evolution und Geschichte: Zum Verhältnis von Evolutionstheorie und Geschichtsphilosophie. In: Herbert *Colla*/Werner *Faulstich* (Hg.): Panta Rhei. Beiträge zum Begriff und zur Theorie der Geschichte. München 2008, 197–209.
Rohbeck, Johannes: [Art.] Geschichtsphilosophie. Einleitung. In: Grundriss der Geschichte der Philosophie. Begr. von Friedrich Ueberweg. Die Philosophie des 18. Jahrhunderts. Bd. 2.2 Frankreich. Hg. von Johannes *Rohbeck* und Helmut *Holzhey*. Basel 2008, 833–896.
Rohbeck, Johannes: Aufklärung und Geschichte. Über eine praktische Geschichtsphilosophie der Zukunft. Berlin 2010.
Rohbeck, Johannes: Evolutionstheorie und Geschichtsphilosophie. In: Iwan-Michelangelo *D'Aprile*/Ricardo K. S. *Mak* (Hg.): Aufklärung – Evolution – Globalgeschichte. Hannover 2010, 195–215.
Rosa, Hartmut: Beschleunigung. Die Veränderung der Zeitstrukturen in der Moderne. Frankfurt a.M. 2005.
Rossi, Paolo: The Dark Abyss of Time. The History of the Earth & the History of Nations from Hooke to Vico. Translated by Lydia G. Cochrane. Chicago/London 1984.
Rossi, Paolo: Das Altern der Welt und die ‚große Ruine' der Neuzeit. In: Dietmar *Kamper*/Christoph *Wulf* (Hg.): Die sterbende Zeit. Zwanzig Diagnosen. Darmstadt 1987, 34–49.
Rothacker, Erich: Die Schichten der Persönlichkeit. Leipzig 1938.
Rudwick, Martin J. S.: The Shape and Meaning of Earth History. In: David C. *Lindberg*/Ronald L. *Numbers* (Hg.): God and Nature. Historical Essays on the Encounter between Christianity and Science. Berkeley/Los Angeles 1986, 296–321.
Rudwick, Martin J. S.: Transposed concepts from the human sciences in the early work of Charles Lyell. In: Ludmilla *Jordanova*/Roy *Porter* (Hg.): Images of the Earth. Essays in the History of the Environmental Sciences. Chalfont St. Giles 1997, 77–92.
Rudwick, Martin J. S.: Bursting the Limits of Time. The Reconstruction of Geohistory in the Age of Revolution. Chicago/London 2005.
Rudwick, Martin J. S.: Worlds before Adam. The Reconstruction of Geohistory in the Age of Reform. Chicago/London 2008.
Rudwick, Martin J. S.: Earth's Deep History. How It Was Discovered and Why It Matters. Chicago/London 2014.
Rühling, Frank: Die Verzeitlichung der Natur in der Naturphilosophie. Geologie und Geschichte beim Jenaer Hegel. In: Hegel-Jahrbuch 1995, 99–104.
Rüsen, Jörn: Konfigurationen des Historismus. Studien zur deutschen Wissenschaftskultur. Frankfurt a.M. 1993.
Rüsen, Jörn: Die Kultur der Zeit. Versuch einer Typologie temporaler Sinnbildungen. In: *Ders.* (Hg.): Zeit deuten. Perspektiven, Epochen, Paradigmen. Bielefeld 2003, 23–53.

Rüsen, Jörn (Hg.): Zeit deuten: Perspektiven, Epochen, Paradigmen. Bielefeld 2003.
Rüsen, Jörn: Typen des Zeitbewusstseins – Sinnkonzepte des geschichtlichen Wandels. In: Friedrich *Jaeger*/Burkhard *Liebsch* (Hg.): Handbuch der Kulturwissenschaften. Bd. 1: Grundlagen und Schlüsselbegriffe. Stuttgart/Weimar 2004, 365–384.
Rüsen, Jörn: Zeit und Sinn. Strategien historischen Denkens. Frankfurt a.M. 2012.
Rüsen, Jörn: Universalgeschichte als Sinnkonzept. In: *Ders.*/Günter *Dux* (Hg.): Strukturen des Denkens. Studien zur Geschichte des Geistes. Wiesbaden 2014, 235–250.
Rupke, Nicolaas A.: The Study of Fossils in the Romantic Philosophy of History and Nature. In: History of Science XXI (1983), 389–413.
Rupke, Nicolaas A.: ‚The End of History' in the Early Picturing of Geological Time. In: History of Science 36 (1998), 61–90.
Rupke, Nicolaas A.: [Art.] Geology and Palaeontology from 1700 to 1900. In: Gary B. *Ferngren*/Edward John *Larson*/Darrel W. *Amundsen* (Hg.): The History of Science and Religion in the Western Tradition: An Encyclopaedia. New York/London 2000, 401–408.
Sandbothe, Mike: Die Verzeitlichung der Zeit. Grundtendenzen der modernen Zeitdebatte in Philosophie und Wissenschaft. Darmstadt 1998.
Sarasin, Philipp: Michel Foucault zur Einführung. Hamburg 2010.
Saussure, Horace-Bénedict de: Voyages dans les Alpes précédés d'un Essai sur l'histoire naturelle des environs de Genève, 4 Bde. Neuchâtel-Geneva-Paris 1779–96.
Saussure, Horace-Bénedict de: Voyages dans les Alpes, précédés d'un essai sur l'histoire naturelle des environs de Genève. Tome premier. Neuchatel 1779.
Sauter, Eugen: Herder und Buffon. Rixheim 1910.
Savoye, Henri: Germania, recueil en prose et vers, de littérature allemande. 2. Aufl. Bd.1. Paris 1845.
Sawilla, Jan Marco: Geschichte und Geschichten zwischen Providenz und Machbarkeit. Überlegungen zu Reinhart Kosellecks Semantik historischer Zeiten. In: Hans *Joas*/Peter *Vogt* (Hg.): Begriffene Geschichte. Beiträge zum Werk Reinhart Kosellecks. Berlin 2011, 387–422.
Schäfer, Volker: Georges Cuvier und die Universität Tübingen. In: Sönke *Lorenz*/Wilfried *Setzler* (Hg.): Aus dem ‚Brunnen des Lebens'. Gesammelte Beiträge zur Geschichte der Universität Tübingen. Festgabe zum 70. Geburtstag von Volker Schäfer. Tübingen 2005, 144–160.
Schäfer, Wilhelm: Erdgeschichte-Lebensgeschichte. In: Natur und Museum 100 (1970), 140–143.
Schelling, Friedrich Wilhelm Joseph von: Die Weltalter. Fragmente. In den Urfassungen von 1811 und 1813 hg. von Manfred *Schröter*. München 1946.
Schib, Karl: Johannes von Müller 1752–1809. Konstanz [u. a.] 1967.
Schiemann, Gregor: Geschichte und Natur zwischen Differenz und Konvergenz. In: Wolfgang *Kütteler*/Jörn *Rüsen*/Ernst *Schulin* (Hg.): Geschichtsdiskurs. Bd. 4: Krisenbewußtsein, Katastrophenerfahrungen und Innovationen, 1880–1945. Frankfurt a.M. 1997, 153–161.
Schiemann, Gregor: Entfernte Einheit. Geschichte und Natur in Ernst Troeltschs Geschichtsphilosophie. In: Friedrich Wilhelm *Graf* (Hg.): Ernst Troeltschs ‚Historismus'. Gütersloh 2001, 123–134.
Schilfert, Gerhard: Friedrich Christoph Schlosser. In: Joachim *Streisand* (Hg.): Die deutsche Geschichtswissenschaft vom Beginn des 19. Jahrhunderts bis zur Reichseinigung von oben. Berlin 1963, 136–147.

Schiller, Friedrich: Die Räuber. Ein Schauspiel [1781]. In: *Ders.*: Werke und Briefe in zwölf Bänden. Hg. von Klaus Harro *Hilzinger* [et al.]. Bd. 2: Dramen I. Hg. von Gerhard *Kluge*. Frankfurt a.M. 1988, 9–312.

Schiller, Friedrich: Wilhelm Tell. Schauspiel [1804]. In: *Ders.*: Werke und Briefe in zwölf Bänden. Hg. von Otto *Dann* [et al.]. Bd. 5: Dramen IV. Hg. von Matthias *Luserke*. Frankfurt a.M. 1996, 385–505.

Schimkat, Peter: Geologie in Deutschland. Zur Etablierung einer naturwissenschaftlichen Disziplin im 19. Jahrhundert. Augsburg 2008.

Schindewolf, Otto H.: Der Zeitfaktor in Geologie und Paläontologie. Stuttgart 1950.

Schindewolf, Otto H.: Erdgeschichte und Weltgeschichte. In: Abhandlungen der mathematisch-naturwissenschaftlichen Klasse [Mainz] 2 (1964), 56–104.

Schindling, Anton: Bildung und Wissenschaft in der Frühen Neuzeit 1650–1800. 2. Aufl. München 1999.

Schivelbusch, Wolfgang: Geschichte der Eisenbahnreise. Zur Industrialisierung von Raum und Zeit im 19. Jahrhundert. 5. Aufl. Frankfurt a.M. 2011.

Schlegel, Friedrich: Vorlesungen über Universalgeschichte (1805–1806). Mit Einleitung und Kommentar hg. von Jean-Jacques *Anstett*. In: Kritische Friedrich-Schlegel-Ausgabe. Hg. von Ernst *Behler*. Bd. 14. Zweite Abteilung. Schriften aus dem Nachlaß. München/Paderborn/Wien 1960.

Schloßberger, Matthias: Geschichtsphilosophie. Berlin 2013.

Schlott, Michael: Mythen, Mutationen und Lexeme – ‚Historismus' als Kategorie der Geschichts- und Literaturwissenschaft. In: Scientia Poetica 3 (1999), 158–204.

Schmale, Wolfgang (Hg.): Time in the Age of Enlightenment. 13th International Congress for 18th-Century Studies. Bochum 2012.

Schmeisser, Martin: Erdgeschichte und Paläontologie im 17. Jahrhundert: Bernhard Pallissy, Agostino Scilla, Nicolaus Steno und Leibniz. In: Herbert *Jaumann* (Hg.): Diskurse der Gelehrtenkultur in der Frühen Neuzeit. Berlin/New York 2011, 809–859.

Schmidt, Georg: Wandel durch Vernunft. Deutsche Geschichte im 18. Jahrhundert. München 2009.

Schmidt am Busch, Hans-Christoph: Cameralism as ‚Political Metaphysics'. Human Nature, the State, and Natural Law in the Thought of Johann Heinrich Gottlob von Justi. In: European Journal of the History of Economic Thought 16 (2009), 409–430.

Schnädelbach, Herbert: Geschichtsphilosophie nach Hegel. Die Probleme des Historismus. Freiburg/München 1974.

Schnapp, Alain: Die Entdeckung der Vergangenheit: Ursprünge und Abenteuer der Archäologie. Aus dem Franz. von Andreas Wittenburg. Stuttgart 2009.

Schnapp, Alain: Antiquare zwischen Geistes- und Naturwissenschaft. In: Dietrich *Hakelberg*/Ingo *Wiwjorra* (Hg.): Vorwelten und Vorzeiten. Archäologie als Spiegel historischen Bewußtseins in der Frühen Neuzeit. Wiesbaden 2010, 43–66.

Schnyder, Peter: Gewusstes Nicht-Wissen. Erdgeschichtliche Konjekturen und Hypothesen um 1800. In: Michael *Bies*/Michael *Gamper* (Hg.): Literatur und Nicht-Wissen. Historische Konstellationen; 1730 - 1930. Zürich 2012, 339–359.

Schnyder, Peter: [Art.] Geologie. In: Roland *Borgards* [et al.] (Hg.): Literatur und Wissen. Ein interdisziplinäres Handbuch. Stuttgart 2013, 75–79.

Schöndorfer, Ulrich: Phasen und Gestalter der wissenschaftlichen Pädagogik in Österreich seit 1800. In: Wissenschaft und Weltbild. Zeitschrift für Grundfragen der Forschung 18 (1965), 39–50.
Schopenhauer, Arthur: Die Welt als Wille und Vorstellung. Bd. 2. In: Arthur Schopenhauer Sämtliche Werke. Nach der ersten, von Julius Frauenstädt besorgten Gesamtausgabe neu bearb. und hg. von Arthur *Hübscher*. 2. Aufl. Wiesbaden 1949.
Schubert, Ernst: Christoph Meiners. In: Karl *Arndt*/Gerhard *Gottschalk*/Rudolf *Smend* (Hg.): Göttinger Gelehrte. Die Akademie der Wissenschaften zu Göttingen in Bildnissen und Würdigungen 1751–2001. Erster Band. Göttingen 2001, 56–57.
Schwarz, Angela: Der Schlüssel zur modernen Welt: Wissenschaftspopularisierung in Großbritannien und Deutschland im Übergang zur Moderne (ca. 1870–1914). Stuttgart 1999.
Seibold, Eugen/Ilse *Seibold:* Buffon (1707–1788) als geologischer Pionier. In: Geologische Rundschau 98 (2009), 2023–2029.
Seibt, Ferdinand: Die Zeit als Kategorie der Geschichte und als Kondition des historischen Sinns. In: Heinz *Gumin*/Heinrich *Meier* (Hg.): Die Zeit. Dauer und Augenblick. München 1989.
Seifert, Arno: ‚Verzeitlichung'. Zur Kritik einer neueren Frühneuzeitkategorie. In: Zeitschrift für historische Forschung 10 (1983), 447–477.
Seifert, Arno: Von der heiligen zur philosophischen Geschichte. Die Rationalisierung der universalhistorischen Erkenntnis im Zeitalter der Aufklärung. In: Archiv für Kulturgeschichte 68 (1986), 81–117.
Seils, Martin: [Art.] Weltende, Weltuntergang. In: Historisches Wörterbuch der Philosophie. Bd. 12. Hg. von Joachim *Ritter*. Basel 2004, 464–469.
Sellier-Bauer, Ellen-Charlotte: Friedrich Christoph Schlosser. Ein deutsches Gelehrtenleben im neunzehnten Jahrhundert. Göttingen 2004.
Siegfried, Carl Gustav Adolf: [Art.] Pott, David Julius. In: Allgemeine Deutsche Biographie. Bd. 26. Leipzig 1888, 485–486.
Simon, Wilhelm: Die Zeit in der Erdgeschichte. In: Studium Generale 19 (1966), 751–759.
Sloan, Phillip: The Gaze of Natural History. In: Christopher *Fox*/Roy *Porter*/Robert *Wokler* (Hg.): Inventing human science. Eighteenth-century domains. Berkeley, Calif. [u. a.] 1995, 112–151.
Smend, Rudolf: Kommentar zu ‚Über die ersten Urkunden des menschlichen Geschlechts'. In: Johann Gottfried *Herder:* Werke in zehn Bänden. Band 5: Schriften zum Alten Testament. Hg. von Rudolf *Smend*. Frankfurt a.M. 1993, 1328–1356.
Smith, Justin E. H.: Leibniz on Natural History and National History. In: History of Science 50 (2012), 377–401.
Snow, Charles P.: The Two Cultures. Cambridge 1993.
Sommer, Andreas Urs: Sinnstiftung durch Geschichte? Zur Entstehung spekulativ-universalistischer Geschichtsphilosophie zwischen Bayle und Kant. Basel 2006.
Spengler, Oswald: Der Mensch und die Technik. München 1931.
Spengler, Oswald: Der Untergang des Abendlandes. Umrisse einer Morphologie der Weltgeschichte. München 1980.
Spieler, Karl-Heinz: Untersuchungen zu Johann Gustav Droysens Historik. Berlin 1970.
Srbik, Heinrich von: Geist und Geschichte vom deutschen Humanismus bis zur Gegenwart. Bd. 1. München/Salzburg 1950.

Steffen, Will/Paul J. *Crutzen*/John R. *McNeill:* Are Humans Now Overwhelming the Great Forces of Nature? In: Ambio 36 (2007), 614–621,

Stegmüller, Dagmar: Friedrich Christoph Schlosser und die Berliner Schule. In: Ulrich *Muhlack* (Hg.): Historisierung und gesellschaftlicher Wandel in Deutschland im 19. Jahrhundert. Berlin 2003, 49–60.

Stegmüller, Dagmar: Popularisierungsstrategien in Friedrich Christoph Schlossers ‚Weltgeschichte für das deutsche Volk'. In: Carsten *Kretschmann* (Hg.): Wissenspopularisierung Konzepte der Wissensverbreitung im Wandel. 2003, 197–210.

Stenger, Gerhardt: [Art.] Voltaire. In: Grundriss der Geschichte der Philosophie, 18. Jahrhundert. Bd. 2.1 Frankreich. Hg. von Johannes *Rohbeck*/Helmut *Holzhey.* Basel 2008, 215–261.

Sticker, Bernhard: Leibniz' Beitrag zur Theorie der Erde. In: Sudhoffs Archiv. Vierteljahrsschrift für Geschichte der Medizin und der Naturwissenschaften der Pharmazie und der Mathematik 51 (1967), 244–259.

Stockhorst, Stefanie (Hg.): Zeitkonzepte. Zur Pluralisierung des Zeitdiskurses im langen 18. Jahrhundert. Göttingen 2006.

Stockhorst, Stefanie: Novus ordo temporum. Reinhart Kosellecks These von der Verzeitlichung des Geschichtsbewußtseins durch die Aufklärungshistoriographie in methodenkritischer Perspektive. In: Hans *Joas*/Peter *Vogt* (Hg.): Begriffene Geschichte. Beiträge zum Werk Reinhart Kosellecks. Berlin 2011, 359–386.

Stöckmann, Ernst: Phänomenologie der Empfindungen – Kultivierung des Gefühlsvermögens. Aspekte der anthropologischen Empfindungstheorie der deutschen Spätaufklärung am Beispiel von Platner und Irwing. In: Walter *Schmitz*/Carsten *Zelle* (Hg.): Innovation und Transfer. Naturwissenschaften, Anthropologie und Literatur im 18. Jahrhundert. Dresden 2004, 75–96.

Stolpe, Heinz: Herder und die Ansätze einer naturgeschichtlichen Entwicklungslehre im 18. Jahrhundert. In: Werner *Krauss*/Walter *Dietze* (Hg.): Neue Beiträge zur Literatur der Aufklärung. Berlin 1964, 189–316 und 454–468.

Streim, Gregor: Das Ende des Anthropozentrismus. Anthropologie und Geschichtskritik in der deutschen Literatur zwischen 1930 und 1950. Berlin/New York 2008.

Suphan, Bernhard: Schlußwort des Herausgebers zu Band 13. und 14. In: Herders Sämmtliche Werke. Hg. von Bernhard *Suphan.* 14. Band. Berlin 1909, 653–709.

Syvitski, James P. M.: Anthropocene: An Epoch of Our Making. In: Gobal Change 78 (2012), 12–15.

Taylor, Kenneth: The Époques de la Nature and Geology during Buffon's later years. In: Jean-Claude *Beaune* [et al.] (Hg.): Buffon 88. Actes du Colloque international pour le bicentenaire de la mort de Buffon. Paris 1992, 371–385.

Thatcher, David S.: Nietzsche's Debt to Lubbock. In: Journal of the History of Ideas 44 (1983), 293–309.

Thompson, Damian: Das Ende der Zeiten. Apokalyptik und Jahrtausendwende. Hildesheim 1997.

Tortarolo, Edoardo: Die Angst des Aufklärers vor der Tiefenzeit. Oder: Die Euthanasie der biblischen Chronologie. In: Gangolf *Hübinger*/Jürgen *Osterhammel*/Erich *Pelzer* (Hg.): Universalgeschichte und Nationalgeschichten: Ernst Schulin zum 65. Geburtstag. Freiburg im Breisgau 1994, 31–50.

Toulmin, Stephen/June Goodfield: The Discovery of Time. New York 1965.

Treiber, Hubert: ‚Das Ausland' – Die ‚reichste und gediegenste Registratur' – naturwissenschaftlich-philosophischer Titel in Nietzsches ‚idealer Bibliothek'. In: Nietzsche-Studien 25 (1996), 394–412.

Uhland, Robert/Karl Dietrich *Adam* (Hg.): Ausstellung Cuvier und Württemberg. Zum 200. Geburtstag des Naturforschers Georges Cuvier 1769–1823. Stuttgart 1969.

Veits-Falk, Sabine/Alfred Stefan *Weiß:* Salzburg im Wandel – Politik, Armenfürsorge und Bildung im späten 18. und in der ersten Hälfte des 19. Jahrhunderts. In: Gerlinde *Haid*/ Thomas *Hochradner* (Hg.): Lieder und Tänze um 1800 aus der Sonnleithner-Sammlung der Gesellschaft der Musikfreunde in Wien. Wien/Köln/Weimar 2000, 157–186.

Veneer, Leucha: Provincial geology and the Industrial Revolution. In: Endeavour 30 (2006), 76–80.

Vierling-Ihrig, Heike Irma Katharina: Schule der Vernunft. Leben und Werk des Aufklärungspädagogen Cajetan von Weiller (1762–1826). München 2001.

[Art.] *Vierthaler*, Franz Michael. In: Allgemeine Deutsche Biographie. Bd. 39. Leipzig 1895, 679–682.

[Art.] *Vierthaler*, Franz Michael. In: Deutsche Biographische Enzyklopädie. Bd. 10. Hg. von Walther Killy/Rudolf Vierhaus. München 1999, 207.

[Art.] *Vierthaler*, Franz Michael. In: Brockhaus Enzyklopädie in 30 Bänden. 21., völlig neu bearbeitete Auflage. Bd. 29. Leipzig/Mannheim 2006, 76–77.

Voegt, Hedwig: Einleitung. In: Andreas Georg Friedrich *Rebmann:* Werke und Briefe in drei Bänden. Hg. von Hedwig *Voegt*/Werner *Greiling*/Wolfgang *Ritschel*. Bd. 1. Berlin 1990, 5–53.

Völkel, Markus: Aufstieg und Fall der protestantischen Universalgeschichte. In: Storia della Storiografia 39 (2001), 67–73.

Wagenbreth, Otfried: Bemerkungen zum Zeitbegriff in der historischen Geologie und zur Frage einer Unschärfebeziehung bei rhythmischer oder zyklischer Schichtengliederung. In: Wissenschaftliche Zeitschrift der Hochschule für Architektur und Bauwesen Weimar 13 (1966), 617–625.

Wagenbreth, Otfried: Dampfmaschine und Geologie, ein Beispiel für Wechselwirkungen zwischen Produktionsmittel und Wissenschaft zur Zeit der Industriellen Revolution. In: Zeitschrift für geologische Wissenschaften 16 (1988), 7–17.

Wagner, Karl Otto: Zur Geschichte der Schulverbesserung in Salzburg unter Erzbischof Hieronymus Grafen Colloredo. In: Mitteilungen der Gesellschaft für Salzburger Landeskunde 55 (1915), 151–222.

Wagner, Karl Otto: Vierthalers Schulplan. In: Mitteilungen der Gesellschaft für Salzburger Landeskunde 62 (1922), 33–50.

Waschkies, Hans-Joachim: Leibniz' geologische Forschungen im Harz. In: Herbert *Breger*/ Friedrich *Niewöhner* (Hg.): Leibniz und Niedersachsen. Tagung anlässlich des 350. Geburtstages von G.W. Leibniz, Wolfenbüttel 1996. Stuttgart 1999, 187–210.

Waschkies, Hans-Joachim: Erdgeschichte, Geschichte und Paläontologie im Spiegel des Briefwechsels von G. W. Leibniz. Zur Entstehungsgeschichte der Protogaea. In: Hans *Poser* (Hg.): Nihil Sine Ratione. VII. Internationaler Leibniz-Kongreß. Mensch, Natur und Technik im Wirken von G.W. Leibniz. Vorträge 3. Teil. Berlin-Mitte [2001], 1327–1333.

Watznauer, Adolf: Das geologische Weltbild G. C. Füchsels (1722–1773), J. G. Lehmanns (1719–1767) und C. E. A. v. Hoffs (1771–1837) und seine Nachwirkung bis zur Gegenwart. In: Zeitschrift für geologische Wissenschaften 8 (1980), 63–72.

Weber, Georg: Vorrede. In: *Ders.* (Hg.): Friedrich Christoph Schlosser der Historiker. Erinnerungsblätter aus seinem Leben und Wirken. Eine Festschrift zu seiner hundertjährigen Geburtstagsfeier am 17. November 1876. Leipzig 1876, v-xiv.

Weber, Heinz-Dieter: Die Verzeitlichung der Natur im 18. Jahrhundert. In: *Ders.* (Hg.): Vom Wandel des neuzeitlichen Naturbegriffs. Konstanz 1989, 97–133.

Weber, Wolfgang: Universalgeschichte. In: Michael *Maurer* (Hg.): Aufriß der Historischen Wissenschaften in sieben Bänden. Bd. 2. Räume. Stuttgart 2001, 15–98.

Wegele, Franz Xaver von: Geschichte der Deutschen Historiographie seit dem Auftreten des Humanismus. München/Leipzig 1885.

Wegele, Franz Xaver von: [Art.] Müller, Johannes von. In: Allgemeine Deutsche Biographie. Bd. 22. Leipzig 1885, 587–610.

Wegele, Franz Xaver von: [Art.] Schlosser, Friedrich Christoph. In: Allgemeine Deutsche Biographie. Bd. 31. Leipzig 1890, 533–541.

Weizsäcker, Carl Friedrich von: Die Geschichte der Natur. Zwölf Vorlesungen. Mit einem Geleitwort von Harald Lesch. 2. Aufl. Stuttgart 2006.

Wellmer, Friedrich/Jürgen *Gottschalk:* Die Beschäftigung des Universalgelehrten Gottfried Wilhelm Leibniz (1646–1716) mit Geologie und Bergbau. In: Berg- und Hüttenmännische Monatshefte 160 (2015), 60–70.

[Art.] *Weltgeschichte.* In: Wörterbuch zur Geschichte. Begriffe und Fachausdrücke. 5. umgest. u. erw. Aufl. Hg. von Erich *Bayer*/Frank *Wende.* Stuttgart 1995, 580.

Wendorff, Rudolf: Zeit und Kultur. Geschichte des Zeitbewußtseins in Europa. Wiesbaden 1980.

Wenzel, Manfred: Die frühen Schriften von 1790. In: Samuel Thomas *Soemmerring:* Werke. Bd. 14. Schriften zur Paläontologie. Bearbeitet und herausgegeben von Manfred *Wenzel.* Stuttgart/New York 1990, 22–29.

Westermann, Andrea: Vor Menschengedenken. Martin Rudwicks Untersuchung über die Entdeckung der Erdgeschichte. In: Berichte zur Wissenschaftsgeschichte 32 (2009), 193–198.

Wiefel Heinz: Georg Christian Füchsel (1722–1773) – Seine Verdienste um die frühe Triasforschung. In: Norbert *Hauschke*/Volker *Wilde* (Hg.): Trias. Eine ganz andere Welt. Mitteleuropa im frühen Erdmittelalter. München 1999, 577–580.

Wiesinger, Peter: Textsorten und Textallianzen in Johann Heinrich Gottlob von Justis Wiener Briefsammlung *Anweisung zu einer guten Deutschen Schreibart* (1755). In: *Ders.* (Hg.): Textsorten und Textallianzen vom 16. bis zum 18. Jahrhundert. Beiträge zum Internationalen Sprachwissenschaftlichen Symposion in Wien, 22. bis 24. September 2005. Berlin 2007, 107–128.

Windelband, Wilhelm: Geschichte und Naturwissenschaft. (Straßburger Rektoratsrede 1894). In: *Ders.* (Hg.): Präludien. Aufsätze und Reden zur Einführung in die Philosophie. 4., verm. Aufl. Bd. 2. Tübingen 1911, 136–160.

Wörz, Arno/Gitta *Oettler*/Martin *Engelhardt:* Georges Cuviers ‚Reise auf die Württembergische Alb' – ein zeit- und wissenschaftsgeschichtliches Dokument. In: Jahreshefte der Gesellschaft für Naturkunde in Württemberg 165 (2009), 301–336.

Wunderlich, Falk: Kant und die Bewusstseinstheorien des 18. Jahrhunderts. Berlin 2005.

Wunderlich, Falk: [Art.] Irwing, Karl Franz von. In: The Dictionary of Eighteenth-Century German Philosophers. Vol. 2: H-P. Hg. von Heiner F. *Klemme*/Manfred *Kuehn.* London/New York 2010, 573–575.

Wunderlich, Falk: [Art.] Meiners, Christoph (1747–1810). In: The Dictionary of Eighteenth-Century German Philosophers. Vol. 2: H-P. Hg. von Heiner F. *Klemme*/Manfred *Kuehn*. London/New York 2010, 773–781.

Wunderlich, Falk: Empirismus und Materialismus an der Göttinger Georgia Augusta – Radikalaufklärung im Hörsaal? In: Aufklärung. Interdisziplinäres Jahrbuch zur Erforschung des 18. Jahrhunderts und seiner Wirkungsgeschichte 24 (2012), 65–90.

Wurzbach, Constant von: [Art.] Gotsch, Marcus Anton. In: Biographisches Lexikon des Kaiserthums Oesterreich. Bd. 5. Hg. von Constant von *Wurzbach*. Wien 1859, 279–280.

Wurzbach, Constant von: [Art.] Mumelter von Sebernthal, Franz Joseph. In: Biographisches Lexikon des Kaiserthums Oesterreich. Bd. 19. Hg. von *dems*. Wien 1868, 454–458.

Wurzbach, Constant von: [Art.] Vierthaler, Franz Michael. In: Biographisches Lexikon des Kaiserthums Oesterreich. Bd. 49. Hg. von Constant von *Wurzbach*. Wien 1884, 276–280.

Wuttke, Heinrich: Schlosser, der Geschichtsschreiber. In: Die Grenzboten 3 (1844), 193–210.

Yarchin, William: Biblical Interpretation in the Light of the Interpretation of Nature: 1650–1900. In: Jitse M. *Van der Meer*/Scott *Mandelbrote* (Hg.): Nature and Scripture in the Abrahamic Religions: 1700–Present. Volume 1. Leiden/Boston 2008, 41–82.

Zammito, John: ‚Naturgeschichte des Menschen': Von der Historisierung der Natur zur Naturalisierung der Geschichte in Herders Ideen. In: Thomas *Bach*/Mario *Marino* (Hg.): Naturforschung und menschliche Geschichte. Heidelberg 2011, 61–77.

Zande, Johan van der: [Art.] Irwing, Karl Franz von. In: Biographische Enzyklopädie der deutschsprachigen Aufklärung. Hg. von Rudolf *Vierhaus*/Hans Erich *Bödeker*. München 2002, 150.

Zapfe, Helmuth: Index Palaeontologicorum Austriae – Supplementum. Materialien zu einer Geschichte der Paläontologie in Österreich. In: Catalogus fossilium Austriae. Heft XVa, Wien 1987.

Zedelmaier, Helmut: Die Marginalisierung der Historia Sacra in der Frühen Neuzeit. In: Storia della Storiografia 35 (1999), 15–26.

Zedelmaier, Helmut: Der Anfang der Geschichte. Studien zur Ursprungsdebatte im 18. Jahrhundert. Hamburg 2003.

Zedelmaier, Helmut: Vor- und Frühgeschichte als Problembezirk historischen Wissens im 18. Jahrhundert. In: Dietrich *Hakelberg*/Ingo *Wiwjorra* (Hg.): Vorwelten und Vorzeiten. Archäologie als Spiegel historischen Bewußtseins in der Frühen Neuzeit. Wiesbaden 2010, 93–104.

Zedelmaier, Helmut: Schlözer und die Vorgeschichte. In: Heinz *Duchhardt*/Martin *Espenhorst* (Hg.): August Ludwig (von) Schlözer in Europa. Göttingen 2012, 179–195.

Zillner, Franz Valentin: [Art.] Vierthaler, Franz Michael. In: Allgemeine Deutsche Biographie. Bd. 39. Leipzig 1895, 679–682.

Zimmermann, Harro: Nachwort. In: Andreas Georg Friedrich *Rebmann:* HansKiekindieWelts Reisen in alle vier Welttheile. Nach der zweiten durchgehends verbesserten Auflage von 1796 neu herausgegeben und mit einem Nachwort und Erläuterungen versehen von Harro *Zimmermann*. Bremen 1989, 185–189.

Zittel, Karl Alfred von: Geschichte der Geologie und Paläontologie bis Ende des 19. Jahrhunderts. München/Leipzig 1899.

Zwenger, Thomas: [Art.] Universalgeschichte. In: Handwörterbuch Philosophie. Hg. von Wulff D. *Rehfus*. Göttingen 2003, 656–658.

Personenverzeichnis

https://doi.org/10.1515/9783110650518-015

Ordnungssysteme

Studien zur Ideengeschichte der Neuzeit

Herausgegeben von Jörg Baberowski, Anselm Doering-Manteuffel, Florian Meinel und Lutz Raphael.

Die Reihe Ordnungssysteme nimmt Impulse auf, die sich seit zwei Jahrzehnten aus der Revision politik- und sozialgeschichtlicher Forschungsansätze entwickelt haben. Als Forum einer methodisch erneuerten Ideengeschichte trägt sie der Wirksamkeit politisch-kultureller Traditionen Europas seit dem Zeitalter der Aufklärung Rechnung. Die besondere Aufmerksamkeit gilt dem konkreten Wechselspiel ideeller, politischer und sozialer Prozesse.

Die Reihe **Ordnungssysteme** hat insbesondere das Ziel:
- vergleichende Studien zu den nationalen Eigenarten und unterschiedlichen Traditionen in der europäischen Ideengeschichte zu fördern,
- gemeineuropäische Dimensionen seit der Aufklärung zu untersuchen,
- den Weg von neuen Ideen zu ihrer breitenwirksamen Durchsetzung zu erforschen.

Die Reihe **Ordnungssysteme** verfolgt einige Themen mit besonderem Interesse:
- den Ideenverkehr zwischen Europa und Nordamerika,
- die Beziehungen zwischen politischen und religiösen Weltbildern,
- die Umformung der politischen Leitideen von Liberalismus, Nationalismus und Sozialismus im 20. Jahrhundert,
- die Herausbildung traditionsstiftender, regionenbezogener Gegensatzpaare in der europäischen Ideenwelt, wie zum Beispiel den Ost-West-Gegensatz.

Die Reihe **Ordnungssysteme** bemüht sich um eine methodische Erneuerung der Ideengeschichte:
- Sie verknüpft die Analyse von Werken und Ideen mit ihren sozialen, kulturellen und politischen Kontexten.
- Sie untersucht die Bedeutung von Wissenssystemen in der Entwicklung der europäischen Gesellschaften.
- Sie ersetzt die traditionelle Ideengeschichte der großen Werke und großen Autoren durch eine Ideengeschichte, die Soziabilität und Kommunikation als tragende Gestaltungskräfte kultureller Produktion besonders beachtet.
- Sie bezieht Institutionen und Medien der Kulturproduktion systematisch in die Untersuchung ein.

Band 1:
Michael Hochgeschwender
Freiheit in der Offensive?
Der Kongreß für kulturelle Freiheit und die Deutschen
1998. 677 S. ISBN 978-3-486-56341-2

Band 2:
Thomas Sauer
Westorientierung im deutschen Protestantismus?
Vorstellungen und Tätigkeit des Kronberger Kreises
1999. VII, 326 S. ISBN 978-3-486-56342-9

Band 3:
Gudrun Kruip
Das „Welt"-„Bild" des Axel Springer Verlags
Journalismus zwischen westlichenWerten und deutschen Denktraditionen
1999. 311 S. ISBN 978-3-486-56343-6

Band 4:
Axel Schildt
Zwischen Abendland und Amerika
Studien zur westdeutschen Ideenlandschaft der 50er Jahre
1999. VIII, 242 S. ISBN 978-3-486-56344-3

Band 5:
Rainer Lindner
Historiker und Herrschaft
Nationsbildung und Geschichtspolitik in Weißrußland im 19. und 20. Jahrhundert
1999. 536 S. ISBN 978-3-486-56455-6

Band 6:
Jin-Sung Chun
Das Bild der Moderne in der Nachkriegszeit
Die westdeutsche „Strukturgeschichte" im Spannungsfeld von Modernitätskritik und wissenschaftlicher Innovation 1948–1962
2000. 277 S. ISBN 978-3-486-56484-6

Band 7:
Frank Becker
Bilder von Krieg und Nation
Die Einigungskriege in der bürgerlichen Öffentlichkeit Deutschlands 1864–1913
2001. 601 S. und 32 S. Bildteil
ISBN 978-3-486-56545-4

Band 8:
Martin Sabrow
Das Diktat des Konsenses
Geschichtswissenschaft in der DDR 1949–1969
2001. 488 S. ISBN 978-3-486-56559-1

Band 9:
Thomas Etzemüller
Sozialgeschichte als politische Geschichte
Werner Conze und die Neuorientierung der westdeutschen Geschichtswissenschaft nach 1945
2001. VIII, 445 S. ISBN 978-3-486-56581-2

Band 10:
Martina Winkler
Karel Kramář (1860–1937)
Selbstbild, Fremdwahrnehmungen und Modernisierungsverständnis eines tschechischen Politikers
2002. 414 S. ISBN 978-3-486-56620-8

Band 11:
Susanne Schattenberg
Stalins Ingenieure
Lebenswelten zwischen Technik und Terror in den 1930er Jahren
2002. 457 S. ISBN 978-3-486-56678-9

Band 12:
Torsten Rüting
Pavlov und der Neue Mensch
Diskurse über Disziplinierung in Sowjetrussland
2002. 337 S. ISBN 978-3-486-56679-6

Band 13:
Julia Angster
Konsenskapitalismus und Sozialdemokratie
Die Westernisierung von SPD und DGB
2003. 538 S. ISBN 978-3-486-56676-5

Band 14:
Christoph Weischer
Das Unternehmen ‚Empirische Sozialforschung'
Strukturen, Praktiken und Leitbilder der Sozialforschung in der Bundesrepublik Deutschland
2004. X, 508 S. ISBN 978-3-486-56814-1

Band 15:
Frieder Günther
Denken vom Staat her
Die bundesdeutsche Staatsrechtslehre zwischen Dezision und Integration 1949–1970
2004. 364 S. ISBN 978-3-486-56818-9

Band 16:
Ewald Grothe
Zwischen Geschichte und Recht
Deutsche Verfassungsgeschichtsschreibung 1900–1970
2005. 486 S. ISBN 978-3-486-57784-6

Band 17:
Anuschka Albertz
Exemplarisches Heldentum
Die Rezeptionsgeschichte der Schlacht an den Thermopylen von der Antike bis zur Gegenwart
2006. 424 S., zahlreiche Abb.
ISBN 978-3-486-57985-7

Band 18:
Volker Depkat
Lebenswenden und Zeitenwenden
Deutsche Politiker und die Erfahrungen des 20. Jahrhunderts
2007. 573 S. ISBN 978-3-486-57970-3

Band 19:
Lorenz Erren
„Selbstkritik" und Schuldbekenntnis
Kommunikation und Herrschaft unter Stalin (1917–1953)
2008. 405 S. ISBN 978-3-486-57971-1

Band 20:
Lutz Raphael, Heinz-Elmar Tenorth (Hrsg.)
Ideen als gesellschaftliche Gestaltungskraft im Europa der Neuzeit
Beiträge für eine erneuerte Geistesgeschichte
2006. 536 S. ISBN 978-3-486-57786-0

Band 21:
Thomas Großbölting
„Im Reich der Arbeit“
Die Repräsentation gesellschaftlicher Ordnung in den deutschen Industrie- und Gewerbeausstellungen 1790–1914
2007. 518 S., zahlreiche Abb.
ISBN 978-3-486-58128-7

Band 22:
Wolfgang Hardtwig (Hrsg.)
Ordnungen in der Krise
Zur politischen Kulturgeschichte Deutschlands 1900–1933
2007. 566 S. ISBN 978-3-486-58177-5

Band 23:
Marcus M. Payk
Der Geist der Demokratie
Intellektuelle Orientierungsversuche im Feuilleton der frühen Bundesrepublik: Karl Korn und Peter de Mendelssohn
2008. 415 S. ISBN 978-3-486-58580-3

Band 24:
Rüdiger Graf
Die Zukunft der Weimarer Republik
Krisen und Zukunftsaneignungen in Deutschland 1918–1933
2008. 460 S. ISBN 978-3-486-58583-4

Band 25:
Jörn Leonhard
Bellizismus und Nation
Kriegsdeutung und Nationsbestimmung in Europa und den Vereinigten Staaten 1750–1914
2008. XIX, 1019 S. ISBN 978-3-486-58516-2

Band 26:
Ruth Rosenberger
Experten für Humankapital
Die Entdeckung des Personalmanagements in der Bundesrepublik Deutschland
2008. 482 S. ISBN 978-3-486-58620-6

Band 27:
Désirée Schauz
Strafen als moralische Besserung
Eine Geschichte der Straffälligenfürsorge 1777–1933
2008. 432 S. ISBN 978-3-486-58704-3

Band 28:
Morten Reitmayer
Elite
Sozialgeschichte einer politisch-gesellschaftlichen Idee in der frühen Bundesrepublik
2009. 628 S. ISBN 978-3-486-58828-6

Band 29:
Sandra Dahlke
Individiuum und Herrschaft im Stalinismus
Emel'jan Jaroslavskij (1878–1943)
2010. 484 S., 9 Abb. ISBN 978-3-486-58955-9

Band 30:
Klaus Gestwa
Die Stalinschen Großbauten des Kommunismus
Sowjetische Technik- und Umweltgeschichte, 1948–1967
2010. 660 S., 18 Abb.
ISBN 978-3-486-58963-4

Band 31:
Susanne Stein
Von der Konsumenten- zur Produktionsstadt
Aufbauvisionen und Städtebau im Neuen China, 1949–1957
2010. VIII, 425 Seiten, 107 Abb.
ISBN 978-3-486-59809-4

Band 32:
Fernando Esposito
Mythische Moderne
Aviatik, Faschismus und die Sehnsucht nach Ordnung in Deutschland und Italien
2011. 476 Seiten, 17 Abb.
ISBN 978-3-486-59810-0

Band 33:
Silke Mende
„Nicht rechts, nicht links, sondern vorn"
Eine Geschichte der Gründungsgrünen
2011. XII, 541 Seiten, 6 Abb.
ISBN 978-3-486-59811-7

Band 34:
Wiebke Wiede
Rasse im Buch
Antisemitische und rassistische Publikationen in Verlagsprogrammen der Weimarer Republik
2011. VIII, 328 S., 7 Abb.
ISBN 978-3-486-59828-5

Band 35:
Rüdiger Bergien
Die bellizistische Republik
Wehrkonsens und „Wehrhaftmachung" in Deutschland 1918–1933
2011. 448 S. ISBN 978-3-486-59181-1

Band 36:
Claudia Kemper
Das „Gewissen" 1919–1925
Kommunikation und Vernetzung der Jungkonservativen
2011. 517 S. ISBN 978-3-486-70496-9

Band 37:
Daniela Saxer
Die Schärfung des Quellenblicks
Forschungspraktiken in der Geschichtswissenschaft 1840–1914
2014. 459 S., 1 Abb. ISBN 978-3-486-70485-3

Band 38:
Johannes Grützmacher
Die Baikal-Amur-Magistrale
Vom stalinistischen Lager zum Mobilisierungsprojekt unter Brežnev
2012. IX, 503 S., 9 Abb.
ISBN 978-3-486-70494-5

Band 39:
Stephanie Kleiner
Staatsaktion im Wunderland
Oper und Festspiel als Medien politischer Repräsentation (1890–1930)
2013. 588 S., 38 Abb.
ISBN 978-3-486-70648-2

Band 40:
Patricia Hertel
Der erinnerte Halbmond
Islam und Nationalismus auf der Iberischen Halbinsel im 19. und 20. Jahrhundert
2012. 256 S., 22 Abb. ISBN 978-3-486-71661-0

Band 41:
Till Kössler
Kinder der Demokratie
Religiöse Erziehung und urbane Moderne in Spanien, 1890–1936
2013. 544 S., 19 Abb. ISBN 978-3-486-71891-1

Band 42:
Daniel Menning
Standesgemäße Ordnung in der Moderne
Adlige Familienstrategien und Gesellschaftsentwürfe in Deutschland 1840–1945
2014. 470 S., 8 Abb. ISBN 978-3-486-78143-4

Band 43:
Malte Rolf
Imperiale Herrschaft im Weichselland
Das Königreich Polen im Russischen Imperium (1864–1915)
2015. 537 S., 31 Abb. ISBN 978-3-486-78142-7

Band 44:
Sabine Witt
Nationalistische Intellektuelle in der Slowakei 1918–1945
Kulturelle Praxis zwischen Sakralisierung und Säkularisierung
2015. 412 S. ISBN 978-3-11-035930-5

Band 45:
Stefan Guth
Geschichte als Politik
Der deutsch-polnische Historikerdialog im 20. Jahrhundert
2015. VII, 520 S. ISBN 978-3-11-034611-4

Band 47:
Gregor Feindt
Auf der Suche nach politischer Gemeinschaft
Oppositionelles Denken zur Nation im ostmitteleuropäischen Samizdat 1976–1992
2015. XII, 403 S. ISBN 978-3-11-034611-4

Band 48:
Juri Auderset
Transatlantischer Föderalismus
Zur politischen Sprache des Föderalismus im Zeitalter der Revolution, 1787–1848
2016. XI, 525 S., 3 Abb.
ISBN 978-3-11-045266-2

Band 49:
Silke Martini
Postimperiales Asien
Die Zukunft Indiens und Chinas in der anglophonen Weltöffentlichkeit 1919–1939
2017. XI, 492 S. ISBN 978-3-11-046217-3

Band 50:
Sebastian Weinert
Der Körper im Blick
Gesundheitsausstellungen vom späten Kaiserreich bis zum Nationalsozialismus
2017. X, 448 S., 14 Abb.
ISBN 978-3-11-046677-5

Band 51:
D. Timothy Goering
Friedrich Gogarten (1887-1967)
Religionsrebell im Jahrhundert der Weltkriege
2017. XI, 513 S., 5 Abb.
ISBN 978-3-11-051730-9

Band 52:
Andrés Antolín Hofrichter
Fremde Moderne
Wissenschaftspolitik, Geschichtswissenschaft und nationale Narrative unter dem Franco-Regime, 1939-1964
2018. X, 418 S. ISBN 978-3-11-052996-8

Band 53:
Fabian Thunemann
Verschwörungsdenken und Machtkalkül
Herrschaft in Russland, 1866-1953
2019. X, 260 S. ISBN 978-3-11-061647-7

Band 54:
Anselm Doering-Manteuffel
Konturen von Ordnung
Ideengeschichtliche Zugänge zum 20. Jahrhundert
2019. XVI, 452 S. ISBN 978-3-11-063008-4

Band 55:
Almuth Ebke
Britishness
Die Debatte über nationale Identität in Groß-britannien, 1967 bis 2008
2019. X, 372 S. ISBN 978-3-11-062405-2

Band 56:
David Schulz
Die Natur der Geschichte
Die Entdeckung der geologischen Tiefenzeit und die Geschichtskonzeptionen zwischen Aufklärung und Moderne
2020. VIII, 361 S. ISBN 978-3-11-064622-1

www.ingramcontent.com/pod-product-compliance
Ingram Content Group UK Ltd.
Pitfield, Milton Keynes, MK11 3LW, UK
UKHW041844031026
15587UKWH00003B/1007

9 783110 646221